Rohstoffe im Kaspischen Becken

SCHRIFTEN ZUM STAATS- UND VÖLKERRECHT

Herausgegeben von Gilbert Gornig, Burkhard Schöbener und Winfried Bausback

Begründet von Dieter Blumenwitz

Band 122

Peter Lang
Frankfurt am Main · Berlin · Bern · Bruxelles · New York · Oxford · Wien

Alexander Brexendorff

Rohstoffe im Kaspischen Becken

Völkerrechtliche Fragen der Förderung und des Transports von Erdöl und Erdgas

Peter Lang
Europäischer Verlag der Wissenschaften

Bibliografische Information Der Deutschen Bibliothek
Die Deutsche Bibliothek verzeichnet diese Publikation in der Deutschen Nationalbibliografie; detaillierte bibliografische Daten sind im Internet über <http://dnb.ddb.de> abrufbar.

Zugl.: Würzburg, Univ., Diss., 2005

D 20
ISSN 0172-7796
ISBN 3-631-54968-7

www.peterlang.de

Professor Dr. Dieter Blumenwitz
zum Gedenken

VORWORT

Die vorliegende Arbeit wurde im Juni 2004 der Juristischen Fakultät der Julius-Maximilians-Universität zu Würzburg als Dissertation vorgelegt. Für die Veröffentlichung wurden die völkerrechtlichen, wirtschaftlichen und politischen Entwicklungen bis Oktober 2005 soweit wie möglich berücksichtigt.

In hochachtungsvoller Dankbarkeit möchte ich meinem Doktorvater Herrn Professor Dr. Dieter Blumenwitz gedenken, der meine Forschungsarbeit zum Kaspischen Becken angeregt und mit viel persönlichem Engagement bis zu seinem Tod im April 2005 hervorragend betreut hat. Vor allem ihm habe ich es zu verdanken, dass meine Begeisterung für die schier unerschöpflichen sowohl völkerrechtlichen als auch historischen, wirtschaftlichen und politischen Problematiken des Kaspischen Beckens zur vorliegenden Veröffentlichung geführt hat.

Dank gilt außerdem meiner Mutter für die Gewährleistung der Dudentreue dieser Arbeit und denjenigen, die mich in vielfältiger Weise während meiner Forschungsaufenthalte in Ankara, London, Brüssel, Baku, Moskau und Dundee unterstützt haben. Insbesondere bin ich in diesem Zusammenhang Frau Professor Dr. Ayse Füsun Asava, Herrn Professor Malcolm Forster, Herrn Professor Adnan Amkan und Herrn Professor Dr. Ramiz Mamedov für ihre sowohl persönlichen als auch wissenschaftlichen Inspirationen verbunden. Herrn Jochen Alsleben von der E.ON-Ruhrgas AG, dem DAAD und dem Juristen Alumni Würzburg e.V. möchte ich für die finanzielle Ermöglichung einiger dieser Forschungsreisen danken.

Wertvolle Ratschläge habe ich ebenfalls von Herrn Professor Dr. Oliver Remien erhalten, dem ich die Erstellung des Zweitgutachtens zu verdanken habe. Herrn Dr. Winfried Bausback und Frau Ruth Rupp bin ich für die stets hilfsbereite und geduldige Betreuung meiner Promotion durch den Lehrstuhl von Professor Dr. Dieter Blumenwitz dankbar.

Meiner Familie und meinen Freunden möchte ich für ihre Unterstützung und persönlichen Rückhalt schließlich ganz besonders danken.

Mainz, im Oktober 2005 Alexander Brexendorff

„An dieser Grenze zu Georgiana gibt es eine Quelle aus der Öl in solchem Überfluss fließt, dass gleichzeitig hundert Schiffe mit diesem beladen werden können. Das Öl ist ungenießbar, eignet sich allerdings hervorragend zum Verbrennen und um Kamele damit gegen Austrocknung und Schuppen einzusalben. Menschen kommen von weit her, um an dieses Öl zu gelangen, und im gesamten Gebiet wird nur dieses Öl verwendet.“

Marco Polo *

* *Marco Polo* besuchte Nordpersien zwischen 1271 und 1273 auf seiner Reise entlang der Seidenstraße nach China, welche nur wenige hundert Kilometer südlich von Aserbaidschan verlief. Zitat aus dem Englischen übersetzt aus: *The Travels of Marco Polo*, übersetzt ins Englische von A. *Ricci*, London, George Routledge and Sons, 1931, S. 21f..

Inhaltsübersicht

Inhaltsverzeichnis

ABKÜRZUNGSVERZEICHNIS

a.A.	anderer Ansicht
a.a.O.	am angegebenen Ort
AALCC	Asian-African Legal Consultative Committee
AblEG	Amtsblatt der Europäischen Gemeinschaft
Abs.	Absatz
A.d.G.	Archiv der Gegenwart
AFDI	Annuaire Français de Droit International
AFP	Agence France-Press
AIOC	Azerbaijan International Operating Company
AJIL	American Journal of International Law
Art.	Artikel
ASSR	Aserbaidschanische Sozialistische Sowjetrepublik
AVR	Archiv des Völkerrechts
bbl.	US Barrel (internationales Standardmaß für Erdöl); 1 bbl. = 158,97 Liter = 0,14 Tonnen
bbl./d	Barrel per day (Fass pro Tag)
BCC	Baku Ceyhan Campaign
BDGVR	Berichte der Deutschen Gesellschaft für Völkerrecht
BTC	Board of the Technical Committee der CEN
BYIL	The British Yearbook of International Law
ca.	zirka
Case W. Res. J Int'l L.	Case Western Reserve Journal of International Law
CEN	Committee for European Standardization
CENELEC	European Committee for Electrotechnical Standardization
cepmlp	The Centre for Energy, Petroleum and Mineral Law and Policy
CIS	Commonwealth of Independent States
CITES	Convention on International Trade in Endangered Species
CLC 69	1969 International Convention on Civil Liability for Oil Pollution Damage (und 1992er Protocol)
COLREG	Convention on the International Regulations for Preventing Collisions at Sea (1972, in Kraft seit 1977)
CoW	Committee of the Whole
CPC	Caspian Pipeline Consortium
CTE	WTO Committee on Trade and Environment
cu. ft.	cubic foot (1 cu. ft = 0,028 m^3)

Dipl. Vestn.	Diplomaticeskij Vestnik Rosiskoi Federazii [Diplomatisches Handbuch der Russischen Föderation]
DOALOS	UN Division for Ocean Affairs and the Law of the Sea, Office Legal Affairs
DÜ-SRÜ	Übereinkommen zur Durchführung des Teils XI des 1982 Seerechts-Übereinkommens der VN
ECT	Energy Charta Treaty
ECTP	Energiecharta Transit Protokoll
ECV	Vertrag über die Energiecharta
EIA	Environmental Impact Assessment (Umweltverträglichkeits-Gutachten)
EJIL	The European Journal of International Law
EPIL	Encyclopaedia of Public International Law
FAO	Food and Agriculture Organization
FAZ	Frankfurter Allgemeine Zeitung
Fed. Reg.	Federal Register of the U.S.
f.	folgende
ff.	folgende (Plural)
GESAMP	Joint Group of Experts on the Scientific Aspects of Marine Environment Protection
Ggf.	gegebenenfalls
GJICL	Georgia Journal of International & Comparative Law
GÜHS	Genfer Übereinkommen über die Hohe See (1958)
GÜKA	Genfer Übereinkommen über das Küstenmeer und die Anschlusszone (1958)
GÜFS	Genfer Übereinkommen über den Festlandsockel (1958)
GUS	Gemeinschaft Unabhängiger Staaten
GYIL	German Yearbook of International Law
Hrsg.	Herausgeber
IBRU	International Boundaries Research Unit (University of Durham, U.K.)
ICJ	International Court of Justice
ICJ-Rep.	International Court of Justice Reports
ICLQ	International and Comparative Law Quarterly
IELTR	International Energy Law and Taxation Review
IGH	Internationaler Gerichtshof
IJIA	Iranian Journal of International Affairs
ILM	International Legal Materials
ILA	International Law Association
ILSA	Iran and Libya Sanctions Act of 1996
ILO	International Labour Organisation
IMO	International Maritime Organisation

IOPC Fund 71	1971 International Convention for the Establishment of an International Fund for Compensation for Oil Pollution Damage (und 1992er Protocol)
ISO	International Organization for Standardization
IYIL	Italian Yearbook of International Law
JCPT	Journal of Canadian Petroleum Technology
JDZ	Joint Development Zone
J.E.Eur.L.	The Journal of East European Law
LJIL	Leiden Journal of International Law
LNG	Liquified Natural Gas
LNTS	League of Nations Treaty Series
l.o.a.	length over all (Länge über alles)
Loy.L.A.Int'l & Comp.L.J.	Loyola of Los Angeles International & Comparative Law Journal
LOSB	Law of the Sea Bulletin
MEES	Middle East Economic Survey
MK	Montreux Konvention vom 20. Juli 1936
Mrd.	Milliarde
MSC	IMO-Maritime Safety Committee
NGO	Non Governmental Organisation
NJW	Neue Juristische Wochenschrift
N.Res.J.	Natural Resources Journal
OGEL	Oil, Erdgas & Energy Law Intelligence
OGP	International Association of Oil & Gas Producers
OGLTR	Oil and Erdgas Law and Taxation Review (seit 2000 IELTR)
OR	Official Records
otv.red.	otvedstvenui redaktor [verantwortlicher Redakteur]
ÖZöffR	Österreichische Zeitschrift für öffentliches Recht
para	Paragraph
PCIJ	Permanent Court of International Justice
PYIL	Polish Yearbook of International Law
PSA	Production-Sharing Agreement
RBDI	Revue Belge de Droit International
RCADI	Recueil des Cours de l'Académie de Droit International
RdC	Recueil des Cours de l'Académie de droit international de la Haye
RDI	Revue de Droit International
RGDIP	Revue générale de droit international public
ROW	Recht in Ost und West
RSFSR	Russische Sozialistisch Föderale Sowjetrepublik

S.	Seite
s.	siehe
s.a.	siehe auch
SDD	Sbornik deistvuiushchikh dogovorov, soglashenii i konventsii zakliuchennykh SSSR S inostrannym gosudarstvami [Handbuch der geschlossenen Verträge, Vereinbarungen und Konventionen zwischen der UdSSR und fremden Staaten]
SJIR	Schweizer Jahrbuch für internationales Recht
SNPP	Société Nationale des Produits Pétroliers
SOCAR	State Oil Company of the Azerbaijan Republic
sog.	so genannte
SOLAS	International Convention for the Safety of Life at Sea (1974, in Kraft seit 1980)
SRÜ	1982 Seerechts-Übereinkommen der Vereinten Nationen
sm	Nautische Seemeile (1 sm = 1,852 km)
SP SSSR	Sobranie postanovlenii soveta ministrov SSSR [Gesammelte Dekrete des Ministerrates der UdSSR]
StIGH	Ständiger Internationaler Gerichtshof
SU RSFSR	Sobranie uzakonenii i rasporiazhenii RSFSR [Gesammelte Gesetze und Dekrete der RSFSR]
SZ SSSR	Sobranie zakonov i rasporiazhenii SSSR [Gesammelte Gesetze und Dekrete der UdSSR]
TBT	WTO Agreement on Technical Barriers to Trade
TC	Technical Committee
Tcf	Trillion cubic feet (im angloamerikanischen übliche Maßeinheit für Erdgasfördermengen)
TCC	Traffic Control Centre
TIAS	Treaties and other International Acts Series
TSS	Traffic Separation Schemes i.S.d. Art. 41 SRÜ
u.a.	unter anderem
UdSSR	Union der Sozialistischen Sowjetrepubliken
UN	United Nations
UNCLOS	United Nations Conference on the Law of the Sea 1982
UNECE	United Nations Economic Commission for Europe
Unocal	U.S.-amerikanisches Energieunternehmen
Ved. SND SSSR	Vedomosti S'ezda Narodnich Deputatov SSSR
vgl.	vergleiche
VN	Vereinte Nationen
vs.	versus
VTMIS	Vessel Traffic Management Information System
VTS	Vessel Traffic System

WKSV	Wiener Konvention über das Recht der Staatennachfolge in Verträge vom 22.8.1978
WTO	World Trade Organization
WVRK	Wiener Übereinkommen über das Recht der Verträge vom 23.5.1969
WVKIO	Wiener Übereinkommen über das Recht der Verträge zwischen Staaten und Internationalen Organisationen oder zwischen Internationalen Organisationen vom 21.3.1986
YILC	Yearbook of the International Law Commission
ZaöRV	Zeitschrift für ausländisches öffentliches Recht und Völkerrecht
z.B.	zum Beispiel
zit.	zitiert
ZWR	Zeitschrift für Wasserrecht – Deutsches und internationales Wasserrecht, Rechtsvergleichung

EINLEITUNG

Der das Kaspische Meer[1] umgebende zentralasiatisch-kaukasische Raum ist seit jeher Schauplatz geopolitischer Auseinandersetzungen regionaler und fremder Mächte gewesen[2]. Mit dem Zerfall der ehemaligen Sowjetunion im Jahre 1991 erfuhren diese eine neue Dimension. Hauptgrund für das von neuem entstandene Interessengeflecht stellt dieses Mal allerdings das reichhaltige Erdöl- und Erdgasvorkommen des Kaspischen Beckens dar.

Angesichts der zunehmenden weltweiten Nachfrage von Erdöl- und Erdgas, die momentan zusätzlich vor allem durch die boomende asiatische Wirtschaft und eine weiterhin bestehende politische Instabilität der Golfstaaten angeheizt wird, gewinnen die kaspischen Erdöl- und Erdgasvorkommen an Bedeutung für die Sicherung der weltweiten Versorgung mit diesen Rohstoffen[3].
Die nachgewiesenen Erdölvorkommen im Kaspischen Meer belaufen sich auf bis zu 40 Milliarden Barrel (13,6 Mrd. Tonnen) und die vermutete Menge wird sogar auf bis zu 150 Milliarden Barrel (38,3 Mrd. Tonnen)[4] geschätzt. Die im kaspischen Becken nachgewiesenen Erdölvorkommen entsprechen damit denen der USA. Die im Kaspischen Becken bis zum Jahre 2010 voraussichtlich erreichte Erdölfördermenge würde der momentanen Förderquote Venezuelas ent-

---

[1] Die Bezeichnung *Kaspisches Meer* wurde bereits in der Antike verwendet und lehnte sich an den in der Antike im Südwesten des Kaspischen Meeres siedelnden Stamm der *Kaspier* an. Es finden sich allerdings auch andere antike Namen in Anlehnung an andere angrenzende Volksstämme; wie das *Hyrkanische Meer*, das *Albanische Meer* oder das *Skythische Meer*. Im Altertum finden sich schließlich die Bezeichnungen wie *Mare Caspium*, *Hyrcanus sinus* (lat. Bucht) oder *Chwalisisches Meer*. Des Weiteren verwendeten die angrenzenden Völker spezifische eigene Namen; die Osmanen kannten es als *Kuzgun Denizi* (Raben Meer) oder *Bahr i Chazar* (Chazarenmeer), bei den Tataren hieß es *Ak Dengiz* (Weißes Meer), bei den Persern *Darza i Chyzyr*, bei den Turkmenen *Kükküz* und bei den Russen bis zum heutigen Zeitpunkt *Kaspieskoje morje*. (*Kürschner*, Pierers Konversations-Lexikon, 8. Bd., S. 179).

[2] Eine politische Landkarte der zentralasiatisch-kaukasischen Region ist dieser Arbeit als **Anlage 1** beigefügt.

[3] *von Petersdorff*, Der globale Kampf um Energiequellen bricht aus, *Frankfurter Allgemeine Sonntagszeitung*, 2. Oktober 2005, S. 41.

[4] Vgl.: United States Energy Information Administration (EIA) (http://www.eia.doe.gov/e-meu/cabs/caspian.html); *Asia Pulse PTE Ltd*, 25 January 2001; *The Wall Street Journal*, 5 March 2001; andere Zahlen präsentiert *Askari*, der von 10 Milliarden Barrel nachgewiesenen und 233 Milliarden Barrel vermuteten Erdölreserven ausgeht (*Askari*, Caspian oil development, S. 43) Siehe auch **Anlage 2**.

sprechen und damit eine für die Weltwirtschaft nicht unerhebliche Bedeutung erlangen.

Signifikante Vorkommen an Erdgas, welches mit fortschreitender LNG-Technik und eines aufgrund dessen immer kostengünstigeren Transports zu den Weltmärkten stetig mehr an Bedeutung gewinnt, erhöhen zusätzlich die Bedeutung des Kaspischen Beckens als Rohstofflieferant. Mit bisher nachgewiesenen 6% und vermuteten 12% der Weltgasreserven könnte die kaspische Region bereits in naher Zukunft insbesondere für den asiatischen, aber auch für den europäischen Markt zu einem der Hauptversorger avancieren[5].

Es war der Schriftsteller *Rudyard Kipling*[6], welcher mit seinem Roman über das im 19. Jahrhundert zwischen Großbritannien und Russland ausgetragene so genannte "Great Game" das Schlagwort für das Bemühen von alten und neuen Playern um den Zugang zu den Energieressourcen des Kaspischen Beckens prägte. Dieser Vergleich hält der historischen und faktischen Analyse nicht in jedem Fall Stand, da es heute nicht wie im 19. Jahrhundert um den Zugang nach Indien, den Frankreich und Russland vergebens zu erlangen bemüht waren, sondern um die zentralasiatischen Rohstoffe geht.

Obwohl die Ära des Kalten Krieges bereits seit über 10 Jahren beendet ist und die nach dem Zerfall der Sowjetunion neu entstandenen kaspischen Anrainerstaaten seitdem um eine selbständige Erschließung der kaspischen Rohstoffe bemüht sind, mangelt es noch immer an einer Klärung der hoheit-lichen Rechte zur Ausbeutung der unter dem Kaspischen Meer befindlichen Rohstoffe.

Neben den zahlreichen politischen Konfliktherden im kaukasisch-zentralasiatischen Raum hat vor allem das komplizierte geopolitische Interessengeflecht um die Ausbeutungsrechte der kaspischen Rohstoffe bisherige Bemühungen um eine klare Definition der hoheitlichen Befugnisse der Anrainer-

---

[5] Die bisher nachgewiesenen Erdgasvorkommen belaufen sich auf ca. 6,7 bis 9,2 Billionen m^3, wobei weitere 8 Billionen m^3 im Kaspischen Becken vermutet werden. Im Jahre 2001 betrug die Fördermenge immerhin 7,5% des weltweit geförderten Erdgases. Zu neueren Analysen hinsichtlich der tatsächlichen Vorkommen im Kaspischen Meer und deren Signifikanz für die Weltmärkte vgl.: *Askari*, Caspian oil development, S. 43f.; *Fradkin* (u.a.), Caspian Sea: Offshore-Exploration, Discoveries, and Strategy, S. 65ff.; *Salameh*, Caspian Oil is no Middle East, S. 33ff..

[6] *Hopkirk*, The Great Game: The Struggle for Empire in Central Asia; *ders.*, In Search of Kipling's Great Game.

staaten des Kaspischen Meeres vereitelt und damit ein vollum-fängliches Engagement ausländischer Investoren in die noch immer marode postsowjetische Erdöl- und Erdgasindustrie der kaspischen Anrainerstaaten verhindert. Auch auf ihrem jüngsten Treffen vom 6. bis 7. Oktober 2005 in der aserbaidschanischen Hauptstadt Baku gelang es der von den Anrainerstaaten zur Klärung der hoheitlichen Rechte zur Ausbeutung der kaspischen Ressourcen eingesetzten *Special Working Group* nicht, sich auf ein abschließendes Konzept zu verständigen[7].

Neben den politischen und rechtlichen Unsicherheitsfaktoren sind es vor allem die **wirtschaftlichen Rahmenbedingungen**, die die Attraktivität der kaspischen Rohstoffe im Vergleich zu sonstigen Förderorten beeinträchtigen. Sowohl die Förderung als auch der vergleichsweise teure Transport – durch zum größten Teil noch zu bauende Pipelines[8] zu den mehrere hundert Kilometer entfernten Überseehäfen – verursachen Gesamtkosten von ca. US$ 12-15 je Barrel, bis ein Barrel kaspisches Erdöl die Weltmärkte erreicht. Damit liegen die Kosten drei- bis viermal höher als beim Erdöl des Persischen Golfs.
Dennoch lohnen sich aus rein wirtschaftlichen Erwägungen Investitionen ins kaspische Erdöl solange sich der Rohölpreis über der Marke von US$ 20 befindet[9]. Die noch vor wenigen Jahren erhobenen Rentabilitätsbedenken haben sich mittlerweile angesichts der Verdreifachung des Weltmarktpreises für ein Barrel Rohöl innerhalb der letzten 4 Jahre auf gegenwärtig US$ 60 erübrigt.

Unabhängig davon sollten die auf Investoren besonders angewiesenen neuen unabhängigen Staaten der ehemaligen Sowjetunion weiterhin bemüht sein, zuverlässige und investitionsfreundliche rechtliche Rahmenbedingungen zu schaffen[10].
Inhalt der nachfolgenden Untersuchungen soll deshalb zunächst eine Analyse der vorhandenen Vertrags- oder Staatenpraxis im Hinblick auf die Förderung der unter dem Kaspischen Meer gelegenen Rohstoffe sein. Auf Grund des Zerfalls der UdSSR und der Gründung der neuen unabhängigen GUS-Staaten stellt sich die Frage, ob Letztere an solche Verträge oder eine bestimmte lokal geprägte gewohnheitsrechtliche Staatenpraxis überhaupt gebunden sind, da sich

---

[7] 'Baku delegates keep on working out the Caspian Sea status Convention', *CAUCAZ.COM*, Breaking News, 08 October, 2005.
[8] Übersicht dazu unter: http://www.grida.no/caspian/maps_graphics/transp.htm.
[9] Vgl.: *Chalabi*, Gulf Oil vs. the Oil of the Caspian, S. 162; *Salameh*, Caspian Oil is no Middle East, S. 33ff..
[10] Siehe Analyse *Müllers* zu Aussichten der neuen unabhängigen Staaten, vom Erdölboom am Kaspischen Meer tatsächlich profitieren zu können (in: *Müller*, Energy wealth in the Caspian).

seit der Proklamierung der Unabhängigkeit derselben die völkerrechtliche Situation im Kaspischen Becken völlig anders darstellt.

In Ermangelung eindeutiger lokaler völkerrechtlicher Regelungen zur Ausbeutung der im und unter dem Kaspischen Meer befindlichen Naturressourcen sollen sodann aus einer Analyse des anwendbaren Völkerrechts und der Staatenpraxis für die im kaspischen Becken gegebene einmalige völkerrechtliche Konstellation Lösungsalternativen aufgezeigt werden, welche die Anrainerstaaten des Kaspischen Meeres bei der Konfliktbewältigung berücksichtigen müssen oder zumindest sollten, um eine alle Staaten befriedigende schnellstmögliche Klärung des **völkerrechtlichen Status des Kaspischen Meeres** zu erzielen.

Des Weiteren gilt es, die **völkerrechtlichen Rahmenbedingungen für den Transport der kaspischen Rohstoffe** zu den Weltmärkten zu untersuchen. Die geographischen Gegebenheiten dieser landumschlossenen Region ohne direkten Zugang zu den Weltmeeren machen es erforderlich, die Rohstoffe zunächst im Transit durch andere Länder bzw. über lange Distanzen zu transportieren. Dies verringert nicht nur die Gewinnspanne für die kaspischen Rohstoffe, sondern macht diese Staaten von den Transitstaaten abhängig. Umso wichtiger sind daher berechenbare vertragliche Rahmenbedingungen für langfristig abgesicherte Transit-Rohstofftransporte.
Dadurch, dass die nun schon seit über 10 Jahren unabhängigen Anrainerstaaten des Kaspischen Meeres noch immer vom Pipelinemonopol Russlands abhängig sind, um ihre Erdöl- und Erdgasressourcen zu den Weltmärkten transportieren zu können, stellt sich die Errichtung eines für alle Anrainerstaaten des Kaspischen Beckens politisch akzeptablen und wirtschaftlich sinnvollen Pipelinesystems für diese Staaten als eine der wichtigsten, in naher Zukunft zu bewältigenden Aufgabe dar.

Die dabei auftretenden widerstreitenden Interessen und Problematiken sind vielschichtig. Während sich auf der einen Seite die Frage stellt, ob ein Transitstaat grundsätzlich verpflichtet ist, einem Binnenstaat die Verlegung von Erdöl- und Erdgaspipelines über sein Territorium zu gewähren, sieht sich der die Verlegung von Pipelines begehrende Binnenstaat oft der teilweise erdrosselnden Wirkung von erhobenen Transitgebühren und –abgaben sowie verschiedener nationaler Rechtsauflagen ausgesetzt. Daher gehen dem Bau einer Transitpipeline oft jahrelange Verhandlungen zwischen den beteiligten Investoren und zwischen diesen und den betroffenen Staaten voraus.

Da eine Unterstützung bei der Lösung dieser Problematik und eine damit verbundene politische Stabilisierung und demokratische Entwicklung der kaspischen Region sowie Sicherung der kaspischen Rohstofftransporte sowohl im amerikanischen als auch europäischen Interesse liegt, haben sich diese Staaten in jüngster Vergangenheit verstärkt auf politischer Ebene und mit Programmen zur finanziellen und rechtlichen Unterstützung der ehemaligen Sowjetrepubliken beim Ausbau der Transport-Infrastruktur engagiert.
Neben dem weltweit steigenden Bedarf an fossilen Brennstoffen liegt eine wesentliche Motivation für das staatenübergreifende Engagement in der kaspischen Region darin begründet, Rohstoffabhängigkeiten von einzelnen Förderregionen zu verringern und Optionen für multiple Rohstoffimportmöglichkeiten auszubauen.

Die nachfolgende Untersuchung soll neben diesen jüngsten völkervertraglichen Entwicklungen auch das sonstige Transitpipelines betreffende Völkerrecht und die entsprechende Staatenpraxis analysieren, um die vom Völkerrecht akzeptierten und beim Bau kaspischer Exportpipelines zu beachtenden Grundprinzipien aufzuzeigen.

Geographisch nur mittelbar mit der kaspischen Region verbunden, dafür allerdings direkt vom kaspischen Erdöl betroffen, sind die **Türkischen Meerengen**. Seit der Fertigstellung der *CPC*-Erdölpipeline vom kasachischen *Tengiz*-Erdölfeld zum russischen Schwarzmeerhafen Noworossisk im Sommer 2001 - eine der Hauptexportpipelines[11] für kaspisches Erdöl - ist der Tankerverkehr durch die Türkischen Meerengen sprunghaft angestiegen. Zusammen mit dem von Aserbaidschan an die georgischen Schwarzmeerhäfen Supsa und Batumi per Pipeline oder Zug beförderten und von dort per Tanker weiter durch die Türkischen Meerengen transportierten Erdöl beträgt die tägliche Menge des so transportiertem kaspischen Erdöls momentan ca. 1,5 Millionen Barrel. Mit vollständiger Kapazitätsauslastung der Pipelines im Laufe der nächsten Jahre wird sich diese Menge nahezu verdoppeln, so dass die Sicherheit der internationalen Schifffahrt durch die Türkischen Meerengen bei einem für internationale Meerengen typischen ungehinderten und unreglementierten Transitreglement akut gefährdet wäre. Die Geschichte des Tankerverkehrs durch diese sehr engen und kurvenreichen Meerengen weist zahlreiche für Mensch und Umwelt verheerende Katastrophen auf.

[11] Ein Überblick über die bereits bestehenden und potentiellen kaspischen Pipelinerouten unter: http://www.grida.no/caspian/maps_graphics/transp.htm.

Die Türkei versucht, über nationale Gesetzgebungen und Reglementierungen des Tankerverkehrs die zunehmende Gefahr weiterer Umweltkatastrophen in Folge verunglückter Tanker zu begrenzen. Die indirekte Folge solcher Reglementierungen wäre eine Beeinflussung der Kapazitätsausnutzung der kaspischen Pipelines und damit der Wirtschaftlichkeit dieser Exportrouten. Auch die angedrohte zusätzliche Erhebung von Tankergebühren durch türkische Behörden ist vor dem Hintergrund der Bemühungen für die Verlegung der im Mai 2005 mittlerweile fertig gestellten[12] Hauptexportpipeline vom Kaspischen Meer durch die Türkei zum Mittelmeerhafen in Ceyhan zu verstehen. Bauaufträge und zusätzliche Einnahmen durch Transit- und Hafengebühren machen diese „Bosporus-Umgehung" für die Türkei so attraktiv.

Ob das für internationale Meerengen entwickelte Völkerrecht solche Reglementierungen der Transitpassage zulässt oder der Protest der meisten Nutzerstaaten gegen jede wie auch immer formulierte Beschränkung der freien Durchfahrt begründet ist, soll daher ebenfalls Inhalt der nachfolgenden Untersuchungen sein.

Mit der Verlagerung des Erdöltransports vom Seeweg auf Pipelines verringert sich das Potential möglicher **Umweltverschmutzungen** nur unerheblich.
Die *Baku-Ceyhan-Pipeline* führt durch zahlreiche politisch instabile Regionen, in denen diese Pipeline wie auch bei den meisten anderen kaspischen Pipelines ein strategisches Ziel für Sabotageaktivitäten von Separationsbewegungen und terroristische Gruppierungen darstellt. Auf diese Weise zerstörte Pipelines können wegen des aus ihnen austretenden Erdöls riesige Gebiete verseuchen. Ähnliche Gefahren gehen von mangelhaft montierten Pipelines, Erdbeben und von dem in dieser Region üblichen illegalen „Anzapfen" der Pipelines aus.
Weitere potentielle Umweltverschmutzungen bestehen bereits bevor das Erdöl überhaupt in die Pipelines gelangt. Sowohl die Lagerstättenerkundung als auch die spätere Erdölförderung bergen sowohl on- als auch offshore Gefahren für die Umwelt.

In Anbetracht der in den meisten kaspischen Staaten vorherrschenden wirtschaftlichen Probleme tritt der Umweltschutz bisher regelmäßig hinter den ökonomischen Notwendigkeiten zurück. Die wenigen nationalen Umweltschutzbestimmungen sind – soweit sie überhaupt beachtet und durchgesetzt werden – oft

[12] *Sultanova*, Caspian Sea pipeline to be unveiled, *Associated Press*, May 24, 2005; *Wagstyl/Boland*, Umstrittene Kaukasus-Pipeline geht in Betrieb, *Financial Times Deutschland*, 26. Mai 2005, S. 13.

noch aus Sowjetzeiten und entsprechen nicht mehr den Entwicklungen des modernen Umweltvölkerrechts.

Inhalt der nachfolgenden Untersuchungen soll daher ebenfalls darin bestehen aufzuzeigen, welche Vorgaben, Standards und völkervertragliche Pflichten sich für die kaspischen Anrainerstaaten aus dem Umweltvölkerrecht speziell für maritime Erdölaktivitäten ergeben.

Um ein langfristig friedliches Nebeneinander zwischen den Anrainerstaaten des Kaspischen Meeres zu sichern und um die Investitionsbereitschaft westlicher Firmen in dieser Region zu verbessern, bedarf es einer baldigen komplexen völkerrechtlichen Regelung, die den von der Staatengemeinschaft anerkannten Prinzipien gerecht wird, welche die besonderen historisch gewachsenen Interessen der einzelnen kaspischen Anrainerstaaten und der betroffenen Transitstaaten berücksichtigt und Aspekte der Meeresverschmutzung durch Erdölförderung und Pipelinetransport nicht unbeachtet lässt.

Während im Bereich des Umweltschutzes erste Erfolge zu verzeichnen sind, lässt ein gemeinsamer Konsens hinsichtlich der Ausbeutungsrechte an den kaspischen Ressourcen jedoch noch immer auf sich warten. Obwohl bereits zahlreiche im Erdöl- und Erdgasgeschäft tätige Konzerne im kaspischen Raum aktiv geworden sind und auch einige Anrainerstaaten untereinander Abkommen zur gemeinsamen Ausbeutung der Lagerstätten im Kaspischen Meer geschlossen haben, wird deren vollumfängliches Engagement so lange auf sich warten lassen, bis ihnen die nötige Rechtssicherheit gewährleistet werden kann.

Die politische Stabilität der Region, ihr wirtschaftliches Wachstum und eine Entwicklung der ehemaligen Sowjetrepubliken zu rechtsstaatlich-demokratischen und marktwirtschaftliche Werte respektierenden Staaten hängen dabei direkt mit einer alsbaldigen Lösung dieser Frage zusammen.

Bevor die erwähnten Probleme einer Analyse zugeführt werden, soll zum besseren Verständnis der wirtschaftlichen und völkerrechtlichen Zusammenhänge zunächst eine kurze geschichtliche Einführung in diese, von geopolitischen Auseinandersetzungen und separatistischen Bestrebungen so gezeichnete Region erfolgen.

Erstes Kapitel: Historische und Geopolitische Grundlagen

§ 1 Die Geschichte der Auseinandersetzungen um die Vorherrschaft im Kaspischen Raum

Die das Kaspische Meer umgebenden kaukasisch-zentralasiatischen Gebiete waren seit jeher Gegenstand der Begierde verschiedenster Völker, die um die politische Vorherrschaft in der Region oder Zugangswege nach Indien und China rangen. Der folgende kurze Überblick über die Historie des kaspischen Raums ist erforderlich, um die völkerrechtlichen Zusammenhänge und Besonderheiten der Region in angemessener Weise analysieren und würdigen zu können. Auch im weiteren Verlauf dieser Arbeit werden daher weitere spezifische historische Analysen zum besseren Verständnis für das jeweilige völkerrechtliche Grundproblem erforderlich sein.

A. Erste geschichtliche Erwähnungen

Erste historische Aufzeichnungen über den kaspischen Raum reichen über mehr als 2500 Jahre zurück. So weiß man bereits von *Zarathustra* zu berichten, dass dieser extra nach Nordpersien gereist ist, um die ewig brennenden Feuer Bakus bewundern zu können[13].

Um das Jahr 330 v.Chr. unterwarf *Alexander der Große von Makedonien* den kaspisch-zentralasiatischen Raum seiner Herrschaft. Er wurde beerbt von den Reichen der Seleukiden und der Parther, welche bis 224 n.Chr. Zentralasien beherrschten. Dem folgte eine über 400 Jahre dauernde Periode des zweiten Persischen Reichs unter der Herrschaft der Sassaniden, welche sich bis 642 erfolgreich gegen römische, arabische, indische Expansionsbestrebungen, aber auch gegen die der Hunnen und Turkvölker, um die Vorherrschaft entlang der westlichen und südlichen Ufer des Kaspischen Meers wehrten.

Mit der arabischen Eroberung Persiens um das Jahr 640 begann schließlich auch die Islamisierung weiter Teile Zentralasiens. Kulturell und sprachlich blieb der west- und südkaspische Raum allerdings persisch geprägt, bis schließlich ab dem 10. Jahrhundert mehr und mehr turksprachige Nomaden den westkaspisch-transkaukasischen Raum besiedelten[14].

---

[13] *McLaurin*, Sketches in Crude Oil, Harrisburg 1896, S. 8.
[14] *Swietochwoski*, The Caspian as a Region in History.

Zur selben Zeit begannen die Fürsten des Kiewer Reiches ihre imperialen Bestrebungen in Richtung Transkaukasien und Byzanz auszuweiten. Ab Mitte des 11. Jahrhunderts erreichte das Kiewer Reich eine Ausdehnung, die von der Ostsee über die Nordprovinzen des Schwarzen Meeres bis zum Nordwestufer des Kaspischen Meeres reichte[15]. Von nicht unerheblicher Bedeutung war die wohl politisch motivierte endgültige Annahme des griechisch-orthodoxen christlichen Glaubens der damals mächtigen Byzantiner durch Fürst *Wladimir* und damit des gesamten Kiewer Reichs Ende des 10. Jahrhunderts[16].

Eine jähe Änderung der Machtverhältnisse folgte dem Mongolensturm, der bis Mitte des 13. Jahrhunderts in weniger als zwei Jahrzehnten zur Konsolidierung der Tatarenherrschaft von Zentralasien bis weit nach Zentraleuropa führte. Die geschaffenen Reiche der Goldenen Horde nördlich des Kaspischen Meeres und der Jl-Khane südlich des Kaspischen Meeres sollten für die nächsten 300 Jahre das Schicksal der dortigen Völker bestimmen[17].

B. Beginn russischer Eroberungen in Zentralasien

Erst im 16. Jahrhunderts stießen die Armeen des russischen Zaren *Iwan IV.* wieder bis zu den Nordufern des Kaspischen Meeres vor. Die russischen Eroberungen zwischen 1552 und 1556 von Kasan und Astrakhan, an der Mündung der Wolga ins Kaspische Meer gelegen, bildeten den Anfang der Expansionsbestrebungen Russlands nach Osten und Transkaukasien[18], welche später sowohl von Zar *Peter I.*, *Katharina II.*, *Alexander I.* als auch *Stalin* fortgesetzt wurden.

Südlich des Kaukasus kam es nun zu einem hundert Jahre währenden Krieg zwischen Persien und dem Osmanischen Reich, welcher erst am 17. Mai 1639 durch den *Vertrag von Qasr-i Shirin* beendet werden konnte. Dieser sprach Persien die Gebietshoheit sowohl über den Kaukasus als auch über das am Kaspischen Meer gelegenen Aserbaidschan zu[19].

---

[15] *Rühl*, Aufstieg und Niedergang des Russischen Reichs, S. 10ff..
[16] Ebenda, S. 14ff..
[17] Ebenda, S. 25ff.; 1552 gelang es schließlich *Ivan IV.* in der Schlacht von Kasan, endgültig die Herrschaft der *Goldenen Horde* zu beenden.
[18] *Rühl*, Aufstieg und Niedergang des Russischen Reiches, S. 115ff..
[19] *Stanford, Shaw*, in: *Avery*, The Cambridge History of Iran, S. 297.

Anfang des 18. Jahrhunderts brach das Persische Reich unter der schwachen Führung des Schahs *Sultan Husains* auseinander[20]. Durch den Einfall der Afghanen wurde Persien weiter geschwächt. Daher sahen das Osmanische Reich und das Russische Reich unter der Regentschaft Zar *Peter I.* die Gelegenheit gekommen, sich persische Gebiete einzuverleiben.

Ein zwischen Russland und dem Osmanischen Reich geschlossener Vertrag[21] vom 24. Juni 1724, durch welchen die nordpersischen kaspischen Provinzen an Russland und Transkaukasien sowie ein Großteil Aserbaidschans an die Türken fallen sollte, war allerdings nicht von langem Bestand. Einem erstarkten Persischen Reich unter Schah *Tahmasp* und dessen Feldherren *Nadir Khan* gelang es bereits ab 1730, die Afghanen zu vertreiben und einen Großteil der besetzten persischen Provinzen von den Osmanen zurückzuerobern. Bereits im Jahre 1735 sah sich auch Russland zur Preisgabe aller petrinischen Persieneroberungen gezwungen[22].

C. Das "Great Game" um die Vorherrschaft in Zentralasien

Einen weiteren Versuch imperialen Gebietserwerbs in Richtung Kaukasus und Persien unternahm Russland erst wieder nach seinen siegreichen Schlachten gegen die Türken[23] unter der Herrschaft *Katharinas II*[24]. Während *Katharina* ihre Pläne hinsichtlich der Eroberung der nördlichen persischen Provinzen nicht mehr verwirklichen konnte[25], war es Zar *Alexander I.* (1801-1825), welcher sich - gestärkt durch den Sieg gegen *Napoleon* - berufen sah, die Politik *Katharinas II.* fortzusetzen[26].

---

[20] *Kazemzadeh*, F., in: *Avery*, The Cambridge History of Iran, S. 316f..

[21] *Hurewitz*, The Middle East, I., S. 68.

[22] Sovetsko-iranskie otnosenija, S. 21ff..

[23] Im *Friedensvertrag von Kütschük-Kainardsche* im Juli 1774 müssen die Türken Krim und Asowsches Meer abgeben, Russland erlangte den freien Zugang zum Schwarzen Meer und weitere erhebliche Grenzausweitungen. (*Rühl*, Aufstieg und Niedergang des Russischen Reiches, S. 235).

[24] 1729-96, Zarin 1762-96 nach Sturz ihres Ehemannes *Paul III.*, der die Erfolge seiner Vorgängerin Elisabeth (gest. 5. Januar 1762) im Kampf gegen Preußen auf Grund seiner persönlichen Bewunderung Friedrichs des Großen verspielte, indem er die Bündnispartner Österreich und Frankreich verprellte und die Russische Armee, welche den Krieg in Deutschland hätte entscheiden können, aus dem Krieg abzog. (*Rühl*, Aufstieg und Niedergang des Russischen Reiches, S. 216f.).

[25] *Atkin*, The Khanates of Eastern Caucasus, S. 138.

[26] *Zernack*, Geschichte Russlands, Bd 2, II, S. 984.

Mit der Schlacht um Erivan (Georgien) am 1. Juli 1804 begann der Erste Russisch-Persische Krieg, der durch den *Friedensvertrag von Gulistan* am 14. Oktober 1813 beendet wurde[27]. In diesem Vertrag wurde ein Großteil der nördlichen persischen Provinzen Russland zugesprochen, so dass er das Kaspische Meer praktisch zu einem russischen *mare clausum* machte[28]. Auch im Zweiten Russisch-Persischen Krieg sollte es Persien nicht gelingen, den russischen Einfluss auf das Kaspische Becken zurückzudrängen. Im *Friedensvertrag von Turkmanchaï* vom 22. Februar 1828[29] wurden die im *Vertrag von Gulistan* getroffenen Vereinbarungen bestätigt und Russland noch weitere Gebiete zugesprochen. Der *Vertrag von Turkmanchaï* bestimmte für die folgenden 90 Jahre die Beziehungen zwischen Russland und Persien.

Ab der zweiten Hälfte des 19. Jahrhunderts begann Russland mit der Annektion weiterer transkaspischer Gebiete bis nach Turkistan und den Grenzen zu Afghanistan[30]. Dies sollte die Briten auf die Bühne des "Great Games" um die Kontrolle Zentralasiens treten lassen. Besorgt um die Sicherheit ihrer Kronkolonie Indien kam es in den folgenden hundert Jahren zwischen beiden Staaten immer wieder zu Auseinandersetzungen hinsichtlich der Einflusssphären in Zentralasien.
So wurde auch Persien im auslaufenden 19. Jahrhundert immer mehr zum Spielball russischer und englischer imperialistisch - kapitalistischer Wirtschaftsexpansionen[31].

Großbritannien und Russland machten sich revolutionäre Umwälzungen des Jahres 1906 und eine damit einhergehende Instabilität Persiens zu Nutze und schlossen im Jahre 1907 einen Vertrag über die Aufteilung Persiens in eine russische und eine englische Einflusszone. Während Russland die persischen Gebiete vom Kaspischen Meer bis Zentralpersien zugesprochen bekam, sollte sich der britische Einfluss von dort bis an den Persischen Golf ausdehnen[32].

---

[27] *Kazemzadeh*, in: The Cambridge History of Iran, S. 334.

[28] *Romano*, The Caspian Sea Dispute, S. 147; *Kazemzadeh*, in: *Avery*, The Cambridge History of Iran, S. 334; *Hambly*, in: *Avery*, The Cambridge History of Iran, S. 162.

[29] Quellen zur Geschichte des Völkerrechts, Grewe, Bd 3/1, Berlin 1992.

[30] Die russischen Truppen konnten durch die britischen erst kurz vor der afghanischen Grenze bei Sarakhs und Marv gestoppt werden. (*Kazemzadeh*, in: *Avery*, The Cambridge History of Iran, S. 341).

[31] *Kazemzadeh*, in: *Avery*, The Cambridge History of Iran, S. 341.

[32] Siehe Kartenmaterial in: *Kazemzadeh*, in: *Avery*, Cambridge History of Iran, S. 344, Map. 8 - Russian and British spheres of influence.

Geschwächt durch den Ersten Weltkrieg und den im eigenen Land tobenden Bürgerkrieg, fehlten dem sowjetischen Russland allerdings Ende der 20er Jahre die militärischen Mittel, um die eigene Präsenz in Persien aufrecht zu erhalten und das Vordringen der „Mittelmächte“ und Großbritanniens zu unterbinden.

D. Die Entwicklungen bis zur Mitte des 20. Jahrhunderts

Sowjetrussland erklärte bereits kurz nach der Machtübernahme der Bolschewiken die Nichtigkeit der früheren russisch-persischen Verträge. Obwohl dies sogar in zwei sowjetisch-iranischen Verträgen festgeschrieben wurde, besetzten russische Truppen im Frühjahr 1920 das für nur wenige Jahre unabhängige ehemals russische Aserbaidschan[33].

Im Jahre 1941 wurde Persien von neuem sowohl von britischen als auch von russischen Truppen besetzt[34].
Einer „Sowjetisierung“ der nördlichen iranischen Provinzen konnte erst durch massiven Druck Großbritanniens und der USA Einhalt geboten werden. Ein Jahr nach dem Ende des Zweiten Weltkrieges zog die Sowjetunion schließlich ihre Truppen von persischem Territorium ab[35].
Dies sollte auch einen Schlussstrich unter die mehrere Jahrhunderte wiederkehrende Dominanz ausländischer Mächte über Persien und den Iran darstellen.

---

[33] *Keddie*, in: *Avery*, The Cambridge History of Iran, S. 209.
[34] *Saikal*, in: *Avery*, The Cambridge History of Iran, S. 434.
[35] Nach Vereinbarung über die Gründung einer gemeinsamen sowjetisch-iranischen Erdölgesellschaft verkündete Moskau am 24. März 1946 den Abzug aller Truppen aus Persien innerhalb der nächsten eineinhalb Monate. Der Konzessionsvertrag sollte schließlich von iranischer Seite nicht ratifiziert werden. (*Saikal*, in: The Cambridge History of Iran, S. 438f).

§ 2 Souveränitätsbestrebungen, Regionale Konflikte und moderne Geopolitik am Kaspischen Meer

A. Souveränitätsbestrebungen vs. Russische Einflussnahme

Als sich die Sowjetunion als einheitliches Völkerrechtssubjekt am 21. Dezember 1991 auflöste, befanden sich die aus den ehemaligen Sowjetrepubliken entstandenen Staaten in der komplizierten Situation und dem Bewusstsein, dass ihre politischen sowie wirtschaftlichen Gegebenheiten noch eine enge Verknüpfung mit dem ehemaligen sowjetischen Machtzentrum Moskau aufwiesen und von sozialistischer, oft monokultureller Planwirtschaft bestimmt waren.

Bei der Suche nach einer eigenen Identität und dem Bemühen um die Errichtung einer von Russland unabhängigen Ökonomie waren die neu entstandenen zentralasiatischen Staaten immer wieder externen Einflüssen ausgesetzt.
Russland geht es vor allem um die Vermeidung der Etablierung dritter Mächte entlang der Südperipherie des russischen Staates und der Wahrung der eigenen Einflusssphäre in dieser Region, die von Russland auch als das „nahe Ausland“ bezeichnet wird. Dies ist der Grund für eine verstärkte Einflussnahme in die internen Angelegenheiten gerade dieser ehemaligen Sowjetrepubliken.

B. Beziehungen Irans mit seinen kaspischen Nachbarn

Der Iran versucht mit seinen islamisch geprägten kaspischen Nachbarn bilateralen Beziehungen auszubauen, um den westlichen Einfluss auf die Region so gering wie möglich zu halten. Während sich zwischen dem Iran und Turkmenistan vor allem wirtschaftliche Beziehungen herausgebildet haben[36], stellt sich das Verhältnis zu Aserbaidschan als eher gespannt dar. Die jetzige Republik Aserbaidschan gehörte bis Anfang des 19. Jahrhunderts eigentlich zum iranischen bzw. persischen Territorium. Bestrebungen der bis zu 20 Millionen im Iran lebenden Aseri hinsichtlich einer Wiedervereinigung mit Aserbaidschan, haben auf beiden Seiten der Grenze zu gegenseitigen Ressentiments geführt[37]. Weiterhin sind dem Iran die engen Beziehungen, die Baku sowohl mit den USA als auch mit der Türkei und Israel pflegt, sehr suspekt. Die angespannten Beziehungen zwischen dem Iran und Aserbaidschan spiegelten sich u.a. in folgendem Zwischenfall aus dem Jahre 2001 wider: Im Juli 2001 kam es zu einer Verschärfung der diplomatischen Beziehungen zwischen beiden Staaten, als ein irani-

---

[36] *Dekmejian/Simonian*, Troubled Waters, S. 80ff..
[37] *Herzig*, Iran and the Former Soviet South, S. 26.

sches Kriegsschiff unter Androhung von Waffengewalt ein aserbaidschanisches Erdölfeld-Erkundungsschiff zwang, ein Gebiet des Kaspischen Meeres zu verlassen, welches sowohl Aserbaidschan, als auch der Iran für sich beanspruchen[38].

Trotz einer seit Jahrhunderten gewachsenen Rivalität zwischen dem Iran und Russland im kaspischen Raum, ist seit dem ausgehenden 20. Jahrhundert eine wohl eher auf pragmatischen Gründen beruhende Kooperation beider Staaten zu verzeichnen. Das Bemühen um eine Neutralisierung der verstärkten Einflussnahme amerikanischer Politik auf die Region kann als eine Ursache dafür angesehen werden. Noch immer sind Russland und der Iran nicht daran interessiert, dass Drittmächte in ihre traditionellen Einflusszonen eindringen. Obwohl beide Staaten weiterhin Konkurrenten um die günstigsten Pipelinerouten für den Abtransport der kaspischen Reichtümer sind, und der Iran noch immer die Rechtsgültigkeit der bilateralen Verträge zwischen Russland und Kasachstan bzw. Aserbaidschan über die Aufteilung der Bodenschätze des Kaspischen Meeres negiert, sind die bilateralen Beziehungen beider Staaten auf Grund der oben erwähnten übergeordneten geopolitischen Erwägungen in jüngster Zeit als sehr konstruktiv zu bewerten[39].
Die zumindest indirekte Unterstützung radikal-islamistischer Gruppierungen durch entsprechende iranische Kreise wirkt sich allerdings nicht förderlich auf

---

[38] Die Auseinandersetzungen bezogen sich auf die drei Erdölfelder *Araz, Alov* und *Sharg*, welche entsprechend einer gedachten Mittellinie im aserbaidschanischen Sektor des Kaspischen Meeres liegen würden. Im Juli 1998 unterzeichnete Aserbaidschan mit British Petroleum ein PSA bezüglich dieser drei Felder. Trotz offiziellen Protestes seitens Irans wurde 1999 mit ersten seismologischen Erkundungen begonnen. Nach iranischer Auffassung liegen die drei Felder zumindest im Grenzbereich der kaspischen Sektoren, soweit man den extrem überzogenen Forderungen Irans von bis zu 20% der Gesamtfläche des Kaspischen Meeres folgen sollte. (*Sultanova*, Azerbaijan accuses Iran, *Associated Press Newswire* vom 24.7.2001; *Maleki*, 'What happened in the South Caspian?', International Institut for Caspian Studies vom 17.8.2001; Zu vergleichbaren Drohgebärden seitens der iranischen *Islamic Revolution Guards Corps* (IRGC), die allerdings nicht dem Verteidigungsministerium unterstellt sind, kam es am 24. Februar 2002. Damit sollte nochmals unmissverständlich der Anspruch Irans auf die umstrittenen Erdölfelder unterstrichen werden. ('Iran stations 38 naval ships in Caspian Sea', *BBC Monitoring International Reports*, 1. March 2002, *ANS TV*, Baku 28. Februar 2002).

[39] So schlossen Iran und Russland im Frühjahr 2001 einen Kooperationsvertrag, der unter anderem sowohl die Errichtung eines Atomkraftwerkes in Iran als auch umfangreiche Waffenlieferungen Russlands an den Iran vorsieht. Trotz massiver Kritik, vor allem aus den USA, wurde der Vertrag im Dezember 2001 vom russischen Parlament ratifiziert. ('Russia`s lower house of parliament ratifies treaty with Iran', in: *Associated Press Newswire* vom 19.12.2001).

die russisch-iranischen Beziehungen aus. Denn Russland sieht sich mit einem entlang seiner südlichen Staatsgrenzen wieder aufblühenden und gleichzeitig zunehmend radikaleren Islamismus konfrontiert, von welchem es einen verstärkenden Einfluss auf die Instabilitäten innerhalb seiner eigenen Staatsgrenzen befürchten muss[40]. Es bleibt abzuwarten, welche Wirkung die letzten Afghanistan- und Irakkriege auf die zum Teil auch islamisch geprägten Separatismusbestrebungen im eigenen Lande und in Russlands „nahem Ausland“ [41] haben werden.

C. Kontrolle über Ressourcen und Exportrouten

Die Brisanz ethnischer und kultureller Konfliktpotentiale entlang der Südgrenze Russlands wächst mit dem schwindenden Einfluss Moskaus auf die Energieressourcen und deren Exportrouten[42], über die Russland traditionell das Monopol besaß. Die unabhängigen zentralasiatischen Staaten waren nach dem Zerfall der UdSSR um ihre wirtschaftliche Unabhängigkeit von Russland bemüht. Um die neu entdeckten großen Erdöl- und Erdgasvorkommen im Kaspischen Becken für sich selbst ausbeuten zu können, öffneten sie sich westlichen Investoren und internationalen Konsortien, was den Argwohn Russlands und des Irans hervorrief[43].

Die russische Außenpolitik ist noch von dem Bemühen geprägt, insbesondere die Länder des südlichen „Nahen Auslands“ nicht der eigenen Kontrolle entgleiten zu lassen. So wurden vor nicht allzu langer Zeit, mit dem Hinweis auf den noch ungeklärten Status des Kaspischen Meeres, einseitige Verträge der Anrainerstaaten mit ausländischen Konsortien über die Förderung und Vermarktung von im Kaspischen Meer befindlichem Erdöl und Erdgas als unwirksam angesehen, wenn diese nicht mit russischer Zustimmung und Beteiligung

---

40 *Halbach*, Moskaus Südpolitik, S. 7f..

41 Als „nahes Ausland“ werden die GUS-Staaten bezeichnet.

42 Dazu siehe unter: 3. Kap., § 7.

43 Geopolitische Analysen u.a. bei: *Amineh*, Towards the Control of Oil Resources in the Caspian Region; *Croissant*, Azerbaijan, Oil and Geopolitics; *Ascher/Mirovitskaya*, The Caspian Sea: A Quest for Environmental Security; *Amirahmadi*, The Caspian Region at a Crossroad: Challenges of a New Frontier of Energy and Development; *Croissant/Aras*, Oil and Geopolitics in the Caspian Sea Region; *Van der Leeuw*, Oil and Erdgas in the Caucasus & Caspian; *Garcelon//Walker/Wood/Radovich*, The Geopolitics of Oil, Erdgas, and Ecology in the Caucasus and Caspian Basin.

erfolgten[44]. Entsprechend aggressiv waren die Bemühungen russischer Oligarchen, den Abtransport des kaspischen Erdöls in Richtung Westen über das eigene Pipelinenetz[45] kontrollieren zu können. Mitte der 90er Jahre des 20. Jahrhunderts verweigerten Russland, bzw. seine Staatsmonopolisten *Gasprom* und *Transneft*, des Öfteren die Benutzung des russischen Pipelinenetzes nach Europa für kasachisches Erdöl bzw. turkmenisches Erdgas, um so Unternehmensbeteiligungen zu erpressen, die Moskaus Kontrolle über die kaspischen Bodenschätze durch die Hintertür wieder sichern sollten und um unliebsame Konkurrenten über eine restriktive Vergabe von Benutzungsrechten und eine erdrosselnde Benutzungsgebührenpolitik vom Markt zu drängen[46].

D. Chinas Interesse am kaspischen Raum

Auch für den asiatischen Raum spielen die kaspischen Ressourcen eine immer größere Rolle, um den rasant wachsenden Energiebedarf in Ländern wie Indien, Pakistan, Japan und China befriedigen zu können[47].

Vor allem China ist einer der neuen „big player" im kaspischen Raum geworden. Angesichts eines zu befriedigenden steigenden Bedarfs an Erdöl von 8% pro Jahr ist China bemüht, seine diesbezügliche Abhängigkeit vom Persischen Golf zu diversifizieren. Es ist daher bereits seit mehreren Jahren über sein staatliches Erdölunternehmen *CNPC* aktiv auf dem kaspisch-zentralasiatischen Markt engagiert.

Chinas Hauptengagement widmet sich seinem Nachbarn Kasachstan. 1997 kaufte die *CNPC* 60% des kasachischen Erdölunternehmens *Aktobemunaigaz*. Die *CNPC* ist am internationalen Konsortium des weltweit zweitgrößten *Kashagan*-Erdölfelds beteiligt und hat mit Kasachstan den Bau einer 3200 km langen Erdölpipeline zum chinesischen Markt vereinbart. Ob sich der Bau und der Transport einer solchen Pipeline vom wirtschaftlichen Gesichtspunkt aus wirk-

---

[44] vgl.: *Financial Times*, May 31, 1994, S. 2: Geltendmachung des Vetorechtes in einem Brief der russischen Regierung an die englische Botschaft betreffend des so genannten „Jahrhundertvertrages" zwischen Aserbaidschan und westlichen Unternehmen über die Förderung aserbaidschanisch-kaspischen Erdöls.

[45] Siehe Darstellung der Pipelinerouten für den Transport kaspischen Erdöls und Erdgases unter: http://www.grida.no/caspian/maps_graphics/transp.htm.

[46] *Dekmejian/Simonian*, Troubled Waters, S. 76, 87; *Morton/Dedov*, A Taxing Time for Russian Oil Producers, S. 333; *Beazley*, Some Legal Aspects of Oil and Erdgas Transportation Arrangements, S. 113ff.; *Khartukov*, Russia's Oil Taxation, S. 447ff..

[47] Vgl.: IEA-Caspian potential analysis, S. 94ff., 108ff. (http://www.iea.org).

lich lohnen, wird ernsthaft bezweifelt, doch lässt China keinen Zweifel an der Ernsthaftigkeit seiner Absicht, dieses Projekt tatsächlich zu verwirklichen[48]. Chinas Interesse an einer politisch stabilen und für den Pipelinetransport sicheren Situation im kaspischen Raum ist daher evident. So hat China bereits allen zentralasiatischen Staaten Unterstützung beim Aufbau und der Ausbildung eigener Streitkräfte und Sicherheitsdienste angeboten. Kasachstan soll zum Beispiel US$ 3,6 Millionen Unterstützung für seine Streitkräfte erhalten[49].

E. Nationalitätenkonflikte und Separationsbestrebungen

Die Besonderheit des kaspischen Raums liegt unter anderem in dem weltweit einmaligen Religions- und Nationalitätengefüge. Die bis heute immer wieder aufflammenden Nationalitätenkonflikte lassen sich vor allem mit dem hohen Maß an kultureller, religiöser und ethnischer Heterogenität[50] erklären.
Das sich daraus ergebende Konfliktpotential wurde insbesondere im Kaukasus von jeher durch Drittmächte missbraucht, um über gezielte Aktionen eigene Interessen zu sichern. So sind die landumschlossenen kaspischen Staaten, aber auch Georgien, Armenien und die Ukraine - als mögliche Transitstaaten - an dem Bau eines Pipelinenetzes interessiert, welches den Transport kaspischer Rohstoffe zu den Weltmärkten der russischer Kontrolle entziehen würde. Überdies führen die meisten Projekte durch Gebiete mit territorialen oder ethnischen Streitigkeiten.

I. Der Nagorny-Karabach Konflikt

Die kürzeste Route für die Hauptexportpipeline kaspischen Erdöls von Baku zum türkischen Mittelmeerhafen Ceyhan hätte über armenisches Territorium geführt. Dies ließ sich jedoch deshalb nicht verwirklichen, da nach aserbaidschanischer Ansicht, Armenien nicht zu Gunsten Aserbaidschans auf das zu

---

[48] Fraglich ist allerdings ob Kasachstans Interesse daran, sich mehr oder weniger von einem einzigen Abnehmer abhängig zu machen, da China gleichzeitig erwartet, dass Kasachstan jährlich 50 Millionen Tonne Erdöl durch diese Pipeline pumpt. Dies ist mehr als Kasachstans vollständige momentane Erdölfördermenge von jährlich 47 Millionen Tonnen ('Work on mammoth Kazakhstan-China oil pipeline to start next year', *Agence France-Press*, October 10, 2003; *Collum/Gregorek/Sondhi*, An in-depth analysis shows Caspian oil's potential).

[49] *Mukhin*, 'War of Routes, India and China are elbowing Russia and the United States from the Caspian region', *Nezavisimaya Gazeta*, 26. January 2004.

[50] Allein im Kaukasus gibt es über 50 verschiedenen ethnische Gruppen und Nationalitäten, (*Edwards*, The Fractured Caucasus, S.1).

sowjetischen Zeiten der Aserbaidschanischen SSR eingegliederte autonome Gebiet Nagorny-Karabach verzichtete[51].

Ein Zeichen für die Instabilität des zu Sowjetzeiten geschaffenen *status quo* ist der noch vor dem endgültigen Zerfall der Sowjetunion ausgebrochene Krieg zwischen armenischen Separatisten und Aserbaidschan um Nagorny-Karabach, welcher erst durch die Intervention Russlands im Jahre 1994 beendet werden konnte. Seitdem bemühen sich vor allem die OSCE, die USA und die Europäische Union um Verhandlungen, die zu einem Ausweg aus dieser verfahrenen Situation führen[52]. Ein erneuter Ausbruch von bewaffneten Auseinandersetzungen um die Enklave Nagorny-Karabach würde verheerende Folgen für den wei-

---

[51] Der territorial und religiös-ethnisch bestimmte Konflikt um Nagorny-Karabach ist Folge einer seit Jahrhunderten andauernden An- und Umsiedlungspolitik in der Region. Seit dem 18. Jahrhundert war das Schicksal weiter Teile Transkaukasiens von den Rivalitäten zwischen dem Osmanischen Reich, Persien und Russland bestimmt. Unabhängigkeitsbestrebungen der christlichen Georgier und Armenier von den islamisch beherrschten Reichen wurden Ende des 18. Jahrhunderts von Russland als willkommener Vorwand für die Errichtung einer Schutzherrschaft aufgegriffen. Nach dem zweiten russisch-persischen Krieg fielen zusätzlich zu dem bereits eroberten Gebiet Karabakh weitere transkaukasische persische Gebiete an Russland. Zugleich erhielten die Armenier Persiens die Möglichkeit, in den russischen Norden umzusiedeln. Unter russischer Hoheit wurde nach dem Prinzip „vermische und herrsche“ mit der ethnischen und religiösen Vielfalt der kaukasischen Völkerschaften Politik gemacht. Eine Gebietsreform von 1822 liquidierte so kurzerhand das Chanat Karabakh und wandelte es in eine georgische Provinz um. Ein Erlass von 1867 gliederte das Gebiet von Karabakh schließlich dem Gouvernement Baku (Ostkaukasus) an. Jenes Gebiet beheimatete den Großteil der transkaukasischen Muslime. Die Armenier bildeten in allen transkaukasischen Verwaltungseinheiten hingegen nur Minderheiten. (Kavkazkij kalendar na 1887 g., Tiflis 1886, S. 220f.) Infolge weiterer kriegerischer Auseinandersetzungen Russlands mit seinen südlichen Nachbarn kam es bis zum Beginn des 20. Jahrhunderts allerdings zu weiteren Einwanderungswellen von Armeniern, welche angesichts der Ressourcenknappheit Zündstoff für den ersten armenisch-aserbaidschanischen Krieg von 1896-1905 boten. (*Swietochowski*, Russian Azerbaijan 1905-1920, London, New York 1985, S.38-46.) Auch nach der Oktoberrevolution 1917 erhoben sowohl die Republik Armenien als auch die Aserbaidschanische SSR Anspruch auf das Gebiet von Nagorny-Karabach. Verkündete Stalin 1920 als damaliger Nationalitätenbeauftragter noch den Verzicht Sowjetaserbaidschans auf Nagorny-Karabach zugunsten Armeniens, (Obrazovanie SSSR, Sbornik dokumentov 1917-1924, Moskwa 1949, S. 159.), stellte sich Moskau bereits ein Jahr später unter Berücksichtigung der Bündnisse mit seinen islamischen Nachbarn auf die Seite des turksprachig-schiitischen und vor allem ökonomisch durch sein Erdöl bedeutsamen Aserbaidschan. Am 7. Juli 1923 wurde Nagorny-Karabach per Dekret als autonomes Gebiet in die Aserbaidschanische SSR eingegliedert. (*Auch*, E.-M., „Ewiges Feuer“ in Aserbaidschan, 8-1992).

[52] *Dekmejian/Simonian*, Troubled Waters, S. 103ff..

teren Ausbau des eurasischen Korridors haben und sich insbesondere negativ auf die Sicherheit der Hauptexport-Pipeline von Baku nach Ceyhan auswirken, welche nur wenige Kilometer von der Grenze zu Nagorny-Karabach entlangführt.

II. Das „Kurdenproblem"

Dieses Pipelineprojekt führt auch durch die von kurdischen Separationsbestrebungen geprägte Osttürkei. Diese konnten zwar durch massiven Einsatz türkischen Militärs vorerst unterdrückt werden. Da allerdings noch keine politische Lösung der Kurdenfrage stattgefunden hat, ist die von Kurden bewohnte Osttürkei als Transitgebiet für Pipelineprojekte weiterhin risikobehaftet.

III. Bürgerkrieg und Separationsbestrebungen in Georgien

Besonders erschüttert von Separationsbestrebungen autonomer Gebiete ist das für Transitpipelines von kaspischem Erdöl und Erdgas am Schwarzen Meer strategisch günstig gelegene Georgien. Seit seiner Unabhängigkeit sah sich Georgien zusätzlich zu einem in den Jahren 1992 und 1993 tobenden Bürgerkrieg, der nur mit Hilfe Russlands beendet werden konnte, in seiner politischen und territorialen Integrität durch Abspaltungsbewegungen in Abchasien, Südossetien und Adscharien gefährdet[53].

1. Autonome Gebiete Abchasien und Süd-Ossetien

Die stärksten Separationsbestrebungen innerhalb Georgiens finden sich in der nord-westlichen Provinz Abchasien und der nördlichen Provinz Süd-Ossetien. Bewaffnete Auseinandersetzungen führten auch auf Grund einer materiellen Unterstützung durch das russische Militär[54] zu einem Verlust der georgischen Kontrolle über beide Provinzen und zu einer Massenflucht der dort ansässigen georgischen Bevölkerung. Die enge Verbindung der selbsternannten Regierung Abchasiens mit Russland wurde erneut ersichtlich, als diese sich Anfang des Jahres 2002 offen an Russland mit der Bitte um Anerkennung der Unabhängig-

---

[53] Die relative Stabilität in Georgien sah man nach dem Sturz des bis Ende 2003 amtierenden georgischen Präsidenten *Eduard Schewardnadse* gefährdet, da man befürchtete, dass Separatisten das in Tiflis entstandene Machtvakuum für ihre eigenen Bestrebungen missbrauchen könnten. (vgl. auch: *Warner/Jack/Wagstyl*, Tbilisi faces separatist threat from the south, *Financial Times*, November 25, 2003, S. 7).

[54] *Croissant*, Oil and Russian Imperialism in the Transcaucasus, S. 16ff.; *Goltz*, The Hidden Russian Hand, S. 92ff..

keit von Georgien und gleichzeitiger Übernahme der Rolle einer Schutzmacht wandte[55].

Aktueller Grund ist eine verstärkte militärische Zusammenarbeit Georgiens mit den USA, welche die geopolitische Brisanz der Region noch zusätzlich verschärfen könnte. Sowohl Georgien als auch den USA geht es um eine dauerhafte Stabilität im von Konflikten zerrütteten Kaukasus und um die Gewährleistung des sicheren Durchflusses von Rohöl durch die im Mai 2005 fertig gestellte Pipeline von Baku am Kaspischen Meer nach Ceyhan am Mittelmeer, welche über georgisches Territorium führt[56]. Den USA ist diese Hauptexportpipeline so wichtig, dass man in Washington Berichte von massiven Wahlfälschungen bei

---

[55] Eine entsprechende Bitte wurde verlautbart als Reaktion auf die verstärkte militärische Zusammenarbeit zwischen den USA und Georgien und Waffenlieferungen für die Bekämpfung von sich in der Pankisi Schlucht im Osten Georgiens versteckt haltender radikaler tschetschenischer und afghanischer Kämpfer. Seitens der Abchasier wird befürchtet, dass dieselben Waffen gegen sie eingesetzt werden würden. (vgl.: *Isachenkov*, 'Russia May Recognize Georgia' in: *Associated Press*, 28. Februar 2002; *Tyler*, 'Abkhazia hastens break with Georgia', in: International Herald Tribune, 1. März 2002; 'A gorgeous mess', in: *The Economist*, March 2nd-8th 2002, S. 34).

[56] Da amerikanische Aktivitäten in Georgien offensichtlich den Unmut Russlands auf sich ziehen würden, ist vermutet worden, dass sich auf einem Treffen von Regierungsvertretern Russlands und der USA im Februar 2002 in Afghanistan eine Aufteilung Georgiens in so genannte Einflusszonen beschlossen worden ist. Während Russland freie Hand über Abchasien und Süd-Ossetien gegeben worden ist, ist den USA zugestanden worden, Georgien militärisch zu unterstützen und gegen afghanische Kämpfer, die sich in der Pankisi Schlucht versteckt halten sollen, vorzugehen. (vgl.: *Chugayev*, 'Russia Being Pushed Away From Big Oil', in: *Komsomolskaya Pravda* vom 28. Februar 2002);
Im Sommer 2002 drohte Russland mit militärischen Operationen im Pankisi-Tal, wo afghanische und tschetschenische Terroristen womöglich Zuflucht gefunden haben sollen. An ihrer Aufspürung war auch die US-Regierung interessiert. Um eine Verletzung der souveränen Rechte Georgiens zu vermeiden, vermittelten die USA in dieser kritischen Situation und schickten über 150 Militärberater nebst Waffen, mit deren Hilfe die Georgier des Problems selber Herr werden sollten. (*Der Spiegel*, Nr. 39, 21.09.2002, S. 138; *The Economist*, September 21st-27th 2002, S. 15, 29);
Hinsichtlich der seit Ausbrechen des Konfliktes in Abchasien im Jahre 1994 dort stationierten 3000 Mann starken russischen Streitkräfte scheint Russland gewillt zu sein, diese zurückzuziehen, falls dies der ausdrückliche Wunsch Georgiens sein sollt, so Präsident *Putin* auf einem informellen Treffen der GUS-Staaten in Kiew am 29. Januar 2003. Das russische "peacekeeping" Mandat endete offiziell am 31. Dezember 2002. ('Russia will quit breakaway province of Tbilisi insists: Putin', *AFP* vom 29. Januar 2003).

den Präsidentschaftswahlen im November 2003 seitens des amtierenden Präsidenten *Eduard Schewardnadse* zunächst sogar ignorierte[57].

2. Autonomes Gebiet Adscharien

Das südgeorgische autonome Gebiet Adscharien mit seiner überwiegend islamisch geprägten Bevölkerung strebt, politisch unterstützt durch die Türkei und Russland, ebenfalls eine Abspaltung von Georgien an[58]. Russland hält entgegen völkerrechtlicher Vereinbarungen immer noch eigene Truppen im adscharischen Batumi stationiert[59]. Strategisch bedeutsam ist dieses autonome Gebiet auf Grund verschiedener Pipelineprojekte, die vom Kaspischen Meer durch dieses Gebiet geplant sind[60]. Zwei große Pipelines führen bereits direkt von Aserbaidschan an den adscharischen Schwarzmeer-Hafen in Batumi[61]. Die Sicherheit der Pipelines schien zumindest bis zum Sturz des georgischen Präsidenten *Eduard Schewardnadse* im November 2003 gewährleistet, da auf Grund einer taktisch geschickten politischen Anlehnung an Russland und die Türkei eine weitgehend akzeptierte Unabhängigkeit von Georgien entstanden war[62].

Welchem politischen Risiko die durch den Kaukasus geplanten und bereits bestehenden Pipelineprojekte ausgesetzt sind, zeigte sich in Folge der von Georgien gegenüber Adscharien verhängten Wirtschaftsblockade. Erdöltransporte per Zug und Pipeline zum georgisch-adscharischen Schwarzmeerhafen Batumi wurden unterbrochen[63]. Georgien verhängte die Sanktionen deshalb, weil sich der adscharische Provinzautokrat *Abishidze* nach dem Sturz des georgischen

---

[57] Schließlich konnten allerdings auch die USA ihre Unterstützung für den georgischen Präsidenten nicht weiter aufrechterhalten, was u.a. auch zu dessen Sturz führte. (vgl. Bericht von: *Wehner*, Wie stabil wird Georgien?, *Frankfurter Allgemeine Zeitung*, 12.11.2003, S. 12).

[58] *Tourmarkine*, Les Politiques Turque et Iranienne en Transcaucasie, S. 56.

[59] *Warner/Jack/Wagstyl*, Tbilisi faces separatist threat from the south, *Financial Times*, November 25, 2003, S. 7.

[60] *Wagstyl/Jack*, World capitals keen to protect Georgia's fragile stability, *Financial Times*, November 25, 2003, S. 7

[61] Gardabani-Batumi Pipeline von Gardabani (Aserbaidschan) nach Batumi (Georgien), Khasuri-Batumi Pipeline von Hafen von Dubendi (Aserbaidschan) nach Batumi (Georgien). United States Energy Information Administration, http://www.eia.org.

[62] *Dekmejian/Simonian*, Troubled Waters, S. 153.

[63] 'Azeri oil exports switch to Iran due to Georgia's sanctions in Ajaria', *BBC Monitoring Caucasus*, 18 March 2004, *The British Broadcasting Corporation*.

Präsidenten am 23. November 2003 geweigert hatte, den neuen georgischen Präsidenten und die georgische Hoheit über die Provinz anzuerkennen[64].

Trotz der von den USA vermittelten Ausreise *Abishidzes* nach Moskau im Mai 2004 bleibt abzuwarten, wie sich die politische Situation in der Region im Zuge der veränderten politischen Gegebenheiten entwickeln wird.

3. Provinz Mingrelia

Anders sieht die Situation für die *Baku-Supsa-Pipeline* aus. Diese Pipeline führt durch die Region Mingrelia, welche Heimat des ersten frei gewählten georgischen Präsidenten *Gamsakhurdia* ist. Vereinzelte Rebellionen seiner Anhänger nach dessen Sturz 1992, aber auch die Massenflucht aus Abchasien von vorwiegend mingrelischen Georgiern, erzeugen in der Region ein gewisses Konfliktpotential, aber keine unmittelbare Bedrohung für den Erdöltransport[65].

4. Provinz Samtskhe-Javakhetia

Ein weiterer Unruheherd ist die süd-östliche georgische Provinz Samtskhe-Javakhetia, deren südliche Hälfte größten Teils von Armeniern bewohnt ist, die unter einem erstarkten Nationalismus der georgischen Bevölkerung zu leiden haben. Auch die mögliche Rückkehr der Meskhetian Türken, die von Stalin 1944 verjagt worden sind, könnte zu zusätzlichen Spannungen in einer Region führen, durch die auch die *Baku-Ceyhan-Pipeline* führt[66].

IV. Tschetschenienkriege

Die jüngste militärische Unterdrückung von Unabhängigkeitsbestrebungen des autonomen Gebiets Tschetschenien von Russland seit dem letzten Tschetschenienkrieg 1999/2000 kann im engen Zusammenhang mit der Absicherung der Funktionsfähigkeit der Pipeline von Baku zum russischen Schwarzmeer-Hafen Noworossisk gesehen werden. Russland hatte nach dem ersten Tschetschenien-

---

[64] Nach dem Sturz *Eduard Schewardnadses* wurde in der Provinz Adscharien vom dortig regierenden Provinzautokraten *Abishidze* der Ausnahmezustand ausgerufen, da zu befürchten war, dass der auch dort massiv stattgefundene Wahlbetrug an der Opposition den Unmut der Bevölkerung auf sich ziehen könnte. (*Wehner*, Der Sturz des Eduard Schewardnadse, *Frankfurter Allgemeine Zeitung*, 24. November 2003, S. 3; *Warner/Jack/Wagstyl*, Tbilisi faces separatist threat from the south, *Financial Times*, November 25, 2003, S. 7).

[65] RFE/RL, 'How Unstable is Western Georgia?'.

[66] *Akincy*, 'Javakhetia: The Bottle-Neck of the Baku-Ceyhan Pipeline', S. 26ff.; *Guretski*, 'The Question of Javakheti'.

krieg zwar bereits eine Pipeline gebaut, die Tschetschenien umging, aber die islamisch-separatistischen Bestrebungen drohten auch die angrenzenden Gebiete zu destabilisieren.

V. Autonome Republiken Nord-Ossetien, Inguschetien und Daghestan

Erwähnt werden müssen in diesem Zusammenhang die Auseinandersetzungen zwischen den autonomen russischen Republiken Nord-Ossetien und Inguschetien[67] sowie die Separationsbestrebungen in der autonomen russischen Republik Daghestan.

So ist es fast verwunderlich, dass es im benachbarten Daghestan unter den ca. 30 verschiedenen muslimischen ethnischen Gruppen noch nicht zu blutigen Auseinandersetzungen gekommen ist. Das interne Kräftegleichgewicht war durch russische Waffenlieferungen an einzelne Klans im zweiten Tschetschenienkrieg beseitigt worden[68].
Die Lezginen, eine ethnische Minderheit, welche durch die daghestanisch-aserbaidschanische Grenze getrennt ist, streben teilweise die Bildung eines einheitlichen Staates[69] an. Im Juni 1997 forderten sie die Zahlung eines Teils der vom Erdöl-Pipelinetransport durch Daghestan erlangten Transitgebühren[70].

VI. Afghanistan

Die endgültige Befriedung von Auseinandersetzungen rivalisierender afghanischer Klans ist trotz des Sturzes der Taliban-Herrschaft noch immer eine dringende Voraussetzung, um einerseits den Export von radikal-islamistischen Strömungen in die ehemaligen zentralasiatischen Sowjetrepubliken zu vermeiden und andererseits über den Bau von Pipelines für kaspisches Erdöl und

---

[67] Ein Teil Nord Ossetiens (Prigorodny Raion) wird von den Inguschen als ursprüngliches inguschetisches Kulturland beansprucht, welches diese vor ihrer Deportation nach Zentralasien durch Stalin im Jahre 1944 besiedelt hatten. Es kam daraufhin 1992 zu einem bewaffneten Konflikt, der zur Ausweisung tausender Inguschen aus Nord-Ossetien führte. (*Voronin*, 'Ossetians Turn Back Ingush Refugees').

[68] *Akbashev*, 'Rebellion Simmers in Daghestan'.

[69] *Fuller*, Caucasus: The Lezgin Campaign for Autonomy, S. 30.

[70] 'Lezgin Irredentism Aired in Russian Duma, Disavowed by Ambassador in Baku', *Jamestown Foundation Monitor*, 13 June 1997; *Matveeva/McCartney*, 'Policy Responses to an Ethnic Community Division: Lezgins in Azerbaijan', S. 213ff..

turkmenisches Erdgas nach Pakistan und Indien erneut verhandeln zu können[71]. Neben Sicherheits- und Wirtschaftlichkeitsbedenken scheiterte der Bau einer Erdgaspipeline vom *Daulatabat*-Erdgasfeld in Turkmenistan über Herat und Kandahar in Afghanistan bis nach Chaman in Pakistan vor allem aber am auch in den nächsten Jahren nicht bestehenden zusätzlichen Erdgasbedarf auf dem pakistanischen Markt[72].

VII. Groß-Aserbaidschan

Letztendlich bedürfen die Bestrebungen iranischer Aseris hinsichtlich einer Wiedervereinigung mit dem Anfang des 19. Jahrhunderts abgetrennten „russischen" Aserbaidschan einer sorgfältigen Beobachtung[73]. Es gibt auf beiden Seiten der iranisch-aserbaidschanischen Grenze ernstzunehmende Bemühungen für eine Wiedervereinigung, die auf iranischer Seite aktiv bekämpft werden[74]. Eine durch innenpolitische Konflikte Irans ausgelöste Instabilität der Region würde sich auf das Investitionsklima des gesamten zentralasiatisch-kaspischen Raums negativ auswirken.

F. Schlussfolgerung und Ausblick zu regionalen Konflikten und kaspischer Geopolitik

Der Hebel des ethnischen Separatismus, der vor allem von Russland mal mehr, mal weniger offensichtlich ausgenutzt wurde, um die neuen unabhängigen Staaten seines „nahen Auslandes" innenpolitisch zu schwächen, sollte seit dem letz-

---

[71] Die Entwicklungspläne für den Bau einer 1.400 km langen Pipeline von Turkmenistan nach Pakistan, welche in einer Länge von 460 km auch afghanisches Gebiet durchqueren sollte, wurden 1998 von dem UNOCAL geführten Konsortium eingestellt, nachdem es zur Bombardierung von afghanischen Guerilla-Camps durch amerikanisches Militär gekommen war. (vgl.: *Maresca*, UNOCAL Testimony to House Committee on International Relations. (www.unocal.com); 'Pakistan, Afghan leaders agree to revive pipeline', *Reuters*, 8. Februar 2002).

[72] 'Turkmen gas: pipe dreams of export pipelines', Russia/FSU News from EK – for IGR # 493, February 8, 2004, S. 6f..

[73] Vgl.: *Chehregani*, Azerbaijani Turks of Iran: Will They Lead a Revolution Again?.

[74] Der Anführer der *National Movement of South Azerbaijan* (GAMOH), der Iraner *Chehregani*, wurde bereits mehrere Male auf Grund seiner pro groß-aserbaidschanischen Aktivitäten inhaftiert. (*Chehregani*, Azerbaijani Turks of Iran: Will They Lead a Revolution Again?); Auf der aserbaidschanischen Seite ist es die *National Liberation Movement of Southern Azerbaijan* (NLMSA) unter der Führung von *Piruz Dilanci*, welche sich in den frühen 90ern aus einer Gruppe politischer Emigranten aserischen Ursprungs aus dem Iran gebildet hatte. (*Olsen*, Turkey-Iran relations).

ten Tschetschenienkrieg auf Russland selber zurückschlagen. Spätestens jetzt muss Russland wissen, dass es zur eigenen innenpolitischen Sicherheit an offenen Turbulenzen an seiner Südflanke kein Interesse haben kann[75].
Es liegt jedoch der Verdacht nahe, dass Russland an einer völligen Befriedung und Konfliktbereinigung im südlichen „nahen Ausland" nicht interessiert ist, um nötigenfalls als Ordnungsmacht eigene Strategien im kaspischen Raum durchsetzen zu können.

Das von der Weltöffentlichkeit größtenteils geduldete, massive militärische Vorgehen der internationalen Streitkräfte gegen die Taliban und das irakische Regime nach den Anschlägen vom 11. September 2001 hat möglicherweise nicht zu unterschätzende Auswirkungen auf die russische Innenpolitik. So ist dadurch für ein aggressives militärisches Vorgehen Russlands gegen mögliche zukünftige Separationsbestrebungen autonomer russischer Republiken, unter dem Vorwand der Gefahr einer radikal-islamistischen Unterwanderung, ein gewisser Freifahrtsschein geschaffen worden.

Nichts desto trotz besteht auch für den kaspisch-zentralasiatischen Raum die Gefahr eines sich aus der jüngsten Radikalisierung islamistischer Gruppierungen erwachsenden Terrorismus gegen „weiche" Ziel der westlichen Gesellschaft bzw. deren Industrieanlagen. Wie die zahlreichen terroristischen Anschläge gegen Erdölförderanlagen und Pipelines im Persischen Golf und dem Irak bereits gezeigt haben, sind diese Anlagen allgemein begehrte Ziele separatistischer und terroristischer Aktivitäten.
Um eine von terroristischen Anschlägen ungehinderte Förderung von Erdöl und Erdgas und deren Transport zu garantieren, wird in Zukunft sowohl seitens der kaspischen Staaten als auch seitens der Heimatstaaten dort aktiver Investoren viel Fingerspitzengefühl beim Umgang mit den noch immer schwelenden separatistischen Konfliktherden und den islamischen Bevölkerungsgruppen erforderlich sein.

---

[75] *Halbach*, Moskaus Südpolitik, S. 15.

§ 3 DIE ENTWICKLUNG DER ERDÖL- UND ERDGASFÖRDERUNG IM KASPISCHEN BECKEN

Bereits seit Jahrtausenden wissen Reisende von den bemerkenswerten Erdölvorkommen am Westufer des Kaspischen Meeres zu berichten. Wenn auch damals das Erdöl nur für medizinische Zwecke, zum Kochen und Heizen verwendet wurde, so fand bereits ein reger Handel mit diesem „schwarzen Gold" statt. Unabhängig davon boten seit jeher die noch heute aus dem Erdreich austretenden und dann entzündeten kleineren Erdgas- und Erdölmengen Stoff für mythische Geschichten. Die ersten Quellen, die über den Export von Erdöl berichten, entstammen aus dem 10. Jahrhundert. In der Nähe von Baku wurden damals schon Bohrlöcher bis zu einer Tiefe von 12 Metern gebohrt. Ein gewisser *Al-Masu'de*, der Baku um 915 besuchte, hinterließ folgende Beobachtungen:

> "Vessels sail to Baka (Baku) and (there is) a spring of white naphta and [...] there is not in the world - and Allah is the most knowing - white naphta ecept in this spot, and it is the shore of the kingdom of Sharvan, [...]."[76]

Beginnend mit dem frühen 17. Jahrhundert mehren sich die Anzeichen für die Erschließung von Erdölfeldern und einem sich entwickelnden Erdölhandel. *Engelbert Kampfer* hielt auf seiner Reise durch Nordpersien im Jahr 1684 dazu folgendes fest:

> "The naphtha was transported in sheepskin containers to the towns of Schamachi and Baku, thence by canal to the whole of Media, and from there on by sea to Hyrcania, Usbek, Ciracassia and Daghestan. It is all used as lamp-oil and as fuel for torches being capable of illumination which surpasses all expectations!"[77]

Seit dem frühen 16. Jahrhundert bis zum Jahre 1813 war diese Region, bis auf eine kurzzeitige Annektion durch das zaristische Russland von 1723 bis 1735, Teil des Persischen Reiches[78].

---

[76] *Given*, in: Forbes, Studies in Early Petroleum History, S. 154-155.

[77] *Kampfer*, E.: Amoenitates Exoticae, Meyer, Legmo 1712, S. 276-279; in: *Forbes*, Studies in Early Petroleum History, S. 157-159.

[78] Erst mit der Niederlage Persiens im Ersten und auch im Zweiten Russisch-Persischen Krieg sowie den darauf folgenden Verträgen von *Gulistan* (12. Oktober 1813) und von *Turkmanchaï* (1828) verlor Persien große Teile seiner süd- und westkaspischen Provinzen, wie Karabakh, Ganja, Sheki, Shirvan, Derbent, Kuba, Baku und Tlysh. (*Swietochowski*, Russia and Azerbaijan, New York, Columbia University Press 1995).

Seit der Übernahme Bakus durch Russland war bis zum Ende des 19. Jahrhunderts die Erdölproduktion fest in der Hand des russischen Staates. Erst in den 90er Jahren war Russland bereit, auch ausländische Investoren ins Land zu lassen. Die *Nobel* Brüder[79] aus Schweden modernisierten die Raffinerien, bauten 1877 den ersten russischen Öltanker und eine Pipeline. Sie waren im Wesentlichen die Initiatoren einer modernen Erdölindustrie am Kaspischen Meer.

1892 begannen die *Rothschilds* am Kaspischen Meer zu investieren. Auch sie ließen kleinere Tanker bauen und im Jahre 1905 eine Pipeline legen. Auch mit Hilfe englischer und holländischer Ölfirmen entwickelte sich die Region bis zum Ersten Weltkrieg boomartig. 1912 wurde die *Russian General Oil Corporation* gegründet, welche sich aus 35 unabhängigen Unternehmen zusammensetzte, die im Erdölgeschäft tätig waren[80].

Das der Oktoberrevolution des Jahres 1917 folgende Jahrzehnt stürzte die Region in ein totales Chaos. Kurzzeitig besetzten zunächst die Türken, dann die Briten Baku, bis Aserbaidschan für ca. zwei Jahre unabhängig war, um schließlich nach einem blutigen Bürgerkrieg 1921 für die nächsten 70 Jahre unter sowjetischer Herrschaft zu stehen. Nach dem endgültigen Kollaps der von *W. I. Lenin* initialisierten „Neuen Ökonomischen Politik“ im Jahre 1927 und der Bedrohung des kaspischen Erdöls durch die deutsche Wehrmacht im Zweiten Weltkrieg erfuhr die Ölindustrie im sozialistischen Aserbaidschan einen kräftigen Aufschwung.

Nach *Stalins* Tod im Jahre 1953 war ein neuer Erdölboom am Kaspischen Meer schließlich nicht mehr aufzuhalten. Die erste mobile Erdölplattform, die „Apsheron“, wurde 1966 fertig gestellt[81]. 1977 wurde die weltweit erste Tiefsee-Plattform fest installiert[82].

Jedoch spätestens seit den 70er Jahren machten sich die Schwächen der sozialistischen Planwirtschaft bemerkbar. Im Vergleich zu westlichen Fördertechnologien waren die der Sowjetunion mittlerweile veraltet und ließen eine verstärkte Erdölförderung am Kaspischen Meer nicht mehr wirtschaftlich sein. Bis zum Zusammenbruch der Sowjetunion betrug der Anteil des kaspischen Erdöls und

---

[79] *Croissant/Bülent*, Oil and Geopolitics, S. 3ff..
[80] *Bülent Gökay*, History of Oil Development in the Caspian Basin, S. 10, in: *Croissant/Aras*, Oil and Geopolitics in the Caspian Region.
[81] *Owen*, Trek of the Oil Finders, S. 1393.
[82] In 84 m Tiefe (*Mir-Babayev*, Azerbaijan's Oil History, S. 6).

Erdgases an der gesamten Produktion der UdSSR nur noch einen geringen Prozentteil.

Nach der Erlangung ihrer Unabhängigkeit waren die ehemaligen Sowjetrepubliken Aserbaidschan, Kasachstan und Turkmenistan sofort bestrebt, sich nicht nur aus der politischen, sondern auch aus der wirtschaftlichen Abhängigkeit von Russland zu befreien und ihre Bodenschätze selbst zu vermarkten. Trotz verschiedener Störungsversuche seitens Russlands kam es 1994 zur Unterzeichnung des so genannten „Jahrhundertvertrages" zwischen Aserbaidschan und einem Konsortium von verschiedenen westlichen Ölkonzernen über die Ausbeutung der vor Aserbaidschans Küste gelegenen enormen Erdöl- und Erdgasreserven[83]. Ein solches selbständiges Handeln musste der russischen Regierung und den einflussreichen russischen Oligarchen natürlich missfallen. Das „Eindringen" westlicher Unternehmen, inklusive der politischen Einflussnahme durch die jeweiligen westlichen Regierungen war für Moskau schmerzlich. Moskau ließ zunächst nichts unversucht, die kaspischen Ressourcen unter seiner Kontrolle zu behalten. Mit dem Hinweis auf den ungeklärten Status des Kaspischen Meeres und der Eigentumsverhältnisse seiner Erdöl- und Erdgasvorkommen blockierte Russland über viele Jahre vollumfängliche ausländische Investitionen in den neuen unabhängigen Staaten.

Unter Anspielung auf die geostrategischen Auseinandersetzungen zwischen dem zaristischen Russland und Großbritannien im 19. Jahrhunderts um die Aufteilung der Einflusssphären Zentralasiens wurde nunmehr eher symbolisch das Ringen um den Zugang zu den kaspischen Rohstoffen als das „New Great Game" tituliert.

Sowohl für die USA als auch für Europa und Asien stellen sich die kaspischen Erdöl- und Erdgasressourcen als wichtige Alternative zu den arabischen Ressourcen dar, da Letzteren mehr denn je ein mit der Stabilität des Mittleren Ostens zusammenhängenden Unsicherheitsfaktor anhaftet. Das Kaspische Becken verfügt nach dem Mittleren Osten und Russland über die drittgrößten Vorkommen an Erdöl- und Erdgasreserven[84]. Als sicher nachgewiesen gelten 18-40 Mrd. Barrel Erdölreserven. Vor allem nach der Entdeckung des weltweit zweit-

---

[83] *Azeri, Chirag, Deepwater Gunashli PSA*, unterzeichnet am 20. September 1994, ratifiziert im Dezember 1994, Investitionsvolumen: US$ 13 Milliarden, Konsortium seit 1995 unter Bezeichnung AIOC (*Mir-Babayev*, Azerbaijan's Oil History, S. 7).

[84] Eine Analyse jüngeren Datums dazu von: *Collum/Gregorek/Sondhi*, An in-depth analysis shows Caspian oil's potential.

größten Erdölfelds *Kashagan* vor den Küsten Kasachstans im Jahre 2000 sind die potentiellen Reserven des Kaspischen Beckens auf bis zu weiteren 235 Mrd. Barrel Erdöl[85] veranschlagt worden. Nach anderen, realistischeren Berechnungen belaufen sich die potentiellen kaspischen Erdölreserven lediglich auf weitere 70 bis 150 Mrd. Barrel Erdöl[86]. Dies ändert jedoch nichts daran, dass den kaspischen Reserven für die nächsten Jahrzehnte eine beachtliche Bedeutung für die Sicherung der weltweiten Versorgung mit Erdöl zukommt.

Von erheblicher Bedeutung für die zukünftige, weltweite Versorgung sind ebenfalls die Erdgasreserven des Kaspischen Beckens. Vor allem Turkmenistan verfügt über erhebliche Erdgasvorkommen, die zusammen mit den sonstigen nachgewiesenen Erdgaslagerstätten im Kaspischen Becken mit 6,7 bis 9,2 Billiarden m^3 auf weltweit zweitem Rang stehen.

Damit befinden sich zwischen 1,5 und 4% der weltweiten Erdölreserven und 6% der weltweit nachgewiesenen Erdgasreserven im Kaspischen Becken[87].

---

[85] Solche Zahlen sind seitens amerikanischer Seite vor allem Mitte der 90er Jahre aufgetaucht, um neben dem wirtschaftlichen Engagement vor allem auch das verstärkte politische Engagement der USA in der Region zu rechtfertigen.(„Erdölvorkommen im Kaspischen Meer. Die Sicht eines russischen Geologen", in: Osteuropa-Archiv, *osteuropa*, 7/1999, S. A 307ff.).

[86] IEA Special Report on the Caspian Region, 2002, S. 32. (http://www.iea.org).

[87] Im Vergleich dazu verfügt der Mittlere Osten über 65% der Erdölreserven und 40% der Erdgasreserven weltweit. (Zahlen zusammengestellt aus verschiedenen Quellen, z.B. Petroconsultants, RlanEcon, US Energy Information Administration, Caspian Sea Region (http://www.eia.doe.gov/emeu/cabs/caspian.html)).

ZWEITES KAPITEL: AUSBEUTUNG DER KASPISCHEN RESSOURCEN

§ 4 DAS AUF DIE AUSBEUTUNG DER RESSOURCEN DES KASPISCHEN BECKENS ANWENDBARE RECHT

A. Die völkerrechtliche Problematik der Ausbeutung der kaspischen Ressourcen

Für ein vollumfängliches Engagement westlicher Investoren im kaspischen Öl- und Erdgasgeschäft bedarf es zunächst einer Klärung des völkerrechtlichen Status des Kaspischen Meeres, d.h. einer Festlegung der souveränen hoheitlichen Befugnisse der Anrainerstaaten hinsichtlich der ihren Küsten vorgelagerten Gewässer und der darunter befindlichen Naturressourcen.
Die in der jüngsten Vergangenheit offen zu Tage getretenen Feindseligkeiten sowohl zwischen Aserbaidschan und Turkmenistan[88] als auch zwischen Aserbaidschan und dem Iran[89] über die Rechte zur Konzessionsvergabe für die Erschließung der in den umstrittenen Offshore-Sektoren befindlichen Erdöl- und Erdgasreserven zeigen die Dringlichkeit einer friedlichen und für alle Anrainerstaaten akzeptablen Lösung[90].

Die Schaffung geregelter Verhältnisse bezüglich der Souveränitätsrechte im Kaspischen Meer hat nicht nur praktische Bedeutung, sondern wirft auch für die Völkerrechtslehre angesichts der historischen, völkervertraglichen und geographischen Gegebenheiten in dieser Konstellation bisher kaum aufgetretene Fragen auf. Die zahlreichen regionalen Konfliktherde und die Einflussnahme dritter Staaten auf die geopolitischen Gegebenheiten in der Region haben ihren Teil dazu beigetragen, dass es den Anrainerstaaten des Kaspischen Meeres auch nach über 10 Jahren nach dem Zerfall der Sowjetunion noch nicht gelungen ist, zu einem für alle befriedigenden Konsens bei der Aufteilung der kaspischen Reichtümer zu gelangen.
Allein vom völkerrechtsdogmatischen Gesichtspunkt aus wirft die Einordnung des Kaspischen Meeres einige Besonderheiten auf. Auf Grund seiner geogra-

---

[88] Siehe dazu ausführlich: 2. Kap., § 4, A., I., 3..
[89] Im August 2001 kam es, nachdem ein BP Erkundungsschiff im aserbaidschanischen „Sektor“, der allerdings auch von Iran beansprucht wird, im Konzessionsbereich der umstrittenen Erdölfelder *Alov /Alborz* (iranisch), *Sharg* und *Araz* Probebohrungen unternehmen wollte, zur Androhung von Waffengewalt. Wenig später erfolgte eine entsprechende Gegenreaktion seitens Aserbaidschans. (vgl.: *Sultanova*, Azerbaijan accuses Iran).
[90] Siehe dazu Ausführungen unter: 2. Kap., § 4, A., I., 3..

phischen Ausmaße würde es nahe liegen, für die Bestimmung der Hoheitsrechte des Kaspischen Meeres[91] die Regeln anzuwenden, wie sie die Völkergemeinschaft für die Weltmeere entwickelt hat. Allerdings besteht zwischen diesem weltgrößten Binnensee und den offenen Meeren außerhalb des Wolga-Don-Kanalsystems keine direkte Verbindung zu den Weltmeeren. Eine Anwendung des internationalen Meeresrechts ist mithin fraglich.

Möglicherweise würde es sich daher eher anbieten, eine allgemein akzeptierte Staatenpraxis hinsichtlich der Teilung internationaler Binnenseen, soweit es eine solche geben sollte, auf die Verhältnisse am Kaspischen Meer zu übertragen, um zu einer völkerrechtlich akzeptablen Lösung zu gelangen.

Allerdings haben die von geopolitischem und ökonomischem Kalkül geprägten Verhaltensweisen einiger Anrainerstaaten gezeigt, dass sich der Konflikt nicht nur über eine schlichte Analyse der völkervertraglichen Rechtslage lösen lässt. Nur über Konsensverhandlungen aller kaspischen Staaten, die auf völkerrechtlichen Regeln aufbauend alle historischen, wirtschaftlichen, ökologischen und geopolitischen Besonderheiten mitberücksichtigen würden, ließe sich eine Lösung finden, welche zur Zufriedenheit aller und von langfristiger Stabilität ist.

Eine besondere Problematik im Falle einer Aufteilung des Kaspischen Meeres in nationale Sektoren ist darin zu sehen, dass sich in den sodann bestehenden Sektorengrenzgebieten zahlreiche grenzüberlappende Erdölfelder befinden[92]. Soweit dies bei der Grenzziehung nicht bereits berücksichtigt werden kann, gilt es zu untersuchen, ob völkerrechtliche Prinzipien bestehen oder sich auf Grund einer breiten Staatenpraxis im Bereich grenzüberschreitender Lagerstätten ein Völkergewohnheitsrecht herausgebildet hat, wonach die beteiligten Staaten dazu verpflichtet wären, zu kooperieren bzw. mit der anderen Seite zu verhandeln, um eine gemeinsame Nutzung der Rohstoffvorkommen zu ermöglichen.

---

[91] Das Kaspische Meer erstreckt sich über eine Fläche von ca. 370.000 km^2 in einer maximalen Nord-Süd-Ausdehnung von 1.200 km und Ost-West-Ausdehnung von 320 km.

[92] Aktuelle Streitigkeiten bestehen hier zwischen Aserbaidschan und Turkmenistan hinsichtlich der Erdölfelder *Serdar/Kapaz, Azeri/Khazar und Chirag/Osman*, (dazu ausführlich vgl.: 2. Kap., § 4, A., I., 3.) zwischen Aserbaidschan und dem Iran bezüglich der *Alov-Sharg-Araz*-Erdölfelder (vgl.: oben) und gewisse Unstimmigkeiten zwischen Kasachstan und Russland bezüglich des *Kurmangazy* Erdölfeldes ('Russia protests at Kazakh decision to sell disputed oilfield in Caspian Sea', *BBC Monitoring*, Quelle: *Kazakh Commercial Television*, Almaty, 2. November 2001).

Im Rahmen dieses Kapitels sollen nunmehr anhand einer völkerrechtlichen A-nalyse der konkreten Problematik und der internationalen Staatenpraxis Lösungsvorschläge für den zukünftigen Status des Kaspischen Meeres aus der Sicht des Völkerrechts entwickelt werden, die die regionalen Besonderheiten mit berücksichtigen.

I. Positionen der Anrainerstaaten

Der völkerrechtliche Status des Kaspischen Meeres ist insbesondere hinsichtlich der Nutzungsrechte der unter diesem befindlichen Rohstoffen bis heute nicht definiert. Die einzigen relevanten und noch heute gültigen völkerrechtlichen Verträge datieren aus den Jahren 1921 und 1940[93]. Ob sich aus diesen Verträgen tatsächlich konkrete Rechte bzw. völkerrechtliche Verpflichtungen für die Anrainerstaaten über die Ausbeutung der im und unter dem Kaspischen Meer befindlichen Naturressourcen ergeben, wird von einigen Anrainerstaaten angezweifelt. Insbesondere die nun unabhängigen ehemaligen Sowjetrepubliken sehen sich durch solche Verträge nicht gebunden. Sie würden gerne ungestört von jeglichen vertraglichen Verpflichtungen die ihren Küsten vorgelagerten Naturreichtümer eigenständig ausbeuten, ohne auf den "good will" der anderen Anrainerstaaten angewiesen zu sein.

Im Folgenden sollen zunächst die jeweiligen Positionen der Anrainerstaaten dargestellt werden, um diese sodann unter völkerrechtlichen Gesichtspunkten zu analysieren.

1. Islamische Republik Iran

Während der Iran zu Beginn der Auseinandersetzungen um den völkerrechtlichen Status des Kaspischen Meeres in den frühen 90ern kurzzeitig erkennen ließ, dass er gewillt war, die Prinzipien des *UN-Seerechtsübereinkommens* von 1982 auf das Kaspische Meer anzuwenden[94], berief er sich nach dem Scheitern der im Jahre 1992 ins Leben gerufenen - allerdings sehr kurzlebigen - *Organisation for Co-operation between the Caspian Littoral States* (OCCLS) auf die Gültigkeit der sowjetisch-iranischen Verträge von 1921 und 1940 auf die an späterer Stelle noch genauer eingegangen werden wird.

---

[93] Dazu sogleich mehr unter: 2. Kap., § 4, B., I., 1..

[94] Entsprechend Prinzip Fünf (5) eines im Oktober 1994 fertig gestellten Vertragsentwurfs war man sich einig, dass "In the Caspian Sea the United Nations' principles of the 1982 Laws of the Sea will be implemented. The international borders of national states will be based on coastal waters." (vgl.: *Afrasiabi*, Iran's Policy on the Caspian Sea).

Nach Ansicht des Iran ergibt sich aus diesen Verträgen ein kondominaler Status des Kaspischen Meeres, d.h. jegliche Aktivitäten würden den Konsens aller Anrainerstaaten erfordern.

Auch wenn ein solches kondominiales Souveränitätssystem insbesondere für den Schutz des sensiblen Ökosystems des Kaspischen Meeres vorteilhaft sein würde, so könnte auf der anderen Seite jeder Anrainerstaat - aus welchen Gründen auch immer - ihm unliebsame wirtschaftliche Aktivitäten eines anderen Anrainerstaaten mit seinem Vetorecht blockieren.

Zumindest beharrt der Iran darauf, dass alle Anrainerstaaten bis zur gemeinsamen Schaffung eines neuen völkerrechtlichen Regimes für das Kaspische Meer an diese Verträge gebunden seien und sich insbesondere die neu entstandenen Staaten nicht auf die "*clean slate*"-Doktrin[95] berufen könnten[96]. Aus diesem Grunde erachtet der Iran die zwischen Russland und Kasachstan und Aserbaidschan bereits geschlossenen bilateralen bzw. trilateralen Verträge über die Aufteilung der unter dem Kaspischen Meer befindlichen Ressourcen für ungültig[97].

Obgleich der Iran selbst seismologische Erkundungen auf der Suche nach Erdöl und Erdgas unter dem Kaspischen Meer vornimmt[98] und im März 2003 sogar mit Turkmenistan eine vorläufige Vereinbarung hinsichtlich der gemeinsamen Erkundung und Entwicklung von Erdöl- und Erdgasvorkommen im südlichen

---

[95] Dazu ausführlich unter: 2. Kap., B., III., 5..

[96] 'Russia, Iran hold talks on legal status of Caspian Sea', *Associated Press Newswires*, 9. August 2001.

[97] 'Iran says status of Caspian Sea must accord with 1921-1940 treaties', *Deutsche Presse-Agentur*, 11. Januar 2001; 'Three Caspian States agree to divy up resource-rich sea', *Agence France-Press*, 05/14/2003; 'Iran does not recognize tripartite agreement on Caspian Sea', *Interfax Information Services*, B.V. 10/24/2003, http://www.rigzone.com/news/article.asp?aid=9084; Genauere Angaben zu der im Mai 2003 zwischen Aserbaidschan, Kasachstan und Russland abgeschlossenen Vereinbarung bei den jeweiligen Länderanalysen.

[98] So führte das aus der National Iraniean Oil Co. (NIOC), der Royal Dutch/Shell Group, der Lasmo plc und der Deutschen Veba gebildete KEPCO Konsortium (Khazar Exploration and Production Company) ab 1999 eine 18-monatige seismische, geologische und geophysikalische Studie im südlichen Teil des Kaspischen Meeres durch, welche den vollständigen - vom Iran beanspruchten - 20% Sektor umfasste. Im Oktober 1999 wurden Ausbeutungserkundungen im Bereich des auch von Aserbaidschan beanspruchten Alborz (aserb. = Alov) Erdölfeldes durchgeführt. (vgl.: *Maleki*, What Happened in the South Caspian?).

Sektor des Kaspischen Meeres geschlossen hat[99], verurteilt der Iran noch immer vehement jegliche Art von einseitigen Aktionen seitens der anderen Anrainerstaaten des Kaspischen Meeres.

Auch wenn in Teheran die Einsicht immer weiter zu reifen scheint, dass ohne Zugeständnisse irgendeiner Art und Weise gegenüber den übrigen Anrainerstaaten die Fakten ansonsten im Wege einseitiger begrenzter Vereinbarungen auch ohne den Iran geschaffen werden, findet dieser ständige Protest des Iran aus völkerrechtlicher Sicht seine nachvollziehbare Rechtfertigung in der *pacta tertiis*-Regel des Artikels 30 Absatz 4 (b) und 5 der *Wiener Vertragsrechtskonvention*[100]. Daraus ergibt sich die Notwendigkeit ständigen Protests, um nicht im Laufe der Jahre den Eindruck der Akzeptanz von sich möglicherweise entwickeltem lokalen Völkergewohnheitsrecht entstehen zu lassen.

Bei der Geltendmachung der eigenen Ansprüche schreckte der Iran in der Vergangenheit auch nicht vor der Androhung militärischer Gewalt zurück. So drang am 23. Juli 2001 ein iranisches Kriegsschiff in die Gewässer über dem *Araz-Alov-Sharg*-Ölfeld[101] vor, welche von Aserbaidschan als eigene Territorialgewässer angesehen werden, und zwang ein aserbaidschanisches Ölerkundungsschiff unter Androhung von Gewalt, die betreffenden Gewässer zu verlassen[102].

---

[99] 'Turkmenistan, Iran agree to joint exploration of Caspian Sea riches', *AFP*, 27 March 2003, http://www.iranexpert.com/2003/oilexploration27march.htm.

[100] Article 30 - Application of successive treaties relating to the same subject-matter: [...] 4. When the parties to the later treaty do not include all the parties to the earlier one:
(a) as between States parties to both treaties the same rule applies as in paragraph 3;
(b) as between a State party to both treaties and a State party to only one of the treaties, the treaty to which both States are parties governs their mutual rights and obligations.
5. Paragraph 4 is without prejudice to article 41, or to any question of the termination or suspension of the operation of a treaty under article 60 or to any question of responsibility which may arise for a State from the conclusion or application of a treaty the provisions of which are incompatible with its obligations towards another State under another treaty.

[101] Der *Araz-Alov-Sharg-Vertrag* wurde am 21. Juli 1998 in 10 Downing Street in London zwischen *BP*, *Statoil* und *SOCAR* unterzeichnet und umfasst ein Investitionsvolumen von US$ 10 Mrd. (*Mir-Babayev*, Azerbaijan's Oil History, S. 9).

[102] Der Iran unterstrich die Ernsthaftigkeit seiner Ansprüche am 29. Juli 2001 mit dem Überfliegen durch ein iranisches Kampfflugzeug über die beanspruchten Gebiete des *Alborz/Alov*-Erdölfeldes. (vgl.: *Nair Aliev*, 'Caspian Power Struggle: The flare-uti possidetis of tension between Teheran and Baku is not only about oil.', Baku independent newspaper *Ekho*, August 2001).

Damit unterstrich der Iran seinen zuvor auf politischer Ebene[103] geäußerten Anspruch auf die Ausbeutung der Ressourcen, welche sich in dem von ihm beanspruchten 20%-Teil des Kaspischen Meeres befinden.

In der Geltendmachung eines 20%igen Teils vom Kaspischen Meer seit dem Jahre 1998 wurde ein Richtungswechsel der Regierung *Chatami* ersichtlich. Man bestand nicht mehr bedingungslos auf einer gemeinsamen Nutzung des Kaspischen Meeres unter dem System eines Kondominiums, sondern war gewillt, einer Teilung in nationale Sektoren zuzustimmen. Dies sollte allerdings nur für den Fall gelten, dass der iranische Anteil nicht weniger als 20% betragen würde und sowohl der Meeresboden mit seinen Bodenschätzen als auch die darüber liegenden Gewässer entsprechend geteilt werden würden[104].

Würde man die Prinzipien des *IGH* zur Festlegung von Meeresgrenzen und die im 1982er *UN-Seerechtsübereinkommen* (SRÜ)[105] kodifizierten Grundsätze des internationalen Seevölkerrechts auf das Kaspische Meer anwenden, so ergäbe sich unter Berücksichtigung der Küstenform und der Küstenlänge des Iran entlang des Kaspischen Meeres ein rechnerischer Wert, welcher weit unter dem begehrten 20%-Teil liegen würde. Noch dazu wäre der Iran gerade in diesem ca. 13% umfassenden Sektor kaum mit Erdölvorkommen bedacht. Die vom Iran beanspruchten Erdölfelder *Araz* und *Alov* - auf Iranisch (Farsi) *Alborz* - befinden sich jenseits des dem Iran von den anderen Anrainerstaaten zugestanden Teils des Kaspischen Meeres.
Irans 20%-Forderung ist bisher auf vehementen Widerstand seiner nördlichen Nachbarn gestoßen.

Auch ein Vorschlag Russlands, das Kaspische Meer in einen nördlichen und einen südlichen Teil zu unterteilen, wobei sich Aserbaidschan, Turkmenistan

---

[103] Nachdem entsprechend einem zwischen Aserbaidschan und BP im Juli 1998 unterzeichneten PSA hinsichtlich des *Sharg-Alov-Araz*-Blocks mit den Erkundungen begonnen werden sollte, wurden am 21. Juli 2001 sowohl Aserbaidschan als auch die am Konsortium beteiligten internationalen Unternehmen aufgefordert, weitere Erkundungen in Irans „20%-Anspruch" am Gebiet des Kaspischen Meeres zu unterlassen. (vgl.: *Maleki*, What Happened in the South Caspian?).

[104] 'Iran's changing perspectives & policies on the Caspian': An interview with *Abbas Maleki*, *MENAS Associates - Iran Focus*, Volume 14, Number 3, March 2001.

[105] *United Nations Convention on the Law of the Sea* vom 10. Dezember 1982 in Montego Bay, in Kraft getreten am 16. November 1994 (Text unter: http://www.un.org/Depts/los/ unclos/UNCLOS-TOC.htm), Zahl der Ratifikationen am 1.1.2002: 135 (Liste unter: http:// www.un.org/Depts/los/los/94st.htm).

und der Iran den 51%igen Anteil in drei gleich große Sektoren untereinander aufteilen sollten, wurde von Aserbaidschan strikt abgelehnt. Für Aserbaidschan stand fest, dass es bis zum Zerfall der Sowjetunion die so genannte „*Astara-Gassan-Kuly*"-Linie auf dem Kaspischen Meer gegeben hat, welche die Enden der Landgrenzen am westlichen und östlichen Ufer des Kaspischen Meeres miteinander verband. Demnach würde dem Iran eigentlich nur ein Anteil von ca. 11% zustehen. Der sich auf Grund einer Mittellinienregelung ergebende Sektor mit einer Ausdehnung von immerhin 13,6% wird von Aserbaidschan als das äußerst Machbare angesehen[106].

Aus sicherheitspolitischen Gründen hat der Iran ebenfalls kein Interesse daran, dass - dem Muster der bilateralen Verträge folgend - die Gewässer des Kaspischen Meeres unter gemeinsamer Souveränität stehen. Denn so könnten russische Kriegsschiffe problemlos bis dicht an die iranische Küste vordringen.

Bemerkenswert ist des Weiteren die Aussage des iranischen Erdöl-Ministers *Bijan Namdar Zanganeh's* im März 2001: Es werde nun nicht mehr mit der Ressourcenerkundung im iranischen 20%-Sektor gewartet, sondern von nun an, unabhängig vom Stand der Verhandlungen um den Status des Kaspischen Meeres, mit den Aktivitäten begonnen werde[107]. Zusätzlich zur Unterzeichnung des bereits erwähnten vorläufigen Abkommens zur gemeinsamen Erforschung und Entwicklung der Offshore-Ressourcen im südlichen Teil des Kaspischen Meeres einigte sich der Iran mit Turkmenistan Ende März 2003 sogar dahingehend, dass mit der Demarkation der gemeinsamen Grenze im Kaspischen Meer begonnen werden soll[108].
Ähnliche Gespräche, insbesondere hinsichtlich der Eigentumsverhältnisse der umstrittenen Erdölfelder *Araz* und *Alov* (*Alborz*), werden seit Mai 2003 zwischen iranischen und aserbaidschanischen Diplomaten geführt[109]. Erste greifbare Erfolge lassen sich seit dem 10. Treffen der *Caspian Working Group* im Juli 2003 in Moskau ausmachen. Sowohl Turkmenistan als auch der Iran hatten da-

---

[106] 'Iran's changing perspectives & policies on the Caspian': An interview with *Abbas Maleki*, *MENAS Associates - Iran Focus*, Volume 14, Number 3, March 2001.

[107] Diese Aussage befand sich allerdings in absolutem Widerspruch zu den Aussagen des iranischen Außenministers, welcher sich noch wenige Tage vorher eindeutig für ein Kondominium aussprach. vgl.: 'Iran's changing perspectives & policies on the Caspian': An interview with *Abbas Maleki*, *MENAS Associates - Iran Focus*, Volume 14, Number 3, March 2001.

[108] 'Turkmenistan, Iran to start border demarcation in Caspian', *Agence France-Press* vom 28. März 2003.

[109] *Afrasiabi*, The Legal Regime of the Caspian Sea, Fn. [ix] und dazugehöriger Text.

mals ihre Blockadehaltung gegenüber der Unterzeichung der *Caspian Environmental Convention* aufgegeben, so dass diese im November 2003 schließlich unterzeichnet werden konnte[110].

Auch wird mittlerweile verlautbart, dass man sich hinsichtlich der bisher geforderten mindestens 20%-Marke verhandlungsbereit zeigen würde, soweit der Iran an den betreffenden Ressourcen, d.h. dem *Alborz* Erdölfeld, beteiligt werden würde[111].

Die widersprüchliche Haltung des Iran zur Kaspischen Frage spiegelt im Wesentlichen den Konflikt wider, in dem sich das Land befindet. Die Reform- und Öffnungspolitik des Präsidenten *Chatami* ist während der vergangenen Jahre in entscheidenden Punkten immer wieder von der religiösen und antiwestlich geprägten Führungselite um *Chamenei* und dem Wächterrat blockiert worden. Aus Angst vor einem wachsenden westlichen Einfluss, der auch mittelbar über ein verstärktes Engagement internationaler Ölkonsortien im Iran begünstigt werden würde, wurden sowohl die diplomatischen als auch ökonomischen Reformbestrebungen des iranischen Präsidenten in den letzten Jahren wieder vermehrt behindert.

Auch wenn die bisher nachgewiesenen Erdöl- und Erdgasressourcen im iranischen „Sektor" des Kaspischen Meeres im Vergleich zu den eigenen Reserven am Persischen Golf als relativ unbedeutend eingestuft werden können[112], wären sie für die Versorgung der dicht besiedelten Nordprovinzen von um so größerer Bedeutung. Obwohl der Iran als weltweit zweitgrößter Erdölförderer bei einer Kapazität von 9% der weltweiten Erdölvorkommen und 14,9% der Weltgasreserven über ein enormes Potential an Ressourcen verfügt, hat es der Iran bisher nicht geschafft, diesen Reichtum adäquat zu vergolden. Der Anteil der Petroleumindustrie am Bruttoinlandsprodukt liegt mit 8% noch weit unter den 30-40% von vor dem Iran-Irak Krieg[113]. Dies ist zum einen Folge der von den USA

---

[110] Siehe dazu Ausführungen unter: 3. Kap., § 9, B., II., 2..

[111] 'Iran says new stance on Caspian should aid agreements', *plattsOilgram News*, Vol. 81, Number 202, October 20, 2003.

[112] Je nach Ausdehnung des iranischen Sektors liegt die Höhe der vermuteten Erdölreserven im Kaspischen Meer bei 10-30 Mrd. bbl und die Erdgasreserven bei 12-19 Tcf. (*Asia Pulse PTE Ltd*, 25 January 2001, US Energy Information Administration (EIA)).

[113] Vgl.: *Coudert/F.A.Z.*, Investitionsführer Iran/Golfstaaten, S. 64; US-EIA Daten, http://www.eia.doe.gov/pub/international/ieapdf/t08_01.pdf.

gegen den Iran verhängten Sanktionen[114], die ein jährliches Engagement ausländischer Unternehmen in der Petroleumindustrie jenseits der US$ 20 Millionen Grenze sanktionieren und ein solches amerikanischer Firmen vollständig verbieten, zum Anderen aber auch der investitionsunfreundlichen politischen und rechtlichen Rahmenbedingungen. Sicherlich war die Verabschiedung des neuen Investitionsschutzgesetzes im Jahre 2002 ein weiterer Erfolg versprechender Schritt, um ausländische Ölfirmen für ein Engagement im Iran zu gewinnen, allerdings sind diese vor allem im Upstream-Bereich den Unwägbarkeiten eines spezifisch iranischen Vertragssystems ausgesetzt - den so genannten "Buy-Back"-Verträgen[115].

2. Russische Föderation

Russland hat im Laufe der letzten Jahre die Position seiner kaspischen Politik in erheblichem Maße verändert. War die russische Außenpolitik gegenüber den anderen kaspischen Staaten im Jahre 1994 - als diese Länder ihre ersten Verträge mit ausländischen Konsortien zur Erschließung der kaspischen Ressourcen abschlossen - noch von einem sehr rauen Ton bestimmt[116], so hat Russland mittlerweile die Position der treibenden Kraft für eine alle Anrainerstaaten befriedigende Lösung eingenommen.

Bis zum Abschluss des ersten bilateralen Vertrages mit Kasachstan über die Aufteilung der kaspischen Ressourcen vertrat Moskau vehement seine Theorie von einem gemeinsamen *Kondominium*, welches angeblich durch die russisch (sowjetisch) - persischen (iranischen) Verträge von 1921 und 1940 völkervertragsrechtlich bindend gebildet worden sei. Wie der Iran interpretierte auch Russland diese Verträge in dem Sinne, dass, abgesehen von schmalen Küstenstreifen alleiniger küstenstaatlicher Souveränität, dem Rest des Kaspischen

---

[114] Dazu im Einzelnen siehe unter: 3. Kap., § 7, C., 5. c) dd) (1) (1.2.).

[115] Neben vielen anderen Unsicherheiten denen sich ein Investor bei diesem Vertragssystem - im Gegensatz zu den Investitionsmechanismen der Konzession bzw. der Production Sharing Agreements - ausgesetzt sieht, ist der Umstand, dass der Investor zu keinem Zeitpunkt während seines Engagements Eigentum am Erdöl erlangt, für die noch immer bestehende Zurückhaltung von internationalen Ölfirmen, in die iranische Erdölindustrie zu investieren von entscheidender Bedeutung. (Ausführlich dazu: *Brexendorff*, Implications for Buybacks, D1ff.; *Brexendorff/Ule*, Investing in the Iranian Oil & Gas Industry, S. 17ff.).

[116] Nach Abschluss des so genannten „Jahrhundertvertrags" zwischen Aserbaidschan und einem Konsortium westlicher Erdölfirmen erklärte Russland den Vertrag für unwirksam. Einseitige Aktivitäten der Anrainerstaaten seien als so lange unwirksam anzusehen, bis zwischen allen Kaspischen Staaten ein Konsens über den Status des Kaspischen Meeres gefunden sei.

Meeres - einschließlich der in und unter diesem befindlichen Naturressourcen - der Status eines Kondominiums zukommen würde. Die erwünschte Folge wäre somit gewesen, dass in diesem Bereich des Kaspischen Meeres von keinem Anrainerstaat selbständig Aktivitäten zur Ausbeutung der Ressourcen vorgenommen werden dürften, ohne vorherige Zustimmung bzw. Beteiligung der übrigen Anrainerstaaten.

Das Festhalten an der Geltung und die entsprechende Interpretation dieser Verträge war getragen vom russischen Bemühen, auch nach dem Zerfall der Sowjetunion die alleinige Kontrolle an dieser zentralasiatischen „Achillesferse" zu behalten. Insbesondere unter der Präsidentschaft *Boris El`zins* wurde dem russischen „nahen Ausland"[117] unmissverständlich klar gemacht, dass westliche und insbesondere U.S.-amerikanische Einflussnahme - wie sie u.a. in Folge wirtschaftlichen Engagements westlicher Ölkonzerne zu befürchten war - als Sicherheitsbedrohung für Russland an seiner zentralasiatischer Südperipherie aufgefasst werden würde.

Schließlich wollte Russland auch an der Ausbeutung der zu erwartenden enormen Erdöl- und Erdgasvorkommen unter dem Kaspischen Meer teilhaben. Denn zu Ungunsten Russlands befinden sich die bedeutenderen Lagerstätten im Wesentlichen nicht vor den eigenen Küsten des Kaspischen Meeres, sondern in den Offshore-Bereichen, die den anderen ehemaligen Sowjetrepubliken vorgelagert sind. Da nach sowjetischem Recht alle Bodenschätze - auch die im Festlandsockel der Meere - im Eigentum der Sowjetunion standen und ihre Förderung nur zentral aus Moskau verwaltet worden ist, statt von den einzelnen Sowjetrepubliken, konnte man sich in Moskau nur schwerlich damit abfinden, diese Monopolstellung einzubüßen.

Im Wesentlichen war es wohl die Einsicht Russlands, dass sich ohne die Hilfe westlicher Investoren und westlicher Technik die kaspischen Erdöl- und Erdgasressourcen nicht in internationalen technischen Standards entsprechender Weise fördern lassen würden, welche zum Einlenken Russlands führte. Statt von seiner Vetopolitik Gebrauch zu machen schlug Russland nun moderatere Töne an. Man erkannte, dass angesichts der eigenen geringen Vorkommen im

[117] Von der Bezeichnung „nahes Ausland" wurden diejenigen ehemaligen Sowjetrepubliken und nun unabhängigen Staaten bezeichnet, welche sich an den Peripherien der ehemaligen Staatsgrenze der UdSSR befinden.

Kaspischen Meer den ehemals stattlichen Erdöl- und Erdgasgiganten *Lukoil*[118] und *Erdgasprom* mehr damit gedient ist, wenn die Förderprojekte in den anderen Anrainerstaaten unter eigener Beteiligung geduldet werden würden. Schließlich konnte Russland ja auch noch mit seinem Pipelinemonopol trumpfen - ein Druckmittel, welches ein ständiger Begleiter bei den Verhandlungen um die russischen Beteiligungen werden sollte.

Endgültig Abstand nahm Russland von der Theorie der kondominialen Nutzung mit der Unterzeichnung eines bilateralen Vertrages mit Kasachstan im Jahre 1998[119], in welchem sich die beiden Staaten hinsichtlich der Aufteilung des Festlandsockels[120] und der darin enthaltenen Bodenschätze in nationale Sektoren entlang einer modifizierten Mittellinie einigten[121].

Dennoch vermochten beide Staaten erst nach weiteren vier Jahren eine Einigung über die Ausbeutungsrechte der sich in den Grenzbereichen befindlichen Erdölfelder *Kurmangazy*, *Tsentralnoye* und *Khvalynskoye* erzielen[122]. Am 13. Mai 2002 unterzeichneten beide Staaten einen Vertrag, in dem spezifische geo-

---

[118] So hat *LUKOIL* im Rahmen von PSAs u.a. auch die Lizenz für die Ausbeutung des *Yalmo-Samurskiy* Erdöl-Blocks und des *Central* Erdöl-Blocks zugesprochen bekommen. Ersterer Block überschneidet sich mit dem Aserbaidschanischen Sektor, bzw. liegt dort sogar zum größten Teil, der *Central*-Block überschneidet sich mit dem kasachischen Sektor des Kaspischen Meeres. Beide Blöcke versprechen ca. 770 Millionen Tonnen Erdöl. Die entsprechenden PSA Verträge wurden am 10. Juli 2002 per Gesetz vom Russischen Parlament ratifiziert. (vgl.: 'Russia's upper house passes law on Caspian oil fields', *Interfax news agency*, Moscow, *BBC Monitoring*, July 10, 2002).

[119] 'Agreement between the Republic of Kazakhstan and the Russian Federation Regarding the Demarcation of the Seabed of the Northern Part of the Caspian Sea in Order to Exercise the Sovereign Subsoil Use Rights' und dazugehöriges Protokoll, (Text siehe **Anlagen 8** und **9**).

[120] Die Verwendung des Terminus „Festlandsockel" soll nicht suggerieren, dass das Kaspische Meer tatsächlich über einen solchen im Sinne des modernen Seevölkerrechts verfügt.

[121] Der Vertrag wurde am 6. Juli 1998 unterzeichnet. (vgl.: 'Iran's changing perspectives & policies on the Caspian': An interview with *Abbas Maleki, MENAS Associates - Iran Focus*, Volume 14, Number 3, March 2001).

[122] Sowohl das eindeutig mittig zwischen Russland und Kasachstan gelegene Erdölfeld *Kurmangazy* als auch das Erdölfeld Tsentralnoye wurde lange Zeit alleinig von Russland beansprucht. ('Diplomat says dispute over oil field in Caspian not over yet', ITAR-TASS, March 25, 2002; 'Kazakhstan, Russia to set Northern Caspian Sea Border by mid-May', *Dow Jones Newswires*, April 9, 2002; 'Kazakhs to give Caspian Tsentralnoye oilfield to Russia - Kazakh agency', *BBC Monitoring International Reports*, April 9, 2002; 'Russia protests at Kazakh decision to sell disputed oilfield in Caspian Sea', *BBC Monitoring*, November 1, 2001).

graphische Koordinaten für die Teilung des nördlichen Teils des Kaspischen Meeres festgelegt wurden und hinsichtlich der umstrittenen Erdölfelder eine für beide Staaten gerechte Teilung vereinbart wurde[123].

Dieselben Prinzipien sollten Grundlage für die bilateralen Verhandlungen zwischen Russland und Aserbaidschan über die Aufteilung der im Grenzbereich beider Staaten unter dem Meeresboden befindlichen Ressourcen bilden. Am 9. Juni 2002 einigten sie sich über die Teilung des Meeresbodens und der darin enthaltenen Bodenschätze entlang der Mittellinie. Des Weiteren wurden Prinzipien für die Ausbeutung von neuen Erdölfeldern festgelegt, sofern solche in Zukunft in den Offshore-Grenzbereichen entdeckt werden sollten[124].
Die Unterzeichnung eines dreiseitigen Übereinkommens zwischen Russland, Kasachstan und Aserbaidschan im Mai 2003 über die genaue Lage der die jeweiligen Sektoren des kaspischen Meeresbodens abgrenzenden Koordinaten[125] und das gegenwärtige Bemühen Moskaus, alle fünf Anrainerstaaten an einen Verhandlungstisch zu bringen, indizieren Russlands Einsicht, dass geklärte Souveränitäts- und Hoheitsverhältnisse auf dem Kaspischen Meer für alle Seiten am vorteilhaftesten sind.

Auffällig an den bisher geschlossenen bilateralen Verträgen ist das eindeutige Bemühen Russlands, die Gewässer des Kaspischen Meeres jenseits eines schmalen Küstengürtels mit souveränen Hoheitsrechten an sich ungeteilt zu lassen[126].

---

[123] Bahgat, The Geopolitics of Water Resources in the Caspian Sea, S. 278; 'Russia, Kazak Divide Part of Caspian', *Associated Press*, May 13, 2002; Das Abkommen wurde am 2. Oktober 2002 vom kasachischen Majilis, dem Unterhaus des kasachischen Parlaments, ratifiziert. ('Kazakh lower hose ratifies agreement with Russia on dividing Caspian seabed', *Interfax*, October 2, 2002).

[124] 'Russian, Azerbaijani agreement on Caspian to establish principles of meridian line', *Interfax*, May 24, 2002; 'Azerbaijan, Russia sign agreement on Caspian Sea boundaries ahead of summit', *Dow Jones Newswires*, April 10, 2002.

[125] Entsprechend dem Abkommen würde Kasachstan über eine Fläche von 29% des Kaspischen Meeresbodens verfügen können, Russland über 19% und Aserbaidschan zwischen 18 und 19%. Bereits im Oktober 2003 ist dieses Abkommen vom kasachischen Parlament ratifiziert worden, was den erneuten Protest Irans hervorrief. ('Iran does not recognize tripartite agreement on Caspian Sea', *Interfax Information Services*, B.V. 10/24/2003, http:// www.rigzone.com/news/article.asp?a_id=9084.) Bis Anfang 2004 fand noch keine Ratifizierung durch die zuständigen Organe der beiden anderen Vertragspartner statt.

[126] 'Iran's changing perspectives & policies on the Caspian': An interview with Abbas Maleki, *MENAS Associates - Iran Focus*, Volume 14, Number 3, March 2001.

Deswegen versucht Russland, die übrigen Anrainerstaaten weiterhin davon zu überzeugen, über die Gewässer des Kaspischen Meeres im Wesentlichen gemeinsame Souveränität auszuüben und den Anrainerstaaten lediglich in einer 15 bis 45 sm breiten Küstenzone exklusive Grenz-, Zoll- und andere Kontrollrechte einzuräumen und ihnen exklusive Fischereirechte zuzubilligen[127]. Das von den anderen Anrainerstaaten missbilligte Resultat einer Befolgung dieses Vorschlages wären weiter bestehende weit reichende Einflussnahmemöglichkeiten Russlands auf die Geschehnisse außerhalb der der eigenen Küste vorgelagerten Gebiete des Kaspischen Meeres.

Nicht zu unterschätzen ist in diesem Zusammenhang auch die zunehmende militärische Präsenz der USA in der Region[128]. Wenn schon eine vollständige Kontrolle der ehemaligen zentralasiatischen Sowjetrepubliken nicht mehr möglich erscheint, so will sich Russland mit einem noch größer werdenden amerikanischen Einfluss nicht abfinden[129].

Vor diesem Hintergrund ist Russlands Bemühen verständlich, zumindest die Gewässer des Kaspischen Meeres unter gemeinsame Souveränität aller fünf Anrainer zu stellen. Die völkerrechtliche Konsequenz wäre zum einen, dass die Prinzipien des *SRÜ* nicht zur Anwendung kämen. Zum Anderen würde dies Russland die Möglichkeit geben, bis dicht an die Küsten der anderen Anrainerstaaten mit eigenen Kriegsschiffen fahren zu können, um so eventuell nicht nur politischen, sondern auch wirtschaftlichen Interessen militärisch Nachdruck zu verleihen[130].

---

[127] 'Russia Committed to Joint Use of Caspian Waters', *Interfax Information Services*, B.V. 10/8/2003, http://www.rigzone.com/news/article.asp?a_id=8804.

[128] Seit dem Krieg in Afghanistan sieht sich Russland einer verstärkten Präsenz von U.S. Militär im zentralasiatischen Raum (Tadschikistan) und auch in Georgien gegenüber. (vgl.: 1. Kap., § 2, E. III.).

[129] Die Reaktion des russischen Außenministers *Viktor Kalyuzhny* zu einer Äußerung eines amerikanischen Teilnehmers auf der Kaspischen Konferenz vom 28. Februar 2002 in Moskau: „If the Americans have interests in the Caspian problem, God bless them. This is a question for the five Caspian states to decide." (vgl.: *Charlton*, Angela, 'Caspian Sea dispute pits Russia, Iran, U.S. against each other', *Associated Press*, 28. Februar 2002).

[130] Bezeichnend ist das im Sommer 2002 auf dem Kaspischen Meer von Russland abgehaltene Manöver, welches seit dem Zerfall das größte seiner Art in der Region war. ('Russia to stage major military exercises on Caspian Sea', *Agence France-Press*, July 2, 2002; 'Russian naval exercise seen as means to resolve Caspian dispute', Gazeta.ru, web site in Russian, July 1, 2002, *BBC Monitoring*, July 3, 2002).

3. Aserbaidschan

Aserbaidschan war seit jeher der vehementeste Vertreter einer Anwendung der im *SRÜ* kodifizierten und weiterentwickelten Prinzipien des Meeres-Völkergewohnheitsrechts und somit einer vollständigen Aufteilung des Kaspischen Meeres in Territorialgewässer, eine ausschließliche Wirtschaftszone und entsprechende Souveränitätsrechte hinsichtlich der im und unter dem Meer befindlichen Naturressourcen.

Nach der Ansicht Aserbaidschans soll eine Abgrenzung der Souveränitätsrechte entsprechend der Prinzipien des modernen Seevölkerrechts erfolgen. Aserbaidschan hatte an einem unter einem kondominialen Regime bestehenden gemeinsam bestehenden Nutzungsrecht aller Anrainerstaaten seit jeher kein Interesse, sondern war um eine Realteilung unter Berufung auf die zu Sowjetzeiten vorgenommene sektorale Aufteilung des Kaspischen Meeres bemüht[131].
Bereits im Jahre 1994 kodifizierte das aserbaidschanische Parlament (Majlis) in der Verfassung das Prinzip der Souveränität über den aserbaidschanischen Sektor des Kaspischen Meeres[132]. Dies zeigt unzweideutig, dass Aserbaidschan gewillt ist, die seiner Küste vorgelagerten reichhaltigen Erdöl- und Erdgasreserven selbst auszubeuten.

Obwohl die hoheitlichen Verhältnisse und damit verbundene Ausbeutungsrechte an den kaspischen Erdöl- und Erdgasressourcen zum damaligen Zeitpunkt noch nicht ansatzweise geklärt waren, unterzeichnete die aserbaidschanische staatliche Ölfirma *AIOC* bereits am 20. September 1994 den so genannten „Jahrhundertvertrag" mit einem Konsortium westlicher Ölfirmen[133] über die Erschießung und Ausbeutung der weit vor der Küste Aserbaidschans gelegenen Offshore-Felder *Azeri*, *Chirag* und *Gunashli*[134]. Die Legitimation dazu leitete Aserbaidschan davon ab, dass aserbaidschanische Spezialisten diese Lagerstät-

---

[131] Zu den in im Jahre 1970 vom sowjetischen Ölministerium vorgenommenen Sektorenfestlegung siehe ausführlich unter: 2. Kap., § 4, B., II. 3. b).

[132] *Starr*, Azerbaijan Asserts Legal Rights over Caspian, S. 45.

[133] An dem Konsortium sind beteiligt: *BP* (34,1%), *Unocal* (10,2%), *Lukoil* (10%), *SOCAR* (10%), *Statoil* (8,6%), *ExxonMobil* (8%), *TPAO* (6,8%), *Devon Energy* (5,6%), *Itochu* (3,9%), *Amerada Hess* (2,7%), (US Energy Information Administration, http://ww.eia.doe.gov/emeu/cabs/azerproj.html).

[134] *Azeri, Chirag, Deepwater Gunashli PSA*, ratifiziert im Dezember 1994, Investitionsvolumen: US $ 13 Milliarden (US Energy Information Administration, http://ww.eia.doe.gov/emeu/cabs/azerproj.html).

ten zu Sowjetzeiten entdeckt hätten[135] und sich diese im zu Sowjetzeiten Aserbaidschan zugeteilten Sektor befinden würden[136]. Entsprechend der Aussage *Merzliakovs*[137] gab es kurz vor der Auflösung der UdSSR im Dezember 1991 einen gemeinsamen Beschluss zwischen dem Ministerrat der ASSR und dem sowjetischen Ministerium der Erdöl- und Erdgasindustrie, dass es der ASSR freistehe, den aserbaidschanischen Sektor selbständig mit Unterstützung ausländischer Partner zu erschließen[138].

Wenn auch erst drei Jahre später, so rief dies doch schließlich im Januar 1997 den Protest Turkmenistans hervor, welches die Souveränität des vom „Jahrhundertvertrag“ ebenfalls mitumfassten *Azeri*-Erdölfeldes beansprucht.
Als der ehemalige aserbaidschanische Präsident *H. Aliev* schließlich am 4. Juli 1997 die Öffentlichkeit darüber informierte, dass zwischen der staatlichen aserbaidschanischen Erdölfirma *SOCAR* und den russischen Unternehmen *Lukoil* und *Rosneft* ein Vertrag zur Ausbeutung des *Kapaz*-Erdölfelds unterzeichnet wurde, ging Turkmenistan schließlich zur Gegenoffensive über.

Während vom aserbaidschanischen Standpunkt aus die zwischen den beiden Staaten liegenden Erdölfelder *Chirag*, *Azeri* vollständig und *Kapaz* teilweise im eigenen Sektor gelegen sind[139], ist Turkmenistan der Ansicht, dass sich die Erdölfelder *Kapaz* (turkmenisch: Serdar) und *Azeri* (turkmenisch: erst *26 Baku Kommissars*, jetzt *Khazar*) vollständig und das Erdölfeld *Chirag* (turkmenisch: erst *Kaverochkin*, jetzt *Osman*) zumindest teilweise im turkmenischen Sektor des Kaspischen Meeres befinden[140].
Die Brisanz dieses Disputs wurde noch dadurch verschärft, dass sich Russland auf Grund der Involvierung zweier russischer Unternehmen veranlasst sah, di-

---

[135] Die Erdölfelder wurden in den folgenden Jahren entdeckt: *Gunashli* – 1979, *Chirag* – 1985, *Azeri* – 1988 (*Mir-Babayev*, Azerbaijan's Oil History, S. 6).

[136] Vgl.: Interview mit ehem. Präsidenten Aserbaidschans *H. Aliev* in der *Izvestiya* vom 3. April 1998; *Interfax news agency*, Moscow, 26/1/97; dazu ausführlicher unter: 2. Kap., § 4, B., II. 3. b).

[137] Ehemaliger Mitarbeiter des russischen Außenministeriums und im Jahre 1999 russischer Ambassador at Large und Vorsitzender der *Caspian Sea Working Group.*

[138] *Merzliakov*, Russia`s position on the legal status and related issues of the Caspian Sea, S. 2f..

[139] Vgl.: *Askarov*, Border Games in the Caspian Sea, S. 4.

[140] Ashgabat hatte die amerikanische Kanzlei *Hogan & Hartson* mit der Erstellung einer Analyse beauftragt, die zu diesem Ergebnis gekommen ist. (*Mesamed*, Turkmenistan: Oil, Erdgas, and Caspian Politics, S. 215; *Nezavisimaja Gazeta*, 5 Juli 1997); Eine Skizze über die jeweiligen Ansprüche Aserbaidschans und Turkmenistans in **Anlage 3**.

rekt zu intervenieren. Wegen des gespannten Verhältnisses zwischen Moskau und Baku fiel es Ashkhabad nicht schwer, in bilateralen Gesprächen mit der russischen Seite Aserbaidschan auszumanövrieren. Das Projekt wurde von Russland fallengelassen und stattdessen seitens Turkmenistans verkündet, dass es zusammen mit Russland und dem Iran *Kapaz* erschließen würde[141].

Der Konflikt konnte bis heute nicht beigelegt werden. Eventuelle völkervertragliche Bindungen aus den sowjetisch-iranischen Verträgen von 1921 und 1940 wurden unter Verweis auf die "*clean slate*"-Doktrin, d.h. *rebus sic stantibus*[142], auf Grund fundamentaler Änderungen der Umstände, abgelehnt.
Auch wenn im Laufe der Jahre diese konsequente Haltung Aserbaidschans nicht durchgehalten werden konnte, so hat es jedenfalls an seiner Position – der Teilung des Meeresbodens mitsamt seinen Ressourcen entlang einer modifizierten Mittellinie, die der zu Sowjetzeiten gezogenen Sektorengrenze entspricht[143] - festgehalten.
Unter dem Druck der westlichen Investoren, endlich rechtliche Sicherheiten hinsichtlich der Offshore-Förderrechte zu garantieren, wurde mit der Unterzeichnung eines bilateralen Rahmenvertrages mit Russland im Januar 2001 über die Aufteilung der kaspischen Ressourcen ein gewisses Einlenken erkennbar[144].

Im Januar 2002 wurde im Rahmen konkreter bilateraler Abkommen Aserbaidschans mit Russland und mit Kasachstan schließlich beschlossen, mit der Aufteilung des Meeresbodens in nationale Sektoren zu beginnen. Man war sich jedoch darin einig, dass u.a. auch aus Rücksicht auf die Interessen des Iran und Turkmenistans zunächst nur der Meeresboden mit seinen Erdöl- und Erdgasvorkommen entlang einer dem „Äquidistanzprinzip" folgenden Mittellinie aufgeteilt werden solle. Abgesehen von einem schmalen Territorialgürtel[145], sollen

---

[141] *Itar-Tass* news agency, Moscow 19/8/97; Schließlich wurde seitens Turkmenistans das Kapaz-Feld zusammen mit anderen Erdölfeldern am 2. September 1997 auf einer Messe in Houston zur Ausschreibung angeboten. (*Harris*, The Azerbaijan – Turkmenistan Dispute in the Caspian Sea, S. 60; *Interfax* news agency, Moscow, 2/9/97; vgl. auch: *Maleki*, 'What happened in the South Caspian?').

[142] Siehe dazu unter: 2. Kap., § 4, B., III. 5 und § 4, B., IV..

[143] Die für die im Jahre 1970 vom sowjetischen Ölministerium gezogene Sektorengrenze verwendete Teilungsmethodik entsprach eher einer vereinfachten Äquidistanzmethode. (Genauere Ausführungen dazu unter: 2. Kap., § 4, B., II. 3. b).

[144] *Stern*, 'Putin, Aliyev sign agreement for Caspian Sea', *Agence France-Presse* January 9, 2001.

[145] *Blagov*, Sergei, 'Troubled waters in the Caspian Sea', in: *Asia Times* vom 28. Februar 2002.

die darüber liegenden Gewässer hingegen noch unter gemeinsamer Souveränität liegen bis es zu einer endgültigen Lösung durch einheitlichen Vertrag aller fünf Anrainerstaaten gekommen ist[146].
Am 9. Juni 2002 wurde ein entsprechender - die Prinzipien der Aufteilung festlegender - Vertrag zwischen Aserbaidschan und Russland unterzeichnet[147].
Das sich vom aserbaidschanischen in den russischen Sektor erstreckende *Yalamo-Samurskiy* Erdölfeld soll ab 2007 für 25 Jahre im Rahmen eines PSAs mit dem russischen Erdölgiganten *LUKOIL* ausgebeutet werden[148].

Obwohl Aserbaidschan und der Iran einerseits und Aserbaidschan und Turkmenistan andererseits seit Mitte 2003 einige ernstzunehmende bilaterale Gespräche geführt haben[149], erscheinen die Differenzen gerade gegenüber diesen beiden Nachbarn bisher noch unüberwindlich. Sowohl der Iran als auch Turkmenistan halten vehement an ihren Forderungen über die umstrittenen Erdölfelder in den fiktiven Sektorengrenzbereichen fest[150]. Bereits geschlossene bilaterale bzw. trilaterale Verträge Aserbaidschans mit seinen nördlichen Nachbarn werden vom Iran weiterhin mit Verweis auf die noch bestehende Gültigkeit der Verträge zwischen dem Iran und der UdSSR aus den Jahren 1921 und 1940 als völkerrechtswidrig und unwirksam betrachtet[151].

4. Kasachische Republik

Kasachstan favorisierte lange Zeit ebenfalls eine direkte Anwendung der Prinzipien des *SRÜ* und verwies wie Aserbaidschan auf die Teilung des sowjetischen Teils des Kaspischen Meeres in administrative Sektoren im Jahre 1970[152] und auf eine, dem völkerrechtlichen *uti possidetis*-Prinzip entsprechende Wir-

---

146 *Isachenkov*, Vladimir, 'Russia and Azerbaijan Plan Deal', *Associated Press*, January 27, 2002.

147 'Russian, Azerbaijani agreement on Caspian to establish principles of meridian line', *Interfax*, May 24, 2002.

148 'Russia's upper house passes law on Caspian oil fields', *Interfax news agency*, Moscow, *BBC Monitoring*, July 10, 2002.

149 'Azerbaijan, Iran prepare agreement on division of Caspian', *Interfax* Apr 28, 2003; 'Turkmenistan, Iran agree to joint exploration of Caspian Sea riches', *AFP*, 27 March 2003, http://www.iranexpert.com/2003/oilexploration27march.htm.

150 Siehe dazu Ausführungen unter: 2. Kap., § 4, A., I. 1.).

151 'Iran says status of Caspian Sea must accord with 1921-1940 treaties', *Deutsche Presse-Agentur*, 11. Januar 2001; 'Russian Envoy on Caspian Sea Holds Talks in Iran', *Agence France Presse*, April 8, 2001.

152 Vgl.: *Gizzatov*, Statement at the Seminar on Caspian Problems.

kung dieser Sektorenaufteilung. Die weitere Gültigkeit der sowjetisch-iranischen Verträge aus den Jahren 1921 und 1940 wurde unter Verweis auf die *rebus sic stantibus*-Doktrin ebenfalls abgelehnt.
Auf Grund seiner eng verflochtenen Beziehungen zu Russland ging Kasachstan frühzeitig diplomatischer bei der Durchsetzung seiner Interessen vor. Nach vielem Hin und Her und einigen Zugeständnissen an Moskau kam es bereits 1998 zu der erwähnten bilateralen Einigung mit Russland über die Aufteilung des Meeresbodens und der in ihm enthaltenen Bodenschätze in mittels einer modifizierten Mittellinie unterteilte nationale Sektoren. Die Gewässer jenseits eines schmalen 12 sm breiten Territorialgewässergürtels sollen allerdings unter gemeinsam ausgeübter Souveränität stehen[153]. Das langfristige Ziel Kasachstans scheint immer noch von dem Bestreben gekennzeichnet zu sein, auch die Gewässer des Kaspischen Meeres entlang der Mittellinie zu teilen. Angesichts des damit verbundenen Mehr an souveränen Rechten in dem immerhin 28,6% großen Teil des Kaspischen Meeres, welcher Kasachstan auf Grund des für ihn günstigen Küstenverlaufs bei einer Mittellinienteilung zufallen würde, erscheint dies nur allzu verständlich.
Trotz der scheinbaren Einmütigkeit zwischen Russland und Kasachstan hinsichtlich ihrer bilateralen Übereinkunft über die Ressourcenteilung, konnte dies nicht über die Tatsache hinwegtäuschen, dass auch zwischen diesen beiden kaspischen Anrainerstaaten erhebliche Differenzen darüber bestanden, entlang welcher Linie die Grenzziehung zur Aufteilung der unter dem Kaspischen Meer befindlichen Bodenschätze erfolgen solle. Wegen der relativ zentral zwischen beiden Küstenabschnitten gelegenen Offshore-Erdölfelder *Kurmangazy* (Russisch: *Kualinksiy*), *Khvalynskoye* und *Tsentralnoye* bestanden weiterhin erhebliche Meinungsverschiedenheiten darüber, wo eine gewisse modifizierte Mittellinie gezogen werden sollte bzw. wie eine gemeinsame Erschließung der Erdölfelder erfolgen solle[154].

Wie bereits erwähnt, einigte man sich schließlich am 13. Mai 2002 auf eine hälftige Teilung der umstrittenen Erdölfelder und stellte die ersten Weichen auf dem Weg zur endgültigen Festlegung der Eigentümer- und Betreiberrechte[155]. Mit welcher Vehemenz Kasachstan die Klärung der rechtlichen Eigentumsverhältnisse der unter dem Kaspischen Meer befindlichen Rohstoffe vorantreiben

---

[153] 'Iran's changing perspectives & policies on the Caspian': An interview with *Abbas Maleki, MENAS Associates - Iran Focus*, Volume 14, Number 3, March 2001.
[154] 'Kazakh foreign minister in TV interview', *BBC Monitoring Internaional Reports*, March 4, 2002.
[155] 'Russia, Kazak Divide Part of Caspian', *Associated Press*, May 13, 2002.

will, zeigt sich unter anderem auch in der schnellen Ratifizierung des im Mai 2003 zwischen Aserbaidschan, Kasachstan und Russland unterzeichneten Abkommens über die genaue Festlegung der auf dem Meeresboden verlaufenden Sektorengrenzen zwischen den drei Staaten[156].

5. Turkmenistan

Turkmenistans Position ist schwer zu fixieren. Gerne hielt es die letzten Jahre seine Fahnen in den jeweiligen politischen Wind. Bereits im Jahr 1993 beanspruchte Turkmenistan - über die Verabschiedung eines entsprechenden Gesetzes - in seinem kaspischen Sektor ein 12-sm-Territorialgewässer unter seiner ausschließlichen Souveränität. Später wollte Turkmenistan diesen Territorialgürtel auf 45 sm ausgedehnt wissen[157]. Während anfangs die Positionen Aserbaidschans und Kasachstans im Wesentlichen übereinstimmten, schwenkte Turkmenistan bald auf die russisch-iranische Kondominium-Theorie. Die politisch und auch wirtschaftlich engen Beziehungen zum Iran erklären die auffällige Anlehnung Turkmenistans an die jeweilige iranische Position.
Grundsätzlich scheint nun aber auch Turkmenistan dem Prinzip der Aufteilung des Meeresbodens mit Hilfe einer modifizierten Mittellinie zuzustimmen. Angesichts der Auseinandersetzungen mit Aserbaidschan über die Souveränitätsrechte am *Kaipaz-Serdar* Feld besteht allerdings noch Dissens hinsichtlich der Art und Weise der Festlegung der Mittellinie[158].

Des Weiteren meldet Turkmenistan sicherheitspolitische Bedenken hinsichtlich der gemeinsamen Souveränitätsrechte an den Gewässern des Kaspischen Meeres an[159]. Russische Kriegsschiffe könnten nach der von Moskau favorisierten Lösung bis kurz vor die Küsten der anderen Anrainerstaaten vordringen.
Der turkmenische Präsident und Alleinherrscher *Niyazov* scheint aber aus geopolitischen und wirtschaftlichen Gründen nicht an einer baldigen Lösung des

---

[156] Das kasachische Parlament ratifizierte das Abkommen im Oktober 2003. ('Iran does not recognize tripartite agreement on Caspian Sea', *Interfax Information Services*, B.V. 10/24/2003, http://www.rigzone.com/news/article.asp?a_id=9084).

[157] 'Iran's changing perspectives & policies on the Caspian': An interview with Abbas Maleki, *MENAS Associates - Iran Focus*, Volume 14, Number 3, March 2001.

[158] So der aserbaidschanische Außenminister *Khalaf Khalafov* in einem Interview mit Journalisten auf dem internationalen Öl und Erdgas Treffen 'Caspian 21: from Politics to Business' in Astrakhan am 24. Mai 2002. ('Russian, Azerbaijani agreement on Caspian to establish principles of meridian line', *Interfax*, May 24, 2002). Siehe dazu bereits oben unter: 2. Kap., § 4, A., I., 3..

[159] *Blagov*, 'Troubled Waters in the Caspian Sea', *Asia Times*, 28. Februar 2002.

Konfliktes interessiert zu sein. Anders als Aserbaidschan und Kasachstan hat Turkmenistan kein dringendes wirtschaftliches Bedürfnis, die Souveränitäts- und Eigentumsrechte des Kaspischen Meeres festzulegen, da sein Hauptinteresse in der Ausbeutung und Vermarktung seiner enormen, auf dem Festland gelegenen Erdgasvorkommen liegt.

II. Schlussfolgerung

Im vergangenen Jahrzehnt haben die Anrainerstaaten des Kaspischen Meeres vor allem davon profitiert, dass die internationalen Erdölfirmen auf der Suche nach Alternativen zur noch immer politisch instabilen Golfregion sind. Solange die Förderbedingungen in den Golfstaaten auch nach dem letzten Irakkrieg weiterhin mit einer gewissen politischen Unsicherheit behaftet sind, sollten die kaspischen Staaten die Investitionsbedingungen und die Rechtssicherheit für die Ölfirmen so schnell wie möglich verbessern. Nur dann wird sich für diese ein Engagement im kaspischen Raum lohnen. Denn die Förderung und der Transport kaspischen Erdöls zu den Weltmärkten sind um ein Vielfaches teurer als zum Beispiel die des irakischen Erdöls, welches in naher Zukunft wieder in großen Mengen fließen könnte.

Das vor allem vom Iran praktizierte Null-Summen-Spiel wird sich angesichts der eigenen immer schlechter werdenden Verhandlungsposition schon bald nicht mehr rechnen. Die auch dem Iran in den letzten Jahren durch seine Blockadepolitik verloren gegangenen Einnahmen in Millionenhöhe ließen sich rein praktisch-rechnerisch ab 2009 auch nicht mehr durch Fördermengen aufwiegen, die in einem 20% (Minus) Sektor in Zukunft gefördert werden könnten[160]. Darüber hinaus haben auch die angrenzenden Transitstaaten ein erhebliches finanzielles Interesse am baldigen Pipelinetransport des geförderten Erdöls.

Eine 1 bis 1,5 *MBD-Pipeline* verspricht allein aus Instandhaltungsarbeiten Einnahmen von ca. US$ 50 Millionen pro Jahr und ca. US$ 300 Millionen aus Transitgebühren[161].

---

[160] So die Berechnungen *Askaris*, der davon ausgeht, dass bei einem iranischen Sektor mit der Größte von 13, 6%, also so wie von den übrigen Anrainerstaaten gefordert, der Gewinn bei US$ 5.176 Millionen liegen würde, während er bei einem 20%-Sektor wohl US$ 7.611 Millionen betragen würde. Der maximale Zeitraum, den sich sowohl der Iran als auch Kasachstan, als die Staaten mit den potentiell größten Zugeständnissen, leisten könnten, ein abschließendes Übereinkommen noch hinauszuzögern, soll nach dessen Berechnungen ca. 2008 auslaufen. (*Askari*, Caspian oil development, S. 45ff.).

[161] Transitgebühren sind natürlich Gegenstand der jeweiligen vertraglichen Vereinbarung. Angaben aus: *Askari*, Caspian oil development, S. 44.

B. Rechtsquellen für eine völkerrechtliche Konfliktbewertung

Bei der Analyse der tatsächlich bestehenden hoheitlichen Befugnisse hinsichtlich der Ausbeutung der in oder unter dem Kaspischen Meer befindlichen Naturressourcen müssen die relevanten völkerrechtlichen Verträge[162], das Völkergewohnheitsrecht und allgemeine Rechtsgrundsätze[163] berücksichtigt werden[164].

Dennoch wurden oft Versuche unternommen, den Katalog der im Artikel 38 Abs. 1 *IGH-Statut* beschriebenen klassischen Rechtsquellen[165] zu erweitern. Dies könnte im Fall der „kaspischen" Problematik deshalb von Bedeutung sein, da die betreffende Region in rechtlicher Hinsicht stark von der sowjetischen

---

[162] Was unter völkerrechtlichen Verträgen zu verstehen ist, ergibt sich im Wesentlichen aus den entsprechenden Definitionen der ähnlich lautenden Artikel 2 Abs. 1 lit. (a) der *WVK* und der WVKIO. Danach ist ein völkerrechtlicher Vertrag jede zwischen zwei oder mehreren Staaten bzw. anderen vertragsfähigen Völkerrechtssubjekten schriftlich getroffene Vereinbarung, die dem Völkerrecht unterliegt. Völkerrechtliche Verträge stellen als Hauptrechtsquelle des Völkerrechts noch immer das wichtigste Instrument für die Entwicklung der internationalen Rechtsordnung dar.

[163] Diese dürfen nicht mit den allgemeinen Grundsätzen des Völkerrechts verwechselt werden. Bei letzteren handelt es sich lediglich um im Vertrags- und Gewohnheitsrecht verkörperte Prinzipien ohne eigenständigen Rechtsquellencharakter, welche ihren Ursprung unmittelbar in den internationalen Beziehungen haben. (*Mosler*, Völkerrecht als Rechtsordnung, S. 42ff.; *Verdross/Simma*, Universelles Völkerrecht, § 605); Von der sowjetischen Völkerrechtslehre wurden die „allgemeinen Rechtsgrundsätze" lediglich als Hilfsmittel im völkerrechtlichen Normbildungsprozess angesehen. (*Kudrjavcev*, Osnovy mezdunarodnogo prava, S. 13ff.; *Talalaev*, Juridiceskaja priroda mezdunarodnogo dogovora, S. 48; *Schweisfurth*, Sozialistisches Völkerrecht?, S. 242). Allgemein zu den Rechtsgrundsätzen i.S.d. Art. 38 Abs.1 lit. (c) *IGH-Statut* vgl.: *Verdross*, Les principes généraux du droit, S. 195ff.; *Mosler*, The International Society, S. 136ff.; *Vitanyi*, Les positions doctrinales concernant le sens de la notion, S. 48ff.; *Seidl-Hohenveldern*, Verdross-Festschrift, S. 253ff.; *Verdross/Simma*, Universelles Völkerrecht, §§ 597ff., 599.

[164] Vgl.: *Verdross-Simma*, Universelles Völkerrecht, § 516.

[165] Der Begriff „Rechtsquelle" ist gelegentlich unterschiedlich definiert worden bzw. als gänzlich unbrauchbar abgelehnt worden (*Berber*, LB des Völkerrechts, Bd.1, § 4; *Brunner*, Quellen des Völkerrechts, S.1; *Mössner*, Rechtsquellen, S. 253; *Kelsen*, Principles of International Law, S. 303f.; *Tunkin*; Völkerrecht, S. 63). Die die Abschaffung des Begriffs „Quelle" fordernden Völkerrechtler, traten für alternative Bezeichnungen wie z.B. „modes of lawmaking" ein, um Rechtsbildungsprozessen gerecht zu werden und zu verdeutlichen, dass die Entstehung von Rechtssätzen nicht mit der Erfüllung der formalen Voraussetzungen abgeschlossen ist, sondern diese einem ständigen Wandel unterworfen bleiben (*Tunkin*, Völkerrecht, S. 63; *Onuf*, Global Law-Making, S.10; *von Heinegg*, Völkerrecht, 3. Kap. Rn. 1f.).

positivistischen Völkerrechtsschule[166] durchdrungen war, welche unter anderem die Geltung von Völkergewohnheitsrecht ablehnte[167].

Hinsichtlich der Relevanz der jeweiligen Rechtsquellen sei auf den in Artikel 38 Abs. 1 des *IGH-Statuts* zum Ausdruck kommenden Grundsatz *lex specialis derogat legi generali* verwiesen. Dementsprechend können die allgemeinen Rechtsgrundsätze lediglich ergänzend und zur Auslegung zweifelhafter Vertragsnormen herangezogen werden[168]. Die im Verhältnis zum Völkervertragsrecht nachrangige Bedeutung des Völkergewohnheitsrechts kann aus dem Umstand abgeleitet werden, dass letzteres im Wesentlichen dispositiv ist, also von Vertragsparteien im Rahmen ihrer Vereinbarungen abgeändert werden kann.

Unter Umständen kann das Völkergewohnheitsrecht aber auch neben dem Vertragsrecht Anwendung finden und unter Anwendung der *lex posterior-Regel* dieses sogar verdrängen[169]. Soweit beide Normen denselben Geltungsbereich bzw. die später entstehende Norm einen weiteren aufweist, verdrängt die spätere Norm des Völkergewohnheitsrechts eine frühere Vertragsnorm und umgekehrt. Zudem geht die speziellere Vertragsnorm den generelleren anderen Rechtsquellen vor[170]. Im Konfliktfall von zwei aufeinander folgenden, dieselbe Materie regelnden Verträgen wird das Schicksal von im Widerspruch zueinander stehenden Regeln oft über so genannte Kollisionsklauseln geregelt. Ansonsten bestimmt sich das Verhältnis der vertraglichen Regelungen zueinander im Wesentlichen aus den Artikeln 30 und 59 *WVK*[171]. Innerhalb der Normen des Völkergewohnheitsrechts findet wiederum die *lex posterior-Regel* Anwendung, d.h. eine spätere von einer allgemeinen Rechtsauffassung getragene Übung ver-

---

[166] Danach wurden als Rechtsquellen nur solche akzeptiert, die sich von der Zustimmung der Staaten ableiten ließen, vorzugshalber über internationale Verträge. (*Tunkin*, Fragen der Völkerrechtstheorien, S. 147f.; *Grzybowski*, Soviet public international law, S. 25ff., 30ff.; *Schweisfurth*, Sozialistisches Völkerrecht, S. 221ff., 241ff.; anders noch: *Koschewnikow*, Völkerrecht, S. 5ff.).

[167] Allerdings wurde zwischenzeitlich ebenfalls in der Völkerrechtslehre der ehemaligen Sowjetunion die Existenz weltweiten Völkergewohnheitsrechts anerkannt. (*Seidl-Hohenveldern*, Völkerrecht, Rz. 484).

[168] So auch: *Lauterpacht*, The Development of International Law, S. 158ff..

[169] Dies bestätigte der *IGH* sowohl in seinen *Northsee-Continental shelf cases*, (*ICJ Rep.* 1969, 39) als auch im *Nicaragua case*, (*ICJ Rep.* 1986, 93ff.).

[170] *Verdross/Simma*, Universelles Völkerrecht, § 643.

[171] *Wiener Übereinkommen über das Recht der Verträge* vom 23.5.1969 (*BGBl.* 1985 II, 926); Vgl. dazu: *von Heinegg*, Völkerrecht, 3. Kap., § 15, Rn. 71ff..

drängt eine vorhergehende[172]. In der Konstellation von später entstandenem lokalem Gewohnheitsrecht geht dieses als die speziellere Norm innerhalb der regionalen Rechtsbeziehung dem universellen Völkergewohnheitsrecht vor. Dies gilt natürlich nur, soweit es zu den zwingenden Normen des Völkergewohnheitsrechts nicht im Widerspruch steht[173].

Es sei nochmals darauf hingewiesen, dass gemäß Artikel 38 Abs. 1 lit. (d) *IGH-Statut* der *IGH* gehalten ist, neben den klassischen Normfindungsquellen und den einseitigen völkerrechtlichen Akten sowohl richterliche Entscheidungen als auch die Lehrmeinungen der fähigsten Völkerrechtler der verschiedenen Nationen als Hilfsmittel zur Identifizierung von Rechtsnormen mit heranzuziehen. Diese beiden stellen nur die wichtigsten Hilfsmittel dar[174].

Aus der Präambel der Satzung der Vereinten Nationen lässt sich ableiten, dass grundsätzlich alle Staaten diesen formellen Völkerrechtsquellen verpflichtet sind[175]. Dementsprechend müsste der Iran seine Behauptung, dass die hoheitlichen Befugnisse hinsichtlich der Förderung von unter dem Kaspischen Meer befindlichen Naturressourcen in kondominaler Art und Weise vertraglich geregelt worden sind, auf entsprechende Verträge stützen können. Ansonsten müsste er den Beweis führen, dass sich ein Kondominium auf Grund einer gewohnheitsrechtlich anerkannten Übung herausgebildet hat.

Sollte es keinem der Anrainerstaaten gelingen, vertraglich fixierte Statusregelungen betreffend der Ausbeutung der unter dem Kaspischen Meer gelegenen Naturressourcen nachzuweisen, müsste untersucht werden, ob eventuell diesbezügliche *de facto* Vereinbarungen getroffen worden sind oder historisch gewachsene Ansprüche bestehen oder sich eine zu definierende Grenze von bereits vorhandenen Administrativgrenzen ableiten lässt. Erst wenn all diese Vorbetrachtungen negativ ausfallen sollten, wäre eine Grenzziehung mit Hilfe der vom *IGH* entwickelten Kriterien unter Berücksichtigung der jeweiligen Besonderheiten des Einzelfalls zulässig.

---

[172] Siehe dazu ausführlicher: Verdross/Simma, Universelles Völkerrecht, §§ 573ff., 642.
[173] Vgl.: *Akehurst*, The Hierarchy of the Sources of International Law, S. 273ff..
[174] Nach einhelliger Ansicht ist es dem *IGH* unbelassen, auch auf andere Hilfsmittel zurückzugreifen. (*Doehring*, Die Rechtsprechung als Rechtsquelle des Völkerrechts, S. 541ff.; *Friedmann*, The ICJ and the Evolution of International Law, S. 305ff.; *Kimminich*, Teaching International Law, S. 143ff.).
[175] In ihr heißt es, die Mitglieder der VN hätten „die Achtung vor den Verpflichtungen aus Verträgen und anderen Quellen des Völkerrechts zu wahren.".

I. Völkerrechtliche Verträge über die Aufteilung der kaspischen Ressourcen

1. Völkerrechtliche Verträge zwischen der Sowjetunion und Persien über Hoheitsverhältnisse am Kaspischen Meer

Wie zuvor bereits erwähnt, beruft sich vor allem der Iran auf die Gültigkeit der zwischen der Sowjetunion und dem Iran geschlossenen Verträge aus den Jahren 1921 und 1940 in Bezug auf Nutzungs- und Hoheitsrechte am Kaspischen Meer. Es ist daher zu untersuchen, ob diese Verträge tatsächlich Bestimmungen enthalten, die auf ein Reglement über die Ausbeutung der im und unter dem Kaspischen Meer befindlichen Naturressourcen schließen lassen.

Entsprechend den in den Artikel 31 und 32 *WVRK* niedergelegten und mittlerweile auch völkergewohnheitsrechtlich anerkannten Interpretationsprinzipien für völkerrechtliche Verträge bedarf es zunächst einer genauen Analyse des Wortlauts dieser Verträge unter Berücksichtigung sowohl des Gesamtzusammenhangs als auch von Sinn und Zweck der Vertragsschlüsse unter Zuhilfenahme der Präambel, der beigefügten Annexe und der relevanten Regeln des Völkerrechts[176].

a) 1921er Freundschaftsvertrag zwischen Persien und der RSFSR

Schon bald nach ihrer Machtübernahme im Jahre 1917 bemühte sich die junge Sowjetregierung über den Abschluss von verschiedenen Freundschaftsverträgen um die internationale völkerrechtliche Anerkennung. Über die vertraglich fest-

---

[176] Article 31 - General rule of interpretation:
1. A treaty shall be interpreted in good faith in accordance with the ordinary meaning to be given to the terms of the treaty in their context and in the light of its object and purpose.
2. The context for the purpose of the interpretation of a treaty shall comprise, in addition to the text, including its preamble and annexes:
(a) any agreement relating to the treaty which was made between all the parties in connection with the conclusion of the treaty;
(b) any instrument which was made by one or more parties in connection with the conclusion of the treaty and accepted by the other parties as an instrument related to the treaty.
3. There shall be taken into account, together with the context:
(a) any subsequent agreement between the parties regarding the interpretation of the treaty or the application of its provisions;
(b) any subsequent practice in the application of the treaty which establishes the agreement of the parties regarding its interpretation;
(c) any relevant rules of international law applicable in the relations between the parties.
4. A special meaning shall be given to a term if it is established that the parties so intended.

geschriebene Distanzierung von der zaristischen imperialistischen Expansionspolitik versuchte sich die Sowjetunion unter anderem auch die Sympathien der Perser zu sichern.
Dieses wird vor allem aus dem Wortlaut des Artikels 1 des zwischen der RSFSR und Persien am 26. Februar 1921 geschlossenen *Freundschaftsvertrags*[177] ersichtlich, in welchem der „tyrannischen" Politik der vorherigen Regierung abgeschworen wurde und sämtliche zwischen Russland und Persien abgeschlossenen Verträge, die die Rechte der persischen Bevölkerung verletzten, für ungültig erklärt wurden[178].

aa) Die relevanten Vertragsbestimmungen

Moskau war anscheinend gewillt, sich auch von den durch die zaristische Politik der letzten Jahrhunderte geprägten Hoheitsrechten im Kaspischen Becken zu distanzieren.
So wurde vereinbart, dass der Grenzverlauf entsprechend den Festlegungen der Grenz-Kommission von 1881[179] weiter bestehen sollte. In diesem finden sich allerdings keinerlei Aussagen über einen Grenzverlauf auf dem Kaspischen Meer[180].

In Artikel 11 des *Vertrages von 1921* wurde die Bestimmung des Artikels VIII des *Vertrags von Turkmanchai*[181] vom 22. Februar 1828 aufgehoben, die nur russische Kriegsschiffe auf dem Kaspischen Meer zuließ. Allen Schiffen beider Seiten sollten nun die gleichen Navigationsrechte auf dem Kaspische Meer zustehen. Über den rechtlichen Status oder andere Souveränitätsrechte des Kaspischen Meeres wurden keine weiteren Bestimmungen getroffen.

bb) Bemühen um Rücknahme der Zugeständnisse

Trotz des eindeutigen Vertragstextes entsprach die tatsächlich praktizierte russische Außenpolitik der folgenden Jahre nicht immer den vertraglichen Vorga-

---

[177] 1 *SDD* 148-153; 9 *LNTS* 383.

[178] *Zürrer*, Persien zwischen Großbritannien und Russland, S. 235. (zu politischen Verhältnissen und sowjetisch-iranischem Verhältnis 1920-1940 ausführlich: *Deihim*, Internationale und innerstaatliche Aspekte der Autonomen Regierung Azarbaidjans).

[179] *Perse, Russie Convention pour le règlement de la frontière à l'est de la mer Caspienne* ; signée à Téhéran, le 9 décembre 1881 (*Martens*, Tome 9, Göttingen 1884, S. 228ff.).

[180] Ausführungen dazu unter: 2. Kap., § 4, B., V., 1., b), ee) (3).

[181] *Traité de paix* (Martens N.R.VII, S. 564). Ausführlicher zum Vertrag unter: 2. Kap., § 4, B., V., 1., b), ee) (2).

ben. So waren russische Unterhändler bei Verhandlungen über den Ausbau der Handelsbeziehungen zwischen beiden Staaten bemüht, die Zugeständnisse an Persien aus dem *Vertrag von 1921* wieder einzuschränken[182].

Vor allem war der Sowjetunion daran gelegen, Artikel 6 dieses Vertrags dahingehend zu interpretieren, dass der Sowjetunion ein jederzeitiges Interventionsrecht in den Iran gewährt würde. Die Inkorporation der Artikel 5 und 6 des *1921er Vertrages* sind im Lichte verstärkter Einflussbemühungen Großbritanniens im Persien jener Zeit zu bewerten. Über diese Bestimmungen hatte sich Russland in gewisser Weise ein Interventionsrecht auf persisches Territorium gesichert[183].

Allerdings sollte ein solches entsprechend einem zwischen beiden Regierungen nach Vertragsunterzeichnung ausgetauschten diesbezüglichen Notenwechsel nur für den Fall Anwendung finden, dass von persischem Territorium aus Aktivitäten gegen die Sowjetunion unternommen werden würden[184].

Die Sowjetunion bestand im Streit mit dem Iran über die Wirksamkeit des *Vertrages von 1921* und die Interpretation des Artikels 6[185] bis Mitte des 20. Jahrhunderts auf dessen Gültigkeit[186]. Sie drohte in Folge verstärkter Einflussnahmebemühungen der USA im Iran nach dem 2. Weltkrieg mit dem in Artikel 6 nach ihrer Überzeugung verbrieften Sonderrecht auf Intervention. Zu dem Zeitpunkt sah sich der Schah durch die amerikanische Präsenz allerdings soweit gestärkt, dass er sowjetische Drohungen nun noch entschiedener unter Berufung auf den erwähnten Notenwechsel berechtigter Weise zurückwies.

---

[182] Dies ist der Sowjetunion wohl mit der Unterzeichnung des am 3. Juli 1924 geschlossenen *Sowjetisch-Persischen Handelsvertrages* gelungen, in welchem ein Teil der Rechte wieder rückgängig macht worden sein soll, wie zum Beispiel die sowjetische Zusage, dass das Kaspische Meer kein russisches "*mare clausum*" mehr sei. (vgl.: Aufzeichnung des Auswärtigen Amtes, Abschrift zu IV Ps 902 vom 23. Dezember 1924, Konsul *Litten*).

[183] *Avery*, Cambridge History of Iran, S. 347.

[184] Eigentlich sollte sich dieser Artikel sogar nur auf die im russischen Bürgerkrieg von persischem Territorium aus agierenden „Weißen Truppen" beziehen. (*Avery*, Cambridge History of Iran, S. 438).

[185] *Mahrad*, S. 25; KAdG 16. 2. 1959, 7563 B.

[186] *Goldman*, S. 43; KAdG 26. 3. 1959, 7631 B.

Vor allem die amerikanische Präsenz bewahrte den Iran jedoch vor weiteren Drohgebärden der Sowjetunion unter Berufung auf Artikel 6 des *1921er Vertrages*.
Trotz der vehementen Versuche der Sowjetunion, die die hoheitlichen Befugnisse auf dem Kaspischen Meer betreffenden vertraglichen Bestimmungen des *1921er Vertrages* zu ihren Gunsten zu neutralisieren, ist es ihr zumindest nicht gelungen, die durch den Vertrag für den Großteil des Kaspischen Meeres festgelegten Schifffahrtsrechte kondominialen Charakters zu negieren.

Der Bestimmung des Artikels 6 kann angesichts des erwähnten Notenwechsels zwischen der sowjetischen und der iranischen Regierung unter völkerrechtlichen Gesichtspunkten keine besondere Bedeutung eines eventuell ungleichen hoheitlichen Machtverhältnisses der Sowjetunion gegenüber dem Iran beigemessen werden.

b) Handels- und Schiffsverkehrsabkommen von 1935 und 1940

Nicht nur aus wirtschaftlicher, sondern auch aus völkerrechtlicher Sicht könnten schließlich die in den sowjetisch-iranischen *Handels- und Schiffsverkehrsabkommen* von 1935[187] und 1940[188] enthaltenen Bestimmungen über die Schifffahrts- und Fischereirechte für die Analyse der hoheitlichen Verhältnisse auf dem Kaspischen Meer besonders aufschlussreich sein.

Neben den Schifffahrtsrechten finden sich in diesen Verträgen auch Bestimmungen über Fischereirechte auf dem Kaspischen Meer. Von Letzteren könnten Rückschlüsse auf die Ausgestaltung der generellen hoheitlichen Befugnisse in den Gewässern des Kaspischen Meeres gezogen werden, da in der Staatenpraxis die Festlegung von Fischereizonen, in denen sich die Küstenstaaten das alleinige Recht zum Fischen vorbehielten, noch vor der Geltendmachung von Territorialgewässern erfolgte. Solche Fischereizonen werden als eine Art Vorläufer zu den ausschließlichen Wirtschaftszonen angesehen.

---

[187] Sowjetisch-iranisches *Schiffsverkehrsabkommen* vom 27. August 1935 (*League of Nations*, Treaty series, Vol. CLXXVI, No: 4053-4077).
[188] Sowjetisch-iranischer *Handels- und Schifffahrtsvertrag* vom 25. März 1940 (Soviet documents on foreign policy, S. 424ff.; Text in Russisch: Handbuch des Seekriegsvölkerrechts, S. 379ff.).

aa) Wortlaut der Vertragstexte

Aus dem Wortlaut der Verträge ließe sich in zweierlei Hinsicht der kondominiale Charakter des Kaspischen Meeres schlussfolgern[189].

(1) Fischereirechte

Zum einen haben sich die Sowjetunion und der Iran unter Ausschluss dritter Staaten in diesen Verträgen exklusive Fischereirechte in einer Breite von 10 sm in den ihren Küsten vorgelagerten Gewässern zugesprochen[190]. Jenseits dieser exklusiven Fischereizonen sollte es beiden Staaten erlaubt sein zu fischen[191]. Bemerkenswert ist, dass in Absatz 4 des die Ausdehnung der Fischereizonen regelnden Artikels 12 des *1940er Vertrages* lediglich die Bezeichnung „angrenzende" Gewässer (omuiwajušije voda) verwendet wird, hingegen im folgenden Absatz 5 im Zusammenhang mit allen anderen – vom Kaspischen Meer verschiedenen – Gewässern die Bezeichnung „Territorialgewässer" Verwendung findet.

Es kann geschlussfolgert werden, dass die Festlegung der Fischereizonen nicht in der Weise interpretiert werden kann, dass über diese gleichzeitig eine Art Territorialgewässer mit entsprechenden hoheitlichen Befugnissen geschaffen werden sollte[192].

---

[189] Hinsichtlich der Vertragsinterpretation sei hier nochmals auf die in den Artikeln 31 und 32 *WVRK* niedergelegten und mittlerweile auch völkergewohnheitsrechtlich anerkannten Interpretationsprinzipien für völkerrechtliche Verträge hingewiesen. Dementsprechend bedarf es zunächst einer genauen Analyse des Wortlauts des Vertrages unter Berücksichtigung sowohl des Gesamtzusammenhangs als auch des Sinn und Zwecks desselben und der relevanten Regeln des Völkerrechts. Sollten sodann immer noch Zweifel bestehen, können gemäß Artikel 32 *WVRK* die *travaux préparatoires* zu interpretativen Zwecken herangezogen werden. (dazu bereits ausführlicher unter: 2. Kap., § 4, B., I., 1.).

[190] Artikel 12, Absatz 4 des sowjetisch-iranischen *Handels- und Schiffsverkehrsabkommens* vom 25. März 1940.

[191] Dies entspricht dem bereits im Jahre 1927 geschlossenen sowjetisch-iranischen *Fischereiabkommen*, welches neben der Errichtung einer gemeinsamen Fischereigesellschaft jeder Seite eine ausschließliche 10-sm-Fischereizone gewährte, die sich direkt an das Festland anschloss. Außerhalb dieser Zone sollten für die nächsten 50 Jahre nur sowjetische und iranische Personen fischen dürfen. (*LNTS*, CXII, S. 297).

[192] So auch *Barabolja*, der trotz der Annahme zweier – der territorialen Hoheitsgewalt der Sowjetunion bzw. des Iran jeweils nördlich bzw. südlich der „*Astara-Gassan-Kuly*"-Linie unterliegender – Sektoren, das Vorhandensein von Territorialgewässern auf dem Kaspischen Meer ablehnte. (vgl.: *Barabolja*, Handbuch des Seekriegsvölkerrechts (in Russisch), S. 132f., 374f.).

(2) Handelsschiffsverkehr

Des Weiteren legt die in den *Handels- und Schiffsverkehrsabkommen* von 1935 und 1940 festgelegte Bestimmung, dass Schiffe beider Seiten auf dem gesamten Kaspischen Meer frei navigieren können und die eigenen Schiffe in den Häfen der jeweils anderen Vertragspartei "national vessel treatment" genießen würden[193], die Annahme kondominaler Verhältnisse nahe, ohne diese damit allerdings tatsächlich belegen zu können.

(3) Navigationsrechte für Kriegsschiffe

Für die Analyse der vertraglich festgelegten hoheitlichen Verhältnisse spielen die Navigationsbestimmungen für Kriegsschiffe eine besondere Rolle. In den fraglichen Verträgen finden sich dazu allerdings keinerlei diesbezügliche konkrete Hinweise. Stellt man auf den hauptsächlichen Zweck der 1935er und 1940er Abkommen ab, kann davon ausgegangen werden, dass nur Handels- und Fischereischiffe von deren Regelungsbereich umfasst sein sollten. Der 1940er Vertrag ist in dem Sinne auch schon präziser, weil hier ausdrücklich nur von Handelsschiffen die Rede ist[194].

Auch wenn die sowjetische Außenpolitik in den auf den Vertragsabschluss von 1921 nachfolgenden Jahren davon gekennzeichnet war, dem Kaspische Meer wieder den Status eines sowjetischen *mare clausum* zukommen zu lassen[195], lässt der Wortlaut der *1935er* und *1940er Verträge* nicht den Schluss zu, dass die im *1921er Vertrag* festgeschriebene - sich sowohl auf Kriegs- als auch Handelsschiffe beziehende - Regelung verdrängt worden sei.

Die sowjetische Völkerrechtsliteratur war in diesem Punkt gespaltener Ansicht. Während die Einen davon ausgingen, dass Kriegsschiffe nicht ohne Genehmigung der jeweils anderen Seite die *„Astara-Gassan-Kuly“*-Linie überqueren

---

[193] Artikel XIV des 1935er Vertrags und Artikel 12 des 1940er Vertrags.

[194] Artikel 12 des 1940er Vertrages.

[195] Bei den Verhandlungen zu dem im Juli 1924 geschlossenen sowjetisch-iranischen *Handelsvertrag (Text bei: Markert/Geyer*, Osteuropa-Handbuch, Sowjetunion, Verträge und Abkommen, S. 82) wurde bald klar, dass die im 1921er russisch-persischen *Freundschaftsvertrag* gemachten Zugeständnisse an die persische Seite so weit wie möglich wieder eingeschränkt werden sollten. (vgl.: *Mahrad*, Zum Verhältnis zwischen Iran und der Sowjetunion, S. 17) In diesem Vertrag waren dann tatsächlich einige iranische Rechte wieder rückgängig gemacht worden, wie z.B. die sowjetische Zusage, dass das Kaspische Meer kein russisches *mare clausum* mehr sei. (vgl.: Aufzeichnungen des Auswärtigen Amtes, Abschrift zu IV Ps 902 vom 23. Dezember 1924, Konsul *Litten*).

dürfen[196], wurde in der neueren sowjetischen Völkerrechtsliteratur davon ausgegangen, dass genau dies sowohl für Kriegsschiffe als auch Flugzeuge in beiderlei Richtung möglich sei[197].

Aus dem Wortlaut der den Fischfang und die Schifffahrtsrechte auf dem Kaspischen Meer betreffenden *1935er und 1940er Verträge* kann nicht auf veränderte hoheitsrechtliche Verhältnisse gegenüber dem 1921er Vertrag geschlossen werden.

bb) Inter-temporale Interpretation des Wortlautes

Um den tatsächlichen Bedeutungsinhalt des Wortlauts der Vertragstexte bewerten zu können, ist es erforderlich, die zur Zeit der Vertragsvereinbarungen übliche Staatenpraxis bei der Festlegung von Fischereizonen und Territorialgewässern zu analysieren.
Die erwähnte Festlegung einer 10 sm Fischereizone mit ausschließlichen Fischereirechten für den jeweils angrenzenden Staat in Artikel XIV, XV des 1935er sowjetisch-iranischen *Schiffsverkehrsabkommen* fand ihre Bestätigung sowohl in einem russischen *Fischereidekret* aus dem Jahre 1935[198] als auch in Artikel 12 Abs. 4 des russisch-iranischen *Handels- und Schiffsverkehrsabkommen* vom 25. März 1940 und in einem weiteren russischen *Fischereidekret* vom 10. August 1954[199].

Ob aus dieser sowjetischen Praxis der Begrenzung der Fischereirechte auf eine maximale Zone von 10 sm Rückschlüsse auf darüber hinausgehende hoheitliche Ansprüche innerhalb dieser Zone gezogen werden können, soll Gegenstand der folgenden Analyse sein.

(1) Staatenpraxis hinsichtlich der Geltendmachung von Territorialgewässern

Das Bemühen von Staaten, ihre Gebietshoheit auch auf Teile des angrenzenden Meeres zu erstrecken, findet sich bereits im Spätmittelalter wieder[200].

---

[196] Vgl.: *Butler*, The Law of Soviet Territorial Waters, S. 77, Fn. 28, m.w.N..
[197] So: *Barabolja*, Handbuch des Seekriegsvölkerrechts (in Russisch), S. 375.
[198] Vgl.: *Butler*, The Law of Soviet Territorial Waters, S. 77.
[199] Handbuch des Seekriegsvölkerrechts (in Russisch), S. 373f..
[200] So beanspruchte z.B. Venetien Jurisdiktionsgewalt über die obere Adria und erhielt dafür Unterstützung durch den Postglossatoren *Bartolus de Sassoferato* (1314-1357). (*Fenn*, Theory of territorial waters, S. 465ff. (468, 474ff.).

Bereits im 17. und 18. Jahrhundert beanspruchten eine Reihe von europäischen Staaten das Recht auf alleinige Nutzung von der Küste vorgelagerten Meeresgebieten[201].

Im Jahre 1702 gelangte ein gewisser *Bynkershoek*, ein Anhänger der Lehre von *Grotius*', in seinem Werk „*De dominio maris, dissertatio*" zu dem Ergebnis, dass ein Staat sehr wohl einen Meeresgürtel entlang seiner Küste beherrschen könne und zwar in solcher Breite, wie seine Kanonenschussweite auf das Meer hinausreiche[202]. Der daraus von Völkerrechtlern entwickelten so genannten „Kanonenschusstheorie" zufolge war es seit dem 19. Jahrhundert üblich und anerkannt, seine Küstengewässer bis auf 3 sm auszuweiten. Allerdings erlangte eine solche Dreimeilenzone niemals völkergewohnheitsrechtliche Geltung[203].

Noch in den *Genfer Übereinkommen* von 1958 gelang es der Staatengemeinschaft nicht, sich auf eine fest definierte Breite des Küstenmeeres festzulegen[204]. Gleiches gilt für die rechtliche Einordnung der Küstengewässer als Teil des Staatsgebiets. Dies spiegelte sich bereits in einem Entwurf der *Den Haager Seerechtskonferenz* von 1930 zur Rechtsordnung der Territorialgewässer wider[205]. Dieser Entwurf fand seine Bestätigung erst in Artikel 1 des *GÜKA* von 1958 und Artikel 2 des *SRÜ* von 1982[206].

---

[201] In den Verträgen von Utrecht (1713; *CTS* Bd. 28, 1) und Paris (1763; *CTS* Bd. 42, 279) wurden Küstenabschnitte bis zu einer Breite von 90 sm der fremden Fischerei entzogen. (*Gloria*, in: *Ipsen*, Völkerrecht, S. 724, Rn. 2).

[202] *Bynkershoek*, Kap. 2.

[203] *Münch*, Internationale Meerengen, S. 21.

[204] Erst Artikel 3 *SRÜ* enthält eine entsprechende ausdrückliche Regelung. Die Küstenmeerbreite, in der der Küstenstaat über den Meeresboden, die darüber befindliche Wassersäule und Luftraum alleinige Souveränitätsrechte ausüben kann, ist darin auf maximal 12 sm festgelegt worden. In Anbetracht des Inkrafttretens des *SRÜ* im Jahre 1994 und einer breiten Staatenpraxis bei der Festlegung einer 12 sm Küstengewässerzone kann diese als mittlerweile völkergewohnheitsrechtlich anerkannt eingestuft werden. Bis zum 28.02.2002 hatten weltweit lediglich 16 Staaten von der 12-sm-Regel abweichende Bestimmungen zur Ausdehnung der Territorialgewässer. (vgl.: Document A/56/58, UN-Division for Ocean Affairs and the Law of the Sea, Office of Legal Affairs).

[205] In Artikel 1 des Entwurfs hieß es: "Le territoire de l'Etat comprend une zone de mer désignée dans cette Convention sous le nom mer territoriale. La souveraineté sur cette zone s'exerce dans les conditions fixées par la présente Convention et par les autres règles du droit international." (Veröffentlicht bei *Gidel*, Le Droit International Public de La Mer, Bd. III, S. 794ff.).

[206] Auf Grund seines völkergewohnheitsrechtlichen Charakters sind daran auch diejenigen Staaten gebunden, die keinem der beiden Seerechtsübereinkommen beigetreten sind.

(2) Sowjetische Praxis hinsichtlich der beanspruchten Territorialgewässer

Die russische bzw. sowjetische Praxis hinsichtlich einer expliziten Fixierung der Breite des unter ihrer Souveränität stehenden Küstengewässer war bis zur ersten eindeutigen Kodifizierung eines 12-sm-Territorialgürtels im Jahre 1960[207] sehr uneinheitlich und eher von einem der außenpolitischen Situation abhängigen pragmatischen Ansatz geprägt.

Auch wenn Russland in der Praxis am Ende des 19. Jahrhunderts dazu neigte, sich dem internationalen Standard von 3 sm anzuschließen[208], wurde von dem zu damaligen Zeiten einflussreichsten russischen Völkerrechtler, *F.F. Martens*, die Existenz einer internationalen 3-sm-Regel abgelehnt[209].

Zwar gab es bereits im 19. Jahrhundert russische Erklärungen über exklusive 3-sm-Zonen, welche ab dem frühen 20. Jahrhundert bis auf 12 sm ausgedehnt worden sind, doch betrafen die entsprechenden Dekrete lediglich die Errichtung von Fischereizonen[210] bzw. Zollzonen[211], die es ausdrücklich vermieden, eine auf Territorialgewässer hindeutende Terminologie zu verwenden. Lediglich einige erklärende Äußerungen des russischen Außenministeriums ließen eine gewisse Absicht Russlands erkennen, in einem 12-sm-Gürtel souveränitätsähnliche Rechte zu beanspruchen. So verteidigte Russland die im Jahre 1909 erfolgte Errichtung eines 12-sm-Zollgürtels in einer offiziellen Note an Japan damit, dass „es im Völkerrecht keine allgemein akzeptierte Regel für die Begrenzung

---

[207] Artikel 3, Statute on the Protection of the State Boundary of the USSR, *Vedomosti SSSR* (1960), No. 34, Punkt 324.

[208] Im Zusammenhang mit Auseinandersetzungen mit Norwegen über Fischereirechte im Weißen Meer setzte Russland 1887 ein Patrouilleboot ein, welches eine 3-sm-exklusiv-Fischereizone absichern sollte. (vgl.: *Meyer*, Jurisdiction in Coastal Waters, S. 246; Böhmert, Die Russische Fischereigrenze).

[209] *Martens*, Sovremennoe mezhdunarodnoe pravo, I, S. 390.

[210] *Alexander* I. verkündete in einem Erlass vom 4. September 1821 den russischen Anspruch, dass es in der Beringsee in einem 100-sm-Gürtel nur Russen gestattet sein würde, zu fischen und Robben zu fangen. (Parlamentary Papers, United States No. 1 (1983), *Behring Sea Arbitration*, CX (1893-94).) Scheiterte auf Grund britischen Protests der Versuch, im Weißen Meer eine 12-sm-Fischereizone einzurichten, so trat jedoch Ende 1911 ein Gesetz in Kraft, welches an den Küsten des Fernen Ostens ein exklusives Fischereirecht proklamierte. Die USA reservierten lediglich Rechte jedweder Art, ohne aber direkt zu protestieren. (U.S. Foreign Relations 1912, S. 1298f.).

[211] Gegen den Protest von Großbritannien und Japan verabschiedete Russland am 10. Dezember 1909 ein Gesetz zu Errichtung eines Zollgürtels von 12 sm. (*Butler*, The Soviet Union and the Law of the Sea, S. 31).

von Territorialgewässern gäbe ... [und] ... Russland durch keinerlei internationale Verträge gebunden sei, welche eine 3-sm-Zone festlegen würden." Des Weiteren wies Russland darauf hin, dass „das Institut für Internationales Recht auf seinem Treffen in Paris im Jahre 1894 darauf hingewiesen hatte, dass die gewöhnlich angewandte 3-sm-Zone als absolut ungenügend anzusehen sei"[212].

Mit der Übernahme der Macht durch die Sowjetregierung wurde Russland zunächst zurückhaltender mit der Beanspruchung der Kontrolle breiter Küstengewässer. So wurden seitens der Sowjetunion am 2. März 1923 alle Verträge, die im Fernen Osten eine 12-sm-Zone errichtet hatten, für ungültig erklärt und nur in einigen Buchten das ausschließliche Fischereirecht aufrechterhalten[213].

Die in den Jahren 1923 und 1927 erlassenen *Statuten über die Verteidigung der Staatsgrenze der UdSSR* statteten die Grenzpatrouillen mit „besonderen Rechten" innerhalb eines so genannten 12-sm-Meeresgrenzgürtels aus. Doch stellte Artikel 25 des 1927er Statuts die Rechtsnatur dieser „Rechte" klar, indem er den 12-sm-Gürtel als zur Hohen See gehörig erklärte[214]. Dies deckt sich mit den Ausführungen des damaligen russischen Völkerrechtlers *Sheptovitskii*, welcher bemerkte, dass „der 12-sm-Küstengewässer-Gürtel der UdSSR nicht mit Territorialgewässern verwechselt werden solle, welche die UdSSR nur entlang der Küste am *Golf von Finnland* haben würde"[215].

Auch das *Fischereidekret* vom 25. Oktober 1935[216], welches in einer direkt an das Festland anschließenden 12-sm-Zone ausschließliche sowjetische Fischereirechte proklamierte, erwähnt nicht die gleichzeitige Errichtung von Territorialgewässern. Allerdings findet sich innerhalb dieses Dekrets die bemerkenswerte Regelung, dass dem sowjetischen Teil des Kaspischen Meeres zu Fischereizwecken der Status eines sowjetischen inneren Gewässers zukomme, in dem Ausländern fischen untersagt sei, soweit nicht spezielle Vereinbarungen oder Verträge über die Erteilung von Fischereikonzessionen existierten[217].

---

[212] Note of the Russian Minister of Foreign Affairs to the Japanese Ambassador to Russia, *Foreign Relations of the United States*, 1912, Washington D.C., 1919.
[213] Vgl.: *SU RSFSR* (1923), Nr. 36, Punkt 378.
[214] *Egor'ev*, Zakonodatels'stvo i mezhdunarodnye dogovory Soiuza SSR, S. 427.
[215] *Sheptovitskii*, Morskoe pravo, S. 35; Die 4-sm-Territorialgewässer wurden im RFSFR-Finnischen Friedensvertrag vom 14. Oktober 1920 vereinbart (Artikel 3, *LNTS*, II, 5-79).
[216] SZ SSSR (1935), Nr. 50, Punkt 420.
[217] *SZ SSSR* (1935), Nr. 50, Punkt 420.

Erst nach dem Zweiten Weltkrieg, zu Zeiten des aufkommenden Kalten Krieges, wurde in der sowjetischen Judikatur auf Grund sicherheitspolitischer Bedenken vermehrt ein 12-sm-Territorialgewässer beansprucht. Plötzlich berief man sich - auf einen Einzelfall gestützt - darauf, dass die Sowjetunion eine solche Territorialgewässerbreite schließlich bereits seit 1917 geltend gemacht hätte[218].

(3) Das Kaspische Meer als ein „Sowjetisch-Iranisches Meer"

Fraglich ist, welche Bedeutung dem Notenwechsel[219] beider Regierungen nach Unterzeichnung des Vertrages von 1940 hinsichtlich des rechtlichen Status beizumessen ist[220]. In ihren Schreiben stimmen beide Seiten darin überein, dass das Kaspische Meer als ein „Sowjetisches und Iranisches Meer" anzusehen sei. In dem Schreiben des russischen Vertreters in Iran an das iranische Außenministerium hieß es:

> "[...] In view of the fact that the Caspian Sea, considered by both Contracting Parties as a Soviet and Iranian Sea, [...] that both Governments shall take necessary measures so that nationals of third countries who are in the service of vessels of the respective Contracting Parties and in its ports on the Caspian Sea shall not use their service and presence on vessels and in ports [...]"

Dieser Standpunkt wurde mit Erwiderungsschreiben vom selben Tage seitens des iranischen Außenministeriums bestätigt[221].

---

[218] *Nikolaev*, Problema territorial'nykh vod, S. 61; *Uustal'*, Mezdunarodnoe-pravovoi rezhim territorial'nykh vod, S. 162. (Letzterer bemerkt richtiger Weise das Nichtvorhandensein von entsprechenden Gesetzen, beruft sich aber auf wiederholte offizielle Erklärungen.); ausführlicher dazu: *Butler*, The Soviet Union and the Law of the Sea.

[219] Soviet documents on foreign policy, Documentary appendixes, S.167; bei: *Barabolja*, Handbuch des Seekriegsvölkerrechts (in Russisch), S. 382f..

[220] Zur Ermittlung des wahren Willens der Vertragspartner ist eine solche echte authentische Interpretation in Form eines Notenwechsels ohne Zweifel zulässig. (*Seidl-Hohenveldern*, Völkerrecht, Rz. 361).

[221] *Exchange of Letters between the Plenipotentiary representative of the USSR in Iran and the Minister of Foreign Affairs of Iran Regarding the Caspian Sea* (10 *SDD* 71), Wortlaut in Russisch: *Barabolja*, Handbuch des Seekriegsvölkerrechts (in Russisch), S. 382f., Wortlaut in Englisch (nur teilweise abgedruckt): *Butler*, The Law of Soviet Territorial Waters, Documentary Appendixes, Appendix 28, S. 167.

Einige Kommentatoren sahen darin den Beweis, dass das Kaspische Meer unter gemeinsamer Souveränität und Nutzung stehe[222]. Doch würde dieser Bezeichnung somit mehr Bedeutung beigemessen werden, als tatsächlich beabsichtigt war. Gemäß Artikel 31 I *WVK* sollte zur Auslegung des Vertrages der wahre gemeinsame Wille primär am Vertragstext festgestellt und der Gesamtzweck betrachtet werden[223]. In den Verträgen und dem Notenwechsel wird an keiner Stelle die Absicht erwähnt, gemeinsam die Hoheit über das Kaspische Meer ausüben zu wollen. Termini wie „gemeinsame Souveränität" oder „gemeinsames Kondominium" erscheinen an keiner Stelle des Textes.

cc) Teleologische Interpretation

Möglicherweise kann jedoch eine teleologische Interpretation, also eine über die Interpretation des Konventionstextes hinausgehende Analyse, die auf den Sinn und Zweck der Verträge und des Notenwechsels zum damaligen Zeitpunkt abstellt, näheren Aufschluss über deren Sinngehalt bieten.

Angesichts der im Vergleich zur damaligen Staatenpraxis hinsichtlich der Beanspruchung exklusiver hoheitlicher Rechte in bestimmten Meereszonen relativ unklaren Praxis der Sowjetunion in Bezug auf das Kaspische Meer darf die geopolitische Motivation insbesondere der Sowjetunion nicht unberücksichtigt bleiben. Unter Verweis auf die von der Sowjetunion zu damaligen Zeiten vertretene "closed sea"-Doktrin[224] und Artikel 13 des *1940er Abkommens* muss klar werden, dass es der Sowjetunion im Wesentlichen um nichts anderes ging, als Drittmächten den Zugang zum Kaspischen Meer vorzuenthalten und selbst im militärischen Konfliktfall iranisches Territorium über das Kaspische Meer besetzen zu können[225]. Angesichts seiner militärischen Unterlegenheit und fehlender Militärbündnisse wurde der Iran von der Sowjetunion nicht besonders ernst genommen.

---

[222] *Khodakov,* The Legal Framework for Regional Cooperation in the Caspian Region, S. 19; Bundy, The Caspian – sea or lake?, S. 12.

[223] *Seidl-Hohenveldern,* Völkerrecht, Rz. 334, 350.

[224] Ausführlicher dazu unter: 2. Kap., § 4, B., V., 2. e) bb).

[225] Letzteres sollte nur wenige Jahre später durch den Einmarsch sowjetischer und britischer Truppen im Jahre 1942 unter Berufung auf die Artikel 5 und 6 des 1921er Russisch-Persischen Friedensvertrages geschehen. Auf die Gültigkeit dieser zugunsten der Sowjetunion bestehenden quasi Interventionsberechtigung durch die beiden Artikel berief sich die UdSSR zumindest noch bis Ende der 60er Jahre. ('Sowjetunion bezeichnet sowjetisch-iranischen Vertrag von 1921 als noch gültig', in: *Archiv der Gegenwart* vom 26. März 1959, S. 7631, B; s.a. *AdG* vom 16. Februar 1959, S. 7563, B.)

Insoweit kann auch auf Grund der teleologischen Interpretation der 1935er und 1940er Verträge nicht eindeutig auf den Sinngehalt der Verträge geschlossen werden. Zumindest spricht der sowjetische Wille zur Dominanz über die kaspische Region nicht für eine explizite Errichtung kondominaler Hoheitsverhältnisse auf dem Kaspischen Meer zwischen der Sowjetunion und dem Iran[226].

Die im sowjetisch-iranischen Notenwechsel vom 25. März 1940 benutzte Terminologie muss in ihrem verwendeten Zusammenhang interpretiert werden. Wie aus dem Notenwechsel hervorgeht, bezieht man sich ausschließlich auf die in Artikel 13 des 1940er Vertrages behandelte Problematik, dass sichergestellt werden soll, dass nur iranische und sowjetische Schiffe das Kaspische Meer befahren und keinerlei Drittmächte an der sowjetischen Südperipherie Einfluss gewinnen würden.

dd) Zwischenergebnis zu völkerrechtlichen Verträgen über Hoheitsverhältnisse am Kaspischen Meer

Die Analyse von Wortlaut und dem sich aus der gegebenen geopolitischen Lage am Ende der 40er Jahre ergebenden Zweck der Verträge lässt die Schlussfolgerung zu, dass es keine eindeutige Klärung des Status des Kaspischen Meeres geben sollte, solange für die Sowjetunion sichergestellt war, dass sich keine Drittmächte an der kaspischen Südperipherie etablieren würden.

Es ist daher anzunehmen, dass es zumindest seitens der Sowjetunion auf Grund dessen vermieden worden ist, im Zusammenhang mit dem Kaspischen Meer von Territorialgewässern zu sprechen, um nicht den Eindruck zu vermitteln, den Einfluss auf den iranischen „Teil" des Kaspischen Meeres aufgegeben zu haben. Ansonsten sprechen allerdings weder die Staatenpraxis noch die langjährige sowjetische Lehrmeinung[227] für die Regelung eines gemeinsamen Kondominiums.

---

[226] In diesem Zusammenhang sei nochmals auf die im Rahmen der Unterzeichnung des am 3. Juli 1924 geschlossenen sowjetisch-persischen Handelsvertrages erfolgte Rücknahme der sowjetischen Zusage, dass das Kaspische Meer kein russisches "*mare clausum*" mehr sei, hingewiesen. (Aufzeichnung des Auswärtigen Amtes, Abschrift zu IV Ps 902 vom 23. Dezember 1924, Konsul *Litten*).

[227] *Barabolja*, Handbuch des Seekriegsvölkerrechts (in Russisch), S. 132f., 372ff.; *ders.*, Manual of International Maritime Law (Engl. Übersetzung), S. 114; *Šebek*, The Eastern European States and the Development of the Law of the Sea, S. 450; *Zhudro*, Maritime Law, S. 89).

c) Sowjetisch-Iranische Grenzverträge

Weder die russisch-persischen Grenzverträge aus den Jahren 1881[228] und 1893[229] noch die sowjetisch-iranischen Grenzverträge aus den Jahren 1954[230] und 1957[231] enthalten explizite Bestimmungen, die auf die Demarkation einer über das Kaspische Meer führenden Grenzlinie schließen lassen könnten. Auf dem 1954er Grenzvertrag beigefügten Kartenmaterial enden die eingezeichneten Grenzlinien jeweils am westlichen bzw. östlichen Ufer des Kaspischen Meeres[232].

Bemerkenswert ist lediglich die Erwähnung eines Grenzpunktes auf dem Kaspischen Meer in dem den *1957er Grenzvertrag* ergänzenden Protokoll selbigen Datums. Im Rahmen der darin getroffenen Festlegung der Grenzsektoren für die jeweiligen, entsprechend Artikel 23 des *1957er Grenzvertrags* zu bestimmenden, Grenzabschnittsbevollmächtigten wird ein Sektor von Grenzpunkt „No. 108“ bis Grenzpunkt „No. 144 (on the Caspian Sea)“ bestimmt[233].

Es wäre allerdings zu weit gegriffen, in Ermangelung expliziter Grenzfestlegungen betreffend des Kaspischen Meeres im Grenzvertrag nun aus dem beigefügten Protokoll, welches sich letztendlich lediglich mit der Einteilung der Sektoren für die Grenzabschnittsbevollmächtigten befasst, die Definition einer Grenzlinie über das Kaspische Meer entnehmen zu wollen.

---

[228] *Perse, Russie Convention pour le règlement de la frontière à l'est de la mer Caspienne* ; signée à Téhéran, le 9 décembre 1881 (*Martens*, Tome 9, Göttingen 1884, S. 228ff.).
[229] *Russie, Perse Convention pour l'échange de territoires* ; signée à Téhéran, le 27 mai /8 juin 1893 (*Martens*, Tome 33, Leipzig 1906, S. 561ff.).
[230] *Agreement between Iran and the Union of Soviet Socialist Republics concerning the settlement of frontier and financial questions*, vom 2. Dezember 1954 (in Kraft seit 20. Mai 1955) (*UNTS* Vol. 451 (1963), New York 1964, S. 250ff.).
[231] *Treaty between the Government of the Union of Soviet Socialist Republics and the Imperial Government of Iran concerning the régime of the soviet-iranian frontier and the procedure for the settlement of frontier disputes and incidents*, Moskau, den 14. Mai 1957 (in Kraft getreten am 20. Dezember 1962) (*UNTS*, Vol. 457, New York 1964, S. 212ff.).
[232] Sieht Kartenmaterial zum 1954er Grenzvertrag in **Anlage 4**.
[233] Jeweils No. 5. (For the USSR/For Iran) des *Protocol to the Treaty between the Government of the Union of Soviet Socialist Republics and the Imperial Government of Iran concerning the régime of the soviet-iranian frontier and the procedure for the settlement of frontier disputes and incidents*, Moskau, den 14. Mai 1957 (in Kraft getreten am 20. Dezember 1962) (*UNTS*, Vol. 457, New York 1964, S. 246ff.).

d) Befehl No. 3 des sowjetischen Ministeriums für innere Angelegenheiten hinsichtlich Grenzlinienziehung (1935)

Seitens des sowjetischen Ministeriums für innere Angelegenheiten wurde im Jahre 1935 durch Befehl No. 3 einseitig eine Grenzlinie auf dem Kaspischen Meer in Fortsetzung der Landgrenzen zwischen Astara und Gassan-Kuly festgelegt.

Die Relevanz dieses einseitigen staatlichen Akts ist zumindest aus völkervertraglicher Sicht unerheblich, da die *„Astara-Gassan-Kuly"*-Verbindungslinie vom Iran nie offiziell als sowjetisch-iranische Grenze anerkannt worden ist[234].

Von Bedeutung könnte dieser einseitige sowjetische Akt zur Grenzlinienbestimmung allerdings im Hinblick einer *de facto* oder gewohnheitsrechtlichen Anerkennung der *„Astara-Gassan-Kuly"*-Linie als zwischenstaatliche Grenzlinie in Folge des mangelnden iranischen Protests gegen diese einseitigen Bestimmungen und der Staatenpraxis sein[235].

e) Sowjetisch-iranisches Luftnavigationsabkommen (1964)

Des Weiteren wurde 1964 ein sowjetisch-iranisches Luftnavigationsabkommen geschlossen, welches die *„Astara-Gassan-Kuly"*-Linie als Grenze für den Luftkorridor definierte[236].

Diese Linie wurde niemals über ein zwischenstaatliches Vertragswerk als offizielle Grenzlinie definiert[237], könnte allerdings ebenfalls eine Grundlage für eine *de facto*-Grenze bilden.

f) Ansicht sowjetischer Völkerrechtler

In der sowjetischen Völkerrechtsliteratur wurde lange Zeit die Ansicht vertreten, dass das Kaspische Meer in einen sowjetischen und einen iranischen Teil geteilt sei. Auch so angesehene sowjetische Völkerrechtler wie *Barabolja* sprachen sich dafür aus, dass das Kaspische Meer durch die *„Astara-Gassan-Kuly"*-Linie in zwei der territorialen Souveränität der jeweiligen Staaten unterfallende

---

[234] *Oxman*, Caspian- Sea or Lake, Fn. 32.

[235] Dazu ausführlicher unter: 2. Kap., § 4, B., II.,1..

[236] Allerdings wurden in diesem Abkommen noch nicht einmal die Überflugrechten an sich geregelt.

[237] Vgl.: *Dabiri*, A new approach to the legal regime of the Caspian Sea as a basis for peace and development, S. 32.

Teile aufgeteilt sei[238]. Sich auf sowjetisch-iranische Vereinbarungen vom 10. August 1954 berufend, sei durch diese nochmals klargestellt worden, dass jenseits der ausschließlichen 10-sm-Fischereizonen Fischereischiffen beider Staaten das Fischen auf dem Kaspischen Meer gestattet sei. Alle anderen Nutzungsarten, eingeschlossen die der Ausbeutung der im Festlandsockel enthaltenen Naturreichtümer, sollte dem jeweiligen Staat ausschließlich in seinem Teil des Kaspischen Meeres zustehen[239].

Die Wahl der Terminologie ist jedoch, wie so oft in der sowjetischen Völkerrechtsliteratur, angesichts des in den 70er Jahre des 20. Jahrhunderts bereits verfestigten völkerrechtlichen maritimen Vokabulars etwas verwirrend, da *Barabolja* an späterer Stelle ausdrücklich das Vorhandensein von Territorialgewässern beim Kaspischen Meer ablehnte[240].
Nicht gänzlich zu klären scheint die Frage nach den Navigationsrechten von Kriegsschiffen auf dem Kaspischen Meer[241]. Gemäß Artikel 11 des *Friedensvertrags* von 1921 stand rein theoretisch zwar auch iranischen Kriegsschiffen die freie Fahrt auf dem gesamten Kaspischen Meer zu, die Praxis sah allerdings so aus, dass der Iran über gar keine Kriegsmarine auf dem Kaspischen Meer verfügte[242] und die „*Astara-Gassan-Kuly*“-Linie von beiden Seiten auch nie überschritten wurde[243].

In diesem Zusammenhang ebenfalls nicht gänzlich zu klären ist die Frage, ob es der sowjetischen Seite – wie teilweise behauptet wurde – gelungen ist, die in

---

[238] *Barabolja*, Handbuch des Seekriegsvölkerrechts (in Russisch), S. 132f.; so auch: *Šebek*, The Eastern European States and the Development of the Law of the Sea, S. 450.
[239] *Barabolja*, Handbuch des Seekriegsvölkerrechts (in Russisch), S. 374; sich dieser Ansicht wohl auch anschließend: *Butler*, der im 1940er Vertrag eine Klausel entdeckt haben will, wonach die Meeresboden-Ressourcen jeder Partei in ihrem Teil des Kaspischen Meeres alleine zustehen sollten. (vgl.: *Butler*, The Law of Soviet Territorial Waters, S. 77; *ders.*, The Soviet Union and the Law of the Sea, S. 102).
[240] *Barabolja*, Handbuch des Seekriegsvölkerrechts (in Russisch), S. 375.
[241] Trotz entsprechender Regelungen für Handels- und Fischereischiffe in den Verträgen von 1921 und 1940 hat ein Überschreiten der „*Astara-Gassan-Kuly*“-Linie in der Praxis auch durch diese so gut wie nie stattgefunden.
[242] *Ögütçüf*, Caspian Energy and Legal disputes: Prospects for settlement, S. 21.
[243] So jedenfalls *Afrasiabi*, der sich dafür auf die Aussage des iranischen Präsidenten Chatami "the Shah never went beyond the Astara-Hosseingholi line" stütz. (vgl.: *Afrasiabi*, Iran's Policy on the Caspian Sea, Fn. 45 und dazugehöriger Text) Diese Aussage sollte allerdings nur in der Weise gedeutet werden, dass keinerlei Schiffsverkehr jenseits dieser Linie stattgefunden hat, welcher einer möglichen Genehmigung seitens der anderen Seite bedurft hätte.

diesem Vertrag gegenüber dem Iran gemachten Zugeständnisse wieder rückgängig zu machen[244]. Denn wäre es der Sowjetunion tatsächlich gelungen, im sowjetisch-iranischen Handelsvertrag von 1924[245] das Kaspische Meer wiederum zu einem sowjetischen *mare clausum* deklarieren zu lassen, wäre anzunehmen, dass die Analysen der sowjetischen Völkerrechtler eindeutiger ausgefallen wären.

Die Positionen der sowjetischen Völkerrechtler zu dieser Problematik sind allerdings sehr ambivalent. Während man bis zum Ende der 60er Jahre mehrheitlich der Meinung war, dass nur sowjetische Kriegsschiffe nördlich der "Seegrenze" navigieren durften[246] - das Kaspische Meer also in nationale Hoheitsgewässer unterteilt sein würde – war es nach neueren Ansichten auch für iranische Kriegsschiffe möglich, den nördlichen Teil zu befahren und vor allem umgekehrt genauso[247].

2. Ergebnis zu völkerrechtlichen Verträgen über die Aufteilung der kaspischen Ressourcen

Zusammenfassend muss festgestellt werden, dass in den bis zum heutigen Zeitpunkt noch gültigen – da nicht vertraglich aufgehoben bzw. abgeänderten – vertraglichen Vereinbarungen zwischen der Sowjetunion und dem Iran aus den Jahren 1921, 1935 und 1940 explizit weder Regelungen zur Abgrenzung der Hoheits- und Souveränitätsverhältnisse auf dem Kaspischen Meer noch hinsichtlich der unter diesem befindlichen Naturressourcen getroffen wurden.

Im Gegenschluss kann allerdings daraus auch nicht gefolgert werden, dass zwischen den Vertragsparteien ein Kondominium vereinbart worden ist.

Die zwischen der Sowjetunion und dem Iran vereinbarten Grenzabkommen enthalten keine expliziten Regelungen, aus denen auf eine über das Kaspische Meer gezogene Grenzlinie geschlossen werden könnte.

---

244 So jedenfalls *Mahrad* (*Mahrad*, Zum Verhältnis zwischen Iran und der Sowjetunion, S. 17), der sich auf den am 3. Juli 1924 zwischen der Sowjetunion und dem Iran geschlossenen *Handelsvertrag* (*Markert/Geyer*, Osteuropa-Handbuch, Sowjetunion, Verträge und Abkommen, S. 82) beruft. Dazu bereits unter: 2. Kap., § 4, B., I., 1. a) bb).

245 Text bei: *Markert/Geyer*, Osteuropa-Handbuch, Sowjetunion, Verträge und Abkommen, S. 82.

246 *Bakhov*, Internationales Seerecht, S. 258; *Meshera* S. 11-12.

247 *Barabolja*, Manual of International Maritime Law (Engl. Übersetzung), S. 375.

II. *De facto*-Vereinbarungen

Wie bereits oben untersucht wurde, enthalten weder die russisch-persischen Grenzverträge aus den Jahren 1881[248] und 1893[249] noch die sowjetisch-iranischen Grenzverträge aus den Jahren 1954[250] und 1957[251] explizite Bestimmungen, die auf die Demarkation einer über das Kaspische Meer führenden *„Astara-Gassan-Kuly"*-Grenzlinie hinweisen würden.

Auch die vom sowjetischen Ministerium für innere Angelegenheiten im Jahre 1935 durch Befehl No. 3 einseitig in Fortsetzung der Landgrenzen zwischen Astara und Gassan-Kuly festgelegte Grenzlinie auf dem Kaspischen Meer ist aus völkervertraglicher Sicht als unwirksam anzusehen, da diese *„Astara-Gassan-Kuly"*-Verbindungslinie vom Iran nie offiziell als sowjetisch-iranische Grenze anerkannt worden ist[252].

Ebenfalls ist die im sowjetisch-iranischen Luftnavigationsabkommen von 1964 als Grenze für den Luftkorridor festgelegte *„Astara-Gassan-Kuly"*-Linie niemals über ein zwischenstaatliches Vertragswerk als offizielle Grenzlinie anerkannt worden[253].

Im Hinblick auf die recht häufige Bezugnahme auf die *„Astara-Gassan-Kuly"*-Linie fragt man sich allerdings, ob zwischen der Sowjetunion und dem Iran im gegenseitigen Einvernehmen explizit oder implizit *de facto*-Vereinbarungen hinsichtlich einer Abgrenzung von das Kaspische Meer betreffenden hoheitlichen Rechten getroffen worden sind.

---

248 *Perse, Russie Convention pour le règlement de la frontière à l'est de la mer Caspienne*; signée à Téhéran, le 9 décembre 1881 (*Martens*, Tome 9, Göttingen 1884, S. 228ff.).

249 *Russie, Perse Convention pour l'échange de territoires*; signée à Téhéran, le 27 mai /8 juin 1893 (*Martens*, Tome 33, Leipzig 1906, S. 561ff.).

250 *Agreement between Iran and the Union of Soviet Socialist Republics concerning the settlement of frontier and financial questions*, vom 2. Dezember 1954 (in Kraft seit 20. Mai 1955) (*UNTS* Vol. 451 (1963), New York 1964, S. 250ff.).

251 *Treaty between the Government of the Union of Soviet Socialist Republics and the Imperial Government of Iran concerning the régime of the soviet-iranian frontier and the procedure for the settlement of frontier disputes and incidents*, Moskau, den 14. Mai 1957 (in Kraft getreten am 20. Dezember 1962) (*UNTS*, Vol. 457, New York 1964, S. 212ff.).

252 *Oxman*, Caspian- Sea or Lake, Fn. 32.

253 Dazu bereits unter: : 2. Kap., § 4, B., I., 1., e).

In der Rechtsprechung des *IGH* findet sich eine Entscheidung, in der solchen vor Jahrzehnten getroffenen Vereinbarung der Status einer *de facto*-Grenzlinie zuerkannt worden ist[254]. Im Festlandsockel-Fall zwischen Tunesien und Libyen erkannte der *IGH* von der italienischen Kolonialbesatzung gezogene Linien zur Abgrenzung der Fischereizonen und Erdölkonzessionen aus dem Jahre 1919 als *de facto*-Grenzlinie teilweise an[255].

Bei den internationalen Grenzseen Afrikas finden sich ebenfalls zahlreiche Beispiele, bei denen von den Kolonialmächten gezogene *de facto*-Grenzlinien entsprechend des *uti possidetis*-Prinzips[256] nach der Erlangung der Unabhängigkeit als zwischenstaatliche Grenzen anerkannt worden sind[257].

1. Die „*Astara-Gassan-Kuly*"-Linie als *de facto*-Grenzlinie

Eine solche *de facto*-Grenzlinie könnte in der „*Astara-Gassan-Kuly*"-Linie gesehen werden, welche in den bereits beschriebenen Verträgen bzw. einseitigen staatlichen Dekreten ihre Erwähnung gefunden hat.

Ein Indiz für das tatsächliche Vorliegen einer *de facto*-Grenzlinie ließe sich auf einer entsprechenden Übung beider Staaten begründen.

Die Herrschaft über ein bestimmtes Gebiet gegenüber der Rechtsgemeinschaft kann unter anderem durch Realakte wie das regelmäßige Befahren eines Gebiets mit ausschließlich eigenen Kriegsschiffen, Setzen von Bojen und die Ausbeutung des Seebodens rechtserzeugend kundgetan werden[258].

a) Historische Betrachtungen

Unstreitig hat Russland bereits seit Anfang des 18. Jahrhunderts mit den petrinischen Eroberungen Sibiriens, zumindest aber seit dem *Friedensvertrag von Gulistan* im Jahre 1813 auf dem Kaspischen Meer durch das alleinige Recht, dieses mit Kriegsschiffen zu befahren, dominant den Willen zur Herrschaft über das Kaspische Meer bekundet[259].

---

[254] *Tunisia/Libyan Arab Jamahiriya Continental Shelf*-Fall, (1982) I.C.J. 18, 70.
[255] *Tunisia/Libyan Arab Jamahiriya Continental Shelf*-Fall, (1982) I.C.J. 18, 93ff., 17, 120.
[256] Dazu ausführlicher unter: 2. Kap., § 4, B., II., 3., d).
[257] Vgl.: *Pondaven*, Les Lacs-frontière; *Dipla*, Le tracé de la frontière, S. 265ff..
[258] *Schelling*, Völkerrecht, S. 96.
[259] Zur völkerrechtshistorischen Darstellung der Machtverhältnisse siehe bereits unter: 1. Kap., § 1, A-C, 2. Kap., § 4, B., V., 1., b).

Auch wenn sich eine vollumfängliche hoheitliche Betätigung Russlands auf dem Kaspischen Meer mit Billigung Persiens bis zur Unterzeichnung des *1921er russisch-persischen Friedensvertrags* räumlich und zeitlich nur in einzelnen Epochen[260] fixieren lässt, ist augenscheinlich, dass eine zumindest ansatzweise ebenbürtige Präsenz und Bekundung von Herrschaftsgewalt auf dem Kaspischen Meer seitens Persiens nie gegeben war.

Zumindest die letzten 100 Jahre bis zur Machtübernahme durch die Bolschewiken in Russland war das Kaspische Meer praktisch gesehen ein russisches *mare clausum*.

Trotz der in den 1921er, 1940er und insbesondere dem *1940er Notenwechsel*[261] enthaltenen Begrifflichkeiten ließ die Sowjetunion bald auf diplomatischem als auch auf dem Wege einseitiger administrativer Erlasse[262] keinen Zweifel daran aufkommen, dass sie an einer Änderung der Machtverhältnisse am Kaspischen Meer nicht interessiert sei[263]. Wie bereits oben analysiert, ist bei genauerer Betrachtung der fraglichen Begrifflichkeiten, die nach iranischer Position den kondominialen Status des Kaspischen Meeres begründet haben sollen, das Verhandlungsgeschick der russischen Seite unverkennbar. Kleineren Zugeständnissen in Handels- und Fischereischifffahrtsangelegenheiten steht der historisch gewachsene ungeschriebene Anspruch russischer militärischer Alleinherrschaft über das Kaspische Meer gegenüber.

Angesichts dieser historischen Gegebenheiten verwundert es nicht, dass der Iran gegen eine *de facto*-Grenze entlang der *„Astara-Gassan-Kuly“*-Linie nie formal protestierte, da eine solche ihm immerhin ein gewisses Mehr an Souveränität am südlichen Teil des Kaspischen Meeres geben hat als der Iran praktisch jemals hätte einfordern können.

---

[260] 1723 - 1735, 1813 - 1825, 1828 - 1920.

[261] Dazu ausführlich unter: 2. Kap., § 4, B., I., 1., b) bb) (3).

[262] Siehe dazu unter: 2. Kap., § 4, B., I., d), und II..

[263] Wie bereits (2. Kap., § 4, B., I., 1., a) aa)) untersucht, bemühte sich die Sowjetunion bereits unmittelbar nach Unterzeichnung des 1921er Vertrages um die Rücknahme des in diesem getätigten Versprechens, dass das Kaspische Meer kein russisches *mare clausum* mehr sei, was ihr sodann auch im sowjetisch-iranischen Vertrag von 1924 gelungen ist. (Text bei: *Markert/Geyer*, Osteuropa-Handbuch, Sowjetunion, Verträge und Abkommen, S. 82).

b) Handels- und Fischereischiffsverkehr

Trotz der in den Verträgen von 1921 und 1940 beiden Seiten gewährten Rechte, diesseits und jenseits der *„Astara-Gassan-Kuly"*-Linie mit Handelsschiffen verkehren und jenseits des exklusiven 10-sm-Fischereigürtels mit eigenen Fischereischiffen zu fischen, hat ein Überschreiten der *„Astara-Gassan-Kuly"*-Linie in der Praxis von Handels- oder Fischereischiffen so gut wie nie stattgefunden.

c) Kriegsschiffsverkehr

Von besonderer Bedeutung für eine praktische Akzeptanz einer *de facto*-Grenzlinie ist die Frage nach der militärischen Dominanz bzw. Kriegsschiffbarkeit auf dem Kaspischen Meer. Da sich in den relevanten Verträgen keine expliziten Bestimmungen über Navigationsrechte von Kriegsschiffen befinden, war dieser Punkt seit jeher von akademischer Seite umstritten[264].
Vom praktischen Gesichtspunkt aus erübrigte sich dieser Streit dadurch, dass der Iran über gar keine Kriegsmarine auf dem Kaspischen Meer verfügte[265]. Auch von der sowjetischen Kriegsmarine[266] wurde die *„Astara-Gassan-Kuly"*-Linie respektiert und nie überschritten[267].

In diesem Zusammenhang soll erwähnt werden, dass die Sowjetunion zumindest bis Ende der 50er Jahre des 20. Jahrhunderts auf die Wirksamkeit des sich aus Artikel 5 und 6 des russisch-persischen *1921er Friedensvertrags* ergebenden Interventionsrechts[268] in den Iran bestanden hat[269], um auf diese Weise mili-

[264] Gemäß Artikel 11 des *Friedensvertrags* von 1921 stand rein theoretisch auch iranischen Kriegsschiffen die freie Fahrt auf dem gesamten Kaspischen Meer zu.

[265] *Ögütçüf*, Caspian Energy and Legal disputes: Prospects for settlement, S. 21.

[266] Auf Anweisung Peter des Großen wurden bereits im Jahre 1732 in Astrakhan die ersten russischen Kriegsschiffe stationiert. (*Dabiri*, A new approach to the legal regime of the Caspian Sea as a basis for peace and development, Fn. 17 m.w.N.).

[267] So jedenfalls *Afrasiabi*, der sich dafür auf die Aussage des iranischen Präsidenten Chatami "the Shah never went beyond the Astara-Hosseingholi line" stützt. (vgl.: *Afrasiabi*, Iran's Policy on the Caspian Sea, Fn. 45 und dazugehöriger Text) Diese Aussage sollte allerdings nur in der Weise gedeutet werden, dass keinerlei Schiffsverkehr jenseits dieser Linie stattgefunden hat, welcher einer Genehmigung seitens der anderen Seite bedurft hätte.

[268] Sinn und Zweck dieser Bestimmung war ursprünglich lediglich, die mögliche Intervention auf iranisches Territorium für den Fall, dass während des russisch-sowjetischen Bürgerkriegs Anfang der 20er Jahre des 20. Jahrhunderts von dort aus feindliche Aktivitäten vorgenommen werden würden. (*Avery*, Cambridge History of Iran, S. 438).

[269] *A.d.G.* vom 16. Februar 1959, 7563, B; *A.d.G.* vom 26. März 1959, 7631, B („Sowjetunion bezeichnet sowjetisch-iranischen Vertrag von 1921 als noch gültig").

tärische Einflussnahmen seitens dritter Mächte an der Südperipherie der Sowjetunion unterbinden zu können[270].

Auch darin kam der eindeutige Dominanzanspruch der Sowjetunion gegenüber dem Iran zum Ausdruck, welcher nicht die Annahme eines Kondominiums, sondern eher die Theorie einer *de facto*-Grenzlinie nahe legt.

d) Iranische Raketenbasen-Erklärung

Unterstützung findet diese Annahme in der – auf sowjetischen Druck erfolgten – einseitigen Verpflichtung des Irans vom 15. September 1962, keine ausländischen Raketenbasen auf iranischem Territorium zuzulassen[271]. Die Sowjetunion interpretierte dies sogar dahingehend, dass es dem Iran nicht erlaubt sei, am Kaspischen Meer ausländische Marine- und Raketenstützpunkte zu genehmigen[272]. Diese Interpretation zeigte nochmals das sowjetische Verständnis, dass das Kaspische Meer als faktisch sowjetisches *mare clausum* angesehen worden ist.

e) Erdölaktivitäten auf dem Kaspischen Meer

Während der Iran im Kaspischen Meer erst Ende der 50er Jahre des 20. Jahrhunderts mit Erdölaktivitäten begann, beutete die Sowjetunion bereits ab Ende der 40er Jahre die vor den Küsten Aserbaidschans gelegenen Erdölvorkommen aus[273]. Dies taten beide Seiten, ohne einander um Zustimmung gebeten zu haben, wie dies beim Vorliegen eines Kondominiums erforderlich gewesen wäre[274].

---

[270] Die Betonung des sich nach sowjetischer Ansicht aus Artikel 6 ergebenden Interventionsrechts erfolgte nach Unterzeichnung des amerikanisch-iranischen Militärabkommens vom 5. März 1959. (*A.d.G.* vom 26. März 1959, 7631, B (7593 A)).

[271] *Markert/Geyer*, Osteuropa-Handbuch, Sowjetunion, Verträge und Abkommen, S. 427.

[272] *Dabiri*, A new approach to the legal regime of the Caspian Sea as a basis for peace and development, S. 40; *Butler*, The Law of the Soviet Territorial Waters, S. 78; auf Russisch bei: *Barabolja*, Handbuch des Seekriegsvölkerrechts (in Russisch), S. 383f..

[273] Vgl. dazu Ausführungen unter: 1. Kap., § 3; 2. Kap., § 4, B., V., 2., d), dd) (2); *Croissant*, Azerbaijan, Oil and Geopolitics, S. 19ff..

[274] *Mehdiyoun*, Ownership of Oil and Erdgas Resources in the Caspian Sea, S. 182; *Momtaz*, Le statut Juridique de la mer caspienne, S. 129; *Merzliakov*, Russia`s position on the legal status and related issues of the Caspian Sea, S. 2.

f) Zwischenergebnis zur gewohnheitsrechtlichen Herausbildung einer *de facto*-Grenzlinie

Diese hoheitlichen Verhaltenspraktiken der beiden ehemaligen kaspischen Anrainerstaaten offenbaren eine eindeutige russisch-sowjetische Dominanz über das Kaspische Meer, zumindest über den Teil bis zur *„Astara-Gassan-Kuly"*-Linie. Auch wenn der Iran nach eigenem Bekunden die *„Astara-Gassan-Kuly"*-Linie offiziell nie als maritime Staatsgrenze anerkannt hat, stellt sich die Frage, ob er sich sein Jahrzehnte währendes Schweigen trotz verschiedener einseitiger staatlicher Akte der Sowjetunion, die sich im Widerspruch zum Kondominialprinzip befanden, gemäß des *Estoppel*-Prinzips als Zustimmung entgegenhalten lassen muss. Immerhin hatte der *IGH* im *Festlandsockel-Fall Tunesien v. Libyen* unter ähnlichen Bedingungen eine *de facto* Grenze bejaht[275].

Zur Vermeidung eines völkergewohnheitsrechtlich herausgebildeten bzw. historisch gewachsenen Titels ist grundsätzlich der ausdrückliche Protest eines Staates erforderlich, damit diesem ein solcher Titel später nicht entgegengehalten werden kann[276].

Ob der Iran tatsächlich in Erwägung gezogen hatte, gegen die besagten sowjetischen Akte zu protestieren, mag an dieser Stelle dahingestellt bleiben. Immerhin führte der Iran in den 50er Jahren des 20. Jahrhunderts ebenfalls Erdölaktivitäten vor den eigenen Küsten des Kaspischen Meeres ohne vorherige Konsultation der Sowjetunion durch[277].

Die vom Iran wiederholt vorgeschobene Begründung für seine protestlose Duldung der zahlreichen – gegen nach seiner Ansicht kondominialen Status des Kaspischen Meeres verstoßenden – staatlichen Akte der Sowjetunion, nämlich der Respekt vor dem politisch und militärisch übermächtigen nördlichen Nachbarn[278], vermag aus völkerrechtlicher Sicht nicht vollends zu überzeugen. Völkervertragsrechtlich betrachtet, verfügte der Iran nicht wirklich über eine explizite vertragliche Grundlage, um eventuelle Protestnoten auch inhaltlich hinreichend untermauern zu können.

---

[275] *Tunisia/Libyan Arab Jamahiriya Continental Shelf*-Fall, (1982) I.C.J. 18, 70.

[276] So bereits: *Blum*, Historic Titles, S. 167ff.; siehe auch Ausführungen zur Problematik des „persistent objectors" unter Zweites Kap., § 4, B. II. 3. d) cc) (5) (5.1.).

[277] Vgl.: *Merzliakov*, Russia`s position on the legal status and related issues of the Caspian Sea, S. 2.

[278] *Momtaz*, Le statut Juridique de la mer caspienne, S. 129.

Allerdings kann aus dem Umstand der faktischen russisch-sowjetischen Dominanz über das gesamte Kaspische Meer nicht unmittelbar auf die Akzeptanz einer *de facto*-Grenzlinie geschlossen werden.

Die im sowjetisch-iranischen Notenwechsel[279] vom 25. März 1940 verwendete Terminologie für das Kaspische Meer als ein „sowjetisch-iranisches" Meer kann nicht in der Weise interpretiert werden, dass damit der Status eines Kondominiums zum Ausdruck gebracht werden sollte. Eine solche Interpretation würde diese Formulierung aus ihrem Zusammenhang reißen. Die Wortwahl lässt sich nur dann richtig verstehen, wenn man das militärische Ungleichgewicht zwischen der Sowjetunion und dem Iran sowie die besonderen Sicherheitsinteressen der sowjetischen Seite berücksichtigt.

Aus dieser Analyse lässt sich somit keine genaue Schlussfolgerung auf das Bestehen einer *de facto*-Grenzlinie ziehen. Allerdings muss der aufgezeigten historisch gewachsenen Übung im Rahmen der Grenzverhandlungen insoweit eine besondere Rolle beigemessen werden, als dass sich der Iran nicht auf ein zu Sowjetzeiten angeblich bestandenes Kondominium berufen kann. Die Forderungen nach einem Fünftel des Kaspischen Meeres sind damit als unangemessen zu bewerten.

2. Die Bedeutung der exklusiven Fischereizonen

Eine besondere Bedeutung auch im Hinblick auf das Vorhandensein von *de facto*-Grenzen auf dem Kaspischen Meer kommt dem in den sowjetisch-iranischen Verträgen von 1935 und 1940 festgelegten Fischereizonengürtel zu, welcher den jeweiligen Küstenstaaten innerhalb eines 10 sm breiten Gewässergürtels das ausschließliche Fischereirecht zuspricht.

Diese Fischereizonenklauseln sind aus hoheitsrechtlichen Gründen bedeutsam, weil die Geltendmachung hoheitlicher Rechte an den in den den Staaten vorgelagerten jeweiligen Festlandsockeln enthaltenen Rohstoffen zur damaligen Zeit weder bei anderen Binnenseen noch bei offenen Meeren einer allgemein akzeptierten Völkerrechtspraxis entsprach. Allerdings war es bis zur Mitte des 20. Jahrhunderts üblich, Fischereizonen in den den Küsten vorgelagerten Gewäs-

[279] Siehe dazu unter: 2. Kap., § 4, B., I., 1., b), bb) (3).

sern zu proklamieren. Diese Fischereizonen werden allgemein als Vorläufer der ausschließlichen Wirtschaftszonen angesehen[280].

Vor diesem Hintergrund hatte der *IGH* in seinem 1982er *Festlandsockel*-Urteil (Tunesien v. Libyen) auch die Bedeutung der Abgrenzungen von Fischereizonen in der Vergangenheit als Grundlage für die Entstehung von *de facto* Grenzlinien hervorgehoben[281].

a) Staatenpraxis hinsichtlich der Geltendmachung von Fischereizonen

Es soll im Folgenden daher die internationale Staatenpraxis hinsichtlich der Bedeutung von Fischereizonen im internationalen Meeresrecht einer näheren Analyse unterzogen werden. Als Vorläufer der ausschließlichen Wirtschaftszone sind Fischereizonen frühzeitig schon als Gebiete mit besonderen hoheitlichen Befugnissen angesehen worden. Fischereizonen wurden von den Küstenstaaten im Wesentlichen als Reaktion auf immer größer werdende, international agierende Fischereiflotten, die die Küstengewässer zu überfischen drohten, proklamiert.

Vor dem Zweiten Weltkrieg gab es nur vereinzelte Staaten, die Fischereizonen beanspruchten. Als eine der ersten einseitig erklärten ausschließlichen Fischereizonen wird die durch Kanada im Jahre 1937 errichtete 9 sm breite Zone angesehen[282]. Vor allem waren es aber die lateinamerikanischen Staaten, die sich beeilten, Fischereivorrechte geltend zu machen. So errichtete Kolumbien bereits im Jahre 1923 eine 12-sm-Fischereizone und Brasilien folgte im Jahre 1938 mit einer ebenso breiten Zone[283].

Als einer der Initiatoren für eine weltweit zunehmende Praxis der Errichtung von ausschließlichen Fischereizonen gelten die USA. In seiner Proklamation "on policy of the United States with respect to coastal fisheries in certain areas of the high seas" aus dem Jahre 1946 ließ Präsident *Truman* erklären, dass:

---

[280] Das Regime der Wirtschaftszone lässt sich sowohl als eine Kombination als auch als eine Weiterentwicklung der Institution der exklusiven Fischereizone und des Festlandsockelregimes definieren und kann im Wesentlichen seit dessen Kodifizierung im 1982er *SRÜ* als gewohnheitsrechtlich anerkannt betrachtet werden.

[281] *Tunisia/Libyan Arab Jamahiriya Continental Shelf*-Fall, (1982) I.C.J. 18, 70; siehe auch: *Bravender-Coyle*, The Emerging Legal Prinziples and Equitable Criteria Governing the Delimitation of Maritime Boundaries Between States, S. 175ff..

[282] *Ipsen*, Völkerrecht, S. 741, Rn. 3.

[283] *Rojahn*, Fischereirechte jenseits der Zwölfmeilenzone, S. 145.

> "In view of the pressing need for conservation and protection of fishery resources, the Government of the United States regards it as proper to establish conservation Zones in those areas of the high seas continuous to the coast of the United States wherein fishing activities have been or in the future may be developed and maintained on a substantial scale. [...] The character as high seas of the areas in which such conservation zones are established and the right to their free and unimpeded navigation are in no way thus affected."[284]

Er stellte klar, dass mit der Errichtung solcher Fischereizonen der Charakter der Meere als Hohe See nicht beeinflusst werden sollte. In den nächsten Jahren folgten zahlreiche Staaten dieser Politik und proklamierten eigene Fischereizonen bis zu einer Breite von 200 sm. Chile und Peru erklärten im Jahre 1947 sogar ihre exklusive Souveränität und Jurisdiktion nicht nur über eine 200-sm-Zone, sondern auch über den Meeresboden und den Untergrund[285].

Auf Grund der relativ unterschiedlichen Staatenpraxis bei der Proklamierung von exklusiven Fischereizonen konnte bis zum Beginn der 1958er *Genfer Seerechtskonferenz* noch nicht von einem einheitlichen Fischereizonenkonzept gesprochen werden. In dem 1956er endgültigen Entwurf für die Seerechtskonvention konnte sich die *ILC* somit auch nur dahingehend einigen, dass Ausdehnungen der Fischereizonen über eine Breite von 12 sm hinaus völkerrechtswidrig seien[286].

b) Sowjetische Praxis bei der Errichtung von Fischereizonen

Angesichts dieser recht spärlichen und uneinheitlichen Staatenpraxis bezüglich der Proklamierung exklusiver Fischereizonen ist es bemerkenswert, dass der russische Zar *Alexander I.* bereits in einem Erlass vom 4. September 1821 den russischen Anspruch verkündete, dass es in der Beringsee innerhalb eines 100-sm-Gürtels nur Russen gestattet sei, zu fischen und Robben zu fangen[287]. Ende 1911 wurde ein russisches Gesetz verabschiedet, welches an den Küsten des Fernen Ostens ein exklusives Fischereirecht proklamierte[288].

---

[284] *Oda*, The Law of the Sea in our Time, Bd. 1, S. 342.
[285] Wohlgemerkt verfügen beide Staaten über keinen Festlandsockel im üblichen Sinne.; Major issues of the Law of the Sea, S. 89.
[286] *Böhmert*, Fischereigrenze, S. 527.
[287] Parlamentary Papers, United States No. 1 (1983), Behring Sea Arbitration, CX (1893-94).
[288] Die USA reservierten damals lediglich Rechte jedweder Art, ohne aber direkt zu protestieren. (U.S. Foreign Relations 1912, S. 1298f.).

Auch die junge Sowjetregierung erließ in den Jahren 1921 und 1923 Dekrete[289], wonach in einem 12 sm breiten Küstenstreifen ausschließlich sowjetische Fischerei bzw. vertraglich vereinbarte ausländische Fischerei zugelassen waren.

Die Festlegung der 10-sm-Fischereizonen im Kaspischen Meer mittels bilateraler vertraglicher Vereinbarungen und nationaler Dekrete erfolgte zu einem Zeitpunkt, zu dem in den meisten anderen an die Sowjetunion grenzenden Gewässern bereits eine 12-sm-Fischereizone eingerichtet war. Es ist mithin eine Divergenz zwischen der kaspischen und der internationalen, aber auch sowjetischen Praxis hinsichtlich der Ausdehnung von Fischereizonen feststellbar. Die Ausdehnung auf lediglich 10 sm erscheint als Indiz dafür, dass dem Kaspischen Meer ein von den Weltmeeren verschiedener Charakter zuerkannt werden sollte.

c) Zwischenergebnis zur Bedeutung der exklusiven Fischereizonen

In Anbetracht der für die Zeit der Unterzeichnung der sowjetisch-iranischen Verträge aus den Jahren 1935 und 1940 auch für das Kaspische Meer geltenden bereits sehr progressiven sowjetischen Tendenz, über Fischereizonen exklusive Nutzungsrechte an den der jeweiligen Küste vorgelagerten Gewässern zu proklamieren und dem Umstand, dass sich aus genau diesen Fischereizonen das Konzept der ausschließlichen Wirtschaftszone entwickelt hat, wäre die Annahme von sich daraus ergebenden *de facto*-Grenzen durchaus gerechtfertigt.
Allerdings darf insbesondere dort, wo es eigentlich um die Erlangung von Schürfrechten auf dem Meeresgrund des Kaspischen Meeres geht, die Reichweite des Konzepts der ausschließlichen Wirtschaftszone im Vergleich zu dem des Festlandsockels nicht überschätzt werden.
Jedenfalls sollte dieses – sich gerade vom Charakter eines Kondominiums unterscheidende – vertraglich festgelegte *Mehr* an exklusiven hoheitlichen Befugnissen bei der Festlegung eines neuen kaspischen Grenzregimes nicht unberücksichtigt bleiben. Da die Rechtsprechung des *IGH* zum Einfluss von Fischereizonen auf die Entstehung von *de facto*-Grenzen sehr begrenzt ist, sollte man gerade auch im Falle der Fischereizonen im Kaspischen Meer nicht so weit gehen, dem entsprechenden 10-sm-Gewässergürtel einen *de facto*-Status eines Küstengewässers zukommen zu lassen. Unabhängig davon, dass eine solche Ausdehnung der Territorialgewässer den heutigen Souveränitäts- und Sicherheitsbedürfnissen der Anrainerstaaten des Kaspischen Meeres ohnehin nicht mehr gerecht werden würde, sollte der Aspekt der Fischereizonen – wie vom *IGH* sonst auch praktiziert – im Rahmen der Analyse zum Vorhandensein histo-

---

[289] *SU RSFSR* (1923), No. 36, Punkt 378.

risch gewachsener Gebietsansprüche[290] oder im Rahmen der Berücksichtigung sonstiger besonderer Kriterien umfangreich gewürdigt werden[291].

3. Bedeutung früherer administrativer Sektorengrenzen auf dem Kaspischen Meer

Insbesondere die neuen unabhängigen Anrainerstaaten des Kaspischen Meeres haben sich in der Vergangenheit häufiger auf die zu Zeiten der Sowjetunion auf dem Kaspischen Meer festgelegten administrativen Sektorengrenzen berufen. Deren Verlauf entspricht in etwa einer gedachten Mittellinie zwischen den gegenüberliegenden Küstenlinien. Im südlichen Teil des Kaspischen Meeres fanden die aserbaidschanischen und turkmenischen Sektoren ihre Grenze an der *„Astara-Gassan-Kuly"*-Linie[292]. Nach dem Zerfall der Sowjetunion hatten sich die neuen unabhängigen kaspischen Staaten angeblich über den Fortbestand dieser nationalen Sektoren vertraglich geeinigt[293].

a) 1920er Ressourcenaufteilung des sowjetischen Ölministeriums

Bereits in den 1920er Jahren erfolgte eine Aufteilung der Gewässer des Kaspischen Meeres zwischen den vier kaspischen Sowjetrepubliken durch das Ölministerium der UdSSR[294].

b) 1970er Sektorenteilung durch das Ministerium für Erdöl und Erdgas

Vor allem von aserbaidschanischer Seite ist in den Streitigkeiten über die Ausbeutungsrechte verschiedener Offshore-Felder die im Jahre 1970 durch das sowjetische Ministerium für Erdöl und Erdgas durchgeführte Teilung des Kaspischen Meeres in einen kasachischen, einen aserbaidschanischen, russischen und turkmenischen Sektor als völkerrechtliche Rechtfertigung für einseitige

---

[290] Siehe dazu Ausführungen unter: 2. Kap., § 4, B., V..

[291] Vgl.: *Kwiatkowska*, Economic and Environmental Considerations in Maritime Boundary Delimitation, in: *Charney/Alexander* (Hrsg.), International Maritime Boundaries, S. 81ff.; *Bravender-Coyle*, The Emerging Legal Prinziples and Equitable Criteria Governing the Delimitation of Maritime Boundaries Between States, S. 177ff., 194f.; Siehe dazu auch Ausführungen unter: 2. Kap., § 6, III., 3..

[292] Entsprechend der damaligen administrativen Sektorenaufteilung würden den kaspischen Anrainerstaaten prozentual folgende maritimen Gebiete des Kaspischen Meeres zustehen: Kasachstan: 30%, Aserbaidschan: 20,6%, Russland: 15,6%, Turkmenistan: 19,2%, Iran: 14,6% (vgl.: *Huttenbach*, The Post-Soviet Conflict over Offshore Boundaries in the Caspian Sea and the New Littoral States, S. 164).

[293] Vgl.: *Croissant/Croissant*, The Caspian Sea Status Dispute: Azerbaijani Perspectives, S. 6; *Akimov*, Oil and Erdgas in the Caspian Region: An Overview of Cooperation and Conflict.

[294] *Shoumikhin*, Russia: Developing Cooperation on the Caspian, S. 132.

Petroleumaktivitäten in seinem Offshore-Bereich des Kaspischen Meeres angeführt worden[295].

Die Aufteilung erfolgte damals entsprechend einer so genannten „Mittellinienmethode“. Entgegen einer strikten Äquidistanzlinie sind vom sowjetischen Ölministerium zur Fixierung dieser „Mittellinie“ eine Reihe von parallelen Verbindungslinien von einander gegenüberliegenden Küstenpunkten östlich und westlich des Kaspischen Meeres gezogen und deren Mittelpunkte miteinander verbunden worden[296].

Unabhängig von der Frage nach der nach völkerrechtlichen Gesichtspunkten zu bewertenden Zulässigkeit dieser relativ unpräzisen Sektorenfestlegung, muss zunächst bemerkt werden, dass es sich bei dieser um kein staatliches Gesetz handelte, welches durch einen Beschluss der sowjetischen Duma Bestandskraft gefunden hätte, sondern lediglich um einen Akt rein administrativen Charakters auf gesetzlich sehr niedriger Stufe. Denn die Sektorenfestlegung erfolgte lediglich durch das sowjetische Ölministerium. Dieses war eines der sowjetischen Ministerien, die in ihrer Gesetzgebung auf ihre Bereiche unmittelbar betreffende funktionale Regelungsbereiche beschränkt waren. Aus den diesbezüglichen Beschlüssen des Ölministeriums über die Festlegung von Sektorengrenzen auf dem Kaspischen Meer konnte folglich kein faktisches Sowjetrecht in dem Sinne erwachsen, dass diese Grenzen als Staatsgrenzen zwischen den Sowjetrepubliken als in gewisser Weise selbständige Völkerrechtssubjekte hätten angesehen werden können[297].

Im Zusammenhang mit dem von Aserbaidschan zu Gunsten seiner ausschließlichen Souveränität über die näher an der turkmenischen Küste gelegenen Erdölfelder *Azeri* und *Kapaz* vorgebrachten Argument, dass schließlich aserbaid-

---

[295] *Romano*, The Caspian Sea Dispute, S. 147.

[296] So der turkmenische Außenminister *Yobars Kepbanov* in einem Interview mit *Andrew Harris* im Mai 1997. (*Harris*, The Azerbaijan – Turkmenistan Dispute in the Caspian Sea, S. 56); zur Veranschaulichung Skizze zur Methodik in **Anlage 5**.

[297] Artikel 60 der 1936er Verfassung der UdSSR und Artikel 80 der 1977er Verfassung der UdSSR gab allen Sowjetrepubliken das Recht, selbständig internationalen Organisationen beizutreten. Ein Gesetz der UdSSR vom 1. Februar 1944 (*Veomosti Verkhnovnogo Soveta USSR*, 1944, No. 8) gab allen Sowjetrepubliken das Recht, mit anderen Staaten in direkte diplomatische Beziehungen zu treten und Verträge abzuschließen. Die kaspischen Sowjetrepubliken delegierten diese Rechte allerdings an das föderale Zentrum nach Moskau, was allerdings nichts an deren völkerrechtlicher Selbständigkeit änderte. (vgl. dazu Ausführungen unter: 2. Kap., § 4 B., III., 2.; *Kochumov*, Law and Politics in the Caspian, S. 8f.).

schanische Geologen diese entdeckt hätten, muss zunächst auf Artikel 3 und 4 des *Gesetzes über den Festlandsockel der UdSSR* hingewiesen werden. Danach standen alle im Festlandsockel der UdSSR befindlichen Rohstoffe und auf ihm eingerichteten Installationen im alleinigen Eigentum der UdSSR und nicht etwa dem der Sowjetrepubliken[298].

Die Erforschung und die Ausbeutung der unter dem Kaspischen Meer befindlichen Rohstoffe unterlag somit nicht den souveränen Rechten der Sowjetrepubliken, sondern der Verwaltung staatlicher Ölunternehmen und Institutionen, die den Weisungen des sowjetischen Ölministeriums unterworfen waren. Die für die Ausbeutung des Kaspischen Meeres verantwortliche Institution war die *Kaspmorneftegaz-Allunions Industrie Gesellschaft* mit Sitz in der ehemaligen aserbaidschanischen SSR, welche dem sowjetischen Ölministerium direkt unterstellt war. Teil dieser Gesellschaft war wiederum die *Chelekmorneftegaz* Gesellschaft mit Sitz in der ehemaligen turkmenischen SSR.

Die verschiedenen administrativen Anweisungen zur geologischen Erkundung und Ausbeutung der Erdölressourcen im Kaspischen Meer wurden jeweils über Resolutionen des sowjetischen Ölministeriums initiiert[299].

Darüber hinaus waren neben den im Erdölsektor hoch spezialisierten Aserbaidschanern auch eine Reihe von Turkmenen an den geologischen Erkundungsaktivitäten beteiligt[300]. Dies ist jedoch ohnehin irrelevant, da alle entsprechenden Aktivitäten nur auf Anweisung bzw. nicht ohne vorherige Zustimmung durch das zuständige Ölministerium erfolgen konnten.

c) Zwischenergebnis zu Sektorengrenzen

Die zu Sowjetzeiten erfolgte Sektorenfestlegung hatte einen reinen verwaltungstechnischen Charakter, welcher den Sowjetrepubliken keine eigenständigen Ausbeutungsrechte an den unter dem Kaspischen Meer befindlichen Rohstoffen gewährte. Somit kann den Sektorengrenzen nicht unmittelbar der Status zwischenstaatlicher Grenzen zuerkannt werden. Außerdem befanden sich diese und die auf dem Festlandsockel befindlichen Installationen im alleinigen Eigen-

---

[298] *Kochumov*, Law and Politics in the Caspian, S. 7.

[299] So z.B. die Resolution des Zentralkomitees und des Ministerrats der UdSSR vom 27. August 1985 „Zu Maßnahmen zur Errichtung eines kaspischen Erdöl- und Erdgaskomplexes" (vgl.: *Kochumov*, Law and Politics in the Caspian, S. 5).

[300] *Sovjetskoje gosudarstvo i pravo*, Nr. 12, 1975, S. 44.

tum der UdSSR und nicht etwa dem der Sowjetrepubliken. Die Erforschung und die Ausbeutung der unter dem Kaspischen Meer befindlichen Rohstoffe unterlag der alleinigen Verwaltung staatlicher Ölunternehmen und Institutionen, die wiederum den Weisungen des sowjetischen Ölministeriums unterworfen waren.

d) Fortbestand der Sektorengrenzen auf Grund des *uti possidetis*-Prinzips

Es ist in der Völkerrechtspraxis jedoch nicht unüblich, dass in Verträgen, die sich mit Nachfolgeregimen befassen, für die Abgrenzung der hoheitlichen Befugnisse auf administrative Sektorengrenzen Bezug genommen wird[301]. Im Unterschied zu den zuvor untersuchten *de facto*-Vereinbarungen, handelt es sich hierbei nicht um zwischenstaatliche Abgrenzungen, sondern lediglich um Verwaltungsregeln, die administrative Grenzen zwischen Völkerrechtssubjekten eines einzelnen Staates festgelegt haben.

Es erscheint im vorliegenden Fall jedoch äußerst fraglich, ob diese administrativen Grenzen tatsächlich nach dem Zerfall der Sowjetunion exakt in maritime Grenzen zwischen den ehemaligen Sowjetrepubliken umgewandelt werden können. Dies gilt umso mehr im Verhältnis zum Iran.

Vor allem aus der Sicht der neuen unabhängigen kaspischen Staaten der ehemaligen Sowjetunion könnte hier jedoch ein Verweis auf das *uti possidetis*-Prinzip – als ein Konzept zur Vermeidung von Grenzkonflikten – sinnvoll sein, um ein Fortbestehen dieser Administrativgrenzen zu erreichen[302].

Um die Anwendbarkeit des *uti possidetis*-Prinzips auf die Verhältnisse am Kaspischen Meer untersuchen zu können, soll zunächst kurz untersucht werden, inwieweit sich das *uti possidetis*-Prinzip überhaupt zu einer universell geltenden Rechtsregel entwickelt hat, welche im Rahmen einer Analyse der hoheitlichen Verhältnisse auf dem Kaspischen Meer Berücksichtigung finden kann.

---

[301] *Oxman*, Political, Strategic, and Historical Considerations, in: *Charney/Alexander* (Hrsg.), International Maritime Boundaries, S. 32ff..

[302] So beschlossen die Staaten der *Organization of African Unity* in ihrer 1964er Solemn Declaration, die von den Kolonialmächten festgelegten Grenzen zur Vermeidung von sonst ausbrechendem politischem Chaos beizubehalten. (vgl.: *Oxman*, Political, Strategic, and Historical Considerations, in: *Charney/Alexander* (Hrsg.), International Maritime Boundaries, S. 33, Fn. 135 m.w.N.).

aa) Ursprünge des *uti possidetis*-Prinzips

Seinen Ursprung findet die Rechtsfigur des *uti possidetis*-Prinzips im römischen Recht. *Uti possidetis* ist die Kurzform von „*Uti possidetis, ita possideatis*“[303], der traditionellen Form des *interdictum uti possidetis*[304]. Eine erste völkerrechtliche Anwendung fand das *uti possidetis*-Prinzip beim rechtlichen Umgang von territorialen Veränderungen in Folge eines Krieges. Die Variante des *status quo post bellum*, nach der der *de facto*-Besitzstand an Territorien im Augenblick des Friedensschlusses als *de iure* konsolidierte, wurde als *uti possidetis* bezeichnet[305].

bb) Dogmatische Einordnung des uti possidetis-Prinzips

Angesichts der im modernen Völkerrecht ebenfalls verwendeten Bezeichnung des *uti possidetis*-Prinzips, soll zunächst untersucht werden, welche rechtliche Bedeutung dem Terminus „Prinzip“ beizumessen ist[306].

(1) Allgemeiner Rechtsgrundsatz i.S.d. Artikel 38 Abs. 1 lit. (c) *IGH-Statut*

Der Terminus „Prinzip“ entzieht sich noch immer einer im Völkerrecht verbindlichen einheitlichen Legaldefinition[307].

---

[303] Im Deutschen: „Wie ihr besitzt, so sollt ihr besitzen.”

[304] Dessen Ziel war es, bei Immobilienstreitigkeiten den possessorischen *status quo* festzuschreiben und so zu verhindern, dass während eines laufenden Prozesses das Eigentum gewaltsam entwendet werden würde. Es wurde mithin nur ein vorläufiger Besitztitel gewährt, welcher eine spätere Entscheidung über das Eigentumsrecht im Rahmen einer Verhandlung voraussetzte.

[305] Im Unterschied zu seinen römischen Ursprüngen trug der Besitzschutz nunmehr einen absoluten Titel in sich und weder Rechtmäßigkeit noch Fehlerlosigkeit des Besitzes spielten eine Rolle (*Simmler*, Das Uti possidetis-Prinzip, S. 35). Diese Ausprägung des *uti possidetis*-Prinzips ist allerdings deshalb gegenstandslos geworden, da die gewaltsame Landgewinnung durch das in Artikel 2 Abs. 4 UN-Charta verankerte und inzwischen zu Völkergewohnheitsrecht erstarkte Gewaltverbot geächtet worden ist (*Gloria*, in: Ipsen, Völkerrecht, § 23 Rn. 46; *Randelzhofer*, Artikel 2 Ziff. 4, Charta der Vereinten Nationen, Rn. 56ff.; *Kunig*, Gebietsveränderungen, S. 161).

[306] Unbeachtet sollen an dieser Stelle die ebenfalls verwendeten Bezeichnungen *uti possidetis*-„Doktrin“ (so z.B.: *Oppenheim's*, Oppenheim's International Law, § 235) oder „Theorie“ des *uti possidetis* (so z.B.: *Zuppi*, Bewaffnete Auseinandersetzungen, S. 21) bleiben, da sie lediglich eine andere Ausformulierung der so immer noch bestehenden Begriffsunschärfe dieses völkerrechtlichen Phänomens darstellen, welches zur endgültigen Erklärung einer näheren dogmatischen Untersuchung bedarf.

[307] Vgl.: *Kunig*, Rechtsstaatsprinzip, S. 293ff..

Es könnte die Vermutung nahe liegen, dass die Verwendung des Wortes „Prinzip“ die Nähe zu der in Artikel 38 Abs. 1 lit. (c) *IGH-Statut* aufgeführten Rechtsquelle der „allgemeinen Rechtsgrundsätze“ unterstreichen soll[308]. Auch wenn die Rechtsqualität eines dem Artikel 38 Abs. 1 lit. (c) *IGH-Statut* entsprechenden “general principle of law” ebenfalls noch immer umstritten ist, so handelt es sich nach der herrschenden Auffassung dabei um anerkannte Rechtsprinzipien, die allen oder doch den meisten nationalen Rechtsordnungen gemeinsam sind[309].

Die Einordnung des *uti possidetis* als allgemeiner Rechtsgrundsatz im Sinne des Artikels 38 Abs. 1 lit. (c) *IGH-Statut* erscheint mithin fraglich.

(2) Allgemeiner Grundsatz des Völkerrechts

Des Weiteren könnte es sich beim *uti possidetis* um einen allgemeinen Grundsatz des Völkerrechts handeln. Im Unterschied zu den „allgemeinen Rechtsgrundsätzen“ entwickeln sich diese unmittelbar aus den internationalen Beziehungen und werden als eine Art Vorstufe des Völkergewohnheitsrechts[310] bzw. als dessen Bestandteil[311] angesehen.

Um eine genaue Einordnung des *uti possidetis*-Prinzips vornehmen zu können, bedarf es sowohl einer Klärung dessen, ob das *uti possidetis*-Prinzip von einer allgemeinen Rechtsüberzeugung getragen wird, die durch eine entsprechende Staatenpraxis widergespiegelt wird, als auch einer genauen Prüfung des rechtlichen und tatsächlichen Kontextes im Zusammenhang mit der Übertragung des *uti possidetis*-Prinzips auf die Situation am Kaspischen Meer.

---

[308] Der englische Wortlaut des Artikels 38 Abs. 1 lit. (c) *IGH-Statut* lautet wie folgt: “[...] the general principles of law recognized by civilized nations“. Ausführungen zur Problematik der Allgemeinen Rechtsgrundsätze als Rechtsquellen des Völkerrechts siehe bereits unter: 2. Kap., § 4, B..

[309] Vgl.: *von Heinegg*, in: *Ipsen*, Völkerrecht, § 17, Rn. 1; *Oppenheim's*, Oppenheims International Law, § 12; *Brownlie*, Principles of Public International Law, S. 16. Grundsätzlich verschieden davon war die sozialistische Rechtsquellentheorie, derzufolge die Vereinbarung der Völkerrechtssubjekte in der Form des Vertrages oder des Völkergewohnheitsrechts die einzigen Methoden zur Schaffung von Völkerrechtsnormen waren. Die „allgemeinen Rechtsgrundsätze“ wurden nur als Hilfsmittel der völkerrechtlichen Normbildung herangezogen. (vgl. dazu bereits unter: 2. Kap., § 4, B.).

[310] Die unverbindlichen Absichtserklärungen oder auch sog. „politischen Prinzipien“ erlangen erst dann Rechtsverbindlichkeit, wenn sie in das vertragliche oder gewohnheitsrechtliche Völkerrecht inkorporiert worden sind. (*Schwarzenberger*, Fundamental Principles, S. 204).

[311] *Von Heinegg*, in: *Ipsen*, Völkerrecht, § 17 Rn. 1.

cc) Völkergewohnheitsrecht hinsichtlich eines *uti possidetis*-Prinzips

Als Voraussetzung dafür, dass sich das *uti possidetis*-Prinzip zu einer Norm des Völkergewohnheitsrechts herausgebildet hat, ist zum einen eine durch eine gewisse Einheitlichkeit, Dauer und Verbreitung gekennzeichnete Staatenpraxis und zum anderen die subjektive Rechtsüberzeugung (*opinio iuris sive necessitatis*) der Staaten erforderlich.

(1) Vorbetrachtung zur Entstehung von Völkergewohnheitsrecht

Beim Völkergewohnheitsrecht handelt es sich um eine weitere, auch im Artikel 38 Abs. 1 *IGH-Statut* aufgeführte Hauptrechtsquelle. Wenn auch mehr und mehr vom Vertragsrecht verdrängt, so kommt ihm doch immer noch eine wertvolle Auffangs- und Weiterentwicklungsfunktion sowohl in unzureichend geregelten Bereichen als auch im Bereich uneinheitlicher Unterzeichnungs- bzw. Ratifikationspraxis der Staaten zu. Nach allgemeiner Ansicht entsteht Völkergewohnheitsrecht durch die von einer repräsentativen Zahl von Völkerrechtssubjekten über einen gewissen Zeitraum[312] praktizierte Übung, welche von einer allgemein anerkannten und gefestigten Rechtsüberzeugung getragen wird[313].

Erzeugt werden kann Völkergewohnheitsrecht auf vielfältige Weise[314]. Von besonderer Bedeutung sind Akte staatlichen Handelns, dass heißt nach außen gerichtete Handlungen oder Erklärungen von zur Exekutive gehörenden Staatsorganen oder anderen Organbereichen, soweit sie einen völkerrechtlichen Bezug aufweisen und im Außenverhältnis wirksam sind[315].

---

[312] Die für die Entstehung einer Norm des Völkergewohnheitsrechts erforderliche Zeitdauer lässt sich nicht abstrakt für alle Situationen festlegen, sondern kann von Fall zu Fall unterschiedlich sein. Der *IGH* führte dazu aus: "Although the passage of only a short period of time is not necessarily [...] a bar to the formation of a new rule of customary international law, [...] State practice [...] should have been both extensive and virtually uniform [...]." (ICJ Rep.1969, 43).

[313] *von Heinegg*, in: *Ipsen*, Völkerrecht, 4. Kap. § 16, Rn. 2ff.; *Bernhardt*, Ungeschriebenes Völkerrecht, S. 62; *Strebel*, Quellen des Völkerrechts, S. 320ff..

[314] vgl.: *Verdross*, Entstehungsweisen völkerrechtlichen Gewohnheitsrechts, S. 642ff..

[315] *Schweisfurth*, The Influence of the UNCLOS on International Customary Law, S. 566ff.; *von Heinegg*, in: *Ipsen*, Völkerrecht, 4. Kap. § 16 Rn. 17 f; Als klassisches Beispiel für die Erklärung eines Staatsorganes lässt sich hier die Proklamation des US-Präsidenten *Truman* vom 28.9.1945 zur Beanspruchung von souveränen Rechten am sich den Küstengewässern der USA anschließenden Festlandsockel anführen. (Text: 40 *AJ* (1946), Suppl., S. 45; *Whiteman*, Digest of International Law, S. 756).

Des Weiteren kann das in multilateralen völkerrechtlichen Verträgen gebotene Verhalten gewohnheitsrechtliche Geltung erlangen, wenn dieses über den Kreis der Vertragsparteien hinaus völkergewohnheitsrechtlich anerkannt wird und durch Hinzutreten einer entsprechenden Rechtsüberzeugung allgemeinverbindlich wird[316]. Schließlich kann auch die Untätigkeit bzw. das Unterlassen bestimmter Handlungen durch einen Staat eine gewohnheitsrechtliche Übung darstellen. Dies wird zum Beispiel angenommen, wenn ein Völkerrechtssubjekt gegen eine von einem anderen Völkerrechtssubjekt vertretene Rechtsansicht nicht protestiert, sondern sich widerspruchslos fügt, obwohl es dagegen vorgehen könnte[317].

(2) Partikuläres Völkergewohnheitsrecht

Eine besondere Bedeutung kann in diesem Fall auch dem Rechtsinstitut des partikulären[318] Völkergewohnheitsrechts zukommen. Dies könnte im Fall des *uti possidetis*-Prinzips deshalb relevant werden, da es in seiner modernen Erscheinungsform zunächst nur auf Lateinamerika und Afrika beschränkt angewandt worden ist. Grundsätzlich ist anerkannt, dass sich auch ein auf eine abgrenzbare Staatengruppe beschränktes Gewohnheitsrecht herausbilden kann. Dies hat der *IGH* in seinem Urteil zum Fall *Right of Passage over Indian Territory*[319] bestätigt[320]. Die Voraussetzungen für die Entstehung eines solchen lokalen Gewohnheitsrechts entsprechen denen des universellen Völkergewohnheitsrechts[321]. Im Gegensatz zum universellen Völkergewohnheitsrecht sind die betroffenen Staa-

---

316 *Verdross/Simma*, Universelles Völkerrecht, § 581; *von Heinegg*, in: *Ipsen*, Völkerrecht, 4. Kap. § 16, Rn. 22.

317 *Müller*, Vertrauensschutz im Völkerrecht, S. 35ff.; ICJ Rep. 1962, S. 23.

318 Die Wortwahl reicht hier des Weiteren von „lokalem" (so spricht der *IGH* im *Right of Passage over Indian Territory*-Fall von "local custom". (*ICJ Rep.* 1960, S. 6, 39)) über „speziellem" bis hin zu „regionalem" Völkergewohnheitsrecht. Da diese Begrifflichkeiten zu sehr auf die örtliche Verbundenheit abstellen, ist die Bezeichnung „partikuläres" Völkergewohnheitsrecht zu bevorzugen. (so auch *Oppenheimer's*, Oppenheimer's International Law, § 10, 30; *von Heinegg*, in: *Ipsen*, Völkerrecht, § 16 Rn. 44. (vgl. ansonsten auch Ausführungen unter: 2. Kap., § 4, B., V., 2., a)).

319 "The Court sees no reason why long continued practice between two States accepted by them as regulating their relations should not form the basis of mutual rights and obligations between the two States.", (*Right of Passage over Indian Territory Case*, (Portugal v. Indien) ICJ Rep. 1960, S. 6, 39).

320 Siehe auch: Deputy-Judge *Negulesco*, *European Commission of the Danube*, PCIJ, Ser. B, no. 14, S. 114; Judge Klaestad, *Nottebohm* (Second Phase), ICJ Rep. 1955, S. 30.

321 *Verdross/Simma*, Universelles Völkerrecht, S. 359f., § 569; *Schindler*, Regional International Law, S. 404 f,; *ders.*, Regionales Völkerrecht, S. 609ff..

ten nach Ansicht des *IGH* an das lokale Gewohnheitsrecht jedoch nur dann gebunden, wenn diese ausdrücklich oder konkludent die gewohnheitsrechtlichen Regeln anerkannt haben[322]. Wird behauptet, dass ein Staat an lokales Gewohnheitsrecht gebunden sei, muss allerdings auf Grund der relativ begrenzten Anzahl von Staaten für jeden betroffenen Staat nachgewiesen werden, dass er sich diesem partikulären Gewohnheitsrecht tatsächlich angeschlossen hat[323].

(3) Die Ursprünge des *uti possidetis* im modernen Völkerrecht

Mit der Erlangung der Unabhängigkeit der lateinamerikanischen Staaten von der spanischen Krone im beginnenden 19. Jahrhundert sahen sich diese Staaten der Problematik der zwischenstaatlichen Grenzziehung ausgesetzt[324]. Um zwischen den neu konstituierten Staaten Grenzstreitigkeiten zu vermeiden, die Einheit der kolonialen Gebilde zu erhalten und einer Zersplitterung entgegenzuwirken, besann man sich damals auf das *uti possidetis*-Prinzip[325].

Nach der lateinamerikanischen Version des *uti possidetis* wurden im Wesentlichen die ehemaligen administrativen kolonialen Grenzen in ihrem Bestand zum Zeitpunkt der Unabhängigkeit für unverletzlich und zu den neuen internationalen Grenzen erklärt[326].

---

[322] Vgl.: *Asylum Case*, ICJ Rep. 1950, S. 266, 277f.; siehe Ausführungen dazu bei: *Müller/Wildhaber*, Praxis des Völkerrechts, S. 32f..

[323] *Oppenheim's*, ebenda, § 10, 30; *Verdross/Simma*, Universelles Völkerrecht, § 568; *von Heinegg*, in: Ipsen, Völkerrecht, § 16 Rn. 46. (Grundsätzlich darf das partikuläre Völkergewohnheitsrecht allerdings weder den zwingenden Regeln des Völkerrechts (*ius cogens*) widersprechen noch in die Rechte von Staaten eingreifen, welche der jeweiligen Staatengruppe nicht angehören (*Verdross/Simma*, Universelles Völkerrecht, §§ 567, 524 ff.).

[324] Als maßgeblicher Zeitpunkt für die Unabhängigkeit wird für die südamerikanischen Staaten das Jahr 1810 und für die mittelamerikanischen Staaten das Jahr 1821 angenommen. (vgl.: *Hummer*, Boundary Disputes in Latin America, S. 60; *Schaumann*, in: Strupp/Schlochauer, Wörterbuch des Völkerrechts, S. 483).

[325] *Ayala*, Le principe de l' "uti possidetis", S. 448.

[326] Bei der Analyse der Staatenpraxis der lateinamerikanischen Staaten lässt sich jedoch feststellen, dass das *uti possidetis*-Prinzip verschiedene Ausprägungen erfahren hat. Während sich die ehemals spanischen Kolonien auf das *uti possidetis iuris*-Prinzip stützten, berief sich Brasilien als ehemals portugiesische Kolonie auf das *uti possidetis de facto*-Prinzip. Die Kolonialgebiete sonstiger europäischer Staaten griffen wiederum gar nicht auf das *uti possidetis*-Prinzip zurück. (*Bernárdez*, The Uti Possidetis Juris Principle, S. 425; *Simmler*, Das uti possidetis-Prinzip, S. 54ff.).

Brasilien benutzte den Ausdruck des *uti possidetis de facto* letztendlich nur, um seine durch Okkupation, Annexion und Ersitzung erlangten Gebiete der Nachbarstaaten zu rechtfertigen. Allerdings hat das *uti possidetis de facto* mit seiner Anlehnung an eine Variante des frühen kriegsvölkerrechtlichen *uti possidetis* und seiner Betonung des effektiven Besitzes nach Okkupationen oder Annexionen keinen Platz mehr im modernen Völkerrecht[327].

Daher wird das von den hispano-amerikanischen Staaten vertretene *uti possidetis iuris* als die für Lateinamerika repräsentative *uti possidetis*-Ausprägung angesehen. Nach dieser Variante wurde nicht auf den tatsächlichen Besitz zum Zeitpunkt der Unabhängigkeit abgestellt, sondern die Betonung auf das Recht zum Besitz gelegt, indem auf Rechtstitel des früheren Kolonialherren abgestellt und die von diesen gezogenen Binnengrenzen akzeptiert wurden[328]. Da es mithin auf – mit dem modernen Völkerrecht zu vereinbarenden – Rechtsprinzipien beruhte, war es zur Weiterentwicklung des modernen Völkerrechts geeignet. Direkte Anwendung fand es allerdings nur hinsichtlich der Grenzen zwischen den hispano-amerikanischen Staaten.

Auf Grund seiner lokalen Beschränktheit und selbst dort uneinheitlichen Staatenpraxis bei der faktischen Grenzziehung kann noch nicht einmal davon ausgegangen werden, dass es sich bei der *uti possidetis iuris* um eine Regel partikulären Völkergewohnheitsrechts handelt.

(4) Das afrikanisch-asiatische uti possidetis-Prinzip

Eine Analyse der Staatenpraxis der afrikanischen und asiatischen Staaten hinsichtlich ihrer zwischenstaatlichen Grenzziehungen in der Phase der Dekolonisierung ab der zweiten Hälfte des 20. Jahrhunderts zeigt eine Fortführung des vom Konsensprinzip getragenen lateinamerikanischen *uti possidetis*. Auch diese Staaten akzeptierten in ihrer Mehrzahl die von den Kolonialherren gezogenen Grenzen. Im Unterschied zur lateinamerikanischen Praxis erstarken im Rahmen der Dekolonisierung Afrikas nicht nur die administrativen Grenzen einer Kolonialmacht zu internationalen Grenzen, sondern auch solche innerhalb der großen Kolonialblöcke Großbritanniens und Frankreichs[329].

---

[327] Siehe dazu bereits Ausführungen unter: 2. Kap., § 4, B., II., 3., d) aa).
[328] *Ayala*, Dictionnaire Diplomatique, S. 1047.
[329] Vgl.: *Simmler*, Das uti possidetis-prinzip, S. 83ff., 130, 165ff..

Von besonderer Bedeutung für das Kaspische Meer ist in diesem Zusammenhang die Anwendung des *uti possidetis*-Prinzips bei zahlreichen Grenzseen Afrikas. Die ehemals von den Kolonialmächten gezogenen *de facto*-Seegrenzen wurden nach der Erlangung der Unabhängigkeit der afrikanischen Staaten in den meisten Fällen von diesen als zwischenstaatliche Grenzen anerkannt[330].

(5) Zwischenergebnis zum Völkergewohnheitsrecht beim uti possidetis

Die einheitliche Staatenpraxis bei der Übernahme der zwischen verschiedenen Kolonialherren vertraglich vereinbarten Grenzen entspricht dem in Artikel 11 der *Wiener Konvention über das Recht der Staatennachfolge in Verträge* (WKSV)[331] kodifizierten Kontinuitätsgrundsatz des universellen Völkergewohnheitsrechts. Dieser bestimmt, dass gebietsbezogene Verträge und Grenzverträge durch eine Staatennachfolge in ihrer Weitergeltung nicht betroffen werden.
Auch wenn es sich insoweit nicht um eine neue Rechtsregel handelt[332], so kann doch auf Grund einer entsprechenden – von einer Rechtsüberzeugung getragenen – Staatenpraxis in diesen Gebieten davon ausgegangen werden, dass es sich bei dem Grundsatz der Unantastbarkeit von kolonialen Binnengrenzen, die ein Kolonialherr innerhalb seines zusammenhängenden Grenzgebiets gezogen hat, um einen Satz des partikulären Völkergewohnheitsrechts handelt[333].

Von besonderer – auch im Hinblick auf die kaukasisch-zentralasiatischen ehemaligen Sowjetrepubliken – Bedeutung ist dabei die Situation, dass die afrikanischen und asiatischen Neustaaten ganz überwiegend über keine staatstragende Nation mit ethnischem, geschichtlichem oder religiösem Zusammenhang verfügten, sondern regelmäßig allein das Staatsgebiet als identitätsschaffende Klammer des Staatsgebildes diente[334].

---

[330] Vgl.: *Pondaven*, Les Lacs-frontière; *Dipla*, Le tracé de la frontière, S. 265ff..

[331] Vom 22.8.1978 (*ILM* 1978, 1488), am 6.11.1996 in Kraft getreten.

[332] So auch der *IGH* in seinem *Frontier Dispute* Judgment (*ICJ Rep.* 1986, S. 554 (566, para.24): "[...] Hence the numerous solemn affirmations of the intangibility of the frontiers existing at the time of the independence of African States, [...] they recognize and confirm an existing principle, and do not seek to consecrate a new principle or the extension to Africa of a rule previously applied only in another continent."

[333] Diese Praxis ist in Asien auf Grund des Umstandes, dass die Kolonialgebiete einzelner Kolonialherren nicht in mit der Situation in Afrika vergleichbaren Blöcken zusammengefasst waren, weniger häufig in Erscheinung getreten. (*Simmler*, Das uti possidetis-Prinzip, S. 179).

[334] Diesbezüglich wird auch die Bezeichnung „Territorialnation" verwandt (vgl.: *Simmler*, Das uti possidetis-Prinzip, S. 133, Fn. 330, S. 180).

(6) Uti possidetis in Europa

Zu den bedeutendsten Grenzziehungen, die auf eine Anwendbarkeit des *uti possidetis*-Prinzip schließen lassen könnten, kam es in Europa im Zuge des Zusammenbruchs des Sozialismus und der in dieser Zeit entstandenen multiethnischen föderativen Staaten wie der Tschechoslowakei, Jugoslawien und der UdSSR.

(6.1.) Das sowjetische „Kolonialreich"

Die Besonderheit der Situation in Europa liegt jedoch darin, dass die zwischenstaatlichen und die administrativen Grenzen nicht durch ortsfremde Mächte festgelegt worden sind. Auch wenn wegen der übermächtigen Stellung der UdSSR im Warschauer Pakt und der strikten zentralistisch-sozialistischen Herrschaft über die einzelnen Unionsrepubliken der UdSSR oft von einem sowjetischen „Kolonialreich" gesprochen worden ist, so kann diese Situation nicht unter die Kolonie-Definition der Vereinten Nationen[335] subsumiert werden.
Demnach ist es weder vertretbar, die ehemaligen „Ostblockstaaten" zu einem sowjetischen Kolonialreich zu rechnen, noch die Unionsrepubliken bzw. Gebietsstrukturen der anderen föderalen sozialistischen Staaten als Bestandteil einer dem lateinamerikanischen und afrikanischen Kolonialismus vergleichbaren Struktur anzusehen[336].

(6.2.) Staatenpraxis in Europa

Angesichts der zahlreichen kriegerischen Auseinandersetzungen und sonstigen Gebietsstreitigkeiten im Rahmen der Entstehung von neuen unabhängigen Staaten insbesondere im ehemaligen Jugoslawien und der ehemaligen Sowjetunion scheint die Herauskristallisierung einer gemeinsamen von *opinio iuris* getragenen Staatenpraxis bei der Grenzfestlegung mehr als fraglich[337].

Wider Erwarten zeigt allerdings auch in Europa die Praxis der Grenzziehung nach dem Zerfall der sozialistischen multinationalen Föderationen ein relativ einheitliches Bild.

---

[335] "A non-self-governing territory is a territory which is geographically separate and is distinct ethnically and/or culturally from the country administering it." (Generalversammlungs-Resolution 1541 (XV), "Principles which should guide members in determining whether or not an obligation exists to transmit the information called for under Artikel 73 (e) of the Charter", vom 15. Dezember 1960, Principle IV.

[336] Siehe dazu Ausführungen unter: 2. Kap., § 4, B., II., 5. a).

[337] Vgl. *Simmler*, Das uti possidetis-Prinzip, S. 229ff..

Die aus den Staaten Jugoslawien, Tschechoslowakei und UdSSR hervorgegangenen Neustaaten stellen die von der ehemaligen Föderation durch Verträge mit den Nachbarstaaten gezogenen Grenzen nicht in Frage[338].

Hinsichtlich der Binnengrenzen zwischen den Nachfolgestaaten der relevanten ehemaligen Föderationen kann festgestellt werden, dass es sich im Gegensatz zu anderen Regionen der Welt hier um ehemals administrative Grenzen handelte, die durch eine einzige übergeordnete Instanz gezogen wurden. Trotz verschiedener kriegerischer Auseinandersetzungen zwischen einzelnen Nachfolgestaaten akzeptierten sie letztendlich die von der Föderation gezogenen administrativen Grenzen als ihre neuen gegenseitigen internationalen Grenzen[339].

Aus völkerrechtlich dogmatischer Sicht hat dies den Effekt, dass die so bestimmten Staatsgebiete unter dem Schutz des völkerrechtlichen Grundsatzes der territorialen Integrität stehen, welcher weiteren Sezessionsbestrebungen niedrigrangigerer Gebietseinheiten[340] entgegengehalten werden konnte[341].

Die Grenzziehungspraxis der Neustaaten in Europa macht deutlich, dass sowohl Elemente des Kontinuitätsgrundsatzes des universellen Völkergewohnheitsrechts als auch das *uti possidetis* im engeren Sinne nachweisbar sind. Die Praxis der Beibehaltung der administrativen Grenzen wurde von den Neustaaten zwar nicht unter direkter Berufung auf das *uti possidetis*-Prinzip vollzogen. Allerdings ließe sich diese als Ausprägung des so genannten *uti possidetis* in Fremdherrschaftssituationen ansehen, wenn sie und die *opinio iuris* auf einen Hintergrund zurückzuführen wären, der mit dem des „*uti possidetis* in Fremdherrschaftssituationen“ vergleichbar wäre.

---

338 Vgl. z.B. das "Memorandum of Understanding" zwischen den GUS-Staaten auf dem Treffen von Alma-Ata im Dezember 1991. Dieses als deklaratorisch zu verstehende „Memorandum“ lässt sich soweit interpretieren, dass man lediglich die bereits aus Völkergewohnheitsrecht bestehende Verpflichtung der Nachfolgestaaten, alte Grenzverträge zu achten, bestätigt wissen wollten.

339 So haben auch die GUS-Staaten in der Präambel ihres Gründungsvertrages den Passus von der Unverletzlichkeit der bestehenden Grenzen aufgenommen. Die Stellung im operativen Teil des Vertragswerkes lässt darauf schließen, dass die Rechtsgeltung bereits auf Grund völkergewohnheitsrechtlicher Prinzipien als selbstverständlich angenommen worden ist. (*Simmler*, Das Uti possidetis-Prinzip, S. 276ff.).

340 Wie z.B. die in der Territorial-Verwaltungsstruktur der ehemaligen Sowjetunion üblichen Autonomen Republiken, Autonomen Gebiete und Autonomen Kreise.

341 *Verdross/Simma*, Universelles Völkerrecht, § 511.

(6.3.) Konzept der Territorialnation

Entsprechend dem Konzept der Territorialnation müsste den Neustaaten eine staatstragende Nation mit ausreichendem ethnischem, geschichtlichem und religiösem Zusammenhang fehlen, so dass als vorrangiges identitätsstiftendes Merkmal auf die bestehenden administrativen Grenzen zurückzugreifen wäre. Wie im Fall Jugoslawiens und der Tschechoslowakei beherbergen auch die meisten Nachfolgestaaten der ehemaligen UdSSR sehr starke ethnische Minderheiten auf ihren Gebieten, wodurch jeweils eine ethnische Definition der Staatsnation erschwert wurde.

Es liegt somit eine mit den Verhältnissen der Neustaaten Afrikas und Asiens vergleichbare Situation vor. Die europäischen Neustaaten Europas stellen sich als so genannte Territorialnationen dar, die mangels anderer ausreichender identitätsstiftender Merkmale auf die von der ehemaligen Föderation oft willkürlich gezogenen administrativen Grenzen als einheitsstiftende Klammer angewiesen sind[342].

(6.4.) Zwischenergebnis zu uti possidetis in Europa

Es kann somit davon ausgegangen werden, dass auf Grund der von einer entsprechenden *opinio iuris* getragenen Beibehaltung der durch die ehemaligen europäischen Föderationen gezogenen administrativen Grenzen zwischen den nun entstandenen europäischen Neustaaten, sich in Europa ein *uti possidetis* in Fremdherrschaftssituationen entwickelt hat[343].

Das *uti possidetis*-Prinzip findet als Satz des partikulären Völkergewohnheitsrechts somit auf alle Staaten Anwendung, in denen auf dem Gebiet eines Staates mehrere neue Staaten entstehen, die als Territorialnationen einzustufen sind. Dabei wird nur auf die Tatsache der Neuentstehung von mehreren Staaten auf einem bisher von nur einer Macht beherrschten Gebiet abgestellt. Ohne Bedeutung ist dabei, auf welcher völkerrechtlichen Rechtsgrundlage die Entstehung der Neustaaten beruht. Es soll allerdings nochmals darauf hingewiesen werden, dass dieses *uti possidetis* als Satz des partikulären Völkergewohnheitsrechts nur für die betroffenen Staaten Geltung erlangt, die diesem Rechtsprinzip zugestimmt haben.

---

[342] *Civic*, Remaking the Balkans, S. 27f.; *Libal*, Das Ende Jugoslawiens, S. 63f.; *Weller*, *AJIL* 86, S. 590; *Zaslavsky*, in: *Bremmer/Taras*, S. 35; a.A.: *Baer*, Der Zerfall Jugoslawiens, S. 256f..

[343] So auch *Simmler*, Das uti possidetis-Prinzip, S. 283, m.w.N..

Auf Grund der Nichtakzeptanz dieser administrativen Sektorengrenzen durch den Iran erscheint es unwahrscheinlich, dies auf das ganze Kaspische Meer übertragen zu können. Anders könnte sich die Lage allerdings zwischen den ehemaligen kaspischen Unionsrepubliken darstellen.

(7) Erstarkung zu universellem Völkergewohnheitsrecht

Die Weigerung Irans und Turkmenistans, die Umwandlung der administrativen Grenzen in zwischenstaatliche Grenzen zu akzeptieren, wäre allerdings unbeachtlich, wenn das *uti possidetis* als partikuläres Völkergewohnheitsrecht zu universellem Völkergewohnheitsrecht erstarkt ist. Dafür bedarf es nicht einer lückenlosen Zustimmung aller Staaten der Welt, sondern bereits eine generelle Beteiligung von Repräsentanten aller geographischen Regionen und soziopolitischen Systeme wird als ausreichend angesehen[344].

(7.1.) Der Iran als "persistent objector"

Angesichts des vor allem durch den Iran praktizierten beständigen Bestreitens der Rechtmäßigkeit der Umwandlung ehemaligen administrativen Grenzen auf dem Kaspischen Meer in Staatsgrenzen könnte das Konzept des "persistent objectors" Bedeutung erlangen. Als "persistent objector" wird ein Staat bezeichnet, der einer im Entstehen begriffenen Regel des Völkergewohnheitsrechts bei jeder Gelegenheit seinen Widerstand entgegensetzt und deutlich macht, dass er sich durch eine solche Regel nicht gebunden fühlen würde[345].
Der Protest stellt einen *actus contrarius* zur Anerkennung dar, kann sowohl ausdrücklich als auch konkludent erklärt werden und unterliegt keinen Formerfordernissen. Wichtig ist nur, dass die protestierende Haltung in irgendeiner Form hervortritt[346].

Der Iran hat zumindest in Zeiten der Sowjetunion nie offiziell gegen irgendwelche einseitigen Akte der Sowjetunion mit Bezug zum Kaspischen Meer protestiert. Entsprechende Aktivitäten, die den Protest des Irans unter Umständen hätten hervorrufen können, gab es insbesondere im Hinblick auf die Offshore-Ausbeutung der unter dem Kaspischen Meer befindlichen Erdölreserven. Eine Artikulation des Protests fand erst nach dem Zerfall der Sowjetunion mit der

---

[344] Vgl.: *von Heinegg*, in: *Ipsen*, Völkerrecht, § 16, Rn. 10f.; *Danilenko*, Law-Making in the International Community, S. 94ff..

[345] Vgl.: *Charney*, The persistent objector rule, S. 2f.; *Danilenko*, Law-Making in the International Community, S. 109.

[346] *Kratzsch*, Rechtsquellen des Völkerrechts, S. 37f..

Entschuldigung statt, dass man es zuvor nicht gewagt hätte, gegen staatliche Akte der militärisch so übermächtigen Sowjetunion zu protestieren[347]. Allerdings erscheint angesichts des Bestreitens jedweder Art von Grenzziehung – ob nun zwischenstaatlich oder administrativ – seitens des Irans die Herausbildung eines partikulären Völkergewohnheitsrechts im Raum des Kaspischen Meeres mehr als fraglich.

Auch aus der sonstigen Praxis des Irans kann nicht auf die Akzeptanz des *uti possidetis* – Prinzips als völkergewohnheitsrechtliche Norm geschlossen werden. Während der Kolonialzeit behielt das damalige Persien und spätere Iran seine Unabhängigkeit, auch wenn es zeitweise in russische und englische Protektorate unterteilt war und vorübergehend Landeinbußen hinnehmen musste. Die in den Verträgen von 1869, 1881 und 1893 festgelegte Grenze zur ehemaligen Sowjetunion wurde im Wesentlichen bis heute nicht angezweifelt[348].

Die Grenze zu Pakistan wurde vertraglich mit dem British Raj ebenfalls in der zweiten Hälfte des 19. Jahrhunderts determiniert und 1905 weiter modifiziert, ohne dass auf irgendwelche kolonialen oder administrativen Grenzen zurückgegriffen worden wäre[349]. Die Grenze mit dem Irak ist umstritten und verläuft seit dem Ende des so genannten ersten Golfkrieges zwischen dem Iran und dem Irak im Jahre 1988 entlang der Grenze am *Shatt al-`Arab*, welche zwischen Großbritannien, Persien, dem Osmanischen Reich und Russland in Verträgen von 1847[350] und 1913 festgelegt worden war[351].

Eine "persistent objector" Position des Irans gegenüber der Herausbildung des *uti possidetis* als Regel des universellen Völkergewohnheitsrechts kann daher nur aus dem auf das Kaspische Meer regional beschränkten Widerstand hergeleitet werden.

(7.2.) Vom partikulären zum universellen Völkergewohnheitsrecht

Wie bereits dargestellt, hat das *uti possidetis*-Prinzip im Zuge der lateinamerikanischen, afrikanischen und asiatischen Dekolonisationsprozesse und der Se-

---

[347] Vgl. dazu Ausführungen unter: 2. Kap., § 4, B., V., 2., d)..

[348] *Lamb*, Asian Frontiers, S. 82; *Naby*, The Iranian Frontier Nationalities, S. 86.

[349] *Lamb*, Asian Frontiers, S. 84.

[350] In den Vertragsverhandlungen spricht sich der russische Vizekanzler Graf Nesselrode ausdrücklich für die Anwendung des uti possidetis-Prinzips aus. (*Kaikobad*, The Shatt-al-Arab Boundary Question, S. 16f., 28).

[351] *Kaikobad*, The Shatt-al-Arab Boundary Question, S. 5ff..

zessionsbestrebungen von Territorialnationen in Osteuropa in den meisten Fällen einen besonderen partikulären völkergewohnheitsrechtlichen Charakter entwickelt.

Vor diesem Hintergrund und unter Berufung auf eine Entscheidung des *IGH* ist teilweise geschlussfolgert worden, dass sich tatsächlich eine allgemein gültige völkergewohnheitsrechtliche *uti possidetis*-Regel herausgebildet habe[352]. In der fraglichen Entscheidung des *IGH* hatte dieser in seiner *Frontier-Dispute*-Entscheidung von 1986 ausgeführt, dass es sich beim *uti possidetis* um ein 'general principle' handeln würde[353].

Auch wenn aus dieser Entscheidung vereinzelt geschlussfolgert worden ist, dass die Entwicklung einer völkergewohnheitsrechtlichen Norm bestätigt worden ist[354], muss zum einen auf die im Hinblick auf das *uti possidetis*-Prinzip inkonsequente Rechtsprechung des *IGH*[355] hingewiesen und zum anderen die ausschließliche *inter partes*-Geltung von *IGH*-Urteilen berücksichtigt werden[356].

Somit ist die Berufung auf das entsprechende *IGH*-Urteil aus dem Jahre 1986 durch die bei der Bestimmung der europäischen Position zur Frage der Beibehaltung der Binnengrenzen federführende *Badinter-Kommission*[357] bei der Postulation der eigenen *opinio iuris* zumindest als zunächst unpräzise anzusehen.

---

[352] So in der Opinion No. 3 der Badinter-Kommission, *EJIL* 3 (1992), S. 185.

[353] *ICJ Rep.* 1986, S. 554, "[...] the principle is not a specific rule which pertains solely to one specific system of international law. It is a general principle, which is logically connected with the phenomenon of the obtaining of independence, wherever it occurs.".

[354] Vgl.: *Mullerson*, The Continuity and Succession of States, S. 486f.; *Koskenniemi/Lehto*, La succession d'états dans l'ex-U.R.S.S., S. 195.

[355] So hat der *IGH* in seinem Urteil zum *Land, Island and Maritime Frontier Dispute* zwischen El Salvador und Honduras, *ICJ Reports* 1992, 351, seine Rechtsprechung zur allgemeinen Gültigkeit des *uti possidetis*-Prinzips nicht fortgesetzt, sondern sich streng an dessen historisch bedingter lateinamerikanischen Geltung orientiert. (vgl. auch: *Kohen*, L'uti possidetis revisité, S. 951, 955).

[356] Die Meinung des *IGH* kann zwar starken Einfluss auf die Bildung einer Rechtsüberzeugung ausüben, eine Gestaltungswirkung im Sinne der Schaffung allgemeiner rechtlicher Bindungen hat sie allerdings nicht.

[357] Diese ist nicht als ein Völkerrechtssubjekt anzusehen, welches durch sein Handeln Beweis für eine Praxis und Rechtsüberzeugung liefern könnte, allerdings stimmten die europäischen Auftragsstaaten ihr Verhalten beim Zerfall der betroffenen Staaten auf die in den Gutachten der Kommission zum Ausdruck gekommenen Rechtsansichten ab. Damit übernahmen sie diese als eigene opinio iuris. (vgl.: *Schweisfurth*, Das Recht der Staatensukzession, S. 218 f).

Angesichts der Anerkennungspraxis bei der Umwandlung der administrativen Grenzen im früheren Jugoslawien, in der Sowjetunion und in der Tschechoslowakei in internationale Grenzen und die diese tragende *opinio iuris* sowohl durch die europäischen Staaten als auch durch die übrigen Mitgliedstaaten der Vereinten Nationen wäre es allerdings durchaus vertretbar, dass sich die zunächst zweifelhafte Position der Badinter-Kommission nachträglich bewahrheitet hat.

Bei der Regelung der *post*-1989er Grenzstreitigkeiten in Osteuropa über die Umwandlung von ehemaligen Binnen- in Staatsgrenzen war auffällig, dass Staaten aller Regionen und sozio-ökonomischen Systeme die Anwendbarkeit des *uti possidetis*-Prinzips anerkannten. Darunter befanden sich auch solche Staaten, die in früheren Jahren der partikulären Geltung des „*uti possidetis* in Fremdherrschaftssituationen" nicht zugestimmt hatten[358]. Angesichts dessen und der Jahrzehnte andauernden Entwicklung, welche das *uti possidetis*-Prinzip als partikuläres Völkergewohnheitsrecht aufweisen kann, wird man auch das Kriterium der ausreichenden Dauer der Übung[359] als erfüllt ansehen können[360].

(7.3.) Zwischenergebnis zu Erstarkung zu universellem Völkergewohnheitsrecht

Folglich kann angenommen werden, dass sich aus dem partikulären *uti possidetis* im engeren Sinne im Gefolge der Ereignisse in Europa der frühen 90er Jahre des 20. Jahrhunderts eine Norm des universellen Völkergewohnheitsrechts mit der Maßgabe entwickelt hat, dass – soweit auf dem Gebiet einer Zentralmacht mehrere Neustaaten als Territorialnation entstehen – ihre gegenseitigen Grenzen entsprechend den zum Zeitpunkt der Unabhängigkeit bestehenden administrativen Grenzen weiter bestehen bleiben.

(8) Anwendbarkeit auf den Südteil des Kaspischen Meeres

Auch wenn damit die Grenzfrage zwischen den ehemaligen Sowjetrepubliken geklärt zu sein scheint, bleibt doch das Dilemma um die Situation des südlichen Teils des Kaspischen Meeres. Sowohl eine partikuläre als auch eine universelle Geltung des *uti possidetis*-Prinzips im engeren Sinne scheitern daran, dass es sich bei den fraglichen administrativen Grenzziehungen zwischen der ehemali-

---

[358] Vgl.: *Simmler*, Das uti possidetis-Prinzip, S. 293.

[359] *Dahm/Delbrück/Wolfram*, Völkerrecht, S. 57, Diese setzen ein „gleichförmiges und allgemein geübtes Herkommen" voraus.

[360] So auch *Simmler*, Das uti possidetis-Prinzip, S. 293.

gen Aserbaidschanischen SSR, der Turkmenischen SSR und dem Iran nicht lediglich um administrative Binnengrenzen handelte, sondern in diesem Falle auch eine Abgrenzung zu einem souveränen Drittstaat bedeutet hätte und somit der Ziehung einer Staatsgrenze gleichgekommen wäre.

Wie bereits zuvor betrachtet, hat ein völkervertraglich bindender Grenzvertrag zur Demarkation einer über das Kaspischen Meer verlaufenden Grenzlinie nie stattgefunden und sind von sowjetischer Seite vorgenommene einseitige administrative Akte vom Iran nie akzeptiert worden.

Da somit das Bestehen anerkannter administrativer Binnengrenzen fraglich ist und diese, soweit sie tatsächlich vorhanden und mangels Protestes anerkannt worden sein sollten, noch dazu gleichzeitig als quasi Staatsgrenze zu einem Drittstaaten fungiert hätten, ist der Anwendungsbereich des *uti possidetis* als universelles Völkergewohnheitsrecht für den südlichen Bereich des Kaspischen Meeres nicht eröffnet.

e) Ergebnis zum Fortbestand der Sektorengrenzen auf Grund des *uti possidetis*-Prinzips

Zusammenfassend kann davon ausgegangen werden, dass sich die nun unabhängigen ehemaligen Sowjetrepubliken grundsätzlich auf das *uti possidetis*-Prinzip hinsichtlich des Fortbestehens der zwischen den ehemaligen Sowjetrepubliken gezogenen administrativen Sektorengrenzen auf dem Kaspischen Meer als Staatsgrenzen berufen können. Dies ergibt sich aus der im letzten Jahrzehnt in Europa sich herausgebildeten gewohnheitsrechtlichen Akzeptanz der partikulären Geltung des „*uti possidetis* in Fremdherrschaftssituationen". Mit der Herausbildung von neuen Territorialnationen am Kaspischen Meer nach dem Zerfall der Sowjetunion ist einem dafür wesentlichen Erfordernis Rechnung getragen.
Angesichts der Besonderheit, dass es sich hier im Wesentlichen um maritime Grenzen handeln würde, sei außerdem auf die afrikanische Praxis der Anerkennung von zur Kolonialzeit gezogenen *de facto*-Grenzlinien auf internationalen Seen im Wege des *uti possidetis*-Prinzips verwiesen.

Da der Iran von der Festlegung dieser Sektorengrenzen im südlichen Teil des Kaspischen Meeres völkerrechtlich überhaupt nicht betroffen sein konnte und – wie bereits weiter oben untersucht – die „*Astara-Gassan-Kuly*"-Linie nie offiziell als Staatsgrenze anerkannt hat, kann die Geltung des *uti possidetis*-Prinzips allerdings nicht gegenüber dem Iran geltend machen werden.

Darüber hinaus erscheint der Wille zu einer exakten Übertragung der administrativen Grenzen auch zwischen den übrigen Anrainerstaaten nicht besonders ausgeprägt. Insbesondere Turkmenistans Vorstellungen vom Verlauf einer zukünftigen maritimen Grenzlinie zu Aserbaidschan unterscheiden sich erheblich von den Festlegungen der administrativen Sektorengrenzen.
Das *uti possidetis*-Prinzip sollte daher eher als ein Indiz für eine grundsätzliche Teilung des Kaspischen Meeres zwischen den ehemaligen kaspischen Sowjetrepubliken entlang einer modifizierten Mittellinie angesehen werden.

4. Ergebnis zu *de facto*-Vereinbarungen

Es kann zusammenfassend festgestellt werden, dass zwischen den Anrainerstaaten des Kaspischen Meeres weder vertragliche noch *de facto*-vertragliche Rechtsgrundlagen als Anhaltspunkt für eine explizite Aufteilung der Hoheitsrechte auf dem Kaspischen Meer bzw. Nutzungsbefugnisse hinsichtlich der Ausbeutung der unter diesem befindlichen Naturressourcen zur Verfügung stehen.

Der sich aus dem Wortlaut der Vertragstexte möglicherweise ergebende kondominiale Charakter des Kaspischen Meeres ist – den Erfordernissen der Rechtsprechung des *IGH* entsprechend – nicht in ausreichendem Maße vertraglich definiert und im Übrigen insbesondere durch das Verhalten der Sowjetunion negiert worden. Deren militärische Präsenz und wirtschaftliche Aktivitäten im nördlich der „*Astara-Gassan-Kuly*"-Linie gelegenen Teil des Kaspischen Meeres, ohne den Iran zuvor zu konsultieren, und ein beiderseitiges Nichtüberschreiten eben dieser „Linie" insbesondere mit Kriegsschiffen legen die Vermutung für eine in Wirklichkeit beiderseitig anerkannte *de facto*-Grenzlinie nahe. Sowohl die historischen und militärischen als auch die vertraglichen Realitäten beließen das Kaspische Meer als ein sowjetisches *mare clausum*, in welchem dem Iran weder die Stationierung eigener noch fremder Streitkräfte gestattet war.

Auch wenn die „*Astara-Gassan-Kuly*"-Linie von iranischer Seite nach deren Bekunden nie offiziell als Staatsgrenze anerkannt worden ist, so haftet dem jahrzehntelangen Schweigen des Irans eine völkerrechtliche Beachtlichkeit in dem Sinne an, dass dieser die konsequente Ausübung eines erforderlichen *persistent objector*-Verhaltens nicht im erforderlichen Umfang ausgeübt hat.

Der Iran konnte in Wirklichkeit zufrieden sein, dass ihm wenigstens im südlich der „*Astara-Gassan-Kuly*"-Linie gelegenen Teil seitens der Sowjetunion gestattet war, seine hoheitlichen Rechte in beschränktem Umfang auszuüben. In Anbetracht dessen erscheinen heutige kondominiale Forderungen des Irans umso unangemessener und weder durch vertragliche noch faktische Realitäten untermauert.

Die Berufung des Irans auf den verwendeten Terminus „sowjetisch-iranisches Meer" im Rahmen des erwähnten sowjetisch-iranischen Notenwechsels von 1921 als Hauptindiz für den damit zugewiesenen kondominialen Status des Kaspischen Meeres entspricht weder den historischen noch den vertraglichen Realitäten seiner Zeit.

Schließlich können sich die neuentstandenen unabhängigen kaspischen Staaten entsprechend dem *uti-possidetis*-Prinzip zumindest untereinander auf den Fortbestand der zu Sowjetzeiten festgelegten administrativen Grenzen auf dem Kaspischen Meer berufen.

Da die Ausbeutung der Naturressourcen in der Sowjetunion nicht von den einzelnen Sowjetrepubliken bestimmt werden konnte, sondern in der alleinigen Kompetenz eines Allunions-Ministeriums – dem sowjetischen Ölministerium – lag, darf der Festlegung der administrativen Sektorengrenzen in den Jahren 1935 und 1970 trotzdem keine allzu große Bedeutung im Hinblick auf die Präzision der Sektorengrenzen beigemessen werden.
Diese sind, gemessen an internationalen Standards für die Bestimmung maritimer Grenzen, relativ willkürlich gezogen worden. Daher sollte man sie lediglich als Indiz für eine grundsätzlich gewollte Teilung des Kaspischen Meeres ansehen.

Dem Iran gegenüber kann der Fortbestand dieser administrativen Grenzen im Wege des *uti-possidetis*-Prinzips jedenfalls nicht vorgehalten werden.

Unabhängig von den zuvor aufgezeigten Ergebnissen existieren – wenn auch in ihrer Regelungstiefe den heutigen Erfordernissen nicht genügende – immer noch zwischenstaatliche vertragliche Vereinbarungen zwischen den ehemaligen alleinigen Anrainerstaaten – dem Iran und der Sowjetunion. Auch wenn sich daraus nicht direkt vertragliche bzw. *de facto*-vertragliche Hoheitsbefugnisse und Grenzregime für das Kaspische Meer ergeben, so enthalten sie doch Rechte und Verpflichtungen bezüglich gewisser Nutzungsrechte, an die die Vertragsparteien bis heute gebunden sind.

Bis zur Kündigung der Verträge durch alle Parteien oder der Schaffung neuer, die alten Verträge ersetzender, Verträge sind zumindest diese beiden Staaten noch an das sich daraus ergebende Regime des Kaspischen Meeres mit all seinen Unklarheiten und Regelungslücken gebunden. Versuche, diese Lücken durch einseitige Akte zu füllen, könnten sich als unwirksam erweisen.

Als problematisch dürfte sich allerdings die Bindungswirkung der Verträge gegenüber den neuentstandenen Staaten Aserbaidschan, Kasachstan, Russland und Turkmenistan erweisen. Im nachfolgenden Abschnitt soll untersucht werden, in wie weit diese nach dem Zerfall der Sowjetunion an die sich aus den Verträgen ergebenden Rechte und Pflichten überhaupt gebunden sind.

III. Auseinanderfallen der UdSSR und Staatennachfolge in Verträge

Im Rahmen der Analyse und Auslegung von bereits zwischen der UdSSR und dem Iran geschlossenen Verträgen, deren Regelungen möglicherweise Aufschluss über den rechtlichen Status des Kaspischen Meeres geben, sind auch die mit dem Auseinanderfallen der UdSSR verbundenen Problematiken zu berücksichtigen.

Grundsätzlich stellt sich beim Auseinanderfallen eines Staates in mehrere Teilgebiete die Frage, ob die Völkerrechtspersönlichkeit durch ein Teilgebiet fortgesetzt wird, während sich die übrigen Teilgebiete durch Sezession abgespalten, oder ob sich infolge einer totalen Dismembration des Vorgängerstaates nur neue unabhängige Staaten gebildet haben. Nur im Verhältnis zu dem subjektidentischen Staat würde eine Fortsetzung der vertraglichen Verpflichtungen als unproblematisch erscheinen.
Anders als bei einer Dismembration ist die Staatenpraxis für den Fall der Separation von Teilgebieten alles andere als eindeutig. Es ist noch überaus umstritten, ob das in Artikel 34 *WKSV* für beide Fälle kodifizierte Prinzip der Universalsukzession in die Verträge des Vorgängerstaates tatsächlich geltendes Völkergewohnheitsrecht widerspiegelt oder sich die Nachfolgestaaten auf das "*clean slate*"-*Prinzip* berufen können[361].

Die Situation könnte sich anders gestalten, wenn zwischen der UdSSR und dem Iran hinsichtlich der Rechtsverhältnisse auf dem Kaspischen Meer Grenzverträge oder gebietsbezogene so genannte „radizierte" vertragliche Bestimmungen getroffen worden wären. Eine breite Staatenpraxis hat diesbezüglich seine Ko-

---

[361] Dazu ausführlich unter: 2. Kap., § 4, B., III., 5..

difikation in den Artikeln 11 und 12 *WKSV* gefunden, wonach solche Regime von einer Sezession nicht beeinflusst werden würden[362].

Letztendlich könnte die Beantwortung der Frage, ob die kaspischen ehemaligen Sowjetrepubliken an eventuelle Verträge bezüglich des Kaspischen Meeres noch gebunden sind, noch dadurch beeinflusst werden, ob man diese als *newly independent states* im Sinne des Artikels 2 Abs.1 lit. (f) *WKSV* einstufen muss. Sie wären dann entsprechend dem im Artikel 16 *WKSV* kodifizierten *tabula rasa*-Prinzip von allen durch eine Kolonialmacht aufgezwungenen, ihr Staatsgebiet betreffenden, vertraglichen Bindungen befreit.

Vergleichbar mit den im Zusammenhang mit dem revolutionären Umsturz Russlands durch die Oktoberrevolution im Jahre 1917 in Erscheinung getretenen völkerrechtlichen Problematiken der Staatensukzession und der Nachfolge der Sowjetunion in die vertraglichen Verpflichtungen des zaristischen Russlands[363], stellte sich mit der Auflösung des Vielvölkerstaates UdSSR und der nachfolgenden Gründung der GUS am 21. Dezember 1991 von Neuem die Sukzessionsproblematik hinsichtlich der Wirksamkeit multilateraler und bilateraler Verträge zwischen der Sowjetunion und Drittstaaten im Verhältnis zu den neuen unabhängigen Staaten der ehemaligen Sowjetunion.

Ob und in welchem Umfang vertraglich festgelegte Rechte und Pflichten des Vorgängerstaates auf den oder die Gebietsnachfolger übergehen, ist sowohl auf zwischenstaatlicher Ebene als auch in der Völkerrechtsliteratur Gegenstand einer kontroversen Diskussion.

1. In Artikel 34 *WKSV* kodifiziertes Grundprinzip der Universalsukzession

Während die 1969er *WVK* noch ausdrücklich solche Fragen unberührt ließ, die sich aus der Nachfolge von Staaten[364] ergeben könnten[365], finden sich diesbezügliche, in der Staatenpraxis herausgebildete und teilweise von der *ILC* weiterentwickelte Regeln, kodifiziert im *WKSV* von 1978 wieder. Es muss jedoch darauf hingewiesen werden, dass, obgleich die *WKSV* am 6. November 1996 in Kraft getreten ist, es als fraglich angesehen wird, ob sie allen Problematiken

[362] Vgl. *Zimmermann*, Staatennachfolge, S. 823ff., 860ff..
[363] Siehe dazu Ausführungen unter: 2. Kap., § 4, B., V., 1., c) bb).
[364] Unter Staatennachfolge definiert Artikel 2 Abs.1 lit. (b) *WKSV* "the replacement of one State by another in the responsibility for the international relations of territory".
[365] Artikel 73 *WVK*; Artikel 74 Abs. 1 WVKIO (*ILM* 1986, 543).

gerecht wird und tatsächlich allgemein anerkanntes Völkergewohnheitsrecht widerspiegelt. Bisher wurde sie nur von einer sehr geringen Anzahl von Staaten unterzeichnet bzw. ratifiziert, darunter im Wesentlichen ehemalige Kolonialstaaten und einige Staaten Ost- und Südosteuropas[366]. Von den Staaten der ehemaligen Sowjetunion sind bisher bis auf die Ukraine[367] weder Russland noch sonstige Staaten dem Abkommen beigetreten. Die Konvention hatte überdies in der Vergangenheit kaum Einfluss auf die Staatenpraxis.

Auf die hier zu untersuchende Situation nach dem Zerfall der UdSSR ist zunächst die in Artikel 34 *WKSV* enthaltene Grundregel relevant, die besagt, dass im Falle der Abtrennung eines Staatenteils, unabhängig davon, ob der Vorgängerstaat - wenn auch geographisch verändert - weiter besteht oder nicht, grundsätzlich alle vertraglichen Bindungen des Vorgängerstaates automatisch auf die Nachfolgestaaten übergehen.

Hinsichtlich der völkergewohnheitsrechtlichen Akzeptanz dieser Bestimmung hält die darin erfolgte Gleichstellung von Dismembration und Separation einer Analyse der Staatenpraxis nach allgemeiner Ansicht nicht stand. Während für den Fall der Dismembration die in Artikel 34 enthaltene Regelungsstruktur durchaus als geltendes Völkergewohnheitsrecht angesehen wird[368], soll dies nicht für die Separation gelten[369]. Hier scheint sich in der relevanten Staatenpraxis erst allmählich das Prinzip der Universalsukzession gegen die zumindest bis 1978 vorherrschende "*clean slate*"-Regel durchzusetzen[370].
Für den Fall der Separation wird vielmehr vertreten, dass das Schicksal von Verträgen der Vorgängerstaaten weder nach dem strengen Kontinuitäts- noch nach dem "*clean slate*"-Prinzip bestimmt werden soll, sondern in jedem Einzelfall eine Auslegung des betreffenden Vertrages stattfinden soll, ob eine Fortführung desselben durch den oder die Nachfolgerstaaten zumutbar und mit Sinn und Zweck vereinbar ist[371].

Die Bedeutung dieses „Identitäts“ – Streits liegt in seinen Auswirkungen darauf, in wie weit die ehemaligen kaspischen Sowjetrepubliken auch als Nachfolge-

---

366 Mit Stand vom 15. November 1999 waren 17 Staaten Vertragsparteien und 15 Unterzeichnerstaaten registriert. (*Zimmermann*, Staatennachfolge, S. 864).
367 Beigetreten am 26. Oktober 1992 (*Zimmermann*, Staatennachfolge, S. 865).
368 So *Zimmermann*, Staatennachfolge, S. 825, 831f..
369 Vgl.: *Zimmermann*, Staatennachfolge, S. 146ff., 225ff., 303ff., 367.
370 Vgl.: *Zimmermann*, Staatennachfolge, S. 832.
371 Vgl. Dazu auch *von Heinegg*, in: *Ipsen*, Völkerrecht, S. 129.

staaten in die Verantwortung für die vertraglichen Verpflichtungen der UdSSR genommen werden bzw. an alte „russisch-sowjetische“ Verträge gebunden sind.

Sollte Russland tatsächlich ein so genannter „Fortsetzerstaat“ der ehemaligen UdSSR sein, so wäre zumindest dessen Bindung an zu Sowjetzeiten und davor eingegangene völkerrechtliche Verbindlichkeiten des zaristischen Russlands unstreitig gegeben. Andererseits könnten sich dann die übrigen ehemaligen Sowjetrepubliken, also auch Aserbaidschan, Kasachstan und Turkmenistan auf das Nichteingreifen der Universalsukzession in völkervertragliche Verpflichtungen berufen.

Insbesondere gilt dies, wenn man sie als so genannte "newly independent states" im Sinne des Artikels 16 *WKSV*, die aus einem Separationsprozess entstandenen sind, ansehen würde und diese sich dann möglicherweise entsprechend der "*clean slate*"-Regel von allen vorherigen vertraglichen Verpflichtungen freisagen könnten[372].

2. Problem der Staatensukzession der UdSSR

Im Folgenden soll daher analysiert werden, ob das Völkerrechtssubjekt UdSSR durch Dismembration untergegangen ist oder ob die RSFSR als "Rumpfstaat" der UdSSR in der neu gegründeten Russischen Föderation fortbesteht und sich die übrigen ehemaligen Unionsrepubliken lediglich im Wege der Sezession davon abgespalten haben.

Betrachtet man die Ereignisse um die Auflösung der Sowjetunion im Dezember 1991, so ist zunächst festzustellen, dass das Ende des Völkerrechtssubjektes UdSSR nicht mit der Gründung der Gemeinschaft Unabhängiger Staaten (GUS) durch die RSFSR, Weißrussland und die Ukraine am 8. Dezember 1991 in Minsk, sondern erst mit der Erklärung von Alma-Ata vom 21. Dezember 1991 erfolgte, die bis auf Georgien durch alle anderen ehemaligen Sowjetrepubliken unterzeichnet wurde. Denn nach dem Minsker Abkommen war von den nicht eingeladenen nichtslawischen Unionsrepubliken deutlich gemacht worden, dass über das Ende der UdSSR nur gemeinsam entschieden werden könne[373]. Zudem

---

[372] Artikel 16 *WKSV*: "A newly independent State is not bound to maintain in force, or to become a party to, any treaty by reason only the fact that at the date of the succession of States the treaty was in force in respect of the territory to which the succession of States relates."

[373] Vgl. Interview des kasachischen Präsidenten *Nazarbajew* in der *Izvestija* vom 10. Dezember 1991.

wäre sonst der Austritt Russlands aus der UdSSR am 12. Dezember 1991[374] nicht mehr erforderlich gewesen, wenn die UdSSR mit Gründung der GUS als beendet angesehen worden wäre.

Die sich in beiden Deklarationen wieder findende Erklärung, dass mit der Bildung der GUS die Existenz der UdSSR als beendet angesehen wird[375], lässt die Auflösung der UdSSR als einen klassischen Fall des Untergangs eines Staates[376] und Völkerrechtssubjekts durch Dismembration[377] erscheinen. Somit lässt sich die Deklaration von Alma-Ata vom 21. Dezember 1991 als *actus contrarius* hinsichtlich der Deklaration und dem Vertrag über die Gründung der UdSSR vom 30. Dezember 1922 qualifizieren, in deren Folge alle ehemaligen Sowjetrepubliken den Status völkerrechtsunmittelbarer Staaten erhielten[378].

Ob die Sowjetunion als einheitliches Völkerrechtssubjekt tatsächlich durch Dismembration untergegangen ist oder die Russische Föderation nunmehr subjektidentisch ist, ist in der völkerrechtlichen Literatur allerdings kontrovers beantwortet worden.

a) Russland als „Rumpfstaat" der UdSSR

In der Völkerrechtslehre wird teilweise die Ansicht vertreten, dass Russland mit der UdSSR identisch sei[379].
Überblicksmäßig seien zunächst die wesentlichen Eckpfeiler erwähnt, auf die die Vertreter dieser Identitätstheorie ihre Argumentation stützen: Die Selbstbe-

---

374 Vgl. Beschluss des Obersten Sowjets der RSFSR vom 12.12.1991 in: *Vedomosti RSFSR* 1991 Nr. 51, Pos. 1799.

375 *Rossijskaja gazeta* vom 10.12.1991 und 24.12.1991; deutsche Fassung bei: *Frenzke*, Dokumente, S. 125ff..

376 Der Verfasser geht davon aus, dass es sich bei der UdSSR - trotz eines in der Verfassung festgeschriebenen Sezessionsrechts - effektiv gesehen um keinen Staatenbund gehandelt hat.

377 *Seiffert*, Von der UdSSR zur GUS, S. 88.

378 Diese Auffassung ließe sich u.a. dadurch stützen, dass entsprechend einem Protokoll der Präsidenten der GUS-Staaten vom 14. Februar 1992 „alle ehemaligen Sowjetrepubliken als Nachfolger der UdSSR" gelten (*Süddeutsche Zeitung* vom 17. 2. 1992) bzw. in dem Beschluss des Rates der Staatsoberhäupter der Teilnehmerstaaten der GUS über Fragen der Rechtsnachfolge vom 20.3.1992 festgestellt wurde, dass „alle Teilnehmerstaaten der GUS Rechtsnachfolger in die Rechte und Pflichten der ehemaligen UdSSR" seien (*Rossijskaja gazeta* vom 25. März 1992; deutsche Fassung abgedruckt bei: *Frenzke*, Dokumente, S. 134f.).

379 Vertreter der Identitätstheorie sind u.a.: *Zimmermann*, Staatennachfolge, S. 85ff.; *Mullerson*, The Continuity and Succession of States, S. 473 ff.; *Koskenniemi/Lehto*, Succession, S. 179, 189f.; *Lukasuk*, Russland als Rechtsnachfolger, S. 239ff..

zeichnung Russlands als „Fortsetzerstaat", die scheinbare Bereitschaft anderer Staaten, Russland als einen solchen anzuerkennen[380], die problemlose Übernahme des sowjetischen Sitzes im Sicherheitsrat durch Russland, die Übernahme der Auslandsvertretungen der UdSSR durch Russland, der Mangel einer förmlichen Anerkennung Russlands durch die EG-Staaten und schließlich das Nichtvorliegen einer Unabhängigkeitserklärung durch Russland.

Um diese Position stärker zu untermauern, werden folgende weitere Fakten angeführt: Die Russische Föderation macht sowohl in territorialer Hinsicht als auch hinsichtlich der Bevölkerungszahl den bei weitem größten Teil der ehemaligen UdSSR aus[381].

Des Weiteren werden solche Faktoren, wie die erheblichere wirtschaftliche und militärische Bedeutung des Gebiets der ehemaligen RSFSR herangezogen[382]. Hervorgehoben wird auch, dass sich die UdSSR in einer ungebrochenen Identitätskette über den Umweg der Herausbildung der RSFSR aus dem zaristischen Russland entwickelt hat, mithin das Gebiet der Russischen Föderation den historischen Kern der ehemaligen UdSSR bilden würde[383].

Die an sich eindeutige Erklärung von Alma-Ata seitens der meisten ehemaligen Sowjetrepubliken, dass mit der Bildung der GUS die UdSSR ihre Existenz beendet habe, wird von den Vertretern der „Kontinuitätstheorie" so ausgelegt, dass damit lediglich festgestellt werden sollte, dass der Staat mit der territorialen Erstreckung der UdSSR nicht mehr fortbestehe, ohne aber zugleich zwangsläufig auszuschließen, dass eine Republik - bezogen auf ihr Gebiet - die Identität der UdSSR fortsetzen könne[384]. Sie sind der Ansicht, dass dies in Anbetracht des Umstandes, dass zeitgleich die Staatsoberhäupter der GUS-Staaten für das ehemalige Teilgebiet der RSFSR einen besonderen Status in dem Sinne be-

---

380 So in Brief der BRD an *El'cin* vom 26. 12. 1991, „[...] Russland die Existenz der Sowjetunion als Staat "fortsetzt" [...]", *Frankfurter Allgemeine Zeitung* vom 3. Februar 1992.

381 *Saxer*, Transformation of the Soviet Union, S. 691; zur Bedeutung dieses Kriteriums vgl.: *Mullerson*, The Continuity and Succession of States, S. 476.

382 *Koskenniemi/Lehto*, La succession d'états dans l'ex-U.R.S.S., S. 189; *Williamson/Osborne*, U.S. perspective, S. 296.

383 Siehe so z.B. *Mullerson*, The Continuity and Succession of States, S. 303; *Saxer*, Transformation of the Soviet Union, S. 691; a.A. allerdings *Schweisfurth*, der lediglich Identität zwischen dem Russischen Reich und der UdSSR annimmt. (vgl.: *Schweisfurth*, Vom Einheitsstaat zum Staatenbund, S. 545f.).

384 *Zimmermann*, Staatennachfolge, S. 88.

schlossen haben, dass die Russische Föderation die sowjetische Mitgliedschaft in den Vereinten Nationen fortführen solle, um so klarer sein müsse[385].

Schließlich wird aus dem Umstand, dass die früheren Sowjetrepubliken Unabhängigkeitserklärungen abgegeben haben, geschlussfolgert, dass sie damit ihre Unabhängigkeit von der fortbestehenden UdSSR erlangen wollten[386]. Dieses Argument sei vor allem dadurch erhärtet, dass lediglich die RSFSR keine Unabhängigkeitserklärung abgegeben habe[387].

In dem Bewusstsein einer sehr ambivalenten Praxis der GUS Mitgliedstaaten hinsichtlich gewisser Identitätsverlautbarungen[388] wird zudem die fast durchgängige Verwendung des Terminus „Fortsetzerstaat der UdSSR" seitens der Russischen Föderation angeführt. Diese Formulierung sei bewusst als Gegensatz zur ebenfalls denkbaren Bezeichnung *Nachfolgestaat* gewählt worden[389]. Dieses Identitätsverständnis sei sowohl in einer Reihe außenpolitischer Erklärungen der Russischen Föderation, als auch ausdrücklich in zahlreichen bilateralen Abkommen mit Drittstaaten verwendet worden[390]. Außerdem sei der besondere Status der Russischen Föderation durch den Umstand verdeutlicht wor-

---

[385] Die von *Schweisfurth* vertretene Ansicht, dass sich durch spätere Übung die Regel herausgebildet habe, dass im Falle einer Dismembration eines ständigen Sicherheitsratsmitglieds einer der Nachfolgestaaten im Wege der Staatensukzession dessen Mitgliedschaft in den VN und dem Sicherheitsrat einnehme, wird entgegen gehalten, dass man eine solche Praxis bei der Entscheidungsfindung am 21. Dezember 1991 noch nicht voraussehen konnte. (vgl.: *Zimmermann*, Staatennachfolge, S. 89, Fn. 316).

[386] Obwohl der Gegenmeinung (vgl.: *Schweisfurth*, Auflösung der UdSSR, S. 173) zugestanden wird, dass die Abgabe einer solchen Unabhängigkeitserklärung für sich alleine schon unter Effektivitätsgesichtspunkten nicht den Eintritt des Sukzessionsfalls in Form der Separation bewirken konnte (vgl.: *Zimmermann*, Staatennachfolge, S. 89).

[387] Vgl.: *Bothe/Schmidt*, Questions de succession, S. 824 ; *Antonowicz*, Disintegration of the USSR, S. 9.

[388] So wird in Ziff. 1 eines Beschlusses der Staatschefs der GUS-Staaten vom 25. März 1992 (deutscher Text in: Osteuropa Recht 1992, S. 134f.) erklärt, dass „[a]lle Teilnehmerstaaten der GUS [...] Rechtsnachfolger in die Rechte und Pflichten der ehemaligen Union der SSR [sind]", während zum Beispiel im GUS *Memorandum of Understanding* vom 6. Juli 1992 von einer bloßen Teilnahme der Staaten an multilateralen Verträgen gesprochen worden ist.

[389] Dies gehe aus einer Erklärung des russischen Außenministers *Kosyrew* im Jahre 1992 hervor, welcher erklärte, dass „[...] Nachfolger alle Staaten sind, die sich anstelle der früheren Union gebildet haben. [...] Aber Fortsetzerstaat bedeutet, dass auf Russland der Verbindungsfaden mit der Außenwelt übergegangen ist. [...]" (*Rossjiskaja Gazeta*, 21. Januar 1992, deutsche Übersetzung bei: *Schweisfurth*, Staatensukzession, S. 67).

[390] Ausführlich dazu: *Zimmermann*, Staatennachfolge, S. 92ff..

den, dass sie – anders als die anderen ehemaligen Sowjetrepubliken – von den Mitgliedsstaaten der Europäischen Union bis heute nicht formell als Neustaat anerkannt worden ist[391].

Letztendlich wird von den Befürwortern der „Identitätstheorie“ angeführt, dass nur Russland in einigen internationalen Verträgen[392] den privilegierten, an die Völkerrechtssubjektivität der UdSSR anknüpfenden Status der UdSSR fortführt, während die anderen Nachfolgestaaten lediglich als neue Vertragsparteien beitreten konnten[393].

b) Untergang durch Dismembration

Der dogmatisch schlüssigere Ansatz findet sich in der Qualifizierung des vollständigen Zerfalls der UdSSR im Wege der Dismembration, ohne dass die Russische Föderation als mit der UdSSR identisches Subjekt angesehen werden darf[394].

Die Übernahme der russischen Sebstbezeichnung „*prodolschatjel'*“ durch den damaligen deutschen Bundespräsidenten[395] und Frankreich[396] - getätigt in der Annahme, dass Russland damit ausdrücken wolle, dass das Völkerrechtssubjekt UdSSR fortgesetzt werden würde - ist eine Verkennung der russischen Rechtsterminologie für „Fortsetzerstaat“. Die damals gewählte Bezeichnung „*prodolschatjel'*“ sei laut dem damaligen russischen Außenminister *A. Kozyrew* eigens für die besondere Situation Russlands erfunden worden. Sie ist in erster Linie politisch zu bewerten und als Hinweis auf Russlands Anspruch zu verstehen, innerhalb einer historischen Kontinuität als Großmacht das ansonsten entstehende weltpolitische Vakuum auszufüllen[397]. Bei der Bezeichnung „*prodolschatjel'*“ handelt es sich im Gegensatz zum Wort „*pravopreemnik*“, welches

---

391 *Zimmermann*, Staatennachfolge, S. 95.
392 So zum Beispiel der Antarktisvertrag und der Nichtverbreitungsvertrag.
393 *Zimmermann*, Staatennachfolge, S. 97.
394 So auch: *Blum*, Russia takes over the Soviet Union's Seat, S. 361; *Seiffert*, Von der UdSSR zur GUS, S. 88; *Schweisfurth*, Vom Einheitsstaat zum Staatenbund, S. 636ff., 669ff.; *Saxer*, Transformation of the Soviet Union, S. 708.
395 In einem Schreiben vom 23. Dezember 1991 an den russischen Präsidenten.
396 In der Präambel des russisch-französischen Vertrags vom 7. Februar 1992.
397 Vgl. Interview mit dem russischem Außenminister *Kozyrews* in der *Rossijskaja Gazeta* vom 21. Januar 1992.

mit Rechtsnachfolger übersetzt wird, um keinen juristischen *terminus technicus*[398].

Auch in einem späteren Interview stellte *Kozyrew* nochmals klar, dass die Bezeichnung „Fortsetzerstaat“ nicht mit Rechtsnachfolgestaat gleichgesetzt werden soll, sondern „Nachfolger alle Staaten seien, die sich anstelle der früheren Union gebildet hatten.“ Neben der Fortführung der historischen Kontinuität als Großmacht wollte sich Russland als Kontinuitätsgarant bezüglich der Vielzahl an völkerrechtlichen Rechten und Pflichten der untergegangenen UdSSR verstanden wissen[399].

Auch wenn einige Staaten teilweise voreilig oder in fälschlicher Interpretation der verwendeten Bezeichnung „Fortsetzerstaat“ glaubten, darin den Anspruch Russlands als subjektidentischer Nachfolger Russlands zu erkennen und dies postwendend begrüßten, so bedurfte die Situation spätestens nach den Äußerungen *Kozyrews* keiner weiteren Erklärung; die Selbstbezeichnung als „Fortsetzerstaat“ wollte Russland nicht als Ausdruck des Willens zur Staatskontinuität verstanden wissen[400]. Allerdings ist dadurch die Absicht Russlands klar geworden, den völkervertraglichen Verpflichtungen der UdSSR als Stabilitätsgarant nachzukommen.

Ausdrücklich erwähnt findet sich die Möglichkeit solch einseitiger Erklärungen, durch die die Staaten ihre Bindung an völkerrechtliche Verträge begründet wissen wollen, in Artikel 9 Abs. 1 *WKSV*. Im Übrigen ist dies auch völkergewohnheitsrechtlich anerkannt[401]. Artikel 9 Abs. 1 stellt außerdem klar, dass solche einseitigen Erklärungen nicht zu einer automatischen Bindung anderer Nachfolgestaaten oder anderer Vertragsparteien führen.

Schließlich ist auf einem Treffen der Staatschefs der GUS am 20. März 1992 noch einmal erklärt worden, dass „alle Teilnehmerstaaten der GUS auch Rechtsnachfolger der UdSSR“ sind. Der Anspruch Russlands auf alleinige „natürliche“ Rechtsnachfolge wurde zurückgewiesen[402].

---

398 Vgl. *Avakov*, Kurs Mezdunarodnogo prava, Bd.3, Kap. 4.

399 Interview des russischen Außenministers *Kozyrew* mit der *Rossijskaja Gazeta* vom 21. April 1992.

400 So auch *Schweisfurth*, Vom Einheitsstaat zum Staatenbund, S. 691.

401 *Saxer*, Transformation of the Soviet Union, S. 709.

402 Diplomatitschesky Vestnik 1992, Nr. 7, S. 11.

Dem seitens der Vertreter der „Identitätstherorie“ vorgebrachte Mangel an förmlicher Anerkennung Russlands durch Drittstaaten, insbesondere durch die Staaten der EU, kann entgegengehalten werden, dass bereits bis zum 27. Januar 1992 die Russische Föderation offiziell von 131 Ländern anerkannt worden war[403].

Auch wenn in der Erklärung der Europäischen Gemeinschaft vom 23. Dezember 1991[404] das Wort *Anerkennung* nicht auftaucht, lässt sich in Bezeichnungen, wie „ehemalige UdSSR“ oder „Übernahme“ der Verpflichtungen der UdSSR, eine diskontinuitive Betrachtungsweise in Hinblick auf die UdSSR ausmachen. Auch durch die Aufnahme diplomatischer Beziehungen zu Russland ist es seitens der EG-Staaten inzident als unabhängiger Staat anerkannt worden[405].

Schließlich lässt sich in den Äußerungen der Vereinigten Staaten, die in einem Schreiben des damaligen US-Präsidenten *Bush*[406] ein „freies, unabhängiges und demokratisches Russland“ willkommen hießen, eine Anerkennung des *Staates* Russland sehen.

Das scheinbare Fehlen einer eindeutigen Unabhängigkeitserklärung Russlands hat sich durch seine einseitige, am 12. Dezember 1991 erfolgte Kündigung des Unionsvertrags vom 30. Dezember 1922, mit dem Russland den Status der Völkerrechtsunmittelbarkeit erreichte, erledigt.

Hinsichtlich des relativ problemlosen Einrückens Russlands in die UN-Mitgliedschaftspositionen der UdSSR stellt sich durchaus die Frage, wie sich dies mit der Diskontinuität des Staates Sowjetunion in Einklang bringen lässt, da mit der Dismembration eines Staates dessen Mitgliedschaft in internationalen Organisationen vakant wird. Es sollte entweder die Fortgeltung des Gründungsvertrages der Organisation für alle Nachfolgestaaten angenommen werden oder sie treten alle dem Gründungsvertrag bei[407]. Im Falle der GUS-Staaten hat es sich wohl um eine Kombination dieser Regel gehandelt, da allein für Russland die Gründungsverträge fortgelten und die übrigen Staaten nur förmlich beigetreten sind. Dies hatte wiederum nichts mit einer Identität zwischen Russland und

---

[403] Diplomatitschesky Vestnik 1992, Nr. 3, S. 30.
[404] Bulletin des Presse- und Informationsamtes der Bundesregierung vom 9. Januar 1992, S.18.
[405] *Schweisfurth*, Auflösung der UdSSR, S. 106.
[406] Vom 25. Dezember 1991, Dispatch, US Department of State 1991, S. 911.
[407] *Schweisfurth*, Auflösung der UdSSR, S. 118.

der UdSSR zu tun, sondern erfolgte lediglich auf Grund des ausdrücklichen Wunsches aller GUS-Staaten[408] und auf Grund des Einverständnisses der Mitgliedstaaten der Vereinten Nationen[409].
Wie *Schweisfurth*[410] zutreffend ausführt, hat Russland seine Rechtssubjektivität, die nicht identisch mit der UdSSR ist, nie verloren, sondern ist mit dem vor der Gründung der UdSSR im Jahre 1922 bestandenen Russischen Reichs identisch. Denn damals sind die anderen Sowjetrepubliken nicht der RSFSR beigetreten, sondern sie haben sich in einem neuen Völkerrechtssubjekt - der UdSSR - vereinigt.

c) Zwischenergebnis zur Staatensukzession der UdSSR

Die UdSSR ist demnach vollständig im Wege der Dismembration zerfallen, womit Russland als „Rumpfstaat" nicht fortbesteht, sondern alle neuentstandenen Staaten Nachfolgestaaten der UdSSR sind. Der Anwendbarkeit des in Artikel 34 *WKSV* niedergelegten Prinzips der Universalsukzession in alte Verträge steht mithin nichts mehr im Wege.

3. Position der GUS-Staaten hinsichtlich der Rechtsnachfolge in Verträge

Der mangelnde völkergewohnheitsrechtliche Rückhalt für die Bestimmungen des *WKSV* sollte nicht unberücksichtigt gelassen werden.
Neben anderen im Völkergewohnheitsrecht bereits fest verankerten Prinzipien, die den Grundsatz der Universalsukzession unter gewissen Umständen zu neutralisieren wissen, finden sich bereits innerhalb der Struktur sowohl des Artikels 34 als auch der des Artikels 35 *WKSV* - welcher sich mit dem Schicksal von vertraglichen Verpflichtungen von „Fortsetzerstaaten" befasst - Ausnahmen zu diesem Prinzip.

---

[408] Beschluss der Staatschefs der GUS in Alma-Ata vom 21. Dezember 1991, in: *Diplomatitschesky Vestnik* 1992, Nr.1, S. 8.

[409] Laut *Schweisfurth* stellt dies im Vergleich zu früheren Sukzessionsfällen somit eine anerkannte „späte Übung" dar. (vgl.: *Schweisfurth*, Auflösung der UdSSR, S. 119).

[410] *Schweisfurth*, Vom Einheitsstaat zum Staatenbund, S. 670; Vgl. aber a. A., die von einer Identität der UdSSR mit Russland mit der zunächst unwidersprochenen Begründung ausgeht, dass jeder noch so tief greifende Wechsel in der inneren Struktur eines Staates keinen Einfluss auf dessen Völkerrechtspersönlichkeit hat, dann aber anführt, dass die UdSSR die Identität mit Russland nur unter Berufung auf die sozialen Umwälzungen verneint habe, sich aber nie auf den Umstand berufen haben soll, dass es 1922 zur Gründung eines Neustaates gekommen sei. Es solle sich somit vom zaristischen Russland über die RSFSR und die UdSSR bis hin zum jetzigen Russland um ein und dasselbe Völkerrechtsubjekt handeln. (*Zimmermann*, Staatennachfolge, S. 119f.).

Danach wird das Prinzip der Universalsukzession für nicht anwendbar erachtet, wenn die betroffenen Staaten sich anderweitig geeinigt haben. Des Weiteren auch dann, wenn die Anwendung des Vertrages auf die Nachfolgerstaaten mit Sinn und Zweck des Vertrages unvereinbar wäre oder die Bedingungen für dessen Durchsetzung unvorhergesehen radikal verändern würde[411].
Was eine anderweitige Einigung der „betroffenen Staaten" im Sinne des Artikels 34 Abs. 2 (a) *WKSV* betrifft, finden sich im Auflösungsprozess der UdSSR zahlreiche - diese Frage betreffende - Erklärungen seitens der GUS-Staaten.

a) Sowjetisches Sezessionsgesetz vom 3. April 1990

Einen ersten Eindruck über die Einstellung der sowjetischen Seite zur Problematik der Universalsukzession verschafft der in sich widersprüchliche Wortlaut des Artikels 13 des sowjetischen *Sezessionsgesetzes* vom 3. April 1990[412].

Während Artikel 13 S. 2 noch von "[...] the participation of the seceding republic in multilateral treaties [...]" – also einem Beitritt zu alten Verträgen - spricht, geht Artikel 13 S. 3 scheinbar widersprüchlich davon aus, dass sowohl bi- als auch multilaterale Verträge für die Nachfolgestaaten weiter gelten sollen, soweit die Parteien nicht etwas anderes vereinbart haben.

Dieses Gesetz sollte jedoch nie relevant werden, da der Auflösungsprozess der UdSSR im Wesentlichen durch mehrere Einzelakte geprägt war.

b) Minsker Abkommen zur Gründung der GUS

In Artikel 12 des zwischen der Russischen Föderation, Weißrussland und der Ukraine geschlossenen GUS-Gründungsabkommens vom 8. Dezember 1991[413] heißt es hinsichtlich der Übernahme der vertraglichen Verpflichtungen lediglich, dass diese garantiert werden[414]. Der im Wortlaut zum Ausdruck kommende mangelnde Wille einer konstitutiven Verpflichtungsübernahme ließe sich auch dahingehend deuten, dass sie sich nur an diejenigen Abkommen gebunden füh-

---

[411] Artikel 34 Abs. 2 lit. (a), (b) und Artikel 35 lit. (a), (c) *WKSV*.
[412] Gesetz der UdSSR über das Verfahren der Entscheidung von Fragen, die mit dem Austritt einer Unionsrepublik aus der UdSSR verbunden sind, *Ved. SND SSSR* 1990, No. 16, Pos. 252; englische Version in: *Butler*, Basic Documents, S. 57ff..
[413] Englische Übersetzung in: *ILM* 1992, S. 142.
[414] "[...] undertake to discharge the international obligations incumbent on them under treaties and agreements entered into by the former Union of Soviet Socialist Republics."

len wollten, die kraft Völkergewohnheitsrecht ohnehin auf sie übergegangen waren ("incumbent upon them")[415].

c) Erklärung von Alma-Ata vom 21. Dezember 1991

Parallel zu dem am 21. Dezember 1991 verabschiedeten Protokoll zur Erweiterung der GUS mit dem Beitritt der meisten anderen ehemaligen Sowjetrepubliken[416] erfolgte auch eine gemeinsame Erklärung zur Übernahme der vertraglichen Verpflichtungen, die wie folgt lautete:

> "The States [...] guarantee in accordance with their constitutional procedure the discharge of the international obligations deriving from treaties and agreements concluded by the former Union of Soviet Socialist Republics."[417]

Die GUS-Staaten verpflichten sich mithin in dieser als *Alma-Ata-Deklaration* bekannt gewordenen Erklärung lediglich zur Erfüllung der vertraglichen Verpflichtungen in Übereinstimmung mit der jeweiligen verfassungsmäßigen Ordnung der GUS-Staaten. Dies lässt darauf schließen, dass nicht von einer *ipso facto* erfolgenden Universalsukzession in sowjetische Verträge ausgegangen wurde, sondern ein Beitritt jedes einzelnen GUS-Staates erfolgen sollte und an eine Vertragsnachfolge entsprechend einer der in Artikel 14 Abs. 2 *WVK*[418] und Artikel 15 *WVK*[419] aufgeführten speziellen Annahme der Verträge nach den Verfassungsprozeduren der jeweiligen Staaten gedacht war[420].

d) Memorandum of Understanding vom 6. Juli 1992

Auch in dem *Memorandum of Understanding* der GUS-Staaten über die Nachfolge in die Verträge der UdSSR vom 6. Juli 1992[421] bestätigt sich der in der

---

[415] So auch *Zimmermann*, Staatennachfolge, S. 375.

[416] Außer den baltischen Unionsrepubliken und Georgien, welches der GUS erst im Januar 1994 beitrat. (vgl.: *Göckeritz*, Vertragliche Grundlagen, S. 119).

[417] *ILM* 1992, S. 148f..

[418] Artikel 14 Abs. 2: "The consent of a State to be bound by a treaty is expressed by acceptance or approval under conditions similar to those which apply to ratification."

[419] Artikel 15: "The consent of a State to be bound by a treaty is expressed by accession when: (a) the treaty provides that such consent may be expressed by that State by means of accession; (b) it is otherwise established that the negotiating States were agreed that such consent may be expressed by that State by means of accession; or (c) all the parties have subsequently agreed that such consent may be expressed by that State by means of accession."

[420] So auch *Schweisfurth*, Auflösung der UdSSR, S. 111.

[421] Französische Übersetzung in: *RBDI* 1993, S. 627f..

Alma-Ata-Deklaration zum Ausdruck gekommene Wille, dass eine Übernahme völkervertraglicher Verpflichtungen nur mit dem ausdrücklich kundgetanen Willen und in Übereinstimmung mit den nationalen verfassungsrechtlichen Prozeduren vorgenommen werden kann.

> "In practice all multilateral treaties of the former Soviet Union have general interest for the member States of the Commonwealth. At the same time these treaties do not require any joint decision of or action by the member States. Participation in these treaties will be decided in accordance with the principles and norms of international law individually by every Member State depending on specificity of every concrete case and on the character and content of every treaty."

Der Tenor dieser etwas widersprüchlichen Erklärung legt mithin ein weiteres Abrücken der Unterzeichnerstaaten vom in Artikel 34 Abs. 1 *WKSV* niedergelegten Prinzip der Universalsukzession nahe. Verwirrend erscheint hier, dass in Abs. 3 der Erklärung zum einen der gewohnheitsrechtliche Charakter der Nachfolge in grenzvertragliche Verpflichtungen besonders betont wird, auf der anderen Seite allerdings lediglich von einer deklaratorisch wirkenden Bestätigung für die Weitergeltung von radizierten Verträgen gesprochen wird[422] und hinsichtlich bi- und multilateraler Verträge wiederum den Nachfolgestaaten die Entscheidung selbst überlassen wird, ob sie in die entsprechenden Verträge – bei bilateralen Verträgen über den Verhandlungsweg - sukzedieren wollen.

e) Zwischenergebnis zur Position der GUS-Staaten hinsichtlich der Rechtsnachfolge in Verträge

Die Analyse der die Rechtsnachfolge betreffenden Erklärungen der GUS-Staaten ergibt mithin ein recht ambivalentes Bild.
Auch wenn der Grundtenor der gemeinsamen Erklärungen zunächst für die grundsätzliche Anerkennung der automatischen Sukzession in die vertraglichen Verpflichtungen der UdSSR zu sprechen scheint, so finden sich stärkere Hinweise dahingehend, dass nach Ansicht der GUS-Staaten - mit Ausnahme Russlands - die selbständige Entscheidung der einzelnen Nachfolgestaaten über eine Übernahme der Vertragsverpflichtungen bzw. deren Neuverhandlung als selbstverständlich angesehen wurde[423].

---

[422] Siehe dazu auch *Zimmermann*, Staatennachfolge, S. 463f..
[423] *Schweisfurth*, Auflösung der UdSSR, S. 113; *Zimmermann*, Staatennachfolge, S. 379.

f) Staatenpraxis der GUS-Staaten hinsichtlich Universalsukzession

Es soll daher nachfolgend untersucht werden, ob die Praxis der kaspischen Anrainerstaaten das zuvor gefundene Ergebnis bestätigt oder ob auf eine möglicherweise gewohnheitsrechtlich lokal entwickelte Staatenpraxis zugunsten einer generellen Universalsukzession in die vertraglichen Verpflichtungen des Vorgängerstaates geschlossen werden kann.

aa) Praxis Kasachstans

Neben den auch von Kasachstan unterzeichneten Erklärungen von Alma-Ata vom 21. Dezember 1991 und dem *Memorandum of Understanding* vom 6. Juli 1992 finden sich lediglich in der nach Erlangung der Unabhängigkeit angenommenen, ersten kasachischen Verfassung einige relevante Bestimmungen. So heißt es in Artikel 7 Abs. 2 des V. Teils der Verfassung, dass völkerrechtliche Abkommen der UdSSR auf dem Gebiet der UdSSR bis zu ihrer Beendigung nur in den Fällen weiterhin Anwendung finden sollen, in denen sie nicht der Verfassung, den Gesetzen und den internationalen Verträgen Kasachstans widersprechen[424].

Allerdings zeigt sich am Beispiel der Unterzeichnung des bilateralen Abkommens mit Russland aus dem Jahre 1998 über die Aufteilung der unter dem Kaspischen Meer befindlichen Bodenschätze, dass sich Kasachstan auf Grund der in den Jahren 1921 und 1935 geschlossenen Verträge nicht zwingend verpflichtet fühlt, mit den übrigen Anrainerstaaten ebenfalls in bilaterale bzw. multilaterale Verhandlungen zu treten und dadurch die Akzeptanz des Bestehen eines auch für Kasachstan gültigen Regimes zu erkennen geben würde.

bb) Praxis Aserbaidschans

Aserbaidschan hat in Hinblick auf die Nachfolge in sowjetische Verträge nur in Einzelfällen – und dann nur im Wege des Beitritts – Sukzessionserklärungen abgegeben[425]. Eine Akzeptanz der automatischen Sukzession in sowjetische Verträge lässt sich daher nur schwerlich annehmen.
In Anbetracht der Unterzeichnung eines aserbaidschanisch-russischen Abkommens aus dem Jahre 2001 über die Aufteilung der kaspischen Bodenschätze entlang einer modifizierten Mittellinie gilt im Übrigen die Schlussfolgerung, wie

---

[424] Vgl.: *Zimmermann*, Staatennachfolge, S. 389.

[425] Zahlreiche Beispiele dafür finden sich in der Übernahme von Doppelbesteuerungsabkommen und ILO-Abkommen der UdSSR. Zu letzteren vgl.: *Maupan*, La succession, S. 122f..

sie bereits in Anbetracht des russisch-kasachischen Abkommens getroffen werden konnte.

cc) Praxis Turkmenistans

Im Grundsatz vergleichbar ist auch die Praxis Turkmenistans, welches zumindest im Hinblick auf multilaterale Verträge oft den Weg des Beitritts gewählt hat[426]. Allerdings hat es sich im Hinblick auf den Abschluss bilateraler Abkommen mit seinen kaspischen Nachbarn über die Aufteilung der Naturressourcen noch zurückgehalten und bevorzugt eine gemeinsame Lösung.

dd) Praxis der Russischen Föderation

Anders als die übrigen Nachfolgestaaten der UdSSR hat sich Russland in einer Note an alle in Moskau akkreditierten diplomatischen Vertretungen am 13. Januar 1992[427] ausdrücklich zur Übernahme sämtlicher vertraglicher Verpflichtungen der UdSSR bereit erklärt.
In derselben Note führt Russland aus, dass es „[...]darum bittet, anstelle der UdSSR die Russische Föderation als Vertragspartei aller geltenden völkerrechtlichen Verträge anzusehen."

Es sei hier nochmals darauf hingewiesen, dass die in diesem Zusammenhang verwendete russische Bezeichnung „prodolschatjel''"[428] für Russland, welche im Deutschen mit „Fortsetzerstaat" übersetzt werden kann, keinerlei Rückschlüsse auf den Willen Russlands zulässt, als alleiniger und subjektidentischer Rechtsnachfolger der UdSSR betrachtet werden zu wollen. Neben der Fortführung der historischen Kontinuität als Großmacht, wollte sich Russland mit dieser Wortwahl lediglich als Kontinuitäts- und Stabilitätsgarant bezüglich der Vielzahl an völkerrechtlichen Rechten und Pflichten der untergegangenen UdSSR verstanden wissen[429].

Bezüglich des vertraglich mehr oder weniger geregelten kaspischen Regimes widersprechen sich diesbezügliche Äußerungen allerdings mit der später erfolg-

---

[426] Vgl.: *Zimmermann*, Staatennachfolge, S. 397, m.w.N..
[427] *Dipl. Vestn.* 1992, Nr. 2, S. 34; deutsche Übersetzung in: *BGBl.* 1992 II, S. 1016, „[...] Die Russische Föderation setzt die Ausübung der Rechte und Pflichten aus den von der Union der Sozialistischen Sowjetrepubliken geschlossenen völkerrechtlichen Verträgen fort.[...].
[428] Zur Interpretation dieser Bezeichnung siehe unter: 2. Kap., § 4, B. III, 2. b).
[429] Interview des russischen Außenministers *A. Kozyrew* mit der *Rossijskaja Gazeta* vom 21. April 1992.

ten Unterzeichung der bilateralen Abkommen mit Kasachstan und Aserbaidschan über die Aufteilung der unter dem Kaspischen Meer befindlichen Bodenschätze[430].

ee) Zwischenergebnis zur Praxis der GUS-Staaten hinsichtlich einer Universalsukzession in vertragliche Verpflichtungen

Zusammenfassend findet sich das zuvor gefundene Ergebnis auch in der Praxis bestätigt, dass - abgesehen von der Russische Föderation - die übrigen kaspischen Nachfolgestaaten nicht von einer automatischen Sukzession in von der Sowjetunion abgeschlossene Verträge ausgehen.

Dies wurde zum Teil auch im Rahmen der bisherigen Auseinandersetzung über den Rechtsstatuts des Kaspischen Meeres deutlich. Seitens aller ehemaligen Sowjetrepubliken wurde der durch die in den bilateralen Verträgen zwischen der UdSSR und dem Iran geschaffene besondere Status, welcher in Anbetracht der Entstehung neuer kaspischer Staaten bis zur gemeinsamen Einigung mit der damaligen Vertragspartei Iran auf einer vorläufigen *status quo*-Basis hätte weitergeführt werden müssen, nur halbherzig respektiert. Bezeichnend sind in diesem Zusammenhang die frühzeitigen einseitigen Beanspruchungen von Hoheitsgewässern[431] auf dem Kaspischen Meer und die Verhandlung von neuen bilateralen Verträgen zwischen einigen Anrainerstaaten.

Immerhin scheint der in dem von den GUS-Mitgliedsstaaten im gemeinsamen *Memorandum of Understanding* vom 6. Juli 1992 gefundene Konsens, dass für die Nachfolge in bilaterale Verträge der UdSSR eine Lösung auf dem Verhandlungswege gefunden werden solle, insoweit akzeptiert zu werden, da alle Nachfolgestaaten eine vertragliche gemeinsame Lösung der kaspischen Frage anstreben und die noch gültigen Verträge aus den Jahren 1921 und 1940 nicht vollständig ignorieren.

---

[430] Sowohl Turkmenistan als auch der Iran hatten jeweils die Unwirksamkeit solch bilateraler Abkommen erklärt. Auf einem Staatsbesuch des iranischen Präsidenten *Chatami* in Moskau im März 2001 fühlte sich der russische Präsident auf wiederholte iranische Kritik an Russlands bilateralen Abkommen veranlasst, eine Erklärung über gemeinsame Prinzipien abzugeben. In diesem hieß es u. A.: "Until the legal regime of the Caspian is finalised, the parties do not officially acknowledge any boundaries on the Sea." (*Lelyveld*, Russian, Iranian President Fail to Agree on Caspian Sea Division, *Radio Free Europe*, 13 March 2001).

[431] Siehe dazu bereits unter: 2. Kap., § 4, A., I..

4. Radizierte Verträge und Statusverträge

Die in den vorherigen Ausführungen aufgeworfene Problematik könnte im Falle des Kaspischen Meeres allerdings als von untergeordneter Bedeutung sein, wenn es sich bei den hier in Frage kommenden, zwischen der UdSSR und dem Iran geschlossenen Verträgen aus dem Jahre 1921 und 1940 um so genannte „Statusverträge“[432] bzw. „radizierte“ Verträge handeln würde. Sollte es sich tatsächlich um solche Verträge handeln, so würde deren Weitergeltung auch bezüglich der ehemals sowjetischen kaspischen Anrainerstaaten vom Eintritt eines Sukzessionsfalls grundsätzlich unberührt bleiben.

Was genau unter einem radizierten Vertrag zu verstehen ist, lässt sich terminologisch nur bedingt fixieren. Die Bandbreite der dafür verwendeten Terminologie geht von *Staatsservituten* über *treaties in rem, localized treaties, radizierte völkerrechtliche Verpflichtungen, treaties attaching to the territory, treaties running with the land* bis hin zur Verwendung der Bezeichnung als *dingliche Verträge*[433]. Der Gegenschluss aus Artikel 11 *WKSV* legt jedenfalls nahe, dass Grenzverträge an sich davon nicht mit umfasst sind.

Anhand der frühzeitigen Praxis der internationalen Gerichte[434], aber auch an der Praxis der “newly independent states”[435] ist erkennbar geworden, dass diese im Bereich der Staatennachfolge der Rechtsfigur der radizierten Verträge eine Sonderrolle zubilligten und deren Übergang auf die Nachfolgestaaten wiederholt anerkannten. Auch wenn die Staatenpraxis dieser neuen unabhängigen Staaten in dieser Hinsicht uneinheitlich ausfiel, so zeigte sich bereits während der Verhandlungen zur *Wiener Konvention über das Recht der Staatennachfolge in Verträge*, dass die Vertreter der ehemaligen Kolonien in der Mehrzahl ein entsprechendes - in Artikel 12 Abs. 1 *WKSV* enthaltenes - Konzept billigen.

---

432 Nach *Klein* handelt es sich dabei um gebietsbezogene vertragliche Regime, die sich mit Fragen der Ordnung oder Zuordnung eines Gebietes befassen, die eine Regelung im allgemeinen Interesse intendieren und darüber hinaus darauf gerichtet sind, einen *erga omnes* wirkenden Rechtsstatus zu schaffen (*Klein*, Statusverträge, S. 23ff.); Als typische Fallgruppen werden Verträge über die Internationalisierung oder Neutralisierung bestimmter Gebiete oder Wasserstrassen genannt.

433 *Zimmermann*, Staatennachfolge, S. 496.

434 So im Fall der Freihandelszone von Gex, *StIGH*, Ser. A/B, No. 46; und im Fall betreffend der portugiesischen Enklaven in Indien und dem Recht der Durchquerung von Indischem Territorium, *ICJ Rep.* 1960, S. 1ff..

435 *O'Connell*, State Succession, S. 241ff..

Bei nur einer Enthaltung wurde die Endfassung des Artikels 12 *WKSV* sodann einstimmig angenommen[436]. Darin heißt es:

> "1. A succession of States does not as such affect:
> (a) obligations relating to the use of any territory, or to restrictions upon its use, established by a treaty for the benefit of any territory of a foreign State and considered as attaching to the territories in question;
> (b) rights established by a treaty for the benefit of any territory and relating to its use, or to restrictions upon the use, of any territory of a foreign State and considered as attaching to the territories in question."

Da es sich in den Verträgen von 1921 und 1940 um vergleichbare Rechte und Pflichten im Verhältnis zu einem einzelnen Drittstaat handelt, scheint der Anwendbarkeit des Artikels 12 Abs. 1 der *WKSV* nichts im Wege zu stehen. Wie bereits oben betrachtet, weisen diese Verträge keine klare Fixierung von Grenzregimen auf.

Allerdings finden sich „radizierte" vertragliche Regelungen, für welche eine automatische Nachfolge in Betracht gezogen werden könnte, sowohl in dem *Russisch-Persischen Friedensvertrag* aus dem Jahre 1921 als auch im *Sowjetisch-Iranischen Handelsabkommen* aus dem Jahre 1940 in den Bestimmungen über die Fischereirechte und die Schifffahrt auf dem Kaspischen Meer. Darin wurden beiden Staaten in einem Küstenstreifen mit der Breite von 10 sm ausschließliche Fischereirechte zugesprochen. Ansonsten sollte sowohl für die Fischerei als auch für die sonstige Schifffahrt ein Regime gemeinsamer Souveränitätsausübung bestehen.
Ob die erwähnten, auf das Gebiet des Kaspischen Meeres bezogenen Verträge deswegen „radizierte" Verträge sind oder eher der Kategorie der Statusverträge[437] zugeordnet werden müssen, soll im Rahmen dieser Untersuchung nicht weiter vertieft werden, da es sich bei der letzteren Kategorie ohnehin nur um einen Sonderfall eines *erga omnes* wirkenden radizierten völkerrechtlichen Vertrages handelt, auf den die obigen Ausführungen zu radizierten Verträgen *mutatis mutandis* entsprechende Anwendung finden[438].

Die völkerrechtliche Allgemeingültigkeit und Akzeptanz des in den Artikel 11 und 12 *WKSV* niedergelegten Prinzips, dass gebietsbezogene radizierte vertrag-

---

[436] *Sinclair*, Some Reflections, S. 172.
[437] Vgl. dazu im allgemeinen: *Klein*, Statusverträge im Völkerrecht, S. 305ff..
[438] So auch *Zimmermann*, Staatennachfolge, S. 528.

liche Regelungen von einem Sukzessionsfall nicht betroffen sind, wird auch nicht von den bereits erwähnten Zweifeln an der tatsächlichen Kodifikation bestehenden Gewohnheitsrechts in der *WKSV* berührt. Denn die Bestimmungen des Artikels 12 *WKSV* über sonstige Arten radizierter Verträge werden nach allgemeiner Ansicht und Staatenpraxis als in jedem Fall gewohnheitsrechtlich verankert angesehen[439].

Da die das Kaspische Meer betreffenden sowjetisch-iranischen Verträge aus den Jahren 1921 und 1940 durchaus als radizierte gebietsbezogene Verträge betrachtet werden können, hat dies somit zunächst zur Folge, dass nach dem Zerfall der Sowjetunion die neu entstandenen unabhängigen Anrainerstaaten des Kaspischen Meeres weiterhin an die vertraglichen Verpflichtungen aus diesen Verträgen gebunden sind.

5. "Clean-slate" / "tabula rasa"-Prinzip bei "newly independent states"

Eine Ausnahme könnte sich jedoch dann ergeben, wenn diese Staaten als "newly independent states" im Sinne der Artikel 16-30 *WKSV* angesehen werden müssten. Denn diese werden im Vergleich zu anderen Nachfolgestaaten dadurch privilegiert, dass sie von bisherigen für ihr Gebiet geltenden Verträgen gemäß dem in Artikel 16 enthaltenen *tabula rasa*-Prinzip freigestellt werden[440].

a) Ehemalige kaspische Sowjetrepubliken als "newly independent states"

Im Zuge der Dekolonisierung und der damit einhergehenden Praxis der Neuentstehung unabhängiger Staaten nach dem Zweiten Weltkrieg entwickelte sich vor allem innerhalb der Gruppe dieser "newly independent states" hinsichtlich der Fortgeltung derjenigen Verträge, die von ihrem jeweiligen Vorgängerstaat auf das der Sukzession unterliegende Gebiet erstreckt worden waren oder in anderer Weise mit Wirkung für dieses Gebiet abgeschlossen worden waren, die sog. "*clean slate*"-Regel. Diese beinhaltet den Grundsatz, dass die von dem Vorgängerstaat abgeschlossenen Verträge nicht im Wege der Staatennachfolge auf den Sukzessorstaat übergehen[441].

---

[439] Siehe auch *Klein*, Statusverträge, S. 312ff..

[440] Dazu bereits oben: 2. Kap., § 4, B., II., 3., d) cc) (5) (5.3.).

[441] Populäre Beispiele hierfür sind die Republik Korea, Israel, Algerien und Burkina Faso. (Dazu ausführlich: *Zimmermann*, Staatennachfolge, S. 147ff.).

Eine entsprechende – allerdings alles andere als einheitliche[442] – Staatenpraxis fand schließlich ihre Kodifikation im oben bereits erwähnten Artikel 16 *WKSV*.

Gemäß Artikel 17 Abs. 1 *WKSV* steht den "newly independent states" allerdings auch ein Optionsrecht zur Fortführung multilateraler Verträge zu.
Da es sich bei den sowjetisch-iranischen Verträgen um ehemals bilaterale Verträge handelte, ist des Weiteren die Regelungen des Artikels 24 *WKSV* zu berücksichtigen, wonach das Fortbestehen bilateraler Verträge von einer ausdrücklichen oder konkludenten Vereinbarung zwischen dem Drittstaat und dem "newly independent state" abhängig gemacht wird.

Fraglich ist allerdings, ob die ehemaligen zentralasiatischen Sowjetrepubliken überhaupt als solche "newly independent states" angesehen werden können[443]. Entsprechend der Legaldefinition des Artikels 2 Abs. 1 lit. f *WKSV* müsste es sich bei diesen Staaten um bis unmittelbar vor dem Zeitpunkt der Staatennachfolge abhängige Territorien gehandelt haben, für deren internationale Beziehungen der Vorgängerstaat verantwortlich war.

Auf Grund des Charakters der ehemaligen Sowjetrepubliken als zumindest der Verfassung nach selbstständige Völkerrechtssubjekte mit einem verfassungsmäßig verbrieften Recht auf Austritt aus dem Staatenbund der UdSSR[444] erscheint eine Parallele mit solchen um Unabhängigkeit ringenden Kolonien, wie

---

[442] Die Analyse bei *Zimmermann* ergibt, dass nur einige wenige der aus ehemaligen Kolonien oder anderen abhängigen Gebieten entstandenen Neustaaten davon ausgingen, dass sie in keinem Fall an Verträge ihres jeweiligen Vorgängerstaates gebunden seien. (*Zimmermann*, Staatennachfolge, S. 149).

[443] So z.B. *Butterworth*, der ausführt, dass "[...] the CIS republics qualify as newly independent successor states under the terms of the Vienna Convention on Succession of States in Respect of Treaties [...]." Als Begründung führt er allerdings lediglich die Abhängigkeit der Unionsrepubliken von der UdSSR hinsichtlich der auswärtigen Beziehungen an. (*Butterworth*, Successor States, S. 665 und Anm. 27).

[444] Siehe dazu: *Uibopuu*, Die Völkerrechtssubjektivität der Unionsrepubliken der UdSSR, S. 109ff.; *Schweisfurth*, Vom Einheitsstaat zum Staatenbund, S. 598-601; *Brunner*, *GYIL*, S. 376;
Das sowohl in Artikel 17 der 1936er Verfassung der UdSSR als auch in Artikel 72 der 1977er Verfassung verbriefte Sezessionsrecht der Unionsrepubliken ist unter westlichen Völkerrechtlern seit jeher als eine Fiktion angesehen worden, da der in Artikel 13 festgelegte Bestandsschutz der UdSSR als vorrangig angesehen wurde. Nur dem Obersten Sowjet der UdSSR stand es nach Ansicht russischer Autoren zu, über den Austritt einer Unionsrepublik aus dem Bestand der UdSSR zu entscheiden. (vgl.: *Kirišenko*, Verchovnyi Sovet SSSR, S. 31).

sie während der Verhandlungen zur *WKSV* vorherrschend waren, als von den Schöpfern der *WKSV* nicht beabsichtigt gewesen zu sein[445].

Allerdings ist in Anbetracht der strikten Herrschaft über die einzelnen Unionsrepubliken die UdSSR hin und wieder mit einem Kolonialreich gleichgesetzt worden[446]. Auch unter Berücksichtigung der Definition der Vereinten Nationen, entsprechend welcher unter einer Kolonie "a territory which is geographically separate and is distinct ethnically and/or culturally from the country administering it" zu verstehen ist, erscheint die Einstufung der Sowjetunion als ein Kolonialimperium und die Bezeichnung der nun unabhängigen ehemaligen Sowjetrepubliken als "newly independent states" als sehr zweifelhaft.

Eindeutig abzulehnen ist dieser „Kolonialansatz" für die ehemaligen europäischen Unionsrepubliken, welche vor ihrer Eingliederung in die UdSSR eigene internationale Rechtspersönlichkeit besaßen und nicht ein den Eroberern freistehendes *terra nullis* Land waren, da sie nach 1917 am internationalen Rechtsverkehr teilnahmen und zumindest *de facto* international anerkannt waren. Von den kaspischen Unionsrepubliken umfasst diese Kategorie von ehemaligen Unionsrepubliken auch Aserbaidschan[447].

Anders könnte es sich jedoch mit den zentralasiatischen kaspischen ehemaligen Unionsrepubliken verhalten. Diese gingen im Wesentlichen aus den vom zaristischen Russland seit dem auslaufenden 16. Jahrhundert – und damit vergleichbar mit der Praxis der westlichen Staaten - militärisch unterworfenen Gebieten hervor. Die Art und Weise der Einverleibung der zentralasiatischen Gebiete in das russische Reich war durchaus vergleichbar mit der Praxis anderer Kolonialmächte in Afrika, Asien und Lateinamerika[448].
Auch wenn sich mit der Machtergreifung der Sowjets an diesem Charakter nicht viel ändern sollte, so waren diese zu Zarenzeiten als „Turkistan" bezeichneten Gebiete und sodann neu geschaffenen zentralasiatischen Sowjetrepubliken Kasachstan, Turkmenistan, Usbekistan, Tadschikistan und Kirgisien aus verfas-

---

[445] So auch *Hafner/Kornfeind*, Does the Clean Slate Rule Still Exist?, S. 12.
[446] *Simmler*, Das uti possidetis-Prinzip, S. 216, m.w.N. in Fn. 28.
[447] Aserbaidschan erlangte im Sommer 1918 seine Unabhängigkeit für nur wenige Monate. Nach Abzug der im Kampf gegen die Bolschewiken zu Hilfe gerufenen englischen und türkischen Truppen im Sommer 1919 verliert es seine Unabhängigkeit schließlich durch die Einverleibung in die Sowjetunion am 17./18. April 1920 (siehe: *Auch*, Ewiges Feuer in Aserbaidschan).
[448] *Meissner*, Selbstbestimmungsrecht, S. 109f..

sungsrechtlicher Sicht den anderen Sowjetrepubliken ebenbürtig. Die noch von Stalin betriebene gezielte Russifizierungspolitik wurde von seinen Nachfolgern nicht weiter betrieben, sondern wandelte sich stattdessen in den Versuch der Schaffung eines *homo sovieticus*, also einer ethnisch ungebundenen gemeinsamen sozialistischen Identität[449]. Es kann somit zumindest von einer Intention ausgegangen werden, die Völker Zentralasiens allen anderen Sowjetbürgern gleichzustellen.

Das Vorbringen, dass die zentralasiatischen Republiken in einer der Strategie der westlichen Kolonialmächte gleichenden Abhängigkeit von Moskau gehalten worden seien[450], vermag ebenfalls nicht zu überzeugen. Es war ein typisches Merkmal der sozialistischen Planwirtschaft, dass zentralistisch gesteuert gewisse Produktionsbereiche auf einzelne Unionsrepubliken konzentriert worden sind.

b) Zwischenergebnis zum "clean slate"-Prinzip

Somit lassen sich neben Aserbaidschan auch die ehemaligen kaspischen zentralasiatischen Sowjetrepubliken Kasachstan und Turkmenistan nicht unter die Kolonie-Definition der Vereinten Nationen und der Legaldefinition des Artikels 2 lit. (f) *WKSV* subsumieren, so dass deren Ausscheiden aus dem Staatenbund der UdSSR nicht mit dem bei der Entstehung der *WKSV* zu berücksichtigenden Dekolonisierungsprozess als gleichgestellt angesehen werden kann[451].

Dass einfache Sezessionsvorgänge nicht automatisch von der Definition der "newly independent states" des Artikels 2 Abs. 1 lit. (f) *WKSV* mit umfasst werden sollten, ergibt sich außerdem aus der Entstehungsgeschichte der Konvention[452].

Zusammenfassend kann somit festgestellt werden, dass unabhängig davon, ob es sich beim Auseinanderfallen der UdSSR um den Fall einer Dismembration oder Sezession gehandelt hat oder die ehemaligen kaspischen Unionsrepubliken

---

[449] *Meissner*, Nationalitätenfrage und Sowjetideologie in: *Brunner/Meissner*, S. 21f.; *Nahaylo/Swoboda*, Soviet Disunion, S. 95-106, 174.

[450] Vgl. *Gumpel*, Entwicklung in den zentralasiatischen Turkrepubliken, S. 1023.

[451] So auch *Saxer*, Transformation of the Soviet Union, S. 638; *Schweisfurth*, Das Recht der Staatensukzession, S. 193; *Allonsius*, Le Regime juridique de la mer caspienne, S. 29.

[452] Der französische Vertreter hatte den später gescheiterten Versuch unternommen, Sezessionsvorgänge in die Definition des Artikels 2 Abs. 1 lit. (f) *WKSV* mit aufzunehmen. (A/CONF.80/16, S. 25).

die Weitergeltung der Verträge anerkannt haben oder nicht, diese in jedem Fall gemäß dem in Artikel 12 *WKSV* kodifizierten Völkergewohnheitsrecht an die sowjetisch-iranischen Verträge aus den Jahren 1921 und 1940 gebunden sind, da es sich bei diesen um gebietsbezogene (radizierte) bzw. Statusverträge handelt. Im *WKSV* vorgesehene Ausnahmeregelungen dazu greifen nicht zu Gunsten der ehemaligen Sowjetrepubliken.

6. Ergebnis zur Rechtsnachfolge in vertragliche Verpflichtungen

Somit kann abschließend festgestellt werden, dass allein Russland entsprechend seiner gemäß Artikel 9 Abs.1 *WKSV* erfolgten Erklärung als „Fortsetzerstaat" in sämtliche vertraglichen Verpflichtungen der UdSSR - also auch solche, die das Kaspische Meer betreffen - automatisch eingetreten ist.
Hinsichtlich der übrigen Nachfolgestaaten der UdSSR würde nach dem hier favorisierten Ansatz des Auseinanderfallens der UdSSR durch Dismembration[453] grundsätzlich das in Artikel 34 *WKSV* kodifizierte Prinzip der Universalsukzession in die völkerrechtlichen Verträge des Vorgängerstaates UdSSR durchgreifen.

Selbst aber wenn man die Erlangung der Unabhängigkeit der ehemaligen Sowjetrepubliken als Akte einer Separation ansehen würde, muss allerdings beachtet werden, dass die den gegenwärtigen Status regelnden Verträge von 1921 und 1940 so genannte radizierte Verträge sind, die von jedweder Art von Staatennachfolge unberührt bleiben.
Versagt bleibt den ehemaligen kaspischen Sowjetrepubliken ebenfalls die Berufung auf die "*clean slate*"-Regel des Artikels 16 *WKSV*, da sie nicht von der Terminologie der "newly independent state"-Definition des Artikels 2 Abs.1 lit. (f) *WKSV* mit umfasst werden.

Wie vor allem jedoch aus dem von den GUS-Staaten hinsichtlich der Nachfolge in Verträge abgegebene *Memorandum of Understanding* vom 6. Juli 1992 hervorgeht, sahen es die GUS-Staaten allerdings als wichtig an, entsprechend ihrer Verfassungsprozeduren ihre Teilnahme an betreffenden radizierten Verträgen zu bestätigen. Eben diese Position hat sich in der Staatenpraxis der ehemaligen Unionsrepubliken widergespiegelt.

---

[453] Für den Zerfall der UdSSR sieht der Verfasser in der Annahme einer Dismembration die juristisch konsequentere Alternative, im Gegensatz zu der vor allem von *Mullerson* (*Mullerson*, The Continuity and Succession of States) und *Zimmermann* (*Zimmermann*, Staatennachfolge) vertretenen Identitätstheorie.

IV. Möglichkeit der Berufung auf die rebus sic stantibus-Klausel

Die fraglichen 1921er und 1940er Verträge weisen keine Bestimmungen auf, die den Unterzeichnerstaaten Kündigungs- oder Modifikationsmechanismen zur Verfügung stellen würden. Daher haben vor allem Aserbaidschan und Kasachstan die Wirksamkeit dieser Verträge unter Berufung auf das Prinzip der *clausula rebus sic stantibus* („*clausula*") auf Grund grundlegend geänderter Umstände angezweifelt.

Die Berufung auf diese „*clausula*" ist allerdings sehr problematisch, da sie noch immer sehr umstritten ist[454]. Unabhängig davon hat sie allerdings in begrenztem Umfang in Artikel 62 *WVRK*[455] eine gewisse Inhaltsbestimmung erfahren. Dort steht sie im Zusammenhang mit den anderen Kündigungs- und Suspendierungsregeln. Die Regelung des Artikels 62 *WVRK* hat nicht die Form eines Kündigungsrechts, sondern stellt negativ den Grundsatz auf, dass eine Änderung von Umständen grundsätzlich nicht zur einseitigen Beendigung einer Vertragsbindung berechtigt. Von diesem Grundsatz gibt es nach Artikel 62 *WVRK* eine Ausnahme, die allerdings wiederum eingeschränkt wird.

Ausgangspunkt der *ratio legis* der *clausula* ist die einleuchtende Tatsache, dass Verträge nicht unabhängig von den äußeren Vertragsumständen bewertet werden können. Die historischen Wurzeln dieses Rechtsgedankens reichen bis in das römische Recht zurück und finden sich heute in kodifizierter Form auch in zahlreichen europäischen Privatrechtssystemen[456] wieder.

1. Staatenpraxis

Auch wenn die völkerrechtliche Geltung des Prinzips noch immer umstritten ist, so vermag ein Blick auf die Völkerrechtspraxis die Annahme zu rechtfertigen, dass die *clausula* mittlerweile eine Regel des Völkergewohnheitsrechts darstellt.

---

454 Vgl.: *Verdross/Simma*, Völkerrecht, S. 536; *Pott*, Clausula rebus sic stantibus, S. 6ff..

455 Artikel 62 wurde auf der Wiener Vertragsrechtskonferenz mit 93 Stimmen, bei 3 Gegenstimmen und 9 Enthaltungen, angenommen. (*United Nations Conference on the Law of Treaties*, Second Seccion, Vienna, 9 April - 22 May 1969, Official Records, UN Doc.A/CONF. 39/11/Add.1), 116ff.).

456 *Pott*, ebenda, S. 6; *Köbler*, clausula rebus sic stantibus, S. 23ff., 70; Zum Streitstand der völkerrechtlichen Geltung des Prinzips vgl.: *Feist*, Rücktritt und Suspendierung von multilateralen Verträgen, S. 166ff..

Ausdrücklich wurde die *clausula* zum ersten Mal vom *IGH* in den isländischen *Fischereistreitfällen*[457] anerkannt. Darin vertrat das Gericht die Ansicht, dass die *clausula* in der Form des Artikels 62 *WVRK* Gewohnheitsrecht darstelle. In seiner jüngsten Rechtsprechung bestätigte das Gericht seine Rechtsauffassung im ungarisch-slowakischen *Staudammfall*, in welchem es allerdings auch die engen Grenzen der Anwendbarkeit hervorhob und das Prinzip der *clausula rebus sic stantibus* als im konkreten Fall nicht anwendbar erachtete[458]. Diese Entscheidung reiht sich in die Praxis internationaler Gerichte ein, die Existenz der *clausula* zwar anzuerkennen, allerdings einem auf die *clausula* gestützten Antrag auf Vertragsauflösung oder –rücktritt nicht stattzugeben.

Im Zusammenhang mit den das Kaspische Meer betreffenden Verträgen bietet sich der Hinweis auf einen Fall an, in dem sich Russland vergeblich auf die *clausula* berufen hatte, um sich seiner Bindung an die Bestimmungen eines multilateralen Abkommens zu entziehen. Am 31. Oktober 1871 erklärte Russland seinen Rücktritt vom *Pariser Friedensvertrag* vom 30. März 1856[459], als es um die Neutralisierung des Schwarzen Meeres und die sich daraus für Russland ergebenden Beschränkungen hinsichtlich seiner Seestreitkräfte ging. In der damaligen Zirkularnote[460] des Fürsten *Gortschakoff*, die die Rücktrittserklärung enthielt, berief sich Russland u.a. auf einen grundlegenden Wandel der Umstände[461].

Das Vorbringen Russlands sollte jedoch auf wenig Verständnis stoßen. So wiesen die anderen Parteien des *Pariser Friedensvertrages* gemeinsam das Begehren Russlands durch die *Londoner Erklärung* vom 17.12.1871 zurück[462].

Die Staaten stellten sich auf den Standpunkt,

---

457 *ICJ Fischeries Jurisdiction Case* (UK v. Iceland), *ICJ-Reports* 1973, 4 (49ff.).

458 *ICJ case concerning the Gabcikovo-Nagymaros Project* (Hungary v. Slowakia), *ILM* 37 (1998), 162 (195).

459 *Hertslet*, Map of Europe by Treaty, Vol. II, 1875, 1243ff..

460 *Hertslet*, Map of Europe by Treaty, Vol. III, 1875, 1892.

461 Es führte darin aus, dass Grundlage der russischen Abrüstungsverpflichtungen die Erwartung gewesen sei, dass Russland vom Schwarzen Meer aus keinerlei militärischen Bedrohungen ausgesetzt werden würde. Davon hätte zum damaligen Zeitpunkt jedoch keine Rede mehr sein können. Das Machtgleichgewicht habe sich in der Region zu Ungunsten Russlands verschoben.

462 Abgedruckt in: *Hertslet*, Map of Europe by Treaty, Vol. III, 1875, 1904.

> "that it is an essential principle of the Law of Nations that no Power can liberate itself from the engagements of a Treaty, nor modifying the Stipulations thereof, unless with the consent of the Contracting Powers by means of an amicable agreement."

Diese als Ablehnung jeglichen einseitigen Rücktrittsverlangens interpretierbare Erklärung muss unter Berücksichtigung des damaligen Kontextes jedoch so verstanden werden, dass die Staaten in erster Linie auf Grund Russlands überraschenden Vorgehens diese ablehnende Position einnahmen. Russland hatte es damals versäumt, die anderen Vertragsparteien zuvor von seiner Absicht zu unterrichten. Die *Londoner Deklaration* wird demzufolge in erster Linie als Bestätigung einer vor einem Rücktritt zu erfüllenden Verhandlungspflicht angesehen[463].

Ein anderes Beispiel findet sich in der Staatenpraxis im Zusammenhang mit der einseitigen Aussetzung der weiteren Erfüllung der *Loadline-Convention* durch die USA am 9. August 1941. Keiner der anderen Vertragsstaaten legte damals Protest ein und die USA erklärten die Konvention nach dem Ende des Zweiten Weltkrieges für wieder anwendbar[464].

2. Zwischenergebnis

Bereits anhand dieser Beispiele wird klar, dass der Anwendungsbereich der *clausula* nicht nur auf bilaterale Verträge beschränkt ist, sondern sich weder aus der Staatenpraxis noch aus Artikel 62 *WVRK* eine unmittelbare Beschränkung oder Modifizierung hinsichtlich der Anwendung der *clausula* auf Verträge ableiten lässt, bei denen sich die Zahl der an sie gebundenen Staaten auf Grund einer Staatensukzession erhöht hat. Vielmehr muss aus der jeweiligen Rechtsnatur der Verträge selbst geschlussfolgert werden, inwieweit solche Beschränkungen gewollt sind oder nicht.

3. Anwendbarkeit der *clausula* auf Statusverträge

Die Regelungsentwürfe der Sonderberichterstatter *Fitzmaurice* und *Waldock* sind sehr aufschlussreich hinsichtlich der von der *ILC* und der *Wiener Vertrags-*

---

[463] So: *Kaufmann*, Das Wesen des Völkerrechts, S. 12ff.; *Pott*, ebenda, S. 22ff.; So auch *Waldock* zu seinem Regelungsentwurf zur *clausula* (Second Report on the Law of Treaties by *Waldock*, Special Rapporteur, *YBILC* 1963, Vol. II, 36 (79f.).

[464] Text der US-amerikanischen Note und Gutachten des Attorney General bei *Lissitzyn*, Treaties, 908f..

rechtskonferenz auf Grundlage der Gerichts- und Staatenpraxis tatsächlich nach Artikel 62 *WVRK* beabsichtigten Anwendungsbreite der *clausula*.

In dem von *Fitzmaurice* 1957 vorgelegten Entwurf[465] ist das von ihm entworfene differenzierte Rechtsfolgeregime von besonderer Bedeutung. Danach war zu prüfen, ob es sich bei dem fraglichen Vertrag um einen des bilateralistischen, des integralen oder des objektiven Typs handele. Im Falle des letzteren Typs vermittele die *clausula* in jedem Fall kein Kündigungsrecht eines einzelnen Staates.

Wie bereits oben[466] untersucht worden ist, handelt es sich bei den 1921er und 1940er Verträgen um Statusverträge, mithin um Verträge objektiven Typs im Sinne der Kategorisierung von *Fitzmaurice*.

Auch wenn die beiden Regelungsentwürfe[467] des Sonderberichterstatters *Waldock* erheblich von dem *Fitzmaurices* abwich, so kam auch dieser zu der Empfehlung, dass bei objektiven Verträgen die Berufung auf die *clausula* ausgeschlossen sein solle. Unter anderem kam er zu dem Ergebnis, dass sich Ausnahmen von der Anwendbarkeit der *clausula* nicht aus der normativen Struktur der Verträge, sondern aus ihren Regelungsmaterien ergäben. So sei die Kündigung eines Vertrages, der die Einräumung territorialer Rechte zum Inhalt habe, also eines Statusvertrages, ausgeschlossen[468]. *Waldocks* Entwurf hat der *ILC* schließlich als Grundlage für die Erstellung ihrer "Draft articles"[469] gedient. Der darin enthaltene Artikel 59 ist mit dem späteren Artikel 62 *WVRK* weitestgehend identisch.

In der jüngeren Völkerrechtsliteratur finden sich mittlerweile allerdings Meinungen, die einen solchen Ausschluss der *clausula* auf objektive Verträge als auf lange Sicht zu starr betrachten, da Staaten so die Möglichkeit genommen

---

465 *Fitzmaurice*, Fifth Report on the Law of Treaties, S. 32f..
466 Siehe unter: 2. Kap. § 4.
467 *Waldock*, Second Report on the Law of Treaties, S. 79f.; Sixth Report on the Law of Treaties, S. 44.
468 So auch *Klein*, der den Ausschluss der *clausula* auf Statusverträge damit begründet, dass das durch einen solchen Vertrag geschützte Gemeinschaftsinteresse der Verfügungsmacht der Staaten entzogen sei. (*Klein*, Statusverträge, S. 294).
469 Report of the International Law Commission on the work of the second part of its seventeenth session, *YBILC* 1966, Vol. II, S. 169, 184.

wäre, sich unzumutbarer oder unzeitgemäß gewordener vertraglicher Bindungen zu entledigen.[470]

Dem kann allerdings in dieser Konsequenz nicht gefolgt werden. Auch wenn *de iure* die Anwendbarkeit der *clausula* auf objektive Verträge nicht grundsätzlich ausgeschlossen werden kann, da es auch hier zu der Grundvoraussetzung, der erheblichen Störung des Verhältnisses von vertraglich beabsichtigten Leistungen und Gegenleistungen kommen kann, ist sie allerdings kaum denkbar. Gerade bei objektiven Verträgen ist das Verhältnis von Leistungen und Gegenleistungen so miteinander abgestimmt, dass es oft nur in dieser Konstellation zugunsten des übergeordneten Ziels - der Stabilisierung einer vertraglich begründeten territorialen Ordnung - wirken kann.

4. Zwischenergebnis zur Berufung auf grundlegend geänderte Umstände

Sowohl die Staatenpraxis als auch die Rechtsprechung des *IGH* legen es nahe, das Prinzip der *clausula rebus sic stantibus* sehr restriktiv anzuwenden. Das entsprechend dieser Klausel gegebene Recht zur Vertragskündigung scheidet in dieser Situation aus, da die erforderliche Radikalität der Veränderungen nicht gegeben ist.

Außerdem widerspräche die Berufung auf diese Klauseln in jedem Fall dem Grundtenor der Erklärungen im *Memorandum of Understanding* vom 6. Juli 1992, welcher für die Nachfolge in bilaterale Verträge der UdSSR zumindest Vertragsverhandlungen zur Lösung eventueller Problematiken vorgesehen hat.

Die kaspischen Anrainerstaaten sollten von einer einseitigen Aufkündigung der vertraglichen Bindung auch deshalb Abstand nehmen, weil das Bedürfnis der Anpassung eines Vertragswerkes an die veränderten Bedingungen insbesondere dem bei Statusverträgen vorherrschenden Bedürfnis nach Stabilität unterzuordnen ist. In Ermangelung vertraglich geregelter alternativer Revisions- und Modifikationsklauseln bleiben gegenseitige Konsultationen zur Lösung der territorialen Streitigkeiten die einzige Alternative zur Lösung der Konfliktsituation.

---

[470] So zum Beispiel *Feist*, Kündigung, Rücktritt und Suspendierung von multilateralen Verträgen, S. 184.

V. Historisch gewachsene Gebietsansprüche und lokales Gewohnheitsrecht bezüglich der Verhältnisse am Kaspischen Meer

In Anbetracht der mehrere Jahrhunderte zurückgehenden Präsenz des Irans bzw. Persiens und Russlands am Kaspischen Meer fragt sich nun, inwieweit ihr Verhalten - in Ermangelung expliziter Verträge oder vergleichbarer *de facto*-Verträge - Rückschlüsse auf historisch gewachsene Gebietsansprüche oder eine völkergewohnheitsrechtliche Übung hinsichtlich der Hoheitsverhältnisse auf dem Kaspischen Meer zulässt.

1. Historisch gewachsene Gebietsansprüche

Die Bedeutung von möglicherweise historisch gewachsenen Ansprüchen eines Anrainerstaates des Kaspischen Meeres hinsichtlich der Ausübung souveräner Rechte auf diesem ("historic title"), besteht darin, dass diese mangels eindeutiger vertraglicher Regelungen bei der Bestimmung eines zukünftigen, alle Interessen der Anrainerstaaten berücksichtigenden Abkommens, allen anderen für die Abgrenzung von Hoheitsgebieten wesentlichen Kriterien vorgehen würden[471].

a) Voraussetzungen für die Annahme historisch gewachsener Gebietsansprüche

aa) Generelle Voraussetzung für das Vorliegen eines historischen Titels

Im Wesentlichen sind für die Annahme eines historisch gewachsenen Titels über ein Gebiet folgende Voraussetzungen zu erfüllen: Ein Staat muss ohne wesentliche Unterbrechung über das fragliche Gebiet friedlich und willentlich seine Hoheitsgewalt ausgeübt haben. Er muss sich dabei als Souverän präsentieren, seinen Willen zur Ausübung dieser Hoheitsgewalt offen zeigen und damit den Willen zu dauernder Herrschaft bekundet haben. Dieses Verhalten muss von der jeweils anderen Seite unangefochten geduldet worden sein[472].

So führte der *IGH* hinsichtlich der generellen Voraussetzungen für das Vorliegen eines historisch gewachsenen Titels zu Gunsten des einen oder anderen Staates in seiner Entscheidung zum *Festlandsockel*- Fall zwischen Tunesien und Libyen aus, dass:

---

[471] *Bravender-Coyle*, The Emerging Legal Prinziples and Equitable Criteria Governing the Delimitation of Maritime Boundaries Between States, S. 177f..

[472] *Blum*, Historic Titles, S. 241ff.; *Bravender-Coyle*, The Emerging Legal Prinziples and Equitable Criteria Governing the Delimitation of Maritime Boundaries Between States, S. 178, m.w.N.; *Berber*, Lehrbuch des Völkerrechts, S. 365.

> "Historic titles must enjoy respect and be preserved as they have always been by long usage."[473]

Diese erste Äußerung des *IGH* zu den Voraussetzungen für die Annahme eines historisch gewachsenen Anspruchs ist in den nachfolgenden Jahren in gerichtlichen Entscheidungen weiter präzisiert worden[474].

bb) Besonderheiten zur Erlangung eines historischen Titels über Gewässer

Auch wenn für die Erlangung eines historisch gewachsenen Titels über Gewässer im Wesentlichen die selben Voraussetzungen erfüllt werden müssen wie bei Landgebieten, so wird doch ein stärkerer Wert auf das Kriterium der tatsächlich effektiv ausgeübten Hoheitsgewalt über das fragliche Gebiet gelegt[475].

Betont wurde diese Besonderheit für historische Gewässer bereits im Urteil des *Central American Court of Justice* in seinem *Gulf of Fonseca*-Fall im Jahre 1917, in welchem das Gericht in Bezug auf den historisch gewachsenen Status des Golfs befand, dass die Zentralamerikanische Föderation bzw. deren Nachfolgestaaten Nicaragua, El Salvador und Honduras

> "notoriously affirmed their peaceful ownership and possession in the Gulf [...] and [...] have performed acts and enacted laws having to do with the national security, the observance of health and with fiscal regulations."[476]

Da jedoch eine tatsächlich effektive Kontrolle von Meeresgewässern trotz vorhandener Kriegsmarine nur in gewissem Maße – vorwiegend in küstennahen Gewässern – ausgeübt werden kann, ist es nicht verwunderlich, dass die Theorie der „historischen Gewässer" im Wesentlichen nur auf Buchten angewandt wor-

---

[473] *ICJ Rep.* 1982, para. 73. Auf diese Aussage bezog sich der *IGH* auch im Rahmen seiner Entscheidungsfindung im *Golf von Fonseca*-Fall und der Frage, ob es sich bei diesem historisch gewachsen um ein Kondominium handelt. (*Gulf of Fonseca*-case, *ICJ Rep.* 1992, para. 384).

[474] Siehe dazu ausführlich: *Schotten*, Der historische Titel; *Bravender-Coyle*, The Emerging Legal Prinziples and Equitable Criteria Governing the Delimitation of Maritime Boundaries Between States, S. 178, m.w.N..

[475] *Blum*, Historic Titles, S. 255, m.w.N..

[476] 11 *AJIL* (1917), S. 700f..

den ist, in denen die Küstenstaaten ihre hoheitlichen Rechte in ähnlicher Weise praktiziert haben wie in ihren inneren Gewässern[477].

Auch wenn vom völkerrechtlichen Gesichtspunkt die Theorie der „historischen Buchten“ lediglich als Teil der Doktrin der „historischen Gewässer“ angesehen werden kann, so hat sich letztere doch aus der ersteren entwickelt.
Dieselben, für „historische Buchten“ entwickelten Prinzipien sind daher *mutatis mutandis* auf „historische Gewässer“ anwendbar[478].

Als Indizien für die Ausübung der alleinigen staatlichen Souveränität über ein Gewässer werden das Verbot aller ausländischen Schiffe bzw. deren Unterwerfung unter die Gesetzgebung des Küstenstaates, die Kontrolle der Fischerei oder nationale Gerichtsentscheidungen, die ausländische Schiffe betreffen, angesehen[479].

Oft liegt der Sinn und Zweck der Geltendmachung von Gewässern als „historische Gewässer“ in dem Umstand begründet, dass bei Streitigkeiten über die Festlegung der Hoheitsgewässer bzw. Gewässer mit besonderen Nutzungsrechten des Küstenstaates historisch gewachsene Ansprüche als Argumentationsgrundlage dafür verwendet werden, um von den normalen Grenzziehungsprinzipien abweichen zu können[480].

In diesem Zusammenhang könnte gerade auch beim Kaspische Meer solchen nicht-exklusiven maritimen Ansprüchen wie historisch gewachsenen Fischereirechten eine besondere Rolle zukommen[481].

---

[477] Siehe dazu weitere Ausführungen unter: 2. Kap., § 6, B., III., 3., a) bb)(2) (2.1.); Generell wird die Theorie der "historischen Gewässer" als eine Erweiterung des Konzepts der "historischen Buchten" angesehen. (vgl.: *Blum*, Historic Titles, S. 255f.).
[478] So die *ILC* auf ihrer 14. Sitzung: "In principle [the theory of "historic bays"] applies also to other maritime areas than bays [...]." (U.N. Doc. A/CN.4/143 of March 9th, 1962, *ILC Yearbook*, 4th session, 1962, vol. II, S. 6).
[479] *Blum*, Historic Titles, S. 261, m.w.N..
[480] Vgl.: *Blum*, Historic Titles, S. 281ff..
[481] Zu einer der ersten Entscheidungen des *IGH* zu nicht-exklusiven historischen Titeln vgl.: *Right of Passage over Indian Territory*-Fall (*ICJ Rep.*, 1960, S. 6); ansonsten siehe auch: *Blum*, Historic Titles, S. 310ff., 315ff. (siehe dazu auch Ausführungen unter: 2. Kap., § 4, B., V., 2., d) dd) (1) und § 6, B., III., 3., c) dd).

cc) Historisch gewachsene Ansprüche am Festlandsockel und dessen Ressourcen

Von den kaspischen Anrainerstaaten könnten des Weiteren als ebenfalls nicht-exklusive maritime Ansprüche historische Titel am Festlandsockel und den in diesem befindlichen natürlichen Ressourcen angeführt werden.

Dies erscheint jedoch aus mehreren Gründen als sehr fraglich. Neben der eher technischen Frage, ob der Festlandsockel als okupationsfähiges oder in sonstiger Weise beherrschbares Territorium behandelt werden kann, ist ein historischer Titel am Festlandsockel auch aus praktischen Gründen so gut wie undenkbar. Denn so würde ein Küstenstaat, der es versäumt, den seiner Küste vorgelagerten Festlandsockel als eigenen zu deklarieren, das Risiko eingehen, dass ein dritter Staat dies tun würde.

Auch wenn die genaue völkerrechtliche Natur des Festlandsockels viele Jahre Gegenstand heftiger Kontroversen war[482], kann mittlerweile eine völkergewohnheitsrechtliche Akzeptanz dahingehend angenommen werden, dass die sich auf die Nutzung des Festlandsockels erstreckenden Rechte des Küstenstaates von diesem nicht erst deklariert werden müssen, sondern ihm *ipso jure* zustehen[483]. Seine Bestätigung fand diese Regel bereits in Artikel 2 Absatz 3 *FSÜ* und sie ist nunmehr auch in Artikel 77 Absatz 3 *SRÜ* niedergelegt[484].

Selbstverständlich läge eine Anwendung dieser – im Wesentlichen im maritimen Völkerrecht entwickelten – Prinzipien seitens der Anrainerstaaten des Kaspischen Meeres auf dieses Prinzip in deren Ermessen.

Angesichts der geringen Regelungsdichte zu betreffenden Problematiken bei Binnengewässern, der geographischen Besonderheiten des Kaspischen Meeres und einer gewissen Praktikabilität der Übertragung der im jahrelangen internationalen Diskurs entwickelten Prinzipien zur Erlangung historisch gewachsener Titel über maritime Gebiete ist davon auszugehen, dass ein über den Fall erkennendes internationales Gericht mit hoher Wahrscheinlichkeit die entwickelten Kriterien auch für das Kaspische Meer zu Rate ziehen würde.

---

482 Vgl. Ausführungen von *Lord Asquith* im Schiedsverfahren zwischen *Petroleum Development (Trucial Coast) Ltd. v. the Sheikh of Abu Dhabi* (1 *ICLQ* (1952), S. 247).
483 Vgl. auch: *Blum*, Historic Titles, S. 327ff..
484 Siehe auch Ausführungen unter: 2. Kap, § 4, C. III., 3., c).

dd) Vorbetrachtung zu völkerrechtlichen Methoden der Erlangung von Souveränität über Territorien

Völkerrechtshistorisch kommen folgende Möglichkeiten für die Erlangung eines faktischen Gebietstitels über die Territorien um und am Kaspischen Meer in Frage: die Okkupation[485], die Ersitzung[486], die Zession, Annexion[487] und die Adjunktion[488].

Während in vergangenen Jahrhunderten die Annexion die üblichste Form der Landnahme war, wurde diese im Laufe der Entwicklung des modernen Völkerrechts in zunehmendem Maße durch die Zession, also die vertragliche Übergabe der territorialen Souveränität eines souveränen Staates an einen anderen Staat, verdrängt[489].

Die Okkupation, die heute mangels so genannter *terra nullius* Gebiete praktisch nicht mehr durchführbar ist, könnte jedoch ebenfalls für die Klärung historischen Erwerbs von Gebieten des Kaspischen Beckens interessant sein.

Relevant könnte auch die Ersitzung, d.h. die unwidersprochene effektive Inbesitznahme von Territorien über einen längeren Zeitraum, sein. Selbst unter mo-

---

485 Von einer Okkupation wird bei einer effektiven und andauernden Inbesitznahme von herrenlosem Land (*terra nullius*) mit Gebietserwerbswillen (*animus domini*) bezeichnet. (vgl.: *Verdross/Simma*, Universelles Völkerrecht, § 1154; *Hall*, International Law, S. 125).

486 Die Ersitzung gibt dem Staat, der ein gewisses Territorium auf längere Zeit effektiv besitzt, ohne dass dagegen Widerspruch vorgebracht wird, einen Rechtstitel auf dieses Gebiet. Dabei muss das betreffende ersessene Gebiet im Unterschied zu Okkupation nicht herrenlos gewesen sein. (*Verdross/Simma*, Universelles Völkerrecht, § 1162; *Hall*, International Law, S. 143).

487 Die Annexion bezeichnet die Einverleibung von gewaltsam erworbenem Gebiet eines anderen Staates in das eigene Staatsterritorium. (*Hall*, International Law, S. 21f.; *Kelsen*, Principles of International Law, 2.A., S. 214; *Fisch*, Die europäische Expansion, S. 157-163);
Die Annexion ist im modernen Völkerrecht nicht mehr zulässig, da nicht als *terra nullius* zu qualifizierende Territorien von der Eroberung durch das in Artikel 2 (4) der UN-Charta verankerte und inzwischen zu Völkergewohnheitsrecht erstarkte Gewaltverbot geschützt werden. (*Gloria* in: Ipsen (Hrsg.), Völkerrecht, § 23, Rn. 46; *Fisch*, Die europäische Expansion, S. 166).

488 Die Adjunktion bezeichnet die Zuteilung eines bestimmten Gebietes an einen Staat durch eine feststellende oder gestaltende Entscheidung eines internationalen Gerichts, Schiedsgerichts oder einer internationalen Organisation. (*Gloria* in: *Ipsen* (Hrsg.), Völkerrecht, § 23, Rn. 64f.).

489 *Verdross/Simma*, Universelles Völkerrecht, § 1157; *Hall*, International Law, S. 142; Kelsen, Principles of International Law, 2.A., S. 213.

dernem Völkerrecht würde eine solche dann einen Rechtstitel zur Folge haben, wenn die Gebietsherrschaft unter Verstoß gegen die Regeln der *UN-Charta* zustande gekommen wäre[490].
Auf welche Weisen und zu welcher Zeit von dem einen oder anderen Staat Gebiete im Kaspischen Becken erlangt worden sind und sich daraus gewisse historisch gewachsene Ansprüche ergeben könnten, soll Gegenstand der nun folgenden Untersuchungen sein.

b) Die territorialen Souveränitätsrechte am Kaspischen Meer bis 1917

Obwohl der zentralasiatische Raum um das Kaspische Meer schon seit mehr als zweitausend Jahren Schauplatz territorialer Auseinandersetzungen ist, finden sich in den historischen Quellen erst seit den letzten 300 Jahren völkerrechtsrelevante Angaben, die Rückschlüsse auf die Souveränitätsrechte bezüglich des Kaspischen Meeres zulassen.

aa) Die vorpetrinische Zeit

Am Anfang des 16. Jahrhunderts können die russischen Armeen *Iwans IV.* in Zentralasien erste Landgewinne bis hin zu den Nordufern des Kaspischen Meeres verzeichnen. Die russischen Eroberungen von Kasan und Astrakhan sollten den Anfang ständig neuer, durch Zar *Peter I.*, *Katharina II.*, *Alexander I.* als auch *Stalin* fortgesetzter Eroberungen im transkaukasisch-zentralasiatischen Raum darstellen[491].

Der zwischen Persien und dem Osmanischen Reich währende 100jährige Krieg wurde schließlich am 17. Mai 1639 mit dem Vertrag von *Qasr-i Shirin* beendet. In diesem wurde die persische Gebietshoheit über den Kaukasus sowie über das am Kaspischen Meer gelegene Aserbaidschan bestätigt, eine Situation, die über die nächsten 80 Jahre Bestand haben sollte[492].

bb) Russische Expansionsbestrebungen unter Zar Peter dem Großen

Zar *Peter I.*, der schon in jungen Jahren ein lebhaftes Interesse für Asien entwickelt hatte, schickte einen gewissen *Pirallahii Volynskii* nach Persien, um Möglichkeiten für den Handel mit Persien und die Möglichkeit von territorialen Er-

---

490 Auf Grund des ius cogens-Charakters des Gewaltverbots gilt dies jedoch nicht für gewaltsam errungene Gebietsherrschaft. vgl.: *Verdross/Simma*, Universelles Völkerrecht, § 1163; *Gloria* in: *Ipsen* (Hrsg.), Völkerrecht, § 23, Rn. 59ff..

491 Siehe dazu bereits unter: 1. Kap., § 1, B..

492 *Stanford*, Shaw, in: *Avery*, The Cambridge History of Iran, S. 297.

oberungen zu erforschen. Diesem gelang der Abschluss eines Handelsvertrages mit dem Schah, welcher russischen Händlern freien Zugang nach Persien sicherte[493].
Seine Berichte über die schlechten Führungsqualitäten des Schahs, das Auseinanderfallen des maroden Reichs, über die Einnahme der nordwestlich von Baku gelegenen Handelsstadt Shamakhi am 18. August 1721 durch die Afghanen[494] und deren Angriff auf Isfahan führten schließlich zur Entscheidung *Peter I.*, die persischen Provinzen des Kaspischen Meeres zu besetzen[495].

Am 29. Juni 1722 erreichten die russischen Truppen mit dem Zar an der Spitze Astrakhan, um dem Schah gegen die afghanische Invasion „zur Hilfe zu eilen".
Schah *Husains* Sohn, *Tahmasp*, welcher vor den Afghanen nach Tabriz geflohen war und sich dort selbst zum Schah ernannt hatte, trat bald nachdem die russischen Truppen bereits Darband an der Nord-Westküste des Kaspischen Meeres im Herbst 1722 erobert hatten, seine kaukasischen Provinzen entlang des Westufers des Kaspischen Meeres an Russland ab[496].
Wissend, dass ein schwaches Persien in die Hände der Türken fallen würde, deren Präsenz am Kaspischen Meer weder von den Persern noch von den Russen gewünscht war, war man in St. Petersburg darum bemüht, unter Ausnutzung der Situation eine vertragliche Übergabe der persischen Provinzen am Kaspischen Meer zu erpressen. Zu einem entsprechenden Vertragsschluss sollte es allerdings nicht kommen[497].

Nach der Einnahme Bakus durch die russischen Truppen waren die Türken bemüht, so schnell wie möglich territoriale Gewinne zu erlangen. Zwischen 1723 und 1724 gelang es ihnen, weite Teile Transkaukasiens und West-Persiens zu besetzen[498].

---

[493] Ebenda, S. 315.
[494] Bei der Einnahme der Stadt wurden u.a. auch viele russische Händler getötet und der reichste Händler Russlands erlitt schwere Verluste.
[495] *Kazemzadeh*, F., in: *Avery*, The Cambridge History of Iran, S. 317.
[496] *Müller*, Michael G., in: Handbuch der Geschichte Russlands, Bd 2, I., S. 404; *Stanford*, Shaw, in: *Avery*, The Cambridge History of Iran, S. 298.
[497] Am 23. September 1723 war der persische Botschafter in St. Petersburg so zur Unterzeichnung eines Vertrages gedrängt worden, welcher Persien die Hilfe Russlands gegen die afghanischen Rebellen zusicherte, um dafür im Gegenzug die Persischen Provinzen des Kaspischen Meeres von Darband über Baku, Gilan, Mazanderan bis Astarabad abgetreten zu bekommen. Der Schah verweigerte jedoch die Ratifizierung. (vgl.: *Kazemzadeh*, F., in: *Avery*, The Cambridge History of Iran, S. 318f..
[498] *Stanford*, Shaw, in: *Avery*, The Cambridge History of Iran, S. 298.

Nach der Niederlage der Russen gegen die Türken im Dritten Türkenkrieg *Peters I.*, welcher 1711 zur Rückgabe von Asow an die Türken führte, veränderte die russische Besetzung der persischen Provinzen am Kaspischen Meer die vorhandene Machtbalance zu Gunsten der Russen erheblich. Da die Türken die Legitimität von *Tahmasp* als Schah von Persien bestritten, das nun osmanischer Hoheit unterstand, erkannten sie auch nicht dessen vertragliche Vereinbarungen mit den Russen über die kaspischen Provinzen an.
Nachdem *Peter I.* nochmals ausdrücklich betont hatte, dass Russland es keiner anderen Macht erlauben würde, sich am Kaspischen Meer zu etablieren, schien ein Krieg unvermeidlich[499]. Dieser konnte jedoch durch die Mediation des damaligen französischen Botschafters in Konstantinopel, *Marquis de Bonnac*, verhindert werden[500].
Infolge dessen kam es zur Unterzeichnung des *russisch-türkischen Vertrages* vom 24. Juni 1724, durch welchen das nordwestliche Persien zwischen beiden Mächten aufgeteilt wurde. Die kaspischen Provinzen sollten demnach an Russland, Transkaukasien sowie ein Großteil Aserbaidschans an die Türken fallen. Auch wenn als Bedingung für die Wirksamkeit der Aufteilung die Anerkennung des Vertrages durch *Tahmasp* vorausgesetzt wurde, so stellte *Peter I.* klar, dass die Gebietsaufteilungen entweder akzeptiert oder zwangsweise durchgesetzt werden würden[501].

cc) Russisch-Persische Verträge von Rescht und Ganja

Nachdem der persische Staat durch die afghanische Herrschaft[502] und die türkischen und russischen Besetzungen so gut wie aufgehört hatte zu existieren, gelang es *Tahmasp* unter der Führung seines Feldherren *Nadir Khan* ab 1730, die Afghanen zu vertreiben und einen Großteil der besetzten persischen Provinzen zurückzuerobern. *Tahmasp* erklärte daraufhin den *osmanisch-russischen Vertrag* von 1724 als nichtig und forderte beide Mächte auf, persisches Territorium zu verlassen[503].

Zar *Peter I.* war zwar gewillt gewesen, die hinzugewonnenen persisch-kaspischen Territorien wirtschaftlich zu stärken und auf Dauer dem Russischen

---

[499] *Solov'ev*, Istoriia Rossii, IX, S. 397f..
[500] *Kazemzadeh*, F., in: *Avery*, The Cambridge History of Iran, S. 320.
[501] *Hurewitz*, The Middle East, I., S. 68.
[502] Nachdem sich die Afghanen nach Zentralpersien zurückgezogen hatten, wurde der afghanische Führer *Ashraf* (Esref) sogar von den Osmanen als der legitime Herrscher über Persien angesehen, (*Stanford* Shaw, in: The Cambridge History of Iran, S. 301).
[503] *Stanford* Shaw, in: *Avery*, The Cambridge History of Iran, S. 301.

Reich einzuverleiben, doch sollte das persische Abenteuer des Zaren bald in sich zusammenfallen. Infolge der Ansiedlungsversuche von Armeniern und anderen Christen in den südkaspischen Provinzen Gilan, Astrabad und Mazanderan durch den Zaren flüchtete die einheimische Bevölkerung und die landwirtschaftliche Produktion ging in bedeutendem Umfang zurück.

Nachdem im ersten *Rückgabevertrag von Rescht* vom 24. Februar 1729 bereits ein teilweiser Rückzug Russlands aus den Provinzen Mazanderan und Astrabad vereinbart worden war, sah sich Russland unter dem Eindruck eines erstarkten Persiens veranlasst, im zweiten *Vertrag von Rescht* vom 2. Februar 1732 auch wieder die Provinz Gilan an Persien zurückzugeben[504].
Gleichzeitig wurde allerdings russischen Händlern freier Transit durch Persien nach Indien garantiert[505]. Des Weiteren sollten die persischen Provinzen nördlich des Flusses Kura nur so lange in russischer Hand bleiben, bis es dem Schah gelingen würde, die Türken vollständig vom persischen Territorium zu verdrängen[506].
Die raschen militärischen Erfolge des persischen Feldherrn *Nadir*[507] gegen das Osmanische Reich und dessen Eroberung Armeniens, Georgiens und Dagestans zwangen Russland schon bald zur Einlösung des im zweiten *Vertrag von Rescht* festgelegten Rückgabeversprechens.

In dem sodann geschlossenen neuen *Grenz- und Bündnisvertrag von Ganja* vom 1. April 1735 wurde die Preisgabe aller petrinischen Persieneroberungen sowie der definitive Rückzug auf das linke Ufer des Flusses Terek, also nördlich des Kaukasus, besiegelt. Allerdings wurden auch die im *Vertrag von Rescht* festgelegten russischen Handelsprivilegien bestätigt und seitens Persiens bündnispolitische Verpflichtungen gegenüber Russland über die Fortsetzung des Krieges gegen das Osmanische Reich festgelegt[508].

---

[504] *Müller*, Michael G., in: Handbuch der Geschichte Russlands, Bd 2, I., S. 405.
[505] *Altstadt*, From White Oil to Black Caviar.
[506] *Hurewitz*, The Middle East, S. 69ff.; *Lockhart*, Nadir Shah, Kap. 2-8.
[507] *Nadir* ließ sich 1736 schließlich zum Schah krönen, um an Stelle der Safaviden Dynastie die der Afshariden zu begründen, (vgl.: *Stanford* Shaw, in: The Cambridge History of Iran, S. 306.
[508] Trotz des Verzichts auf die Handelskontrolle über das Kaspische Meer gelang Russland mit diesem Vertrag ein geostrategisch geschickter Zug, da es so nicht nur seine Grenzen an dieser sehr umstrittenen Südperipherie begradigen konnte, sondern zusätzlich ein Verbündeter für den sich abzeichnenden russisch-osmanischen Konflikt um die Einflusssphären am Schwarzen Meer gewonnen worden war. (Sovetsko-iranskie otnosenija, S. 21ff.).

dd) Wiederaufnahme der Süd-Ost-Expansion am Ende des 18. Jahrhunderts

Für das folgende halbe Jahrhundert waren die Beziehungen zwischen Persien und Russland von nur geringer Signifikanz. Vor allem unter der Regentschaft von Zarin *Elisabeth*[509] waren die russischen Expansionsbestrebungen im Wesentlichen auf Westeuropa und das Schwarze Meer beschränkt. Der russische Anspruch hinsichtlich der Verteilung der Machtverhältnisse auf dem Kaspischen Meer wurde allerdings nochmals durch ein Dekret der Zarin *Elisabeth* aus dem Jahre 1746 deutlich gemacht. In diesem verbot sie als Reaktion auf die ehrgeizigen Bestrebungen des persischen Schahs, mit Hilfe der Briten auf dem Kaspischen Meer eine Kriegsflotte aufzubauen, sofort den britischen Handel mit Persien durch Russland[510].

Mit der zielgerichteten Expansion in Richtung Kaukasus und Persien begann Russland erst wieder nach seinen siegreichen Schlachten gegen die Türken[511] unter der Herrschaft *Katharinas II.*[512]. So landete ein Expeditionskorps der Russen im Jahre 1781 bei Astarabad, an der Süd-Ost-Küste des Kaspischen Meeres gelegen, um auf Anweisung der Zarin dort eine befestigte Handelsniederlassung zu errichten, welche der Verteidigung der russischen Händler auf dem Weg nach Persien und Indien dienen sollte[513]. Nach Ansicht des russischen Historikers *V.A. Potto*[514] war diese Expedition ein Teil von *Katharinas II.* Plänen zur Eroberung der nördlichen persischen Provinzen.

---

[509] Nach dem Tod *Peters I.* im Jahre 1725 regierte seine 2. Frau *Katharina I.* bis 1727, dann sein Enkel *Peter II.* bis 1730. Die nächsten 10 Jahre regierten *Peter III.*, welcher ermordet wurde, sodann Zarin *Anna und schließlich Iwan VI.*, welcher ebenfalls ermordet wurde. Im Jahre 1741 übernahm die Tochter *Peter I. - Elisabeth* die Macht, welche im Jahr 1762 starb.

[510] *Greavens*, R., in: The Cambridge History of Iran, S. 352.

[511] Im *Friedensvertrag von Kütschük-Kainardsche* im Juli 1774 müssen die Türken die Krim und das Asowsche Meer abgeben, Russland erlangte den freien Zugang zum Schwarzen Meer und weitere erhebliche Grenzausweitungen. (vgl.: *Rühl*, Aufstieg und Niedergang des Russischen Reiches, S. 235).

[512] *Katharina II.* (1729-1796) übernahm im Jahre 1762 nach dem Sturz ihres Ehemannes *Paul III.* die Macht. Dieser hatte die Erfolge seiner Vorgängerin *Elisabeth* im Kampf gegen Preußen auf Grund seiner persönlichen Bewunderung für *Friedrich den Großen* verspielte, indem er die Bündnispartner Österreich und Frankreich verprellte und die Russische Armee, welche den Krieg in Deutschland hätte entscheiden können, aus dem Krieg abzog. (vgl.: *Rühl*, Aufstieg und Niedergang des Russischen Reiches, S. 216f.).

[513] *Kazemzadeh*, F., in: *Avery*, The Cambridge History of Iran, S. 326.

[514] *Potto*, Kavkazskaia voina, S. 154.

Zur Verwirklichung von *Katharinas* Vorhaben, den damaligen persischen Herrscher Khan *Agha Muhammad*[515] zu stürzen, sollte es auf Grund ihres zwischenzeitlichen Todes allerdings nicht mehr kommen[516]. *Katharinas* Sohn und Nachfolger *Paul I.* (1796-1801) war unwillig, die aggressive Expansionspolitik seiner Mutter weiterzuführen und nahm nach der Ermordung *Agha Muhammads* bereitwillig Verhandlungsangebote des neuen persischen Herrschers *Fath Ali Schah* auf, welcher zunächst um eine Verbesserung der Beziehungen zu Russland bemüht war. Es wurden Handelsabkommen geschlossen und vereinbart, dass russische Kriegsschiffe den nordpersischen Hafen von Anzali nicht grundlos anlaufen dürfen[517].

ee) Die Persienpolitik Russlands im 19. Jahrhundert

Fath Ali Schah sollte schon bald in die Spuren seines Vorgängers treten und um weitere transkaukasische Eroberungen bemüht sein. Ein erneutes Bitten des georgischen Königs *Erekle II.* um russische Schutzherrschaft vor der osmanischen Bedrohung wurde von *Paul I.* mit Wohlwollen angenommen, da er mittlerweile größere Pläne in Richtung des Mittleren Ostens hegte[518].
Zahlreiche gegen Russland gerichtete diplomatische Manöver[519] Persiens mit Unterstützung Frankreichs und Großbritanniens brachten Persien einen schlechten Ruf in St. Petersburg ein, so dass sich Zar *Alexander I.* (1801-1825) entschied, die Politik *Katharinas II.* fortzusetzen[520].

---

[515] Diesem war es 1795 gelungen, Georgien für Persien wieder zurückzuerobern.
[516] *Atkin*, The Khanates of Eastern Caucasus, S. 138.
[517] *Kazemzadeh*, in: *Avery*, The Cambridge History of Iran, S. 329f..
[518] *Rühl*, Aufstieg und Niedergang des Russischen Reichs, S. 235f; *Kazemzadeh*, in: *Avery*, The Cambridge History of Iran, S. 328ff..
[519] Auf der Suche nach Verbündeten gegen Russland wandte sich Persien zunächst an Frankreich, schloss 1801 dann allerdings mit Großbritannien sowohl Handelsverträge als auch einen Vertrag, der die britische Unterstützung bei möglichen Angriffen der Afghanen oder Franzosen vorsah. Ein darauf folgendes Bündnisangebot Napoleons wurde trotz des Versprechens von Hilfe gegen Russland von *Fath Ali Shah* zunächst ausgeschlagen, um schließlich im Vertrag von Finkenstein im April 1807 das französische Angebot doch anzunehmen und Großbritannien den Krieg zu erklären. Angesichts einer immer akuteren russischen Bedrohung an den Nordgrenzen des persischen Reiches und der ausbleibenden französischen Unterstützung sah sich *Fath Ali Shah* nochmals veranlasst, in Verträgen von 1809/1812 das Bündnis mit Großbritannien zu erneuern; Verträge die wiederum durch den 1812 Einmarsch Napoleons in Russland und nachfolgende Russisch-Englische Verträge gegenstandslos wurden. (vgl.: *Kazemzadeh*, in: *Avery*, The Cambridge History of Iran, S. 331; *Greaves*, in: *Avery*, The Cambridge History of Iran, S. 379, 381, 385).
[520] *Zernack*, Geschichte Russlands, Bd 2, II, S. 984.

Mit der Schlacht um Erivan am 1. Juli 1804 begann schließlich der Erste Russisch-Persische Krieg, der erst mit britischer Mediation durch den *Friedensvertrag von Gulistan*[521] vom 12. Oktober 1813 beendet werden konnte[522].

(1) Friedensvertrag von Gulistan 1813

Gestärkt durch den russischen Sieg über *Napoleon* hatten die den Persern militärisch überlegenen Russen eine stärkere Ausgangsposition bei den Vertragsverhandlungen. So verlor Persien einen Großteil seiner kaukasischen (Quarabagh, Ganja, Shakki und Georgien) und westkaspischen Provinzen (Baku, Shirvan, Qubba und Talish) an Russland. Des Weiteren durften gemäß Artikel 5 des *Vertrages von Gulistan* nur russische Kriegsschiffe auf dem Kaspischen Meer verkehren[523], was die persischen Nordprovinzen sehr verletzlich für mögliche russische Angriffe machte und das Kaspische Meer faktisch zu einem russischen *mare clausum* werden ließ.
Diese militärische Oberhoheit über das Kaspische Meer lässt allerdings nicht die Schlussfolgerung zu, dass das Kaspische Meer damit auch vollständig russischer Souveränität unterlag[524]. So konnten persische Handelsschiffe weiterhin frei auf dem gesamten Kaspischen Meer navigieren und unterlagen keinerlei administrativer Beschränkungen durch Russland. Die sonstigen Vereinbarungen betrafen lediglich den Verlauf der neuen Landgrenzen, welche im Übrigen sehr vage waren und Raum für Fehlinterpretationen boten[525].

Der persisch-russische Konflikt war damit aber noch nicht beendet. Zar *Nicolaus I.* (1825-55), mit der Türkeifrage, dem Balkan und innenpolitischen Problemen zu genüge beschäftigt, war an friedlichen Beziehungen mit Persien interessiert[526]. Jedoch weder der von ihm entsandte Unterhändler Prinz *A.S. Menshikov* noch der Feldherr *Ermolov* waren für Zugeständnisse an Persien zu begeistern, so dass durch deren provozierendes Verhalten ein weiterer Krieg gera-

---

[521] *Traité de paix et d'amitié signé sur la rivière de Seiwa dans le Gulistan* (*Martens* N.R.IV, S. 89).
[522] *Kazemzadeh* in: *Avery*, The Cambridge History of Iran, S. 334.
[523] *Romano, The Caspian Sea Dispute, S. 147*; *Kazemzadeh*, in: *Avery*, The Cambridge History of Iran, S. 334; *Gavin*, R.G.Hambly, in: The Cambridge History of Iran, S. 162.
[524] So wollte auch *Doka* klargestellt wissen, dass trotz der faktisch bestehenden ausschließlichen russischen „Herrschaft" über das Kaspische Meer, damit seiner Ansicht nach jedoch nicht eindeutig dokumentiert sei, dass diese „Herrschaft" mit Hoheit oder Souveränität identisch sei. (*Doka*, Der Bodensee im internationalen Recht, S. 36).
[525] *Kazemzadeh* in: *Avery*, The Cambridge History of Iran, S. 334.
[526] *Enikolopov*, Griboedov v Gruzii i Persii, S. 44.

dezu heraufbeschworen wurde[527]. Infolge der Annexion des persischen Khanats Erivan durch russische Truppen im Mai 1826 kam es zum Zweiten Russisch-Persischen Krieg, aus dem die überlegene russische Armee letztendlich siegreich hervorging.

(2) Friedensvertrag von Turkmanchaï 1828

Der *Vertrag von Turkmanchaï*[528] vom 22. Februar 1828 beendete den zweiten Russisch-Persischen Krieg[529]. Russland wurde durch diesen, zu den bereits im *Vertrag von Gulistan* erworbenen Gebieten, jetzt noch die Khanate von Erivan und Nakhchivan (nördlich des Flusses Aras) zugesprochen.

In einem zusätzlichen Handelsvertrag wurden weit reichende Privilegien für russische Händler und Bürger gewährt, welche die Grundlage für den russischen Einfluss in Persien legen sollten.

Des Weiteren wurden die im *Vertrag von Gulistan* getroffenen Vereinbarungen über die Schifffahrt auf dem Kaspischen Meer bekräftigt und präzisiert. So wurde in Art VIII. des *Vertrages von Turkmanchaï* Handelsschiffen beider Seiten das Recht zur freien Schifffahrt auf dem Kaspischen Meer eingeräumt. Es blieb aber weiterhin ausschließlich Kriegsschiffen unter russischer Flagge vorbehalten, das Kaspische Meer zu befahren[530]. Die Bezeichnung dieses Rechts als „privilège" legt erneut die beim *Vertrag von Gulistan* bereits erwähnte Vermutung nahe, dass damit Russland nicht die vollständige Souveränität über das Kaspische Meer zugesprochen werden sollte. Die Festlegung der Grenzen in Artikel IV. erwähnt dabei keine Unterteilung der Hoheitsbefugnisse auf dem Kaspischen Meer.

Der *Vertrag von Turkmanchaï* bestimmte für die folgenden 90 Jahre die Beziehungen zwischen Russland und Persien, bis er schließlich durch Artikel 16 des russisch-persischen *Freundschaftsvertrages* vom 26. Februar 1921, in welchem Russland auf seine Sonderstellung verzichtete, aufgehoben wurde.

---

[527] *Kazemzadeh,* in: *Avery,* The Cambridge History of Iran, S. 335ff..

[528] *Traité de paix* (Martens N.R.VII, S. 564).

[529] *Grewe,* Quellen zur Geschichte des Völkerrechts, Bd 3/1, Berlin 1992.

[530] Die russische Kriegsflotte lag seit 1875 bei Krasnowodsk am Ufer. Zum damaligen Zeitpunkt umfasste diese 17 Schiffe, darunter 10 Kriegsdampfer und 7 nicht armierte Dampfer. (*Kürschner,* Pierers Konversations-Lexikon, 8. Band, S. 179).

Ab der zweiten Hälfte des 19. Jahrhunderts annektierte Russland weitere transkaspische Gebiete bis nach Turkistan und zu den Grenzen Afghanistans[531]. Eine persische Protestnote aus dem Jahre 1869 hinsichtlich einer angeblichen Verletzung der persischen Grenze, die östlich des Kaspischen Meeres durch den Fluss Atrak markiert werde, wurde vom russischen Minister in Teheran, *A.F. Beger*, lediglich mit der kurzen Mitteilung über die Anerkennung des Atrak als Demarkation der russisch-persischen Grenze beantwortet[532]. Persien war zur damaligen Zeit sowohl militärisch als auch politisch zu geschwächt, als dass es bei der großen imperialen Auseinandersetzung zwischen Russland und Großbritannien um den Einfluss in Zentralasien noch eigene Ansprüche hätte geltend machen können.

(3) Grenzabkommen von 1881 und 1893

Auch den Grenzverträgen vom 9. Dezember 1881[533] und vom 8. Juni 1893[534] sind keine Regelungen über den Grenzverlauf auf dem Kaspischen Meer zu entnehmen.

ff) Vertrag über die Aufteilung Persiens in Einflusszonen 1907

Während Persien im auslaufenden 19. Jahrhundert seine Eroberungspolitik weiter in Richtung Osten (Herat, Quandahar, Kabul) verlagerte, wurde es zu Zeiten der Herrschaft des Zaren *Nicolaus II.* (1894-1917) immer mehr zum Spielball russischer und britischer imperialistisch – kapitalistischer Wirtschaftsexpansion[535].

Infolge der Revolution in Teheran im Jahre 1906, die sich gegen den von Russland kontrollierten *Muzaffar al-Din Shah* richtete und die Errichtung einer erblichen konstitutionellen Monarchie zur Folge hatte, kam es zu einer massiven Intervention seitens der Türkei, Großbritanniens und Russlands. Sie machten sich die Umwälzung und Instabilität der Revolutionstage zunutze, um eigene

---

[531] Die russischen Truppen konnten durch die britischen erst kurz vor der afghanischen Grenze bei Sarakhs und Marv gestoppt werden. (vgl.: *Kazemzadeh*, in: The Cambridge History of Iran, S. 341).

[532] *Iliasov*, Turkmenii, S. 31f..

[533] *Martens*, Nouveou Reconcil, Tome 9.

[534] *Martens*, Nouveou Reconcil, Tome 33.

[535] *Kazemzadeh*, in: *Avery*, The Cambridge History of Iran, S. 341.

territoriale Ambitionen voranzutreiben. Persische Politik war von nun an nur noch in dem von Russland und Großbritannien gebilligten Rahmen möglich[536].

Großbritanniens Angst vor dem erstarkenden Deutschland und das Bedürfnis Russlands nach Erholung vom letzten Krieg und der 1905er Revolution brachten beide Mächte an den Verhandlungstisch, ohne die persische Regierung über die Verhandlungen zu informieren. Als Folge kam es 1907 zu einem Vertrag zwischen Großbritannien und Russland über die Aufteilung[537] Persiens in Einflusszonen[538], allerdings bei grundsätzlicher Anerkennung der Unabhängigkeit Persiens.
Die russischen Truppen annektierten die persischen Provinzen Aserbaidschan, Gilan und Khurasan, in denen die russischen Konsule wie auf russischem Territorium regierten[539].

gg) Zwischenergebnis zu Souveränitätsregelungen bis 1917

Obgleich bis Anfang des 20. Jahrhunderts keine expliziten Regelungen hinsichtlich der Souveränitätsrechte auf und um das Kaspische Meer getroffen worden waren, lassen zumindest die das Befahren mit Kriegsschiffen regelnden Artikel der Verträge von *Gulistan* und *Turkmanchaï* auf ein klares Ungleichgewicht der Souveränitätsrechte zugunsten Russlands schließen[540]. Bis auf kurzzeitige Ausnahmen kam dem Kaspischen Meer bis dahin in praktischer Hinsicht der Status eines russischen *mare clausum* zu, allerdings ohne dass eine vollständige hoheitliche Kontrolle des Kaspischen Meeres durch Russland daraus abgeleitet werden könnte. Zum einen fehlten damit bis zum Anfang des 20. Jahrhunderts sowohl die Voraussetzungen für eine Annahme des Vorhandenseins eines vertraglich geregelten Kondominiums als auch die für getrennte Souveränitätsverhältnisse auf dem Kaspischen Meer. Zum anderen wurde das für die Erlangung eines historisch gewachsenen Titels über maritime Gewässer besondere Erfordernis der Effektivität bei der Ausübung von Hoheitsgewalt[541]

---

[536] *Kazemzadeh*, in: *Avery*, The Cambridge History of Iran, S. 343.

[537] Russland Norden bis Mitte, Großbritannien Südosten am Persischen Golf, Zugang nach Indien, Afghanistan außerhalb der russischen Einflusszone, Tibet unter Chinas Hoheit.

[538] Siehe geographische Karte dazu in: *Kazemzadeh*, in: *Avery*, Cambridge History of Iran, S. 344, Map. 8 - Russian and British spheres of influence.

[539] *Kazemzadeh*, in: *Avery*, The Cambridge History of Iran, S. 343.

[540] Die russische Kriegsflotte ist seit 1875 bei Krasnowodsk stationiert. Bereits Ende des 19. Jahrhundert lagen dort 17 Schiffe, darunter 10 Kriegsdampfer und 7 nicht armierte Dampfer. (*Kürschner*, Pierers Konversations-Lexikon, 8. Band, S. 179).

[541] Siehe dazu Ausführungen oben: Zweites Kap., § 4, B., V., 1..

der Gewässer des Kaspischen Meeres weder durch Russland noch durch Persien in ausreichendem Maße über einen längeren Zeitraum erfüllt.

c) Vom zaristischen Russland zur UdSSR

Die Verwicklung Russlands in den Ersten Weltkrieg und innenpolitische Unruhen führten schließlich zum Zusammenbruch der russischen Monarchie und der Abdankung von *Nikolaus II.* am 15. März 1917.
Die provisorische Regierung Russlands verfolgte zwar die alte Persienpolitik weiter, war aber von den innenpolitischen Auseinandersetzungen zu stark eingenommen, als den Verfall des russischen Einflusses auf Persien zugunsten der Briten noch aufhalten zu können.

aa) Problematik der Rechtsnachfolge in zaristische Verträge

Mit dem Oktoberputsch 1917 stellt sich unter anderem das Problem der Rechtsnachfolge der UdSSR in die Verträge des zaristischen Russlands.
Politisch gesehen stellte die neu entstandene RSFSR ein Novum gegenüber dem vorher bestehenden Völkerrechtssubjekt Russland dar, rein rechtlich war es mit dem Zarenreich jedoch identisch, da Revolutionen für die Kontinuität eines Staates irrelevant sind[542]. Zwar war der sowjetischen Völkerrechtsdoktrin die Differenzierung zwischen Staatennachfolge und Rechtsnachfolge fremd[543], jedoch ging auch sie schon immer davon aus, dass eine Rechtsnachfolge nur dann eintreten kann, wenn der Vorgängerstaat völkerrechtlich untergegangen und an dessen Stelle ein neuer Staat getreten ist[544].
Nach 1917 blieb nach einer Kette von Sezessionen aus dem ursprünglichen Staat Russland die RSFSR als „Rumpfstaat" übrig. Bald jedoch strebte die RSFSR die Reintegration des alten Reiches an, was in Ziffer 8 ihrer Verfassung vom 10. Juli 1918 zum Ausdruck kam. Dem darin definierten Beitrittsangebot folgten aber nur die fernöstlichen Republiken, die im November 1922 eingegliedert wurden[545]. Der Zusammenschluss mit der Ukraine, Weißrussland und Transkaukasien erfolgte – wenn auch erzwungen – immerhin auf der Basis des völkerrechtlichen Vertrages über die Bildung der UdSSR vom 30. Dezember 1922. An die Stelle Sowjetrusslands trat jetzt ein neues Völkerrechtssubjekt – die UdSSR. Diese Union hatte trotz der Bezeichnung „Staat" durch das in Ziffer 26 ihrer Verfassung gewährte Sezessionsrecht Staatenbundcharakter.

---

[542] *Verdross/Simma*, Universelles Völkerrecht, S. 230 und 608.
[543] *Tunkin*, Völkerrecht, S.146.
[544] *Avakov*, in: *Ušakov*, Kurs Mezdunarodnogo prava, S. 119.
[545] *Rauch*, Geschichte Russlands, S. 169.

Doch lässt sich diese Vereinigung von Staaten als eine, den Bestimmungen der *Wiener Konvention über Staatensukzession (WKS)*[546] entsprechende ansehen, für die auch der Grundsatz der Kontinuität gemäß der Artikel 31, 34 der *WKS* anzuwenden ist.
Mithin trat die UdSSR in die völkerrechtlichen Verpflichtungen der RSFSR und damit des Zarenreichs ein, womit die vertraglichen Bindungen und Rechte auch nach 1917 fortbestanden.

bb) Der sowjetische Weg der Einflussnahme

Geschwächt durch den Ersten Weltkrieg und den im eigenen Land tobenden Bürgerkrieg fehlten dem sowjetischen Russland Ende der 20er Jahre die militärischen Mittel, um die eigene Präsenz in Persien aufrechterhalten zu können und das Vordringen der Mittelmächte und Großbritanniens zu unterbinden. Die junge sowjetische Regierung, auf der Suche nach internationaler Anerkennung und neuen Bündnispartnern, verlagerte ihre Strategie daher auf die ideologische Unterwanderung und innere Schwächung Persiens.

Versprach *Lenin* noch kurz nach der Machtübernahme der Bolschewiken und dem Waffenstillstand vom 15. Dezember 1917, die russischen Truppen aus Persien abzuziehen, besetzen russische Truppen im Frühjahr 1920 bereits wieder das für nur wenige Jahre unabhängige ehemals russische Aserbaidschan. Von dort setzten sie am 18. Mai 1920 nach Anzali über, um die dortigen Stützpunkte russisch konterrevolutionärer Kräfte zu zerstören[547]. Infolge dessen sah sich die lokale kommunistische Partei *Kuchik Khan* ermutigt, in der südkaspischen persischen Provinz Gilan ebenfalls eine Sowjetrepublik zu proklamieren[548].

Auf Grund ihrer schlechten wirtschaftlichen Verfassung war die Sowjetunion allerdings auf den Handel mit dem Westen angewiesen. Folglich zu Zugeständnissen an die Briten gezwungen, musste die Sowjetunion schon bald wieder die Sowjetrepublik Gilan fallen lassen[549].

Die Aktivitäten zur Schwächung des Schahs und des britischen Einflusses wurden nunmehr auf antiimperialistische Agitationsmittel und subversive Tätigkei-

---

[546] Vom 22. August 1978, UN Doc.A/CONF.80/31.
[547] *Keddie*, in: *Avery*, The Cambridge History of Iran, S. 209.
[548] *Abrahamian*, Iran Between two Revolutions, S. 30ff..
[549] *Kazemzadeh*, F. in: *Avery*, The Cambridge History of Iran, S. 347.

ten verlagert. In Folge des Staatsstreichs vom 20. Februar 1921 konnte sich der Iran schließlich tatsächlich von der englischen Einflussnahme befreien.
Wenige Tage später kam es zur Unterzeichnung des *Freundschaftsvertrages* zwischen Persien und der RSFSR, der in seinem Artikel 11 die für Persien ungünstigen Vertragsbestimmungen der *Verträge von Gulistan* und *Turkmanchaï* für nichtig erklärte. Der Vertrag bestätigte des Weiteren den bestehenden Verlauf der russisch-persischen Grenze. Trotz des überwiegend eindeutigen Charakters des *Freundschaftsvertrages* sollte dessen Artikel 6 für die persische Seite gewissen Unsicherheiten mit sich bringen. Wie bereits zuvor untersucht, erlaubte dieser Russland ein Interventionsrecht für den Fall, dass persisches Territorium Ausgangsbasis für militärische Aktionen gegen Russland sein sollte[550].

Obwohl in einem anschließenden Notenwechsel beider Vertragsparteien klargestellt wurde, dass Artikel 6 sich nur auf die noch von persischem Gebiet gegen Sowjetrussland vereinzelt tätigen so genannten „Weißen Brigaden" beziehen sollte, wurde diese Klausel in späteren Jahren durch die Sowjetunion zu Gunsten eines eigenen unbeschränkten militärischen Interventionsrechtes in den Iran interpretiert[551]. In Folge dessen war das russisch-persische Verhältnis während der folgenden Jahrzehnte sehr angespannt. So annektierte die Sowjetunion unter Berufung auf Artikel 6 des russisch-persischen *Freundschaftsvertrages* von 1921 zusammen mit Großbritannien im August 1941 erneut den Iran entlang derselben Einflusszonen, wie sie bereits Anfang des Jahrhunderts geschaffen worden waren, als der Iran sich weigerte, nach der deutschen Invasion in die UdSSR im Juni 1941, als Transitland für militärischen Nachschub zu fungieren[552].

Schon bald begann die Sowjetunion mit dem Versuch einer gewissen „Sowjetisierung" des Irans, indem sie die iranische kommunistische Partei wieder belebte, der es gelang, im iranischen Teil Aserbaidschans eine von Teheran autonome Regierung auszurufen[553]. Des Weiteren forderte die sowjetische Regierung die Vergabe von Erdölkonzessionen für alle fünf besetzten nördlichen Provinzen am Kaspischen Meer.

Trotz enormen Drucks seitens der Sowjetunion in den nächsten Jahren gelang es ihr jedoch nicht, entsprechende Konzessionen endgültig zu erhalten. Ein am 4.

---

[550] Vgl. unter: 2. Kap., § 4, B., II..
[551] *Kazemzadeh*, F. in: *Avery*, The Cambridge History of Iran, S. 347.
[552] *Saikal*, Amin, in: *Avery*, The Cambridge History of Iran, S. 434.
[553] *Saikal*, Amin, in: *Avery*, The Cambridge History of Iran, S. 436.

April 1946 in Teheran geschlossener Vertrag[554] sah zwar sowohl die Vergabe von Konzessionen für einen Zeitraum von fünfzig Jahren als auch die Gründung einer entsprechenden Gesellschaft mit 51%iger sowjetischer Beteiligung vor, jedoch wurde dieser Vertrag von iranischer Seite am 22. Oktober 1947 endgültig nicht ratifiziert und für nichtig erklärt[555].
Dies sollte auch der Hauptgrund für die Weigerung Moskaus sein, nicht innerhalb der sechs Monatsfrist nach dem Ende des Zweiten Weltkrieges seine Truppen aus den besetzten persischen Gebieten abzuziehen, wie es in der *Angloamerikanisch-Sowjetischen Deklaration* vom 1. Dezember 1943 vereinbart worden war[556].

Erst auf amerikanischen und britischen[557] Druck hin, die das sowjetische Verhalten als Bedrohung für den Weltfrieden und die Wirtschaft der westlichen Welt ansahen, nach Einschalten des UN-Sicherheitsrates und des Abschlusses des oben bereits erwähnten vorläufigen Erdölkonzessions-Vertrags wurden die sowjetischen Truppen von persischem Territorium abgezogen[558].

d) Zwischenergebnis zu historisch gewachsenen Gebietsansprüchen

Die vergangenen Jahrhunderte sind von einer eindeutigen russischen Dominanz über das Kaspische Meer gekennzeichnet gewesen, welche dieses praktisch gesehen zu einem russischen *mare clausum* werden ließ. Die Effektivität der ausgeübten Hoheitsgewalt Russlands über das Kaspische Meer ist jedoch nicht als für die Annahme historisch gewachsener Gebietsansprüche ausreichend anzusehen.

Eventuelle historische Ansprüche Russlands sind spätestens mit der Unterzeichnung des russisch-persischen *Friedensvertrags* von 1921 als nicht mehr durchsetzbar anzusehen, da in diesem von der Jahrhunderte währenden Persien-Politik des zaristischen Russlands Abstand genommen wurde und zumindest vertraglich gleichberechtigte Nutzungsrechte eingeräumt wurden.

---

[554] Vgl.: Foreign Relations of the United States, S. 414f..
[555] *Ferrier*, Ronald, in: *Avery*, The Cambridge History of Iran, S. 653; *Saikal*, Amin, in: *Avery*, The Cambridge History of Iran, S. 437ff..
[556] *Hurewitz*, The Middle East, S. 232ff.; *Magnus*, Documents on the Middle East.
[557] *Truman*, Memoires, S. 94f..
[558] Nach der Vereinbarung über die Gründung einer gemeinsamen Sowjetisch-Iranischen Erdölgesellschaft verkündete Moskau am 24. März 1946 den Abzug aller Truppen aus Persien innerhalb der nächsten eineinhalb Monate. Der Konzessionsvertrag wurde von iranischer Seite nie ratifiziert. (vgl.: *Saikal*, in: *Avery*, The Cambridge History of Iran, S. 438f.).

Auch wenn die Sowjetunion in den nachfolgenden Jahrzehnten faktisch zumindest im Sektor nördlich der „*Astara-Gassan-Kuly*"-Linie nach eigenem Belieben militärische und wirtschaftliche Aktivitäten unternahm und ein Überqueren dieser Linie weder seitens des Irans noch durch die Sowjetunion stattgefunden hat, so muss zu Gunsten des Irans angeführt werden, dass der Mangel an offiziellen Protestnoten gegen die den sowjetisch-iranischen Verträgen von 1921 und 1940 widersprechenden Aktivitäten zu einem Großteil auf die militärische Einschüchterungspolitik der Sowjetunion zurückzuführen ist.

Es kann folglich nicht angenommen werden, dass das Gebiet des Kaspischen Meeres nördlich der „*Astara-Gassan-Kuly*"-Linie aus völkerrechtlicher Sicht historisch gewachsen der alleinigen Gebietshoheit der Sowjetunion unterfiel. Entsprechend können sich auch die nach dem Zerfall der Sowjetunion neuentstandenen kaspischen Staaten, insbesondere Aserbaidschan und Turkmenistan nicht auf eine solche Linie als Abgrenzung der Hoheitsgebiete berufen[559].

Ebenso wenig kann jedoch das Vorliegen der Voraussetzungen für die Annahme eines Kondominiums auf Grund eines "historic title" hinsichtlich des Kaspischen Meeres auf Grund vertraglicher Vereinbarungen aus den Jahren 1921 und 1940 bestätigt werden.

Wie im Rahmen der Ausführungen zu den in den 1935er und 1940er sowjetisch-iranischen *Handels- und Schiffsverkehrsabkommen* bereits erwähnt wurde, sollten die darin festgelegten exklusiven 10-sm-Fischereizonen als historisch gewachsene Manifestation von hoheitlichen Sonderbefugnissen, die zumindest mit denen der ausschließlichen Wirtschaftszone - wenn nicht sogar mit denen der Küstengewässer bei offenen Meeren - verglichen werden können, gewürdigt werden[560].
Da diese exklusiven 10-sm-Fischereizonen inoffiziellen Berichten[561] zu Folge bis heute respektiert werden, können diese durchaus als so genannte nicht-exklusive historisch gewachsene Rechte angesehen werden.

In Anbetracht dessen, dass die Festlegung dieser 10-sm-Zonen für die damalige Zeit – im Vergleich zu Fischereizonenproklamationen anderer Staaten – einer

---

[559] Vgl. Ausführungen dazu im Rahmen von möglichen *de facto*-Verträgen unter: 2. Kap., § 4, B. II.1..
[560] Siehe oben unter: 2. Kap., § 4, C., III., 3., d).
[561] Diese wurde dem Autor gegenüber in persönlichen Gesprächen mit verschiedenen Repräsentanten der Anrainerstaaten immer wieder bestätigt.

sehr progressiven Ausdehnung entsprach, diese Zonen zudem als Vorläufer des Konzepts der ausschließlichen Wirtschaftszone angesehen werden, könnten bei den Grenzverhandlungen die historisch gewachsenen exklusiven Fischereizonen in auf modernere Standards ausgedehnte ausschließliche Wirtschaftszonen umgedeutet werden.

2. Lokales Völkergewohnheitsrecht hinsichtlich der Souveränitätsrechte am Kaspischen Meer

Das widersprüchliche Verhalten der Sowjetunion im Anschluss an die Verträge von 1921, 1924, 1935 und 1940 lässt eher auf den in Wirklichkeit nie aufgegebenen Willen einer - in alter Tradition - weiter bestehenden Vormachtstellung Russlands am Kaspischen Meer schließen. Als traditionelle Landmacht, die sich auf Grund einer unterentwickelten Marine entlang ihrer Küsten immer einer gewissen Gefährdung von See ausgesetzt sah, waren sowohl Russland als auch die Sowjetunion stets darauf bedacht, dass keine dritte Macht Moskaus Einfluss an dieser Südperipherie beeinträchtigen würde.
Dafür sprechen insbesondere der lange Zeit nicht aufgegebene[562] Anspruch Russlands auf sein weiterhin alleiniges Recht zum Befahren seines „Teils" des Kaspischen Meeres mit Kriegsschiffen und die russische Interpretation des offiziell nie zurückgenommenen Artikel 6 des Vertrages von 1921.

Im Vergleich zur Feststellung von völkerrechtlichem Vertragsrecht bietet die Frage nach der Existenz einer gewohnheitsrechtlich anerkannten Übung auf dem Gebiet des Grenzgewässerrechts besondere Schwierigkeiten. Dies liegt zum einen am umstrittenen Begriff und Charakter des Völkergewohnheitsrechts als Solchem und zum anderen an der Eigenart des Grenz- und Wasserrechtes.
Wie zuvor ausgeführt, versteht man unter Völkergewohnheitsrecht jenes Recht, das Ausdruck einer allgemeinen, als Recht anerkannten Übung ist. Damit sind zwei Elemente kumulativ notwendig: Die Übung als objektives und die Rechtsüberzeugung als subjektives Element[563].

a) Besonderheiten bei lokal beschränktem Gewohnheitsrecht

Es stellt sich die Frage, ob sich die Anrainerstaaten des Kaspischen Meeres auf die Entwicklung eines lokalen bzw. regionalen Gewohnheitsrechts hinsichtlich gewisser Souveränitätsrechte berufen können.

---

[562] KAdG, 26. März 1959, S.7631 B.
[563] *Seidl-Hohenveldern*, Völkerrecht, Rz. 468.

Wie zuvor schon untersucht, ist grundsätzlich anerkannt, dass sich auch ein auf eine abgrenzbare Staatengruppe beschränktes Gewohnheitsrecht herausbilden kann, wobei die betroffenen Staaten jedoch nur dann an dieses gebunden sind, wenn sie ausdrücklich oder konkludent die jeweiligen gewohnheitsrechtlichen Regeln anerkannt haben[564].

Inwieweit sich ein solches auf das Kaspische Meer lokal beschränktes Gewohnheitsrecht in den diplomatischen Beziehungen zwischen Persien und Russland bzw. zwischen der UdSSR und dem Iran in den Jahrzehnten nach der Unterzeichnung der fraglichen sowjetisch-iranischen Verträge herausgebildet hat, soll daher Gegenstand der nachfolgenden Untersuchungen sein[565].

b) Bindungswirkung von lokalem Gewohnheitsrecht gegenüber Neustaaten

In diesem Zusammenhang stellt sich auch das Problem der Bindungswirkung von bereits herausgebildetem Völkergewohnheitsrecht auf die neu entstandenen kaspischen Anrainerstaaten. Wie bereits oben angesprochen, könnte eine solche hinsichtlich eines sich möglicherweise zwischen der UdSSR und dem Iran herausgebildeten Gewohnheitsrechts entfallen.

Nach einer bis zum Ersten Weltkrieg vorherrschenden und bereits auf *Hugo Grotius*[566] zurückgehenden *pacta tacita*-These, war es selbstverständlich, dass ein neuer Staat, der in die Völkergemeinschaft aufgenommen werden wollte, sich auch den in dieser Gemeinschaft geltenden völkergewohnheitsrechtlichen Normen zu unterwerfen hatte. Diese mussten von einem neuen Staat nicht durch ausdrückliche Erklärung anerkannt werden. Seine Bindung an dieselben ergab sich *eo ipso* aus seinem Begehren, von den anderen Staaten als Staat anerkannt zu werden[567].

Auch nach dem Zweiten Weltkrieg entsprach es weit verbreiteter Ansicht, dass die neuen Staaten zur Zeit ihrer Aufnahme in die Völkerrechtsfamilie dem in Kraft befindlichen Völkergewohnheitsrecht mit ihrer Aufnahme zustimmen[568].

---

[564] Vgl.: *Asylum Case*, ICJ Rep. 1950, S. 266, 277f.; siehe Ausführungen dazu bei: *Müller/Wildhaber*, Praxis des Völkerrechts, S. 32f..

[565] Siehe dazu unter: 2. Kap., § 4, B., II., 3., d) cc).

[566] *Grotius*, De jure belli ac pacis, libri tres, I cap. 14, I.

[567] *Schönborn*, Staatensukzession, S. 72.

[568] Sog. Selbstverpflichtungstheorie, *Hegel*, Grundlinien der Philosophie des Rechts, II, S. 330f.; *Lauterpacht*, in: Oppenheim/Lauterpacht, International Law, S. 18.

Eine vergleichbare automatische Bindung der Neustaaten an bestehendes Völkergewohnheitsrecht wird ebenfalls von den Vertretern der Völkerrechtslehre angenommen, die das Völkerrecht als eine den Staaten übergeordnete Rechtsordnung ansehen[569]. Allerdings würde bei einer allzu selbstverständlichen Übernahme dieser Theorien zum einen die mangelnde Möglichkeit der Artikulierung eines andauernden Protestes gegen das sich entwickelte Gewohnheitsrecht unberücksichtigt bleiben und zum anderen eine gegenläufige Staatenpraxis sich neu konstituierender Staaten ignoriert werden[570].
Entsprechend der in der völkerrechtlichen Lehre auch vertretenen *These vom notwendigen Konsens* bzw. der des *Vorbehalts* haben sich viele neu entstandene Staaten das Recht vorbehalten, an entsprechende Normen des Völkergewohnheitsrechts erst auf Grund ausdrücklicher oder konkludenter Erklärungen gebunden zu sein[571]. Danach hat also jeder neue Staat das Recht, Reservationen gegenüber dem bestehenden universalen Völkergewohnheitsrecht anzumelden, mit der Folge, dass er an diese nicht gebunden ist. Macht ein neuer Staat allerdings keine Vorbehalte geltend, so muss er sich vorhalten lassen, dass er sich konkludent an das existierende Völkergewohnheitsrecht gebunden habe.

Diese letztere Auffassung scheint auch in Anbetracht der Kodifikation und Weiterentwicklung von Völkergewohnheitsrecht zu den Bestimmungen über die Staatennachfolge in Verträge in dem 1996 in Kraft getretenen *WKSV*[572] mit den neueren Tendenzen des modernen Völkerrechts in Einklang zu stehen. So sehen die Artikel 16 und 17 *WKSV* für aus dem Dekolonialisierungsprozess hervortretende *newly independent states* entsprechend des sog. *tabula rasa*-Prinzips vor, dass sich diese von bisherigen für ihr Gebiet geltenden Verträgen freistellen lassen können, ihnen aber auch ein Optionsrecht hinsichtlich der Fortführung multilateraler Verträge zugestanden wird.

Ohne diese, hinsichtlich ihrer gewohnheitsrechtlichen Akzeptanz umstrittenen[573], Bestimmungen auf die Normen des Völkergewohnheitsrechts übertragen zu wollen, lassen sie sich als von der Staatenpraxis und Lehre gestützte Indizien

---

[569] *Kelsen*, Das Problem der Souveränität, S. 225; *Verdross*, Die Quellen des universellen Völkerrechts, S. 96f..
[570] Zur Staatenpraxis vgl.: *Rudolf*, Neue Staaten und das Völkerrecht, S. 6ff..
[571] *Verdross*, Die Quellen des universellen Völkerrechts, S. 142; *Tunkin*, Völkerrecht der Gegenwart, S. 77f.; *Berber*, Lehrbuch des Völkerrechts, S. 54.
[572] Ausführlicher dazu unter: 2. Kap., § 4, B. III..
[573] Dazu siehe ausführlicher unter: 2. Kap., § 4, B. III.. 5. und bei *Zimmermann*, Staatennachfolge, S. 824.

dafür heranziehen, dass neue Staaten zumindest nicht gezwungenermaßen automatisch den Normen des universellen Völkergewohnheitsrechts unterworfen sind.

c) Zwischenergebnis zur Bindungswirkung gegenüber Neustaaten

Zusammenfassend kann somit davon ausgegangen werden, dass auch die neuen kaspischen Staaten nach der Erlangung ihrer Unabhängigkeit weder an ein mögliches regionales Gewohnheitsrecht noch an die Normen des universellen Völkergewohnheitsrechts automatisch gebunden waren.
Da inzwischen ein Jahrzehnt vergangen ist, könnte man jedoch von einer konkludenten Akzeptanz für solches Gewohnheitsrecht ausgehen, sollten diese Staaten diesem Gewohnheitsrecht nicht bis zum heutigen Zeitpunkt widersprochen haben.

In wieweit die neuen Anrainerstaaten des Kaspischen Meeres Vorbehalte gegenüber potentiellem lokalen bzw. universellen Völkergewohnheitsrecht tatsächlich geäußert haben, soll daher Gegenstand der folgenden Untersuchungen sein.

d) Späte lokale gewohnheitsrechtliche Übung

Da sich weder aus der Zeit bis zum Sturz des russischen Zarenreiches, noch aus den sodann zwischen Persien (Iran) und Russland (Sowjetunion) abgeschlossenen Verträgen klare rechtliche Verhältnisse über die Ausbeutung der unter dem Kaspischen Meer gelegenen Rohstoffe ergeben, bleibt nun noch eine mögliche gewohnheitsrechtliche Übung während der Sowjetära zu untersuchen.
Diesbezüglich spielen sowohl einseitige staatliche Akte, das Verhalten staatlicher Organe als auch nationale Gesetzgebungen eine entscheidende Rolle als Indizien für die Herausbildung einer gewissen Übung.

Das Verhalten von staatlichen äußeren und inneren Organen wird vor allem durch Abschluss von Verträgen[574], Notenwechseln und offiziellen Doktrinen sichtbar. Wie oben bereits festgestellt, wurde der rechtliche Status des Kaspischen Meeres nie eindeutig vertraglich geregelt.

---

[574] Es ist in der Literatur allgemein die gewohnheitsrechtserzeugende Kraft völkerrechtlicher Verträge anerkannt. (vgl.: *Verdross*, Völkerrecht, S.141; *Berber*, Lehrbuch des Völkerrechts, S. 56ff.).

aa) Vorbetrachtung zu einseitigen staatlichen Akten

Es bietet sich an, einseitige staatliche Akte näher zu analysieren. Diesen wird teilweise die Qualität einer alternativen Rechtsquelle zugesprochen, da es sich bei dem im Artikel 38 Abs. 1 *IGH-Statut* enthaltenen Katalog nicht um einen abschließenden handele, sondern der Dynamik des Völkerrechts auch mit der Anerkennung weiterer Rechtsquellen Rechnung getragen werden müsse[575].

Bei diesen einseitigen staatlichen Akten handelt es sich im Gegensatz zu einseitigen Akten, die ihre Wirkung lediglich in vertraglichen bzw. gewohnheitsrechtlichen Rechtsverhältnissen entfalten, um Erklärungen oder Handlungen, die unabhängig von einem Rechtsrahmen direkt eine Rechtswirkung entfalten[576]. Des Weiteren wird es als erforderlich angesehen, dass, soweit ein anderer Staat durch diesen einseitigen Akt betroffen sein sollte, dieser benachrichtigt wird, damit er Gelegenheit erhält, darauf zu reagieren[577].

Die gängigsten Instrumentarien, denen sich die Staaten beim Erlass einseitiger Akte bedienen, sind die Deklaration[578] und die Notifikation[579].

Zu den bedeutendsten anerkannten einseitigen Akten im Völkerrecht zählen die Anerkennung, der Protest[580] und der Verzicht[581].

---

575 *Fastenrath*, Lücken im Völkerrecht, S. 90; *Verdross/Simma*, Universelles Völkerrecht, § 518, Dort heißt es, dass die in Artikel 38 Abs. 1 aufgeführten Rechtserzeugungsverfahren „[...] die Staaten nicht hindern, das Völkerrecht einvernehmlich außerhalb dieser Quellen weiterzuentwickeln, da es ihnen obliege, die Normen des positiven Völkerrechts [...] weiterzubilden und den jeweiligen Bedürfnissen anzupassen.“; *Detter/DeLupis*, The International Legal Order, S. 149.

576 *Berber*, Lehrbuch des Völkerrechts, S. 406; *von Heinegg*, in: *Ipsen*, Völkerrecht, § 18, Rn. 3.

577 *Zemanek*, The Legal Foundations of the International System, S. 196.

578 Als Beispiel hierfür kann zum Beispiel die Erklärung Frankreichs im Zusammenhang mit den Nukleartests im Südpazifik genannt werden. (*ICJ Rep.* 1974, S. 253 (425).

579 Es handelt sich dabei um eine Rechtshandlung, durch welche ein Staat einem oder mehreren Staaten seinen Standpunkt zu einer bestimmten Frage oder sein Vorgehen offiziell zur Kenntnis bringt. (*Anzilotti*, Lehrbuch des Völkerrechts, S. 262).

580 Zur Rolle des Iran als *persistent objector* bereits unter: 2. Kap., B., II., 3., d), cc) (5) (5.1.).

581 Durch Verzicht wird ein Recht freiwillig aufgegeben, mit der Folge, dass betreffende Ansprüche untergehen. Er kann ausdrücklich oder konkludent erklärt werden, darf jedoch nicht durch bloßes Vermuten angenommen werden. (*von Heinegg*, in: *Ipsen*, Völkerrecht, § 18, Rn. 16; Entscheidung des *IGH* im *Norwegischen Anleihen-Fall*, ICJ Rep. 1957, S. 26).

Mit der Anerkennung gibt ein Völkerrechtssubjekt ausdrücklich oder konkludent zu erkennen, dass es eine bestimmte völkerrechtliche Situation, wie zum Beispiel Grenzziehungen[582], nicht bestreitet und als rechtmäßig erachtet. Eine einmal erfolgte Anerkennung ist unwiderruflich[583]. In diesem Zusammenhang kommt den Fällen des qualifizierten Stillschweigens eine besondere Bedeutung zu. Danach wird eine stillschweigende Anerkennung in solchen Fällen angenommen, in denen ein betroffener Staat es unterlässt zu protestieren, obwohl damit nach allgemeiner Staatenpraxis gerechnet werden musste[584].

bb) Einseitige staatliche Akte im iranisch-sowjetischen Verhältnis

Die jüngste Geschichte des iranisch-sowjetischen Verhältnisses ist geprägt von einer Reihe solcher einseitigen staatlichen Akte, denen eine gewisse völkerrechtliche Wirkung durchaus zugesprochen werden könnte.
Trotz der anders lautenden Vertragstexte von 1921 und 1940 und dem erwähnten Notenwechsel, war im Verhalten der russischen Seite stets ein stillschweigender Anspruch auf eine totale Kontrolle über das Kaspische Meer zu erkennen. Zugeständnisse, wie der freie Handelsschiffsverkehr und der freie Fischfang außerhalb der 10-sm-Grenze, sind nicht als Wille der russischen Regierung zu werten, ihre wirtschaftliche und politische Position um das Kaspische Meer mit irgendjemandem zu teilen.

(1) Die Bedeutung der exklusiven Fischereizonen

Wie bereits erwähnt, kommt der in den 1935er und 1940er sowjetisch-iranischen *Handels- und Schiffsverkehrsabkommen* vereinbarten Festlegung der exklusiven 10-sm-Fischereizonen in den jeweiligen Küstengewässern der Anrainerstaaten nicht nur als potentielle *de facto*-Grenzlinie, sondern vor allem auch im Rahmen einer historisch oder völkergewohnheitsrechtlich herausgebildeten Übung besondere Bedeutung zu. Soweit bekannt, haben sich seit der Unterzeichnung der 1935er und 1940er Verträge sowohl die Sowjetunion als auch der Iran an die 10-sm-Regelung gehalten, d.h. keiner fischte im 10-sm-Sektor des anderen. Aber auch jenseits dieses Gürtels wurde der Fischfang im jeweili-

---

582 Vgl.: *IGH* befand, dass Thailand durch sein Verhalten die Grenzziehung zu Kambodscha akzeptiert hatte. (*Tempel of Preah Vihear case*, ICJ Rep. 1962, S. 23, 33).

583 *Von Heinegg*, Völkerrecht, § 18., Rn. 14.

584 Vgl.: Der *IGH* entschied so etwa im Fischereistreit zwischen Großbritannien und Norwegen zugunsten einer von Norwegen seit siebzig Jahren praktizierten Grenzziehung, da es Großbritannien unterlassen hatte, während dieses Zeitraumes Protest einzulegen. (*ICJ Rep.* 1951, S. 116, 138).

gen „Sektor“ im Wesentlichen ausschließlich vom Sektor-Staat betrieben, was zumindest gegen die Annahme eines Kondominiums spricht.
Immerhin wurde die Fischerei im südlichen Teil des Kaspischen Meeres jenseits der iranischen 10-sm-Zone von einem sowjetisch-iranischen Unternehmen, welches 1927 gegründet worden war, auf der Grundlage von Konzessionen durchgeführt. Dieses wurde nach wenigen Jahren allerdings bereits wieder aufgelöst[585].

(2) Praxis der Vergabe von Erdölkonzessionen im Kaspischen Meer

Im Jahre 1949 begann die Sowjetunion auch außerhalb der eigenen 10-sm-Zone mit der Förderung von Erdöl vor der Küste Bakus[586]. Es ist weder bekannt, dass die Sowjetunion den Iran dafür um Erlaubnis gebeten hätte, noch dass der Iran gegen diese Aktivitäten von offizieller Seite protestiert hat[587].
Entsprechend dem *Estoppel-Prinzip* könnte sich dieses über 40jährige Schweigen zu Ungunsten des Irans in der Hinsicht auswirken, als dass ein nun erfolgender Protest gegen entsprechende einseitige Aktivitäten der neuen unabhängigen Anrainerstaaten des Kaspischen Meeres als rechtsmissbräuchlich angesehen werden müsste[588].

Die UdSSR konnte lange Zeit verhindern, dass weder englische noch amerikanische Ölgesellschaften Konzessionen in Nordpersien bzw. dem Iran erhielten.[589]
Im Gegenzug bemühte sie sich selbst jedoch um Konzessionen und forderte in Teheran im September 1944 direkt Erdölkonzessionen in den fünf persischen Provinzen am Kaspischen Meer[590]. Die persische Regierung jedoch weigerte sich damals, was zu einer erhöhten Spannung zwischen Teheran und Moskau führte. Auch spätere Verhandlungen über die Schaffung einer iranisch-sowjetischen Erdölgesellschaft[591] ließ das iranische Parlament an Artikel 2 eines

[585] *Mahrad*, Zum Verhältnis zwischen Iran und der Sowjetunion.
[586] *Romano*, The Caspian Sea Dispute, S. 147.
[587] *Momtaz*, The Legal Situation of the Caspian Sea, S. 129; *Goldman*, Soviet Policy towards Iran and the strategic balance in southwest Asia, S. 154; *Rodman*, The Caspian - sea or lake, S. 13; *Clagett*, Ownership, S. 1.; Erst im Juli 1985 sollte es nach Jahren des Schweigens wieder zur Aufnahme bilateraler Gespräche über eine Zusammenarbeit bei der Ausbeutung der Erdgasreserven des Kaspischen Meeres kommen.
[588] So auch: *Mehdiyoun*, Ownership of Oil and Erdgas Resources in the Caspian Sea, S. 188f..
[589] *Mahrad*, Zum Verhältnis zwischen Iran und der Sowjetunion, S. 220.
[590] *Mahrad*, Zum Verhältnis zwischen Iran und der Sowjetunion, S. 220.
[591] KAdG, 24. Oktober 1947, 1229 D.

Gesetzes vom Dezember 1944 – nach dem keine ausländischen Gesellschaften mehr neue Erdölquellen ausbeuten durften – scheitern.
Erst am 16. April 1967[592] gelang es der Sowjetunion, mit dem Iran ein Abkommen über die Zusammenarbeit bei der Ausbeutung der iranischen Lager zu schließen, welches jedoch nur außerhalb des Kaspischen Beckens relevant werden sollte.

ee) Zwischenergebnis zur späten lokalen Übung

Das Verhalten seitens offizieller Stellen beider Saaten lässt eine Praxis erkennen, die auf ein nicht miteinander abgestimmtes Nebeneinander der Ausbeutung der Naturressourcen des Kaspischen Meeres in ihrem jeweiligen nationalen „Sektor" des Kaspischen Meeres hindeutet.
Diese sozusagen „harmonische" Situation lässt sich allerdings nur vor dem Hintergrund richtig bewerten, dass die UdSSR ohnehin faktisch den größten Teil bis zur „*Astara-Gassan-Kuly*"-Linie als sowjetisches *mare clausum* betrachtete und weder praktisch noch verbal diese Situation von einem eingeschüchterten Iran nie tatsächlich angefochten worden ist.

Zu dieser Praxis stand das anfängliche Verhalten Moskaus[593] in erheblichem Widerspruch, als nach dem Zerfall der Sowjetunion die ehemaligen Sowjetrepubliken die selben Souveränitätsrechte einforderten, wie sie die UdSSR vorher Jahrzehnte lang praktiziert hatte und über die Erdölvorkommen auf ihrem Territorium[594] selbst verfügen wollten.

e) Besonderes sowjetisches Völkerrecht

Nicht unerheblich bei der Bewertung der Anfang des 20. Jahrhunderts geschlossenen Verträge zwischen der Sowjetunion und dem Iran ist die Berücksichtigung der lokalen Interpretation internationalen Völkerrechts durch anerkannte Völkerrechtler der betreffenden Regionen.

---

[592] KAdG, 13112 B.
[593] Am Anfang der Auseinandersetzungen um den Status des Kaspischen Meeres machte Russland geltend, dass es sich beim diesem schließlich um ein Kondominium handele, dessen Naturressourcen nur gemeinsam ausgebeutet werden könnten. Dies geschah nur drei Jahre, nachdem selbst die damalige russische Regierung im Jahre 1990 die Nord-Kaspischen Erdölfelder für ausländische Investoren öffnete, ohne auch nur daran gedacht zu haben, sich mit dem Iran darüber abzustimmen. (*Sagers*, The oil industry, S. 275).
[594] Die früheren Sowjetrepubliken hatten sich vor 20 Jahren über eine Aufteilung des Kaspischen Meeres bis zur Mittellinie geeinigt. (*Die Zeit* vom 16. Juni 1995, S. 12).

aa) Die sowjetische Interpretation von Völkergewohnheitsrecht

Als Rechtsquelle wurde von der sowjetischen Völkerrechtsschule das Völkergewohnheitsrecht über Jahrzehnte nicht anerkannt, sondern im Wesentlichen nur zwischen Staaten vertraglich vereinbarte Rechtsbeziehungen. In den 70er Jahren des 20. Jahrhunderts hat jedoch eine Anpassung an die international sonst übliche Praxis stattgefunden. Mittlerweile ist das Völkergewohnheitsrecht in allen von der sowjetischen Völkerrechtsschule beeinflussten Staaten als Rechtsquelle zur Vertragsinterpretation anerkannt worden[595].

bb) Die sowjetische "closed sea"-Doktrin

Für die Interpretation der die Souveränitätsrechte auf dem Kaspischen Meer regelnden Verträge ist des Weiteren die von sowjetischen Völkerrechtlern über Jahrzehnte vertretene so genannte russisch-sowjetische "closed sea"-Doktrin[596] von Bedeutung.

Mit dieser unter internationalen Völkerrechtlern hoch umstrittenen Doktrin wurde die sowjetische aus sicherheitspolitischen und militärischen Gründen motivierte Weigerung gerechtfertigt, Kriegsschiffen von Drittstaaten die freie Zufahrt zu bestimmten sowjetischen Gewässern zu gewähren.

(1) Die Ursprünge der "closed sea"-Doktrin

Bereits Anfang des 19. Jahrhunderts fanden sich in russischen Lehrbüchern und Verträgen Hinweise auf die Definition einer "closed sea", welche damals noch eng gefasst war. Es waren damit nur solche Gewässer gemeint, die entweder vollständig vom Territorium eines Staates umschlossen waren ohne mit dem offenen Meer verbunden zu sein und in ihrer Größenordnung als Meer einzustufen waren, oder ein Gewässer, welches einen Zugang zum offenen Meer hatte, dessen engste Stelle nicht breiter als 6 sm sein durfte[597].

Allerdings wurde von russischen und sowjetischen Völkerrechtlern auch dem Kaspischen Meer der Status eines "closed sea" zuerkannt, da Persien infolge der Verträge von *Gulistan* (1813) und *Turkmanchaï* (1828) die vollständige militärische Kontrolle über das Kaspische Meer hatte abgeben müssen[598].

---

[595] Siehe dazu bereits unter: 2. Kap., § 4, B..

[596] *Butler*, The Sowjet Union and the Law of the Sea, S. 116ff..

[597] *Ul'ianitskii*, Mezhdunarodnoe pravo, S. 84.

[598] *Martens*, Sovremennoe mezhdunarodnoe pravo, S. 372f.; *Ul'ianitskii*, Mezhdunarodnoe pravo, S. 84; *Zakharov*, Kurs obshchago mezdunarodnogo prava, S. 156.

(2) Wandel von der Oktoberrevolution bis zum Kalten Krieg

Die sowjetischen Juristen schenkten der "closed sea"-Doktrin zunächst wenig Beachtung. Der Anwendungsbereich war bis Ende der 40er Jahre des 20. Jahrhunderts im Vergleich zu darauf folgenden Jahren sehr eng gehalten. Jedoch auch diese führten als Beispiel für eine "closed sea" neben dem Aralsee auch das Kaspische Meer an. Allerdings wurden beide als große Seen beschrieben, deren Status entweder nationalem Recht unterstehe oder der eines Grenzgewässers sei[599]. Der genaue Sinngehalt des Begriffs „Grenzgewässer" lässt sich als unbestimmter Rechtsbegriff allerdings nicht genau definieren.

Möglicherweise wollte man bereits damals im Hinblick auf die faktische Dominanz der Sowjetunion auf dem Kaspischen Meer die genauen rechtlichen Verhältnisse auf diesem gar nicht genauer hinterfragt wissen. Wie bereits oben analysiert worden ist, entsprachen vertraglich festgelegten Nutzungsrechte und -zonen auf dem Kaspischen Meer nicht der sonstigen sowjetischen bzw. internationalen Praxis bei der Festlegung hoheitlicher Befugnisse in den Küsten angrenzenden Meeresgewässern[600].

Die Bestimmungen des zwischen der UdSSR und dem Iran geschlossenen Vertrags von 1940 enthalten im Wesentlichen allerdings die für damalige Zeiten üblichen Regelungen, wie sie für die Festlegung der hoheitlichen Befugnisse auf den Weltmeeren gebräuchlich waren.

Mit dem Beginn des Kalten Krieges Ende der 40er Jahre versuchte die Sowjetunion auf Grund ihrer traditionell schwachen Kriegsmarine feindlichen Kriegsschiffen den Zugang zu den Gewässern vor den eigenen Küsten zu verbieten. Die "closed sea"-Doktrin sollte nun u.a. auch für das Schwarze Meer, die Ostsee, das Okhotskische Meer, das Japanische Meer und die Karasee Anwendung finden[601].

---

[599] *Durdenevskii/Krylov*, Mezhdunarodnoe pravo, S. 237f..

[600] Es sei an dieser Stelle auch nochmals darauf hingewiesen, dass die Geltendmachung von souveränen Rechten hinsichtlich der Ausbeutung von im Festlandsockel befindlichen Rohstoffen, die sich jenseits der Territorialgewässer befinden, sich international gesehen erst ab dem Ende der 40er Jahre langsam durchzusetzen begann. Die ersten völkerrechtlichen Kodifikationen zur Bestimmung von auch auf den Festlandsockel ausgedehnten Souveränitätsrechten finden sich schließlich erst im *UN Festlandsockel-Übereinkommen* von 1958.

[601] *Butler*, The Sowjet Union and the Law of the Sea, S. 121ff..

Entsprechend einer "closed sea"-Kategorisierung eines sowjetischen Seevölkerrechts-Standardwerks aus dem Jahre 1956 unterfiel das Kaspische Meer eindeutig einem Typus von "closed seas", deren Territorium vollständig von zwei oder mehreren Staaten umschlossen ist und keinen Ausgang zu einem anderen Meer hat[602].

Die bis heute gültigen völkerrechtlichen Verträge zwischen der RSFSR und Persien bzw. der Sowjetunion und dem Iran aus den Jahren 1921 bzw. 1940 wären somit hinsichtlich der Souveränitätsrechte, soweit nicht explizit geregelt, im Lichte der "closed sea"-Doktrin auszulegen.

Fraglich ist zunächst, welche weiteren völkerrechtlichen Konsequenzen sich aus der Doktrin ergeben sollten. Hierzu wurde ausgeführt, dass – abgesehen von Kriegsschiffen – Handelsschiffe von Drittstaaten in Friedenszeiten die gleichen Rechte haben sollten wie die Schiffe der Anrainerstaaten. Handelsschiffe sollten dieselben Freiheiten genießen wie auf Hoher See. Die Kriegsschiffe der Anrainerstaaten sollten jenseits der Territorialgewässer der anderen Staaten das Recht der freien Navigation genießen[603].
Jedoch bestand hinsichtlich der genauen Qualifikation der rechtlichen Verhältnisse auf einem Meer, welches der "closed sea"-Doktrin unterfallen würde, auch in den 50er und 60er Jahren des 20. Jahrhunderts unter den sowjetischen Juristen Uneinigkeit.

Im Bemühen, ein wenig Ordnung in die verschiedenen historischen "closed sea" Interpretationen zu bringen, empfahl der sowjetische Jurist *Malinin*[604] vier unabhängige rechtliche Voraussetzungen für die Qualifikation eines Meeres als "closed sea"[605].

Eine davon besagte, dass eine beschränkte Zugangsmöglichkeit bzw. ein vergleichsweise enger Ausgang zum offenen Meer bestehen müsse. Mit diesem Erfordernis fiel somit das Kaspische Meer aus der Kategorie der "closed sea"

602 *Bakhov*, Vojenno-morskoi meždunarodnoi-pravoi spravochnik, S. 53ff..
603 *Butler*, The Sowjet Union and the Law of the Sea, S. 126.
604 *Malinin*, K voprosu o pravovoi klassifikatsii vodnykh prostranstv, S. 13ff..
605 1.) Eine bestimmte Konfiguration des Küstenverlaufs, 2.) eine begrenzte Anzahl von Staaten, deren Territorium die Gewässer vollständig umschließt, 3.) beschränkte Zugangsmöglichkeit bzw. ein vergleichsweise enger Ausgang zum offenen Meer und 4.) Nichtvorhandensein von internationalen Schifffahrtsrouten.

heraus. Dieser Terminologie schlossen sich auch andere sowjetische und osteuropäische Juristen an[606].

Die 1966er Ausgabe des sowjetischen Seevölkerrecht-Standardwerks blieb allerdings bei der Kategorisierung seiner 1956er Ausgabe. In dem Bemühen, historischen und rechtlichen Umständen eine größere Bedeutung zu geben, wurden als 'closed seas' solche Gewässer angesehen, auf welchen aus geschichtlichen Gründen oder infolge internationaler Übereinkommen ein besonderes Regime geschaffen worden ist, um das Recht von Nicht-Anrainerstaaten beschränken zu können, die Gewässer mit Kriegsschiffen zu befahren. In Friedenszeiten sollten die Gewässer allerdings für Handelsschiffe aller Länger frei befahrbar sein. Den Anrainerstaaten wurde jenseits der Territorialgewässer des jeweiligen Küstenstaates eine gemeinsame Nutzung auf gleicher Basis zugestanden, wobei die wirtschaftlichen und Sicherheitsinteressen jedes einzelnen Staates berücksichtigt werden sollten[607].

(3) Analyse

Auch wenn sich die sowjetische "closed sea"-Doktrin im internationalen Völkerrecht nicht durchzusetzen vermochte, sondern westliche Völkerrechtler erfolgreich eine Übernahme der Doktrin in die 1958er *UN-Konvention über die Hohe See* abwenden konnten[608], so gibt sie in jedem Fall wichtige Hinweise bezüglich der historischen Interpretation der sowjetisch-iranischen Verträge über die Hoheitsverhältnisse auf dem Kaspischen Meer.

Betrachtet man die Qualifikation und Interpretation von 'closed seas' zur Zeit des Zustandekommens der das Kaspische Meer betreffenden Verträge und in der unmittelbaren Phase danach aus Sicht der sowjetischen Juristen, so fallen diese eindeutig in die Kategorie der "closed sea"-Doktrin. Das hätte zur Folge haben müssen, dass es jenseits eines Territorialgürtels zumindest allen Anrainerstaaten erlaubt war, mit Kriegs- und Handelsschiffen ungehindert zu navigieren.

In diesem Sinne ließen sich auch die Bestimmungen der sowjetisch-iranischen Verträge interpretieren, was die Schlussfolgerung rechtfertigen würde, dass die

---

606 Z.B.: *Siling*, Morskoe pravo, S. 63; *Ivanov*, Mezhdunarodnye soglasheniia, S. 111; *Stefanova*, Mezhdunarodnopraven rezhim na otkritoto more, S. 3.

607 *Barabolja*, Handbuch des Seekriegsvölkerrechts (in Russisch), S. 129.

608 *Butler*, The Law of Soviet Territorial Waters, S. 131.

Sowjetunion und der Iran jenseits eines 10 sm Küstenstreifens gemeinsame Souveränität über das Kaspische Meer ausgeübt hätten.

Der erhebliche Unterschied zu der allgemein vertretenen "closed sea"-Doktrin bestand jedoch darin, dass es Schiffen von Drittstaaten verwehrt bleiben sollte, auf dem Kaspischen Meer zu verkehren. Somit sollten also noch nicht einmal Handelsschiffe von Nicht-Anrainerstaaten in Friedenszeiten das Recht zum Navigieren erhalten. Dies legt die Schlussfolgerung nahe, dass das Kaspische Meer auf Grund vertraglicher Vereinbarungen doch nicht mit den selben Qualifikationen, wie sie bei anderen von sowjetischer Seite behaupteten 'closed seas' vorhanden sind, ausgestattet worden war.

Eine denkbare Schlussfolgerung, das Kaspische Meer hinsichtlich der Fixierung von weitergehenden staatlich souveränen Rechten mit anderen „richtigen" Meeren[609], die auch die "closed sea"-Doktrin fallen sollten, vergleichen zu können, schlägt somit fehl.

Auch wenn das Kaspische Meer mithin eigentlich einer separaten Kategorie von Gewässern außerhalb der "closed sea"-Doktrin zuzuordnen ist, so dürfen nicht die offensichtlichen Übereinstimmungen zwischen dem von sowjetischen Juristen vertretenen Regime der 'closed seas' und den vertraglich festgeschriebenen Souveränitätsrechten auf dem Kaspischen Meer unberücksichtigt bleiben.

(4) Zwischenergebnis zum besonderen sowjetischen Völkerrecht

Es kann somit festgestellt werden, dass auf Grund der von sowjetischen Juristen seit den 20er Jahren bis Ende der 60er Jahre des 20. Jahrhunderts verfochtenen "closed sea"-Doktrin und deren Anwendung auf das Kaspische Meer der damals herrschenden Meinung in den Reihen der sowjetischen Völkerrechtler entsprach, diese Doktrin für die Interpretation der „kaspischen Verträge" von gewisser Relevanz ist.

Auch wenn in den Verträgen von 1921 und 1940 nicht von küstennahen Territorialgewässern, sondern von einer 10 sm breiten Fischereizone die Rede ist, so können die Vertragsbestimmungen mangels eindeutiger Regelungen in dem Sinne ausgelegt werden, dass die jenseits der Fischereizonen liegenden Gewässer gemeinsamen Ausnutzungsrechten unterliegen sollten, in welchen allerdings

---

609 Gemeint sind hier vor allem das Schwarze Meer, die Ostsee, das Okhotskische Meer und das Japanische Meer, auf welche sowjetische Juristen die "closed sea"-Doktrin anwandten.

die ökonomischen und sicherheitstechnischen Interessen des jeweils anderen Anrainerstaates zu berücksichtigen waren.

Eine solche Qualifikation der Nutzungsrechte kam den zur damaligen Zeit völkerrechtlich üblichen Rechten auf Hoher See jenseits der Küstengewässer nahe. Trotzdem darf der Umstand nicht außer Betracht gelassen werden, dass keinerlei Schiffen von Drittstaaten – weder Kriegs- noch Handelsschiffen – der Zugang und die Navigation auf dem Kaspische Meer gestattet war. Damit fand nicht einmal das seit Beginn des 20. Jahrhunderts gültige Prinzip des freien Zugangs für Handelsschiffe, welches auch von den Vertretern der "closed sea"-Doktrin akzeptiert wurde, auf das Kaspische Meer Anwendung.

Es spricht mithin viel dafür, dass für das Kaspische Meer ein Status *sui generis* gewollt war, der selbst eine Einordnung unter die damals bestehenden völkerrechtlichen Standards unmöglich machen sollte.

Wie oben bereits näher untersucht, finden sich darüber hinaus seevölkerrechtliche Begriffe, wie sie normalerweise für die Bezeichnung des Grades an Hoheitsbefugnissen in einem bestimmten Meeresabschnitt üblich sind, in den Verträgen und der sowjetischen Völkerrechtsliteratur über das Kaspische Meer kaum wieder.

cc) Die sowjetische Theorie vom Festlandsockel

Des Weiteren bietet die Theorie vom Festlandsockel interessante Einblicke in die sowjetische Betrachtungsweise über die Souveränitätsverhältnisse bezüglich des Kaspischen Meeres.

Auch wenn sich die sowjetisch-iranischen Verträge nicht explizit auf den Festlandsockel beziehen, soll wenigstens ein sowjetisches Völkerrechtslehrbuch bemerkt haben, dass die Ressourcen des Festlandsockels jeder Vertragspartei (UdSSR und Iran) innerhalb der ihr zugeordneten Teile des Kaspischen Meeres gehörten[610].

f) Iranische Gesetzgebung

Es finden sich in den nationalen iranischen Gesetzen keine eindeutigen Formulierungen über die, die rechtlichen Verhältnisse eines potentiellen iranischen Teils des Kaspischen Meeres regelnden Bestimmungen.

---

[610] *Butler*, The Soviet Union and The Law of the Sea, S. 136.

Im iranischen *Gesetz über die Ausbeutung des Festlandsockels* vom 19. Mai 1949 wurde lediglich auf die Jurisdiktion über die Naturressourcen im Festlandsockel des Persischen Golfs und des Golfs von Oman Bezug genommen[611]. Hinsichtlich der Behandlung des Festlandsockels des Kaspischen Meeres schwieg das Gesetz. Der Wortlaut iranischer Gesetze bezüglich der Ausbeutung von Rohstoffen aus den Jahren 1954 und 1959 legt die Vermutung nahe, dass auch der Iran das Kaspische Meer in die Kategorie der 'closed seas' eingeordnet wissen wollte.

Eine Bestätigung findet diese Vermutung zunächst durch eine sechs Jahre später erfolgte Ergänzung zu Artikel 2 des 1949er iranischen *Gesetzes über die Erforschung und Ausnutzung des Festlandsockels* in der es hieß:

> "As regards to the Caspian Sea, the rules of international law relating to closed seas are applicable"[612].

Dieselbe Bezeichnung findet sich auch im iranischen Gesetz über die Erforschung und Nutzung der Naturressourcen aus dem Jahre 1959 wieder[613].

Das Bemerkenswerte daran ist, dass in den Gesetzergänzungen weder ein Hinweis auf die sowjetisch-iranischen Verträge von 1921 und 1940 zu finden ist, noch auf ein darin möglicherweise zum Ausdruck kommendes kondominiales Prinzip Bezug genommen wurde. Dass sich die iranische Legislative hingegen um die Verwendung eines neuen völkerrechtlichen Terminus bemühte, könnte als Hinweis dahingehend verstanden werden, dass diese Verträge im Hinblick auf eine Aufteilung des Festlandsockels des Kaspischen Meeres und der darin befindlichen Rohstoffe als nicht anwendbar angesehen wurden.

g) Zur Bedeutung der mittlerweile zwischen einigen Anrainerstaaten geschlossenen bilateralen Verträge als Zeichen der Herausbildung eines lokalen Gewohnheitsrechts

In Literatur und Rechtsprechung finden sich immer wieder Hinweise darauf, dass eine größere Zahl von bilateralen Verträgen als Nachweis dafür angesehen

---

[611] *Mac Donald*, Iran, Saudi Arabia and the Law of the Sea, S. 160f..

[612] *Lay/Churchill/Nordquist*, New Directions in the Law of the Sea, S. 307.

[613] Das 1959er *Law Concerning Exploration and Use of Natural Resources* (Amendment to Principle 2): "With respect to the Caspian Sea the foundation for action is based on the principles of international law regarding the closed seas." (vgl.: *Afrasiabi*, Iran's Policy on the Caspian Sea).

werden kann, dass bestimmte, in diesen Verträgen niedergelegte Grundsätze zukünftig auch außervertraglich für die Staatengemeinschaft gelten[614]. Insbesondere im Hinblick auf die mittlerweile zwischen einigen Anrainerstaaten des Kaspischen Meeres abgeschlossenen bilateralen Verträge[615] zur Aufteilung der unter dem Kaspischen Meer befindlichen Naturressourcen und die Blockadepolitik des Iran ließe sich auch daran denken, dem Iran den Einwand des *Estoppel* entgegenzuhalten, weil dieser ebenso wie die übrigen Anrainerstaaten zumindest mit Turkmenistan[616] und Aserbaidschan[617] auf bilateraler Ebene Verhandlungen zur Aufteilung der Naturressourcen führt, und trotzdem daran festhält, dass sein vertragliches Verhalten nur spezielle Verpflichtungen erzeugt hat und ihm nicht als Zustimmung zur Herausbildung von lokalem Gewohnheitsrecht entgegengehalten werden dürfe.

Auch wenn dieses Verhalten des Irans der Lösung der Problematik nicht zuträglich ist, kann aus völkerrechtsdogmatischer Sicht, angesichts legitimer souveräner Interessen des Irans und einer sich über Jahrzehnte herausgebildeten lokalen Übung des *status quo*, dessen momentane Praxis nicht schlicht über das *Estoppel*-Prinzip als rechtsmissbräuchlich verurteilt werden. Der Iran beruft sich hinsichtlich einer Gesamtlösung der „Kaspischen Frage" immer noch auf die zwischen der Sowjetunion und dem Iran in den Jahren 1921 und 1940 geschlossen Verträge.

Sowohl in der Völkerrechtsliteratur als auch in der Rechtsprechung des *IGH* besteht die einheitliche Rechtsauffassung, dass allein die Behauptung eines Staates, er könne auf Grund einer bezüglich eines bestimmten Gebiets bereits bestehenden Vertragspraxis Ansprüche an diesem geltend machen, einen durch derartige Verträge unmittelbar gebundenen dritten Staat noch nicht zu einem entsprechenden Verhalten verpflichtet. Weder die Zahl der Verträge noch die der durch sie gebundenen Parteien können diesen Effekt herbeiführen. Wie beim universellen Völkergewohnheitsrecht muss auch für die Herausbildung

---

614 Siehe dazu u.a. *Baxter*, Treaties and Custom, S. 31ff.; *Doehring*, Gewohnheitsrecht, S. 77ff..

615 Zu den Verträgen zwischen Russland und Kasachstan aus dem Jahr 1998 bzw. Aserbaidschan, Kasachstan und Russland aus dem Jahre 2001 siehe Ausführungen unter: 2. Kap., § 4, A., I..

616 'Turkmenistan, Iran to start border demarcation in Caspian', *AFP*, March 28, 2003; 'Turkmenistan, Iran agree to joint exploration of Caspian Sea riches', *AFP*, March 27, 2003, http://www.iranexpert.com/2003/oilexploration27march.htm.

617 'Azerbaijan, Iran prepare agreement on division of Caspian', *Interfax*, April 28, 2003.

eines lokalen Gewohnheitsrechts festgestellt werden können, dass die Vertragspraxis ein unabwendbares, intensives und als lebensnotwendig empfundenes Interesse der Staatengemeinschaft bestätigt[618].

Dies spiegelt sich ebenfalls im bereits erwähnten völkerrechtlich allgemein anerkannten Prinzip des *persistent objectors* wider und ergibt sich hinsichtlich der dieselbe Materie regelnden Nachfolgeverträge unter anderem aus Artikel 30 Absatz 4[619] der *WVRK*[620].

h) Zwischenergebnis zu lokalem Gewohnheitsrecht hinsichtlich der Souveränitätsverhältnisse am Kaspischen Meer

Weder aus dem Verhalten der Anrainerstaaten noch dem Abschluss von bilateralen Verträgen zwischen einigen Staaten im letzten Jahrzehnt kann auf die Entwicklung eines lokalen Gewohnheitsrechts geschlossen werden.

Es hat sich keine von einer allgemeinen Rechtsüberzeugung herausgebildete Übung hinsichtlich der Aufteilung der sich unter dem Kaspischen Meer befindlichen Ressourcen herausgebildet.

---

[618] Vgl. *Doehring*, Gewohnheitsrecht, S. 92f.; *Hagemann*, Gewohnheitsrecht als Rechtsquelle, S. 79.

[619] Article 30: Application of successive treaties relating to the same subject-matter
1. Subject to Article 103 of the Charter of the United Nations, the rights and obligations of States parties to successive treaties relating to the same subject-matter shall be determined in accordance with the following paragraphs.
2. When a treaty specifies that it is subject to, or that it is not to be considered as incompatible with, an earlier or later treaty, the provisions of that other treaty prevail.
3. When all the parties to the earlier treaty are parties also to the later treaty but the earlier treaty is not terminated or suspended in operation under article 59, the earlier treaty applies only to the extent that its provisions are compatible with those of the latter treaty.
4. When the parties to the later treaty do not include all the parties to the earlier one:
(a) as between States parties to both treaties the same rule applies as in paragraph 3;
(b) as between a State party to both treaties and a State party to only one of the treaties, the treaty to which both States are parties governs their mutual rights and obligations.
5. Paragraph 4 is without prejudice to article 41, or to any question of the termination or suspension of the operation of a treaty under article 60 or to any question of responsibility which may arise for a State from the conclusion or application of a treaty the provisions of which are incompatible with its obligations towards another State under another treaty.

[620] Siehe dazu u.a.: *Sinclair*, The Vienna Convention on the Law of Treaties; *Villiger*, Customary International Law and Treaties; *Mus*, Conflicts between Treaties.

3. Ergebnis zu historisch gewachsenen bzw. gewohnheitsrechtlich entstandenen Gebietsansprüchen

Zusammenfassend kann somit festgestellt werden, dass zumindest die Sowjetunion die völkerrechtlichen Regeln, wie sie spätestens seit der Kodifizierung des gewohnheitsrechtlich anerkannten Seevölkerrechts in den *UN-Seerechtsübereinkommen* von 1958 Geltung erlangt hatten, nicht auf das Kaspische Meer angewendet wissen wollte.

Auch wenn die russische (sowjetische) Dominanz über das Kaspische Meer über einen Zeitraum von 250 Jahren faktisch für ein russisches *mare clausum* spricht, so deuten die relevanten Verträge aus völkerrechtsdogmatischen Gesichtspunkten hingegen unter Berücksichtigung der zur damaligen Zeit vertretenen Völkerrechtstheorien auf einen völkerrechtlichen Status *sui generis* hin. Aus der russischen Dominanz über das Kaspische Meer lässt sich weder der Status Russlands als alleiniger Souverän über selbiges herleiten, noch liegen die für die Annahme eines Kondominiums erforderlichen Voraussetzungen vor, da ein solches auf Grund der vom *IGH* im *Lac Lanoux*-Schiedsgerichtsverfahren[621] ausgesprochenen grundsätzlichen völkerrechtlichen Vermutung zu Gunsten territorialer Souveränität vertraglich hätte vereinbart werden bzw. sich aus einer entsprechenden Staatenpraxis ergeben müssen. Beide Voraussetzungen sind beim Kaspischen Meer nicht gegeben. Vielmehr spricht die Staatenpraxis dafür, dass sowohl die Sowjetunion als auch der Iran die „*Astara-Gassan-Kuly*"-Linie als *de facto*-Grenzlinie anerkannt haben.

Unter dem Aspekt historisch gewachsener Gebietsansprüche können zumindest die 10 sm breiten exklusiven Fischereizonen im Sinne eines – der Doktrin der ausschließlichen Wirtschaftszone entsprechenden – Gebiets mit besonderen hoheitlichen Befugnissen angesehen werden.

VI. Ergebnis zu Rechtsquellen für eine völkerrechtliche Konfliktlösung

Die rechtshistorische Betrachtung der Ausgestaltung der russisch-persischen Beziehungen unter besonderer Berücksichtigung des Kaspischen Meeres, hat den Grundsatz bestätigt, dass aktuellpolitische Probleme stets in der Vergangenheit wurzeln[622]. Früher getroffene Regelungskomplexe können jedoch nicht in jedem Fall die richtigen Lösungen für die Zukunft bieten, da sie zur damali-

---

[621] Entscheidung über die rechtlichen Verhältnisse auf dem Lac Lanoux zwischen Frankreich und Spanien. (24 *ILR* (1957), S. 101 - 142).

[622] Vgl.: *Zürrer*, Persien zwischen Großbritannien und Russland, S. 235.

gen Zeit entweder noch nicht als regelnswert erschienen bzw. die politischen Machtverhältnisse nicht den entsprechenden Rahmen boten.

Russland vermochte es immerhin ein Jahrhundert lang, das Kaspische Meer als russisches *mare clausum* zu beherrschen. Die danach Persien gewährten Zugeständnisse gingen zwar auf dem Papier recht weit, aber genügten in der Praxis nicht, um schließlich die Annahme eines kondominialen Souveränitätsgefüges bezüglich gemeinsamer Hoheitsbefugnisse zwischen Russland und dem Iran auf dem Kaspischen Meer rechtfertigen zu können.

Da die hoheitlichen Verhältnisse im Hinblick auf die Eigentumsverhältnisse an den unter dem Kaspischen Meer befindlichen Rohstoffen weder durch die alten Verträge noch auf Grund eines entsprechenden lokalen Gewohnheitsrechts zwischen der Sowjetunion und dem Iran geklärt worden sind, und die Regeln über Territorialgewässer des *SRÜ* von 1982 auf das Kaspische Meer nicht anwendbar sind, liegt es allein bei den nun fünf Anrainerstaaten, sich auf eine für alle Seiten akzeptable Lösung zu verständigen.

In Anbetracht der Unabhängigkeitsbestrebungen der neuen unabhängigen Staaten und der immer noch bestehenden Ressentiments zwischen den einzelnen Staaten, erscheint eine Realteilung des Kaspischen Meeres und des Gewässerbodens entlang einer modifizierten Mittellinie als die wohl pragmatischste Lösung. Sie wird mittlerweile auch von fast allen Staaten außer dem Iran[623] favorisiert.

C. Auf das Kaspische Becken übertragbare völkergewohnheitsrechtlich anerkannte Makromodelle zur Abgrenzung hoheitlicher Befugnisse

Wie bereits aufgezeigt, werden von den Anrainerstaaten des Kaspischen Meeres noch immer die verschiedensten Ansichten hinsichtlich der die hoheitlichen Verhältnisse auf dem Kaspischen Meer bestimmenden Prinzipien vertreten. Diese richten sich selbstverständlich danach, welches Prinzip dem jeweiligen Staat für seine Interessen am brauchbarsten erscheint.

---

[623] Auf Grund der Entdeckung erheblicher Erdölvorkommen vor allem im nördlichen Bereich eines fiktiven 20%igen iranischen Teils des Kaspischen Meeres (*Hart's Africa Oil and Erdgas*, 06.09.2000) kann sich nun auch Teheran eine Teilung von Meeresboden (aber auch der darüberliegenden Gewässer) vorstellen, soweit der Iran auch für den Abtransport des kaspischen Erdöls berücksichtigt werden würde.

I. Vorbetrachtungen

Von grundsätzlicher Bedeutung dafür, welche völkerrechtlichen Grundsätze auf das Kaspische Meer angewandt werden können, ist zunächst dessen Klassifizierung als Gewässer. Als das weltgrößte Binnenmeer weist es eine Fläche von mehr als 370.000 km², mit einer Nord-Süd-Ausdehnung von fast 1.200 km und einer durchschnittlichen Breite von ca. 320 km auf[624]. Teilweise wurde dies auch als mit dem ozeanographischen Standpunkt (Wasserzusammensetzung, Flora, Fauna) übereinstimmend dargestellt[625].

Allerdings halten diese Merkmale einer völkerrechtsdogmatisch exakten Betrachtungsweise nicht stand. Von entscheidender Bedeutung ist in Anlehnung an die zu Völkergewohnheitsrecht erstarkte Bestimmung des Artikels 122 des *SRÜ* der Umstand, dass von einem umschlossenen Meer (enclosed sea), nur dann gesprochen werden kann, wenn dieses wenigstens eine direkte Verbindung zu einem anderen Meer hat. Diesem Erfordernis wird das Kaspische Meer nicht gerecht, da die einzigen schiffbaren Verbindungen zu anderen Meeren, so wie dem Schwarzen Meer und der Ostsee, lediglich über Fluss-Kanalsysteme geschaffen worden sind.

Unter geologischer Betrachtungsweise erscheint es mehr als fraglich, ob das Kaspische Meer überhaupt über einen Festlandsockel verfügt, wie er bei Meeren ansonsten gegeben ist. Vielmehr ist es als eine weitere Vertiefung innerhalb der so genannten uralo-kaspischen Erdsenke anzusehen. Sie ist die ausgedehnteste der Erde und liegt ca. 25,5 m unter dem Asowschen Meer und 99,5 m unter dem Aralsee[626].

Trotz seiner Besonderheiten ist das Kaspische Meer dogmatisch betrachtet ein Binnensee, auf den grundsätzlich zunächst nur die völkerrechtlichen Prinzipien, wie sie auf internationale Binnenseen angewendet werden, ihre Gültigkeit finden.

---

[624] The New Encyclopaedia Britannica, Bd. 8, S. 612; Auch im Systematischen Index der FAO wird das Kaspische Meer als ein Binnenmeer bezeichnet. (vgl: *FAO*, Systematic Index of International Water Resources Treaties, Declarations, Acts and Cases by Basin, S. 287); Sein „Binnenmeercharakter" wurde bereits von *Herodot* (um 490-425 v.Chr.) erkannt. *Alexander der Große* glaubte es sei identisch mit dem Asowschen Meer. Erst *Marinos von Tyros* und *Ptolomaios* erkannten seinen „Binnenmeercharakter" von neuem. (*Irmscher/Johne*, Lexikon der Antike, S. 287).

[625] Vgl.: *Vinogradov*, Transboundary Water Resources in the Former Soviet Union, S. 396, Fn. 9.

[626] *Kürschner*, Pierers Konversations-Lexikon, 8. Band, S. 179; *Butler*, The Soviet Union and the Continental Shelf, S. 106.

Das Völkerrecht bietet verschiedene Möglichkeiten für die Aufteilung von landumschlossenen Gewässern bzw. Binnenseen, an denen mehrere Staaten liegen, um die Souveränitätsrechte der Anrainerstaaten hinreichend zu definieren. In der internationalen Staatenpraxis lässt sich bei der Aufteilung von Binnenseen, an die mindestens zwei Staaten angrenzen, möglicherweise eine gewisse gewohnheitsrechtliche Übung lokalisieren, auf welche sich die Anrainerstaaten des Kaspischen Meeres entweder berufen oder entsprechende Teilungsprinzipien unter Berücksichtigung gegebener Umstände beleihen könnten.

Weiterhin finden sich klar definierte Vorgaben für ein abgestuftes Souveränitätsrechtssystem in den Bestimmungen des 1982er *SRÜ* und dessen Vorgängerkonventionen aus dem Jahre 1958[627].

II. Teilungsprinzipien bei Binnenseen und sonstigen umschlossenen Gewässern

Während die Grenzen zwischen Nicht-Staatsgebieten und Staatsgebieten, wie z.B. die Abgrenzung des Küstenmeeres gegenüber der Hohen See immer auf allgemeinem Völkerrecht beruhen müssen, können die Grenzen zwischen den auch auf Seegebiete ausgedehnten Staatsterritorien auf speziellem, gewohnheits- oder vertragsrechtlichem Völkerrecht beruhen[628].

1. Gewohnheitsrechtliche Übung bei Teilung von Binnenseen

Für die Analyse der Staatenpraxis hinsichtlich der Grenzziehung bei internationalen Seen bietet sich weltweit eine Fülle von Beispielen[629].

---

[627] *Übereinkommen über das Küstenmeer und die Anschlusszone* (*UNTS* Bd. 516, 205), das *Übereinkommen über die Hohe See* (*BGBl.* 1972 II, 1089) und das *Übereinkommen über den Festlandsockel* (UNTS Bd. 499, 311).

[628] *Schröer*, Zur völkergewohnheitsrechtlichen Grenzregelung an Grenzgewässern, S. 78.

[629] In Afrika befinden sich die meisten großen Seen, an die mehr als ein Staat angrenzen. Es handelt sich dabei um folgende Seen: Albertsee (Uganda, Zaire), Tschadsee (Kamerun, Tschad, Niger, Nigeria), Edwardsee (Uganda, Zaire), Karibasee (Sambia, Simbabwe), Mwerusee (Zaire, Sambia), Njassasee (Malawi, Mosambik, Tansania), Tanganjikasee (Burundi, Tansania, Zaire, Sambia), Turkanasee (Äthiopien, Kenia, Sudan) und Victoriasee (Kenia, Tansania, Uganda). Nordamerika verfügt über The Great Lakes (Kanada, USA). In Südamerika kann als Beispiel der Titicacasee (Bolivien, Peru) als das welthöchste schiffbare Gewässer angeführt werden. In Westeuropa finden sich der Genfer See (Frankreich, Schweiz), der Bodensee (Österreich, Deutschland, Schweiz), der Luganosee und der Lago Maggiore (Italien, Schweiz) und in Zentralasien der Aralsee (Kasachstan, Usbekistan) (vgl. Gesammtdarstellung bei: *Dipla*, Le tracé de la frontière, S. 247ff.; *Pondaven*, Les Lacs-frontière).

Im Gegensatz zur Grenzziehung bei Grenzflüssen, kann bei Binnenseen bis heute noch kein einheitliches Teilungsprinzip festgestellt werden[630]. Der Grund dafür lässt sich in den so verschiedenen geographischen Gegebenheiten sehen.

Auch wenn in der Praxis oft unter Anwendung des Äquidistanzprinzips internationale Seen entlang der Mittellinie geteilt werden[631], kann nicht davon ausgegangen werden, dass diese Teilungsprinzipien allgemeines Völkergewohnheitsrecht der Grenzregelung an Grenzseen darstellen[632]. Neben der Ausrichtung der Grenzen entlang von Längen- und Breitengraden[633] ist vor allem die Teilung entlang des Talweges[634] - also der tiefsten schiffbaren Gewässerrinne – eine in einigen internationalen Seen verwendete Methode der Abgrenzung der Hoheitsverhältnisse.

Es ist auffällig, dass bei der überwiegenden Anzahl von internationalen Grenzseen die Mittellinie in oft stark vereinfachter Form gezogen wurde, indem entlang der Küstenabschnitte gedachte gerade Basislinien festgelegt und stärkere Unregelmäßigkeiten der Küstenformation und kleinere Inseln unberücksichtigt gelassen wurden.

In der Völkerrechtsliteratur über Teilungsprinzipien[635], die für internationale Binnengewässer entwickelt und sodann auf offene Meere übertragen worden sind, gab es immer wieder Stimmen, die eine gemeinsame Souveränität oder ein

---

630 *Dipla*, Le tracé de la frontiére sur les lacs internationaux, S. 247ff..

631 Z.B.: Titicacasee zwischen Peru und Bolivien, Genfer See. *Dahm/Delbrück/Wolfrum*, S. 403; vgl. ausführlich dazu: *Pondaven*, Les Lacs-frontière, S. 121ff., 368ff.; *Dipla*, Le tracé de la frontiére sur les lacs internationaux, S. 247ff..

632 *Strupp/Schlochauer*, Wörterbuch des Völkerrechts, Bd. I, S. 206, 708; *Schröer*, Zur völkergewohnheitsrechtlichen Grenzregelung an Grenzgewässern, S. 84.

633 So z.B. beim Victoriasee, dessen nord-süd-Grenze zwischen Uganda und Tansania bereits im Jahre 1890 durch die damaligen Kolonialmächte Deutschland und Großbritannien genau entlang des 1. südlichen Breitengrades gezogen worden ist. Die Grenze zu Kenia wurde 1926 parallel zum 34. östlichen Längengrad gezogen. Entsprechend dem *uti possidetis*-Prinzip wurden diese Grenzen im Jahre 1967 als weiterhin gültig bestätigt. (vgl.: *Dipla*, Le tracé de la frontière, S. 249, 270ff.)

634 Z.B.: Bodensee, Lake Superior (zwischen Minnesota und Wisconsin), Tchadsee (zwischen Nigeria und Niger) (vgl.: *Piper*, The International Law of the Great Lakes; *Dipla*, Le tracé de la frontière, S. 250, 259ff.).

635 Ausführlicher zu den Prinzipien der "reasonable" und "equitable" Teilung von Gewässern unter: 2. Kap., § 6, A., I., B..

Kondominium der Anrainerstaaten hinsichtlich des Gewässers forderten[636]. Solche – im Wesentlichen auch nur für internationale Flüsse vertretenen – Auffassungen spiegeln sich zwar im Wortlaut einiger Verträge[637] wider, beabsichtigten jedoch nie ein Kondominium im rechtlichen Sinne[638].

Gelegentlich ist die Ansicht vertreten worden, dass auch bei internationalen Seen zwischen den Anrainerstaaten kondominiale Hoheitsrechte am See bestünden, die Gebietshoheit über den Binnensee also gemeinschaftlich ausgeübt werden würde[639]. Es findet sich jedoch weder für Binnenseen noch für internationale Flüsse eine einheitliche Völkervertragspraxis, die diese Ansicht bestätigen könnte[640].

In der Geschichte gibt es nur wenige Beispiele, in denen explizit ein Kondominium vereinbart worden ist. So waren zum Beispiel die Regionen Schleswig-Holstein und Lauenburg zwischen 1864 und 1866 unter kondominaler Verwaltung von Österreich und Preußen[641]. Des Weiteren war der Sudan von 1898 bis 1956 ein Kondominium von Großbritannien und Ägypten[642]. Und schließlich lässt sich noch das Beispiel der ehemals Neuen Hebriden (jetzt unabhängiger Staat Republik Vanuatu) anführen, welche zwischen 1914 und 1980 als Kondominium von Großbritannien und Frankreich bestanden[643].

---

636 *Bruhács*, The Law of Non-navigational Uses of International Watercourses, S. 165, m.w.N..

637 So wurde der Terminus „gemeinsamer Fluss" z.B. in Artikel XXX des *Holländisch-Preußischen Vertrages* von 1826, in Artikel XXXV des *Belgisch-Holländischen Vertrages* von 1843 und Artikel I des *Norwegisch-Schwedischen Vertrags* von 1905 verwendet. (*Bruhács*, The Law of Non-navigational Uses of International Watercourses, S. 165, Fn. 79, m.w.N.).

638 So wurde auf der *Konferenz von Barcelona* von den vertretenen Staaten eine gemeinsame Souveränität einhellig abgelehnt. (vgl.: Conférence de Barcelone (1921), Comptes-Rendus, S. 28-30); vgl. ansonsten: *Bruhács*, The Law of Non-navigational Uses of International Watercourses, S. 165, Fn. 80, m.w.N..

639 Dazu ausführlich : *Pondaven*, Les Lacs-frontière, S. 125ff..

640 Vgl.: *Bruhács*, The Law of Non-navigational Uses of International Watercourses, S. 165.

641 Die *Konvention von Gastein* 1865. (Ann. Digest, 6 (1931-32), no. 23, vgl.: *Brownlie*, Principles of Public International Law, S. 116, FN. 43).

642 Das *Cromer-Ghali Übereinkommen* zwischen beiden Staaten vom 19. Januar 1899 (vgl.: *Brownlie*, Principles of Public International Law, S. 116).

643 Der Anglo-Französische Vertrag vom 6. August 1914. (51 *BY* (1980), 395-398).

Allen diesen Beispielen ist gemein, dass die kondominialen territorialen Verhältnisse jeweils durch Verträge determiniert worden sind. Im Falle fehlender vertraglicher Vereinbarungen besteht eine völkerrechtliche Vermutung zu Gunsten territorialer Souveränität, bis das Gegenteil glaubhaft gemacht werden kann[644].

Eine Ausnahme dazu und mögliche Parallelen zum Kaspischen Meer finden sich möglicherweise bei den Hoheitsverhältnissen am Bodensee und dem Golf von Fonseca. Es sollen daher die rechtlichen Verhältnisse auf diesen Gewässern einer genaueren Analyse unterzogen werden, um mögliche Rückschlüsse für das Kaspische Meer gewinnen zu können.

2. Hoheitsverhältnisse auf dem Bodensee

Bis heute entziehen sich die Hoheitsverhältnisse des Bodensees einer abschließenden völkerrechtlichen Einordnung. Vertraglich eindeutig bestimmt ist die Grenze auf dem als „Untersee" bezeichneten Teil des Bodensees zwischen Deutschland und der Schweiz. Seit 1854 gehört der als „Überlingersee" bezeichnete Teil unumstritten zu Deutschland. Allerdings sind die Souveränitätsrechte am „Obersee", den sowohl an Österreich als auch die Schweiz und Deutschland angrenzenden Teil des Bodensees, vertraglich nicht geregelt und noch immer höchst umstritten[645].

Im Wesentlichen werden zur Lösung der Problematik zwei verschiedene Theorien vertreten. Nach Auffassung der Schweiz ist der an ihr Ufer angrenzende Teil des Bodensees, entsprechend der Realteilungstheorie entlang der Mittellinie zwischen den Anrainerstaaten geteilt. Die Schweiz beansprucht ein territoriales Hoheitsgebiet bis zu 300 Metern[646]. Dieser Standpunkt wird zwar von

---

[644] So der *IGH* in seiner Schiedsentscheidung betreffend der rechtlichen Verhältnisse auf dem *Lac Lanoux* zwischen Frankreich und Spanien im Jahre 1957 (24 *ILR* (1957) S. 101ff. (127).

[645] *Müller/Wildhaber*, Praxis des Völkerrechts, S. 341; *Graf-Schelling*, Die Hoheitsverhältnisse am Bodensee, S. 50ff.; *Veiter*, Die Rechtsverhältnisse auf dem Bodensee, S. 463ff.; *Graf-Schelling/Schenk*, Le Regime juridique du lac de Constance, S. 97ff..

[646] Vgl. Stellungnahme des Justiz- und Polizeidepartments vom 12. Juni 1944 (VEB [1944/45] Nr. 1); *Graf-Schelling*, Die Hoheitsverhältnisse am Bodensee, S. 55; *Veiter*, Die Rechtsverhältnisse auf dem Bodensee, S. 466.

Deutschland und Österreich nicht geteilt, in der Praxis halten sie sich jedoch an diese Regelung[647].

Nach Ansicht Österreichs reicht das österreichische Bundesgebiet bis einschließlich zur Halde, d.h. bis zu einer Wassertiefe von 25 Metern. Jenseits der Halde liegende Gebiete des Bodensees werden als Kondominium[648] angesehen[649].

Wie bereits erwähnt, ist die einzige klare vertragliche Regelung über Hoheitsrechte auf dem Bodensee bezüglich des „Untersees" durch einen Vertrag zwischen der Schweiz und Baden bezüglich des so genannten „Konstanzer Trichters" (deutsches Hoheitsgebiet) getroffen worden. Österreich darf dort keine Hoheitsrechte ausüben[650]. Völkerrechtliche Verträge existieren nur bezüglich der Fischerei- und Schifffahrtsrechte auf bestimmten Teilen des Bodensees[651]. Eine umfassende Regelung findet sich also weder bezüglich dieser Bereiche, noch hinsichtlich des Luftraums, des Seebodens oder des Wassers.

Von Bedeutung könnte daher sein, wie sich die Hoheitsverhältnisse auf dem Bodensee völkergewohnheitsrechtlich entwickelt haben. Gewohnheitsrechtlich ist die österreichische Souveränität von allen Staaten für den Bereich der so genannten „Halde" anerkannt worden. Der übrige Bereich des „Obersees" wird, wenn auch teilweise von deutschen Völkerrechtlern bestritten, als Kondominium behandelt[652]. Für den an die Schweiz grenzenden Teil des „Obersees" gilt

---

[647] So wurde in einem Urteil des bayerischen Verwaltungsgerichtshofs die Auffassung zurückgewiesen, dass sich die Realteilungstheorie durchgesetzt habe. (Urteil des *VGH Bayern* im Fall Vergnügungsschiffe auf dem Bodensee, (vom 20. Februar 1963, *AVR* 12 [1964/65], S. 218ff.)). Allerdings bekannte sich das Gericht auch nicht zur Kondominiumstheorie, sondern ließ die Frage der territorialen Souveränität offen. Von einigen Autoren wurde diese Entscheidung in der Weise gedeutet, dass Deutschland damit *de facto* das Kondominiumsprinzip anerkenne. (*Veiter*, Die Rechtsverhältnisse auf dem Bodensee, S. 471; *Müller/Wildhaber*, Praxis des Völkerrechts, S. 342).

[648] Vgl. zur Problematik des Kondominiums beim Bodensee bereits: *Doka*, Der Bodensee im internationalen Recht, S. 20ff..

[649] Vgl. Urteil des Bezirksgerichts Bregenz vom 22. November 1964 (*Berchthold*, Die Hoheitsverhältnisse am Bodensee, S. 401); diese Auffassung bestätigende Urteile des Bezirksgerichts Arbon vom 7.4.1976 und der Gerichtskommission Rorschach vom 24.6. 1976 (*Graf-Schelling*, Die Hoheitsverhältnisse am Bodensee, S. 65).

[650] *Veiter*, Die Rechtsverhältnisse auf dem Bodensee, S. 466.

[651] Dazu im Einzelnen: *Veiter*, Die Rechtsverhältnisse auf dem Bodensee, S. 470f..

[652] *Veiter*, Die Rechtsverhältnisse auf dem Bodensee, S. 470.

allerdings völkergewohnheitsrechtlich eine Realteilung, ohne dass aber klar ist, wie weit das schweizerische Hoheitsgebiet in den See hinein reichen soll. Das theoretisch auf dem „Überlinger See“ und in der „Lindauer Bucht“ bestehende Kondominialgebiet zwischen Österreich und der Bundesrepublik Deutschland wird gewohnheitsrechtlich von Österreich allerdings nicht für eigene hoheitliche Akte beansprucht[653].

Zusammenfassend kann festgestellt werden, dass die Hoheitsverhältnisse am Bodensee weder vertraglich noch völkergewohnheitsrechtlich abschließend geklärt sind. Für die Bereiche des Bodensees, die als Kondominium eingestuft werden könnten, bestehen erhebliche Unterschiede zwischen Theorie und Praxis. Vor allem von deutschen Völkerrechtlern wird die Existenz eines Kondominiums auf dem Bodensee grundsätzlich abgelehnt. Diese Haltung steht im Einklang mit dem *IGH*-Standpunkt, dass in Ermangelung eindeutiger vertraglicher Regelungen die Vermutung für das Vorliegen geteilter Souveränität spricht[654].

3. Golf von Fonseca

Ein aus der jüngeren Rechtsprechung des *IGH* bekanntes und mit der Situation am Kaspischen Meer möglicherweise ebenfalls vergleichbares Beispiel betrifft die Gewässer des *Golfs von Fonseca,* welcher von den Küsten Honduras', El Salvadors und Nicaraguas fast vollständig umschlossen ist. Die Gewässer des *Golfs von Fonseca* waren zwischen 1522 und 1821 von der spanischen Krone als einheitliches Gebiet verwaltet worden.
Nach der Teilung der Mittelamerikanischen Föderation betrachteten die drei Nachfolgestaaten jeweils ein Gebiet mit einer Breite von 3 sm als Hoheitsgewässer. Jenseits dieser Zone waren die Gewässer des *Golfs von Fonseca* nicht abgegrenzt, sondern weiterhin gemeinsam genutzt worden. Auf Grund dieser Praxis ging der *IGH* in seiner Entscheidung zunächst davon aus, dass die Nachfolgestaaten die Gewässer jenseits der 3-sm-Zone gemeinsam erworben haben[655]. Unter Bezugnahme auf das *uti possidetis*-Prinzip fand er diese Annahme durch den Umstand gestützt, dass vor dem Eintritt des Sukzessionsfalls zwischen den spanischen Verwaltungseinheiten keine Abgrenzungen in dem Ge-

---

653 *Veiter,* Die Rechtsverhältnisse auf dem Bodensee, S. 469.
654 Siehe dazu ausführlicher im Rahmen der Ausführungen zum *Lac Lanoux*-Schiedsverfahren.
655 *Land, Island and Maritime Frontier Dispute* (El Salvador/Honduras, Nicaragua intervening), *ICJ Rep.* 1992, S. 351ff. (592f.).

wässer vorgenommen worden waren und es unter der alleinigen Souveränität der spanischen Krone gestanden hatte[656].

Ob die Entscheidung des *IGH* im *Golf von Fonseca*-Fall auf die Situation am Kaspischen Meer insoweit übertragbar ist, als dass die sich aus den 1921er und 1940er sowjetisch-iranischen Verträgen ergebenden früheren sowjetischen Hoheitsbefugnisse auf die neuen Anrainerstaaten zur gemeinsamen Hand übergegangen sind, erscheint fraglich. Ähnlich wie beim Zerfall des spanischen Kolonialreiches und der Mittelamerikanischen Föderation bietet sich am Kaspischen Meer ebenfalls die Konstellation der Auflösung des Vorgängerstaates, in dem es zuvor zwar zu keiner Abgrenzung von Hoheitsbereichen auf dem Kaspischen Meer zwischen den Unionsrepubliken gekommen ist[657]. Allerdings ermangelt es im Falle der kaspischen Problematik weiterer Voraussetzungen. So betonte der *IGH* vor allem, dass es für die Annahme eines gemeinsam verwalteten Kondominiums wichtig sei, dass es sich bei dem in Frage kommenden Gewässer um ein historisches Gewässer handele, welches der alleinigen Souveränität des Vorgängerstaates unterstanden hatte[658].

Wie oben bereits behandelt, unterlag das Kaspische Meer in den vergangenen Jahrhunderten durchaus häufiger der russischen Herrschaftsgewalt. Dies ließ allerdings nie den Schluss zu, dass es sich um ein russisches historisches Gewässer im Sinne eines *mare clausums* unter russischer Souveränität handeln würde[659].
Selbst wenn man diese Ansicht vertreten würde, hätte sich diese Rechtslage spätestens seit dem sowjetisch-persischen Friedensvertrag von 1921 geändert, da in diesem der russische Anspruch auf alleiniges Befahren des Kaspischen Meeres mit russischen Kriegsschiffen fallen gelassen worden ist.

Der Tenor im *Golf von Fonseca* Urteil des *IGH* ist somit auf die neu entstandene Situation am Kaspischen Meer nicht übertragbar, da das Kaspische Meer jedenfalls kein historisches Gewässer ist, welches sich in den vergangenen Jahrhunderten konstant unter der Souveränität eines einzelnen Staates befunden hat.

---

656 *Kohen*, L'uti possidetis revisité, S. 939ff..
657 Zur völkerrechtlichen Bedeutung der ministerialen Aufteilung des Kaspischen Meeres in Unionsrepublik-Sektoren siehe unter 2. Kap., § 4, B. I., 1., d).
658 *ICJ Rep*. 1992, S. 351ff. (600): "[...] had long been historic waters under a single State's sovereignty [...]."
659 Siehe unter: 2. Kap. § 4, B. V., 1., b).

4. Zwischenergebnis zu gewohnheitsrechtlichen Teilungsprinzipien bei Binnenseen

Es hat sich somit gezeigt, dass auch die jüngste Staatenpraxis bzw. Rechtsprechung des *IGH* zur Schaffung kondominaler Gewässer keine von der grundsätzlichen Regel, der Vermutung geteilter Souveränität, abweichende gewohnheitsrechtliche Übung erzeugt hat.

Für die Grenzziehung auf internationalen Seen zeigt die Staatenpraxis mehrere Möglichkeiten auf, von denen sich bis heute gewohnheitsrechtlich kein allein-gültiges, allgemein anerkanntes Teilungsprinzip herausgebildet hat, dessen Übertragung auf das Kaspische Meer unausweichlich wäre. Allerdings ist bei internationalen Seen mit gegenüberliegenden Ufern eine gewisse Häufigkeit festzustellen, die vereinfachte Form des Äquidistanzprinzips anzuwenden[660].

III. Universelle Geltung der Bestimmungen des Seerechtsübereinkommens

1. Die Anwendbarkeit des UN-Seerechtsübereinkommens auf das Kaspische Meer

Da für die Grenzziehung und Aufteilung der Ressourcen bei internationalen Seen keine einheitliche Staatenpraxis feststellbar ist, erscheint es aufgrund der meeresähnlichen Charakteristika des Kaspischen Meeres sinnvoll, die auf Meere anwendbaren Regeln des 1982 verabschiedeten *SRÜ* zur Bestimmung der Souveränitätsrechte für eine Konfliktlösung heranzuziehen. Immerhin war es den Vertragsparteien des *SRÜ* gelungen, ein im wesentlichen universal akzeptiertes Reglement für die internationale Schifffahrt, die Ausnutzung des Meeresbodens und der darüber liegenden Gewässer unter angemessener Wahrung der Souveränität der Küstenstaaten zu formulieren.

In der Völkerrechtslehre finden sich tatsächlich entsprechende Ansichten, dass auf von mehreren Staaten umschlossene Binnenmeere die Regeln über das offene Meer anwendbar seien[661]. Auch sah es vor allem die russische und sowjetischen Völkerrechtslehre bis Mitte des 20. Jahrhunderts als selbstverständlich an, dass auf das Kaspische Meer die Regeln des internationalen Seerechts Anwendung finden würden[662].

---

[660] Vgl.: *Dipla*, Le tracé de la frontière, S. 250ff., 296ff..
[661] *Dahm/Delbrück/Wolfrum*, Völkerrecht, S. 403.
[662] Vgl. dazu unter: 2. Kap., § 4, B., I., 1., f).

Eine direkte Anwendung der Bestimmungen des *SRÜ* auf das Kaspische Meer ist ausgeschlossen. Wie zuvor bereits betrachtet, ist es zwar zum Teil auch als ein „Binnenmeer“ bezeichnet worden, völkerrechtsdogmatisch gesehen ist es jedoch ein Binnensee, auf den die Regeln des internationalen Seerechtes nicht direkt anwendbar sind[663]. So bestimmt Artikel 122 die Anwendbarkeit des Teils IX der *SRÜ* von 1982 lediglich für solche „umschlossenen oder halbumschlossenen Meere“, die mit einem anderen Meer oder dem Ozean durch einen engen Ausgang verbunden sind[664].

Diese Definition lässt sich auf Meere wie das Schwarze Meer oder die Ostsee übertragen, nicht jedoch auf das völlig landumschlossene Kaspische Meer. Dessen einziger schiffbare Zugang besteht über das Wolga-Don-Kanalsystem zum Schwarzen Meer[665]. Jedoch ist eine solche Kanalverbindung mit dem offenen Meer nicht als ausreichend im Sinne des "narrow outlet" Begriffs des Artikels 122 des *SRÜ* anzusehen.

Die *travaux préparatoires* zu den Verhandlungen der Dritten Seerechtskonferenz hinsichtlich des Regelungsgehalts des Artikels 122 *SRÜ* von 1982 verschafften auch Klarheit darüber, dass Teil IX des *SRÜ* nicht auf Gewässer wie das Kaspische Meer anwendbar sein sollte. Die damalige Sowjetunion legte explizit Wert darauf, dass das Kaspische Meer nicht von der "enclosed sea" Definition des Artikels 122 *SRÜ* erfasst werde[666].

---

[663] Rein geomorphologisch sind so typische Meereseigenschaften wie das Vorhandensein eines Festlandsockels dem Kaspischen Meer abgesprochen worden, da insbesondere der nördliche Teil des Kaspischen Meeres eher als eine Erdsenke angesehen wird. Die Senkung des Kaspischen Meeres mit seiner Umgebung, der sog. uralo-kaspischen Erdsenke, ist die ausgedehnteste der Erde. Das Kaspische Meer liegt 25,5 m unter dem Asowschen Meer und 99,5 m unter dem Aralsee. (*Kürschner*, Pierers Konversations-Lexikon, 8. Band, S. 179).

[664] Artikel 122 *SRÜ*: "For the purpose of this Convention, 'enclosed or semi-enclosed sea' means a gulf, basin or sea surrounded by two or more States and connected to another sea or the ocean by a narrow outlet or consisting entirely or primarily of the territorial seas and exclusive economic zones of two or more coastal States."

[665] Der Plan, durch einen Kanal eine Wasserstraße zum Asowschen Meer herzustellen, war bereits 1876 vom Amerikaner *Spalding* vorgeschlagen worden, damals zunächst allerdings wieder fallen gelassen worden. Erst zu sowjetischen Zeiten ist das Wolga-Don-Kanalsystem, welches das Kaspische Meer mit dem Schwarzen Meer verbindet, geschaffen worden.

[666] *Summary record of Second Committee*, 43rd Meeting, para. 31.

2. Heranziehung der Bestimmungen der im Seerechtsübereinkommen enthaltenen völkergewohnheitsrechtlichen Normen

Das im *SRÜ* kodifizierte moderne Seevölkerrecht spiegelt zum Großteil Völkergewohnheitsrecht wider[667], welches von der *International Law Commission* bereits in den Vorgänger-Seerechtsübereinkommen aus dem Jahre 1958 aufgenommen worden war. Neben einigen Neuentwicklungen, wie der exklusiven Wirtschaftszone, ist ein Großteil der Bestimmungen dieser Übereinkommen in das *SRÜ* inkorporiert worden[668].

So führte der *IGH* in seiner *Gulf of Maine* Entscheidung zum Verlauf der seewärtigen Grenzlinie zwischen den USA und Kanada aus, dass das *SRÜ* hinsichtlich des Festlandsockels und der exklusiven Wirtschaftszone Völkergewohnheitsrecht widerspiegelt[669]. Zusätzlich werden auch die Bestimmungen über die Küstengewässer als vom Völkergewohnheitsrecht mit umfasst angesehen[670].

Zweifel hinsichtlich des völkergewohnheitsrechtlichen Charakters des *SRÜ* ergeben sich allerdings aus der anfangs sehr zögerlichen Ratifizierungspraxis der Unterzeichnerstaaten und insbesondere solch wichtiger Staaten wie Russland und der USA[671]. Grund dafür waren vor allem die für entwickelte Länder ungünstigen Regelungen des Tiefseebergbaus, welcher damit so gut wie unmöglich gemacht wurde. Mit der Unterzeichnung des am 28. Juli 1996 in Kraft getretenen *DÜ-SRÜ*, welches den Bedürfnissen der westlichen Welt hinsichtlich des Tiefseebergbaus wesentlich entgegen kam, erhöhte sich die Zahl der Vertragsparteien des *SRÜ* erheblich, so dass man beim gegenwärtigen Stand der Ratifikationen durch 143 Staaten nahezu von einer universalen Geltung des

---

[667] Zu den Prinzipien, die sich zu Völkergewohnheitsrecht entwickelt haben, gehören u.a. die Bestimmungen hinsichtlich der Territorialgewässer und der ausschließlichen Wirtschaftszone, (vgl.: *ICJ, Gulf of Maine case on Delimitation of the Maritime Boundary*, (1984) *ICJ Rep.* 246, 294; *Henkin* (u.a.), International Law, S. 1234).

[668] Die Übereinkommen sind heute noch für die Staaten in Kraft, welche noch nicht das *SRÜ* ratifiziert haben.

[669] *ICJ, Gulf of Maine case on Delimitation of the Maritime Boundary*, (1984) *ICJ Rep.* 246, 294: Darin bemerkte der *IGH*, dass die Bestimmungen des *SRÜ* hinsichtlich des Festlandsockels und der exklusiven Wirtschaftszone "were adopted without any objections" und "as consonant at present with general international law on the question" behandelt werden sollten.

[670] Vgl.: *Brownlie*, Principles of Public International Law, S. 224; *Henkin* (u.a.), International Law, S. 1233ff.; *ICJ, Gulf of Maine* case, (1984) *ICJ Rep.* 246, 294.

[671] Die zum Inkrafttreten des *SRÜ* erforderlichen 60 Ratifikationsurkunden wurden fast ausschließlich von Entwicklungsländern eingereicht.

SRÜ sprechen kann[672]. Noch immer nicht ratifiziert haben die USA[673] und die Russische Föderation. Die übrigen Anrainerstaaten des Kaspischen Meeres haben das *SRÜ* noch nicht einmal unterzeichnet. Nach amerikanischer Ansicht entspricht das *SRÜ* in seinen wesentlichen Zügen jedoch dem Völkergewohnheitsrecht[674].

Auch wenn noch Zweifel am völkergewohnheitsrechtlichen Charakter einiger Normen des *SRÜ* bestehen und eine direkte Anwendung solcher Normen betreffend der Unterteilung in verschiedene Zonen und deren Abgrenzung zu Nachbarstaaten oder gegenüberliegenden Staaten auf das Kaspische Meer ausscheidet, so ist es auf Grund der großen Zahl von Vertragsparteien vertretbar, bestimmte fundamentierte Prinzipien des Vertragsrechts, insbesondere die zur Aufteilung der Meereszonen unter den Anrainerstaaten, entsprechend dem *Equity*-Prinzips bei der Aufteilung der kaspischen Ressourcen mit zu berücksichtigen[675].

Dies würde umso mehr für die kaspischen Anrainerstaaten gelten, die zumindest Vertragspartei der 1958er *Seerechtsübereinkommen* sind. Auch wenn keiner der heute bestehenden kaspischen Anrainerstaaten diesen direkt beigetreten ist, so war jedoch die Sowjetunion Vertragspartei, womit sich auch hier wiederum die Problematik der Staatennachfolge in die vertraglichen Verpflichtungen der Sowjetunion nach deren Zerfall eröffnet.

Wie bereits oben betrachtet ist lediglich die Russische Föderation als selbst ernannter „Fortsetzerstaat" in die vertraglichen Verpflichtungen aus den von der Sowjetunion ratifizierten bi- und multilateralen Verträgen automatisch eingetreten. Die übrigen Nachfolgestaaten der Sowjetunion haben sich in der gemeinsamen *Alma-Ata-Deklaration* darauf verständigt, dass sie solchen Verträgen nicht automatisch, sondern im Wege ihrer nationalen Verfassungsprozeduren beitreten[676]. Keiner der neuen unabhängigen kaspischen Anrainerstaaten ist bisher einem der 1958er *Seerechtübereinkommen* beigetreten.

---

672 *Jaenicke*, UNCLOS III, in: FS Bernhardt, S. 134; vgl. auch Abs. 6 Präambel des DÜ-*SRÜ*.

673 Allerdings wurde das Ratifikationsverfahren für das *SRÜ* eingeleitet (*ILM* 1995, 1393).

674 So befand der damalige US Präsident *Reagan* bereits im Jahre 1983, dass bis auf solche des Tiefseebergbaus alle Bestimmungen des *SRÜ* auch für die USA als Kodifizierung von allgemein anerkanntem Völkergewohnheitsrecht rechtlich verbindlich sein würden. (vgl.: *Henkin* (u.a.), International Law, S. 1234.

675 Vgl.: *Clagett*, Ownership of seabed.

676 Vgl. dazu ausführlich bereits unter: 2. Kap., § 4, B., III..

Allerdings stellen diese Bestimmungen im Gegensatz zu denen des 1982er *SRÜ* mittlerweile allgemein akzeptiertes Völkergewohnheitsrecht dar, dies jedoch immer noch mit der Beschränkung der Anwendbarkeit auf offene Meere.

Es sei in diesem Zusammenhang aber auf die in seinen *Nordsee-Festlandsockel*-Urteilen getätigten entsprechenden Ausführungen des *IGH* und die separaten Meinungen verschiedener Richter im Urteil verwiesen[677]. Darin wird sich in dem Sinne geäußert, dass nichts gegen die Anwendbarkeit der im Meeresvölkerrecht entwickelten Prinzipien der maritimen Grenzteilung auf internationale Seen spricht[678].

Die Flexibilität des *SRÜ* bezüglich seiner Teilungsprinzipien bietet sich hier geradezu an, da es genügend Raum für die Berücksichtigung der für die Situation am Kaspischen Meer besonders wichtigen historischen, geologischen und ökonomischen Besonderheiten des Kaspischen Meeres gewähren würde.

Im Folgenden soll daher ein kurzer Überblick über die völkergewohnheitsrechtlich anerkannten Grundprinzipien des Meeresvölkerrechts erfolgen, um diese in ihrer spezifischen Anwendbarkeit und in ihren Auswirkungen auf die Verhältnisse am Kaspischen Meer zu analysieren.

3. Grundprinzipien des Meeresvölkerrechts

Hauptanliegen der UN-Seerechtsübereinkommen war es, ein für alle Staaten einheitlich geltendes Seevölkerrecht zu schaffen, welches sowohl den Souveränitätsinteressen der Küstenstaaten als auch den Bedürfnissen dritter Staaten - zum Beispiel Binnenstaaten ohne direkten Zugang zum Meer - gerecht werden würde.

Während die im Jahre 1609 von *Grotius* erschienene Schrift *„De mare libero"* noch von der Idee eines *mare liberum*[679] geprägt war, so entwickelte sich das Seevölkerrecht vor allem im letzten Jahrhundert in Anbetracht der Erfindung von Techniken zur Ausbeutung von im Meeresboden befindlichen Rohstoffen weiter. Es galt nunmehr dem Konflikt zwischen den Interessen der Küstenstaa-

---

677 *North Sea Continental Shelf, ICJ* 1969, 80; Richter *Ammoun*, 124ff.; Richter *Tanaka*, 175.
678 Dazu auch: *Romano*, The Caspian Sea Dispute, S. 152, m.w.N..
679 Vgl. dazu: *De Pauw*, Grotius and The Law of the Sea, S. 9, 14ff.; *Gloria*, in: *Ipsen*, Völkerrecht, S. 712f.; *Henkin* (u.a.), International Law, S. 1231ff..

ten an der Ausbeutung der ihnen vorgelagerten Meeresbereiche und den Interessen anderer Staaten an der Nutzung der Meere gerecht zu werden.

Im *SRÜ* finden sich neben einer Reihe von Völkergewohnheitsrecht widerspiegelnden Bestimmungen auch Normen, die versuchen, ein teilweise darüber hinausgehendes - für moderne Meeresnutzungsbedürfnisse sinnvolles - Meereszonensystem mit abgestuften Souveränitätsrechten zu entwickeln. Dabei ist besonders bemerkenswert, dass den hoheitlichen Befugnissen der Küstenstaaten eine besondere Bedeutung beigemessen wurde. So ist vom Prinzip des *mare liberum* bis hin zum 1982er *SRÜ* eine klare Tendenz zur Erweiterung der Souveränitätsrechte der Küstenstaaten feststellbar.

Für die Festlegung von abgegrenzten Souveränitätsrechten im Kaspischen Meer könnten folgende Meereszonen[680] des *SRÜ* Berücksichtigung finden.

a) Die Küstengewässer

Das Bemühen von Staaten, ihre Gebietshoheit auch auf Teile des angrenzenden Meeres auszustrecken, fand schließlich eine ausdrückliche Regelung in Artikel 3 *SRÜ*. Die Küstenmeerbreite, in der der Küstenstaat über den Meeresboden, die darüber befindliche Wassersäule und Luftraum alleinige Souveränitätsrechte ausüben kann, ist demnach auf maximal 12 sm festgelegt worden. In Anbetracht des Inkrafttretens des *SRÜ* im Jahre 1994 und einer breiten Staatenpraxis bei der Festlegung einer 12-sm-Küstengewässerzone kann diese als mittlerweile völkergewohnheitsrechtlich anerkannt eingestuft werden. Daran sind auch diejenigen Staaten gebunden, die keinem der Seerechtsübereinkommen beigetreten sind[681].

Gleiches gilt für die rechtliche Einordnung der Küstengewässer als Teil des Staatsgebiets in Artikel 2 des *SRÜ* von 1982. Auch wenn das Küstenmeer demnach zum räumlichen Geltungsbereich des innerstaatlichen Rechts des Anliegerstaates gehört, erfährt die staatliche Souveränität auf Grund anderer völker-

---

[680] Darstellung zur Systematik der Meereszonenunterteilung unter: http://fortbildung.geo.bildungszentrum-markdorf.de/MARITI~2.DOC.

[681] Bis zum 28.02.2002 hatten weltweit lediglich 16 Staaten von der 12-sm-Regel abweichende Bestimmungen zur Ausdehnung der Territorialgewässer. (vgl.: Document A/56/58, UN-Division for Ocean Affairs and the Law of the Sea, Office of Legal Affairs).

rechtlicher Prinzipien gewisse Einschränkungen[682]. So können Drittstaaten gegenüber dem Küstenstaat regelmäßig sowohl das Recht auf friedliche Durchfahrt im Sinne des Artikels 18 *SRÜ* als auch das Recht auf Transitpassage durch für die internationale Schifffahrt verwendete Meerengen im Sinne des Artikels 37 *SRÜ*[683] geltend machen[684].
Das Recht auf „friedliche Durchfahrt" durch die Territorialgewässer eines Staates bezieht sich unter Berücksichtigung gewisser Auflagen auch auf Kriegsschiffe von Drittstaaten, die jedoch zum sofortigen Verlassen der Territorialgewässer aufgefordert werden können, sofern sie gegen Gesetze und Bestimmungen des Küstenstaates über die friedliche Durchfahrt verstoßen sollten[685].

Des Weiteren sind Küstenstaaten durch eine zunehmende Zahl völkerrechtlicher Verträge verpflichtet, die Meeresumwelt zu schützen und Maßnahmen zu ergreifen, die notwendig sind, um Umweltverschmutzungen zu verhüten und zu überwachen[686].

b) Anschlusszone

Seit Beginn des 18. Jahrhunderts begannen die Küstenstaaten auch außerhalb der Küstengewässer einzelne Hoheitsakte zur Sicherung von zoll- und steuerrechtlichen Interessen vorzunehmen. Das Konzept der Anschlusszone im modernen Völkerrechtssinn entwickelte sich in den 30er Jahren des letzten Jahrhunderts[687].

---

682 So bezieht sich der *IGH* im *Korfu-Kanal-Fall* auf "[...] certains principes généraux et bien reconnues, tels que des considerations élementaires d'humanité [...]" (*ICJ Reports* 1949, S. 22).
683 Teil II, Abschnitt 3 *SRÜ* (Friedliche Durchfahrt durch die Küstengewässer) bzw. Teil III, Abschnitt 2 *SRÜ* (Transitpassage durch Meerengen für den internationalen Schiffsverkehr).
684 Vgl. dazu ausführlicher unter: 3. Kap., § 8, C., III., 3..
685 Artikel 29-32, insbes. Artikel 30 *SRÜ*; Siehe auch die in Folge des sog. Sewastopol-Zwischenfalls vom 12.2.1988 erfolgte gemeinsame Erklärung der USA und der UdSSR bezüglich einer gemeinsamen Interpretation des Rechts auf friedliche Durchfahrt in der sog. *Jackson Hole-Erklärung* (*AJIL* 1990, 239). Die darin erfolgte ausdrückliche Bezugnahme auf die relevanten Vorschriften des *SRÜ* durch zwei Staaten, die selbiges Übereinkommen entweder noch nicht einmal unterzeichnet bzw. nicht ratifiziert hatten, bestätigt den gewohnheitsrechtlichen Charakter der Bestimmungen des *SRÜ* über die Küstengewässer. (*Gloria*, in: *Ipsen*, Völkerrecht, S. 733, Rn. 21).
686 Artikel 192ff., 207-212 *SRÜ*. Dazu genauer unter: 3. Kap., § 9, C..
687 *Marston*, Encyclopedia of Public International Law II, 884f..

Dem früheren Streit, ob die Anschlusszone Teil der Hohen See oder des Küstengewässers sei, wurde zunächst durch Artikel 24 des *UN-Küstenmeer-Übereinkommens* von 1958 ein Ende gesetzt. Danach war die Anschlußzone in einer maximalen Ausdehnung von 12 sm Teil der Hohen See.

Auf Grund der Regelung des Artikels 33 *SRÜ* und des im *SRÜ* neu geschaffenen Regimes der ausschließlichen Wirtschaftszone, mit der eine Überschneidung stattfinden kann, hat sich der Streit endgültig erledigt. Die sich an die Küstengewässer anschließende Zone darf gemäß Artikel 33 Abs. 2 *SRÜ* von der Basislinie nicht mehr als 24 sm entfernt sein. In dieser 12 sm breiten Zone ist es dem Küstenstaat gestattet, erforderliche Kontrollen auszuüben, um Verstöße u.a. gegen Finanz-, Einreise- oder Gesundheitsgesetze zu verhindern[688].

c) Der Festlandsockel

Mit der fortschreitenden Technik zur Erschließung von weit jenseits der Küstengewässer im Festlandsockel[689] befindlichen Rohstoffen[690] machten die Küstenstaaten schon bald diesbezügliche Ansprüche geltend. Auf Grund von Erdölfunden außerhalb der damaligen Küstengewässer kam es in Lateinamerika bereits Anfang der 40er Jahre des 20. Jahrhunderts zu ersten Erklärungen über territoriale Abgrenzungen auf dem Festlandsockel[691].

Der völkerrechtliche Status des Festlandsockels war zur damaligen Zeit eigentlich noch von der Idee eines *mare liberum* geprägt, so dass einseitige Erklärun-

---

[688] Artikel 33 I *SRÜ*.

[689] Die naturwissenschaftliche Entdeckung des Festlandsockels erfolgte im Jahre 1887. Geologisch betrachtet handelt es sich dabei um den Meeresgrund und Meeresuntergrund, der sich von der Küste bis zum so genannten Festlandabhang erstreckt, von dem sich dann der Meeresboden wesentlich steiler absenkt. Die Breite der Festlandsockel kann sehr unterschiedlich sein, beträgt aber meistens ca. 200 sm. (vgl.: *Rüster*, Die Rechtsordnung des Festlandsockels, S. 21 ff).

[690] Neben wertvollen Rohstoffen wie Erdgas, Kohle, Schwefel, Phosphorit, Zink und Eisenerz werden ca. 20% der weltweiten Erdölvorkommen im Festlandsockel vermutet.

[691] Abkommen zwischen Großbritannien und Venezuela (1942) über den *Golf von Paria* (*LNTS* Bd. 205, 121) und Argentiniens Erklärung über die Bildung von im Festlandsockel gelegenen Mineralvorkommen aus dem Jahre 1944 (*Brownlie*, Principles of Public International Law, S. 215).

gen von Souveränitätsrechten über dort befindliche Rohstoffe als problematisch anzusehen waren[692].

aa) Das 1958 UN-Festlandsockel-Übereinkommen

Die ersten drei Artikel des *Festlandsockel-Übereinkommens*[693] definierten sowohl die Ausdehnung[694] des Festlandsockels als auch den Umfang an Souveränität[695] der den Küstenstaaten an den dort befindlichen Rohstoffen zustehen sollte. Aus Artikel 2 Absatz 3 *FSÜ* ergab sich bereits, dass diese Rechte am Festlandsockel keiner besonderen Erklärung bedürften, sondern den Küstenstaaten *ipso jure* zustünden.

bb) Die Festlandsockel-Regelungen des UN-Seerechtsübereinkommens

Dieselben Bestimmungen finden sich in ihrer Grundaussage in den Artikeln 76 bis 78 des *SRÜ* von 1982 wieder. Zur Vermeidung von bis dahin bestehenden Unklarheiten hinsichtlich der Grenze der Ausbeutbarkeit wurde die Definition

---

[692] Den Anstoß für eine, sich danach rapide ausweitende, Staatenpraxis bei der Deklaration eines eigenen Festlandsockels gab die Erklärung des US-Präsidenten *Truman* "Concerning the Policy of the United States with Respect of Subsoil and Sea Bed of the Continental Shelf" vom 28. September 1945 (Text: 40 *AJ* (1946), *Suppl.*, S. 45; Whiteman, Digest of International Law, S. 756). Während darin die betreffenden Naturressourcen als unter der "jurisdiction and control" der USA angesehen wurden, so war es von gewisser Bedeutung, dass der Charakter der Gewässer über dem Festlandsockel als Hohe See und das Recht der Freien Navigation davon nicht berührt werden sollte (Dies wurde in einer weiteren Erklärung des Präsidenten Truman vom 10. September 1953 nochmals bestätigt. (vgl.: *Brownlie*, Principles of Public International Law, S. 215)). Innerhalb weniger Jahre folgten die meisten Küstenstaaten dieser Praxis, da ihnen die Festlandsockeldoktrin als eine sichere Grundlage für die Ausbeutung des Meeresbodens erschien. Allerdings war die Staatenpraxis bei weitem nicht einheitlich. Einige Staaten hatten sich neben dem Recht auf Nutzung des Festlandsockels auch entsprechende Regelungen hinsichtlich der darüber liegenden Gewässer vorbehalten (So z.B. die Bahamas (1948), Saudi Arabien (1949), Pakistan (1950) und Indien (1955). (vgl.: *Brownlie*, Principles of Public International Law, S. 216, Fn.6)).

[693] Text: 52 *AJ* (1958), S. 858. In Kraft getreten am 10. Juni 1964. Bis zum 31. Dezember 1987 hatten 54 Staaten die Ratifikationsurkunden hinterlegt. (vgl.: *Brownlie*, Principles of Public International Law, S. 216).

[694] Artikel 1 (a) *FSÜ* legte in seiner sehr umstrittenen Gleitklausel fest, dass der Festlandsockel bis zu einer Tiefe von 200 m oder so weit reichen würde, wie die Wassertiefe der sich daran anschließenden Gewässer die Ausbeutung der Naturreichtümer noch gestatten würde.

[695] Die Artikel 2 und 3 stellten klar, dass sich die souveränen Rechte des Küstenstaates nur auf die Ausbeutung der Ressourcen im Meeresboden oder auf dem Meeresgrund beziehen und der Status der darüber liegenden Gewässer als Hohe See und des Luftraums nicht berührt werden soll.

der Ausdehnung des Festlandsockels nunmehr an die natürliche Verlängerung des Landgebiets bis zur äußeren Kante des Festlandrandes gekoppelt[696]. Eine in Artikel 76 Abs. 3 *SRÜ* erfolgte Eingrenzung auf Sockel, Abhang und Anstieg war deshalb notwendig geworden, weil der Tiefseeboden nun dem „gemeinsamen Erbe der Menschheit"[697] unterfallen sollte und somit gemäß Artikel 137 Abs. 1 *SRÜ* außerhalb jeglicher souveränen Rechte der Küstenstaaten liegen würde.

(1) Grenze des Festlandsockels

Während Artikel 76 Abs. 1 *SRÜ* eine grundsätzliche maximale Ausdehnung von 200 sm - gemessen ab der Basislinie - unabhängig davon annimmt, ob sich der Festlandsockel auch tatsächlich im geologischen Sinne soweit ausdehnt, legen die Abs. 4 und 5 die äußeren Grenzen für den Fall fest, dass der Festlandsockel sich tatsächlich weiter als 200 sm erstreckt[698].

(2) Exklusives Ausbeutungsrecht des Küstenstaats

Von besonderer Bedeutung für die kaspischen Staaten wären die die exklusiven Ausbeutungsrechte des Küstenstaates betreffenden Bestimmungen des *SRÜ*. So würde dem Küstenstaat gemäß Artikel 77 Abs. 1 und 3 *SRÜ* ein exklusives Recht an der wirtschaftlichen Ausbeutung des seiner Küste vorgelagerten Festlandsockels zustehen, welches weder von einer tatsächlichen Besitzergreifung noch von einer ausdrücklichen Erklärung abhängt[699].

(3) Recht zur Verlegung von Kabeln und Pipelines

Außerdem beinhaltet das *SRÜ* detaillierte Regelungen die Jurisdiktion hinsichtlich der Verlegung von Pipelines über die den Küstenstaaten vorgelagerten Festlandsockel betreffend. Es bietet damit eine rechtliche Grundlage für den Bau der geplanten trans-kaspischen Pipelines.

---

[696] Damit wurde der vom *IGH* in den *Nordsee-Festlandsockel*- Fällen entwickelte Begriff der „natural prolongation of the land territory" aufgegriffen. (*ICJ Rep.* (1969), 31).
[697] Teil XI, Artikel 136 ff *SRÜ*.
[698] Gemäß Artikel 76 Abs. 5 *SRÜ* dürfen die nach Artikel 76 Abs. 4 *SRÜ* erfolgten Berechnungen jedenfalls nicht die von der Basislinie gemessene 350-sm-Grenze überschreiten bzw. nicht weiter als 100 sm von der 2500 m-Wassertiefenlinie entfernt sein.
[699] Außerdem stellt Artikel 77 Abs. 2 *SRÜ* klar, dass auch kein Drittstaat ohne ausdrückliche Zustimmung des Küstenstaates auf dem Festlandsockel Aktivitäten ausüben darf.

Hinsichtlich der Verlegung von Kabeln und Pipelines auf dem Festlandsockel durch Drittstaaten hat im *SRÜ* im Vergleich zur Regelung des Artikels 4 *FSÜ* eine Verschärfung zu Gunsten des Küstenstaates stattgefunden. Zwar haben alle Drittstaaten gemäß Artikel 79 Abs. 1 *SRÜ* das Recht, Kabel und Pipelines auf dem Festlandsockel zu verlegen, allerdings kann der Küstenstaat in verschiedenster Weise auf die Verlegung Einfluss nehmen. Ein wichtiger Unterschied zu dem nachfolgend darzustellenden Regime der ausschließlichen Wirtschaftszone besteht darin, dass gemäß Artikel 79 Abs. 4 *SRÜ* auf dem Festlandsockel verlegte Kabel und Pipelines der Jurisdiktion des Küstenstaates unterliegen.

(4) Abgrenzungsprinzipien für die Grenzziehung

In Anbetracht der zwischen den kaspischen Anrainerstaaten bestehenden Streitigkeiten über den Verlauf der maritimen Grenzen bieten auch die im Seevölkerrecht entwickelten Prinzipien zur Abgrenzung maritimer Hoheitsbefugnisse eine bewährte Grundlage für die kaspische Konfliktlösung.
Zur Abgrenzung benachbarter oder gegenüberliegender Festlandsockelzonen verweist Artikel 83 Abs. 1 *SRÜ* entsprechend den allgemeinen im Völkerrecht entwickelten Prinzipien lediglich auf eine „der Billigkeit entsprechende Lösung" (*"equitable solution"*). Im Gegensatz zu den Bestimmungen des Artikels 6 *FSÜ*[700] enthält das *SRÜ* somit keinerlei Vorgaben für die Abgrenzungsmethodik des Festlandsockels. Damit wurde auch der Rechtsprechung des *IGH* Rechnung getragen, welcher in seinem *Nordsee-Festlandsockel-Fall* klarstellte, dass das in Artikel 6 Abs. 2 *FSÜ* erwähnte Äquidistanzprinzip für seitliche Abgrenzungen weder allein gültiges Abgrenzungsmodel sein könne, noch allgemeines Völkergewohnheitsrecht darstellt. Eine Abgrenzung müsse neben den "equitable principles" auch die "natural prolongation" des Festlandsockels im Verhältnis zum Staatsgebiet des Küstenstaates berücksichtigen[701].

(5) Völkergewohnheitsrecht bezüglich Grenzziehung

Für eine mögliche Übertragung der Prinzipien über das Festlandsockelregime auf einen zu entwickelnden rechtlichen Status des Kaspischen Meeres wäre es allerdings erforderlich, dass die entsprechenden Normen des *FSÜ* und des *SRÜ*

---

[700] Gemäß Artikel 6 Abs. 1 sollte die Teilung von gegenüberliegenden Festlandsockeln zunächst durch Vereinbarung oder Ziehung einer Mittellinie erfolgen. Bei angrenzenden Staaten sollte gemäß Artikel 6 Abs. 2 S.1 *FSÜ* für den Fall, dass kein Übereinkommen gefunden werden kann, das Äquidistanzprinzip einschlägig sein.

[701] *ICJ Rep.* 1969, S. 1ff. (45f.). Ausführlich zur Abgrenzungsproblematik siehe unter: 2. Kap., § 6, B..

als Kodifikationen des internationalen Völkergewohnheitsrechts für die Festlegung maritimer Grenzen auch betreffend internationaler Binnenseen angesehen werden können. Während der *IGH* in seiner Rechtsprechung zu den *Nordsee-Festlandsockel*-Fällen[702] angesichts der in Artikel 1 bis 3 *FSÜ* kodifizierten Staatenpraxis noch von sich entwickelnden Regeln des Völkergewohnheitsrechts sprach, so ging er in späteren Entscheidungen[703] bereits davon aus, dass einige Bestimmungen des *SRÜ* etabliertes Völkergewohnheitsrecht widerspiegeln würden. Allerdings betonte er auch das Erfordernis einer einheitlichen Staatenpraxis[704].

Gerade bei der Definition der Ausdehnung des Festlandsockels besteht eine solche einheitliche Staatenpraxis allerdings noch nicht[705]. Auch wenn mittlerweile überwiegend vertreten wird, dass die Grundprinzipien des Festlandsockelregimes, wie sie zunächst in Artikel 2 und 3 *FSÜ* und fast inhaltsgleich in den Artikeln 77 und 78 *SRÜ* kodifiziert worden sind, für offene Meere inhaltlich mit dem Völkergewohnheitsrecht übereinstimmen[706], so kann eine entsprechende Übertragung auf internationale Binnenseen noch nicht festgestellt werden.

Es bleibt den kaspischen Staaten mithin überlassen, selbst zu entscheiden, ob und in welchem Umfang sie die zur Abgrenzung souveräner Rechte auf den Weltmeeren entwickelten Prinzipien, welche ihren Ursprung nicht zuletzt in der Grenzziehung bei Flüssen und Seen finden, auf das Kaspische Meer übertragen wollen.

---

702 *North Sea Continental Shelf* cases, *ICJ Rep.* (1969), 3, 39.
703 *Gulf of Maine* case, *ICJ Rep.* (1984), 246, 288-295 (para. 79-96); *Libya vs. Malta Continental Shelf* case, *ICJ Rep.* (1985), 13, 29-34 (paras. 26-34).
704 *Libya vs. Malta Continental Shelf* case, *ICJ Rep.* (1985) 29f. (para. 27), 33 (para. 34), 38 (para. 44).
705 So haben bis Anfang 2002 erst 42 Staaten die Grenzen ihres Festlandsockels auf die 200-sm-Grenze bzw. die äußere Kante des Festlandrandes festgelegt und noch immer 23 Staaten beziehen sich auf die 200 m-Grenze bzw. die maximale Tiefe der Ausbeutbarkeit, wie sie noch in Artikel 1 (a) *FSÜ* vorgesehen war. Weitere 20 Staaten wenden noch andere Kriterien an. vgl.: 'Table of claims to maritime jurisdiction (as at 28 February 2002), Division for Ocean Affairs and the Law of the Sea, Office of Legal Affairs, United Nations, (http://www.un.org/Depts/los/LEGISLATIONANDTREATIES/status.htm).
706 *Verdross/Simma*, Universelles Völkerrecht, S. 527; *Rüster*, Die Rechtsordnung des Festlandsockels, S. 236; *Klemm*, Die seewärtige Grenze des Festlandsockels, S. 200.

d) Ausschließliche Wirtschaftszone

Schließlich stellt sich in Anbetracht dessen, dass zahlreiche Erdölfelder weit entfernt von den Küsten der kaspischen Anrainerstaaten entfernt liegen, das Konzept der ausschließlichen Wirtschaftszone als für diese Staaten besonders interessant dar.

Die 200sm-ausschließliche Wirtschaftszone kann unter ökonomischen Gesichtspunkten als das gegenwärtig wohl wichtigste Neuordnungskonzept des modernen Seevölkerrechts angesehen werden. Mehr als die zuvor untersuchten Meereszonen ist die Kodifizierung der Grundprinzipien der ausschließlichen Wirtschaftszone in den Artikeln 55 - 75 *SRÜ* untrennbar mit dem wachsenden Interesse aller Staaten an den Ressourcen der Weltmeere verbunden. Insbesondere seit dem Zweiten Weltkrieg ließ sich ein Bemühen der Küstenstaaten beobachten, die Hoheitsrechte an der Nutzung aller lebenden und nicht-lebenden Ressourcen ausschließlich ihren Staatsangehörigen vorzubehalten.

aa) Fischereizonen als Vorläufer der ausschließlichen Wirtschaftszonen

Wie bereits erläutert, spielt die völkerrechtliche Einordnung der von den Staaten proklamierten Fischereizonen als Vorläufer der ausschließlichen Wirtschaftszone angesichts der diesbezüglich umfangreichen, den Fischfang auf dem Kaspischen Meer betreffenden Regelungen eine erhebliche Rolle für eine mögliche Übertragung des Konzepts der ausschließlichen Wirtschaftszone auf Teile des Kaspischen Meeres[707].

Allerdings hat auch die Herausbildung eines einheitlichen Konzepts in der Staatenpraxis eine längere Entwicklung durchschritten. Auf Grund einer sehr unterschiedlichen Staatenpraxis bei der Proklamierung von exklusiven Fischereizonen konnte bis zum Beginn der 1958er Genfer Seerechtskonferenz noch nicht von einem einheitlichen Fischereizonenkonzept gesprochen werden. In dem 1956er endgültigen Entwurf für die Seerechtskonvention konnte sich die *ILC* somit auch nur dahingehend einigen, dass Ausdehnungen der Fischereizonen über eine Breite von 12 sm hinaus als völkerrechtswidrig zu betrachten seien[708].

---

[707] Dazu unter: 2. Kap., § 4, B., V., 2., d), dd)(1).

[708] vgl.: *Böhmert*, Fischereigrenze, S. 527.

Genauso wenig wie es auf der Konferenz von 1958 gelungen ist, die Ausdehnung des Küstenmeeres festzulegen, gelangten die Parteien zu einer Einigung hinsichtlich der Fischereizone[709].

Dennoch hatte das Konzept von einer Fischereizone durch die Verhandlungen einen entscheidenden Impuls, der sich in einer zunehmenden Anzahl von einseitigen Fischereizonen-Proklamationen zeigte. Bis Ende der 60er Jahre hatte sich eine Staatenpraxis herausgebildet, welche deutlich zu Gunsten einer 12 sm breiten Fischereizone tendierte, auch wenn es bereits einige Staaten gab, die bis zu 200 sm breite Zonen beanspruchten[710].

Diese Staatenpraxis veranlasste den *IGH* in seinen *Fisheries-Jurisdiction*-Fällen vom 25. Juli 1974[711], festzustellen, dass das Konzept der exklusiven Fischereizone Bestandteil des Völkergewohnheitsrechts geworden sei[712]. Er führte allerdings auch aus, dass Ansprüche, die über die 12-sm-Grenze hinaus gingen, nicht als völkerrechtswidrig eingestuft werden könnten, soweit diese Ansprüche durch historische Rechte untermauert seien oder ein Staat in besonderer Weise von der Küstenfischerei abhängig sei[713].

Wegweisend für spätere Reglementierungen der Fischfangrechte in der ausschließlichen Wirtschaftszone waren auch die Ausführungen des *IGH*, dass trotz gewisser Vorrechte des Küstenstaates, Fischereirechte anderer Staaten nicht vollständig ausgeschlossen seien, insbesondere auch dann nicht, wenn der betroffene Staat schon seit langer Zeit in dem Gewässer fische.

Island, welches sich in den oben genannten Fällen dem Widerstand Deutschlands bzw. Großbritanniens gegen die Errichtung einer 50-sm-Fischereigrenze ausgesetzt sah, ignorierte allerdings die Entscheidungen des *IGH* und vergrößerte mit Wirkung vom 1. Oktober 1975 sogar noch seine Fischereizone auf 200 sm[714].

---

[709] Selbst auf die Annahme einer 12-sm-Zone konnte man sich nicht einigen. Entsprechend verlief auch die 2. Konferenz von 1960, auf der jedoch immerhin eine 2/3 Mehrheit für eine „6 + 6-Formel“ nur knapp verfehlt wurde. (A/CONF.19/8, S.30).
[710] *ILM* 8 (1969), S. 516ff..
[711] *ICJ Rep.* 1974, UK v. Iceland, S. 3ff.; *FRG v. Iceland*, S. 175ff..
[712] *ICJ Rep.* 1974, S. 23 und 192.
[713] *ICJ Rep.* 1974, S. 45ff. (52) und 217ff. (224).
[714] *ILM* 1975, 1282.

bb) Die sich entwickelnde Staatenpraxis hinsichtlich einer 200-sm-ausschließlichen Wirtschaftszone

Während sich noch in den 50er Jahren nach der *Truman-Proklamation* viele lateinamerikanische Staaten sofort zur Errichtung von 200-sm-Zonen entschlossen, die weit über die Forderungen der Proklamation hinaus gingen und teilweise sogar Territorialgewässer bis zu einer entsprechenden Breite errichteten[715], waren es vor allem die asiatischen und afrikanischen Staaten, die einen moderateren Ton einschlugen.

Zahlreiche afroasiatische Initiativen in den 70er Jahren sprachen sich dafür aus, dass Küstenstaaten ein exklusives Recht zur ökonomischen Ausbeutung der Ressourcen der sich an das Küstenmeer anschließenden Gewässer zustehen sollte[716]. Das Recht auf freie Navigation und Überflug und die Verlegung von Kabeln und Pipelines in einer solchen Zone sollten aber alle Staaten genießen.
Eine besondere Beachtung sollten auch die Interessen von Binnen- und sonstig benachteiligten Staaten finden[717].

Insbesondere auf Initiative des AALCC befasste sich der UN-Meeresbodenausschuss, ein 1967 errichteter *ad hoc*-Ausschuss der Vereinten Nationen, dessen Hauptzweck in der Erarbeitung eines Status des Tiefseebodens jenseits nationaler Jurisdiktion bestand, ab den frühen 70er Jahren schließlich auch mit der Ausarbeitung eines Wirtschaftszonenkonzepts[718].
Sowohl die Arbeit des Meeresbodenausschusses als auch die zunehmende Praxis zur Errichtung von 200-sm-Fischerei- oder -Wirtschaftszonen noch während der Verhandlungen der II. UN-Seerechtskonferenz führten letztendlich zur Herausbildung eines mittlerweile auch noch gewohnheitsrechtlich anerkannten Wirtschaftszonenkonzepts[719].

---

[715] Sowohl Argentinien (1946) als auch Mexiko (1945), Panama (1946), Honduras (1950/51), Guatemala (1955) und Uruguay (1963/1969) beanspruchten Hoheitsrechte nicht nur über den Meeresboden, sondern auch über die darüberliegenden Gewässer. (*García-Amador*, The Latin American Contribution to the Law of the Sea, S. 34ff.).

[716] Vgl.: *AALCC*, Report of the 12th Session held in Colombo, S. 202f.; *AALCC*, Report of the 15th Session held in Tokyo, S. 32ff..

[717] Vgl.: Schlussdokument der Sitzung des OAU-Ministerrates vom 17.-24. Mai 1973 in Addis Abeba, (UN Doc. A/AC. 138/89).

[718] Vgl.: *Oda*, The Law of the Sea in our Time, Bd. 2; *Platzoder/Vitzthum*, Neuordnung des Meeresvölkerrechts.

[719] Am 30. April 1982 wurde das neue *SRÜ* mit 130 Ja-Stimmen bei 4 Gegenstimmen (Israel, Türkei, USA, Venezuela) und 17 Enthaltungen angenommen. (vgl.: *UN Monthly Chronicle*, Juni 1982, S. 13).

Eine völkergewohnheitsrechtliche Übertragung des Konzepts der ausschließlichen Wirtschaftszone auf das Kaspische Meer bietet sich daher insbesondere in Anbetracht der bisherigen kaspischen Fischereizonenpraxis an.

cc) Die Regelungen des 1982er Seerechtsübereinkommen

Auf der II. UN-Seerechtskonferenz einigte man sich schließlich auf einen Kompromiss, dem der Gedanke zugrunde lag, dass Küstenstaaten in einem 200 sm breitem Gebiet[720] bestimmte funktional begrenzte Hoheitsrechte ausüben können. Das bedeutet, dass der Küstenstaat seine an sich souveränen Rechte nur im Einklang mit seinen völkerrechtlichen Verpflichtungen ausüben kann.
So gewährt Artikel 56 dem Küstenstaat zunächst das alleinige Recht, die lebenden und nicht-lebenden Meeresressourcen und Bodenschätze auszubeuten.

(1) Rechte des Küstenstaates hinsichtlich der lebenden Ressourcen

Allerdings zeigt eine Analyse der Artikel 61, 62, 69 und 70 *SRÜ*, dass bei der Ausbeutung von lebenden Ressourcen insbesondere zu Gunsten von Binnenstaaten und geographisch benachteiligte Staaten die Exklusivität der Ausübung der souveränen Rechte der Küstenstaaten durchbrochen werden kann[721].
Jedoch sind diese „Durchbrechungen" zahlreichen Einschränkungen und dem Ermessen des Küstenstaates unterworfen, so dass man auch hinsichtlich der lebenden Ressourcen der ausschließlichen Wirtschaftszone quasi von einer Exklusivität der Küstenstaaten sprechen kann[722].

(2) Rechte der Küstenstaaten hinsichtlich der nicht-lebenden Ressourcen

Gemäß Artikel 56 Abs. 1 (a) *SRÜ* verfügen die Küstenstaaten auch bei den nicht-lebenden Ressourcen über das alleinige souveräne Recht zu deren Aus-

---

[720] Gemäß Artikel 57 hat sie hat eine maximale Ausdehnung von 200 sm gemessen von der Basislinie.

[721] Gemäß Art 69 bzw. 70 *SRÜ* steht Binnenstaaten bzw. geographisch benachteiligten Staaten zumindest theoretisch das „Recht" auf den Überschuss an Fischfangreserven zu. Allerdings muss auch dieses erst über Vereinbarungen ausgehandelt werden. Des Weiteren können entsprechend der jeweiligen Abs. 3 und 4 Surplus-Ansprüche nur zwischen Entwicklungsländern oder entwickelten Ländern geltend gemacht werden.

[722] Die „Durchbrechung" der küstenstaatlichen Exklusivität wird außerdem dadurch abgeschwächt, dass es gemäß Artikel 62 I i.V.m. Artikel 61 dem Küstenstaat vorbehalten ist, die zulässige Gesamtfangmenge nach seinem Ermessen zu bestimmen. Die Bestimmungen hinsichtlich des von Drittstaaten fischbaren Überschusses können von dem betroffenen Staat gemäß Artikel 297 Abs. 3 (a) nicht einmal in einem verbindlichen Streitbeilegungsverfahren angefochten werden.

beutung im Bereich der ausschließlichen Wirtschaftszone. Hinsichtlich der konkreten Regelungen der souveränen Rechte des Küstenstaates über die Erforschung und Ausbeutung von nicht-lebenden Ressourcen im Meeresboden und -untergrund verweist Artikel 56 Abs. 3 *SRÜ* allerdings auf die Bestimmungen des Festlandsockelregimes gemäß der Artikel 76ff. des *SRÜ*.

Wie bereits oben betrachtet, besitzt der Küstenstaat gemäß Artikel 77 *SRÜ* hinsichtlich der Erforschung und Ausbeutung der natürlichen Ressourcen des Festlandsockels die ausschließliche Souveränität *ipso facto*. Er muss im Unterschied zur Wirtschaftszone, für die keine mit Artikel 77 Abs. 3 vergleichbare Bestimmungen getroffen worden ist[723], keine ausdrückliche Erklärung über die Ausübung seiner Rechte abgeben. Diese Regelung hat zu einer umstrittenen Dualität zweier Regime für dieselbe Zone geführt, welches nicht nur zu theoretischen, sondern auch praktischen Problemen führen kann. Das Regime der Wirtschaftszone, welches eigentlich die Nutzung aller Ressourcen regeln soll, wird nun doch durch ein zweites Regime, das des Festlandsockels, überlagert.

(3) Problematik der Dualität von Wirtschaftszonen- und Festlandsockelregime

Da es zwischen beiden Regimes - wie bereits aufgezeigt - einige Unterschiede und Unvereinbarkeiten gibt, kann die Vermischung beider Regime in Einzelfällen zu problematischen Konstellationen führen, deren Vorliegen man sich bei einer Übertragung der Prinzipien des *SRÜ* auf das Kaspische Meer bewusst sein sollte. Die Dualität besteht dabei nicht in dem Faktum des Verweises von Artikel 56 Abs. 3 *SRÜ* auf die Vorschriften des Festlandsockelregimes, sondern darin, dass bezüglich der Ausbeutungsrechte am Meeresboden der Wirtschaftszone von vornherein die für den Festlandsockel in den Artikeln 76 ff. *SRÜ* kodifizierten Vorschriften Anwendung finden, egal, ob eine Wirtschaftszone erklärt worden ist oder nicht[724].

Auf Grund der geomorphologischen Besonderheiten und der Größenverhältnisse im Kaspischen Meer, die – soweit man überhaupt von einem Festlandsockel sprechen kann – dem gesamten Gewässerboden eine dem Festlandsockelregime

---

723 Als Gegenschluss auf den Verzicht einer vergleichbaren Vorschrift im Wirtschaftszonenregime ist gefolgert worden, dass die Wirtschaftszone vom Küstenstaat erst proklamiert werden muss, bevor er die entsprechenden Rechte geltend machen kann. (vgl.: *Fleischer*, The *IGH* to a 200 Mile Exclusive Economic Zone, S. 552.

724 Vgl.: *Gündling*, 200 Seemeilen-Wirtschaftszone, S. 200ff..

unterfallende Struktur zuweisen würde, wären die Auswirkungen dieser Dualität für die Anrainerstaaten durchaus relevant. Unter Umständen könnten daher einige kaspische Anrainerstaaten an einer Übertragung des Festlandsockelregimes auf das Wirtschaftszonenregime nicht interessiert sein, da die Folge ein Verlust an souveränen Rechten sein könnte.

So ergibt sich aus der Anwendung des Festlandsockelregimes auf die Wirtschaftszone zum Beispiel eine paradoxe Folge aus dem Umstand, dass so bei der Ausbeutung der Ressourcen des Meeresbodens der Wirtschaftzone - im Gegensatz zu den lebenden Ressourcen der selben - die Exklusivität der küstenstaatlichen Rechte nicht in dem Sinne „durchbrochen“ wird, als dass eine Beteiligung an Überschüssen erfolgen soll und eine Pflicht bestehen würde, geographisch benachteiligte Staaten im Besonderen an den Naturreichtümern teilhaben zu lassen[725].

Schwierigkeiten könnten vor allem auf Grund der unterschiedlichen Regelung der Befugnisse des Küstenstaates gegenüber Drittstaaten auftreten. Während Artikel 58 Abs. 1 *SRÜ* in der ausschließlichen Wirtschaftszone grundsätzlich die in Artikel 87 *SRÜ* genannten Meeresfreiheiten gewährt, weicht Artikel 78 Abs. 2 *SRÜ* für den Festlandsockel grundlegend davon ab. Danach ist der Küstenstaat lediglich verpflichtet, in Ausübung seiner Rechte am Festlandsockel die Rechte anderer Staaten nicht zu verletzen oder unangemessen zu beeinträchtigen.

(3.1.) Auswirkungen auf das Recht der Verlegung von Pipelines

Zumindest theoretisch könnte die Problematik der Dualität von Wirtschaftzonen- und Festlandsockelregime insbesondere für die geplante Verlegung von Pipelines durch das Kaspische Meer von erheblicher Relevanz sein. Im Falle einer Übertragung der Prinzipien des *SRÜ* auf das Kaspische Meer würde davon der Grad der möglichen Einflussnahme des jeweiligen Küstenstaats auf die Verlegung der Pipeline über den seiner Küste vorgelagerten Festlandsockel abhängen, da im Festlandsockelregime der Artikel 79 *SRÜ* dem Küstenstaat mehr Einflussnahmerechte gewährt als in der ausschließlichen Wirtschaftszone.

---

[725] Lediglich Artikel 82 bestimmt die Pflicht zur Leistung von Ausgleichszahlungen zu Gunsten von Binnen- und geographisch benachteiligten Staaten, soweit der Festlandsockel jenseits der 200-sm-Grenze genutzt werden sollte.

So darf gemäß Artikel 79 Abs. 2 die Verlegung und das Betreiben von Kabeln und Pipelines durch Drittstaaten den Küstenstaaten bei der Ausübung seiner Rechte zur Erforschung und Ausbeutung der Ressourcen des Festlandsockels nicht behindern.

Des Weiteren muss sich der Drittstaat den genauen Verlauf der Kabel bzw. Pipelines vom Küstenstaat gemäß Artikel 79 Abs. 3 zunächst vom Küstenstaat bewilligen lassen. Gemäß Artikel 79 Abs. 4 werden sowohl Kabel als auch Pipelines, die in das Territorium oder die Küstengewässer des Küstenstaates führen, der Jurisdiktion desselben unterstellt. Dem Küstenstaat wird ausdrücklich das Recht eingeräumt, für solche Kabel und Pipelines Bedingungen festzulegen, so dass sich für Drittstaaten die Verlegung von Kabeln oder Pipelines auf dem Festlandsockel vergleichsweise kompliziert gestalten könnte[726].

Im Unterschied zum Festlandsockelregime wird Drittstaaten in der ausschließlichen Wirtschaftszone gemäß Artikel 58 Abs. 1 i.V.m. 87 Abs. 1 (c) und Artikel 58 Abs. 2 i.V.m. Artikel 112-115 *SRÜ* grundsätzlich ein ungehindertes Recht zur Verlegung von Kabeln und Pipelines gewährt. Bei der Verlegung müssen gemäß Artikel 58 Abs. 2 i.V.m. Artikel 112 Abs. 2 und 79 Abs. 5 *SRÜ* lediglich bereits verlegte Kabel und Rohleitungen berücksichtigt werden.

Soweit es zu einer Überschneidung von Festlandsockel- und Wirtschaftszonenregime kommen sollte, wird bezüglich des anwendbaren Rechts teilweise auf die Art der Verlegung verwiesen. Es soll danach unterschieden werden, ob die Kabel oder Pipelines auf dem Festlandsockel verlegt worden sind, oder in der darüber liegenden Wassersäule schweben oder auf Stützen verlegt worden sind[727].
In letzterem Fall könnte es fraglich sein, ob dann auch für solche Kabel oder Pipelines eine dem Festlandsockelregime entsprechende Genehmigungspflicht erwachsen würde oder nur eine Anzeigepflicht bestünde[728].

---

[726] Ausführlich zu den differenzierten Befugnissen des Küstenstaates vgl.: *Wiese*, Grenzüberschreitende Landrohrleitungen und seeverlegte Rohrleitungen im Völkerrecht, S. 165ff..
[727] *Gündling*, 200 Seemeilen-Wirtschaftszone, S. 205; *Lagoni*, Submarine Pipelines, S. 12f., der die Verlegefreiheit des Artikel 58 Abs. 1 *SRÜ* nur bei einer „schwimmenden" Rohrleitung für gegeben hält, nicht jedoch bei Rohrleitungen in einer Aufhängung oder auf einer Stützkonstruktion, da diese auf dem Festlandsockel verlegt seien.
[728] Vgl.: *Extavour*, The Exclusive Economic Zone, S. 228.

(3.2.) Pipelines als „Anlagen" oder „Bauwerke" i.S.d. Artikel 56 Abs. 1 (b)(i)

Eine solche Genehmigungspflicht könnte sich für Drittstaaten, die eine unterseeische Pipeline durch die ausschließliche Wirtschaftszone eines anderen Staates legen wollen unter Umständen aber bereits aus Artikel 56 Abs. 1 (a) (i) *SRÜ* ergeben. Dann müssten Pipelines allerdings als „Anlagen" oder „Bauwerke" im Sinne des Artikels 56 Abs. 1 (b)(i) anzusehen sein. Wäre dies der Fall, hätte der Küstenstaat auch in der ausschließlichen Wirtschaftszone die ausschließliche Jurisdiktion über Pipelines, da Artikel 60 Abs. 1 diesem in Bezug auf „Anlagen" und „Bauwerke" ein ausschließliches Recht zur Errichtung sowie Genehmigung und Regelung der Errichtung, des Betriebes und der Nutzung gewährt.
Unter diesen Umständen könnte sich allerdings ein Widerspruch zwischen dem Regelungsgehalt des Artikels 58 Abs. 1 und des Artikels 79 *SRÜ* ergeben.
Während Artikel 58 Abs. 1 allen Staaten grundsätzlich die Freiheit gewährt, Pipelines zu verlegen, unterliegen die auf dem Festlandsockel verlegten Pipelines gemäß Artikel 79 Abs. 4 der Jurisdiktion des Küstenstaates. Wie zuvor bereits erwähnt findet sich im Artikel 79 Abs. 4 in diesem Sinne ein *Mehr* und im Artikel 56 Abs. 2 ein *Weniger* an Hoheitsrechten des Küstenstaates in Bezug auf Pipelines.
In Ermangelung einer Verweisung von Artikel 56 Abs. 1 (b) bzw. Artikel 60 auf Artikel 79 spricht grundsätzlich nichts dafür, Pipelines unter die Begrifflichkeiten der „Anlagen" oder „Bauwerke" des Artikels 56 Abs. 1 (b)(i) zu subsumieren[729]. Eine Ausweitung der Jurisdiktion des Küstenstaates auf die Verlegung von Pipelines durch Drittstaaten in seiner ausschließlichen Wirtschaftszone kann aus den Artikeln 56 Abs. 1 (b) bzw. 60 *SRÜ* mithin nicht direkt geschlussfolgert werden[730].

(3.3.) Verweis von Wirtschaftszonen- auf Festlandsockelregime (Artikel 79 SRÜ)

Die im Rahmen der Problematik der Dualität von Festlandsockel- und Wirtschaftszonenregime entstandene Frage, ob und wann auf unterseeische Pipeli-

---

729 So auch: *Hill/Salter*, Offshore Licence Operations: The Production Phase, S. 128; *Peters/Soons/Zima*, Removal of Installations in the Exclusive Economic Zone, S. 191; *Sas*, Legal aspects of the decommissioning of submarine pipelines, S.3; *Wiese*, Grenzüberschreitende Landrohrleitungen und seeverlegte Rohrleitungen im Völkerrecht, S. 150.

730 Im übrigen werden Pipelines auch auf Grund ihrer besonderen Behandlung in Artikel 79 deswegen nicht als Anlagen und Bauwerke i.S.d. des Artikels 56 Abs. 1 (b)(i) angesehen, da nach allgemeinen Auslegungsgrundsätzen die speziellere Regelung der allgemeineren vorgehen. (*Oxman*, The Regime of Warships under the UNCLOS, S. 842.).

nes das Regime des Festlandsockels oder das der Wassersäule anzuwenden ist, stellt sich jedoch als ein Scheinproblem dar, da auf die Verlegung von unterseeischen Pipelines in der ausschließlichen Wirtschaftszone in jedem Fall auch die entsprechenden Vorschriften des Festlandsockelregimes bezüglich der Verlegung von Kabeln und Pipelines anwendbar sind.

Dies ergibt sich zum einen aus der direkten Verweisung des Artikels 58 Abs. 1 *SRÜ* auf Artikel 79 *SRÜ*, da in der ausschließlichen Wirtschaftszone alle Staaten die Meeresfreiheiten „vorbehaltlich der diesbezüglichen Bestimmungen dieses Übereinkommens" genießen[731]. Des Weiteren ergibt sich der Verweis auf Artikel 79 *SRÜ* indirekt über Artikel 87 *SRÜ*, auf den in Artikel 58 Abs. 1 *SRÜ* hinsichtlich der in der ausschließlichen Wirtschaftszone ausübbaren Meeresfreiheiten Bezug genommen wird. In Artikel 87 Abs. 1 (c) *SRÜ* werden diese bezüglich der Verlegung von unterseeischen Kabeln und Pipelines unter Vorbehalt der Regeln des sechsten Teils des *SRÜ* gewährleistet.
Da Artikel 79 *SRÜ* zum sechsten Teil gehört, ist diese Vorschrift nach Artikel 58 Abs. 1 i.V.m. Artikel 87 Abs. 1 (c) *SRÜ* bezüglich der Verlegung von Pipelines auch in der ausschließlichen Wirtschaftszone anwendbar[732].

Trotz dieser Verweisungsstringenz wäre eine alle Zweifel ausräumende ausdrückliche Bestimmung, wonach für unterseeische Pipelines in der ausschließlichen Wirtschaftszone Artikel 79 *SRÜ* zur Anwendung gelangt, wünschenswert gewesen. Die kaspischen Anrainerstaaten sollten daher für den Fall der Bezugnahme auf die Bestimmungen des *SRÜ* über den Festlandsockel und die ausschließliche Wirtschaftszone vertraglich klarstellen, inwieweit das Festlandsockelregime tatsächlich Einfluss auf die Verlegung von Pipelines haben soll.

(4) Sonstige Hoheitsbefugnisse der Küstenstaaten

Neben dem bereits erwähnten exklusiven Rechten der Küstenstaaten hinsichtlich der Ausbeutung lebender und nicht-lebender Ressourcen, besitzen Küsten-

---

[731] *Extavour*, The Exclusive Economic Zone, S. 227; *Gündling*, 200 Seemeilen-Wirtschaftszone, S. 205; *Lagoni*, Submarine Pipelines, S. 13.

[732] So auch: *Kwiatkowska*, The 200 Mile Exclusive Economic Zone, S. 201; *Wiese*, Grenzüberschreitende Landrohrleitungen und seeverlegte Rohrleitungen im Völkerrecht, S. 158ff.; *Extavour*, The Exclusive Economic Zone, S. 227; *Roelandt*, La condition juridique des pipelines dans le droit de la mer, S. 137.

staaten gemäß Artikel 56 Abs. 1 (b) ebenfalls Jurisdiktion[733] (Hoheitsbefugnisse) in Bezug auf die Errichtung und Nutzung von künstlichen Inseln, Anlagen und Bauwerken; die wissenschaftliche Meeresforschung und hinsichtlich des Schutzes und der Bewahrung der Meeresumwelt.

Auch hinsichtlich der wissenschaftlichen Meeresforschung unterliegen Aktivitäten von Drittstaaten gemäß Artikel 246 Abs. 1 der Regelungs- und Genehmigungsbefugnis des Küstenstaates. Eine Durchbrechung der Exklusivität der küstenstaatlichen Rechte enthält lediglich Artikel 252 für den Fall, dass der Küstenstaat nicht binnen vier Monaten nach einer Anfrage um Zustimmung für die Durchführung eines wissenschaftlichen Meeresforschungsvorhabens reagieren sollte.

(5) Rechte und Pflichten von Drittstaaten in der Wirtschaftszone

Wie bereits oben betrachtet, ergibt sich ein Großteil der Rechte und Pflichten von Drittstaaten im Allgemeinen aus den Bestimmungen der Artikel 58 i.V.m. Artikel 87 und Artikel 88 bis 115 und für Binnen- und geographisch benachteiligte Staaten im Besonderen aus den Artikel 69 und 70. Letztere gewähren unter bestimmten Voraussetzungen ein besonderes Recht auf Beteiligung an der Ausbeutung eines angemessenen Teils des Überschusses der lebenden Ressourcen. Neben dem grundsätzlich bestehenden Recht der Verlegung von Kabeln und Pipelines kommt schließlich allen Staaten das Recht auf freie Durchfahrt und freien Überflug sowie andere völkerrechtlich zulässige, mit diesen Freiheiten zusammenhängende Nutzungen des Meeres zu.

e) Hohe See und das „Gebiet"

Als Vorbild für die Erschließung der unter dem zentralen Teil des Kaspischen Meeres befindlichen Ressourcen könnte schließlich das in das *SRÜ* implementierte Konzept des „gemeinsamen Erbes der Menschheit" für den Meeresboden

---

[733] Fraglich erscheint, ob hinter der zu Artikel 56 Abs. 1 (a) verschiedenen Wortwahl der „Jurisdiktion" der Wille der teilnehmenden Staaten der Dritten Seerechtskonvention zu erkennen ist, dass ein gewisses *Minus* im Vergleich zu „Souveränität" bestehen soll. Aus dem Wortlaut des *SRÜ* selbst werden die unterschiedlichen Begrifflichkeiten nicht erklärt. Allerdings wird in Artikel 56 Abs. 1 (b) auf die jeweils relevanten Bestimmungen des Übereinkommens verwiesen. Insoweit verschafft der Artikel 60 Abs. 1 hinsichtlich künstlicher Inseln, Anlagen und Bauwerken Klarheit, indem er deren Errichtung, Genehmigung und betreffende Reglementierungen als ausschließliches Recht des Küstenstaates bezeichnet. Auch nach einer möglichen Genehmigung verbleiben solche künstlichen Inseln, Anlagen und Bauwerke gemäß Artikel 60 Abs. 2 unter der Jurisdiktion des Küstenstaates.

und seine Ressourcen in dem als „Gebiet" betitelten Bereich jenseits nationaler Hoheitsbefugnisse dienen.

Sollten die kaspischen Anrainerstaaten von der Proklamierung jeweiliger ausschließlicher Wirtschaftszonen bis zu einer Breite von 200 sm Gebrauch machen, würde auf Grund der geographischen Ausmaße des Kaspischen Meeres die Anwendung des Reglements des *SRÜ* für den Bereich der Hohen See theoretisch nicht relevant sein. Allerdings könnten sich die kaspischen Staaten auf eine geringe Ausdehnung der ausschließlichen Wirtschaftszone einigen und den zentralen Teil des Kaspischen Meeres den Regeln der Hohen See bzw. dem Konzept des „gemeinsamen Erbes der Menschheit" unterwerfen.

Dies könnte insbesondere hinsichtlich der Lösung des Konflikts um die in den Zentralbereichen des Kaspischen Meeres gelegenen umstrittenen Erdöl- und Erdgasvorkommen von Interesse sein. Denn die umfangreichen Souveränitätsrechte eines Küstenstaates enden in der sich an die Küstengewässer bzw. ausschließlichen Wirtschaftszone anschließenden Hohen See. Dabei definiert im Wesentlichen Artikel 87 Abs. 1 S. 3 die das Regime der Hohen See charakterisierenden Meeresfreiheiten. Diese sollen unter Berücksichtigung der Interessen anderer Staaten bei deren Beanspruchung dieser Meeresfreiheiten ausgeübt werden.

Von besonderer Bedeutung für einen zu entwickelnden Status des Kaspischen Meeres sind hierbei das freie Navigationsrecht von Schiffen und Flugzeugen, das Recht submarine Kabel und Pipelines zu verlegen, die Fischereifreiheit und der Meeresbodenbergbau.

aa) Schifffahrtsfreiheit

Gemäß Artikel 90 steht allen Staaten das Recht zu, auf der Hohen See unter einer eigenen Flagge frei zu navigieren. Allerdings sieht Artikel 94 eine Reihe administrativer, technischer und sozialer Pflichten vor, die vom Flaggenstaat zur Gewährleistung der Sicherheit auf See sichergestellt werden müssen. Ansonsten unterliegen unter seiner Flagge fahrende Schiffe der ausschließlichen Hoheitsgewalt des Flaggenstaates. Kriegsschiffe dürfen grundsätzlich nicht Handelsschiffe fremder Staaten anhalten oder durchsuchen[734].

[734] Artikel 110; Dieses Recht besteht nur, wenn begründeter Verdacht besteht, dass das Schiff in Wirklichkeit derselben Nationalität angehört (Artikel 110 Abs.1 (e)).

bb) Verlegung von submarinen Kabeln und Pipelines

Gemäß Artikel 112 Abs. 1 haben alle Staaten das Recht, jenseits des Festlandsockels Kabel und Pipelines auf dem Meeresboden zu verlegen. Sie sind entsprechend Artikel 112 Abs. 2 i.V.m. Artikel 79 Abs. 5 lediglich gehalten, bereits verlegte Kabel und Pipelines zu berücksichtigen. In den Artikeln 113 bis 115 finden sich schließlich noch Verpflichtungen für die Staaten, Gesetze und Bestimmungen zu verabschieden, die eine prozessuale Geltendmachung von Schadensersatzansprüchen für den Fall der Beschädigung von Kabeln oder Pipelines oder für Beschädigungen von anderen Kabeln oder Pipelines bei der Verlegung oder anderer Eigentumsverluste infolge der Verlegung derselben ermöglichen. Dabei ist jeweils das Recht des Staates anzuwenden, dem der Eigentümer oder Betreiber der Kabel oder Pipelines angehört[735].

cc) Fischereifreiheit

Grundsätzlich sieht Artikel 116 das freie Recht eines jeden Staates vor, durch seine Staatsangehörigen auf der Hohen See Fischerei zu betreiben. Dieses „Grundrecht" ist allerdings reglementiert. Es steht unter dem Vorbehalt der Beachtung der Rechte, Pflichten und Interessen der angrenzenden Küstenstaaten, wie sie sich u.a. aus Artikel 116 (b) i.V.m. den Artikel 63 II, 64-67 *SRÜ* ergeben[736].

dd) Die wirtschaftliche Ausbeutung des Tiefseebodens

Hinsichtlich der im Meeresboden befindlichen nicht-lebenden Ressourcen gilt das bereits erwähnte Konzept des „gemeinsamen Erbes der Menschheit". Es steht danach keinem Staat das Recht zu, jenseits des Bereichs nationaler Hoheitsbefugnisse sich diese anzueignen oder souveräne Rechte an ihnen auszuüben[737].

Die Erschließung und Verwertung der nicht-lebenden Ressourcen obliegt ausschließlich der Internationalen Meeresbodenbehörde[738]. Diese, in ihrer Rechtsstellung zu den Vereinten Nationen autonome internationale Organisation, wurde mit dem Inkrafttreten des *SRÜ* und dem gleichzeitigen Beginn der vorläufi-

---

735 *Roelandt*, La condition juridique des pipelines dans le droit de la mer, S. 167.
736 Artikel 116 lit. b *SRÜ*.
737 Artikel 316f., Artikel 311 Abs. 6 *SRÜ*, Präambel Abs. 2 *DÜ-SRÜ*.
738 Artikel 153, 160 Abs. 2 lit. f (ii), 162 Abs. 2 lit. o (ii), Anl. III Artikel 17 *SRÜ* i.V.m. Abschnitt 15 der Anlage zum *DÜ-SRÜ*.

gen Anwendung des *DÜ-SRÜ*[739] am 16. November 1994 mit Sitz in Kingston (Jamaika) gegründet[740]. Im *SRÜ* ist außerdem die Errichtung eines, der Internationalen Meeresbodenbehörde angegliederten Unternehmens vorgesehen, welches „im Namen der gesamten Menschheit" eine eigene bzw. eine im Rahmen gemeinschaftlicher Unternehmungen mit den Tiefseebergbauunternehmen der Vertragsstaaten durchzuführende Bergbautätigkeit aufnehmen soll[741].

ee) Zusammenfassung zur Anwendbarkeit des Konzepts der Hohen See auf das Kaspische Meer

Das Regime der Hohen See und das Konzept des „gemeinsamen Erbes der Menschheit" stellen eine mögliche Alternative für eine rechtliche Grundlage insbesondere der Teile des Kaspischen Meeres dar, in denen eine einvernehmliche Abgrenzung der Hoheitsbefugnisse problematisch erscheint, da sich unter dem Meeresboden grenzüberschreitende Lagerstätten befinden.

Neben dem Prinzip der gegenseitigen Rücksichtnahme bei der Ausübung der Meeresfreiheiten, ist es vor allem das Konzept des „gemeinsamen Erbes der Menschheit", welches die Erforschung und die Ausbeutung der Ressourcen des „Gebiets" in den alleinigen Zuständigkeitsbereich einer internationalen Organisation delegiert, welches als ein praktikables Modell und Vorbild für die mögliche Schaffung so genannter Joint Development Zones (JDZ) dienen kann. Die Ausbeutung der in den grenzüberschreitenden Gebieten befindlichen Erdöl- und Erdgasressourcen könnte mithin von einer von den kaspischen Anrainerstaaten zu gründenden gemeinsamen Institution übernommen werden. Bereits seit Jahren bestehende Streitigkeiten bezüglich der Ausbeutungsrechte gewisser – in den zentralen Teilen des Kaspischen Meeres gelegener – Erdöl- und Erdgaslagerstätten könnten auf diesem Wege beendet werden und die Ausbeutung dieser Ressourcen zügig begonnen werden.

---

739 Artikel 157ff. *SRÜ*; Anlage des Übereinkommens zur Durchführung des Teils XI des Seerechts-Übereinkommens der Vereinten Nationen vom 10. Dezember 1982, gemäß Artikel 6 Abs. 1 S.1 am 28. Juli 1996 in Kraft getreten (vgl.: *Gloria*, in: *Ipsen*, Völkerrecht, S. 715).

740 Da die Bestimmungen des Tiefseebergbauregimes des *SRÜ*, welches im Wesentlichen durch die Forderungen zahlreicher Entwicklungsländer nach der Schaffung einer neuen Weltwirtschaftsordnung sehr kompliziert gestaltet war, in die Kritik der westlichen Länder geraten waren, sah man sich schon bald gezwungen, das alte Tiefseebergbauregime zu überarbeiten. Am 28.7.1994 wurde schließlich das *Übereinkommen zur Durchführung des Teils XI des Seerechtsübereinkommens der Vereinten Nationen* vom 10.12. 1982 (DÜ-*SRÜ*) durch die UN-Generalversammlung angenommen. (UN Res. 48/263 (BGBl 1994 II, 2565)); im Einzelnen zu den Neuerungen: *König*, Neues Meeresvölkerrecht, S. 129ff..

741 Artikel 153 Abs. 1, 2 lit. a und Abs. 3, 158 Abs. 2, 170, Anl. III Artikel 11 und Anlage IV.

f) Streitbeilegungsmechanismen gemäß Teil XV SRÜ

Teil XV des *SRÜ* bietet darüber hinaus ein auf maritime Streitigkeiten spezifiziertes System zur Streitschlichtung, welches bei nicht erfolgreicher Mediation letztendlich zu einem Verweis der maritimen Streitigkeit an den dafür eingerichteten Seegerichtshof nach Hamburg führen würde.
Sollten sich die kaspischen Anrainerstaaten bei der Findung eines neuen Reglements für das Kaspische Meer den Prinzipien des *SRÜ* unterwerfen, könnte es von Vorteil sein, sich sodann auch dem darin enthaltenen Streitschlichtungsmechanismus zu unterwerfen. Selbstverständlich sind sie dazu jedoch nicht verpflichtet und die Einigung auf einen Streitschlichtungsmechanismus *sui generis* bliebe weiterhin in ihrer Entscheidungshoheit.

Auf Grund der verschiedensten Schnittstellen mit Investitions- und anderen wirtschaftlichen Aktivitäten soll an dieser Stelle ebenfalls auf die sich dann anbietenden *UNCITRAL-* und *ICC-Regeln* und den im *Energiechartavertrag*[742] vorgesehenen Streitschlichtungsmechanismus hingewiesen werden[743].

IV. Zusammenfassung zu auf das Kaspische Becken übertragbaren völkergewohnheitsrechtlich anerkannten Makromodellen zur Abgrenzung hoheitlicher Befugnisse

Zusammenfassend lässt sich in Anbetracht einer sich bei internationalen Seen noch nicht herausgebildeten gewohnheitsrechtlich, allgemein anerkannten Systematik zur Abgrenzung von Hoheitsbefugnissen und der geographischen Besonderheiten des Kaspischen Meeres feststellen, dass zumindest die Berücksichtigung der im *SRÜ* kodifizierten und gewohnheitsrechtlich mittlerweile anerkannten Prinzipien zur Abgrenzung der Souveränitätsrechte bei offenen Meeren für ein kaspisches Reglement sehr nützlich sein könnte.
Die kaspischen Anrainerstaaten würden sich damit auf ein von der Staatengemeinschaft allgemein akzeptiertes Regelwerk zur Abgrenzung maritimer Hoheitsbefugnisse berufen, in dem außerdem die, die kaspischen Staaten im Wesentlichen betreffenden maritimen Problematiken bereits einem bewährten Reglement zugeführt worden sind.

---

742 Siehe dazu ausführlich: *Happ*, Schiedsverfahren zwischen Staaten und Investoren nach Artikel 26 Energiechartavertrag.
743 Diesbezüglich sei auf die Ausführungen bei: *Vinogradov*, Cross-Border Oil and Erdgas Pipelines, S. 26ff.; *Wälde*, Settling Boundary Disputes und *Merrills*, International Dispute Settlement, S. 170ff. verwiesen.

Um der besonderen Komplexität und Sensibilität der Festlegung von Hoheitsbefugnissen im Kaspischen Meer gerecht werden zu können, spricht daher viel dafür, diese im Meeresvölkerrecht entwickelten Prinzipien der maritimen Grenzteilung unter Zuhilfenahme der sich für Binnengewässer herausbildenden Prinzipien auf das Kaspische Meer zu übertragen.

§ 5 Modellalternativen für eine Konfliktbewältigung

Wie in den vorherigen Ausführungen festgestellt werden konnte, ist der Rechtsstatus des Kaspischen Meeres weder durch Verträge abschließend geregelt worden, noch bestehen völkergewohnheitsrechtliche Normen zur Festlegung von Souveränitätsrechten über die Nutzung von Binnengewässern, die von den Anrainerstaaten bei der Lösung dieser für die Ausbeutung der Naturreichtümer des Kaspischen Meeres so wichtigen Frage zwingend zu beachten wären. Die Anrainerstaaten sind also in der Wahl des die Nutzungsrechte des Kaspischen Meeres regelnden Regimes grundsätzlich frei, können allerdings auf die sich zur Grenzziehung bereits herausgebildete Völkerrechtspraxis hilfsweise Bezug nehmen.

In Anbetracht der neben den völkerrechtstheoretischen Besonderheiten des Kaspischen Meeres bestehenden einzigartigen geopolitischen Situation im kaspisch-zentralasiatischen Raum werden gerade hier sowohl sicherheitspolitische, strategische und historische Interessen der Anrainerstaaten des Kaspischen Meeres eine bedeutende Rolle bei der Festlegung der jeweiligen souveränen Hoheitsrechte spielen.

Auch wenn ein internationales Tribunal, welches sich mit der völkerrechtlichen Lösung der Konfliktlage zu befassen hätte, in der Berücksichtigung dieser Faktoren eingeschränkt wäre und sich eher auf die rechtlich relevanten Gegebenheiten zu konzentrieren hätte, so steht es den verhandelnden Parteien grundsätzlich frei, sicherheitspolitische, strategische und historische Interessen in die Verhandlungen einfließen zu lassen. Auch wenn sich der Grad, in dem diese Faktoren tatsächlich die Grenzverhandlungen beeinflussen, nie eindeutig bemessen werden kann, so wäre es jedoch fatal, deren Bedeutung zu unterschätzen. Dies gilt umso mehr im hier behandelten Fall des geopolitischen „Pulverfasses" des kaspischen Raums.
Das Interessengeflecht von lokalen und fremden Mächten ist sowohl auf Grund der politischen und geographischen Besonderheiten, vor allem allerdings auf Grund der dort vorhandenen und vermuteten enormen Naturressourcen fast unüberschaubar. So sehr die neuen unabhängigen Staaten des Kaspischen Meeres um eine vollumfängliche Ausübung ihrer souveränen Interessen bemüht sein werden, so werden sie in den Verhandlungen immer wieder dem militärisch überlegenen Russland nachgeben müssen, welches noch dazu immer noch das Monopol über die für die zentralasiatischen Staaten so wichtigen Exportrouten und -mittel verfügt.

Eine gewisse Begrenzung findet diese russische Vormachtstellung lediglich durch den politischen Druck seitens der USA und Europas und in der militärischen Präsenz bzw. Unterstützung zahlreicher kaukasisch-zentralasiatischer Staaten, wie Georgien, Aserbaidschan, Kasachstan und Kirgisien durch die USA[744]. So sehr diese „Intervention" dritter Mächte zur Wahrung einer gewissen Stabilität der Region erforderlich ist, offenbart dies jedoch auch die Brisanz der momentanen sicherheitspolitischen Situation im kaukasisch-zentralasiatischen Raum.

Neben der Zuhilfenahme der vorhandenen Makromodelle werden beim Kaspischen Meer daher auch strategische, sicherheitspolitische, historische und wirtschaftliche Besonderheiten eine bedeutende Rolle bei der Festlegung der hoheitlichen Rechte der kaspischen Anrainerstaaten am Kaspischen Meer spielen.

A. Modellalternativen für das Kaspische Meer und ihre Konsequenzen

Bevor eine detaillierte Analyse der in Frage kommenden maritimen Grenzziehungsprinzipien erfolgt, sollen im Folgenden zunächst die sich für das Kaspische Meer nach völkerrechtlichen Gesichtspunkten ergebenden groben Modellalternativen dargestellt werden.

Von besonderer Bedeutung sind dabei der jeweilige Grad der souveränen Rechte bei der Ausübung von Hoheitsgewalt über die Gewässeroberfläche, der darunter befindlichen Wassersäule und schließlich des Gewässerbodens einschließlich der unter diesem befindlichen Naturressourcen. Je nach Grad und Zusammenspiel dieser Faktoren ergeben sich eine Vielzahl denkbarer Regime mit jeweils unterschiedlichen Auswirkungen auf die Schifffahrt, die wirtschaftliche Nutzung der Gewässer, die Eigentums- und Nutzungsrechte der unter dem Kaspischen Meer befindlichen Naturressourcen, die Verlegung von Pipelines und den Schutz der kaspischen Meeresumwelt[745].
Im Folgenden sollen jedoch lediglich die dreizehn prägnantesten Modelle vorgestellt und auf ihre Praxisfähigkeit hin analysiert werden. Zur bildlichen Veranschaulichung der Modellvarianten sei auf die in **Anlage 6** enthaltenen Grafiken verwiesen.

---

[744] Jüngste Beispiele sind die von der NATO gesponserten und unterstützten Manöver der georgischen und der aserbaidschanischen Grenztruppen im März 2004. ('NATO-sponsored training program begins in Azerbaijan', *Associated Press* 03/15/2004).
[745] Siehe dazu jeweils Ausführungen unter: 2. Kap., § 4, C..

Technische Fragen zur Grenzziehung bei Gewässern, die Anwendbarkeit gewisser völkergewohnheitsrechtlicher Prinzipien und die Berücksichtigung der Rechtsprechung des *IGH* sollen erst im Anschluss Gegenstand einer genaueren Analyse sein.

I. Modell I: Das vollumfassende Kondominium

In Anlehnung an die zunächst von Russland und nun lediglich noch vom Iran vertretene Position könnte eine Modellalternative darin bestehen, das gesamte Kaspische Meer und die darunter befindlichen Ressourcen dem Rechtsstatus eines Kondominiums zu unterwerfen.

Entsprechend dieses Modells würde keinem der fünf Anrainerstaaten auch nur das geringste Maß an alleinigen souveränen Rechten über die seiner Küste vorgelagerten Gewässer des Kaspischen Meeres mit ihren Naturressourcen zustehen. Allerdings hätten alle Anrainerstaaten grundsätzlich Anspruch auf Zugang zu allen Bereichen des Kaspischen Meeres und seiner Naturressourcen. Um dies ermöglichen zu können, wären umfangreiche multilaterale Verhandlungen, zur Festlegung der konkreten Nutzungs- und Schürfrechte erforderlich. Die Konsequenz dieses Verhandlungserfordernisses könnte sich für eine dauerhafte Rechtssicherheit der Förderrechte negativ auswirken, da theoretisch jeder Staat je nach politischem Belieben sein Vetorecht ausüben und so wirtschaftliche Aktivitäten anderer Anrainerstaaten blockieren könnte – eine Situation, die im Wesentlichen der momentanen Konfliktlage am Kaspischen Meer entspricht, da vor allem der Iran eine umfassende Regelung des völkerrechtlichen Status des Kaspischen Meeres blockiert.

Ähnliche – aus praktischer Sicht negative – Auswirkungen hätte ein solches Regime ebenfalls auf die Regelung der Fischereirechte und die Verlegung von unterseeischen Pipelines. Sowohl der Bau als auch der Betrieb solcher Pipelines bedarf klarer rechtlicher Rahmenbedingungen, die einen ungehinderten Transport von Erdöl und Erdgas ermöglichen, ohne das ständig präsente Risiko der Einlegung eines Vetos seitens eines Anrainerstaates.

Auch wenn hinsichtlich der Schifffahrtsrechte auf dem Kaspischen Meer der erste Anschein für einen aus einem vollumfängliches Kondominium erwachsenden positiven Effekt sprechen könnte, so vermag ein solches jedoch aus militärischen, verkehrssicherheitstechnischen, polizeilichen und umwelttechnischen Gesichtspunkten nicht zu überzeugen. Insbesondere ist der gegenseitige sicherheitspolitische Argwohn der Anrainerstaaten noch so stark ausgeprägt, dass es keinem der Staaten gefallen würde, wenn Kriegsschiffe der anderen Anrainerstaaten nach Belieben und ohne vorherige vertragliche Regelungen vor der eigenen Küste navigieren könnten oder sogar die nationalen Häfen anlaufen würden[746].

Die Anrainerstaaten des Kaspischen Meeres wären unter einem vollständig kondominialen Regime ununterbrochen damit beschäftigt, auf bilateraler oder multilateraler Ebene ihre völkerrechtlichen Beziehungen zu verhandeln, ohne jemals über ein – für ausländische Investoren so wichtiges – stabiles Rechtssystem zu verfügen, welches den Besonderheiten der Situation am Kaspischen Meer gerecht werden würde.

Alle denkbaren Modellalternativen mit kondominialen Strukturen sind daher unpraktikabel und zur Lösung der kaspischen Problematik nicht empfehlenswert.

II. Modell II: Keine souveränen Rechte und Errichtung eines gemeinsamen Gebietes

Eine in gewisser Weise ähnliche Struktur würde sich in einem Modell wieder finden bei dem den Anrainerstaaten zwar nicht souveräne Rechte übertragen, sie allerdings in Anlehnung an das im *SRÜ* verankerte Prinzip der Hohen See in den gesamten Gewässern des Kaspischen Meeres nach Belieben navigieren, fischen und Pipelines verlegen dürften, soweit sie dabei nicht die Interessen der anderen Staaten beeinträchtigen würden[747].
Der Vorteil zum ersten Modell bestünde darin, dass keiner der Anrainerstaaten über sein Vetorecht direkt Aktivitäten anderer Staaten blockieren könnte. Damit die Ausübung dieser Meeresfreiheiten allerdings nicht in einem Chaos endet, müssten sich die Anrainerstaaten über die wesentlichen Nutzungsarten auf bi-

---

[746] Entsprechend einem Bericht der *Nezavisimaya Gazeta* wird die kaspische Region zu einem neuen „hot spot" innerhalb der GUS-Staaten. Alle fünf Anrainerstaaten planen, ihre militärische Präsenz am Kaspischen Meer um bis zu 50% aufzustocken. Hauptmotor für dieses Wettrüsten ist der wachsende militärische Einfluss der USA, welche nicht nur Georgien massiv militärisch unterstützt, sondern auch Aserbaidschan, Kasachstan und sogar Turkmenistan finanzielle Zusagen für den Ausbau des Militärs und den Kauf amerikanischen Militärgeräts gegeben hat. (***Mukhin***, 'Military Challenges of the Caspian Region', in: *Nezavisimaya Gazeta*, January 16, 2004, S. 8).

[747] Für den Fall, dass tatsächlich die im *SRÜ* kodifizierten Regelungen für die Hohe See übernommen werden sollten, siehe obige Ausführungen unter: 2. Kap., § 4, C., III., 3., e).

oder multilateraler Ebene ohnehin vertraglich einigen, um wiederkehrende Streitigkeiten und damit Rechtsunsicherheiten zu vermeiden.

Selbiges träfe für die Erforschung sowie Ausbeutung des Meeresbodens zu. In Anlehnung an das im *SRÜ* verankerte Prinzip des „Gebietes" als gemeinsames Erbe der Menschheit könnten die so entstehenden Probleme dadurch gelöst werden, dass die Ausbeutung aller Offshore-Erdöl- und Erdgasressourcen einer von allen kaspischen Anrainerstaaten zu gründenden Organisation[748] übertragen werden würde. Die erwirtschafteten Gewinne könnten sodann auf die Anrainerstaaten gleichmäßig verteilt werden.

Da die unter dem Kaspischen Meer befindlichen Naturreichtümer unter der Annahme einer sektoralen – an der Ziehung einer Mittellinie ausgerichteten – Unterteilung allerdings zwischen den Anrainerstaaten verhältnismäßig ungleich verteilt sind[749], würden einige Anrainerstaaten möglicherweise ein gewichtigeres Mitspracherecht im Rahmen dieser Organisation fordern, sofern sie sich überhaupt auf die Schaffung einer solchen einlassen würden.

Da sich im Übrigen insbesondere auch in den jeweiligen küstennahen Gebieten einiger kaspischen Anrainerstaaten umfangreiche Vorkommen an Erdöl und Erdgas befinden, wäre es außerdem unwahrscheinlich, dass diese auf eine selbständige Förderung derselben vollständig zu Gunsten einer gemeinsamen Organisation verzichten würden.

III. Modell III: Volle Souveränität lediglich hinsichtlich des Gewässerbodens

Bei einer Übertragung der auf den Gewässerboden beschränkten vollen Souveränität der Anrainerstaaten würde in Anlehnung an das Festlandsockelregime[750] des *SRÜ* nach diesem Regime jeder Anrainerstaat über die volle Souveränität bezüglich der auf und unter dem Gewässerboden seines Teils des Kaspischen Meeres befindlichen Naturressourcen verfügen können.
Dies hätte den positiven Effekt der Rechtssicherheit über die Eigentumsverhältnisse an den für die ausländischen Investoren so interessanten Erdöl- und Erd-

---

[748] Entsprechend der gemäß Artikel 153 *SRÜ* i.V.m. den Bestimmungen des *DÜ-SRÜ* geschaffenen für das „Gebiet" zuständigen *Internationalen Meeresbodenbehörde.*
[749] Aserbaidschan und Kasachstan verfügen über die umfangreichsten ihrer Küste vorgelagerten Vorkommen an Erdöl und Erdgas.
[750] Siehe dazu obige Ausführungen unter: 2. Kap., § 4, C., III., 3., c).

gasvorkommen. Entsprechend Artikel 79 Abs. 1 *SRÜ* hätten alle Anrainerstaaten das Recht, Pipelines auf dem Grund des Kaspischen Meeres zu verlegen. Die konkreten Bedingungen dafür würden allerdings im entsprechenden Sektor der Jurisdiktion des jeweiligen Küstenstaates unterfallen.

Dieses Modell birgt allerdings die Gefahr in sich, dass insbesondere beim Vorhandensein grenzüberschreitender Lagerstätten zwischenstaatliche Streitigkeiten entstehen könnten. Diesen könnte natürlich bereits im Vorfeld der Grenzziehung damit begegnet werden, dass entweder die Grenzlinie zur Erhaltung der Einheitlichkeit einer Lagerstätte zu Gunsten eines Staates vertraglich modifiziert oder die gemeinsame Ausbeutung der Lagerstätte im Rahmen einer JDZ über eine gemeinsame Gesellschaft festgelegt wird[751].

Weitere Bedenken gegen dieses Modell ergeben sich aus dem Umstand, dass Aktivitäten zur Erforschung oder Ausbeutung des Meeresbodens mittels Erkundungsschiffen und Bohrinseln durch die Ausübung einer oder mehrerer der Meeresfreiheiten der anderen Anrainerstaaten behindert werden könnten, da entsprechend der im Modell II dargelegten Struktur die Gewässer des Kaspischen Meeres auch nach diesem Modell einem dem Konzept der Hohen See entsprechendem Regime unterfallen würden.

Ein weiterer Nachteil läge wie bei den beiden vorherigen Modellen in dem potentiellen militärischen und verkehrstechnischen Sicherheitsproblem. Diese Modelle würden vor allem den Sicherheitsbedürfnissen der neuen unabhängigen kaspischen Staaten, die ebenfalls über keine ihrer Küste vorgelagerten hoheitlichen Gewässer verfügen würden, nicht gerecht werden.

Unter gegenwärtigen Bedingungen kann ein solches Regime den Erfordernissen des Umweltschutzes nicht gerecht werden. Dies gilt zumindest solange wie die im November 2003 verabschiedete *Rahmenkonvention zum Schutze der kaspischen Umwelt*[752] nicht ratifiziert und noch keine deren Inhalt konkretisierende Protokolle vertraglich ausgehandelt worden sind, die den Schutz der Meeresumwelt auf multilateraler Ebene gewährleisten.

---

[751] Zu den Mechanismen und Prinzipien der Festlegung und Modifizierung von Seegrenzen und die Errichtung von JDZs siehe unter: 2. Kap., § 6, B., III., 3., c), bb) (3.) (3.3.).
[752] Siehe dazu Ausführungen unter: 3. Kap., § 9, B., II., 2..

IV. Modell IV: Lediglich teilweise Souveränität über den Gewässerboden und Errichtung eines gemeinsamen Gebietes

Nach einem weiteren denkbaren Modell würde den Anrainerstaaten eine teilweise Souveränität über den Gewässerboden zugesprochen werden, ansonsten aber die Regeln des „Gebietes" und für die kaspischen Gewässer, die der Hohen See Anwendung finden.

Wie unter den Modellen II und III erlaubt auch dieses den Anrainerstaaten keinerlei Ausübung von Hoheitsgewalt hinsichtlich der Gewässer, sondern nur die Ausübung der Meeresfreiheiten in gegenseitiger Rücksichtnahme.

Das in Modell III aufgezeigte Problem der Ausbeutung grenzüberschreitender Lagerstätten findet bei diesem Modell in der Weise Berücksichtigung, dass die Staaten lediglich in den ihren Küsten vorgelagerten Gewässergebieten den Meeresbodenbergbau souverän ausüben können. Dem im zentralen Teil des Kaspischen Meeres gelegenen Meeresboden würde ein mit dem „Gebiet" vergleichbarer Status zukommen.

Auch wenn sich darüber theoretisch eine praktikable Lösung zur Problematik der Erschließung und Förderung grenzüberschreitender Lagerstätten anbieten würde, zeigen sich damit allerdings wieder dieselben Probleme, wie sie unter Modell II aufgezeigt wurden.

V. Modell V: Teilweise Souveränität über die Gewässer und Errichtung eines gemeinsamen Gebietes

Sollte man den Anrainerstaaten lediglich in einem schmalen Küstenstreifen die Ausübung von hoheitlichen Befugnissen über die Gewässer einräumen und ansonsten Gewässer und Meeresboden nach den Prinzipien der Hohen See bzw. des „Gebietes" behandeln, wären diesen, vergleichbar mit den Modellen I und II jegliche souveräne Rechte für die Ausbeutung der unter dem Kaspischen Meer befindlichen Erdöl- und Erdgasvorkommen abgeschnitten. Die erforderliche Rechtssicherheit bezüglich der Offshore-Förderrechte wäre mithin in keiner Weise gewährleistet.

Im Unterschied zu den vorherigen Modellen hätte dieses in Anlehnung an das Küstengewässer- bzw. Anschlusszonenprinzip des *SRÜ* den aus sicherheitspolitischer Sicht positiven Effekt, dass die Küstenstaaten zumindest in den ihrer Küste unmittelbar vorgelagerten Gewässern volle Souveränität ausüben können.

Auch wenn damit der seismologischen Erkundung von Meeresbodenressourcen nichts mehr im Wege stehen würde, würde sich diese Art von Souveränität in ihrer Bedeutung auf Null reduzieren, da es gerade beim Kaspischen Meer im Wesentlichen um die Möglichkeit der von Interventionen dritter Staaten ungehinderte Ausbeutung von der eigenen Küste vorgelagerten Erdöl- und Erdgasvorkommen geht.

Bezüglich der Verlegung von unterseeischen Pipelines träten bei diesem Modell ähnliche Schwierigkeiten auf, wie sie im Rahmen der Analyse zu den ersten beiden Modellen bereits aufgezeigt wurden.

Aus Umweltschutzgesichtspunkten birgt bereits eine teilweise sektorale Unterteilung der Gewässer stets die Gefahr in sich, dass die Staaten unter Berufung auf eine schlechte wirtschaftliche oder finanzielle Situation die Belange des Umweltschutzes vernachlässigen und unter Berufung auf das Souveränitätsprinzip jegliche Verantwortung und Haftung für grenzüberschrei-tende Umweltbeeinträchtigungen zurückweisen[753]. Es wäre daher auch im Falle einer teilweisen sektoralen Unterteilung der Gewässer des Kaspischen Meeres unumgänglich, die in der Rahmenkonvention zum Schutze der kaspischen Umwelt gesetzten Ziele gemeinsam in ein funktionierendes und durchsetzbares Regelwerk umzusetzen.

VI. Modell VI: Volle Souveränität nur über Gewässer und kein gemeinsames Gebiet

Aus den unter Modell V erwähnten Gründen stellt auch ein Modell, nach dem den kaspischen Staaten lediglich über die Gewässer die volle Souveränität gewährt werden würde, keine für die Anrainerstaaten akzeptable Alternative dar. Das nach diesem Modell für den Meeresboden bestehende Reglement würde sich entsprechend den unter den Modellen II und V bereits erwähnten Vorbehalten vor allem auf die für die Schürfrechte wichtige Rechtssicherheit ungünstig auswirken.

---

[753] Zur Problematik der grenzüberschreitenden Umweltverschmutzung siehe unter: 3. Kap., § 9, C., I.; Ausführlich zur damit im Zusammenhang stehenden Staatenverantwortlichkeit siehe auch: *Horbach*, Liability versus Responsibility under International Law, S. 20ff., 34ff.; siehe auch: *Ladenburger*, Durchsetzungsmechanismen im Umweltvölkerrecht; *Müller*, Die internationale Zuständigkeit bei grenzüberschreitenden Umweltbeeinträchtigungen; *Goldman*, Environmental Liability and Privatization in Central and Eastern Europe; *Christofidis*, Work on Liability within UNEP.

Außerdem wäre zu befürchten, dass vor allem Russland, welches weiterhin an einer militärischen Präsenz in weiten Teilen des Kaspischen Meeres als Teil seines „nahen Auslands“ interessiert sein wird, sich mit einer solchen Modellvariante nicht einverstanden erklären würde und auf die für Weltmeere völkergewohnheitsrechtlich herausgebildeten und im *SRÜ* kodifizierten Prinzipien der Küstengewässer bzw. der Hohen See berufen würde.
Die völkergewohnheitsrechtlich anerkannte Ausdehnung dieser Zonen ausschließlicher hoheitlicher Souveränität des Küstenstaates beläuft sich auf maximal 24 sm[754].

VII. Modell VII: Mehr Souveränität über Gewässer als über Gewässerboden und Errichtung eines gemeinsamen Gebietes

Dieses Modell könnte bis zu einem gewissen Grad den Bedürfnissen der meisten Anrainerstaaten gerecht werden.
So werden nach diesem Modell den Küstenstaaten immerhin bis zu einer gewissen Breite souveräne Rechte und klare Eigentümerverhältnisse an den unter dem Kaspischen Meer befindlichen Naturressourcen gewährt. Da sich die darüberliegenden Gewässer ebenfalls unter eigener Souveränität befinden, sind Erkundungs- und Bohraktivitäten oberhalb des souveränen Gewässerbodenbereichs unproblematisch.
Die in ihrer Ausdehnung sogar darüber hinaus reichende Souveränität über die Gewässer bis hin zur Hohen See würde den Sicherheitsbedürfnissen insbesondere der meisten kaspischen Staaten zu Gute kommen, allerdings auch den politischen Interessen Russlands Genüge tun. Die zwischen Gewässer und Gewässerboden bestehende hoheitliche Pufferzone könnte sich unter Umständen dahingehend positiv auswirken, dass zukünftige Versuchungen der Staaten, die Souveränität über den Gewässerboden auch jenseits des Bereichs der Gewässersouveränität auszudehnen, zumindest gehemmt wären, da dem vorausgehende Probebohrungen in Gewässern stattfinden würden, die der Jurisdiktion und Hoheitsgewalt des jeweiligen Küstenstaats unterfielen.
Je nach Ausdehnung des gemeinsamen Gebietes könnte über ein solches Modell das Problem grenzüberschreitender Lagerstätten noch besser bewältigt werden. Außerhalb der exklusiven Gewässerbodenzone würden allen Anrainerstaaten gemeinsam auszuübende Eigentümerrechte zukommen, die im Wege der Schaffung einer gemeinsamen Organisation, die für die Erkundung und Förderung von Erdöl- und Erdgasvorkommen in dort zu errichtenden JDZ verantwortlich wäre, ausgeübt werden könnten.

---

[754] Gemessen von der Basislinie, Artikel 3 und 33 Abs. 2 *SRÜ*.

Allerdings bestünde die Gefahr, dass unkooperative Staaten die Erforschung des Gewässerbodens mit Schiffen und Bohrinseln in den Gewässern jenseits des exklusiven Souveränitätsbereichs des Gewässerbodens blockieren könnten.

Vor allem Staaten wie Aserbaidschan, Kasachstan und Russland hätte an einem solchen Modell deswegen wenig Interesse, da sich von diesen beanspruchte bedeutende Erdölvorkommen weit entfernt von ihren Küsten befinden. Die Bereitschaft der betroffenen Staaten[755], diese Ressourcen mit Staaten teilen zu müssen, deren Küsten weit von den tatsächlichen Lagerstätten entfernt sind, wäre nicht besonders groß. Bei grenzüberschreitenden Lagerstätten wären Verhandlungen über eine gemeinsame Erschließung der betreffenden Erdöl- und Erdgasvorkommen Erfolg versprechender, wenn diese lediglich zwischen den tatsächlich betroffenen Staaten stattfinden würden.

Angesichts der unterschiedlichen Reichweite an souveränen Rechten zwischen Gewässer und Gewässerboden, wären darüber hinausgehend klarstellende Regelungen hinsichtlich des Rechts der Staaten, Pipelines auf dem Gewässerboden verlegen zu können, sinnvoll, da die Küstenstaaten geneigt sein könnten – dem Festlandsockelregime des *SRÜ* entsprechend – eine diesbezügliche weit reichende Regelungsbefugnis anzunehmen. Dem könnte allerdings aus Rechtssicherheitsgesichtspunkten entgegengehalten werden, dass auf diese Weise für die Pufferzone hinsichtlich der Verlegung von Pipelines ein zusätzlich zu klärendes Reglement geschaffen werden müsste.

Damit müssten innerhalb dieses Modells für die Verlegung einer Pipeline unter Umständen drei verschiedene Regime beachtet werden. Vermeiden ließe sich dies zum Beispiel im Wege einer entsprechenden Anwendung der im *SRÜ* kodifizierten Prinzipien zur Verlegung von Pipelines in der ausschließlichen Wirtschaftszone[756].

---

[755] Sowohl der aserbaidschanischen als auch der kasachischen Küste sind bedeutende Erdöl- und Erdgasvorkommen außerhalb des küstennahen Bereichs vorgelagert. Im Gegensatz zu Aserbaidschan hat sich Kasachstan jedoch bereits mit Russland über die gemeinsame Ausbeutung der meisten im zwischen beiden Staaten gelegenen Zentralteil des Kaspischen Meeres befindlichen Eröl- und Erdgasvorkommen geeinigt.

[756] Danach könnten alle Staaten relativ ungehindert Pipelines im Bereich der ausschließlichen Wirtschaftszone jenseits der Territorialgewässer verlegen. Bei Überschneidungen mit dem Festlandsockelregime wären die Konsequenzen einer möglichen Dualitätsproblematik zu beachten (siehe Ausführungen unter: 2. Kap., § 4, C., III., 3. d) cc) (3.)); Für den Fall der Übernahme der entsprechenden Bestimmungen des *SRÜ* sollte jedenfalls daran gedacht werden, klarzustellen, ob hinsichtlich der Verlegung von Pipelines der Verweis des Regimes der ausschließlichen Wirtschaftszone auf das des Festlandsockels (Artikel 58 Abs. 1 auf Artikel 79) tatsächlich so gewollt ist.

VIII. Modell VIII: Gleiche Souveränität über Gewässer und Gewässerboden und Errichtung eines gemeinsamen Gebiets

In Anlehnung an das zuvor aufgezeigte Modell wäre ein Modell konsequenter, bei dem die Ausdehnung der souveränen Rechte über Gewässer und Gewässerboden gleich weit reichten. Damit könnten mögliche Konflikte in der im vorherigen Modell aufgezeigten Art und Weise vermieden werden.
Je enger der Korridor für den mit dem Reglement der Hohen See vergleichbaren zentralen Gewässerteil und das darunter befindliche gemeinsame Gebiet gezogen würde, umso attraktiver wäre dieses Modell vor allem für die neuen kaspischen Staaten. Umso mehr würde es aber auch den Widerspruch vor allem Russlands und des Irans provozieren[757]. Letzteren würde so nämlich ihre für sie so wichtigen Kontroll- bzw. Vetoposition bezüglich der Ausbeutung der Offshore-Lagerstätten und sonstiger Sicherheitsbelange entzogen werden.

Ansonsten gelten dieselben Argumente für und gegen dieses Modell wie sie bereits für Modell VII aufgezeigt wurden.

IX. Modell IX: Volle Souveränität über Gewässer und teilweise Souveränität über Gewässerboden

Sowohl aus sicherheitspolitischen als auch wirtschaftlichen Gründen wäre den Bedürfnisse der meisten Anrainerstaaten unter einem Modell gedient bei dem den Staaten volle Souveränität über die Gewässer und zumindest teilweise Souveränität über den Gewässerboden gewährt werden würde.
Ein solches Modell würde jedoch mit den fundamentalen politischen Interessen Russlands an dem ungehinderten Weiterbestehen militärischer Kontrollmöglichkeiten weit jenseits der eigenen Territorialgewässer des Kaspischen Meeres kollidieren und wäre somit in dieser Stringenz nicht verhandelbar, da die anderen Anrainerstaaten auf eine vorherige Anmeldung von durch die eigenen Gewässer fahrenden russischen Kriegsschiffen bestehen könnten. Allerdings wäre es denkbar, für die russische Seite befriedigende, vertragliche Regelungen zu treffen, soweit dies den einzigen Nachteil dieses Modells darstellen sollte.

---

[757] So wurde der Vorschlag einiger kaspischen Anrainerstaaten, das Kaspische Meer zu einer demilitarisierten Zone zu deklarieren, bezeichnender Weise vom russischen Außenminister *Viktor Kalyuzhny* als unrealistisch abgelehnt. ('Russia against demilitarizing Caspian', *Interfax*, March 18, 2004).

Auf Grund der Errichtung eines gemeinsamen Gebietes für den Zentralteil des Gewässerbodens des Kaspischen Meeres, hängt es von der sonstigen Ausdehnung der den Gewässerboden betreffenden hoheitlichen Befugnisse ab, inwieweit sich Staaten wie Aserbaidschan und Kasachstan, die über umfangreiche Erdöl- und Erdgaslagerstätten nahe der Sektorengrenzen verfügen, hierauf einlassen würden. Sollte die küstenstaatliche Souveränität lediglich dort enden, wo sich grenzüberschreitende Lagerstätten befinden und zugleich eine Begrenzung der Eigentümerrechte auf die jeweils betroffenen Staaten stattfinden, wären mit diesem Modell durchaus akzeptable Voraussetzungen für eine rechtssichere Förderung der Erdöl- und Erdgasvorkommen gegeben. Für die Erschließung der jenseits der exklusiven nationalen Gewässerbodensegmente gelegenen grenzüberschreitenden Vorkommen böte sich wiederum die Errichtung von JDZ an.

Betreffend der Verlegung von grenzüberschreitenden seeverlegten Pipelines sei auf die Ausführungen beim Modell VII verwiesen.

Hinsichtlich der Auswirkungen auf die Umwelt gelten die unter dem Modell V dargestellten Ausführungen erst recht.

X. Modell X: Volle Souveränität über Gewässer und Gewässerboden

In Fortführung der sich aus Modell IX ergebenden Konsequenz stellt dieses Modell zumindest für die neuen kaspischen Staaten, die theoretisch gesehen beste Lösung dar. Entsprechend der bei internationalen Seen oft anzutreffenden Realteilung von Gewässerboden und Gewässer und deren Unterwerfung unter die alleinige territoriale Hoheitsgewalt der jeweiligen Küstenstaaten könnten die Anrainerstaaten ihre souveränen Förderrechte unter diesem Modell tatsächlich ungestört durchsetzen.
Umso mehr würde dieses Modell sowohl von Russland als auch dem Iran boykottiert werden. Unabhängig von dem nur schwerlich vorstellbaren Verzicht Russlands auf ein ungehindertes Befahren von weiten Teilen des Kaspischen Meeres mit Kriegsschiffen wäre eine Zustimmung der beiden Staaten zu diesem Modell lediglich über ihre Beteiligung an der Förderung von im grenznahen Bereich gelegenen Lagerstätten denkbar.

XI. Modell XI: Weniger Souveränität über Gewässer als über Gewässerboden und Errichtung eines gemeinsamen Gebietes

Eine weitere Alternative bietet die vollständige Übernahme der Systematik des *SRÜ* zur Unterteilung der verschiedenen Meereszonen mit entsprechend ausgestalteten Souveränitätsrechten der Küstenstaaten auf das Kaspische Meer. Bei diesem Modell könnten sich die Anrainerstaaten auf ein von der Staatengemeinschaft bereits akzeptiertes System stützen.

Vergleichbar mit dem im *SRÜ* kodifizierten Festlandsockelsystem üben die Anrainerstaaten des Kaspischen Meeres nach diesem Modell die vollständige Kontrolle über den Gewässerboden und seine Rohstoffe aus. Schließlich sieht dieses Modell ebenfalls die Schaffung eines mit dem Konzept des „gemeinsamen Erbes der Menschheit“[758] vergleichbaren gemeinsamen Gebietes vor. Die Vor- und Nachteile eines solchen gemeinsamen Gebietes wurden bereits innerhalb der Modelle II, IV, V und VII analysiert.

Hinsichtlich der Gewässer gelten die in den Modellen V, VII und VIII getätigten Analysen entsprechend. Drittstaaten genießen jenseits einer mit dem Küstengewässersystem[759] des *SRÜ* vergleichbaren Zone das Recht der freien Schifffahrt und des Überflugs. An diese, mit dem Reglement einer ausschließlichen Wirtschaftszonen vergleichbaren, Gewässer würde sich sodann ein, an die Prinzipien der Hohen See angelehnter, gemeinsamer Zentralteil anschließen.

Um eventuelle Auswirkungen der Dualitätsproblematik zwischen Wirtschaftzonen- und Festlandsockelregime auf die Verlegung von unterseeischen Kabeln und Pipelines zu vermeiden, wäre im Falle der Deklarierung einer ausschließlichen Wirtschaftszone eine Klärung der diesbezüglichen Regelungsbefugnisse ratsam[760].

Auch wenn eine analoge Anwendung der Prinzipien des Festlandsockelregimes, der ausschließlichen Wirtschaftszone, der Küstengewässerzone als auch des „Gebietes“ und der Hohen See auf das Kaspische Meer grundsätzlich für die Lösung der Eigentums- und Souveränitätsrechte theoretisch gute Voraussetzungen für erforderliche Kooperationen bei der Erschließung von grenzüberschreitenden Lagerstätten und einen effektiven Umweltschutz bieten würden, wäre angesichts der das Kaspische Meer betreffenden geopolitischen, geographischen und historischen Besonderheiten dessen praktische Umsetzung aus bereits erwähnten Gründen problematisch.

---

[758] Siehe dazu Ausführungen unter: 2. Kap., § 4, C., III., 3., e).
[759] Vgl. Ausführungen dazu unter: 2. Kap., § 4, C., III., 3., a).
[760] Genauer dazu Ausführungen unter: 2. Kap., § 4, C., III., 3., d) cc) (3).

XII. Modell XII: Teilweise Souveränität über Gewässer und vollständige Souveränität über Gewässerboden mit Vereinbarung lokaler JDZs

Im Unterschied zum vorherigen Modell besteht schließlich die Möglichkeit, auf die Errichtung eines gemeinsamen Gebietes zu verzichten, um die damit einhergehenden Probleme bei der praktischen Umsetzung zu vermeiden.

Im Falle einer zeitnahen, tatsächlich stattfindenden Einigung über den Verlauf der maritimen Grenzen in den umstrittenen Gebieten, würde so jedem Anrainerstaat die volle Souveränität über die Ausbeutung der im Gewässerboden befindlichen Naturressourcen in seinem Teil des Kaspischen Meeres zustehen[761].

Allerdings bestünde dann immer noch das Problem der Ausbeutung grenzüberschreitender Lagerstätten. Wie in den zwischen Kasachstan und Russland getroffenen bilateralen Übereinkommen über die Aufteilung des ihren Küsten vorgelagerten Gewässerbodens inklusive der darin befindlichen Ressourcen geschehen[762], sollten zeitgleich zu den Grenzverhandlungen Verträge über die gemeinsame Erschließung solcher Lagerstätten im Rahmen von JDZs abgeschlossen werden.

Ein solches Verhalten würde der Staatenpraxis bei umstrittenen im Grenzbereich befindlichen Lagerstätten entsprechen, welche immer mehr dazu übergeht, zusammen mit der Festlegung der maritimen Grenzen gleichzeitig eine gemeinsame Erschließung und Förderung von vorhandenen oder potentiellen Lagerstätten zu vereinbaren[763]. Diese Staatenpraxis geht wiederum konform mit der Rechtsprechung des *IGH*, der seit seiner Entscheidung in den *Nordsee-Festlandsockel-Fällen*[764] bis hin zu seiner jüngsten Entscheidung mit Meeresgrenzen- und Naturressourcenbezug im *Kameroon-Nigeria*-Fall[765] aus dem Jahre 2002 relativ konsequent dem Vorhandensein von Naturressourcen für die Festlegung maritimer Grenzen keine Bedeutung beimisst, allerdings die Staaten

---

761 Im Unterschied zur ausschließlichen Wirtschaftszone des *SRÜ* kommt den Küstenstaaten bei diesem Modell allerdings nicht das Recht der quasi vollständigen Souveränität hinsichtlich der Ausbeutung der lebenden Ressourcen zu (vgl.: Artikel 61, 62, 69 und 70 *SRÜ*).

762 Siehe Ausführungen dazu unter: 2. Kap., § 4, A., I., 2..

763 Ausführlich dazu unter: 2. Kap., § 6, B., III., 3., c).

764 *ICJ Rep.* 1969, S. 52.

765 Land and maritime boundary between Cameroon and Nigeria (Cameroon v. Nigeria; Equatorial Guinea intervening), Judgement, *ICJ Rep.* 2002, S. 141, § 282, 283, 303, 304.

dazu anhält, sich über die gemeinsame Erschließung der Vorkommen zu einigen[766].

Auch wenn sich die Anrainerstaaten des Kaspischen Meeres an diese Vorgaben nicht zu halten haben, sollte vor allem die Rechtsprechung des *IGH* nicht ignoriert werden, da dieser seine – wenn auch bisher auf tatsächliche Meere begrenzte – Rechtsprechung in einem im kaspischen Disput zu fällenden Urteil höchstwahrscheinlich konsequent weiterverfolgen würde.

Bemerkenswert sind in diesem Zusammenhang die in den russisch-kasachischen Übereinkommen getroffenen Sektorenfestlegungen. Die ständige Rechtsprechung des *IGH*, sich bei der Festlegung von Grenzlinien nicht durch das Vorhandensein von Lagerstätten beeinflussen zu lassen, ist lediglich beim *Kummangazy*-Erdölfeld (russisch: *Kulalinskaya*) beachtet worden. Die Sektorengrenze führt direkt durch diese Lagerstätte. Allerdings hat man es vollständig der kasachischen Jurisdiktion unterworfen und dessen Ausbeutung einem gemeinsamen Konsortium übertragen, an welchem beide Staaten zu gleichen Teilen beteiligt sein sollen[767].

Für die beiden anderen Lagerstätten *Tsentralnaya* und *Khvalynskoye* sind die Sektorengrenzen in offensichtlicher Abweichung vom Äquidistanzlinienprinzip so gezogen worden, dass sie vollständig russischer Souveränität unterfallen, auch wenn die ausschließliche russische Jurisdiktion über diese Erdölfelder in Artikel 2, 4 bzw. 5 des *Protocol To the Agreement between the Republic of Kazakhstan and the Russian Federation Regarding the Demarcation of the Seabed of the Northern Part of the Caspian Sea in Order to Exercise the Sovereign Subsoil Use Rights*[768] nochmals eine ausdrückliche Erwähnung gefunden hat. Hinsichtlich der Ausbeutung dieser Lagerstätten sind allerdings dieselben Regelungen zur gemeinsamen Erschließung getroffen worden.

In den russisch-kasachischen Verträgen finden sich aus Rücksicht auf den ansonsten noch ungeklärten Status des Kaspischen Meeres allerdings keine Regelungen über die Aufteilung der kaspischen Gewässer.

---

[766] Siehe dazu unter: 2. Kap., § 6, B., III., 3., c) bb) (3.) (3.3.).
[767] Artikel 2, 3 des *Protocol To the Agreement between the Republic of Kazakhstan and the Russian Federation Regarding the Demarcation of the Seabed of the Northern Part of the Caspian Sea in Order to Exercise the Sovereign Subsoil Use Rights* (**Anlage 9**).
[768] Siehe **Anlage 9**.

In diesen würden nach diesem Modell entsprechend der im vorherigen Modell getätigten Darstellungen je nach Ausdehnung und Grad der Souveränität über die darüberliegenden Gewässer, die Prinzipien der Küstengewässerzone oder der Anschlusszone entsprechende Anwendung finden können bzw. sogar die Prinzipien der ausschließlichen Wirtschaftszone eingreifen, sobald die küstenstaatliche Souveränität zum Beispiel auf Gewässergebiete jenseits der 12 oder 24-sm-Grenze verlegt werden würde und man dort auf eine vollständige Souveränität verzichten würde.

Betreffend der Verlegung von Pipelines könnte sich wiederum nur im letztgenannten Fall ein Konkurrenzproblem zwischen Festlandsockel- und Wirtschaftszonenregime ergeben, dessen Unwägbarkeiten im Wege vertraglicher Vereinbarungen vermieden werden könnten. Grundsätzlich würde den Anrainerstaaten allerdings die volle Jurisdiktion und Kontrolle über die Verlegung von Pipelines über den Gewässerboden innerhalb ihrer Sektoren des Kaspischen Meeres obliegen.

Obwohl sich dieses Modell in Teilen bereits in den bilateralen Verhandlungen zwischen Russland und Kasachstan bzw. Russland und Aserbaidschan über die Aufteilung der unter dem Kaspischen Meer befindlichen Naturressourcen wiederfindet, ist fraglich, ob sich auch die anderen Anrainerstaaten angesichts der zwischen ihnen bestehenden komplexen wirtschaftlichen und sicherheitspolitischen Konflikte tatsächlich in naher Zukunft auf den Verlauf von Sektorengrenzen einlassen würden, da mit diesen immerhin unumstößliche Grenzen gezogen würden, die die Verhandlung über zukünftige Lagerstättenfunde in den jeweiligen Grenzbereichen zum Nachteil des einen oder anderen Staats erschweren könnte.

Einen Ausweg aus dieser Konfliktsituation zeigt das folgende Modell auf.

XIII. Modell XIII: Teilweise Souveränität über Gewässer, vollständige Souveränität über Gewässerboden und begrenzte gemeinsame Gebiete

Wie bereits erwähnt weist das vorherige Modell die Schwäche auf, dass die maritime Grenzziehung aus Angst vor aus einer vertraglichen Bindung erwachsenden zukünftigen Nachteilen über Jahre hinaus weiter blockiert werden könnte. In Anbetracht der vor allem zwischen Aserbaidschan und Turkmenistan, aber auch zwischen Aserbaidschan und dem Iran seit fast einem Jahrzehnt bestehenden Auseinandersetzungen über die Abgrenzung von Sektoren zur souveränen Ausbeutung der in den Grenzbereichen befindlichen Erdöl- und Erdgasvorkommen, erscheint eine Lösung dieser Streitigkeiten im Wege einer normalen Grenzziehung fast unerreichbar.

Sollten die Anrainerstaaten tatsächlich eine bindende Festlegung maritimer Grenzen in umstrittenen Gebieten scheuen, weil z.B. die tatsächliche Ausdehnung der Erdöl- oder Erdgasreservate noch ungeklärt scheint und sie einen langfristig zu großen Nachteil für sich befürchten würden, bestünde ein Ausweg darin, dass nur von den tatsächlich betroffenen Staaten in solchen umstrittenen Offshore-Bereichen partielle gemeinsame Gebiete errichtet werden. Mit der Festlegung dieser lokal begrenzten gemeinsamen Gebiete sollte die Gewährleistung der Ausbeutung der darin enthaltenen Naturressourcen im Rahmen einer JDZ vertraglich vereinbart werden.
Falls dies dann überhaupt noch für notwendig befunden werden würde, könnten die Grenzverhandlungen über den Verlauf der Sektorengrenzen innerhalb dieser gemeinsamen Gebiete zu einem späteren Zeitpunkt erfolgen.

Auf diese Weise würden die Problemzonen isoliert und eine Lösung auf diese Regionen beschränkter Dispute im Rahmen spezieller Verhandlungen angestrebt werden können, während den übrigen Teilen des Kaspischen Meeres klare Souveränitätsstrukturen zugewiesen werden könnten.

Entgegen dem Modell eines im zentralen Teil des Kaspischen Meeres gelegenen gemeinsamen Gebietes, in welchem alle Anrainerstaaten ihre Rechte geltend machen bzw. ihr Veto einlegen könnten, wären hier tatsächlich nur diejenigen Staaten in die gemeinsame Ausbeutung der Ressourcen einbezogen, die einen direkten territorialen Bezug zu den Lagerstätten vorweisen können.

B. Zwischenergebnis zu Lösungsalternativen für ein zukünftiges Reglement des Kaspischen Meeres

In Anbetracht der geographischen, historischen und geopolitischen Besonderheiten, die den speziellen Charakter des Kaspischen Meeres prägen, stellen sich die Modelle XII und XIII als die den Interessen aller Anrainerstaaten am besten gerecht werdende Regime dar. Je nachdem wie groß die Wahrscheinlichkeit für eine baldige Einigung der streitenden Parteien über den Verlauf der maritimen Grenzen angesehen wird, böte sich bei einer raschen Einigung Modell XII und ansonsten das Modell XIII an.

Die genaue Festlegung der Sektoren unterschiedlicher staatlicher Souveränität bzw. zwischen einigen kaspischen Staaten gemeinsam ausgeübter Hoheit bleibt

Gegenstand multilateraler bzw. bilateraler Verhandlungen zwischen den Anrainerstaaten. Die internationale Staatenpraxis und die Rechtsprechung des *IGH* bieten hierfür zahlreiche Prinzipien und Entscheidungen, denen die kaspischen Staaten bei ihrer Entscheidungsfindung Beachtung schenken sollten.

Das russisch-kasachische Protokoll vom 13. Mai 2002 über die Schaffung gemeinsamer Joint Development Zones zur Ausbeutung der beiden Staaten vorgelagerten Erdöl- und Erdgasvorkommen und die in diesem Zusammenhang durchgeführte Demarkation der die sonstigen Schürfrechte beider Staaten betreffenden Festlandsockelgebiete des Kaspischen Meeres stellen ein erstes Beispiel für die erfolgreiche praktische Übertragung dieser Prinzipien auch auf die Verhältnisse am Kaspischen Meer dar.

§ 6 Auf das Kaspische Meer anwendbare Prinzipien der maritimen Grenzziehung unter besonderer Berücksichtigung von Offshore-Ressourcen

A. Allgemeine Prinzipien für die genaue Bestimmung maritimer Grenzen

Für die Festlegung der maritimen Grenzen ist letztendlich das Zusammenspiel zahlreicher Faktoren ausschlaggebend, deren jeweilige Bedeutung im Rahmen der Vertragsverhandlungen zwischen den betroffenen Staaten ein unterschiedlicher und zum Teil nicht klar definierbarer Umfang zukommt.

Während ein sich mit der Festlegung der auf die maritimen Gebiete einschlägigen Hoheitsrechte befassendes internationales Tribunal nur die völkerrechtlichen Aspekten berücksichtigen dürfte, wären die Verhandlungen zwischen den Staaten zusätzlich von sicherheitspolitischen, strategischen, historischen und wirtschaftlichen Interessen der Vertragsparteien bestimmt.

Diesen Faktoren kommt in Anbetracht der geopolitischen Situation am Kaspischen Meer im Rahmen der Vertragsverhandlungen eine erhebliche Bedeutung zu. Die Interessen der Anrainerstaaten sind durchaus konträr und bergen genügend Potential für zukünftige Konflikte, soweit es den Parteien nicht gelingen sollte, im Wege gegenseitiger Zugeständnisse einen *status quo* auszuhandeln. Auf Grund politischer sowie militärischer Einflussnahme der USA, Europas und in zunehmendem Maße auch Chinas auf die politischen Belange der Region, aber auch wegen des Baus von zum russischen Pipelinemonopol alternativen Trassenrouten hat sich die Verhandlungsposition Russlands vor allem zu Gunsten der anderen ehemaligen kaspischen Sowjetrepubliken verschlechtert.

Die sich daraus ergebende konsequente Folge ist eine verstärkte Fokussierung auf eine Konfliktlösung, die zu einem großen Teil in der Berücksichtigung von völkerrechtlichen Prinzipien zur Festlegung maritimer Grenzen basiert, sicherheitspolitische, historische und wirtschaftliche Besonderheiten allerdings nicht unberücksichtigt lässt.

I. Das Prinzips der Billigkeit als Grundlage für maritime Grenzziehung

Betreffend die Festlegung souveräner Rechte bei internationalen Binnenseen kann keine einheitliche Staatenpraxis festgestellt werden, die eine Übertragung eines entsprechenden Völkergewohnheitsrechts auf das Kaspische Meer rechtfertigen könnte[769].

Ähnlich verhält es sich mit den Prinzipien für die Festlegung hoheitlicher Befugnisse bei offenen Meeren. Der *IGH* stellte in seiner Entscheidung zum *Gulf of Maine-Fall* klar, dass sich ein solches klar umgrenztes Reglement noch nicht habe durchsetzen können[770]. Allerdings fuhr die Kammer sogleich fort, dass:

> "[...] a set of customary rules whose presence in the *opinio juris* of States can be tested by introduction based on the analysis of a sufficient extensive and convincing practice, and not by deduction from preconceived ideas."[771]

Dem *IGH* zu Folge besteht allerdings eine „grundsätzliche Regel" für die Festlegung von Meeresgrenzen, deren Existenz sich aus der Analyse der internationalen Beziehungen ergäbe. Diese bestände darin, dass:

> "(1) No maritime delimitation between States with opposite or adjacent coasts may be effected unilaterally by one of those States. Such delimitation must be sought and effected by means of an agreement, following negotiations conducted in good faith and with the genuine intention of achieving a positive result. Where, however, such agreement cannot be achieved, delimitation should be effected by recourse to a third party possessing the necessary competence.
> (2) In either case, delimitation is to be effected by the application of equitable criteria and by the use of practical methods capable of ensuring, with regard to the geographic configuration of the area and other relevant circumstances, an equitable result."[772]

Diese grundsätzlich für offene Meere bestimmten Prinzipien könnten ihre Gültigkeit durchaus für die Situation am Kaspischen Meer entfalten. Auch wenn es den kaspischen Staaten überlassen bleibt, selbst zu entscheiden, ob und in welchem Umfang sie die zur Abgrenzung souveräner Rechte auf den Weltmeeren entwickelten Prinzipien auf das Kaspische Meer angewandt wissen wollen, sind sie jedoch verpflichtet, eine einvernehmliche und ausgewogene Lösung zu finden, die diese Prinzipien nicht gänzlich unberücksichtigt lässt.

---

[769] So bereits oben untersucht unter: 2. Kap., § 4, C., II., 1.
[770] *ICJ Rep.* 1984, 246, 299.
[771] *ICJ Rep.* 1984, 299.
[772] *ICJ Rep.* 1984, 299f..

II. Anwendbarkeit der maritimen Grenzziehungsprinzipien auf das Kaspische Meer

Einmal mehr stellt sich die Frage, inwieweit die im Folgenden darzustellenden – im Wesentlichen für offene Meere herausgebildeten – Grenzziehungsprinzipien überhaupt auf das Kaspische Meer übertragbar sind.
Diese lässt sich jedoch im Hinblick darauf positiv beantworten, dass die der maritimen Grenzziehung zugrunde liegenden Prinzipien ihren Ursprung in der bereits auf mehrere Jahrhunderte zurückgehenden Staatenpraxis bei der Grenzziehung auf Flüssen und Seen finden[773].

Vor allem das der Rechtsprechung des *IGH* zugrunde liegende und in zahlreichen internationalen Konventionen immer wieder enthaltene Kriterium der Billigkeit ("equitable criteria")[774] findet sich sowohl in der sich mit Binnengewässern befassenden Völkerrechtslehre als auch in den betreffenden wichtigsten Verträgen und Konventionen als eines der tragenden Prinzipien für die Festlegung der nicht die Schifffahrt betreffenden Nutzungsrechte internationaler Binnengewässer[775].
Nach der herrschenden Völkerrechtslehre hatte die internationale Staatenpraxis insbesondere hinsichtlich der nichtschifffahrtsmäßigen Nutzung internationaler Binnengewässer die Prinzipien der angemessenen (reasonable) und billigen (equitable) Teilung anerkannt[776], um – abweichend von den für die Teilung der Hoheitsbefugnisse grundsätzlich üblichen Prinzipien der Mittellinie bzw. der Äquidistanz – auch besondere Umstände in angemessener Form berücksichtigen zu können. So hatte sich als eine der ersten Ausprägungen des Prinzips der Billigkeit die Doktrin des „Talweges" für schiffbare Flüsse und Seen[777] herausgebildet, wonach die Linie der größten Tiefe bzw. der stärksten Strömung als ein

---

[773] Z.B. die zwischen den USA und Großbritannien in den Jahren 1783 und 1814 geschlossenen Verträge hinsichtlich des Verlaufs der Grenzen auf den *Great Lakes*, vgl. *Alexander*, Equidistance and Maritime Boundary Delimitation, in: *Grundy-Warr* (Hrsg.), International Boundaries and Boundary Conflict Resolution, S. 1; siehe auch: *Johnston*, The Theory and History of Ocean Boundary-Making, S. 124f..
[774] Z.B.: Artikel 6 *FSÜ*, Artikel 87 *SRÜ*.
[775] Ausführlich dazu: *McCaffrey*, The Law of International Watercourses, S. 324ff.; *Bruhács*, The Law of Non-navigational Uses of International Watercourses, S. 156, Fn. 11, m.w.N..
[776] *ILA*, 52nd Report, 1966, S. 486; Cf. Schwebel's Third Report (UN Doc. A/CN.4/348, para. 42); *Bruhács*, The Law of Non-navigational Uses of International Watercourses, S. 157, m.w.N..
[777] *McCaffrey*, The Law of International Watercourses, S. 70ff., m.w.N.; *Colombos*, The International Law of the Sea, S. 178; *Minnesota v. Wisconsin*, 252 U.S. 273 (1920).

solcher besonderer Umstand angesehen wurde, der eine Verschiebung der Mittellinie rechtfertigen würde[778].

Obwohl der *IGH* in zahlreichen Entscheidungen die Bedeutung des völkergewohnheitsrechtlich anerkannten Prinzips der Billigkeit zur Erlangung eines fairen Ergebnisses bei der Aufteilung von Gewässern hervorgehoben hat[779], kann sowohl für dessen Anwendung im internationalen Binnengewässerbereich, als auch für den der offenen Meere daraus keine Folgerung in dem Sinne gezogen werden, dass ein genaues Ergebnis hinsichtlich der Aufteilung von Hoheitsrechten im jeweiligen Fall garantiert werden könnte.

III. Die Helsinki Regeln der International Law Association

An dieser Feststellung hat sich trotz der Bemühungen der *ILA*, im Rahmen der *Helsinki Regeln über die Benutzung der Gewässer internationaler Flüsse* (Helsinki Regeln)[780] eine Zusammenstellungen allgemein anerkannter Prinzipien zu entwerfen, die die Nutzung internationaler Flüsse betreffen, nichts geändert. Obwohl die Mehrheit der Staaten den *Helsinki Regeln* in der Praxis bisher keine Bedeutung beigemessen, geschweige denn deren verpflichtenden Charakter anerkannt hat, darf nicht unerwähnt bleiben, dass diese immerhin von einigen Staaten explizit[781] bzw. stillschweigend[782] als eine Quelle des Völkergewohn-

---

[778] Die "*Talweg*"-Doktrin findet nicht nur auf Binnengewässer, sondern auch Grenzziehungen in Territorialgewässern und Festlandsockeln Anwendung, soweit die besonderen Umstände darin liegen, dass den Anrainerstaaten gleiche Zugangs- und Schifffahrtsrechte gesichert werden müssen. (vgl.: *Rhee*, Sea Boundary Delimitation Between States Before Wold War II, S. 584, 588; *Bravender-Coyle*, The Emerging Legal Prinziples and Equitable Criteria Governing the Delimitation of Maritime Boundaries Between States, S. 179ff. m.w.N.; *Alexander*, Equidistance and Maritime Boundary Delimitation, in: *Grundy-Warr* (Hrsg.), International Boundaries and Boundary Conflict Resolution, S. 1).

[779] So führte der *IGH* im Festlandsockel-Fall zwischen Tunesien v. Libyen aus: "the delimitation has to be effected in conformity with the principles of equitableness, taking into consideration all relevant circumstances [...] It is the result that is important, i.e. the principles are subject to the objective to be attained." (*ICJ Report*, 1982, S. 92, para. 133, S. 59, para. 70); ebenso in seinem *Gulf of Maine*-Urteil, *ICJ Report*, 1984, S. 246.

[780] Die sogenannten *Helsinki Rules,* (*Helsinki Rules on the Uses of the Waters of international Rivers, ILA* 52nd Report (1966), S. 478-533).

[781] So z.B. von Argentinien (vgl.: *ILA* 54th Report, S. 54).

[782] So hatte Indien vorgeschlagen, basierend auf den *Helsinki Regeln* eine Konferenz mit dem Ziel der Unterzeichnung einer internationalen Konvention einzuberufen. (vgl.: UN Doc. A/C.6/L.814).

heitsrechts anerkannt worden sind[783]. Allerdings bietet der in Artikel V[784] der *Helsinki Regeln* enthaltene Katalog eine so große Fülle an möglichen Kombinationen dafür, wann eine angemessene und faire Teilung[785] der Gewässer vorliegt, dass deren Praktikabilität bezweifelt werden muss[786]. So kamen im *Ganges*-Disput zwischen Indien und Bangladesch beide Staaten unter Anwendung der *Helsinki Regeln* zu genau entgegengesetzten Ergebnissen[787].
Angesichts der von einer Anwendung der *Helsinki Regeln* ausgehenden Ergebnisunbestimmtheit und der damit einhergehenden mangelnden Akzeptanz in der Staatengemeinschaft bedurfte es präziserer internationaler Verträge bzw. Konventionen, die sich mit den Nutzungsrechten internationaler Binnengewässer für die Anrainerstaaten explizit befassen.
In diesem Zusammenhang könnte sowohl die von der *UNECE* verabschiedete *Konvention zum Schutz und der Nutzung von grenzüberschreitenden Wasserläufen und internationalen Seen* aus dem Jahre 1992 als auch die von der *ILC* im Jahre 1997 verabschiedete *Konvention zum Recht der nicht-schifffahrtsmäßigen Nutzung internationaler Wasserläufe* sehr aufschlussreich für die Weiterentwicklung eines entsprechenden – von der Staatengemeinschaft akzeptierten – Konzepts zur Abgrenzung souveräner Rechte auf internationalen Binnengewässern sein.

---

783 *Bruhács*, The Law of Non-navigational Uses of International Watercourses, S. 19; Zu den völkergewohnheitsrechtlich anerkannten Prinzipien des Rechts internationaler Binnengewässer vgl.: *McCaffrey*, The Law of International Watercourses, S. 55ff.; *Schroeder-Wildberg*, The 1997 International Watercourses Convention – Background and Negotiations, S. 8ff..
784 Für eine angemessene und faire Gewässerteilung sollen danach im jeweiligen Licht des Einzelfalls folgende Faktoren Berücksichtigung finden, um Konflikte zwischen den Anrainerstaaten zu vermeiden und der Grad bis zu welchem die Bedürfnisse eines Staates befriedigt werden können, ohne substantiellen Schaden gegenüber anderen Anrainerstaaten hervorzurufen: die Geographie und die Hydrographie des Gewässers, das dieses bestimmende Klima, die jeweilige Nutzung der Gewässer, die wirtschaftlichen und sozialen Bedürfnisse der Anrainerstaaten, der am jeweiligen Gewässerabschnitt siedelnde Bevölkerungsanteil, die für eine alternative wirtschaftliche und soziale Befriedigung der jeweiligen Staaten anfallenden Kosten, das Vorhandensein anderer Ressourcen, die Vermeidung von unnötiger Wasserverschwendung, die Praktikabilität von Kompensationen. Die Gewichtung der einzelnen Faktoren im Rahmen ihrer Gesamtbetrachtung soll je nach ihrer Bedeutung im Vergleich zu den anderen Faktoren erfolgen. (vgl.: *ILA*, 52nd Report, 1966, S. 488; erweitert betreffend gemeinsamer Ressourcen durch Artikel 6 der *Montreal Rules* (*ILA*, 60nd Report, 1982, S. 170f.)).
785 Kapitel 2 (Equitable utilization of the Waters of an International Drainage Basin), Artikel IV: "Each basin State is entitled, within its territory, to a reasonable and equitable share in the beneficial uses of the waters of an international drainage basin."
786 Vgl. UN Doc. A/CN.4/320, para. 78.
787 UN Doc. A/CN.4/320, para. 82f..

IV. Die 1992er Konvention zum Schutz und der Nutzung von grenzüberschreitenden Wasserläufen und internationalen Seen

Die von mittlerweile 34 Staaten und der Europäischen Union unterzeichnete und ratifizierte 1992er *Konvention zum Schutz und der Nutzung von grenzüberschreitenden Wasserläufen und internationalen Seen* (Helsinki Konvention)[788] und die dazugehörigen Protokolle[789] stellen im Gegensatz zu den *Helsinki Regeln* kein „soft law“ dar, sondern dienen als Rahmenvertrag, der seinen Vertragsparteien ein Minimum an Standards für die Nutzung der Binnengewässer auferlegt, unabhängig davon, was in den spezifischen bi- oder multilateralen Verträgen zwischen den Vertragsparteien bzw. Anrainerstaaten ausgehandelt worden ist.
In der *Helsinki Konvention* finden sich zahlreiche vor allem auf den Umweltschutz bezogene Bestimmungen, die über die Kodifizierung der sich in diesem Bereich bereits herausgebildeten gewohnheitsrechtlichen Normen hinaus auch eine Weiterentwicklung derselben beinhalten. Unter anderem findet aber auch das Prinzip der angemessenen und billigen Nutzung der grenzüberschreitenden Gewässer eine besondere Erwähnung[790]. Allerdings wäre es zu weit gegriffen, daraus eine konkretere international akzeptierte Regel für die Abgrenzung souveräner Rechte im Licht des Prinzips der limitierten territorialen Souveränität[791] abzuleiten.

In Anbetracht der bisher relativ geringen internationalen Resonanz kann von einem hinsichtlich der Nutzung und dem Schutz von internationalen Wasserläufen und Seen zu Völkergewohnheitsrecht gewordenem Vertragswerk noch nicht gesprochen werden. Allerdings sollte seine Bedeutung für das Kaspische Meer

---

[788] *Convention on the Protection and Use of Transboundary Watercourses and International Lakes*, vom 17. März 1992, Helsinki (Text unter: http://www.unece.org/env/water/text/water_convention/text11toc.htm). Von den kaspischen Anrainerstaaten haben lediglich Aserbaidschan, Kasachstan und Russland diese am 6. Oktober 1996 in Kraft getretene Konvention unterzeichnet bzw. ratifiziert (Stand 19.03.2004). (vgl.: http://www.unece.org/env/water/status/lega_wc.htm).

[789] *Protocol on Water and Health* vom 17. Juni 1999, London (von den kaspischen Anrainerstaaten nur von Aserbaidschan und Russland unterzeichnet bzw. ratifiziert) und *Protocol on Civil Liability* vom 21. Mai 2003, Kiew (von den kaspischen Anrainerstaaten nicht unterzeichnet worden) (vgl.: http://www.unece.org/env/water/).

[790] Artikel 2 (General Provisions) Abs. 2 (c): "The parties shall, in particular, take all appropriate measures: [...] To ensure that transboundary waters are used in a reasonable and equitable way, taking into particular account their transboundary character, in the case of activities which cause or are likely to cause transboundary impact."

[791] Dazu ausführlicher: *McCaffrey*, The Law of International Watercourses, S. 137ff..

nicht unterschätzt werden. Auch wenn bisher lediglich drei Anrainerstaaten des Kaspischen Meeres die *Helsinki Konvention* unterschrieben bzw. ratifiziert haben, so bietet sie diesen Anrainerstaaten eine Argumentationsbasis auch für über den Umweltschutz hinausgehende rechtliche Aspekte der Nutzung der Ressourcen des Kaspischen Meeres.

V. Die 1997er Konvention zum Recht der nicht-schifffahrtsmäßigen Nutzung internationaler Wasserläufe

Mit der Verabschiedung der *Konvention zum Recht der nicht-schifffahrtsmäßigen Nutzung internationaler Wasserläufe* (Wasserlauf Konvention)[792] im Jahre 1997 gelang der *ILC* eine umfassende Bestandsaufnahme der sich bis dahin herausgebildeten Prinzipien für die nicht-schifffahrtsmäßige Nutzung internationaler Wasserläufe und der Versuch der Kodifizierung solcher im Entstehen befindlicher völkergewohnheitsrechtlicher Prinzipien des Binnengewässerrechts[793].

Auch wenn angesichts der in Artikel 2 enthaltenen Definition für „watercourse"[794] eine Subsumtion des Kaspischen Meeres unter den Anwendungsbereich der *Wasserlauf Konvention* sehr fraglich erscheint, so bietet diese jedenfalls wertvolle Anhaltspunkte für die auch auf die Bedürfnisse des Kaspischen Meeres zumindest indirekt wirkenden völkerrechtliche Prinzipien des internationalen Wasserrechts.

So hat sich die *UNECE* in Teil II der *Wasserlauf Konvention* erneut mit dem Prinzip der fairen und angemessenen Nutzung und Teilhabe an grenzüberschreitenden Gewässern auseinandergesetzt. So heißt es in Artikel 5 (Equitable and reasonable utilization and participation):

---

792 UN Doc. A/Res/51/869, 21 May 1997, 36 *ILM* 700 (1997).

793 Allgemein zur Problematik vgl.: *Schroeder-Wildberg*, The 1997 International Watercourses Convention – Background and Negotiations; *McCaffrey*, The Law of International Watercourses; *Torka*, Nichtnavigatorische Wassernutzung; *Reimann*, Die nicht-navigatorische Nutzung internationaler Süßwasserressourcen; *Wouters*, International Water Conflicts; *Lammers*, Pollution of International Watercourses.

794 Artikel 2 (Use of terms): "For the purpose of the present Convention: (a) 'Watercourse' means a system of surface waters and groundwaters constituting by virtue of their physical relationship a unitary whole and normally flowing into a common terminus." (Wortlaut der *Convention on the Law of the Non-Navigational Uses of International Watercourses* auch bei: *McCaffrey*, The Law of International Watercourses, Annex I, S. 446ff.).

> "1. Watercourse States shall in their respective territories utilize an international watercourse in an equitable and reasonable manner. [...]
> 2. Watercourse States shall participate in the use, development and protection of an international watercourse in an equitable and reasonable manner. Such participation includes both the right to utilize the watercourse and the duty to cooperate in the protection and development thereof, as provided in the present Convention."

Sowohl der Wortlaut als auch die *travaux préparatoires*[795] der Artikel 5 und 6 stellen klar, dass der Verwendung des Begriffs „equitable" nicht die Bedeutung beigemessen werden soll, dass jeder Staat an einem genau gleichen Teil der Ressourcen des „watercourses" beteiligt werden müsse oder dass das Gewässer selbst in exakt proportionale Teile aufgeteilt werden müsse. Artikel 6 (1.) fordert vielmehr die Berücksichtigung einer nicht abschließenden Liste relevanter Faktoren und Umstände, welche von den Anrainerstaaten berücksichtigt werden müssen, um zu gewährleisten, dass die Nutzung des internationalen Binnengewässers in einem fairen und angemessenen Rahmen abläuft[796].

Obwohl die *Wasserlauf Konvention* bisher lediglich 16 Unterzeichnungen und 11 Ratifikationen zu verzeichnen hat[797] und ein In-Kraft-Treten mithin noch in weiter Ferne steht[798], darf die Bedeutung der Konvention als „soft law"-Instrument und Nachweis des im Laufe der Jahrzehnte und mittlerweile völkergewohnheitsrechtlich anerkannten Prinzips der fairen und angemessenen Nutzung von grenzüberschreitenden Gewässern nicht unerwähnt bleiben.

Auch wenn der Anwendungshorizont – unabhängig von den ratifizierten Staaten – dieser Konvention nicht direkt auf das Kaspische Meer in seiner Eigenschaft als Binnensee übertragbar sein sollte, so findet sich darin unter anderem auch die Bestätigung des in der *Helsinki Konvention* aufgeführten Prinzips der

---

795 *Environmental Law and Policy*, vol. 24, 1994, S. 335.

796 Artikel 6 Abs. 1 (Katalog) und Abs. 3 (Gewichtung der Faktoren) der *Wasserlauf Konvention* entsprechen fast vollständig dem Wortlaut des Artikels V der *Helsinki Regeln* der *ILA* von 1966. Lediglich in Absatz 2 findet sich eine nicht unbedeutende Pflicht der Parteien, dass diese, soweit erforderlich, miteinander in Konsultationen zu treten haben. Des Weiteren findet sich in Artikel 6 (1.) (f) der *Wasserlauf Konvention* explizit die Verpflichtung, dass Umweltschutzgesichtspunkte bei der Nutzung der Ressourcen des Gewässers mitberücksichtigt werden sollen.

797 Stand Ende 2003.

798 Gemäß Artikel 36 tritt die Konvention erst nach Hinterlegung der 35. Ratifikationsurkunde in Kraft.

fairen und angemessenen Nutzung internationaler Binnengewässer wieder. Mithin verdichtet sich die in Artikel V der *Helsinki Regeln* und Artikel 6 der *Wasserlauf Konvention* aufgestellte Liste relevanter Faktoren als ein gewisses verpflichtendes Element, welches von den Vertragsparteien im Rahmen von Verhandlungen zur Aufteilung der Ressourcen des Kaspischen Meeres nicht unberücksichtigt bleiben dürfte.

Unabhängig vom – nach weit verbreiteter Ansicht – völkergewohnheitsrechtlich ohnehin bereits anerkannten Prinzip der fairen und angemessenen Nutzung und Aufteilung von internationalen Gewässern[799], gewinnen die in Artikel 6 der *Wasserlauf Konvention* aufgelisteten relevanten Faktoren zur Festlegung der Nutzungsrechte zusätzlich dadurch völkerrechtliche Bedeutung, dass diese Konvention in ihrer Ganzheit von den meisten anerkannten Völkerrechtlern bereits als Ansatz einer Kodifizierung eines sich entwickelnden umfassenden Völkergewohnheitsrecht für internationale Binnengewässer angesehen wird[800]. Diese Überzeugung wird unter anderem darauf gestützt, dass der Inhalt der Konvention, da deren Entwurf durch die *ILC* vorbereitet worden ist, auf den Ansichten führender Völkerrechtler basiert[801]. Des Weiteren habe die *ILC* für den Entwurf der *Wasserlauf Konvention* eine Vielzahl von Vorschlägen und Bemerkungen verschiedener Staaten berücksichtigt. Zudem habe der *ILC* Entwurf aus dem Jahre 1994 bereits eine Reihe spezifischer regionaler Übereinkommen beeinflusst[802].

---

[799] *McCaffrey/Sinjela*, The Convention on International Watercourses, S. 106; *Nussbaum*, Report on the Working Group to Elaborate a Convention on International Watercourses, S. 52.

[800] Den Einfluss der *Helsinki Konvention* auf die *Wasserlauf Konvention* analysierend kam der sich auf internationales Wasservölkerrecht spezialisierende *Tanzi* zu folgendem Schluss: "[The Watercourse Convention] can be regarded as representing an essential frame of reference [...] for states [...] irrespective of [its] entry into force [...]." (*Tanzi*, The Relationship between Convention on the protection and use of transboundary watercourses and international lakes and the Convention on the Law of the Non-navigational uses of international watercourses, S. 52).

[801] *McCaffrey/Sinjela*, The Convention on International Watercourses, S. 106.

[802] So diente die Konvention als Grundlage für das 1995er *Agreement on the Cooperation for the Sustainable Development of the Mekong River Basin* zwischen Kambodscha, Laos, Thailand und Vietnam und das am 12. Dezember 1996 zwischen Indien und Bangladesch geschlossene *Ganges-Abkommen* (*McCaffrey/Sinjela*, The Convention on International Watercourses, S. 106; *Schroeder-Wildberg*, The 1997 International Watercourses Convention – Background and Negotiations, S. 24, Fn. 19, m.w.N.).

Schließlich habe der *IGH* in seinem Urteil zum *Gabcikovo-Nagymaros*-Fall[803], in welchem sich Ungarn und die Slowakei über Nutzungsrechte der Donau stritten, auf die *Wasserlauf Konvention* als Beweis für ein sich konsolidierendes Prinzip der "equality of rights" zwischen Anrainerstaaten im Hinblick auf das an sie angrenzende internationale Binnengewässer verwiesen und damit zumindest die betreffende Bestimmung der Konvention implizit als anerkanntes Völkergewohnheitsrecht akzeptiert[804]. Spätestens seit der besagten Entscheidung des *IGH* zum *Gabcikovo-Nagymaros*-Fall kann der für das Kaspische Meer wesentliche Schluss der völkergewohnheitsrechtlichen Geltung des Prinzips der fairen und angemessenen Nutzung von internationalen Binnengewässern zwischen den Anrainerstaaten als gegeben angesehen werden. Auch wenn der Anwendungsbereich der *Wasserlauf Konvention* wahrscheinlich nicht auf das Kaspische Meer als Binnensee direkt übertragbar ist, so spricht der von der *Helsinki Konvention* übernommene, fast identische Wortlaut des Artikel 5 mit dem Artikel 6 der *Wasserlauf Konvention* für eine implizite Übertragbarkeit der darin aufgezeigten – für die Erzielung einer fairen und angemessenen Nutzung erforderlichen – Faktoren auch auf das Kaspische Meer als ein Gewässer im Sinne der *Helsinki Konvention*[805].
Gemäß Artikel 6 (1.) der *Wasserlauf Konvention* wären mithin alle relevanten Faktoren für die Festlegung einer fairen und angemessenen Nutzung des Kaspischen Meeres zu berücksichtigen, eingeschlossen der folgenden wesentlichen Faktoren, die jedoch nicht als abschließende Aufzählung anzusehen sind[806]:

> "(a) Geographic, hydrographic, hydrological, climatic, ecological and other factors of a natural character;
> (b) The social and economic needs of the watercourse States concerned;
> (c) The population dependent on the watercourse in each watercourse State;

---

[803] *Case Concerning the Gabcikovo-Nagymaros-Project* (Hungary v. Slowakia), *ILM* 37 (1998), 162 (195).
[804] Vgl.: *Tanzi*, The Relationship between Convention on the protection and use of transboundary watercourses and international lakes and the Convention on the Law of the Non-navigational uses of international watercourses, S. 50ff..
[805] Vgl. dazu auch: *Tanzi*, The Relationship between Convention on the protection and use of transboundary watercourses and international lakes and the Convention on the Law of the Non-navigational uses of international watercourses.
[806] Zu weiteren Vorschlägen für die Aufnahme in die Liste vgl.: Statement of the Chairman of the Drafting Committee, 25 Oct. 1996, UN Doc.A/C.6/51/NUW/WG/CRP.54; zu den abgelehnten Vorschlägen vgl. auch: *McCaffrey*, The Law of International Watercourses, S. 306, m.w.N..

(d) the effects of the use or uses of the watercourses in one watercourse State on other watercourse States;
(e) Existing and potential uses of the watercourse;
(f) Conservation, protection, development and economy of use of the water resources of the watercourses and the costs of measures taken to that effect;
(g) The availability of alternatives, of comparable value, to a particular planned or existing use".

Wie bereits erwähnt, stellt das Prinzip der angemessenen und fairen Teilung sowie Nutzung von internationalen Gewässern nicht nur im für internationale Binnengewässer geschaffenen völkerrechtlichen Reglement, sondern auch im Meeresvölkerrecht eine völkergewohnheitsrechtlich anerkannte Methode zur Lösung von Interessenkonflikten dar, die die Anrainerstaaten eines internationalen Gewässers dazu anhält, unter Berücksichtigung aller relevanten Faktoren entsprechend deren jeweiligen Gewichtung und Zusammenspiel die souveränen Nutzungsrechte an den Gewässern zu definieren[807].

In Anbetracht der im Binnengewässervölkerrecht noch immer bestehenden Rechtsunsicherheit über die Aufteilung von Nutzungsrechten an internationalen Wasserläufen sowie Seen und im Hinblick auf die Besonderheiten des Kaspischen Meeres sollen im Folgenden die für das Meeresvölkerrecht herausgebildeten relevanten Kriterien für die Abgrenzung der Gebiete mit jeweiligen hoheitsrechtlichen Befugnissen dargestellt und deren Übertragbarkeit auf das Kaspische Meer untersucht werden.

B. Für das Kaspische Meer relevante maritime Teilungsprinzipien des modernen Seevölkerrechts

I. Die Vorgaben der Seerechtsübereinkommen von 1958 und 1982

Es stellt sich zunächst die Frage, ob sich zumindest für die offenen Meere eine einheitliche Formel herausgebildet hat, die auf alle Situationen bei der Abgrenzung von Küstengewässern, Festlandsockeln und der darüber befindlichen Gewässer anwendbar ist.

---

[807] *Bruhács*, The Law of Non-navigational Uses of International Watercourses, S. 170, in Fn. 120, 121 m.w.N..

1. Das 1958er Genfer Festlandsockel-Übereinkommen

Erste Kodifizierungsansätze der vom Binnengewässerrecht auf das internationale Seerecht übertragenen Teilungsprinzipien finden sich u.a. in Artikel 6 des *FSÜ* von 1958. Nach Artikel 6 Abs. 1 und 2 *FSÜ* sollte die Teilung von angrenzenden und gegenüberliegenden Festlandsockeln zunächst durch vertragliche Vereinbarungen zwischen den Staaten festgelegt werden. Für den Fall, dass solche Vereinbarungen nicht gegeben seien, sollte eine nach Äquidistanzgesichtspunkten bestimmte Mittellinie gezogen werden, wenn nicht ein anderer Grenzverlauf auf Grund spezieller Umstände gerechtfertigt sein würde.

Die Sowjetunion war Vertragspartei des 1958er *FSÜ*. Die Bindung der kaspischen Nachfolgestaaten, vor allem der, die nicht Vertragsparteien des 1982er *SRÜ* sind, an die darin enthaltenen Prinzipien könnte sich aus den Prinzipien der Staatennachfolge in Verträge ergeben[808].

2. Das 1958er Genfer Übereinkommen über das Küstenmeer und die Anschlusszone

Entsprechende Formulierungen finden sich ebenfalls in Artikel 12 des 1958er *GÜKA*. Hier sind lediglich die "historic title" als eine Form der zu berücksichtigenden besonderen Umstände explizit aufgeführt. Auch ansonsten boten dessen vagen Formulierungen den Staaten, die sich dem Problem der Grenzfestlegung unter Berücksichtigung aller besonderen Umstände des Einzelfalls gegenübersahen, nicht wirklich eine feste Handhabe zur Lösung derselben.

3. Das 1982er Seerechts-Übereinkommen der Vereinten Nationen

In dem – die Genfer Seerechts-Übereinkommen aus dem Jahre 1958 ersetzenden – *SRÜ* von 1982 wird nun sowohl in Artikel 74 Abs. 1 als auch Artikel 83 Abs. 1 zur Abgrenzung von einander benachbarter oder gegenüberliegender Wirtschafts- bzw. Festlandsockelzonen lediglich auf eine „der Billigkeit entsprechende Lösung" *("equitable solution")* entsprechend den allgemeinen im Völkerrecht entwickelten und in Artikel 38 des *IGH-Statuts* präzisierten Prinzipien verwiesen. Anstatt der bestehenden unbefriedigenden Situation abzuhelfen, finden sich die Vertragsstaaten nunmehr noch unpräziseren Vorgaben für die Abgrenzungsmethodik von Festlandsockel und darüber liegenden Gewässern ausgesetzt und werden für den Fall, dass sich die Vertragsparteien nicht innerhalb einer angemessenen Zeit über den Verlauf der Grenze einigen können, auf

---

808 Vgl. dazu Ausführungen unter: 2. Kap., § 4, B., III..

den in Kapitel XV *SRÜ* vorgegebenen Streitschlichtungsmechanismus verwiesen[809].

II. Grundsatzentscheidungen des IGH in den Nordsee-Festlandsockel-Fällen

Mit dieser im Vergleich zu den Vorgänger-Übereinkommen abgeschwächten Form an Anhaltspunkten für die Vertragsstaaten zur Bestimmung der maritimen Grenzen wurde im Wesentlichen der Rechtsprechung des *IGH* in den *Nordsee-Festlandsockel*-Fällen[810] Rechnung getragen.

In Folge des 1958er *FSÜ* war weltweit eine zunehmende Tendenz zu Verhandlungen über die Aufteilung der Festlandsockel zwischen benachbarten und gegenüberliegenden Staaten festzustellen. Funde von Offshore-Erdölvorkommen in der Nordsee in den 60er Jahren des 20. Jahrhunderts veranlassten unter anderem auch Dänemark, Deutschland und die Niederlande, den Verlauf ihre Offshore-Grenzen zu verhandeln.
Die im Jahr 1964 begonnenen bilateralen Verhandlungen Deutschlands mit seinen Nachbarstaaten scheiterten jedoch an der Frage der Ausdehnung des deutschen Festlandsockelbereichs. Während sowohl Dänemark als auch die Niederlande auf eine strikte Anwendung des in Artikel 6 Abs. 2 *FSÜ* aufgeführten Äquidistanzprinzips bestanden, welches nach ihrer Ansicht allgemein gültiges Völkergewohnheitsrecht darstellt, verweigerte Deutschland als Nicht-Unterzeichnerstaat des *FSÜ* die Anwendung dieses Prinzips, da es gerade keine Regel des Völkergewohnheitsrechts darstelle. Vielmehr müsse das Prinzip der fairen und angemessenen Sektorenzuteilung angewandt werden, welche die für Deutschland besonders ungünstige konkave Küstenformation als besonderen Umstand mitberücksichtigen würde.

Der daraufhin von den Parteien angerufene *IGH* befasste sich ausführlichst mit der Problematik der maritimen Grenzziehungsprinzipien und stellte in seinen Urteilen klar, dass im Gegensatz zu der in Artikel 6 Abs. 1 *FSÜ* aufgeführten Mittellinie, das in Artikel 6 Abs. 2 *FSÜ* erwähnte Äquidistanzprinzip für seitliche Abgrenzungen weder allein gültiges Abgrenzungsmodell ist, noch allge-

---

[809] Artikel 74 Abs. 2 und Artikel 83 Abs. 2 *SRÜ*: "If no agreement can be reached within a reasonable period of time, the States concerned shall resort to the procedures provided for in Part XV."
[810] *ICJ Rep.* 1969, S. 1ff. (45f.).

meines Völkergewohnheitsrecht darstellen würde, Nicht-Vertragsparteien des *FSÜ* seien an dieses Prinzip mithin nicht gebunden.
Entgegen der dänisch-niederländischen Argumentation befand der *IGH*, dass es gerade keine einheitliche Methode zur Festlegung maritimer Grenzen gebe, mit welcher man in allen Situationen zu einer befriedigenden Lösung komme. Vielmehr sollte eine solche Abgrenzung mittels vertraglicher Verhandlungen auf der Grundlage von "equitable principles" erfolgen.

Bei den Verhandlungen sollten neben der Küstenformation, u.a. auch die natürliche Verlängerung ("natural prolongation")[811] des Festlandsockels im Verhältnis zum Staatsgebiet des Küstenstaates, geologische Strukturen und Naturressourcen des Festlandsockels berücksichtigt werden. Außerdem sollte nach Ansicht des *IGH* auf ein angemessenes Verhältnis zwischen der Küstenlänge und dem vorgelagerten Festlandsockelsektor des Küstenstaates geachtet werden[812]. Schließlich empfahl der *IGH*, dass in sich überschneidenden Gebietsansprüchen mit Ressourcenvorkommen den Vertragsparteien unter Umständen am besten mit einem Regime gemeinsamer Jurisdiktion oder Ausbeutung gedient sei[813].

Die vom *IGH* in seinen *Nordsee-Festlandsockel*-Urteilen getroffenen Kriterien für maritime Grenzziehungen haben im Wesentlichen bis heute ihre Gültigkeit behalten. Die Analyse der späteren Entscheidungen des *IGH* zu Abgrenzungsproblemen einander gegenüberliegender bzw. angrenzender Festlandsockel zwischen zwei oder mehreren Staaten offenbart, dass der Kriterienkatalog im Wesentlichen lediglich erweitert bzw. präzisiert worden ist.

Immer wieder ist vom *IGH* betont worden, dass es auch im internationalen Seerecht keine einheitliche Regel für die Bestimmung der maritimen Grenzen gibt, sondern den Staaten, wie im internationalen Binnengewässerrecht, eine Formel in der Weise an die Hand gegeben worden ist, dass ein sich aus der Rechtsprechung des *IGH* ergebender Katalog von Kriterien zu berücksichtigen ist, wobei diesen je nach Einzelfall eine unterschiedliche Gewichtung zukommen soll.

---

811 Vgl. zur Bedeutung des Konzepts der „natural prolongation“: *Bravender-Coyle*, The Emerging Legal Prinziples and Equitable Criteria Governing the Delimitation of Maritime Boundaries Between States, S. 186f.; *Weil*, Geographic Considerations in Maritime Delimitation, S. 117ff..
812 Eingehend zu den Entscheidungen des *IGH* in den *Nordsee-Festlandsockel*-Fällen: *Johnston*, The Theory and History of Ocean Boundary-Making, S. 135ff..
813 *Johnston*, The Theory and History of Ocean Boundary-Making, S. 142.

Im Folgenden sollen diese Kriterien, die unabhängig von den Besonderheiten des Einzelfalls auch in gewissen hierarchischen Verhältnissen zueinander stehen, dargestellt und unter Bezugnahme auf die besonderen Verhältnisse am Kaspischen Meer analysiert werden.

III. Für die maritime Grenzziehung zu berücksichtigende Faktoren

1. Vertraglich und historisch zu berücksichtigende Besonderheiten für die Bestimmung der Souveränitätsgrenzen

Bevor im Folgenden auf die für die maritime Grenzziehung vom *IGH* entwickelte Kasuistik bezüglich der besonders zu berücksichtigenden und beim Kaspischen Meer einschlägigen Umstände detailliert eingegangen wird, soll zunächst noch einmal auf die bereits untersuchten vertraglichen[814] und historischen[815] Besonderheiten am Kaspischen Meer hingewiesen werden, da eventuelle – sich auf die Abgrenzung von Hoheits- bzw. Nutzungsrechten auswirkende und das Kaspische Meer beziehende – zwischenstaatliche Verträge oder *de facto*-Abkommen in ihrer Erheblichkeit vorrangig zu berücksichtigende Auswirkungen auf die Determinierung eines neuen kaspischen Regimes hätten[816].

a) Verträge und *de facto*-Vereinbarungen

Wie oben[817] bereits festgestellt, sind den relevanten sowjetisch-iranischen Verträgen aus den Jahren 1921, 1935 und 1940 keinerlei explizite Bestimmungen hinsichtlich der hoheitlichen Verhältnisse auf dem Kaspischen Meer bzw. Schürfrechte der unter diesem gelegenen Ressourcen zu entnehmen. Diesbezügliche *de facto*-Vereinbarungen lassen sich ebenfalls nicht verifizieren.

Wie im Rahmen der Analyse von eventuellen *de facto*-Vereinbarungen[818] zwischen den Anrainerstaaten erwähnt, sind sowohl den vertraglichen Vereinbarungen in Bezug auf die exklusiven Fischereizonen als auch der sich daran hal-

---

[814] Zu den vertraglichen Grundlagen siehe oben: Zweites Kap., § 4, B. I.; zu den *de facto*-Vereinbarungen siehe oben: Zweites Kap., § 4, B. II..

[815] Zu Gebietsansprüchen aus historisch gewachsenen Titeln siehe: Zweites Kap., § 4, B. IV..

[816] *Bravender-Coyle*, The Emerging Legal Prinziples and Equitable Criteria Governing the Delimitation of Maritime Boundaries Between States, S. 174f.; So auch *Rhee*: "Historic title and other vested rights have been respected at sea as well as on land, and have taken precedence over the median or equidistance principle as well as over all other rules." (*Rhee*, Sea Boundary Delimitation Between States Before Wold War II, S. 586).

[817] Siehe: Zweites Kapitel, § 4, B. I..

[818] Siehe: Zweites Kapitel, § 4, B. II..

tenden Staatenpraxis in Anlehnung an die Rechtsprechung des *IGH* im *Festlandsockel-Fall (Tunesien v. Libyen)*[819] Indizien zu entnehmen, dass sich darüber eventuell doch ein gewisser Grad an über die Fischereirechte hinausgehenden souveränen Befugnissen in diesen 10-sm-Zonen entwickelt hat.
Solche Rechte ließen sich in Anlehnung an das Konzept der ausschließlichen Wirtschaftszone bzw. des Festlandsockels auf Schürfrechte für die unter dem Kaspischen Meer gelegenen Erdöl- und Erdgasressourcen beziehen, es könnten daraus jedoch keine zwischenstaatlichen Grenzen abgeleitet werden.

Auf solche *de facto*-Vereinbarungen können sich allerdings die neuentstandenen unabhängigen kaspischen Staaten zumindest untereinander entsprechend des sich speziell in Europa entwickelten „*uti-possidetis*-Prinzips unter Fremdherrschaftssituation“[820] auf den Fortbestand der zu Sowjetzeiten festgelegten administrativen Grenzen auf dem Kaspischen Meer berufen[821].

Da diese in den 20er Jahren des 20. Jahrhunderts und 1970 von den sowjetischen Behörden gezogen Sektorengrenzen relativ willkürlich demarkiert worden sind[822], haftet ihnen weniger der Anspruch einer genauen maritimen Grenzfestlegung an, sondern stellen diese vielmehr ein Indiz für eine grundsätzlich gewollte Teilung des Kaspischen Meeres in Sektoren mit exklusiven Nutzungsrechten dar.

Dem Iran können die Grundsätze des *uti-possidetis*-Prinzips nicht vorgehalten werden. Allerdings ist es dem Iran, in Anbetracht der in Fortsetzung der hoheitlichen Verhältnisse auf dem Kaspischen Meer im 18. und 19. Jahrhundert praktizierten militärischen und wirtschaftlichen Aktivitäten der Sowjetunion und auf Grund seines diesbezüglichen Schweigens ohnehin verwehrt, aus einem angeblich bestehenden kondominialen Status nun 20% des Kaspischen Meeres für sich zu beanspruchen.

---

[819] *Continental Shelf (Tunisia/Libyan Arab Jamahiriya), ICJ Report* (1982), 18, 70.
[820] Siehe dazu ausführlich: Zweites Kapitel, § 4, B. II. 3..
[821] Entsprechend der damaligen administrativen Sektorenaufteilung würden den kaspischen Anrainerstaaten prozentual folgende maritime Gebiete des Kaspischen Meeres zustehen: Kasachstan: 30%, Aserbaidschan: 20,6%, Russland: 15,6%, Turkmenistan: 19,2%, Iran: 14,6% (vgl.: *Huttenbach*, The Post-Soviet Conflict over Offshore Boundaries in the Caspian Sea and the New Littoral States, S. 164).
[822] Dazu genauer unter: 2. Kap., § 4, B., II., 3., b).

b) Historischer Titel

Auf die besondere Bedeutung der Fischereizonen wurde bereits im Rahmen der Ausführungen zu den sich aus historisch gewachsenen Titeln bzw. lokalem Gewohnheitsrecht ergebenden Nutzungsrechten eingegangen[823]. Wie dargelegt kommt den in den sowjetisch-iranischen *Handels- und Schiffsverkehrsabkommen* aus den Jahren 1935 und 1940 festgelegten exklusiven 10-sm-Fischereizonen unter Berücksichtigung der Entwicklungen des Völkerrechts auch eine darüber hinausgehende Bedeutung zu.

In Anbetracht dessen, dass das erst Mitte des 20. Jahrhunderts herausgebildete Konzept der Fischereizonen als Vorläufer des Konzepts der ausschließlichen Wirtschaftszone anzusehen ist und diese, wenn auch noch nicht völkergewohnheitsrechtlich anerkannt, mit einer Ausdehnung von bis zu 200 sm von vielen Staaten bereits deklariert worden sind[824], sollte dieser Umstand in jedem Fall bei den zu bestimmenden Hoheits- und Nutzungsrechten der Anrainerstaaten des Kaspischen Meeres an selbigem berücksichtigt werden. Die Bedeutung der exklusiven Fischereizonen soll im Rahmen der Berücksichtigung besonderer Umstände bei der maritimen Grenzziehung im Kaspischen Meer an späterer Stelle dieses Kapitels nochmals einer entsprechenden Analyse unterzogen werden.

2. Die Teilungsmethoden als Ausgangspunkt zur Festlegung maritimer Grenzen

a) Vorbetrachtungen

Mangels vertraglicher, *de facto*-vertraglicher und historisch entwickelter expliziter Regelungen über die Aufteilung der Souveränitätsverhältnisse auf dem Kaspischen Meer, soll nun anhand der für internationale Binnengewässer und maritime Gewässer entwickelten und zuvor bereits aufgezeigten Teilungsprinzipien ein adäquater Lösungsvorschlag für die Teilung der kaspischen Gewässer und der in und unter diesem befindlichen Naturressourcen aufgezeigt werden.

Das Grundschema für die Festlegung fairer maritimer Grenzen stellt sich wie folgt dar: Zunächst wird eine vorläufige maritime Grenze im Wege einer der üblichen Methoden festgelegt. Neben der bereits erwähnten Äquidistanzmethode gibt es neben der Verwendung von Parallelen und den Meridianen folgenden

---

[823] Siehe: Zweites Kapitel, § 4, B. IV. 2. d) dd) (1.).

[824] Siehe Artikel 57 *SRÜ* und Ausführungen unter: 2. Kap., § 4, C., III., d).

Grenzlinien[825], auch die Markierung einer zur generellen Küstenrichtung senkrecht laufenden Grenzlinie[826] oder die Halbierung des zwischen zwei Küstenabschnitten gebildeten Winkels[827].

Die beiden letzteren Methoden bieten sich besonders für aneinander angrenzende Küsten an, während sich bei gegenüberliegenden Staaten sowohl bei Binnenseen[828], eingeschlossenen Meeren[829] als auch sonstigen Meeren die Äquidistanzmethode als die in der Staatenpraxis üblichste Form darstellt[830].

Diese vorläufige Grenze würde vom erkennenden Tribunal oder Gericht sodann unter den Gesichtspunkten der Fairness und Verhältnismäßigkeit analysiert werden. Neben der Berücksichtigung besonderer Küstenformationen wäre das innerhalb dieser Untersuchung vorrangige Kriterium, dass ein angemessenes Verhältnis zwischen der durch die vorläufige Grenzlinie abgegrenzten Meeresflächen und der dazugehörigen Küstenlänge des jeweiligen Küstenstaats besteht.
Parallel dazu würde untersucht werden, inwieweit historische Ansprüche hinsichtlich gewisser Gewässerabschnitte oder Nutzungsrechte bestehen und diese berücksichtigt werden müssten.

Schließlich würde eine so gefundene modifizierte Mittellinie aus Rücksicht auf eventuelle *de facto*-Grenzlinien oder aus Gründen der Praktikabilität, um zum Beispiel die Teilung einzelner Erdölfelder zu vermeiden oder den Fischfang bei sehr unregelmäßiger Linienführung zu erleichtern, noch vereinfacht werden.

---

825 Der Anwendungsbereich dieser Methodik findet sich ebenfalls bei internationalen Binnenseen (siehe unter: 2. Kap., § 4, C., II., 1.) ist im maritimen Bereich im Wesentlichen allerdings auf Küsten beschränkt, deren genereller Verlauf Nord-Süd oder West-Ost ausgerichtet ist. (vgl.: *Legault/Hankey*, Method, Oppositeness and Adjacency, and Proportionality in Maritime Boundary Delimitation, S. 211f.).

826 Z.B. *Gulf of Maine*-Fall, *ICJ Rep.* (1984), 319-320; Arbitration Tribunal for the Delimitation of the Maritime Boundary between Guinea and Guinea-Bissau, 25 *ILM* 252 (1986) (vgl.: *Legault/Hankey*, Method, Oppositeness and Adjacency, and Proportionality in Maritime Boundary Delimitation, S. 213f.).

827 *Gulf of Maine*-Fall, *ICJ Rep.* (1984), 337.

828 Dazu siehe unter: 2. Kap., § 4, C., II., 1..

829 Hier oft in vereinfachter oder sonstiger Weise (*Hodgson/Smith*, Boundaries of Economic Zone, S. 188-192).

830 *Legault/Hankey*, Method, Oppositeness and Adjacency, and Proportionality in Maritime Boundary Delimitation, S. 203ff..

b) Teilungsmethoden für das Kaspische Meer

Die Festlegung einer einheitlichen Teilungsmethode für das Kaspische Meer gestaltet sich deswegen kompliziert, weil die Anrainerstaaten teilweise gegenüberliegen (Aserbaidschan mit Kasachstan und Turkmenistan, Russland mit Kasachstan), teilweise aneinander angrenzen (Russland mit Aserbaidschan und Kasachstan, Turkmenistan mit Kasachstan) oder sogar in einer Art gemixtem Verhältnis zueinander stehen, wie dies in den Verhältnissen jeweils Aserbaidschans und Turkmenistans mit dem Iran der Fall ist.

aa) Staatenpraxis für Teilungsmethoden

Die Staatenpraxis tendiert bei der Grenzbestimmung von einander gegenüberliegenden Staaten sowohl bei Binnenseen als auch maritimen Gewässern eindeutig zur Verwendung der Äquidistanzmethode. In solchen Fällen haben sich die Staaten weltweit zu 89% für die Äquidistanzlinie entschieden, wobei sich die Hälfte wiederum für die vereinfachte und die andere Hälfte für die modifizierte Äquidistanzlinie entschieden hat[831].

Bei einander angrenzenden Staaten wurden lediglich 40% der Grenzlinien mittels einer Äquidistanzlinie festgelegt. Auch hier wurde sowohl die vereinfachte als auch die modifizierte Äquidistanzlinie zu gleichen Teilen gewählt[832].
Bei gemischten Konstellationen ist das Äquidistanzprinzip wiederum am häufigsten verwendet. In 86% solcher Situationen haben sich die Staaten für den größten Teil der Grenzlinien diesem Prinzip angeschlossen. Von diesen wurde in 67% die vereinfachte und in 19% die modifizierte Version der Äquidistanzlinie verwendet[833].

bb) Schlussfolgerung für das Kaspische Meer

In Anbetracht dieser Staatenpraxis und der Grenzkonstellationen am Kaspischen Meer empfiehlt sich daher zur Determinierung einer vorläufigen Mittellinie die Anwendung der Äquidistanzmethode auf das ganze Meer, da diese auch dort im Ganzen die fairsten Ergebnisse versprechen würde.

---

[831] *Legault/Hankey*, Method, Oppositeness and Adjacency, and Proportionality in Maritime Boundary Delimitation, S. 214f., 207ff., 223ff.

[832] *Legault/Hankey*, Method, Oppositeness and Adjacency, and Proportionality in Maritime Boundary Delimitation, S. 216.

[833] *Legault/Hankey*, Method, Oppositeness and Adjacency, and Proportionality in Maritime Boundary Delimitation, S. 215f..

Insbesondere die Auswirkungen des Verlaufs der so gewonnenen Mittellinie auf Ausbeutungsrechte von offshore gelegenen Erdöl- und Erdgasressourcen und die damit verbundene Sensibilität der Staaten legen es nahe, diese exakt festzulegen und zunächst die strikte Äquidistanzmethode anzuwenden[834].

Demnach würden zunächst alle gegenüberliegenden Basislinienpunkte miteinander verbunden werden[835].

cc) Bedeutung der Festlegung von Basislinien beim Kaspischen Meer

Die Abgrenzung zwischen inneren Gewässern[836] und den Territorialgewässern des dem Küstenstaat vorgelagerten Meeres erfolgt durch die Festlegung so genannter Basislinien[837].

Während gemäß Artikel 5 *SRÜ* die inneren Gewässer normalerweise durch die Basislinie des Festlandes begrenzt werden, welche der Niedrigwasserlinie[838] entspricht, kann gemäß Artikel 7 *SRÜ* bei stark zerklüfteten Küstenabschnitten, vorgelagerten Inseln oder sogar Niedrigwasser-Erhebungen[839] auch das Verfah-

---

[834] Im Unterschied dazu empfiehlt *Clagett* die Anwendung einer sog. „puren" Äquidistanzlinie, die durch Verbindung aller gegenüberliegender Festlandpunkte entstehen soll, ohne Basislinien zu berücksichtigen. Allerdings befürwortet er auch die Einbeziehung von Inseln in diese Methodik. Die besondere Behandlung von Buchten und anderer besonders unregelmäßiger Küstenformationen findet allerdings keine Erwähnung. (*Clagett*, Ownership of seabed, Fn. 46) Der internationalen Staatenpraxis und relevanten Vertragstexten entsprechend empfiehlt es sich jedoch auch beim Kaspischen Meer die Methodik der strikten Äquidistanzmethode zu verwenden, die sich an den entlang der Küsten gezogenen Basislinien orientiert.

[835] Artikel 12 *GÜKA*, Artikel 6 *GÜFS*, Artikel 15 *SRÜ*.

[836] Als innere Gewässer werden gemäß Artikel 8 Abs. 1 *SRÜ* die Gewässer angesehen, die landeinwärts der Basislinie des Küstenmeeres des jeweiligen Staates liegen. Die Besonderheit dieser Zone liegt darin, dass der Küstenstaat uneingeschränkte Hoheitsgewalt sowohl über den Meeresuntergrund, den darüber befindlichen Meeresboden und das Gewässer als auch über den darüber befindlichen Luftraum hat. Auch darf er hier die Küstenfischerei ausschließlich seinen Staatsangehörigen vorbehalten.

[837] Vgl.: *Sohn*, Baseline Considerations, S. 153ff..

[838] In Anbetracht eines seit ca. 20 Jahren steigenden Wasserspiegels des Kaspischen Meeres, der bereits zu Überflutung größerer Landflächen geführt hat, stellt sich die Bestimmung der Basislinien an einigen Küstenabschnitten als problematisch dar. (vgl.: *Prescott/Bird*, The Influence of Rising Sea Levels on Baselines, S. 279ff.).

[839] Zum möglichen Einfluss von dem Festland vorgelagerten Inseln auf Basislinien und die Ausdehnung von Küstengewässern erfolgt im Rahmen der Darstellung von in Frage kommenden Teilungsprinzipien unter: 2. Kap., § 6, B., III., 2., b) cc) und 3., a) bb).

ren der geraden Basislinie[840] angewendet werden. Dies kann unter Umständen zu einer erheblichen Vorverlagerung der Basislinie führen, was sich wiederum auf die Ausdehnung des Küstenmeeres, der ausschließlichen Wirtschaftszone und die Determinierung der Mittellinie auswirken würde.

Sowohl die Deklarierung einiger Buchten als innere Gewässer als auch die Einbeziehung der der aserbaidschanischen und der turkmenischen Küste vorgelagerten Inseln in die Basislinienfestlegung könnten einen erheblichen Einfluss auf den Verlauf dieser Basislinien und damit der Ausdehnung der Hoheitsgewässer haben[841] oder nachträglich zu einer Modifikation der Äquidistanzlinie führen[842].

dd) Zwischenergebnis zu Teilungsmethoden

Von den verschiedenen Teilungsmethoden bietet sich trotz des unterschiedlichen Grenzverhältnisspektrums am Kaspischen Meer die Äquidistanzmethode als die Methode an, die als Ausgangspunkt zu der gerechtesten Aufteilung der Ausbeutungsrechte führen würde[843].

3. Berücksichtigung besonderer Umstände zur Erreichung einer fairen Lösung

Damit das im Wege der Äquidistanzmethode gefundene Ergebnis tatsächlich den Erfordernissen der Fairness und Verhältnismäßigkeit entspricht, sind nun noch, wie bereits erwähnt, mögliche besondere Umstände zu berücksichtigen. Besonders relevant sind im Fall des Kaspischen Meeres neben den geographischen und geologischen Aspekten vor allem die sicherheitspolitischen[844] und wirtschaftlichen Interessen der Anrainerstaaten.

---

[840] Der *IGH* hat bereits im britisch-norwegischen *Fischereifall* (*ICJ Rep.* (1951), 122) das Verfahren der geraden Basislinie für zulässig erachtet. Es ist in Artikel 4 des *GÜKA* von 1958 übernommen worden.

[841] Dazu sogleich unter: 2. Kap., § 6, B., III., 3., a) bb).

[842] *Legault/Hankey*, Method, Oppositeness and Adjacency, and Proportionality in Maritime Boundary Delimitation, S. 208ff..

[843] Allerdings könnte man auch über die anderen Methoden zu ähnlichen Ergebnissen kommen.

[844] Siehe zur Relevanz sicherheitspolitischer Faktoren: *Oxman*, Political, Strategic, and Historical Considerations, S. 10ff., 22ff..

a) Geographische Besonderheiten für die Bestimmung der Souveränitätsgrenzen

Sowohl in den zwischenstaatlichen Grenzvereinbarungen als auch in gerichtlichen Entscheidungen zu Grenzstreitigkeiten spielen geographische Besonderheiten immer wieder eine wichtige Rolle für die letztendliche Determinierung der maritimen Grenzen[845].

Für das Verständnis der fundamentalen Bedeutung der geographischen Strukturen sind stets die Konzepte der „natural prolongation"[846] und des „la terre domine la mer"[847] zu berücksichtigen. Beide Konzepte besagen, dass jedem Staat genau so viel Gewässer- und Festlandsockelfläche zugesprochen werden soll, wie sich aus der natürlichen Erweiterung seiner Landmassen unter dem Meer ergibt. Im Übrigen darf die Abgrenzung der Meereszonen zwischen den Staaten nicht dazu missbraucht werden, um von der Natur vorgegebene Ungleichgewichte auszugleichen[848].

aa) Küstenlänge und das Prinzip der Proportionalität

Einer der ersten Tests zur Überprüfung des im Wege der Äquidistanzmethode gefundenen Ergebnisses findet durch die Überprüfung der Proportionalität des Verhältnisses zwischen der Küstenlänge und der sich für den jeweiligen Küstenstaat nach Anwendung des Äquidistanzprinzips vorläufig ergebenden maritimen Fläche statt.

Dieses Konzept der Proportionalität lässt sich als eine logische Folge aus dem alles umspannenden Prinzip der Angemessenheit ("equitable principle") ableiten[849]. Sinn und Zweck dieses Prinzips soll es sein, einen notwendigen Aus-

---

845 Vgl. dazu ausführlich: *Weil*, Geographic Considerations in Maritime Delimitation, S. 115ff.; *Bravender-Coyle*, The Emerging Legal Prinziples and Equitable Criteria Governing the Delimitation of Maritime Boundaries Between States, S. 186f..

846 Vom *IGH* das erste Mal in den *Nordsee-Festlandsockel*-Fällen erwähnt (*ICJ Rep* (1969), 3, 53).

847 Auch mit diesem Konzept befasste sich der *IGH* das erste Mal eingehend in den *Nordsee-Festlandsockel*-Fällen (*ICJ Rep* (1969), 3, 51).

848 "Not to make equal what nature has made unequal" (*Continental Shelf (Tunisia/Libyan Arab Jamahiriya) ICJ Rep.* (1982) 18, 46).

849 *Continental Shelf (Tunisia/Libyan Arab Jamahiriya) ICJ Rep.* (1982) 18, 76; vgl. auch: *Bravender-Coyle*, The Emerging Legal Prinziples and Equitable Criteria Governing the Delimitation of Maritime Boundaries Between States, S. 185, FN. 130 m.w.N..

gleich zwischen angrenzenden Staaten mit geraden und solchen mit auffällig konkaven, konvexen oder sehr unregelmäßigen Küstenlinien zu finden[850]. Bereits in seinen *Nordsee-Festlandsockel*-Fällen befand der *IGH*, dass sich die jeweilig festgestellten maritimen Gebiete prozentual zumindest annähernd proportional zur jeweiligen Küstenlänge verhalten müssen und sich eine pauschale Anwendung des Äquidistanzprinzips daher verbiete[851].

Es fällt allerdings nicht leicht, den Grad der Bedeutung, der diesem Prinzip in bisherigen Grenzverhandlungen beigemessen worden ist, zu definieren[852]. In den meisten Grenzabkommen finden sich dazu keine genauen Angaben und es scheint so, dass das Prinzip der Proportionalität eher in einer subjektiven und impressionistischen als mechanisch präzisen Weise zur Anwendung kommt[853]. Es finden sich im Wesentlichen lediglich zwei Grenzabkommen, in denen diesem Prinzip offensichtlich eine besondere Bedeutung beigemessen worden ist; dem zwischen Frankreich und Spanien hinsichtlich der maritimen Grenzlinie in der Biskaja[854] und dem über die Grenzfestlegung zwischen den Niederländischen Antillen und Venezuela[855]. Die Disproportionen zwischen Meeresflächen und Küstenlängen wurden bei den Verhandlungen zu diesen Grenzverträgen als so erheblich empfunden, dass anhand der spezifischen Disproportionalitäten der Verlauf der Grenzlinien entsprechend angepasst wurde[856].

Der Grad der für eine Korrektur der Äquidistanzlinie maßgeblichen Bewertung solcher Disproportionalitäten könnte für die Festlegung der maritimen Grenzen

---

[850] Der *IGH* äußerte sich zu den Erfordernissen zur Erlangung einer angemessenen Lösung entsprechend des Prinzips der Verhältnismäßigkeit wie folgt: "[there must be] a reasonable degree of proportionality which a delimitation effected according to equitable principles ought to bring about between the extent of the continental shelf appertaining to the States concerned and the lengths of their respective coastlines". (*Continental Shelf (Tunisia/Libyan Arab Jamahiriya) ICJ Rep.* (1982) 18, 52).

[851] *North Sea Continental Shelf* Cases, *ICJ Rep.*(1969), 3, 17-27, 36-37, 46-54.

[852] Vgl.: *Legault/Hankey*, Method, Oppositeness and Adjacency, and Proportionality in Maritime Boundary Delimitation, S. 218ff..

[853] So auch: *Legault/Hankey*, Method, Oppositeness and Adjacency, and Proportionality in Maritime Boundary Delimitation, S. 219.

[854] Grenzvertrag vom 29. Januar 1974 (*Charney/Alexander* (Hrsg.), International Maritime Boundaries, Vol. II, 9-2, S. 1719ff.).

[855] Grenzvertrag vom 31. März 1978 (*Charney/Alexander* (Hrsg.), International Maritime Boundaries, Vol. I, 2-12, S. 615ff.).

[856] Zu den Einzelheiten siehe: *Legault/Hankey*, Method, Oppositeness and Adjacency, and Proportionality in Maritime Boundary Delimitation, S. 219f..

auf dem Kaspischen Meer von Bedeutung sein, da sich auch dort gewisse anteilmäßige prozentuale Differenzen zwischen der sich nach Anwendung des Äquidistanzprinzips ergebenden jeweiligen Gewässerfläche und der Küstenlänge[857] ergeben.

Unter Anwendung der Methodik der geraden Basislinie, die vom *IGH* als die in der Regel fairste Methode angesehen wird, da Staaten mit sehr zerklüfteten Küstenformen im Verhältnis zu solchen mit geraden Küstenformationen ansonsten unangemessen bevorzugt wären[858], würden sich die folgenden prozentualen Längen an der Gesamtküstenlänge des Kaspischen Meeres ergeben[859]:

Aserbaidschan	15,2%
Iran	18,7%
Kasachstan	30,8%
Russland	18,5%
Turkmenistan	16,8%

Nach Ziehung der vorläufigen Äquidistanzlinien würden sich für die einzelnen Staaten an der Gesamtfläche der Gewässer des Kaspischen Meeres hingegen folgende Anteile ergeben:

Aserbaidschan	20,7%
Iran	14,6%
Kasachstan	29,9%
Russland	15,6%
Turkmenistan	19,2%

---

[857] Für die Bestimmung der Küstenlänge im Rahmen der Proportionalitätsprüfung sind zwei Methoden üblich. Entweder wird eine gerade Basislinie zwischen den am weitesten auseinander liegenden Punkten auf beiden Seiten der Küste gezogen; in Situationen, wo es auf Grund der Küstenformation wiederum zu erheblichen Unbilligkeiten kommen würde, werden mehrere solcher geraden Basislinien gezogen. (*Continental Shelf (Tunisia/Libyan Arab Jamahiriya) ICJ Rep.* (1982) 18, 52).

[858] *North Sea Continental Shelf* Cases, *ICJ Rep.* (1969), 54; *Tunisia/Libya, ICJ Rep.* (1982), 93; *Guinea/Guinea-Bissau*, 25 *ILM*, 292f..

[859] Berechnungen aus: *Clagett*, Ownership of Seabed and Subsoil Resources in the Caspian Sea Under the Rules of International Law, S. 6. Die hierzu getätigten Berechnungen von *Huttenbach* (*Huttenbach*, The Post-Soviet Conflict over Offshore Boundaries in the Caspian Sea and the New Littoral States, S. 163f.) unterscheiden sich lediglich marginal im Dezimalbereich von den von *Clagett* berechneten Zahlen.

Der Vergleich dieser Zahlen offenbart, dass sich eine entsprechend der Äquidistanzmethode gezogene Grenzlinie vor allem zu Ungunsten des Irans relativ unproportional zu dessen Küstenlänge verhält. Fraglich ist jedoch, ob die 4%ige Differenz Grund genug für eine Korrektur der Äquidistanzlinie ist. In den bereits erwähnten französisch-spanischen bzw. niederländisch-venezuelanischen Grenzverträgen lag die Disproportionalität teilweise höher.

Nicht vergleichbar erscheinen hier die vom *IGH* im 1982er *Tunesien/Libyen Festlandsockel*-Fall angestrengten Kalkulationen. Die Verhältnisse wurden dort mit 31:69 bzw. 34:66 angesetzt und damit als im Rahmen der erforderlichen Proportionalität angesehen[860].
Es scheint mithin der allgemeinen Staatenpraxis zu entsprechen, dass die Küstenlänge und die entsprechend der Äquidistanzmethode ermittelte jeweilige Gewässerfläche sich nicht exakt proportional zueinander verhalten müssen. Geringe Differenzen führen nicht zwangsläufig zu einer sofortigen Korrektur der vorläufigen Grenzlinie.
Allerdings bedeutet die 4%ige Differenz im Falle des Iran immerhin einen effektiven Unterschied von ca. 30% mehr Gewässerfläche im Vergleich zu dem ihr nach dem Äquidistanzprinzip zufallenden Anteil am Kaspischen Meer.
Primär wird allerdings gerade hierauf nicht abgestellt, sondern lediglich auf das direkte Proportionalitätsverhältnis zwischen prozentualer Gewässerfläche und Küstenlänge. Dieses liegt beim Kaspischen Meer noch im Bereich des Akzeptablen[861].

Selbstverständlich sind die Anrainerstaaten des Kaspischen Meeres im Rahmen ihrer Grenzverhandlungen frei, diesen Umstand in gewissem Maße mit zu berücksichtigen.

bb) Berücksichtigung von Inseln und besonderen Küstenformationen

Die Ufer des Kaspischen Meeres weisen eine Reihe relativ unregelmäßiger Küstenformationen und Inseln auf, die die Festlegung einer entsprechend dem Äquidistanzprinzip gezogenen Mittellinie erschweren. Insbesondere bei Buchten und der Küste unmittelbar vorgelagerten Inseln stellt sich oft die Frage nach der Methodik zur Festlegung von Basislinien, von denen aus die Äquidistanzberechnung zum gegenüberliegenden Ufer vorgenommen wird.

---

[860] *Tunisia/Libyan Arab Jamahiriya, ICJ Rep.* (1982) 131.
[861] So auch: *Clagett*, Ownership of Seabed and Subsoil Resources in the Caspian Sea under the Rules of International Law, S. 7.

Wie bereits oben dargelegt, werden die normalen Basislinien an der Niedrigwasserlinie der Küsten ausgerichtet[862]. Es stellt sich beim Kaspischen Meer allerdings das Problem des in den letzten Jahrzehnten stark schwankenden Meeresspiegels. So stieg der Meeresspiegel allein in den 90er Jahren des 20. Jahrhunderts um fast 3 m, überschwemmte vor allem weite Teile der nördlichen Küstenregionen und veränderte daraufhin die für die Bestimmung der Basislinie wesentlichen Basispunkte entlang der Küste. Seit ca. 4 Jahren hat sich der Wasserpegel des Kaspischen Meeres bei ca. 25 m unter dem Meeresspiegel der Weltmeere stabilisiert[863].

Es fragt sich daher, wo an verschiedenen, besonders flachen Küstenabschnitten die Niedrigwasserlinie anzusetzen ist. Selbiges ist besonders relevant für die 45 km vom aserbaidschanischen Festland gelegene Niedrigwasser-Erhebungen *Neft Dashlari*[864].

(1.) Die Mittellinie beeinflussende Inseln

Während die zahlreichen, die Küstenformation Kasachstans und Russlands prägenden Buchten und Inseln, kein unüberwindbares Hindernis zur Determinierung der Offshore-Schürfrechte zwischen diesen beiden Staaten dargestellt haben, stellt sich die Situation zwischen Aserbaidschan und Turkmenistan anders dar.

Bei der Determinierung der die Schürfrechte zwischen beiden Staaten abgrenzenden Äquidistanzlinie besteht Aserbaidschan auf die vollständige Berücksichtigung der seiner Küste vorgelagerten Inseln *Pirallahi*, *Zhiloy*[865] und die bereits erwähnte, sich bei einem niedrigen Meeresspiegel aus dem Kaspischen Meer erhebende steinige Niedrigwasser-Erhebungen *Neft Dashlari*. Auf dieser Untiefe ist in verschiedenen Phasen seit 1947 auf Pfeilern und Landaufschüttungen eine künstliche „Stadt“ errichtet worden, welche ein Straßennetz von 200 km aufweist und über 5000 Arbeiter beherbergt[866].

---

[862] Siehe unter: 2. Kap., § 6, B., III., 2., b) cc).

[863] Graphische Darstellung der Schwankungen des kaspischen Meeresspiegels während der letzten 175 Jahre in: *Klige*, Changes in the water regime of the Caspian Sea.

[864] Dazu sogleich ausführlich.

[865] Die Insel *Pirallahi* liegt ca. 4 km nord-östlich und die Insel Zhiloy ca. 15 km östlich vom aserbaidschanischen Festland. Beide haben eine Fläche von ca. 10 km^2. Die Insel *Zhiloy* weist eine Bevölkerung von ca. 1000 Einwohnern auf (http://www.ethnia.org/ethniafiche.php?ask=AZ-AZ-SH-AR-AK).

[866] "Oil Rocks", http://www.travel-images.com/az-oilrocks.html.

Daneben spielt die südlich von Baku auf Grund der durch die aserbaidschanische *Apsheron*-Halbinsel hervorgerufenen besonderen Küstenformation eine besondere Bedeutung für Festlegung einer nach dem Äquidistanzprinzip gezogenen Mittellinie zwischen Aserbaidschan und Turkmenistan[867].

(1.1.) Völkerrecht und Praktische Auswirkungen einer Berücksichtigung der Inseln

Neben einer besonderen Küstenformation hängt es vor allem von der Gewichtung dieser Inseln bei der Mittellinienbestimmung ab, ob die vom „Jahrhundertvertrag" mitumfassten Erdölfelder *Chirag* und *Azeri* tatsächlich vollständig in den aserbaidschanischen Sektor fallen oder *Chirag* lediglich teilweise und *Azeri* sowie *Kapaz* vollständig der turkmenischen Hoheit unterliegen[868].

Für das Kaspische Meer zwingende völkervertragsrechtliche Bestimmungen sind auch in diesem Zusammenhang nicht gegeben. Allerdings stellt das bereits zuvor beschriebene[869] und sowohl in Artikel 4 *GÜKA* als auch Artikel 7 *SRÜ* kodifizierte allgemein anerkannte Prinzip der geraden Basislinien einen ersten Ansatzpunkt für die Berücksichtigung von Inseln und sonstigen natürlichen Erhebungen für die Abgrenzung der inneren Gewässer von den Territorialgewässern dar. Danach kommen auch Inseln als Basispunkte in Betracht, soweit sie ausreichend dicht mit dem Festland verbunden sind[870]. Gleiches gilt für Niedrigwassererhebungen nur dann, wenn sich Leuchttürme oder ähnliche Installationen darauf befinden, die sich dauerhaft über dem Meeresspiegel befinden[871].

(1.1.1.) Die Neft Dashlari-Erhebung

Während Inseln auch ein eigenes Territorialgewässer zugesprochen werden kann[872], ist dies für Niedrigwasser-Erhebungen ausgeschlossen[873]. Dies ist für

[867] Vgl.: *Ögütçüf*, Caspian Energy and Legal disputes: Prospects for settlement, S. 29.
[868] Nach aserbaidschanischem Standpunkt liegen die Erdölfelder *Chirag*, *Azeri* vollständig und *Kapaz* teilweise im eigenen Sektor, während Turkmenistan der Ansicht ist, dass sich *Kapaz* (*Serdar*) und *Azeri* (*Khazar*) vollständig und das Erdölfeld *Chirag* (*Osman*) zumindest teilweise im turkmenischen Sektor des Kaspischen Meeres befinden. (Ausführlicher dazu bereits unter: 2. Kap., § 4, A., I., 3. und **Anlage 3**.
[869] Siehe dazu bereits unter: 2. Kap., § 6, B., III., 2., b) cc).
[870] Artikel 4 Abs. 2 *GÜKA*, Artikel 7 Abs. 3 *SRÜ*.
[871] Artikel 4 Abs. 3 *GÜKA*, Artikel 7 Abs. 4 *SRÜ*.
[872] Artikel 10 Abs. 2 *GÜKA*; *Bowett*, Islands, Rocks, Reefs, and Low-Tide Elevations in Maritime Boundary Delimitation, S. 140, m.w.N..

die *Neft Dashlari*-Erhebung von Bedeutung. Während zwischen Baubeginn der darauf errichteten weltweit einmaligen „Offshore-Stadt" in den 40er Jahren und Mitte der 70er Jahre des 20. Jahrhunderts der Meeresspiegel so niedrig war, dass sich natürliche Strukturen dauerhaft über der Meeresoberfläche befanden, ist der Meeresspiegel seitdem um ca. 4 m gestiegen, so dass nun im Wesentlichen nur noch die künstlich aufgeschütteten Fundamente über die Wasseroberfläche herausragen. Je nach Betrachtung der relativ unvorhersehbaren Auf- und Abbewegungen des kaspischen Meeresspiegels könnte man *Neft Dashlari* entweder den Status einer Insel, einer Niedrigwasser-Erhebung oder sogar keines von beiden zuordnen.

Bei einer vollen Berücksichtigung der Inseln und der künstlichen „Stadt" *Neft Dashlari* für die Festlegung der Äquidistanzlinie würde es im Zusammenspiel mit einer für Aserbaidschan besonders günstigen Ziehung einer geraden Basislinie, die den äußersten Basispunkt der *Apsheron*-Halbinsel mit einem ca. 100 km südlicher auf dem Festland gelegenen Basispunkt verbinden würde, zu einer Verschiebung der zwischen Turkmenistan und Aserbaidschan zu ziehende Mittellinie um bis zu 50 km in Richtung Osten kommen. Damit würden sich sowohl die vom „Jahrhundertvertrag" mitumfassten Felder als auch zumindest teilweise das *Kapaz*-Feld tatsächlich im aserbaidschanischen Sektor befinden.
In Anbetracht der sich in den letzten Jahren stabilisierten Marke von -25 m unter dem Meeresspiegel der Weltmeere[874] kann der Status einer Insel für *Neft Dashlari* verneint werden. Auch ist diese künstliche „Stadt" selbst auf aserbaidschanischen Landkarten nicht als Insel verzeichnet, was als ein wesentliches Indiz dafür angesehen werden kann, dass diese lediglich als ein künstliches Gebilde angesehen wird.

Die Errichtung separater Territorialgewässer bzw. einer ausschließlichen Wirtschaftszone um *Neft Dashlari* scheidet also aus.

Ob bei einer Entfernung von 45 km vom Festland noch die nötige enge räumliche Verbundenheit gemäß Artikel 4 Abs. 2 *GÜKA* bzw. Artikel 7 Abs. 3 *SRÜ* gewahrt ist, erscheint fraglich. Eine exakte Bestimmung der maximalen Entfernung findet sich im Rahmen der geraden Basislinienbestimmung jedenfalls

---

[873] Artikel 13 Abs. 2 *SRÜ*, Gemäß Artikel 13 Abs. 1 *SRÜ* dürfen solche Niedrigwasser-Erhebungen solange sie sich innerhalb der Territorialgewässer befinden, als Basislinienpunkte verwendet werden.
[874] Siehe dazu unter: 3. Kap., § 9, A., II..

nicht. Diesbezüglich soll eine weiterführende Analyse im Rahmen der entsprechenden Staatenpraxis erfolgen.

(1.1.2.) Die turkmenische Insel Ogurja Ada

Von erheblicher Bedeutung für die Determinierung der Ausnutzungsrechte der weiter südlich gelegenen Erdölfelder *Sharg* und *Araz* könnte schließlich die ca. 50 km vom turkmenischen Ostufer entfernte ca. 40 km lange und ca. 3 km breite Insel *Ogurja Ada (Russisch: Ogurchinskiy)* sein. Bisher sind seitens Turkmenistans noch keine Ansprüche an den in diesen befindlichen Ressourcen geltend gemacht worden. Bei voller Berücksichtigung dieser Insel wäre der bereits zwischen dem Iran und Aserbaidschan bestehende Disput um die Nutzungsrechte an den Feldern um eine Streitpartei reicher[875].

(1.2.) Die allgemeine Staatenpraxis bei der Berücksichtigung von Inseln für den maritimen Grenzdemarkationsprozess

Die Staatenpraxis im Hinblick auf den Einfluss von Inseln und anderen natürlichen Erhebungen auf die Festlegung maritimer Grenzen ist alles andere als einheitlich.

Während Inseln im Rahmen von Grenzfestlegungen in internationalen Binnenseen meistens unberücksichtigt bleiben und lediglich stark begradigte Mittellinien die Hoheitsbereiche voneinander abgrenzen[876], wird diesen im maritimen Grenzziehungsprozess sogar auch dann ein gewisser Einfluss beigemessen, wenn sich diese außerhalb des Basisliniensystems befinden[877].

Beispiele, in denen Inseln trotz eines *prima facie* möglichen Einflusses auf den Verlauf der Äquidistanzlinie von den Vertragsparteien vollständig ignoriert wurden, sind ausgesprochen selten[878].

Vollen Effekt, d.h. eine Einbeziehung der Insel in das Basisliniensystem[879], wird diesen in solchen Fällen zuerkannt, wenn die Inseln sehr nahe am Festland

---

875 Ausführungen dazu bereits unter: 2. Kap., § 4, A., 1.

876 Vgl. Kartenmaterial bei: *Dipla*, Le tracé de la frontière, S. 251ff..

877 *Bowett*, Islands, Rocks, Reefs, and Low-Tide Elevations in Maritime Boundary Delimitation, S. 148 m.w.N..

878 So sind im iranisch-katarischen Grenzlinienübereinkommen von 1969 zahlreiche kleinere Inseln bei der Festlegung der Äquidistanzlinie ignoriert worden (*Charney/Alexander* (Hrsg.), International Maritime Boundaries, Vol. II, S. 1511ff.).

879 Vgl.: *Bowett*, Islands, Rocks, Reefs, and Low-Tide Elevations in Maritime Boundary Delimitation, S. 147ff.; Dazu siehe auch unter: 2. Kap., § 6, B., III., 3., a) bb) (1.).

gelegen und im Prinzip eine Einheit mit diesem bilden[880], oder wo sie lediglich eine Fortsetzung des normalen Küstenverlaufs darstellen[881], oder wo auf beiden Seiten sich ausgleichende Inselformationen zu finden sind[882], so dass eine unverhältnismäßig einseitige Beeinflussung der Äquidistanzlinie vermieden wird. In allen anderen Fällen wird häufig entweder eine andere Teilungsmethode als die der Äquidistanz verwendet, oder der der Insel im Rahmen der Äquidistanzmethode zu gebende Effekt verringert. Dabei ist auffällig, dass mit abnehmender Größe oder zunehmender Entfernung der Inseln vom Festland deren Relevanz für die Mittellinienberechnung immer geringer wird[883].

Allerdings gibt es auch einige Beispiele dafür, dass jenseits der Basislinie liegende Inseln und Felsen als Basispunkte für die maritime Grenzziehung verwendet wurden. So wurden in den 1980er und 1981er Grenzabkommen zwischen Norwegen und Island über die *Jan Mayen*-Area die ca. 50 sm jenseits der isländischen geraden Basislinie liegende Insel *Kobeinsey* und der 15 sm entfernte unbewohnbare Felsen *Hvalbakur* als Basispunkte für die Festlegung der ausschließlichen Wirtschaftszone von beiden Seiten akzeptiert[884].

Als Indikatoren für die Einstufung der den aserbaidschanischen Inseln zu gewährenden Effektivität im Rahmen der Proportionalitätsberechnungen lassen sich des Weiteren die vergleichbaren Konstellationen im griechisch-italienischen Grenzabkommen von 1977[885] heranziehen. Während der griechischen Küste zahlreiche kleinere und größere Inseln vorgelagert sind, verfügt Italien über keine einzige. Im Gegensatz zu den größeren Inseln *Korfu*, *Kefallinia* und *Zakynthos*, denen ein voller Effekt zuerkannt wurde, wurden die anderen, in Größe und Festlandabstand mit den aserbaidschanischen Inseln vergleichbaren, griechischen Inseln mit einem halben bis dreiviertel Effekt bewertet.

---

[880] Z.B. die Inselketten vor den norwegischen und niederländischen Küsten.

[881] Z.B. die Orkney-oder Shetland-Inseln im Norden Großbritanniens.

[882] Z.B. im australisch-französischen Grenzübereinkommen betreffend Neu Kaledonien von 1982 (*Charney/Alexander* (Hrsg.), International Maritime Boundaries, Vol. I, S. 905ff.).

[883] Vgl.: *Bowett*, Islands, Rocks, Reefs, and Low-Tide Elevations in Maritime Boundary Delimitation, S. 139ff., m.w.N..

[884] *Bowett*, Islands, Rocks, Reefs, and Low-Tide Elevations in Maritime Boundary Delimitation, S. 150; *Charney/Alexander* (Hrsg.), International Maritime Boundaries, Vol. 2, S. 1755ff..

[885] Vgl.: *Charney/Alexander* (Hrsg.), International Maritime Boundaries, Vol. II, S. 1591ff..

In zahlreichen anderen Fällen wurde auf die den Küsten vorgelagerten Inseln pauschal die "half-effect" Lösung angewandt[886]. Allerdings sind die dortigen Inseln oft wesentlich größer als die besagten aserbaidschanischen Inseln.
Als eine weitere Ausnahme ist die Behandlung der Insel *Aves* im Rahmen der niederländisch (Antillen)-venezuelanischen maritimen Grenzverhandlungen[887] zu bewerten. Dieser sehr kleinen und unbewohnten Insel ist der volle Effekt lediglich im Rahmen eines "package deals" zuerkannt worden.

(1.3.) Der Einfluss von Inseln auf die russisch-kasachischen Demarkationsvereinbarungen

Der nördliche Teil des Kaspischen Meeres weist ähnlich komplizierte Küstenformationen auf wie sie im südlichen Teil gegeben sind. Neben zahlreichen, sowohl der Küste Kasachstans als auch Russlands vorgelagerten, Inseln wird die genaue Festlegung einer Mittellinie dadurch erschwert, dass die kasachischen und russischen Küsten teilweise einander gegenüberliegen oder angrenzen bzw. sogar eine Kombination aus beiden Varianten bilden.
Der sich aus der Anlage zum 2002er Protokoll der kasachisch-russischen Vereinbarung zur Demarkation des ihren Küsten vorgelagerten Seebetts im nördlichen Teil des Kaspischen Meeres aus dem Jahre 1998[888] ergebende Verlauf der Demarkationslinie lässt kein einheitliches Konzept der Vertragsparteien in Bezug auf den Grad des Einflusses der Inseln auf den Abgrenzungsprozess zu.

(1.3.1.) Einfluss der Inseln vor dem russischen Teil des Wolgadeltas

Bemerkenswert ist zunächst, dass der Anfangspunkt für den Verlauf der kasachisch-russischen modifizierten Mittellinie am Wolgadelta erst an den Ufern

---

[886] Zum ersten Mal im iranisch-saudiarabischen Grenzabkommen von 1968 im Hinblick auf die iranische Insel *Kharg* (*Charney/Alexander* (Hrsg.), International Maritime Boundaries, Vol. II, S. 1519ff.); im englisch-französischen *Festlandsockel-Fall* im Hinblick auf die *Scilly* Inseln, die immerhin 40 km von der Küste entfernt und als Inselgruppe wesentlich größer als die aserbaidschanischen Inseln sind (*Charney/Alexander* (Hrsg.), International Maritime Boundaries, Vol. II, S. 1735ff.); im Libyen/Tunesien Festlandsockelfall im Hinblick auf die der Tunesischen Küste in ca. 20 km vorgelagerten 40 km langen und 10 km breiten Insel *Kerkennah* (*Charney/Alexander* (Hrsg.), International Maritime Boundaries, Vol. II, S. 1663ff.).
[887] Netherlands (Antilles)/Venezuela, 1978er Grenzabkommen (*Charney/Alexander* (Hrsg.), International Maritime Boundaries, Vol. I, S. 615ff.).
[888] Die russisch-kasachische Vereinbarung über den Gewässerboden im nördlichen Teil des Kaspischen Meeres und dazugehöriges Protokoll zur gemeinsamen Ausbeutung der in den Grenzbereichen befindlichen Lagerstätten in **Anlagen 8** und **9**.

einer ca. 25 km vom kasachisch-russischen Festland entfernten Insel beginnt[889]. Dies legt die Vermutung nahe, dass die äußeren Begrenzungen der zahlreichen, dem russischen Wolgadelta vorgelagerten und bis zu 15 km langen und 5 km breiten, Inseln als Basispunkte für eine gerade Basislinie verwendet und damit als integraler Bestandteil der Küstenformation betrachtet worden sind. Die Auswirkungen auf den Verlauf der Mittellinie sind erheblich, da eine vom gegenüberliegenden kasachischen Festland berechnete Mittellinie sodann das *Kurmangazy* (*Kulalinskaya*)-Erdölfeld vollständig unter russische Souveränität bringen würde, während ansonsten Kasachstan zumindest ein kleiner Teil dieses Feldes hätte zuerkannt werden müssen.

(1.3.2.) Die Inseln Kulali und Morskoy vor der kasachischen Küste

Allerdings befinden sich genau gegenüber diesen russischen Inseln in – je nach Bezugswinkel – ca. 30 bis 60 km Entfernung vom kasachischen Ufer mehrere größere Inseln. Die größten von ihnen sind die Insel *Kulali* mit 25 km Länge und 2 km Breite und die Insel *Morskoy* mit 10 km Länge und 3 km Breite. Eine Behandlung dieser Inseln als integraler Bestandteil der kasachischen Küstenformation scheidet auf Grund der Lage und der dahinter in südöstlicher Richtung befindlichen größere Einbuchtung aus. Dieser Einbuchtung könnte nach den Maßstäben des *SRÜ* nur teilweise der als Innengewässer zu charakterisierende Status einer Bucht zuerkannt werden[890].
Der Verlauf der nun entsprechend der russisch-kasachischen Demarkationsvereinbarungen getroffenen Mittellinie mitten durch das *Kurmangazy* (*Kulalinskaya*)-Erdölfeld legt sowohl die Anerkennung von großen Gebieten der Einbuchtung als Bucht im Sinne des *SRÜ* als auch der Zuerkennung eines gewissen Effekts der kasachischen Inseln auf die Demarkation nahe.

Die genauen Gewichtungen der einzelnen Komponenten im Rahmen der Vereinbarung der Vertragsparteien sind nicht eindeutig definierbar. Je nach Gewichtung der Buchten-Komponente ist den Inseln jedenfalls ein viertel bis halber Effekt zuerkannt worden. Das Ergebnis der Verhandlungen, die Mittellinie direkt durch das *Kurmangazy* (*Kulalinskaya*)-Erdölfeld zu markieren und dieses sogar der ausschließlichen kasachischen Jurisdiktion im Rahmen einer gemeinsamen Erschließung und Ausbeutung der in diesem enthaltenen Erdölvorkommen zu unterstellen, muss allerdings auch im Zusammenhang mit den beiden

---

889 Siehe Artikel 1, 3. und 4. der kasachisch-russischen Vereinbarung (**Anlage 9**).

890 Zur Bedeutung von Buchten auf die Festlegung der Mittellinie sogleich unter: 2. Kap., § 6, B., III., 3., a) bb) (2.).

anderen im selben Vertrag geregelten Erdölfeldern als "package deal"-Lösung betrachtet werden. Wie noch ausführlicher dargelegt werden wird, sind die Erdölfelder Tsentralnaya und Khvalynskoye auf Grund einer sehr großzügigen Modifikation der Mittellinie der alleinigen Jurisdiktion Russlands unterstellt worden.

Mit einer gewissen Wahrscheinlichkeit kann somit unterstellt werden, dass den kasachischen Inseln *Kulali* und *Morskoy*, die in ihrer Größe mit der im südlichen Teil des kaspischen Meeres gelegenen Insel *Ogurja Ada* vergleichbar sind, mindestens ein viertel, wenn nicht sogar ein halber Effekt zuerkannt worden ist.

(1.3.3.) Die Inseln Tuleniy und Chechen vor der russischen Küste

Ähnlich verhält es sich mit den Auswirkungen einiger – der russischen Küste weiter südlich vorgelagerten – Inseln. Bemerkenswert ist hier jedoch, dass die Mittellinie im Bereich der beiden anderen im selben Vertrag behandelten Erdölfelder *Tsentralnaya* und *Khvalynskoye* auffällig abweichend vom normalen Verlauf einer Äquidistanzlinie in Richtung kasachische Küste verschoben ist, so dass diese beiden Felder der alleinigen russischen Souveränität unterfallen.

Neben der besonders unregelmäßigen kasachischen Küstenformation in diesem Bereich, dem Bemühen um die Wahrung der Einheit von Lagerstätten und der "package deal"-Lösung muss diesen Inseln ebenfalls ein gewisser Effekt zugemessen worden sein. Insbesondere im Bereich der ca. 20 mal 15 km großen und vom russischen Festland ca. 75 km entfernten Insel *Tuleniy* ist die Diskrepanz zwischen dem Verlauf einer gedachten, exakt gezogenen Äquidistanzlinie und der tatsächlich vereinbarten modifizierten Mittellinie zugunsten einer Berücksichtigung dieser Insel offensichtlich.
Der ihr zugemessene Effekt läge damit bei einer Verschiebung um mindestens die halbe Distanz zwischen der Insel und dem Festland, also bei ca. 30 km Mittellinienverschiebung in Richtung der kasachischen Küste.

Der weiter südlich der russischen Küste vorgelagerten Insel *Chechen* ist wiederum ein, wenn überhaupt, nur geringer Effekt zuerkannt worden. Diese ca. 20 mal 15 km große und ca. 50 km vom russischen Festland entfernte Insel hat einen lediglich von der Insel *Tuleniy* und der gegenüberliegenden besonderen Küstenformation ausgehenden unterstützenden Effekt. Immerhin beschreibt die modifizierte Mittellinie nur wenige Breitenminuten in nördlicher Richtung eine ungewöhnliche Einbuchtung von ca. 30 km Tiefe und ca. 17 km Breite. Allerdings wird mit dieser Einbuchtung exakt das *Khvalynskoye*-Erdölfeld dem russischen Sektor zugesprochen, so dass ebenfalls viel für das Bemühen der Vertragsparteien spricht, im Rahmen des vertraglich fixierten "package deals" die Einheit der Lagerstätte zu wahren.

(1.4.) Schlussfolgerung für kaspische Inseln

In Anbetracht der völkervertraglichen Grundlagen und der Staatenpraxis bei der Berücksichtigung von natürlichen Erhebungen aus dem Meer ist eine einheitliche gewohnheitsrechtliche Übung nicht ersichtlich. Allerdings konnten gewisse Tendenzen aufgezeigt werden, die den kaspischen Staaten bei der Konfliktlösung einen gewissen Anhaltspunkt geben können.

Sowohl entsprechend internationaler als auch der jüngsten kaspischen Staatenpraxis wäre es angemessen, der turkmenischen Insel *Ogurja Ada* zumindest einen halben Effekt zuzuerkennen. Die Bedeutung dieser Insel ließe sich noch dadurch erhöhen, würde ein Teil des zwischen ihr und dem turkmenischen Festland befindlichen *Türkmen Aylagy* Golfs im Wege einer Buchtdeklarierung zu einem inneren Gewässer erklärt werden und auf diese Weise der Abstand zwischen der entsprechend gezogenen Basislinie und der Insel um mindestens ein Drittel verkürzt werden[891]. Der Insel könnte dann in Anbetracht ihrer Größe auch der volle Effekt zuerkannt werden.
In Folge dessen würde sich die Mittellinie in diesem Bereich um ca. 40 km in Richtung Westen verschieben und auch Turkmenistan Ausbeutungsrechte an den *Sharg*- und *Araz*-Erdölfeldern einfordern können.

Im Gegensatz dazu sollte den fraglichen aserbaidschanischen Inseln ein nur geringer Effekt auf die Festlegung der Äquidistanzlinie zugebilligt werden. Selbst wenn die nördlichere und etwas kleinere der beiden – die Insel *Pirallahi* – als integraler Teil des Festlands betrachtet werden könnte, da sie nur ca. 4 km vom Festland entfernt ist, würde sich die Mittellinie auf dem Breitengrad auf Grund der besonderen Küstenformation lediglich um wenige Kilometer in Richtung Osten verschieben.
Die zweite - etwa 15 km vom Festland entfernte und ca. 10 km^2 große – Insel *Zhiloy* kann allerdings nicht als integraler Bestandteil des Festlands angesehen werden. Auf Grund ihrer geringen Größe und dem Nichtvorhandensein einer adäquaten Insel auf der gegenüberliegenden Seite des Kaspischen Meeres, würde eine volle Berücksichtigung dieser Insel für die Festlegung der Äquidistanz-

[891] Zur Frage von Meeresbuchten sogleich ausführlicher.

linie zu einer unangemessenen, der generellen Küstenformation nicht entsprechenden Verschiebung der Mittellinie führen.

Da die allgemeine geographische Formation des Westufers des Kaspischen Meeres ohnehin bereits durch die *Apsheron*-Halbinsel zu Gunsten Aserbaidschans beeinflusst ist, sollte diesen relativ kleinen Inseln keine allzu große Bedeutung beigemessen werden. In Anbetracht der relevanten Staatenpraxis bei der Berücksichtigung von Inseln sollte diesen maximal der halbe Effekt zugebilligt werden. Den verschiedenen noch kleineren Inseln, welche innerhalb der Einbuchtung südlich der *Apsheron*-Halbinsel gelegen sind, sollte kein Effekt beigemessen werden.

Entsprechendes gilt erst recht für die *Neft Dashlari*-Erhebung. Diese auf einer Meereserhebung mit Hilfe von Pfeilern und Aufschüttungen errichtete künstliche „Stadt“ ist zu weit vom Festland entfernt, als dass sie als Basispunkt für die Festlegung der aserbaidschanischen Basislinie bzw. die maritime Grenzlinie dienen könnte.

Es würde somit zu einer maximalen Ostverschiebung der Äquidistanzlinie um 10 km in Richtung Turkmenistan auf diesem Breitengrad kommen.
Die tatsächlichen Auswirkungen einer solchen Verschiebung der Mittellinie auf die umstrittenen Erdöl- und Erdgasfelder *Chirag*, *Azeri* und *Kapaz* hängen im Wesentlichen von der Zusammenschau mit der in der Breite dieser Felder am aserbaidschanischen Ufer gegebenen Küstenlinieneinbuchtung ab. Diese Einbuchtung, deren Durchmesser man je nach Ansatzpunkt auf bis zu 150 km ausdehnen könnte, ist Folge der besonderen Form der *Apsheron*-Halbinsel, die wie ein nach unten gebogenes Horn ca. 100 km in das Kaspische Meer ragt.

(2.) Die Mittellinie beeinflussende Buchten

Es stellt sich mithin die Frage nach der Gewichtung der die Küstenformation des Kaspischen Meeres prägenden Einbuchtungen. Wie bereits erwähnt, ist die Küste des Kaspischen Meeres von zahlreichen kleineren und größeren Einbuchtungen geprägt.

Von besonderer Bedeutung für die Bestimmung einer die Hoheitsverhältnisse auf dem Kaspischen Meer abgrenzenden Äquidistanzlinie können einige Einbuchtungen im südlichen Teil des Kaspischen Meeres sein, soweit diesen der völkerrechtliche Charakter einer Bucht bzw. „historischen“ Bucht zuerkannt werden könnte. Die sich daraus ergebende Rechtsfolge wäre eine Behandlung dieser Buchten als innere Gewässer und eine Vorverlagerung der Basislinien, die als Grundlage zur Berechnung der Äquidistanzlinie dienen.

(2.1.) Buchten und „historische" Buchten im völkerrechtlichen Sinne

Unter den Voraussetzungen des Artikels 10 *SRÜ* können Buchten als inneres Gewässer deklariert werden. Die wichtigsten Bedingungen dafür sind, dass die Fläche der Bucht so groß oder größer als ein Halbkreis ist, dessen natürliche Öffnungspunkte bei Niedrigwasser nicht weiter als 24 sm voneinander entfernt sein dürfen[892]. Allerdings sieht Artikel 10 Abs. 5 *SRÜ* eine Ausnahme für den Fall vor, dass der Abstand größer als 24 sm ist. Dann darf eine Basislinie innerhalb der Bucht so gezogen werden, dass dadurch die größtmögliche Wasserfläche eingeschlossen wird. Allerdings darf gemäß Artikel 10 Absatz 4 *SRÜ* die Entfernung zwischen der Niedrigwasserlinie und der so entstandenen Basislinie 24 sm dann nicht übersteigen.

Die Buchtenregelung des *SRÜ* stellt allgemeines Völkergewohnheitsrecht dar[893]. Gemäß Artikel 10 Abs. 6 *SRÜ* finden diese Bestimmungen allerdings keine Anwendung auf so genannte „historische" Buchten, also Buchten, die die völkerrechtlich anerkannte maximale Breite überschreiten, aber aus historischen Gründen vom Küstenstaat als Teil des Staatsgebiets behandelt werden.
Es sei in diesem Zusammenhang auf die großzügige Praxis der Sowjetunion hingewiesen, die so genannte „historische" Gewässer[894] und „historische" Buchten[895] als sowjetische innere Gewässer zu deklarieren.
Ob auf eine solche „historische" Bucht ausnahmsweise die Regeln einer normalen Bucht angewendet werden können, unterliegt der Einzelfallentscheidung des *IGH*[896].

---

892 Artikel 10 Abs. 4 *SRÜ*.
893 *Gloria*, in: *Ipsen*, Völkerrecht, § 51, Rn. 4.
894 Z.B. das Arktische Meer und das Weiße Meer, (vgl.: *Šebek*, The Eastern European States and the Development of the Law of the Sea, S. 163ff.).
895 Neben der Bucht von Riga ist hier vor allem die Bucht Peter des Großen (108 sm) zu erwähnen, die gegen japanischen Widerstand im Jahre 1957 durch Ministerialerlass der UdSSR als „historische" Bucht und somit internes Gewässer der Sowjetunion beansprucht wurde. (vgl.: *Šebek*, The Eastern European States and the Development of the Law of the Sea, S. 167f.).
896 Vgl.: *ICJ Rep.* (1982), 73f.; Beispiele für anerkannte „historische" Buchten, die weiter als 24 sm sind, sind die Santa Monica Bay (29 sm), die Chaleur Bay (36 sm) und die Bucht von Riga (51 sm).

Gegen den erheblichen Widerstand anderer Staaten kann das Vorliegen einer „historischen“ Bucht jedenfalls nicht geltend gemacht werden[897].

Entsprechende, durchaus denkbare, Geltendmachungen seitens einiger kaspischer Staaten hätten daher höchstwahrscheinlich keine Aussicht auf Billigung der anderen Anrainerstaaten.

(2.2.) Schlussfolgerung für kaspische Buchten

Im Südteil des Kaspischen Meeres finden sich drei größere Einbuchtungen, die für die Mittellinienbestimmung und damit die Verteilung der Ausbeutungsrechte an den Offshore-Ressourcen von Bedeutung sein könnten.

Die Determinierung der für die Erschließung der vom „Jahrhundertvertrag“ mitumfassten Erdöl- und Erdgasfelder *Chirag*, *Azeri* und die des Feldes *Kapaz* wird neben den aserbaidschanischen Inseln *Pirallahi* und *Zhiloy* im Wesentlichen von der Bewertung des Einflusses der südlich der *Apsheron*-Halbinsel befindlichen, einen ca. 150 km langen Küstenabschnitt umfassenden, Einbuchtung und der auf gegenüberliegender Seite südlich der Stadt Türkmenbashi gelegenen *Türkmenbashi Aylagy* Bucht bestimmt.

(2.2.1.) Besondere aserbaidschanische Küstenformationen

Der auf aserbaidschanischer Seite gelegenen Einbuchtung kann man nur schwerlich den Charakter einer Bucht im Sinne des Artikel 10 *SRÜ* zuerkennen. Der buchtähnliche Charakter wird lediglich auf Grund der besonderen spitz nach unten verlaufenden Form der *Apsheron*-Halbinsel erzielt, ohne dass dadurch tatsächlich eine abgrenzbare Wasserfläche umschlossen wäre. Vielmehr stellt diese Einbuchtung lediglich eine bloße Krümmung der Küste dar. Die Ausnahme des Artikel 10 Absatz 5 *SRÜ* würde auf Grund der Ausdehnung der Einbuchtung keine sich auf den Verlauf der Basislinie günstig auswirkenden Folgen haben. Die sich darüber ergebende Möglichkeit der Ziehung von maximal 24 sm langen Basislinien zur Einschließung größtmöglicher Gewässerflächen ließ sich lediglich in den kleineren – in dieser großen Einbuchtung enthaltenen – Einbuchtungen verwirklichen.

---

[897] Gegen den Widerstand vor allem der USA gelang es zum Beispiel Libyen nicht, seine sog. „Große Syrte“ (296 sm) zu einer „historischen“ Bucht zu erklären. (vgl.: *Blum*, Encyclopedia of Public International Law 12, 343-345). Ebenfalls gegen den Widerstand der USA erfolgte eine entsprechende Erklärung seitens Kanadas hinsichtlich der Hudson Bay (50 sm). (vgl.: *Brownlie*, Principles of Public International Law, S. 167, FN. 70).

Dasselbe Ergebnis würde man allerdings bereits über die Verwendung mehrerer gerader Basislinien, wie sie in Artikel 7 *SRÜ* vorgesehen und vom *IGH* akzeptiert worden sind[898], nach der die äußersten Punkte solcher Einbuchtungen miteinander verbunden werden würden, erhalten. Eine Anwendung des Prinzips der geraden Basislinie auf die gesamte Einbuchtung entfällt, da eine sich auf die Äquidistanzmethode tatsächlich auswirkende Basislinie eine solche Gewässerfläche einschließen müsste, die dem Erfordernis des Artikel 7 Abs. 3 *SRÜ*, der nötigen lokalen Verbundenheit mit dem Festland, nicht mehr gerecht werden würde.

Eine Deklaration dieser Einbuchtung als „historische" Bucht scheidet trotz der Möglichkeit des Vorbringens gewisser Parallelen zur von der Sowjetunion als „historische" Bucht beanspruchten Bucht *Peter des Großen* mit einer Öffnungsbreite von 108 sm aus. Der erforderliche Nachweis, dass ausgerechnet Aserbaidschan die Gewässer dieser Bucht seit jeher als innere Gewässer behandelt hat, kommt auf Grund der besonderen geschichtlichen als auch völkervertraglichen Vergangenheit des Kaspischen Meeres ohnehin nicht in Frage. Im Übrigen könnte davon ausgegangen werden, dass zumindest Turkmenistan gegen die Erhebung dieser Bucht zu einer „historischen" Bucht protestieren würde und somit deren völkerrechtliche Akzeptanz endgültig verhindern könnte.

(2.2.2.) Besondere turkmenische Küstenformationen

Im Gegensatz dazu erfüllt die südlich von Türkmenbashi gelegene *Türkmenbashi Aylagy*-Bucht die Voraussetzung des Artikels 10 *SRÜ*. Die Entfernung zwischen den Öffnungspunkten der Bucht liegt innerhalb der von Artikel 10 Abs. 4 geforderten 24 sm, womit deren Verbindungslinie die Basislinie bildet, von der aus die Äquidistanzlinie sodann bestimmt wird.

Schließlich befindet sich ca. 20 km südlich der zuvor erwähnten Bucht eine weitere Einbuchtung größeren Ausmaßes – die *Türkmen Aylagy*-Bucht. Während diese als Gesamtformation lediglich eine Krümmung der Küste darstellt, befindet sich in deren Mitte ein Küstenabschnitt, dem man unter Umständen den Charakter einer Bucht im Sinne des Artikel 10 SRÜ zubilligen könnte. Im Wege der vereinfachten Basislinien-Methode würde man allerdings zum selben Ergebnis gelangen. Der dadurch erzielte Effekt auf die Gewichtung der dieser Bucht vorgelagerten Insel und die Determinierung der Äquidistanzlinie in diesem Bereich wurden bereits oben beschrieben.

---

[898] Dazu bereits unter: 2. Kap., § 6, B., III., 2., b) cc).

(3.) Zwischenergebnis zum Einfluss von Inseln und besonderen Küstenformationen

Zusammenfassend kann festgestellt werden, dass den maritimen Grenzziehungsprinzipien zufolge den aserbaidschanischen Inseln und besonderen Küstenformationen weniger Gewicht bei der Bestimmung der Mittellinie beigemessen werden kann als den turkmenischen.

In der Praxis wirkt sich das so gefundene Ergebnis in der Weise aus, dass sich die Erdölfelder *Azeri* und *Kapaz* vollständig im turkmenischen Sektor und *Chirag* nur teilweise im aserbaidschanischen Sektor befinden.
Im Hinblick auf den aserbaidschanisch-iranischen Konflikt um die Ausbeutungsrechte am *Alov-Sharg-Araz*-Erdölkomplex könnte Turkmenistan zumindest hinsichtlich des nördlichen *Araz*-Feldes und möglicherweise auch des *Sharg*-Feldes noch eigene Ansprüche geltend machen.

Allerdings sollte nochmals darauf hingewiesen werden, dass sich in der Staatenpraxis immer wieder Ausnahmen zu den völkerrechtlichen Grundprinzipien gefunden haben, die oft Ergebnis von gegenseitigen Zugeständnissen und „package deals" waren, so wie dies sehr wahrscheinlich auch im Rahmen der Verhandlungen zum kasachisch-russischen Vertrag und dem dazugehörigen Protokoll über die Demarkation des Seebetts im nördlichen Teil des Kaspischen Meeres geschehen ist[899].

Gerade weil es in diesem Bereich des Völkerrechts weder vertragsrechtlich noch gewohnheitsrechtlich kodifizierte Normen gibt und man je nach Sichtweise entweder zu dem einen oder anderen extremen Ergebnis gelangen könnte, täten die Staaten gut daran, entsprechend der kasachisch-russischen Vereinbarungen im Rahmen der Grenzverhandlungen zugleich Regelungen für eine gemeinsame Erschließung und Ausbeutung der umstrittenen Erdölfelder zu treffen.

b) Bedeutung von Geologie und Geomorphologie für die Grenzbestimmung

Neben den bereits erwähnten zu berücksichtigenden Besonderheiten werden teilweise auch die geologischen und geomorphologischen Strukturen der zu teilenden Festlandsockel als zu berücksichtigendes Kriterium bei der maritimen

---

[899] Siehe dazu Ausführungen unter: 2. Kap., § 6, B. III., 3.a) bb) (1.) (1.3.) und Text der kasachisch-russischen Vereinbarungen und Protokoll in **Anlagen 18** und **19**.

Abgrenzung angesehen[900]. Allerdings finden sich sowohl in der Staatenpraxis als auch in den Entscheidungen des *IGH* nur selten Hinweise darauf, dass diese Kriterien eine Rolle bei der Festlegung der Grenzen gespielt hätten[901].
Im Übrigen weist das Kaspische Meer keine solchen geologischen oder geomorphologischen Besonderheiten auf, als dass sich eine Berücksichtigung derselben für die Bestimmung der maritimen Grenzen aufdrängen würde.

c) Wirtschaftliche Faktoren

Einen wesentlich größeren Einfluss auf die Determinierung der maritimen Grenzen im Kaspischen Meer könnten die wirtschaftlichen Interessen und Aktivitäten der Anrainerstaaten haben[902]. Hier ergeben sich zahlreiche – auch historisch geprägte – Ansatzpunkte im Bereich der Fischerei und der Ausbeutung von Offshore-Erdölressourcen. Bisherige Aktivitäten der Staaten im Fischerei- und Erdölsektor und sonstige, wirtschaftlich geprägte Interessen könnten unter Umständen als Legitimation für die Geltendmachung besonderer Umstände als Argument für eine Verlagerung der Äquidistanzlinie vorgetragen werden.

aa) Wirtschaftliche Interessen auf Grund schlechterer Gesamtbedingungen

In der Tat zeigt die Staatenpraxis, dass bei den Verhandlungen zu maritimen Grenzen wirtschaftliche Interessen und Aspekte ebenfalls Berücksichtigung gefunden haben[903]. Auch erwies es sich oft als sehr praktikabel, dass sich die Parteien im Rahmen der Grenzverhandlungen darauf einigten, die tatsächliche Grenzziehung von den wirtschaftlichen Aspekten zu trennen und in einem separaten Vertrag auszuhandeln[904].

---

900 *Highet*, The Use of Geophysical Factors in the Delimitation of Maritime Boundaries, S. 163ff.; *Bravender-Coyle*, The Emerging Legal Prinziples and Equitable Criteria Governing the Delimitation of Maritime Boundaries Between States, S. 193f..

901 Vgl.: *Highet*, The Use of Geophysical Factors in the Delimitation of Maritime Boundaries, S. 164, 195; *Jan Mayen Continental Shelf (Iceland/Norway)* 62 *ILR*, 108, 124; *Continental Shelf (Tunisia/Libyan Arab Jamahiriya), ICJ Rep.*(1983), 18, 58, 64; *Gulf of Maine, ICJ Rep.*(1984), 1, 33.

902 Zur Bedeutung des Umweltschutzes und der Schifffahrt für die Festlegung maritimer Grenzen siehe: *Kwiatkowska*, Economic and Environmental Considerations in Maritime Boundary Delimitation, S. 96ff., 101ff..

903 Z.B. *Frankreich (Guadeloupe und Martinique)/Venezuela*-Grenzabkommen von 1980 (*Charney/Alexander* (Hrsg.), International Maritime Boundaries, Vol. I, S. 603ff.) Weitere Beispiele bei: *Kwiatkowska*, Economic and Environmental Considerations in Maritime Boundary Delimitation, S. 75ff., 111ff..

904 *Lagoni*, Report of the ILA Sixty-Fifth Conference held at Warsaw in 1989.

Im Widerspruch zu dieser Staatenpraxis steht allerdings die Rechtsprechung des *IGH*, welcher regelmäßig die Berücksichtigung wirtschaftlicher Faktoren abgelehnt hat.

So wies der *IGH* im 1982er *Tunesien/Libyen*-Fall Argumente Tunesiens zurück, dass bei der Festlegung der maritimen Grenzen dessen relative Armut und Mangel an Naturreichtümern im Vergleich zu den relativ reichhaltig vorhandenen Erdöl- und Erdgaslagerstätten Libyens Berücksichtigung finden müssten[905]. Der *IGH* erwiderte auf dieses Vorbringen folgendes:

> "[...] these economic considerations cannot be taken into account for the delimitation of the continetal shelf appertaining to each Party. They are virtually extraneous factors since they are variables which unpredictable national fortune or calamity, as the case may be, might at any time cause to tilt the scale one way or the other. A country might be poor today and become rich tomorrow as a result of an event such as the discovery of a valuable economic resource."

Mit ähnlichen Argumenten wurden wirtschaftliche Argumente der streitenden Parteien vom *IGH* in seinem *Libya/Malta*-Urteil[906] aus dem Jahre 1985 und dem *ad hoc* Schiedsgerichtstribunal im 1985er *Guinea/Guinea-Bissau*-Fall[907] zurückgewiesen. In letzterem Fall wurden die Parteien stattdessen ermutigt, im gegenseitigen Einvernehmen zusammen zu arbeiten, um die beabsichtigten Ziele zu erreichen[908].

Auch im *Gulf of Maine*-Urteil aus dem Jahre 1984 fand diese Tendenz ihre Bestätigung, als der *IGH* die von den Parteien vorgelegten wirtschaftlichen Informationen und Argumente lediglich dazu heranzog, um das zuvor gefundene Ergebnis ausschließlich dahingehend zu überprüfen, ob das Urteil ansonsten katastrophale Auswirkungen auf die Lebensverhältnisse und den Wohlstand der Bevölkerung haben würde[909].

Augenscheinlich ist jedoch, dass sich der *IGH* in den erwähnten Fällen im Wesentlichen mit dem Vorbringen der Parteien zu eigenen wirtschaftlichen Interes-

---

905 *(Tunisia/Libya)*, 1982 *I.C.J.* 77, 106.
906 *ICJ Rep.* (1985), 41, 50.
907 25 *ILM* (1996) 251, 301, para. 121.
908 *(Guinea/Guinea-Bissau)* 25 *ILM* (1996) 251, 301, para. 122, 123
909 *Gulf of Maine* (Canada/USA), *ICJ Rep.* (1984), 342, 237; so auch bereits im *Fisheries Case, ICJ Rep.* (1951), 116, 342.

sen auseinanderzusetzen hatte, die sich aus einer gewissen eigenen wirtschaftlichen Unterentwicklung oder dem Mangel an Naturressourcen ergaben.

Selbst wenn man der Ansicht einiger Beobachter des *IGH* folgend, dessen zunehmende Bereitschaft dahingehend Glauben schenken sollte, dass dieser nunmehr eher dazu neigen würde, wirtschaftliche und international akzeptierte soziale Aspekte ebenfalls zu berücksichtigen[910], so können wirtschaftliche Aspekte unter diesem Blickwinkel im Falle der kaspischen Anrainerstaaten unberücksichtigt gelassen werden. Deren wirtschaftliche Verhältnisse sind zumindest vergleichbar und noch immer von alten sozialistischen bzw. islamischen Strukturen beeinflusst. Die Verteilung der Naturreichtümer ist nicht gleichmäßig, aber immerhin hat jeder der Anrainerstaaten einen im internationalen Vergleich beachtlichen Umfang an Erdöl- und Erdgasressourcen.

Für die Lösung der kaspischen Grenzstreitigkeiten ist es viel wichtiger wie die Staatenpraxis und der *IGH* den Aspekt bereits getätigter Erdölaktivitäten bzw. bereits entdeckter oder potentieller Erdöl- und Erdgasfelder im Offshore-Bereich mit berücksichtigt haben.

bb) Die Berücksichtigung von Erdöl- und Erdgasvorkommen

Insbesondere Aserbaidschan hat sich nach Erlangung der Unabhängigkeit im Jahre 1991 für sein Recht zur eigenständigen Ausbeutung der kaspischen Offshore-Erdöl- und Erdgasressourcen immer wieder auf die zu Sowjetzeiten festgelegten administrative Sektoren berufen, nach denen ebenfalls einige jenseits einer exakten Äquidistanzlinie zu Turkmenistan gelegenen Erdölfelder aserbaidschanisch wären.

Des Weiteren argumentiert Aserbaidschan zu Gunsten eines ausschließlichen Förderrechts an diesen Vorkommen damit, dass es schließlich aserbaidschanische Geologen gewesen seien, die diese Erdölfelder entdeckt hätten[911]. Auf Grund dessen hat Aserbaidschan bereits im Jahre 1994 im so genannten „Jahrhundertvertrag" an westliche Konsortien auch Konzessionen für solche Erdölfelder vergeben, die in einem von Turkmenistan beanspruchten Sektor liegen.

Unabhängig von solchen Extremsituationen sind im gesamten Kaspischen Meer Erdöl- und Erdgasfelder entdeckt worden, die sich unmittelbar auf oder in

---

[910] Vgl.: *Bowett,* The Economic Factor in Maritime Delimitation Cases, S. 62f..

[911] Vgl. dazu bereits unter: 2. Kap., § 4, A., I., 3..

nächster Nähe einer entsprechend der Äquidistanzmethode gezogenen Mittellinie befinden[912]. Deren Berücksichtigung im Rahmen der Aufteilung von Festlandsockel und Gewässern des Kaspischen Meeres stellt sich als einer der kritischsten Verhandlungspunkte zwischen den Anrainerstaaten dar.

(1.) Rechtsprechung zu Grenzstreitigkeiten mit Bezug zu Erdölvorkommen

In zahlreichen maritimen Grenzabkommen finden sich Bestimmungen, die sich zum Zwecke der Aufteilung des Festlandsockels eingehend mit der Berücksichtigung der darin enthaltenen Rohstoffe auseinandersetzen[913]. Oft haben die Staaten dort wo der Grenzverlauf noch strittig ist oder sich ein Erdölfeld über beide Seiten der Festlandsockelgrenzen hinaus erstreckt *Joint Development Zones* (JDZ) vereinbart[914]. Obwohl nicht eindeutig geklärt ist, dass die Errichtung von JDZs in umstrittenen Meereszonen tatsächlich der beste Weg ist, um Investoren zu gewinnen[915], so stellt sich diese Variante insbesondere bei sehr konträren Ansichten der streitenden Parteien als eine gute Alternative dar, um zumindest mit der Erschließung von in umstrittenen Gebieten befindlichen Erdöl- oder Erdgasfeldern zu beginnen und währenddessen den oft langwierigen Grenzbestimmungsprozess zu Ende zu führen[916].

Auch wenn es zahlreiche Beispiele dafür gibt, dass Erdölfelder zu bestimmten Portionen unter den Verhandlungspartnern aufgeteilt wurden, so stellt die JDZ ein alternatives Interpretationskonzept zu der vom *IGH* in seinen *Nordsee-Festlandsockel*-Entscheidungen geforderten Berücksichtigung der „unity of deposits" dar.

---

[912] Zu den fraglichen Erdölfeldern siehe bereits unter: 2. Kap., § 4, A., I., 3..

[913] Von zwischen 1958 und 1989 vereinbarten 36 maritimen Grenzabkommen wurden in 21 das Vorhandensein der im Festlandsockel enthaltene Rohstoffe in irgendeiner Art und Weise berücksichtigt. (vgl.: *Kwiatkowska*, Economic and Environmental Considerations in Maritime Boundary Delimitation, S. 112).

[914] Dazu ausführlich: *Flormann-Pfaff*, Lagerstätten im Völkerrecht; *Kwiatkowska*, Economic and Environmental Considerations in Maritime Boundary Delimitation, S. 86ff., Fn. 51 m.w.N.; *Bathurst*, Sir Maurice: Joint Development of Offshore Oil and Erdgas.

[915] *Oxman*, Political, Strategic, and Historical Considerations, S. 6.

[916] *Perry/Lerer*, Joint Development Zones and cross-border unitisations; *Ifesi*, Offshore delimitation, S. 8; *Kwiatkowska*, Economic and Environmental Considerations in Maritime Boundary Delimitation, S. 90f.; *Lagoni*, Report of the ILA Sixty-Fifth Conference held at Warsaw in 1989.

(1.1.) 1969er IGH Nordsee-Festlandsockel-Fälle

In seinen *Nordsee-Festlandsockel*-Entscheidungen aus dem Jahre 1969 fand sich neben der Anerkennung von Naturressourcen als ein bei der maritimen Grenzbestimmung zu berücksichtigender Faktor auch das Verbot, zusammenhängende Erdölstrukturen durch eine Grenzlinie zu trennen[917].

Allerdings stellte der *IGH* klar, dass:

> "[The] Court does not consider that unity of deposit constitutes anything more than a factual element which is reasonable to take into consideration in the course of negotiations for a delimitation."[918]

Der Bewahrung der Einheit eines Erdölfeldes wurde also nicht der Status eines besonderen Umstandes zuerkannt, der die Grenzfestlegung an sich beeinflussen könnte.

(1.2.) 1975er Schiedsgerichtsentscheidung Großbritannien vs. Frankreich

Im Schiedsgerichtsurteil zur Abgrenzung des Festlandsockels zwischen Frankreich und Großbritannien hatte sich die Schiedsgerichtskommission mit der Bedeutung des Begriffs „besondere Umstände" auseinanderzusetzen.
Im Hinblick auf das Vorhandensein von Erdölvorkommen im Festlandsockel als in diesem Zusammenhang zu berücksichtigender Faktor wurde sodann befunden, dass deren Vorhandensein allein nicht genüge, um besondere Umstände geltend machen zu können, es sei denn, dies sei zwischen den Parteien vertraglich vereinbart worden[919].

(1.3.) 1981er Streitschlichtung Island vs. Norwegen (Jan Mayen Insel)

Ende der 70er Jahre des 20. Jahrhunderts wurden in den Gewässern um die norwegische Insel *Jan Mayen*, die sich 292 sm von der isländischen Küste entfernt befindet, von isländischen Fischern enorme Fischbestände festgestellt. Norwegen versuchte daraufhin um diese relativ kleine und kaum besiedelte Insel eine ausschließliche Wirtschaftszone im Sinne des zum damaligen Zeitpunkt

---

[917] Der *IGH* führte dazu aus: "[...] so that the same deposit lies on both sides of the line dividing a continental shelf between two States, and since it is possible to exploit such a deposit from either side, a problem immediately arises on account of risk of prejudicial or wasteful exploitation by one or other or the States concerned." (*ICJ Rep.* (1969), 3, 51).

[918] *ICJ Rep.* (1969), 3, 52, para. 97.

[919] *Arbitration on the Delimitation of the Continental Shelf* (Fr. v. U.K.), 18 *ILM* 397 (1979)

noch im Entwurf befindlichen *SRÜ* von 1982 zu deklarieren[920]. Dies rief den Protest Islands hervor und beide Staaten entschlossen sich, den Streit über eine Streitschlichtungs-Kommission beizulegen.
Die Kommission berücksichtigte in ihrer Entscheidung nicht nur Islands erhebliche Abhängigkeit vom Fischfang – und damit entgegen der üblichen Praxis wirtschaftliche Interessen einer Partei – sondern empfahl den Parteien die Errichtung einer JDZ in einem Gebiet sich überschneidender Gewässeransprüche mit Rücksicht auf potentielle Erdölvorkommen in der Region. Nicht in der Empfehlung einer JDZ – ohne überhaupt auf eine Abgrenzung einer von der ausschließlichen Wirtschaftszone[921] verschiedenen Unterteilung der Festlandsockel einzugehen – sondern in der Berücksichtigung lediglich potentieller Erdölvorkommen liegt die Besonderheit dieser Entscheidung[922].
Mit der Empfehlung einer JDZ befand sich die Kommission ganz klar im Rahmen der Vorgaben des *IGH* in seinen *Nordsee-Festlandsockel*-Fällen. Die Berücksichtigung potentieller Erdölvorkommen ist in dieser Form, d.h. ohne den Nachweis einer gewissen Staatenpraxis hinsichtlich gewisser vorheriger Erdölaktivitäten in den der Küste vorgelagerten Gewässern bzw. Festlandsockeln, weder durch den *IGH* noch durch ein anderes Tribunal bestätigt worden.

(1.4.) 1982er IGH Festlandsockel-Fall Libyen vs. Tunesien

Fast schien es so, dass der *IGH* sich in seinem Urteil zum Verlauf der Äquidistanzlinie im Festlandsockel-Fall zwischen Libyen und Tunesien der Tendenz der Streitschlichtungs-Kommission aus dem Jahre 1981 anschließen wollte, als es die Existenz von Bohrlöchern als einen Faktor bezeichnete, der bei der Abwägung aller wesentlicher Umstände für die Grenzziehung mit berücksichtigt werden müsste. Das Gericht führte dazu aus, dass:

> "The presence of oil-wells in an area to be delimited, [...] may, depending on the facts, be an element to be taken into account in the process of weighing all relevant factors to achieve an equitable result"[923].

---

920 Norwegen hatte um die Insel *Jan Mayen* keine ausschließliche Wirtschaftszone deklariert als es dies für die sonstigen der norwegischen Küste vorgelagerten Gewässer tat.

921 Obwohl die Entfernung zwischen Island und Jan Mayen weniger als 400 sm beträgt, ist Island mit Rücksicht auf seinen besonderen wirtschaftlichen Interessen eine ausschließliche Wirtschaftszone mit der Breite von 200 sm zugestanden worden, womit eine erhebliche Verschiebung der Äquidistanzlinie zu Islands Gunsten erfolgte.

922 *Agreement on the Continental Shelf between Icelnad and Jan Mayen* (Ice. v. Norway), 21 *ILM* 1222 (1982).

923 *Case Concerning the Continental Shelf* (Tunis. v. Libya) *ICJ Rep.* (1982) 18, 77-78.

Der Unterschied zum *Jan Mayen*-Fall bestand hier jedoch gerade darin, dass es nicht um potentielle Erdölvorkommen ging, sondern um die Bohrlöcher an sich und die zuvor von beiden Staaten vergebenen Konzessionen.
Neben einer – oben[924] bereits erwähnten – *de facto*-Fischereizonen-Grenzlinie wurde zunächst seitens Tunesiens im Jahre 1966 und nachfolgend von Libyen im Jahre 1968 eine weitere Linie gezogen, welche nach Ansicht des Gerichts ebenfalls eine *de facto*-Abgrenzung der Konzessionsgebiete beider Staaten bildete[925]. Entsprechend diesen Abgrenzungen waren beide Staaten ohne gegenseitige Behinderung und zumindest bis 1976 ohne Protest der anderen Seite in diesen Gebieten aktiv[926].

Auch wenn das Gericht es ablehnte, daraus auf eine implizit festgelegte maritime Grenze zu schließen, so sah er die protestlose Vergabepraxis von Konzessionen als wesentlichen Faktor im Rahmen des Abgrenzungsmechanismus an[927]. So orientierte sich der *IGH* zumindest im ersten Teil der maritimen Abgrenzung an der von den Parteien festgelegten Konzessionslinie mit dem Argument, dass:

> "[...] it is evident that the Court must take into account whatever indicia are available of the line which the Parties themselves may have considered equitable or acted upon as such – if only as an interim solution affecting part only of the area to be delimited."

Vor allem den Umstand, dass beide Staaten unabhängig von einander mit einem hohen Grad an Konsens diese *de facto*-Grenzlinien gezogen haben, bewertete der *IGH* als Indiz dafür, dass beide Staaten diese Linie als die für sie gerechteste Lösung ansähen[928].

Es waren also nicht die Erdölvorkommen an sich, die bei der Festlegung der maritimen Grenzen berücksichtigt wurden, sondern es waren die bereits vorhandenen Bohrlöcher, die in Folge eines sich über mehrere Jahre erstreckenden Konsenses bei der Vergabe von Erdölkonzessionen gegenseitig akzeptiert worden waren.

---

[924] 2. Kap., § 4, B., II., 2..
[925] *Case Concerning the Continental Shelf* (Tunis. v. Libya), *ICJ Rep.* (1982), 18, 70.
[926] *Case Concerning the Continental Shelf* (Tunis. v. Libya) , *ICJ Rep.* (1982), 18, 117.
[927] *Case Concerning the Continental Shelf* (Tunis. v. Libya) , *ICJ Rep.* (1982), 18, 96.
[928] Vgl.: *Feldmann*, The Tunisia-Libya Continental Shelf Case, S. 233.

Auch in der Staatenpraxis finden sich einige Beispiele bei denen bereits vorhandene Bohrlöcher und Konzessionen bei der Festlegung der maritimen Grenzen berücksichtigt worden sind[929].

Da die Unterteilung des Festlandsockels in Konzessionsgebiete außerdem sehr stark mit dem Konzept des Festlandsockelregimes verbunden ist, sprach viel dafür, die Konzessionslinien schließlich doch in *de facto*-Festlandsockelabgrenzungen umzudeuten.

(1.5.) 1984er IGH Gulf of Maine-Fall

Das zweite Mal, dass sich der *IGH* mit der Relevanz von Erdölkonzessionen auseinanderzusetzen hatte, war der Fall bezüglich der Determinierung der maritimen Grenzen im *Gulf of Maine* Gebiet im Jahre 1984[930]. Kanada trug in diesem Fall vor, dass eine *de facto*-Abgrenzung bestünde, da die von Kanada gezogene Äquidistanzlinie mit der amerikanischen „BLM Linie" übereinstimmen würde und diese zwischen 1965 bis 1972 von beiden Staaten und zahlreichen Erdölunternehmen anerkannt worden sei. Die USA bestritten ein solches Vorbringen.

Der *IGH* wies die kanadischen Argumente zurück. Selbst wenn es eine *de facto*-Abgrenzung gegeben hätte, so seien die Umstände nicht mit denen des *Tunesien/Libyen*-Falles vergleichbar. Anders als in der Situation im *Gulf of Maine* bestand an der nordafrikanischen Küste ein durch die ehemaligen Kolonialmächte geschaffener *modus vivendi*, welchen die sodann unabhängigen Staaten Tunesien und Libyen respektierten und auf dessen Grundlage Demarkationen vornahmen und Konzessionen vergaben.

Im Übrigen wurde die Periode zwischen 1965 und 1972 als zu kurz angesehen, um einen *modus vivendi* Effekt geltend machen zu können[931].

---

929 Z.B.: Qatar/VAE-Grenzabkommen von 1969 (*Charney/Alexander* (Hrsg.), International Maritime Boundaries, Vol. II, S. 1541); Indonesien/Malaysia-Grenzabkommen von 1969 (*Charney/Alexander* (Hrsg.), International Maritime Boundaries, Vol. I, S. 1019); Dänemark/DDR-Grenzabkommen von 1988 (*Charney/Alexander* (Hrsg.), International Maritime Boundaries, Vol. II, S. 2087).

930 *Delimitation of the Maritime Boundary in the Gulf of Maine Area, ICJ Rep.* (1984), 246.

931 *Delimitation of the Maritime Boundary in the Gulf of Maine Area, ICJ Rep.* (1984), 310f., para. 149-152.

(1.6.) 1985er IGH Festlandsockel-Fall Libyen vs. Malta

Im 1985er Festlandsockel-Fall zwischen Libyen und Malta[932] war der *IGH* von beiden Staaten angerufen worden, um die für die Abgrenzung des Festlandsockels wesentlichen, international akzeptierten Kriterien aufzuzeigen, die im konkreten Fall Berücksichtigung finden würden. Unter anderem berief sich Malta auf das seitens Libyens widerspruchslose Hinnehmen der Ziehung einer Mittellinie zwischen beiden Staaten im Jahre 1956. Libyens Schweigen sei als Zustimmung zu einer entsprechenden zwischenstaatlichen Grenze zu werten[933].

Der *IGH* wies das Vorbringen Maltas zurück und befand, dass historisch betrachtet weder gesetzgeberische noch erdölfördernde Aktivitäten mit Bezug zum Festlandsockel vorgelegen hätten, die es Wert gewesen wären, für die maritime Grenzziehung berücksichtigt zu werden. Anders als im Festlandsockel-Fall Tunesien/Libyen seinen hier in der Vergangenheit keinerlei, auf die Vergabe von Erdölkonzessionen gerichtete *de facto*-Demarkationen erfolgt, die im Übrigen dem gemeinsamen Konsens beider Staaten entsprochen hätten[934].

(1.7.) 1993er Jan Mayen Area-Fall und 1993er Quatar vs. Bahrain-Fall

In seinen Entscheidungen zur maritimen Abgrenzung im 1993er *Jan Mayen Area*-Fall[935] und 1993er *Quatar vs. Bahrain*-Fall[936] hatte sich der *IGH* nicht – wie eigentlich hätte vermutet werden können – mit der Staatenpraxis zur Vergabe von Erdölkonzessionen auseinander zu setzen.

(1.8.) IGH 2002er Festlandsockel-Entscheidung Kamerun vs. Nigeria

Eine – auch im Hinblick auf die Bedeutung von Erdölaktivitäten für den maritimen Abgrenzungsprozess – klarstellende Entscheidung findet sich im *IGH*-Urteil zum Streit zwischen Kamerun und Nigeria über die maritimen Abgrenzungen aus dem Jahre 2002[937].

---

932 *Continental Shelf (Libyan Arab Jamahiriya/Malta), ICJ Rep.* (1985), 13.

933 *Special Agreement for the Submission to the International Court of Justice of a Continental Shelf Dispute (Libya v. Malta)*, May 1976, 21 *ILM* 971 (1982).

934 *Continental Shelf (Libyan Arab Jamahiriya/Malta), ICJ Rep.* (1985), 28f., para. 24f..

935 *Maritime Delimitation in the Area between Greenland and Jan Mayen (Denmark v. Norway), ICJ Rep.* (1993).

936 *Maritime Delimitation and Territorial Questions between Qatar and Bahrain (Qatar v. Bahrain), ICJ Rep.* (2001).

937 *Case Concerning the Land and Maritime Boundary between Cameroon and Nigeria (Cameroon v. Nigeria: Equatorial Guinea intervening)* (10. October 2002), *ICJ Rep.* (2002).

Darin trug Nigeria vor, dass die Staatenpraxis in Bezug auf die Vergabe von Erdölkonzessionen einen wesentlichen Faktor für die Festlegung der maritimen Grenzen darstelle und der *IGH* die entsprechende Praxis Nigerias, Äquatorial Guineas und Kameruns zur Vergabe von Erdölkonzessionen nicht umverteilen könne[938]. Sich überschneidende Gebietsansprüche wären in Anbetracht der eindeutigen Staatenpraxis im Hinblick auf die seit Jahren stattgefundenen Erdölaktivitäten bedeutungslos. Im Übrigen hätte Kamerun trotz offensichtlicher nigerianischer Offshore-Erdölaktivitäten in den jetzt von Kamerun beanspruchten Gebieten nie dagegen protestiert.
Kamerun argumentierte dagegen, dass die nigerianische Vergabe von Erdölkonzessionen einen einseitigen *fait accompli* und keinen Rechtsakt darstellte, gegen den von Kameruner Seite aus hätte protestiert werden müssen.

Der Gerichtshof ging in seiner Urteilsbegründung zunächst noch einmal auf die relevante *IGH*-Rechtsprechung der vergangenen Jahre ein und kam sodann zu dem Schluss, dass das Bestehen ausdrücklicher oder *de facto*-Vereinbarungen zwischen Staaten im Hinblick auf die Vergabe von Erdölkonzessionen durchaus einen bestimmten Konsens über die Aufteilung maritimer Gebiete indizieren könnte. Er führte des Weiteren aus, dass Erdölkonzessionen und Erdölbohrlöcher an sich allerdings nicht als relevante Umstände angesehen werden können, um eine Anpassung oder Veränderung vorläufiger Grenzlinien zu rechtfertigen. Diese könnten nur dann Berücksichtigung finden, wenn sie auf Grund einer ausdrücklichen oder stillschweigenden Vereinbarung zwischen den Parteien zustande gekommen wären[939].
Das Gericht konnte im gegebenen Fall solche Vereinbarungen nicht feststellen und maß den Erdölkonzessionen für die Bestimmung der maritimen Grenzen keine Bedeutung bei.

Dieses Urteil fand im Hinblick auf die Bedeutung der Vergabe von Erdölkonzessionen seine Bestätigung im *IGH*-Urteil um den Souveränitätsstreit zwischen Indonesien und Malaysia um Pulau Ligitan und Pulau Sipatan im Dezember 2003[940]. Darin bemerkte *ad hoc*-Richter *Thomas Frank* nochmals klarstellend:

---

[938] *Case Concerning the Land and Maritime Boundary between Cameroon and Nigeria (Cameroon v. Nigeria: Equatorial Guinea intervening)* 94, *ICJ Rep.* (2002), 140, para. 302f..
[939] *Case Concerning the Land and Maritime Boundary between Cameroon and Nigeria (Cameroon v. Nigeria: Equatorial Guinea intervening)* 94, *ICJ Rep.* (2002), 140f., para. 304.
[940] *Case on Sovereignty over Pulau Ligitan and Pulau Sipatan (Indonesia, Malaysia)* (December 2002), *ICJ Rep.* (2003).

"This Court has held that, while oil concessions cannot shift existing delimitations, the existence of an express or tacit agreement between the Parties on the siting of their respective oil concessions may indicate a consensus on the maritime areas to which they are entitled."[941]

(2.) Zwischenergebnis zu IGH-Rechtsprechung bei Erdölaktivitäten

Die Rechtsprechung des *IGH* hat sich im Hinblick auf die Relevanz von Erdöl- und Erdgasvorkommen im Festlandsockel, das Vorhandensein von Erdölbohrlöchern bzw. die Vergabe von Erdölkonzessionen für die maritime Grenzenbestimmung verfestigt[942]. Die Entscheidung der Schlichtungs-Kommission im *Jan Mayen Area*-Fall, auch potentielle Erdölvorkommen zu berücksichtigen und dort JDZ vertraglich zu vereinbaren, wurde in den folgenden zwei Jahrzehnten durch den *IGH* nicht mehr bestätigt.

Auch wenn Offshore-Lagerstätten als besonderer Umstand im Zusammenhang eines maritimen Abgrenzungsprozesses auf der Basis des Prinzips der Erhaltung der Einheit von Ressourcenvorkommen Berücksichtigung finden können, hat dies entsprechend der Rechtsprechung des *IGH* nicht notwendiger Weise einen Einfluss auf die Determinierung des exakten Verlaufs der maritimen Grenzen an sich.

Nur wenn sich die Staaten entweder ausdrücklich oder stillschweigend über eine *modus vivendi* oder *de facto* bestehende Vereinbarung hinsichtlich der Vergabe von Konzessionen in bestimmten maritimen Gebieten einig sind, kann dieser Konsensfaktor für die Grenzfestlegung an sich Berücksichtigung finden.

(3.) Schlussfolgerung für das Kaspische Meer

Das in diesem Zusammenhang relevante Vorbringen einiger kaspischer Anrainerstaaten betrifft folgende Punkte:

(3.1.) Relevanz der „*Astara-Gassan-Kuly*"-Linie

Die ehemaligen kaspischen Sowjetrepubliken behaupten, dass die „*Astara-Gassan-Kuly*"-Linie als *de facto*-Grenzlinie sowohl von der Sowjetunion als

---

[941] *Case on Sovereignty over Pulau Ligitan and Pulau Sipatan (Indonesia, Malaysia), ICJ Rep.* (2003), para. 35.

[942] Im Gegensatz dazu sprach *Bathurst* im Jahre 1989 noch von einem unbefriedigenden Beitrag den der *IGH* zur Erreichung einer gewissen Sicherheit und Voraussehbarkeit bei den Regeln zur maritimen Grenzfestlegung im Zusammenhang mit Erdölaktivitäten bis dahin geleistet habe. (*Bathurst*, Sir Maurice: Joint Development of Offshore Oil and Gas, S. 38).

auch vom Iran anerkannt worden sei. Diese Behauptung ist vor allem auf die langjährige beiderseitige Staatenpraxis gestützt worden, dass jenseits dieser Linie beide Staaten ohne gegenseitige Zustimmung Erdölaktivitäten vorgenommen haben. Von keiner Seite sei dagegen offiziell protestiert worden. Wie oben[943] bereits genauer untersucht, weisen auch weitere Indizien auf eine beiderseitige Akzeptanz dieser *de facto*-Linie hin.
Allerdings sind diese Indizien als dafür nicht ausreichend anzusehen, um auf konkludente Vereinbarungen zu einer wie auch immer gearteten maritimen Abgrenzung schließen zu können.
In jedem Fall ist die Bedeutung dieser Staatenpraxis, jenseits der „*Astara-Gassan-Kuly*"-Linie weder Erdölbohraktivitäten vorzunehmen, noch mit Kriegsschiffen diese Linie zu überfahren insoweit als relevant zu erachten, dass die Behauptung des Irans, dass es sich beim Kaspischen Meer um ein Kondominium handeln würde und der Iran deswegen einen Anspruch auf ein Fünftel der Ressourcen hätte, ins Leere geht.

Die Situation stellt sich am Kaspischen Meer im Vergleich zu den oben dargestellten *IGH*-Fällen somit als eine besondere dar. Die vom *IGH* geforderten ausdrücklichen oder konkludenten Vereinbarungen zur Vergabepraxis von Konzessionen ließen sich nicht nachweisen. Allerdings spricht der historische Hintergrund und die auch im Hinblick auf Erdölkonzessionen eindeutige Staatenpraxis im südlichen Teil des Kaspischen Meeres dafür, dass die „*Astara-Gassan-Kuly*"-Linie in gewisser Weise als eine *de facto*-Linie zur Abgrenzung von Erdölaktivitäten bei der maritimen Abgrenzung im südlichen Teil des Kaspischen Meeres Berücksichtigung finden muss.

(3.2.) Relevanz der bereits vergebenen Konzessionen

Anders verhält es sich mit den von aserbaidschanischer Seite vorgebrachten Argumenten im Bezug auf deren Ansprüche an den im zentralen Teil des Kaspischen Meeres gelegenen Erdölfelder *Chirag*, *Azeri* und *Kapaz*. Diese Felder werden teilweise oder vollständig entweder von Aserbaidschan oder Turkmenistan beansprucht. Aserbaidschan hat hinsichtlich der Felder *Chirag* und *Azeri* im Rahmen des so genannten „Jahrhundertvertrags" bereits Konzessionen vergeben und sich zur Rechtfertigung dafür sowohl auf die Sektorenfestlegung zu Sowjetzeiten[944] als auch den Umstand berufen, dass diese Felder von aserbaidschanischen Geologen entdeckt worden seien.

---

[943] Siehe dazu bereits unter: 2. Kap., § 4, B., II..
[944] Dazu siehe unter: 2. Kap., § 4, A., I., 3. und B., II., 3., b).

Wie bereits[945] untersucht wurde, gehen diese Argumente zumindest im Hinblick eines sich daraus ergebenden Anspruchs Aserbaidschans auf eine bestimmte modifizierte Äquidistanzlinie in diesem Bereich des Kaspischen Meeres ins Leere.
Den 1970 vom sowjetischen Ölministerium festgelegten Sektorengrenzen kann zwar grundsätzlich im Wege einer Übertragung des *uti possidetis*-Prinzips der Status von Staatsgrenzen zuerkannt werden. Allerdings sollte diesen ehemaligen administrativen Grenzen ein solcher Status nur mit der Reichweite zuerkannt werden, dass zwischen den ehemaligen Sowjetrepubliken ein Konsens in der Weise bestanden hat, die im Festlandsockel des Kaspischen Meeres befindlichen Ressourcen entlang einer modifizierten Mittellinie real zu teilen, da das ohnehin für die Ausbeutung der Ressourcen alleinig zuständige sowjetische Ölministerium dem Erfordernis der Festlegung von dem internationalen Standard entsprechenden maritimen Grenzen nicht unterworfen war und die Sektorengrenzen daher auch relativ willkürlich gezogen hat.

Die Konzessionsvergabe seitens Aserbaidschans erfolgte nicht auf der Grundlage entsprechender expliziter oder konkludenter Vereinbarungen beider Staaten. Entsprechend der vom *IGH* aufgezeigten Kriterien ist die Vergabe der Konzessionen für die Bestimmung der maritimen Grenzen im Zentralteil des Kaspischen Meeres somit irrelevant.

(3.3.) "Unity of Deposits" und "Joint Development Zones"

Seitens des *IGH* ist bereits in den *Nordsee-Festlandsockel*-Fällen Erdölvorkommen bei der maritimen Grenzfestlegung in der Weise eine gewisse Bedeutung beigemessen worden, dass wenn möglich die Einheit von Lagerstätten gewahrt werden sollte. Allerdings ist dies in Anbetracht der darauf folgenden Rechtsprechung des *IGH* und einer breiten Staatenpraxis in dem Sinne zu verstehen, dass der Verlauf einer maritimen Grenzlinie davon in der Regel nicht beeinflusst werden soll. Es kann eine Grenzlinie also auch durch ein Erdölfeld verlaufen. Doch dann sollten zwischen den Staaten besondere Abkommen zur Ausbeutung dieser „gemeinsamen“ Erdölfelder geschlossen werden.

Es sei in diesem Zusammenhang nochmals auf die Rechtsprechung des *IGH* in den *Nordsee-Festlandsockel*-Fällen oder der *Jan Mayen Area*-Entscheidung der Streitschlichtungs-Kommission, in denen explizit die Errichtung von JDZ in Gebieten mit sich überschneidenden Gebietsansprüchen empfohlen wurden,

---

[945] 2. Kap., § 4, B., II., 3., b).

hingewiesen. Eine mittlerweile breite Staatenpraxis bei der Vereinbarung von JDZ zeigt, dass dieses Konzept auch in der Praxis funktioniert.

So ist auch mit dem am 13. Mai 2002 unterzeichneten kasachisch-russischen Übereinkommen über die gemeinsame Erschließung von drei in den zwischen Kasachstan und Russland befindlichen zentralen Offshore-Gebieten des Kaspischen Meeres gelegenen Erdölfeldern[946] gezeigt worden, dass sich auch in umstrittenen Gebieten des Kaspischen Meeres pragmatische Lösungen im Wege des „package deals" verhandeln lassen.

Jedoch kann aus völkerrechtlicher Sicht kein Anrainerstaat des Kaspischen Meeres von einem anderen verlangen, in Verhandlungen über die gemeinsame Ausbeutung von Lagerstätten in umstrittenen Gebieten einzutreten. Völkergewohnheitsrechtlich kann bisher allerdings nur dort eine Pflicht der Staaten zu Konsultationen, Zusammenarbeit und der Errichtung von JDZ festgestellt werden, wo die Staaten zumindest bereits allgemein die maritimen Grenzen vereinbart haben[947]. Auch wenn vereinzelt eine solche generelle Pflicht zur gemeinsamen Erschließung von im Grenzbereich befindlichen Vorkommen angenommen wird[948], so kann noch immer nicht von einer *opinio juris* getragenen einheitlichen Staatenpraxis in solchen Fällen ausgegangen werden, in denen in umstrittenen Gebieten - so wie beim Kaspischen Meer - noch keine maritimen Grenzlinien gezogen wurden[949].

In Anbetracht dessen, dass die kaspischen Staaten grundsätzlich an einer schnellstmöglichen Erschließung und Ausbeutung der offshore gelegenen Erdöl- und Erdgasressourcen interessiert sind, ist ihnen zur Vermeidung einer gegenseitigen – möglicherweise über Jahre währenden – Blockade von Erdölaktivitäten in den umstrittenen Gebieten zu raten, die Erschließung von definitiv

---

[946] *Protocol dated 13 May 2002 to the Agreement dated 6 July 1998 between the Republic of Kazakhstan and the Russian Federation regarding the Demarcation of the Seabed of the Northern Part of the Caspian Sea in order to Exercise the Sovereign Subsoil Use Rights dated 6 July 1998*, Barrows Company Inc., JDZ International, S. 387, siehe **Anlage 9**.
[947] Vgl.: *Bathurst*, Joint Development of Offshore Oil and Gas, S. 35; *Reynolds*, Delimitation, Exploitation, and Allocation of Transboundary oil & gas Deposits between Nation-States, S. 168ff.; siehe auch ausführlich zur Problematik: *Flormann-Pfaff*, Lagerstätten im Völkerrecht.
[948] *Onorato*, A Case Study on Joint Development, S. 541.
[949] So auch: *Bathurst*, Joint Development of Offshore Oil and Erdgas, S. 35; von in der Entstehung befindlichen entsprechenden Prinzipien sprechen: *Kzekely*, The International Law of Submarine Transboundary Hydrocarbon Resources, S. 766f.; *Reynolds*, Delimitation, Exploitation, and Allocation of Transboundary oil & gas Deposits between Nation-States, S. 168f..

umstrittenen Feldern unabhängig von der exakten Festlegung maritimer Grenzen im Wege von JDZ zu betreiben.

Wie bereits oben aufgezeigt, besteht neben der zeitlichen Verschiebung einer definitiven Grenzfestlegung im umstrittenen Bereich eine weitere Möglichkeit darin, dass diese Bereiche als lokal begrenzte gemeinsame Gebiete der betroffenen Staaten deklariert werden[950]. In diesen erfolgt sodann die gemeinsame Erschließung und Förderung der Naturressourcen entsprechend dem aus dem *SRÜ* bekannten „Gebietes"-Regelement, d.h. über eine gemeinsam zu gründende Organisation.

cc) Fischereirechte

Wie bereits oben[951] analysiert, haben die Fischereirechte im Kaspischen Meer sowohl auf nationaler als auch auf bilateraler Ebene ein umfangreiches Reglement gefunden. Zur kurzen Erinnerung, die Hauptaussage der relevanten und noch immer gültigen sowjetisch-iranischen Verträge beinhaltet dabei, dass jenseits einer exklusiven 10-sm-Fischereizone es beiden Staaten gestattet ist, im gesamten Kaspischen Meer zu fischen.

Die Praxis sah allerdings anders aus. Bis auf ein paar gemeinsame Aktivitäten im Rahmen eines nur wenige Jahre bestehenden sowjetisch-iranischen Fischereiunternehmens fischte jeder Staat über ein halbes Jahrhundert nur in seinem „Teil" des Kaspischen Meeres und nicht jenseits der *„Astara-Gassan-Kuly"*-Linie.

Die Gründe für diesen Widerspruch zwischen vertraglichen Vereinbarungen und Praxis sind vielschichtig und zu Genüge erörtert worden. In jedem Fall könnte diese Praxis als ein zusätzliches Indiz dafür angesehen werden, dass die *„Astara-Gassan-Kuly"*-Linie als eine *de facto* maritime Grenze angesehen worden ist.

Es soll daher im Folgenden auf die grundsätzliche Möglichkeit einer Relevanz von Fischereirechten für die Bestimmung der maritimen Grenzen eingegangen werden.

---

[950] Siehe Modell XIII (2. Kap., § 5).

[951] 2. Kap., § 4, B., I., 1., b) aa) (1); II. 2. und V., 2., d) dd) (1).

Sowohl in der Rechsprechung des *IGH* als auch im Rahmen der Verhandlungen verschiedener bilateraler maritimer Grenzabkommen waren historisch bedingte Fischereirechte zumindest Gegenstand der Diskussion[952].
Während in mindestens sechs bilateralen maritimen Grenzabkommen Aspekte der Fischerei einen direkten Einfluss auf den Verlauf der Grenzlinie hatten[953], hat seitens des *IGH* eine Berücksichtigung vor allem historischer Fischereirechte kaum stattgefunden[954].
Trotzdem sind historisch gewachsene Fischereirechte als Umstände anerkannt worden, die in einer vage gefassten Bedeutung als besondere Faktoren im Rahmen maritimer Abgrenzungen berücksichtigt werden können. Dies kann allerdings nie so weit gehen, dass der Verlauf maritimer Grenzen dadurch bestimmt werden würde. Die Relevanz bezieht sich maximal auf die Ausdehnung der ausschließlichen Wirtschaftszonen, die sich, wie bereits erwähnt, schließlich aus dem Fischereizonenkonzept entwickelt haben[955], nicht aber auf die Abgrenzung des Festlandsockels[956].

Im Hinblick auf die im Kaspischen Meer noch immer gültige Vertragssituation und die historische Fischereipraxis kann somit geschlussfolgert werden, dass deren Relevanz für eine Berücksichtigung bei der Festlegung der maritimen Abgrenzungen der Festlandsockel und der Determinierung einer die kaspischen Gewässer teilenden Mittellinie als sehr gering zu bewerten ist.

Der auch beim Fischfang zu beobachtenden Praxis der Respektierung einer *de facto*-Grenzlinie entlang der *„Astara-Gassan-Kuly"*-Linie kann jedoch insoweit Bedeutung beigemessen werden, dass damit der allgemein zu beobachtenden

---

952 Vgl.: *Kwiatkowska*, Economic and Environmental Considerations in Maritime Boundary Delimitation, S. 81ff., m.w.N.; *Bravender-Coyle*, The Emerging Legal Prinziples and Equitable Criteria Governing the Delimitation of Maritime Boundaries Between States, S. 194f..

953 Z.B.: 1980er Vertrag zwischen Island und Norwegen (Jan Mayen) (*Charney/Alexander* (Hrsg.), International Maritime Boundaries, Vol. II, S. 1755ff.); *Kwiatkowska*, Economic and Environmental Considerations in Maritime Boundary Delimitation, S. 83ff., m.w.N..

954 Sowohl im *Gulf of Maine*-Fall, *ICJ Rep.* (1984), 342, para. 237) als auch im *Tunesien/Libyen*-Fall, *ICJ Rep.* (1982), 68, para. 97-100) wies der *IGH* von den Parteien vorgebrachte historische Fischereirechte als irrelevant zurück.

955 Siehe dazu ausführlich unter: 2. Kap., § 4, C., III., 3., d) aa).

956 *Kwiatkowska* will die Auswirkungen sogar nur auf Gebiete die der nationalen Jurisdiktion unterfallen eingeschränkt wissen und klammert hierbei auch die ausschließlichen Wirtschaftszonen aus, in denen die Küstenstaaten immerhin noch an einem gewissen Maß an Jurisdiktion verfügen. (*Kwiatkowska*, Economic and Environmental Considerations in Maritime Boundary Delimitation, S. 85f.).

Tendenz der Sowjetunion und des Iran, diese Linie als *de facto*-Grenzlinie zu akzeptieren, Vorschub geleistet wird. Dies wäre zumindest indirekt im Rahmen der Abgrenzungsverhandlungen für den südlichen Teil des Kaspischen Meeres zu berücksichtigen.

C. Zusammenfassender Lösungsvorschlag zu auf das Kaspische Meer anwendbaren Teilungsprinzipien

Wie in den vorherigen Ausführungen festgestellt werden konnte, findet sich für die Aufteilung der unter dem Kaspischen Meer befindlichen Rohstoffe weder ein entsprechendes völkervertragliches Reglement noch kann davon ausgegangen werden, dass sich ein gewisses lokales Gewohnheitsrecht hinsichtlich derer Aufteilung entwickelt hat. Weder sind die Prinzipien des 1982er *SRÜ* auf das Kaspische Meer direkt übertragbar, noch ist eine einheitliche Staatenpraxis bei der Ressourcenaufteilung internationaler Seen zu verzeichnen. Zumindest findet sich in der modernen völkerrechtlichen Praxis kaum noch ein Beispiel für eine kondominiale Aufteilung der Naturreichtümer, so wie es von einigen kaspischen Anrainerstaaten vertreten worden ist und teilweise noch vertreten wird.
Insbesondere auf Grund der politisch instabilen Situation im zentralasiatisch-kaukasischen Raum ist es angebracht, der internationalen Staatenpraxis folgend, die jeweiligen Gebiete absoluter territorialer Souveränität abzugrenzen und in Bereichen mit grenzüberlappenden Ressourcenvorkommen sich auf zwischenstaatlicher Ebene auf die Bedingungen für eine gemeinsame Ausbeutung zu verständigen.

Als Hilfsmittel für die Grenzziehungen sollten die im *SRÜ* verankerten und sich in naher Zukunft zu Völkergewohnheitsrecht entwickelnden Prinzipien unter Berücksichtigung der relevanten Entscheidungen des *IGH* herangezogen werden. Auf Grund dessen würde sich die Aufteilung des Kaspischen Meeres entlang einer modifizierten Mittellinie ergeben.
Es sollte somit zunächst entlang einer der durchschnittlichen Wasserstandshöhe der letzten Jahre zu ziehenden geraden Basislinie eine entsprechende Mittellinie gezogen werden. Bei der sodann erfolgenden Modifikation dieser Mittellinie sollten sodann verschiedene Gesichtspunkte, wie die Berücksichtigung gewisser Inseln oder Buchten, beachtet werden.

Die Modifikationen sollen des Weiteren angesichts der historischen und völkerrechtlichen Gegebenheiten am Kaspischen Meer auch an gewissen „historischen Titeln" orientiert werden.

So wie der *IGH* in zahlreichen Entscheidungen, die die Aufteilung von Naturressourcen betreffen, entschieden hat, sind traditionelle wirtschaftliche Aktivitäten und historische Ansprüche zu beachten. Allerdings kann potentiellen Erdöl- und Erdgasvorkommen im Festlandsockel, bereits vorhandenen Erdölbohrlöchern bzw. bereits vergebenen Erdölkonzessionen nur dann eine für die maritime Grenzenbestimmung beachtliche Relevanz beigemessen werden, wenn diese auf Grund ausdrücklicher oder zumindest stillschweigender Vereinbarungen zwischen den Parteien zustande gekommen sind.

Die im Rahmen des so genannten „Jahrhundertvertrags“ seitens Aserbaidschans an das Konsortium westlicher Ölfirmen vergebenen Konzessionen zur Ausbeutung der zwischen der aserbaidschanischen und turkmenischen Küste gelegenen Lagerstätten *Chirag* und *Azeri* erfolgte nicht auf der Grundlage entsprechender expliziter oder konkludenter Vereinbarungen beider Staaten. Entsprechend der vom *IGH* aufgezeigten Kriterien ist die Vergabe der Konzessionen für die Bestimmung der maritimen Grenzen im Zentralteil des Kaspischen Meeres somit irrelevant. Ebenfalls ins Leere läuft die Berufung Aserbaidschans auf die in den 70er Jahren erfolgte Sektorenfestlegung durch das sowjetische Ölministerium, da dieser ein rein administrativer Charakter zuzuerkennen ist.

Auch wenn Offshore-Lagerstätten als besonderer Umstand im Zusammenhang eines maritimen Abgrenzungsprozesses auf der Basis des Prinzips der Erhaltung der Einheit von Ressourcenvorkommen Berücksichtigung finden können, muss dies nach der Rechtsprechung des *IGH* nicht notwendiger Weise einen Einfluss auf die Determinierung des exakten Verlaufs der maritimen Grenzen an sich haben. Es kann eine Grenzlinie also auch durch ein Erdölfeld verlaufen. Doch dann sollten zwischen den Staaten besondere Abkommen zur Ausbeutung dieser „gemeinsamen“ Erdölfelder geschlossen werden. Eine mittlerweile breite Staatenpraxis bei der Vereinbarung von JDZ zeigt, dass dieses Konzept auch in der Praxis funktioniert.

Im Rahmen der kasachisch-russischen Vereinbarungen über die Aufteilung des Seebetts des nördlichen Teils des Kaspischen Meeres ist allerdings das Bemühen der Vertragsparteien zu erkennen gewesen, die Einheit von Lagerstätten bei der Demarkation zu erhalten, um diese sodann lediglich einer Jurisdiktion unterwerfen zu können.

Sollte auf absehbare Zeit eine definitive Grenzfestlegung in umstrittenen Gebieten nicht in Aussicht stehen, so bestünde eine weitere Möglichkeit darin, dass diese Bereiche als lokal begrenzte gemeinsame Gebiete der betroffenen Staaten deklariert werden[957]. In diesen könnte sodann unabhängig von der später erfolgenden Demarkation die gemeinsame Erschließung und Förderung der Naturressourcen entsprechend dem aus dem *SRÜ* bekannten „Gebiets"-Regelements erfolgen.

Historische Gründe und die im Hinblick auf Erdölkonzessionen eindeutige Staatenpraxis im südlichen Teil des Kaspischen Meeres sprechen des Weiteren dafür, dass die *„Astara-Gassan-Kuly"*-Linie in gewisser Weise als eine *de facto*-Linie zur Abgrenzung von Erdölaktivitäten bei der maritimen Abgrenzung im südlichen Teil des Kaspischen Meeres Berücksichtigung finden muss.

957 Siehe Modell XIII (2. Kap., § 5).

Drittes Kapitel: Transport- und umweltrechtliche Aspekte

§ 7 Pipelinetransport und Transitproblematik

A. Einführung in die Pipeline- und Transitproblematik im kaspischen Raum

Bevor das kaspische Erdöl überhaupt verschifft werden kann, stellt sich für Investoren die zunächst noch wichtigere Frage, wie dieses Erdöl kostengünstigst zu den an den Weltmeeren gelegenen Häfen transportiert werden kann. Für die kaspische und zentralasiatische Region stellt sich dabei das Problem, dass die dortigen Staaten größtenteils über keinen eigenen, direkten Zugang zum offenen Meer verfügen, der einen unkomplizierten Abtransport der geförderten Rohstoffe erlauben würde, sondern diese über lange Distanzen und mit entsprechendem Kostenmehraufwand[958] zu den Häfen oder sonstigen Verbrauchern transportiert werden müssen[959].
Wie bereits erwähnt, besteht ein zusätzlicher Risikofaktor für kaspische Pipelines schließlich darin, dass diese durch eine Vielzahl politisch instabiler Staaten und lokaler Konfliktherde führen bzw. deren Bau durch solche Regionen geplant ist[960]. Vor allem die Regionen Nagorny-Karabach, Abchasien, Adscharien, Kurdistan, Afghanistan, Tschetschenien und auch der Iran[961] zeichnen sich durch eine erhöhte politische Instabilität und auf Grund ihrer Nähe zu wichtigen kaspischen Transitpipelines durch ein erhöhtes Risiko potentieller Transportunterbrechungen und terroristischer Anschläge aus.

Neben diesen Unsicherheitsfaktoren stellt sich in Anbetracht dessen, dass die Pipelines in den meisten Fällen sogar mehrere Länder durchqueren müssen, die

---

[958] Vgl.: *Stauffer*, The Iranian Connection, S. 5.

[959] AIOC - Early Oil Western Route: Baku (Aserbaidschan) - Supsa (Georgien) (seit April 1999: 0.21 Mio. bbl/d), AIOC - Early Oil Northern Route: Baku - Noworossisk (Russland) via Tschetschenien (seit 1997: 0.1 Mio. bbl/d), AIOC Northern Route - Tschetschenien Bypass mit Link nach Mahachkala Baku via Daghestan nach Tikhoretsk (Russland); Verbindung zu Noworossisk (Russland) (seit 2000: Kapazität - 0.12 Mio. bbl/d), Atyrau-Samara: Atyrau (Kasachstan) - Samara (Russland) (0.21 - 0.31 Mio. bbl/d), Caspian Pipeline Consortium (CPC Tengiz (Kasachstan) - Noworossisk (Russland)) (seit 2001: 0.56 Mio. bbl/d Phase 1; bis zu 1.34 Mio. bbl/d), (United States Energy Information Administration, http://www.eia.org) Eine Darstellung der bestehenden und geplanten Pipelinerouten unter http://www.grida.no/caspian/maps_graphics/transp.htm.

[960] Siehe dazu unter: 1. Kap., § 2, E..

[961] Vgl.: Ausführliche Analyse für alternative Pipeline-Routen durch den Iran bei: *Stauffer*, The Iran Connection.

Problematik der rechtlichen Rahmenbedingungen, deren Stabilität für Investoren von entscheidender Bedeutung ist. Neben den zu beachtenden jeweiligen nationalen Gesetzen zum Eigentum an der Pipeline und dem Grund und Boden, auf dem die Pipeline verlegt werden soll, ist eine Vielzahl weiterer pipelinespezifischer Faktoren zu berücksichtigen. Soweit dies in nationalen Gesetzen nicht bereits einer Regelung zugeführt worden ist, bedürfen die Nutzungsrechte Dritter, die Höhe der Transitgebühren und sonstiger Unterhaltungskosten, Umwelt-[962] und Sicherheitsstandards und Schadensersatzregelungen für den Fall von Unfällen, einer genauen Regelung. Wie an späterer Stelle noch ausführlicher dargestellt werden wird, ist in der jüngsten Staatenpraxis eine Tendenz zu verzeichnen, über bi- oder multilaterale Abkommen zwischen den privaten und staatlichen Beteiligten das potentielle Chaos im Falle der Anwendung verschiedener nationaler Rechtsnormen auf eine Pipeline zu umgehen[963].

Neben der nationalen Rechtslage ergibt sich vom völkerrechtlichen Standpunkt aus der weitere Aspekt des Rechts landumschlossener Länder, Pipelines im Transit durch die Territorien der Nachbarstaaten zu verlegen. Die völkerrechtliche Behandlung grenzüberschreitender, landverlegter Pipelines unterscheidet sich dabei von der seeverlegter Pipelines.

Die völkerrechtliche Handhabung seeverlegter Rohrleitungen hat spätestens seit dem Inkrafttreten des 1982er *SRÜ*, welches in weiten Teilen kodifiziertes allgemeines Völkergewohnheitsrecht darstellt, eine gewisse Vereinheitlichung erfahren. Danach ist jeder Staat befugt, zumindest auf hoher See und über den Festlandsockel des Küstenstaates Pipelines zu verlegen, soweit er dadurch nicht erhebliche Interessen des Transitstaates verletzen würde.
Anders stellt sich die Situation bei landverlegten Pipelines dar. Ob hier ein zumindest völkergewohnheitsmäßiges Recht, eine Pipeline im Transit durch einen Drittstaat zu bauen besteht, ist noch immer fraglich.

Eine Analyse der internationalen Staatenpraxis bzw. Wirtschaftspraxis ergibt kein einheitliches Bild hinsichtlich der vertraglichen Ausgestaltung von Pipeli-

---

[962] Siehe dazu unter: 3. Kap., § 9, A., II..

[963] So ist im Oktober 1998 die sog. *Ankara Deklaration* zwischen Aserbaidschan, Georgien, Kasachstan und der Türkei unterzeichnet worden, welche den Rahmenvertrag für den Bau der Baku-Ceyhan-Pipeline darstellt (http://www.mfa.gov.tr/GRUPH/Release/1998/Ankara.htm). Im November 1999 sind zwischen den Investoren des Betreiberkonsortiums und den Transitstaaten weitere Host-Governmental contracts unterzeichnet worden, welche die endgültigen rechtlichen Rahmenbedingungen für die Pipeline fixieren sollten.

neverträgen. Auch die Zähigkeit von Verhandlungen zu multilateralen Verträgen[964], die die Transit- und Pipelinezugangsrechte rechtlich bindend fixieren sollen, ist bezeichnend für die, in diesem Zusammenhang auftretenden, Interessenkonflikte. Die Erdöl und Erdgas fördernden ehemaligen kaspischen Sowjetrepubliken sehen sich noch immer der Willkür des russischen Pipelinemonopols ausgesetzt. Die Konstruktion eines multiplen Export-Pipelinenetzes vom Kaspischen Becken zu den Weltmärkten ist für sie daher ein Hauptanliegen, welches es so schnell wie möglich zu verwirklichen gilt[965].

Eine umfassende Darstellung der Transit- und Pipelineproblematik landumschlossener Länder soll nicht Gegenstand der vorliegenden Arbeit sein, da sich in der Literatur zumindest zur Transitproblematik bereits umfassend geäußert worden ist[966]. Hinsichtlich der Auflistung verschiedener bestehender bzw. noch im Bau befindlicher Pipelines und einer Analyse der Vielzahl von Pipelineverträgen sei ebenfalls auf bereits vorhandene Literatur verwiesen[967].

Im Folgenden sollen vielmehr die insbesondere für die landumschlossenen Länder Zentralasiens relevanten Problematiken und Tendenzen von Transitpipelines dargestellt werden.

---

[964] Wie zum Beispiel die bereits seit über zwei Jahren währenden Verhandlungen zur Entwicklung eines, insbesondere auf die Bedürfnisse der ehemaligen Sowjetrepubliken eingehenden, Transitprotokolls, welches den bisherigen „soften" Transitartikel des *Energiechartavertrags* spezifizieren soll.

[965] Vor diesem Hintergrund ist auch die vehemente Protegierung der aus wirtschaftlichen Gesichtspunkten lange Zeit umstrittenen *Baku-Ceyhan-Pipeline* als Hauptexportpipeline für kaspisches Erdöl verständlicher. Auch wenn eine Einspeisung von aserbaidschanischem Erdöl in die im Juni 2001 in Funktion genommene *CPC-Pipeline* zum russischen Schwarzmeerhafen Noworossisk oder in ein noch auszubauendes iranisches Pipelinesystem wirtschaftlich sinnvoller erscheinen, so könnte sich doch im Ernstfall eine unerwünschte Abhängigkeit ergeben.

[966] Vgl.: *Dehnert*, Das Recht der Binnenstaaten auf Zugang zum Meer; *Schröder*, Der freie Zugang der Binnenstaaten zum Meer; *Merryman/Ackermann*, Transit Trade of Landlocked States; *Roggenkamp*, Transit of Networkbound Energy; *Neumann*, Boliviens Recht auf freien Zugang zum Pazifik; *Vascianne*, Land-Locked and Geographically Disadvantaged States in the International Law of the Sea.

[967] Weniger umfangreich ist die Literatur zur Problematik der Transitpipelines. Vgl. dazu: *United Nations*, The Legal Status of International Erdgas Pipelines; *Roelandt*, La condition juridique des pipelines dans le droit de la mer; *Vinogradov*, Cross-Border Oil and Erdgas Pipelines; *Wiese*, Grenzüberschreitende Landrohrleitungen und seeverlegte Rohrleitungen im Völkerrecht.

B. Rechtliche Aspekte grenzüberschreitender Pipelines

Neben den politischen Rahmenbedingungen sind vor allem die nationalen Bestimmungen hinsichtlich des Investitionsschutzes und der Durchsetzbarkeit von Verträgen und die vertraglichen Rahmenverträge zwischen allen Vertragsparteien die wichtigsten Aspekte, die über den tatsächlichen Erfolg des jeweiligen Pipelineprojektes entscheiden.

Die Besonderheit von grenzüberschreitenden Pipelines liegt darin, dass sich deren physische Einheit in der Regel nicht auf die rechtliche Ebene übertragen lässt. Soweit keine entgegenstehenden internationalen Verträge geschlossen werden, sind die auf dem jeweiligen Staatsterritorium verlaufenden Pipelinesegmente kein „Fremdkörper", sondern eine Industrieanlage wie jede andere, die dem jeweiligen nationalen Recht unterliegt[968].

Allerdings finden sich in kaum einem der kaspischen Anrainerstaaten Gesetze, welche explizit die Problematik des Pipelinebaus und der Nutzungsrechte regeln. Neben Russland hat lediglich noch die Türkei als ein wichtiger Transitstaat für die *Baku-Ceyhan-Pipeline* diesbezüglich ein relativ umfangreiches Regelwerk geschaffen[969].

Wohl gerade deswegen findet sich bei den in jüngster Vergangenheit gebauten bzw. noch im Bau befindlichen „kaspischen" Pipelineprojekten eine Tendenz dahingehend, dass die Eigentümerstruktur von der üblichen abweicht und viele rechtliche Aspekte über internationale Verträge, sowohl auf zwischenstaatlicher Ebene als auch zwischen den Staaten und den Investoren abgeschlossen werden. Darin finden sich Bestimmungen zur Regelung des Wegerechts[970], der Eigentumsverhältnisse, der Transitgebühren und -abgaben, der Nutzungsrechte

---

[968] So auch: *Lagoni*, Pipelines, S. 297; *Wiese*, Grenzüberschreitende Landrohrleitungen und seeverlegte Rohrleitungen im Völkerrecht, S. 61.

[969] Vgl. dazu im Einzelnen: *Öz*, Eurasian Pipeline Projects through Turkey, S. 154f..

[970] Idealerweise sollten solche internationalen Vereinbarungen durch eine entsprechende nationale Rechtslage gedeckt sein. So verabschiedete Georgien noch vor der Unterzeichnung der Baku-Ceyhan-Pipelineverträge noch ein spezielles Gesetz, welches den verpflichtenden Verkauf bzw. ein Enteignungsrecht für Grundstücke vorsieht, deren Bedeutung im nationalen Interesse liegt. (vgl.: *Vinogradov*, Cross-Border Oil and Erdgas Pipelines, S. 23).

hinsichtlich der Pipelinekapazität, der Besteuerung, der anzuwendenden Standards und der Beilegung von Streitigkeiten[971].

I. Eigentümerstruktur

Wie bereits erwähnt, ist die Eigentümerstruktur von Pipelines von besonderer Bedeutung für die rechtlichen Vertragsgestaltungen und die Finanzierungsmechanismen für die jeweiligen Pipelineprojekte.

Die üblichste Struktur stellt sich so dar, dass die nationalen Teilabschnitte der Pipeline von verschiedenen, dem jeweiligen Landesrecht entsprechend gegründeten, Rohrleitungsgesellschaften betrieben werden. Eigentümer sind jeweils die Staaten über ihre staatseigenen Unternehmen[972] oder Unternehmen, die sich in privater Hand befinden. Die *Maghreb-Europa-Erdgaspipeline* ist ein typisches Beispiel für die Unterteilung einer Pipeline in verschiedene nationale Sektoren, die zumindest mehrheitlich in staatlichem Eigentum steht[973].

Insbesondere die neueren „kaspischen" grenzüberschreitenden Exportpipelines weisen eine im Vordringen befindliche Eigentümerstruktur auf, bei der sich die Pipeline teilweise oder sogar vollständig in privater Hand befindet. Hier hat sich in der Regel eine Vielzahl internationaler Erdölunternehmen zu einem Joint Venture zusammengeschlossen, um das von ihnen geförderte Erdöl oder Erdgas selbst zum nächstgelegenen Ölhafen zu transportieren. Zu erwähnen ist hier die *CPC-Pipeline*[974] von Kasachstan an den russischen Schwarzmeerhafen Nowo-

---

[971] Hinsichtlich der letzten drei Punkte sei auf die Ausführungen bei: *Vinogradov*, Cross-Border Oil and Erdgas Pipelines, S. 26ff. und *Merrills*, International Dispute Settlement, S. 170ff. verwiesen.

[972] Wie z.B. *Transneft* in Russland, *TPAO* in der Türkei, *Société Nationale des Produits Pétroliers* (SNPP) in Marokko, SONATRECH in Algerien, *SOCAR* in Aserbaidschan, *Transgas* in Portugal und *Enagas* in Spanien (zumindest mehrheitlich vom spanischen Staat über das *Instituto Nacional de Hidrocarburos* gehalten).

[973] Eigentümer sind: in Algerien - *SONATRACH*, in Makokko - *SNPP*, Offshore - *SNPP/Enagas/Transgas*, Spanien - *Enagas/Transgas*, Portugal - *Transgas/Enagas*, Vgl.: *Piqueras*, The Maghreb-Europe Erdgas Pipeline, S. 96; *Dufol/Quitana*, Legal and Financial Aspects of the Maghreb - Europe Pipeline.

[974] Neben dem russischen, kasachischen und omanischen Staat sind auch zahlreiche internationale Erdölfirmen (u.a. British Erdgas, Chevron, Agip) an dem *Caspian Pipeline Consortium* beteiligt. (Ausführlich dazu: *Ostrander-Krug/Zhaiylgan*, Transborder Infrastructure Projects: CPC Pipeline, A Case Study).

rossisk und die *Baku-Ceyhan-Pipeline*[975] von Aserbaidschan über Georgien an den türkischen Mittelmeerhafen Ceyhan.

II. Transitgebühren und -abgaben

Neben so wichtigen Fragen wie denen der Besteuerung, der Verwendung einheitlicher technischer Standards, der Festlegung akzeptabler Streitschlichtungsmechanismen und Eigentümerstrukturen, findet sich gerade beim grenzüberschreitenden Pipelinetransport der sensible Faktor der von der Pipeline-Betreibergesellschaft zu entrichtenden Transitgebühren bzw. -abgaben.

Während mit Transitgebühren (Transit Tariffs[976]) Benutzungsgebühren bezeichnet werden, die von den Benutzern der Pipeline an den Eigentümer für gewisse Verwaltungskosten und andere mit der Verlegung der Pipeline für den Transitstaat zusätzlich entstandene Kosten entrichtet werden müssen, handelt es sich bei einer Transitabgabe (Transit Fee oder Charges[977]) um eine, vom Eigentümer an den Transitstaat zu entrichtende Entschädigungszahlung dafür, dass

---

[975] Als Eigentümer der Pipeline war am 1. August 2002 die Holding *Baku-Tbilisi-Ceyhan Pipeline Company* gegründet worden. Das Pipelinekonsortium setzt sich zusammen aus folgenden Teilhabern: *BP* (32,6%, USA), *SOCAR* (25%, Aserbaidschan), *Statoil* (8,7%, Norwegen), *Unocal* (8,9%, USA), *TPAO* (6,53%, Türkei), *Eni* (5,0%, Italien), *Itochu* (3,4%, Japan), *Inpex* (2,5%, Japan), *Delta Hess* (2,36% (Saudi Arabien - USA) und *Total* (5,0%, Frankreich). Vorsitzender ist *Natiq Aliyev*, der Präsident der aserbaidschanischen staatlichen Erdölgesellschaft *SOCAR*. Betreiber ist *BP*. Die Verlegung des 442 km langen aserbaidschanischen Teils der *BTC-Pipeline* ist der griechischen Firma *Consolidated Contractors International Company* zugesprochen worden. Für die Verlegung des 248 km langen Abschnitts durch Georgien und die Errichtung zusätzlich benötigter Einrichtungen in Aserbaidschan und Georgien war das joint venture zwischen der französischen *Spie Capag* und der US amerikanischen *Petrofac* zuständig. Für den türkischen Teil zeichnet die türkische staatliche *BOTAS* verantwortlich. Mit dem Bau wurde am 18. September 2002 begonnen und zwischenzeitlich offiziell Ende Mai 2005 eingeweiht. (vgl.: *Barrows Allert* vom 4.10.2002; 'First construction contracts awarded for Baku-Ceyhan oil pipeline', *Agence France-Press*, August 2, 2002; *Sultanova*, 'Caspian Sea pipeline to be unveiled', *Associated Press*, May 24, 2005).

[976] Hinsichtlich der im Englischen verwendeten Begrifflichkeiten ist eine klare Linie nicht immer aufzuzeichnen. In der Vergangenheit sind auch die sich allein auf den Transit an sich beziehenden Transitabgaben als „transit fees" oder „royalties" bezeichnet worden. (vgl.: *Stevens*, A history of transit pipelines, S. 222ff.).

[977] So wird Artikel 11 des Entwurfs zum *Energiecharta-Transitprotokoll* im Unterschied zu „Transit Tariffs" (Artikel 10) mit „Charges" überschrieben. Im Gegenschluss zum Wortlaut des Artikels 10 sind mit „Charges" somit Gebühren gemeint, die auf Grund des Umstandes des Transits alleine erhoben werden sollen.

vom Transitstaat die Verlegung über nationalen Grund und Boden gewährt wird[978]. Eine mit dem Transitrecht eng zusammenhängende Frage betrifft das Recht des Pipelinebetreibers, vom Transitstaat eine Befreiung von diesen Transitgebühren bzw. -abgaben verlangen zu können.

1. Transitgebühren

Insbesondere bei grenzüberschreitenden Pipelines ist eine diesbezügliche klare und international akzeptierte Praxis nicht vorhanden. Allerdings findet sich in der Staatenpraxis eine generelle Akzeptanz für die Erhebung von Transitgebühren, solange sie nicht unverhältnismäßig oder diskriminierend ist. Diese findet sich auch im Wortlaut zahlreicher transitbezogener Konventionen wieder. Eine Vorreiterrolle spielte hier die *Barcelona Convention and Statute on Freedom of Transit*[979] vom 20. April 1921, in deren Artikel 3 und 4 es wie folgt heißt:

> "Traffic in transit shall not be subject to any special dues in respect of transit (including entry and exit). Nevertheless, on such traffic in transit there may be levied dues intended solely to defray expenses of supervision and administration entailed by such transit. The rate of any such dues must correspond as nearly as possible with the expenses which they are intended to cover, and the dues must be imposed under the conditions of equality [...]."[980]

> "The Contracting States undertake to apply to traffic in transit [...] tariffs which [...] are reasonable as regards both their rates and the method of their application. [...]"[981]

Ähnliche Formulierungen finden sich in Artikel V *GATT* 1947 und 1994:

> "3. [...] shall be exempt from custom duties and from all transit duties or other charges imposed in respect of transit, except charges for transportation of those commensurate with administrative expenses entailed by transit or with the cost of service rendered." 4. "All charges and regulations imposed by contracting parties on traffic in transit to and from other contracting parties shall be reasonable, having regard to the conditions for the traffic." 5. "With respect to all charges, regulations and formalities in connection with transit, [...] no less favourable the treatment accorded to traffic in transit to or from any third country."

---

[978] Vgl.: *Vinogradov*, Cross-Border Oil and Erdgas Pipelines, S. 24ff..
[979] *LNTS*, Vol. 7, S.11, Zur Bedeutung der Konvention für den Transit grenzüberschreitender Pipelines sogleich weiter unten.
[980] Artikel 3.
[981] Artikel 4.

Damit im Wesentlichen übereinstimmend sind solche Formulierungen ebenfalls in Artikel 33 der *Havana Charter for an International Trade Organization* vom 24. März 1948[982], Prinzip V des *Genfer Übereinkommens über die Hohe See* vom 29.April 1958[983], Prinzip IV der *Convention on Transit Trade of Land-Locked States* vom 8. Juli 1965[984], Artikel 127 des 1982er *SRÜ* und Artikel 10 des Entwurfs des *Energiecharta-Transitprotokolls*[985] enthalten.

2. Transitabgaben

Komplizierter erscheint die Rechtslage hinsichtlich des Rechts der Transitstaaten, Transitabgaben zu erheben. Der Wortlaut der oben erwähnten transitbezogenen Konventionen legt die Vermutung nahe, dass grundsätzlich keine solchen Abgaben erhoben werden dürfen. Allerdings ist es wiederum sehr fraglich, ob diese Bestimmungen auch auf Pipelines Anwendung finden. Gemäß Artikel 124 Abs. 2 *SRÜ* unterfallen Pipelines nur dann der Transitfreiheit, soweit dies ausdrücklich zwischen dem Binnenstaat und dem Transitstaat vereinbart wird.
Selbst in den Verhandlungen zum *Energiecharta-Transitprotokoll*, welches u.a. auch den Pipelinetransport betrifft[986], ist es den Vertragsparteien des *Energiechartavertrages* nicht gelungen, sich auf ein explizites Verbot solcher Transitabgaben (Charges) zu einigen. Gemäß Artikel 11 sind die Vertragsparteien lediglich dazu verpflichtet, solche Transitabgaben nur in Übereinstimmung mit Artikel V des *GATT 1994* zu erheben[987]. Auch wenn sich aus dessen Wortlaut eindeutig ein Verbot der Erhebung solcher "Charges" zu ergeben scheint[988], so wird dieses nicht nur in der Literatur[989] angezweifelt, sondern findet ebenfalls keine durchgehende Bestätigung in der Staatenpraxis.

---

982 Wie Artikel V GATT, aber nie in Kraft getreten.

983 Principle V: Right of free transit: "The transit shall not be subject to any customs duty or specific charges or taxes except for charges levied for specific services rendered."

984 Principle IV: "Means of transport in transit should not be subject to spezial taxes or charges higher than those levied fort he use of means of transport of the transit country."

985 In der Fassung vom 10. Dezember 2003 (CS (03) 842, CC 251) (Text unter: http://www.encharter.org).

986 Artikel 4 des Entwurfs des *Energy Charter Protocol on Transit*: Scope: "[...]it shall apply to Energy Materials and Products in Transit through Energy Transport Facilities [...]." .

987 Die Transitbestimmung des Artikel V ist allerdings nur auf in Staatshand befindliche Pipelines anwendbar (vgl. Artikel XVII).

988 Artikel V, 3. "[...] shall be exempt from custom duties and from all transit duties or other charges imposed in respect of transit [...]."

989 *O'Connell*, International Law, Vol. I, S. 615; *Wiese*, Grenzüberschreitende Landrohrleitungen und seeverlegte Rohrleitungen im Völkerrecht, S. 84; a.A.: *Mance*, International Road Transport, S. 170.

Auch wenn sich in einer Reihe bilateraler Transitverträge Klauseln finden, die eine auf den Transit an sich begründete Abgabe explizit verbieten[990], so findet sich in der Staatenpraxis eine bedeutende Anzahl von Verträgen, in denen die Erhebung solcher Abgaben vorgesehen ist[991]. Insbesondere in Fällen, in denen der Transitstaat ein Entwicklungsland ist, sind verstärkte Verhandlungsbemühungen feststellbar, dass nicht nur die mit der Transitgewährung verbundenen Kosten ausgeglichen werden sollen, sondern auch ein zusätzlicher Gewinn erzielt werden soll.

Um mögliche völkerrechtliche Streitigkeiten bei diesem sowohl in wirtschaftlicher als auch politischer Hinsicht sehr sensiblen Thema so weit wie möglich zu vermeiden, wird die Transitabgabe sehr oft einfach auf die Transitgebühren (Transit Tariffs) aufgeschlagen und ist hinsichtlich der Höhe u.a. vom Vorliegen alternativer Trassenführungen und sonstigen politischen Kalkülen abhängig.

Dass bei Transitgebühren eine gewisse Gewinnspanne aufgeschlagen werden darf, findet seine Rechtfertigung im Wortlaut einiger relevanter transitbezogener Konventionen. Sowohl in der *Barcelona Konvention*, dem *GATT*, als auch dem Entwurf des *Energy Charter Protocol on Transit* finden sich im Zusammenhang mit der Fixierung der Höhe der Transitgebühren Termini wie "cor-

---

990 *Kirkuk-Mediterranean-Pipeline-Vertrag* von 1931 sah für die Spanne von 70 Jahren eine völlige Transitgebührenfreiheit vor. (vgl.: *Wiese*, Grenzüberschreitende Landrohrleitungen und seeverlegte Rohrleitungen im Völkerrecht, S. 79); *Agreement between the Government of the United States of America and the Government of Canada on Principles applicable to a Northern Natural Erdgas Pipeline*, 20. September 1977 (*TIAS* 9030): No fees [...] because of transit.

991 Artikel 10 (2) des *Agreement between the Governments of Brazil and Bolivia on the Exportation and Use of Bolivian Petroleum*, vom 25. Februar 1938 (51 *UNTS*, 256): "There shall be no fees for transit and no transportation fees higher than the normal ones imposed normally."; *Transmed-Pipeline*: 5,25% der Menge Transitöl oder Äquivalent in Devisen an Tunesien (*Stevens*, A History of Transit Pipelines, S. 225); *Maghreb-Europe-Pipeline*: an Marokko 7% des transportierten Erdgases an Stelle von „Royalties“ (*Wiese*, Grenzüberschreitende Landrohrleitungen und seeverlegte Rohrleitungen im Völkerrecht, S. 34); *Chad-Cameroon-Pipeline*: an Cameroon jährlich US$ 47 Mio., geringerwerdend bis 2026 auf US$ 10 Mio. (http://www.eia.doe.gov/emeu/cabs/cameroon.html); Artikel 8 des 1996 *CPC-Vertrages* zwischen Kasachstan, Russland, Oman und einem Konsortium internationaler Erdölfirmen (*Ostrander-Krug/Zhaiylgan*, Transborder Infrastructure Projects: CPC Pipeline, A Case Study; *Vinogradov*, Cross-Border Oil and Erdgas Pipelines, S. 26).

respond as nearly as possible"[992], "reasonable"[993] oder "reasonable rate of return"[994]. Diese Termini sprechen eindeutig für die Zubilligung eines gewissen Spielraums bei den Verhandlungen zur Festlegung der in den Transitgebühren enthaltenen Gewinnspanne.

C. Die völkerrechtliche Behandlung grenzüberschreitender Pipelines

Bei der Verlegung grenzüberschreitender Pipelines, die das Erdöl und Erdgas aus dem kaspischen Becken zu den oft weit entfernten Märkten oder zumindest Hochseehäfen transportieren, liegt aus völkerrechtlicher Sicht insbesondere darin ein Konflikt begründet, dass die Interessen der kaspischen Binnenstaaten Aserbaidschan, Kasachstan und Turkmenistan unweigerlich auf die entgegengesetzten Interessen der Transitstaaten Russland, Georgien, Iran und der Türkei treffen. Letztere werden stets bemüht sein, eine potentielle Schmälerung ihrer territorialen Souveränität so gering wie möglich zu halten und ihren Einfluss auf den Transitverkehr zu wahren. Aus diesem grundsätzlich zwischen Binnenstaaten und Transitstaaten bestehenden Konflikt resultiert die bis zum heutigen Zeitpunkt nicht erfolgte Anerkennung eines universalen und vertragsunabhängigen Transitrechts für Binnenstaaten, worauf im Folgenden näher eingegangen werden soll.

Die Forderung der Binnenstaaten nach freiem Zugang zum Meer ist eng verbunden mit der im Rahmen der Tankerpassage durch die Türkischen Meerengen an späterer Stelle noch zu untersuchenden Problematik des Rechts auf freie Transitpassage durch internationale Meerengen.
Bereits *Hugo Grotius*, der sich ebenfalls mit der Problematik des Transits beschäftigt hat, bejahte die Transitfreiheit, indem er feststellte, dass alle Länder allen zum Durchgang für gerechte Zwecke offen stehen müssten[995].
Im 18. und 19. Jahrhundert gewann zunächst die Nutzungsmöglichkeit von internationalen Flüssen für Binnenstaaten eine immer größere Bedeutung. In Artikel 109 der auf dem im Jahre 1815 tagenden *Wiener Kongress* beschlossenen *Wiener Kongressakte* wurde sodann die Schifffahrtsfreiheit auf internationalen Strömen festgelegt[996].

---

992 Artikel 3 *Barcelona Convention.*
993 Artikel 4 *Barcelona Convention*, Artikel V, 4. *GATT.*
994 Artikel 10, 3. (a) Entwurf des *Energiecharter Transitprotokolls* (Text unter: http://www.encharter.org).
995 *Grotius*, De iure belli ac pacis II, 2.
996 Vgl.: *Giesecke*, Die völkerrechtliche Stellung der internationalen Wasserläufe, S. 28.

In den darauf folgenden Jahren kam es zum Abschluss einer Reihe bilateraler und multilateraler Vereinbarungen für die Schifffahrt auf internationalen Flüssen und dem damit verbundenen Zugang zum Meer[997]. Die Problematik des Zugangsrechts der Binnenstaaten zum Meer wurde im Zusammenhang mit den Internationalisierungsbestrebungen in der Flussschifffahrt allerdings nie direkt behandelt.

Die erste allgemeine, den Transit betreffende Regelung findet sich in Artikel 23 (e) der *Völkerbundsatzung*[998]. Danach waren die Mitgliedsstaaten verpflichtet, Regelungen zu treffen, um die Freiheit der Kommunikation und des Transits zu sichern. Sie enthalten jedoch weder Aussagen zum Transit im Allgemeinen, noch über die Verlegung von grenzüberschreitenden Pipelines im Konkreten.

Obgleich sich in bilateralen Verträgen und in der Literatur Hinweise finden, dass das Verlegen von grenzüberschreitenden Pipelines als eine Frage des Anspruchs auf Transit behandelt wird, soll im Folgenden kurz untersucht werden, ob die internationalen, den Transit betreffenden Übereinkommen sich ebenfalls auf die Verlegung von Pipelines im Transit beziehen bzw., ob sich ein entsprechendes Gewohnheitsrecht herausgebildet hat.

I. Die völkervertragliche Regelungen für Transitpipelines

1. Transitpipelines unter der 1921er Barcelona Konvention

Die Transit-Bestimmung der *Völkerbundsatzung* hat maßgeblich zur Schaffung der *Barcelona Convention and Statute on Freedom of Transit*[999] vom 21. April 1921 beigetragen, dem ersten internationalen Spezialabkommen, welches sich explizit mit der Problematik des Transits beschäftigt.
In der in Artikel 1 enthaltenen Transitdefinition findet sich die folgende Aufzählung:

> "Persons, baggage and goods, and also vessels, coaching and goods stock, and other means of transport [...]."

---

[997] Vgl. dazu im Einzelnen: *Dehnert*, Das Recht der Binnenstaaten auf Zugang zum Meer, S. 34ff.; Darstellung der Schifffahrtsregime einzelner Flüsse bei: *Gönnewein*, Die Freiheit der Flußschiffahrt, XIVff..
[998] Wortlaut bei: *Schücking/Wehberg*, Die Satzung des Völkerbundes, S. 718.
[999] *LNTS*, Vol. 7, S. 11.

Es handelt sich somit um eine Definition, die nicht auf das Transportgut, sondern lediglich das Transportmedium abstellt und Pipelines nicht mit einschließt[1000].

2. Transitpipelines unter dem Allgemeinen Zoll- und Handelsabkommen

Eine noch speziellere und von einer breiten Staatengemeinschaft getragene Regelung fand die Problematik des Transits in dem im Oktober 1947 abgeschlossenen *Allgemeinen Zoll- und Handelsabkommen* (GATT)[1001]. Dessen Artikel V statuiert die Freiheit des Durchfuhrverkehrs nach und von den Gebieten der anderen Vertragsstaaten auf dem für den Transit günstigsten Wege. Die *GATT*-Bestimmung unterscheidet sich vom Transitreglement der *Barcelona Konvention* im Wesentlichen dadurch, dass alle Transportmittel für Warenverkehr über Land vom Anwendungsbereich der Bestimmung eingeschlossen sind. Die Verkehrsmittel, für die die Transitfreiheit gelten soll, werden nicht explizit aufgezählt, woraus im Gegenschluss zumindest gefolgert werden kann, dass Pipelines von der Transitfreiheit ebenfalls mit umfasst sind[1002]. Allerdings sind Normadressaten des *GATT* nur die Mitgliedstaaten und somit die in Staatshand befindlichen Pipelineunternehmen, aber nicht solche, die von privaten Investoren betrieben werden[1003].

3. Transitpipelines unter dem 1965er New Yorker Übereinkommen

Entsprechend der Definition des Artikel 1 (d) des *New Yorker Übereinkommens über den Transithandel der Binnenstaaten* vom 8. Juli 1965[1004] fallen Pipelines als Verkehrsmittel nicht unter die vom Übereinkommen geschützte Transitfreiheit[1005]. Allerdings ist vorgesehen, dass zwischen den Staaten Vereinbarungen getroffen werden können, Pipelines als vom Regelungsbereich des Übereinkommens mit umfasst anzusehen, bzw. dass vorhandene Pipelines durch den Binnenstaat benutzt oder selbst verlegt werden dürfen[1006].

1000 Dies in diesem Fall verneinend: *Lagoni*, Pipelines, S. 297; *Merryman/Ackermann*, Transit Trade of Landlocked States, S. 33.

1001 BGBl. 1951 II, Anlageband 1.

1002 Im *SIOT* Fall aus dem Jahre 1982 hatte der *Europäische Gerichtshof* bestätigt, dass Artikel V *GATT* ebenfalls auf netzwerkgebundene Energietransportmittel wie Erdöl- und Erdgaspipelines anwendbar ist.

1003 Vgl. Artikel XVII *GATT*.

1004 *Convention on Transit Trade of Land-Locked States*, 597 *UNTS* 42.

1005 *Merryman/Ackermann*, Transit Trade of Landlocked States, S. 47.

1006 Artikel 4 (1).

4. Transitpipelines unter den 1958er Genfer Seerechtsabkommen

In den Genfer Seerechtsübereinkommen von 1958 wurden in den verschiedensten Regelungen die Rechte von Drittstaaten berücksichtigt. So findet sich im *Festlandsockel-Übereinkommen* das Recht aller Staaten, Pipelines über den einem anderen Staat vorgelagerten Festlandsockel zu verlegen[1007]. Allerdings kann den betreffenden Vorschriften kein grundsätzliches Recht auf Transitfreiheit für Pipelines entnommen werden[1008].

5. Transitpipelines unter dem 1982er Seerechtsübereinkommen

Die Genfer Seerechtsübereinkommen sind durch das 1982er *Seerechtsübereinkommen* ersetzt worden. Darin haben die Bedürfnisse der Binnenstaaten eine besondere Berücksichtigung erfahren. Die Problematik des Zugangsrechts der Binnenstaaten zum Meer und der Transitfreiheit werden darin in einem eigenen Kapitel, dem Teil X, in den Artikeln 124-132 geregelt[1009]. Die einschlägigen Vorschriften entsprechen inhaltlich denen des bereits erwähnten 1965er *Übereinkommens über den Transithandel der Binnenstaaten.* Nach der Definition des Artikels 124 Abs. 1 (d) gehören Pipelines nicht zu den "means of transport". Allerdings bestimmt Artikel 124 Abs. 2, dass mittels vertraglicher Vereinbarungen auch Pipelines als ein von der Transitfreiheit geschütztes Transportmittel behandelt werden können. Es besteht zu Gunsten des Binnenstaates also keine grundsätzliche Pflicht des Transitstaats, die Verlegung von Transitpipelines zu dulden.

Auch aus dem sich ebenfalls auf Binnenstaaten erstreckenden Artikel 79 Abs. 1 ergibt sich kein automatisches Recht, Pipelines in der landwärtigen Verlängerung im Transit über das Territorium des Küstenstaates zu verlegen[1010]. Darin wird allen Staaten unter Beachtung gewisser Voraussetzungen das Recht eingeräumt, Pipelines auf Hoher See und auf dem Festlandsockel zu verlegen. Dieses

---

[1007] Artikel 4 des 1958er *GÜFS.*

[1008] *Wiese*, Grenzüberschreitende Landrohrleitungen und seeverlegte Rohrleitungen im Völkerrecht, S. 81.

[1009] Dazu ausführlich u.a.: *Vascianne*, Land-Locked and Geographically Disadvantaged States in the International Law of the Sea, S. 187ff.; *Neumann*, Boliviens Recht auf freien Zugang zum Pazifik, S. 62ff..

[1010] Vgl. dazu ausführlicher: *Wiese*, Grenzüberschreitende Landrohrleitungen und seeverlegte Rohrleitungen im Völkerrecht, S. 82f..

Recht findet seine Grenzen allerdings dann, wenn die souveränen Rechte des Küstenstaates innerhalb seiner Territorialgewässer betroffen sind[1011].

6. Transitpipelines unter dem Vertrag über die Energiecharta

a) Entwicklung und Bedeutung

Von besonderer Bedeutung für den grenzüberschreitenden Pipelinetransport im kaspisch-kaukasischen Raum ist der im Jahre 1998 in Kraft getretene *Vertrag über die Energiecharta* (ECV) von 1994[1012]. Seinen Ursprung findet dieses Vertragswerk in der *Europäischen Energiecharta* aus dem Jahre 1991, welche von Staaten der EFTA, der EG, den USA, Kanada, Australien, Japan und den Ländern der ehemaligen Sowjetunion in dem Bemühen initiiert worden ist, den internationalen Energiehandel zu liberalisieren und vor allem für geographisch benachteiligte, energiereiche Staaten, den Zugang zu den Weltmärkten zu erleichtern. Im Blick hatte man damals vor allem den dramatisch steigenden Energiebedarf in den Industriestaaten und das Risiko der Abhängigkeit einiger an Rohstoffen reicher ehemaliger Sowjetrepubliken von der Transitgewährung durch Russland.
Zu den wichtigsten erwähnten Prinzipien zählten daher auch die den Pipelinetransport betreffende Förderung, der Ausbau von Energie-Transportsystemen und die Ermöglichung des Zugangs zu Transportinfrastrukturen für den internationalen Transit. Unter der nicht bindenden *Energiecharta* verpflichteten sich die Unterzeichnerstaaten, einen Vertrag zu verabschieden, der u.a. die mit dem Energie- und Pipelinetransport im Zusammenhang stehenden Probleme näher regelt.

Der entsprechende *Vertrag über die Energiecharta (ECV)* wurde sodann im Dezember 1994 von fast allen Mitgliedsstaaten unterzeichnet[1013]. Bis heute haben 46 Staaten den Vertrag ratifiziert[1014]. Allerdings hat auch eine Reihe von Staa-

---

[1011] Zum Verlegerecht in den unterschiedlichen Meereszonen und dem Zustimmungsrecht des Küstenstaates vgl. ausführlich: *Roelandt*, La condition juridique des pipelines dans le droit de la mer, S. 145ff. ; *Wiese*, Grenzüberschreitende Landrohrleitungen und seeverlegte Rohrleitungen im Völkerrecht, S. 156ff.; *Gündling*, Die 200 Seemeilen-Wirtschaftszone, S. 202ff..

[1012] Grundsätzliche Informationen zum *Energiechartervertrag* unter: http://www.encharter.org, Überblick über Mitgliedsstatten in **Anlage 7**.

[1013] Insgesamt haben 51 Staaten den Energiechartervertrag unterschrieben, 7 Staaten haben einen Beobachterstatus, darunter auch der Iran, China und die USA.

[1014] Darunter auch alle Staaten der EG und die im kaspischen-kaukasischen Raum gelegenen Staaten der ehemaligen Sowjetunion. Noch nicht ratifiziert hat u.a. die Russische Föderation.

ten von der Möglichkeit Gebrauch gemacht, Reservierungen hinsichtlich des den Transit betreffenden Reglements einzulegen[1015].

Der *ECV* bietet eine rechtlich bindende Grundlage für multilaterale Kooperation auf den Gebieten des Energiehandels, Investments, Transits und der Energieeffektivität[1016]. Eine besondere Bedeutung werden den Prinzipien der Offenheit, Transparenz und Nichtdiskriminierung beigemessen und die Vertragsparteien dazu aufgerufen, sich dafür einzusetzen, Energieerzeugnissen unter marktüblichen Bedingungen Zugang zu den internationalen Märkten zu gewähren und einen offenen und den Regeln des Wettbewerbs unterliegenden Energiemarkt zu gestalten[1017].
In diesem Sinne trägt der *ECV* erheblich dazu bei, dass sich Investoren, die beabsichtigen in den noch immer von Rechtsunsicherheit und politischer Instabilität gezeichneten Staats- und Wirtschaftssystemen der sich im Transformationsprozess befindlichen Staaten Osteuropas und der ehemaligen Sowjetunion im Energiesektor wirtschaftlich aktiv zu werden, auf ein rechtlich bindendes Vertragswerk verlassen können.

b) Transitbestimmungen des Vertrags über die Energiecharta

Auch ist dem Bedürfnis der kaukasisch-zentralasiatischen Binnenstaaten nach einem fairen Transitreglement für die Verlegung von Pipelines Rechnung getragen worden[1018]. Die Transitproblematik findet eine relativ ausführliche Regelung in Artikel 7 des *ECV*. Darin werden die Vertragsparteien zunächst dazu angehalten,

> „[...] die erforderlichen Maßnahmen [zu treffen], um den Transit von Energieerzeugnissen im Einklang mit dem Grundsatz der Transitfreiheit und ohne Unterscheidung hinsichtlich des Ursprungs, der Bestimmung oder des Eigentums

---

1015 So haben Aserbaidschan, Georgien und Weißrussland als wichtige (potentielle) Transitstaaten entsprechend Artikel 32 (1) ihre Reservierung hinsichtlich der Bestimmung des Artikel 7 (4) eingereicht, welcher beinhaltet, dass die Vertragsstaaten der Schaffung neuer Kapazitäten keine Hindernisse in den Weg legen dürfen, wenn diese geschaffen werden sollen, um einen Transport zu marktüblichen Bedingungen zu ermöglichen.
1016 Ausführlich zu den Regelungskomplexen des *ECV* vgl.: *Wälde* (Hrsg.), The Energy Charter Treaty.
1017 Artikel 3 *ECV*.
1018 Russland hatte in den vergangenen Jahren sein Pipelinemonopol des Öfteren dazu missbraucht, um politische Absichten durchzusetzen, wie z.B. im Jahre 1993, als der Ukraine für ein paar Tage die Erdgaszufuhr unterbrochen worden ist, um beim Konflikt über die ehemalige sowjetischen Schwarzmeerflotte politischen Druck auszuüben.

der Energieerzeugnisse oder Diskriminierung bei der Preisfestsetzung auf der Grundlage dieser Unterscheidungen und ohne unangemessene Verzögerung, Beschränkungen oder Abgaben zu erleichtern."[1019]

Dass Erdöl- und Erdgaspipelines unter die vom Artikel 7 gedeckten „Energiebeförderungseinrichtungen" fallen, ergibt sich aus Artikel 1 Abs. 4 und 5 und der Definition von Artikel 7 Abs. 10 (b)[1020] *ECV*.

Im Wortlaut des Absatzes 1 offenbaren sich allerdings auch einige Schwachpunkte des Transitreglements des *ECV*. So soll der Transit lediglich „erleichtert" werden und nicht etwa sichergestellt werden. Die Vertragsstaaten sind mithin weder gezwungen, nationale Regelungen hinsichtlich der Zugangsrechte zu verabschieden, noch wird ein effektives Transitrecht gewährt. Die Bezugnahme auf den „Grundsatz der Transitfreiheit" ist in diesem Zusammenhang irreführend, bzw. geht ins Leere. Denn obwohl sich diese Bezeichnung in einigen weiteren Konventionen und Verträgen wieder findet, hat sich nach allgemeiner Ansicht bis zum heutigen Zeitpunkt noch kein solcher Grundsatz des Völkerrechts entwickelt[1021], auch wenn die Bestimmungen des Teil X *SRÜ* auf Grund ihrer Detailliertheit und breiten Staatenakzeptanz die Entstehung eines entsprechenden Völkergewohnheitsrechts in naher Zukunft bedeutend beeinflussen[1022].

Insbesondere die Absätze 4 und 5 des Artikels 7 *ECV* relativieren den in Absatz 1 erwähnten „Grundsatz der Transitfreiheit" nicht unerheblich, so dass letztendlich eine im Vergleich zu Artikel V *GATT* verstärkte Betonung der territorialen

---

1019 Artikel 7 Abs. 1 *ECV*; siehe auch Artikel 7 Abs. 3 *ECV*.

1020 „Im Sinne dieses Artikels bestehen „Energiebeförderungseinrichtungen" aus Erdgas-Hochdruckrohrleitungen, [...] Rohölfernleitungen, [...] Rohrleitungen für Mineralölprodukte und anderen ortsfesten Einrichtungen speziell für den Umgang mit Energieerzeugnissen."

1021 Allen bereits benannten Konventionen mit Transitbezug ermangelt es auf Grund der geringen Staatenakzeptanz bzw. der geringen Anzahl an Ratifikationen oder schlicht auf Grund des eindeutigen Wortlautes an der Fixierung eines völkergewohnheitsrechtlichen Grundsatzes der absoluten Transitfreiheit. Grundsätzlich besteht ein Transitrecht erst nach und entsprechend vorausgegangener Verhandlungen mit dem Transitstaat, der dieses Recht u.a. auf Grund übergeordneter nationaler Interessen verweigern kann (vgl. z.B.: Artikel 125 Abs. 2 und 3 *SRÜ*, aber auch Artikel 7 Abs. 5 *ECV*). Ausführlich zur Problematik: *Vascianne*, Land-Locked and Geographically Disadvantaged States in the International Law of the Sea, S. 197ff.

1022 So auch: *Vascianne*, Land-Locked and Geographically Disadvantaged States in the International Law of the Sea, S. 209.

Souveränität besteht[1023], ungeachtet dessen, dass in Artikel 7 *ECV* auch eine Reihe von *GATT*-Plus Bestimmungen enthalten sind[1024].

Die Definition dessen, was unter „Transit“ zu verstehen ist, findet sich in Artikel 7 Absatz 10 (a) *ECV*. Im Unterschied zum traditionellen Verständnis von „Durchgangs-Transit“ bedarf es im Anwendungsgebiet des *ECV* nicht mindestens dreier, sondern lediglich zweier beteiligter Vertragsparteien, d.h. der Bestimmungsstaat und der Ursprungsstaat können ein und derselbe sein[1025].

Was das Recht der Schaffung neuer Kapazitäten, d.h. den Bau neuer Pipelines durch den Transit begehrende Binnenstaaten anbelangt, findet sich in Artikel 7 Absatz 4 *ECV* eine bedeutende und in ihrer Form völkerrechtlich einzigartige Bestimmung. Sie verpflichtet die Vertragsparteien, für den Fall, dass der Transit von Energieerzeugnissen nicht mehr zu marktüblichen Preisen möglich ist, der Schaffung neuer Kapazitäten keine Hindernisse in den Weg zu legen.

Es ist vor allem diese Bestimmung des *ECV*, welche insbesondere auf russischer Seite zu Unmut und der bisherigen Weigerung der Duma geführt hat, den *ECV* zu ratifizieren. Im Gesamtkontext des Artikels 7 *ECV* wäre der russische Pipelinemonopolist *Erdgasprom* verpflichtet, das wesentlich billigere kasachische und turkmenische Erdgas durch das eigene Pipelinenetz zu befördern. Dadurch wäre man mit dem eigenen teureren Erdgas auf dem Weltmarkt nicht mehr konkurrenzfähig, so die Befürchtung *Gasproms*[1026].

[1023] So auch: *Roggenkamp*, in: *Wälde* (Hrsg.), The Energy Charter Treaty, S. 508ff..

[1024] So sind entsprechend des *ECV* die Regierungen der Vertragsparteien auch gehalten, positive Maßnahmen zu unternehmen, um Verstöße gegen das *ECV*-Transitregime durch private Unternehmen zu vermeiden. Über den Regelungsbereich des Artikel V *GATT* geht der *ECV* auch damit hinaus, dass er eine Nichtdiskriminierungsklausel (Artikel 7 Abs. 3 *ECV*) enthält und das Recht zur Schaffung neuer Kapazitäten (Artikel 7 Abs. 4 *ECV*) besteht.

[1025] Allerdings ist in Artikel 7 Abs. 10 (a) ii) *ECV* eine Ausstiegsklausel für den Fall vorgesehen, dass zwei Vertragsparteien in einem solchen Fall darüber übereinkommen, dass sie nicht unter den Anwendungsbereich des Artikel 7 *ECV* fallen wollen. Bisher habe lediglich Kanada und die USA eine entsprechende Reservierung in Annex N eintragen lassen, obwohl sie beide den *ECV* gar nicht unterzeichnet haben.

[1026] *Davydova, M.*: “A Blow to the ECT - Why Gazprom is in no hurry to sign the Energy Charter”, *Segodnya*, 13 February 2001; *Prokopenko, D.*: “The Energy Charter Doesn't suit Russia”, *Nezavisimaya Gazeta*, 27 January 2001.

Allerdings findet diese Befürchtung keinen Rückhalt im Vertragstext. Ein zwingendes Recht dritter Parteien auf den Zugang zum bestehenden Pipelinenetz und zum Bau neuer Kapazitäten besteht nicht[1027].

So hat diese Bestimmung des Artikel 7 Abs. 4 *ECV* auch eine gewisse Neutralisierung dadurch gefunden, dass die Duldungspflicht hinsichtlich der Schaffung neuer Kapazitäten durch nationale Rechtsvorschriften ausgehebelt werden kann, solange diese mit den in Artikel 7 Abs. 1 *ECV* niedergelegten Grundsätzen nicht in Konflikt geraten. Außerdem ist über Artikel 32 Abs. 1 *ECV* eine Reservierung von dieser Bestimmung durch eine Eintragung in Anlage T möglich. Von dieser Möglichkeit haben 24 Vertragsparteien Gebrauch gemacht, darunter auch Aserbaidschan und Georgien[1028]. Entsprechend Abschnitt IV. 8. der *Schlussakte der Europäischen Energiechartakonferenz* sind von den Rechtsvorschriften im Sinne des Artikels 7 Abs. 4 *ECV* auch Bestimmungen über Umweltschutz, Bodennutzung, Sicherheit oder technische Normen eingeschlossen.

Eine weitere wesentliche Ausnahmeregelung zu den in Artikel 7 *ECV* aufgeführten Rechten und Pflichten der Vertragsparteien enthält Artikel 7 Abs. 5 *ECV*. Danach sind die Vertragsparteien dann nicht dazu verpflichtet, den Bau oder die Änderung von Energiebeförderungseinrichtungen oder einen neuen oder zusätzlichen Transit durch bestehende Energiebeförderungseinrichtungen zu gestatten, wenn sie den anderen beteiligten Vertragsparteien nachweisen können, dass dies die Sicherheit oder Effizienz ihrer Energienetze einschließlich die Versorgungssicherheit gefährden würde. Obwohl nochmals betont wird, dass auch in Sicherheitskrisen der Energiefluss bestehender Transitsysteme nicht unterbrochen werden darf, stellt diese Klausel ein willkommenes Schlupfloch für Pipelinebetreiber dar.

Der Energiefluss darf ebenfalls nicht im Falle einer Streitigkeit über eine im Zusammenhang mit Transit stehenden Frage unterbrochen werden, bis das in

---

[1027] So auch Secretary General des *Energy Charter Secretariat* (ECS) *Kemper* in einem Interview der Zeitung Segodnya (*Davydova, M.*: "A Blow to the ECT - Why Gazprom is in no hurry to sign the Energy Charter", *Segodnya*, 13 February 2001).

[1028] Die Aussetzung der sich aus Artikel 7 Abs. 4 *ECV* ergebenden Verpflichtungen war gemäß Artikel 32 Abs. 3 *ECV* bis zum 1. Juli 2001 begrenzt. Eine Verlängerung konnte allerdings beantragt werden.

Artikel 7 Abs. 7 *ECV* vorgesehene Streitbeilegungsverfahren abgeschlossen ist[1029].

Hinsichtlich unterseeischer Pipelines haben es die Vertragsparteien für notwendig befunden, dass die für diese bereits bestehenden, auf bilateraler oder multilateraler Ebene geschaffenen, völkerrechtlichen Normen den Transitbestimmungen des Artikels 7 *ECV* vorgehen[1030].

c) Zwischenergebnis zum Energiecharta-Vertrag

Zusammenfassend muss festgestellt werden, dass die Transitbestimmungen des *ECV* den Vertragsparteien ebenfalls kein automatisches Transitrecht hinsichtlich der Benutzung bereits vorhandener Pipelines bzw. der Errichtung neuer Pipelinekapazitäten eröffnen. Auch wenn die explizite Erwähnung des Rechts, neue Pipelinekapazitäten unter gewissen Vorbehalten schaffen zu können, im transitbezogenen völkervertraglichen Regelungsbereich ein Novum darstellt, so findet auch dieses Recht letztendlich seine Schranken an dem sich durch den gesamten Artikel 7 *ECV* ziehenden Prinzip der territorialen Souveränität.
So wie der *ECV* lediglich als Rahmenvertrag konzipiert worden ist, macht auch Artikel 7 *ECV* das Aushandeln von konkreten Transitbestimmungen zwischen den Vertragsparteien nicht überflüssig. Eine Reihe wichtiger, in Transitvereinbarungen üblicherweise behandelter Punkte, wie die Eigentümerstrukturen, das anwendbare Recht, Sicherheits- und Umweltschutz und Finanzierungsfragen sind den konkreten Verhandlungen der Vertragsparteien überlassen worden.

c) Energiecharta-Transitprotokoll

Im April 1998 identifizierte die Konferenz der Vertragsparteien des *ECV* die Problematik des Transits von neuem als einen Punkt, welcher im *ECV* nur eine unzureichende und ausbaufähige Regelung gefunden habe. Es wurde daher bereits im Dezember 1998 die *Transit Working Group* (TWG) ins Leben gerufen, deren Aufgabe es sein sollte, ein multilaterales Vertragswerk auszuarbeiten, welches sich explizit mit der bei der Verlegung von Pipelines auftretenden Transitproblematik befasst.

[1029] Zum Streitschlichtungsmechanismus unter dem *ECV* siehe: *Liesen*, Transit Under the 1994 Energy Charter Treaty, S. 10; *Paulsson*, in: *Wälde* (Hrsg.), The Energy Charter Treaty, S. 435ff.; *Happ*, Schiedsverfahren zwischen Staaten und Investoren nach Artikel 26 Energiechartavertrag, S. 129ff..

[1030] Artikel 7 Abs. 8 *ECV*.

Im Dezember 1999 wurde offiziell mit den Verhandlungen zum Entwurf eines Transit-Protokolls (*ECTP*) begonnen, welches den *ECV* ergänzen sollte. Ursprünglich war vorgesehen, den Vertragstext bis Mitte 2001 unterschriftsreif ausgehandelt zu haben. Als man sich auf dem 13. Treffen der *Energiecharta Konferenz* am 10. Dezember 2003 nach monatelanger Stagnation immer noch nicht vollständig über den Vertragstext hatte einigen können, wurden die Verhandlungen zum Transitprotokoll vorerst bis zum nächsten Treffen der *Energiecharta Konferenz* im Juni 2004 ausgesetzt[1031]. Dabei bestanden im Prinzip nur noch zwischen der EG und Russland unterschiedliche Auffassungen hinsichtlich dreier Punkte, die zum Teil allerdings erhebliche Auswirkungen auf Transitenergieflüsse im eurasischen Raum haben.

aa) "Right of first refusal"

Ein Hauptstreitpunkt betrifft das so genannte "right of first refusal", welches im Rahmen des Reglements zur Verwendung vorhandener Pipelinekapazitäten Exporteuren mit langfristigen Versorgungsverträgen, deren Transitverträge auslaufen, ein Vorzugsrecht hinsichtlich der Erneuerung des Transitvertrages einräumen soll, bevor die Transitkapazität einer anderen Partei angeboten wird[1032].

bb) Transitgebühren

Ein weiterer Streitpunkt betrifft den genauen Wortlaut für Transitgebühren (Transit Tariffs). Deren Bemessung soll sich nach objektiven, angemessenen, transparenten und nicht diskriminierenden Maßstäben richten. Auch wenn diese darüber hinaus in ihrer Höhe an den Verwaltungs- und Investitionskosten ausgerichtet werden sollen, so wird dem Transitstaat auch eine angemessene Gewinnspanne zugebilligt. In die letzte Version des Entwurfs zum *ECTP* ist nun klarstellend eingefügt worden, dass bei der Festlegung der Transitgebühren der Mechanismus von Auktionen ebenfalls in Anspruch genommen werden kann[1033].

cc) Regionale Integrationsklausel der EG

Letztendlich geht es um das Bemühen der EG, eine so genannte „regionale Integrationsklausel" in das Transitprotokoll aufzunehmen, entsprechend welcher

---

[1031] *The Energy Charter Secretariat*: „Energy Transit Talks Suspended", Press release, 11 December 2003 (http://www.encharter.org).
[1032] Artikel 8 *ECTP* (Utilisation of Available Capacity)
[1033] Artikel 10 *ECTP* (Transit Tariffs)

die Bestimmungen des *ECTP* nicht auf den EG-internen Mark Anwendung finden sollen, sondern dort nur Gemeinschaftsrecht[1034] der EG einschlägig sein soll[1035]. Dieses Bemühen ist eindeutig von der Befürchtung gezeichnet, dass die russischen Pipelinegiganten ihr Monopol mit Hilfe des *ECTP* doch irgendwie auch auf den europäischen Markt ausdehnen könnten.

dd) Sonstige wesentliche Regelungsinhalte des Energiecharta-Transitprotokolls

Die vom Mai 2003 stammende Version des Entwurfs des *ECTP* umfasst 34 Artikel. Inhaltlich sollen die Bestimmungen nicht von den grundsätzlichen relevanten Bestimmungen des *ECV* abweichen, sollen diese allerdings vervollständigen und ergänzen[1036]. Die Zielsetzungen entsprechen im Wesentlichen denen des *ECV*, wobei allerdings eine noch größere Betonung auf die Sicherstellung eines effektiven und sicheren Transits gelegt worden ist[1037].

(1) Energy Swap Agreements

Der Anwendungsbereich des *ECTP* ist nicht nur auf den Transit von Energieerzeugnissen durch Energiebeförderungseinrichtungen begrenzt, sondern ebenfalls auf so genannte "International Energy Swap Agreements"[1038] ausgeweitet worden, womit insbesondere den Bedürfnissen Turkmenistans, aber auch Kasachstans Rechnung getragen worden ist, da beide bereits 2001 solche "Swap Agreements" mit dem Iran vereinbart haben[1039]. Im April 2004 betrug die Gesamtmenge sowohl kasachischen und turkmenischen als auch aserbaidschanischen Erdöls, welche über den Iran als Swap-Geschäfte abgewickelt worden ist, bereits ca. 170 Tausend Barrels pro Tag[1040].

[1034] Zur Kollision des *ECV*-Transitbegriffs mit dem der *EC Council Directive 90/547/EEC on the Transit of Electricity through Transmission Grids* und der *EC Council Directive 91/296/EEC on the Transit of Natural Erdgas Through Grids* (*Official Journal* No. L 147, 12/06/1991, S. 0037-0040) siehe: *Vinogradov*, Cross-Border Oil and Erdgas Pipelines, S. 56ff..

[1035] Artikel 20 *ECTP* (Regional Economic Integration Organisation)

[1036] Artikel 3 *ECTP* (The Relationship between the Protocol and the Treaty)

[1037] Artikel 2 *ECTP* (Objectives).

[1038] Artikel 4 Abs. 1 (Scope), Artikel 17 *ECTP* (International Energy Swap Agreements).

[1039] *Gaddy*, Iran expands Middle East influence into Caspian Sea.

[1040] *Hunter*, C.: 'Iran Pumps up Caspian Processing Capacity to 170,000 bpd', *WMRC Daily Analysis*, 22 April 2004; Seit Anfang 2003 betrug die Kapaziät bis dahin lediglich 120 Tausend Barrels pro Tag. (vgl.: *Williams*, 'Caspian Oil Swaps With Iran To Grom Fivefold By Year End', *Dow Jones International News*, 5 May, 2002).

Auch Russland hat den Vorteil solcher Erdöl- und Erdgas-Tauschgeschäfte mit dem Iran mittlerweile für sich als die im Vergleich zum Pipelinetransport nach Europa günstigere Variante erkannt. Seit Mai 2003 werden monatlich 15 bis 20 Tausend Tonnen (110-150 Tausend Barrel) Erdöl aus zentral-russischen Lagerstätten an den russischen Hafen in Makhachkala am Kaspischen Meer befördert und von dort zum iranischen Hafen in Neka per Tanker weiter transportiert[1041]. Diese werden sodann in die im Februar 2001 fertig gestellte *Neka-Rey-Pipeline* eingespeist, welche bereits turkmenisches und kasachisches „Swap-Erdöl" in die südlich von Teheran gelegene Raffinerie transportiert, von wo aus der Großraum von Teheran mit Erdöl-Produkten versorgt wird[1042].

Längerfristig ist der Bau einer Pipeline vom turkmenischen Hafen Turkmenbashy, die dort mit einer chinesisch finanzierten Pipeline aus Kasachstan (Aqtau, Novy Uzen) verbunden werden würde, bis zur iranischen Insel Kharg im Persischen Golf geplant. Bis auf weiteres ist allerdings das Swap-Geschäft die praktikabelste Variante, um kaspisches Erdöl, bzw. das mengenmäßige Äquivalent an iranischem Erdöl, zu den Weltmärkten zu verschiffen. Dies funktioniert im Augenblick so, dass die kasachischen, russischen und turkmenischen Erdöllieferungen im Wesentlichen von der Rey-Raffinerie bei Teheran nicht weiter zu den Häfen am Persischen Golf transportiert werden, sondern dort äquivalente Mengen iranischen Golf-Erdöls auf Schiffe gepumpt werden, die das Erdöl zu den Weltmärkten transportieren. Während die Gesamtkosten für kaspisches Erdöl (*Tengiz*-Feld in Kasachstan) pro Barell beim Bau der geplanten 930 Meilen langen und voraussichtlich US $ 1,5 Mrd. teuren *Turkmenbashy-Kharg-Island-Pipeline* bei ca. US $ 7,50 liegen würden und damit bereits wesentlich niedriger als der Transport via einer transkaspischen Pipeline und weiter via der *Baku-Ceyhan-Pipeline* oder via einer der Schwarzmeer-Pipelines wäre, liegt der Preis für ein Barrel geswaptes Erdöl bei ca. US $ 7,83 und damit unwesentlich höher, ohne dass jedoch erst eine Pipeline gebaut werden müsste[1043].

[1041] 'Russia's BP-led Sidanco starts oil swaps with Iran', *Reuters*, 21 May 2003.

[1042] Die Kapazität dieser Pipeline wird von anfänglich 50 Tausend Barrel/Tag auf bis zu 425 Tausend Barrel/Tag erhöht werden. (vgl.: *Gaddy,* Iran expands Middle East influence into Caspian Sea).

[1043] Der Iran kassiert pro getauschtem Barrel Erdöl 2 US$. Bei Verzicht des Baus der *Turkmenbashy-Kharg Island-Pipeline* würde der Ausbau der Raffinerien in Teheran und Täbris und des bestehenden Pipelinenetzes ca. 1 Mrd. US$ kosten, also ca. ein Drittel der für den Bau der *Baku-Ceyhan-Pipeline* veranschlagten Kosten. (Kostenangaben vgl.: "Iranian Routes", http://www.wws.princeton.edu/~wws401c/1998/iranoil.html; *Külz,* Iran provoziert USA mit Erdöl-Tauschgeschäften, in: *Financial Times Deutschland*, 5. Mai 2004, S. 13).

Die sich aus den Swap-Geschäften ergebenden Vorteile sind somit für alle Seiten nicht unerheblich. Neben der Kostenersparnis sind Kasachstan und Turkmenistan dadurch nicht mehr so sehr vom russischen Pipelinemonopol abhängig. Auch dem Iran kommen diese Swap-Geschäfte sehr gelegen, da das ansonsten erdöl- und erdgasreiche Land kaum über Lagerstätten in den nördlichen Landesteilen verfügt und das iranische Pipelinenetz noch erheblich ausbaufähig ist. Während der Verhandlungen zum *Energiecharta-Transitprotokoll* hatten vor allem Kasachstan und Turkmenistan ein vitales Interesse daran, dass Energy Swaps ebenfalls eine rechtlich bindende Grundlage im Rahmen des zu verabschiedenden Transitprotokolls finden würden.

In Anbetracht der unmittelbar bevorstehenden Fertigstellung der *Neka-Rey-Pipeline* im Januar 2001 und damals bereits laufender Swap-Verhandlungen zwischen Kasachstan und Turkmenistan mit dem Iran wurde noch in der zweiten Hälfte des Jahres 2000 die Problematik von Energie-Swap-Geschäften auf die Agenda der Verhandlungen zum Transitprotokoll gesetzt[1044].

(1.1.) Swap-Regelungen im Transitprotokoll

Im Entwurf zum *ECTP* findet sich nunmehr mit den in Artikel 4 Abs. 1 und Artikel 17[1045] enthaltenen Bestimmungen ein umfassendes Reglement für die Behandlung von Energie-Swaps im grenzüberschreitenden Transit-Kontext. Damit würde sich nach In-Kraft-Treten des *ECTP* dieses als eine praktikable Rechtsgrundlage für kaspische Swap-Geschäfte anbieten. Eine Ratifikation Russlands, dessen Ratifikation für den Vertrag über die Energiecharta immer noch aussteht, scheint in naher Zukunft fraglich zu sein.

Der Iran hat immerhin seit 2003 den Status eines Beobachters des Energiecharta-Prozesses inne. Da jedoch alle am Swap-Geschäft beteiligten Staaten – inklusive des Iran und Russland – eigentlich ein vitales Interesse am Ausbau dieser

---

[1044] Vgl.: "ECS-Discussion paper – Article 1 of the draft Transit Protocol on Swap Type Operations of a Transit Nature", Brussels, 8 June 2000 (CS (00) 503 TRS-32); ECS - Transit Working Group meeting, 26-27 October 2000: "Discussion Paper on Swap Type Operations of a Transit Nature", TRS 32; ECS – Informal Consultations on Transit Protocol Issues and Transit Working Group Meeting, Room Document 1, Brussels, 24 October 2000; ECS – Informal Consultations Transit Working Group, Transit Energy Swaps, Comments from Kazakhstan, Room Document 6, Brussels, 4 December 2000.

[1045] Artikel 4 und 17 ECTP (Text unter: http://www.encharter.org).

Swap-Option haben[1046], sollte einer Erweiterung der Swap-Kapazitäten nichts im Wege stehen.

(1.2.) Auswirkungen der US-Sanktionen gegen den Iran

Neben den geringeren Kosten sind Swap-Geschäfte für die kaspischen Staaten vor allem deshalb interessant, da sie auf diese Weise nicht mit den von den USA gegenüber dem Iran verhängten Sanktionen[1047] in Konflikt geraten. Denn es werden lediglich ausländische Direktinvestitionen in den iranischen Erdöl- und Erdgassektor, deren jährliches Investitionsvolumen jeweils US$ 20 Mio. übersteigt mit Strafen bedroht[1048], nicht jedoch – wie es im kaspischen Swap-Geschäft geschieht – der direkte Verkauf von Erdöl an die kaspischen Häfen. Trotzdem stellen diese Sanktionen ein Haupthindernis für dringend erforderliche Investitionen in den iranischen Erdöl- und Erdgassektor dar.

Neben grundsätzlichen politischen Bedenken der USA gegen das Teheraner Regime, dessen Unterstützung des internationalen Terrorismus und der immer noch nicht ausgeräumten Bedenken gegen ein heimlich weitergeführtes Atomprogramm[1049], würde der Bau einer Pipeline[1050] für kaspisches Erdöl durch den Iran an den Persischen Golf die Abhängigkeit der Erdöl exportierenden Länder

---

[1046] Sowohl Russland als auch der Iran befinden sich allerdings in einer Art Konfliktsituation, da zum einen Russland grundsätzlich gegen kasachische und turkmenische Swap-Transporte über den Iran als Alternative zur Nutzung des russischen Pipelinenetzes ist und zum anderen für beide Staaten das kaspische Erdöl eine gewisse Konkurrenz für die eigenen Erdöl- und Erdgasexporte darstellt. Bisher profitieren jedoch beide Staaten selber noch von diesen Geschäften. Außerdem sind beide Staaten Unterzeichnerstaaten des Abkommens über den Nord-Süd-Korridor, welches des Weiteren auch von Pakistan und Indien unterzeichnet worden ist. Dieser führt von St.Petersburg über das Kaspische Meer bis Bombay. Im Vergleich zum traditionellen Transportweg von Asien über den Suezkanal bis nach Europa verkürzt dieser sich damit von 35 auf bis zu 23 Tage und würde die Kosten um bis zu 20% verringern. (*Mukhin*, 'War of Routes, India and China are elbowing Russia and the United States from the Caspian region', *Nezavisimaya Gazeta*, 26. Januar 2004).

[1047] *Iran-Libya Sanctions Act* (ILSA) vom 5. August 1996, *House of Representatives 3107 – June 18, 1996*, S. H6469ff. (Text unter: http://www.fas.org/irp/congress/1996cr/h960618b.htm).

[1048] Vgl.: *Nolan*, U.S. Sanctions Laws: A Complex Web for U.S. and Foreign Companies, S. 113.

[1049] 'USA beschuldigen Iran', *Financial Times Deutschland*, 2. April 2004, S. 17.

[1050] Die geplante Pipeline vom turkmenischen Hafen Turkmenbashy, die dort mit einer chinesisch finanzierten Pipeline aus Kasachstan (Aqtau, Novy Uzen) verbunden werden würde, soll bis zur iranischen Insel Kharg im Persischen Golf gebaut werden.

von der Region erhöhen. Die gehinderte Ausnutzung der Pipelinekapazitäten wäre den Unwägbarkeiten der politischen Führung des Teheraner Regimes ausgesetzt.

Während es US-Unternehmen auf Grund der *Executive Order* 12957[1051], 12959[1052] und 13059[1053] vollständig verboten ist, in die iranische Petroleum-Industrie zu investieren, ist der *Iran-Libya Sanctions Act of 1996*, welcher im August 2001 um weitere 5 Jahre verlängert wurde[1054], vor allem für nicht-amerikanische Firmen von besonderer Bedeutung[1055]. *ILSA* verbietet auch diesen ein Engagement im iranischen Erdölsektor, das jährlich einen Betrag der besagten US$ 20 Mio. übersteigt. Bei Verstößen könnten diese Unternehmen erheblichen Nachteilen bei Investitionen in den USA ausgesetzt sein. Trotz Verstoßes einiger französischer, russischer und malaysischer Unternehmen gegen *ILSA*, sind gegen diese bisher keinerlei Strafen verhängt worden[1056].

Ein Grund mag die zwischen den USA und der EU getroffene Vereinbarung vom 18. Mai 1998 sein, in der sich die USA bereit erklärt haben, ILSA nicht auf europäische Unternehmen anzuwenden[1057]. Allerdings tauchten diese Unternehmen auf einer so genannten "Schwarzen Liste" von Unternehmen auf, die beim Wiederaufbau des Irak von der Vergabe mit Aufträgen ausgeschlossen werden sollten[1058].

1051 *Executive Order 12957 of March 15, 1995 Prohibiting Certain Transactions With Respect to Development of Iranian Petroleum Resources* (Fed. Reg. Vol. 60, No. 52, 14615 (March 17, 1995)).

1052 *Executive Order 12959 of May 6, 1995 Prohibiting Certain Transactions With Respect to Iran* (Fed. Reg. Vol. 60, No. 52, 24757 (May 9, 1995)).

1053 *Executive Order 13059 of August 19, 1997 Prohibiting Certain Transactions With Respect to Iran* (Fed. Reg., Vol. 62, No. 162, 44531 (August 21, 1997)).

1054 *Ebel*, Global Oil & Energy Sanctions, S. 4.

1055 Dazu ausführlich: *Cova*, Extra-territorial Reach of the US Iran and Libya Sanctions Act, S. 449ff.; *Bundy*, The Status of U.S. Sanctions Against Iran, S. 440ff..

1056 *Nolan*, U.S. Sanctions Laws: A Complex Web for U.S. and Foreign Companies, S. 113f..

1057 Bereits am 11. April 1997 hatte man sich als Reaktion auf eine EU-Verordnung vom 22. November 1996 (Nr. 2271/96) (siehe: EUR Lex – 31996R2271) entsprechend geeinigt. Diese Verordnung sanktioniert den Fall, dass *ILSA*-Bestimmungen gegenüber europäischen natürlichen oder juristischen Personen durchgesetzt werden sollten (vgl.: http://europa.eu.int/cgi-bin/etal.pl).

1058 *Brexendorff/Ule*, Investing in the Iranian Oil & Gas Industry, S. 5.

Seit In-Kraft-Treten des neuen iranischen *Petroleum Law* aus dem Jahre 1997 ist zumindest von iranischer Seite aus ein entsprechendes Engagement ausländischer Unternehmen im iranischen Erdöl- und Erdgassektor legitimiert worden. Ein solches verstößt danach nicht mehr gegen die iranische Verfassung, welche den Besitz iranischer Naturressourcen durch ausländische natürliche oder juristische Personen eigentlich verbietet[1059].

(2) Verbot der Unterbrechung von Energieflüssen

Hinsichtlich des in Artikel 7 Abs. 6 *ECV* erwähnten Verbots der Unterbrechung von Energieflüssen selbst im Konfliktfall, findet sich im Entwurf des *ECTP* keine explizite Bestimmung. Allerdings wird dies bei den Zielsetzungen als einer der wichtigsten Punkte genannt. Die Vertragsparteien wurden dazu verpflichtet, alle notwendigen Maßnahmen zu treffen, damit eine Unterbrechung oder Reduzierung der Energieflüsse gar nicht erst entstehen kann[1060].

(3) Recht auf Schaffung neuer Pipelinekapazitäten

Der Entwurf des Artikels 9 *ECTP* stellt nochmals die wichtige Bestimmung des Artikels 7 Abs. 4 *ECV* klar, dass es sich bei dem darin enthaltenen Recht der Vertragsparteien auf die Schaffung neuer Pipelinekapazitäten um kein automatisches Recht handelt.

Vielmehr unterliegen der Bau, die Erweiterung, die Verbindung und der Betrieb von Energiebeförderungseinrichtungen den jeweiligen nationalen Gesetzen und der nationalen Genehmigungsprozedur. Allerdings muss diese objektiv, transparent und darf hinsichtlich Ursprung, Bestimmung und Eigentümerstruktur nicht diskriminierend sein[1061].

(4) Umweltaspekte

Schließlich sind die Vertragsparteien dazu angehalten, den schädlichen Einfluss des Transits auf die Umwelt zu minimieren[1062].

1059 Artikel 43, 44, 45 und 81 der iranischen Verfassung, dazu ausführlich: *Brexendorff/Ule*, Investing in the Iranian Oil & Gas Industry, S. 17ff.; *Brexendorff*, Implications for Buybacks, D1ff.; *Gaddy*, Iran expands Middle East influence into Caspian Sea.

1060 Artikel 16 *ECTP* (Accidental Interruption, Reduction or stopppage of Transit).

1061 Artikel 9 *ECTP* (Construction, Expansion, Extension, Reconstruction and Operation of Energy Transport Facilities used for Transit).

1062 Artikel 2 Abs. 1 (e) *ECTP*.

Dies soll allerdings lediglich in einer kosteneffektiven Art und Weise geschehen, womit dem investitionsfreundlichen Tenor von *ECV* und *ECTP* entsprochen wird[1063].

(5) Konkurrenzproblem

Hinsichtlich bereits bestehender Verpflichtungen aus zuvor abgeschlossenen Transitabkommen stellt Artikel 5 *ECTP* klar, dass solche den Bestimmungen des *ECTP* vorgehen. Ein davon betroffenes Abkommen ist zum Beispiel das 1996er "*Agreement on Realization of Co-ordinated Policy in the Sphere of Crude Oil and Oil Products Transit through High-Pressure Transmission Pipelines*", dessen Vertragsparteien u.a. auch Aserbaidschan, Armenien, Weißrussland, Georgien, Kasachstan, Russland und die Ukraine sind[1064].

d) Modellverträge für Energie-Transitverträge

Parallel zu den Verhandlungen des Transit Protokolls sind vom *Energiecharta Sekretariat*[1065] in Zusammenarbeit mit einer sich aus Vertretern von Erdölfirmen, Unternehmens- und Rechtsberatern zusammensetzenden Expertengruppe nicht bindende Modellverträge entwickelt worden, die alle wesentlichen wirtschaftlichen und rechtlichen Aspekte beim Bau von Transitpipelines abdecken und als standardisierte Vorlage für zukünftige Pipelineprojekte dienen sollen. Es wurde ein zwischen den betroffenen Regierungen abzuschließender Mustervertrag für Transitpipelines entworfen und zum anderen ein Mustervertrag, der die wesentlichen zwischen dem Investor und dem Transitstaat zu regelnden Punkte beinhaltet.

Auf dem 13. Treffen der *Energiecharta Konferenz* am 10. Dezember 2003 wurde schließlich die erste vollständige Fassung dieses "*Model Intergovernmental and Host Government Agreements for Cross-Border Pipelines*" vorgelegt[1066]. Insbesondere im "*Model Host Government Agreement*" finden sich hinsichtlich

---

[1063] Artikel 7 *ECTP* (Protection of the Environment), siehe auch Artikel 12 (Technical and other Relevant Standards), in dem die Vertragsparteien dazu aufgerufen sind, allgemein akzeptierte Umweltstandards in ihre nationalen Gesetzgebungen zu implementieren.

[1064] Ausführliche Darstellung der Regelungsinhalte bei: *Vinogradov*, Cross-Border Oil and Erdgas Pipelines, S. 81f..

[1065] Durch Beschluss der *Energiecharta Konferenz* auf ihrem 4. Treffen im Jahre 2000 initiiert (Summary Record (CS (00) 454 CC162), S. 8).

[1066] Annex to CS (03) 847, CC 252 vom 18. November 2003 (ECS-hausinternes Dokument).

des Transit- und Pipelineverlegerechts eine Vielzahl relevanter Bestimmungen[1067].

e) Schlussbetrachtung zu Transitpipelines unter der Energiecharta

Zusammen mit den Bestimmungen des *ECV* und des *ECTP* bilden diese Modellverträge eine gute Grundlage für die Schaffung eines investorfreundlichen, von Rechtssicherheit geprägten, aber auch die territoriale Souveränität der Transitstaaten berücksichtigenden Investitionsklimas für den Bau von grenzüberschreitenden Pipelines im eurasischen und kaukasisch-kaspischen Raum. Insbesondere angesichts der zähen Verhandlungen zum *ECTP* hat sich die völkerrechtliche Situation nochmals bestätigt, dass für Binnenstaaten kein unumschränktes Recht besteht, Transitpipelines durch angrenzende Staaten zu verlegen. Mit dem Transitstaat sind stets vorherige Verhandlungen zu führen. Diesem wird noch immer die letztendliche Abwägungshoheit und Genehmigungsbefugnis zugestanden.

6. EG/TACIS-INOGATE Programm

Ein weiteres transitbezogenes Vertragswerk, welches den grenzüberschreitenden Pipelinetransport im zentralasiatisch-kaukasischen Raum betrifft, ist das im Jahre 1994 von der Europäischen Kommission ins Leben gerufene und unter der Schirmherrschaft des *TACIS*-Programms realisierte *INOGATE*-Abkommen[1068]. Ziel war es, für den grenzüberschreitenden Pipelinetransport in den zentralasiatischen und kaukasischen ehemaligen Sowjetrepubliken einen allgemein anerkannten institutionellen Rahmen zu schaffen, welcher die Prinzipien der *Europäischen Energiecharta* und der Bestimmungen des *ECV* widerspiegelt, um allgemein akzeptierte Regeln und Bestimmungen für den zwischenstaatlichen Erdöl- und Erdgastransport und Transit zu entwickeln.
Die entsprechenden Anstrengungen mündeten in der Unterzeichnung des *INOGATE*-Vertrages am 16. Dezember 1998 durch die Vertreter von 10 Staaten der ehemaligen Sowjetunion, von denen alle ebenfalls zumindest Unterzeichnerstaaten des *ECV* sind[1069].

[1067] So besagt Artikel 17 (Access to Available Capacity): "The Project Investors [and/or Shippers] shall, without prejudice to *[insert name of the State Party to this Agreement]* law, negotiate in good faith access to the Pipeline System with any third parties, should there be available capacity in the Pipeline System".
[1068] Interstate Oil and Erdgas Transport to Europe (INOGATE).
[1069] Es handelt sich dabei um: Armenien, Aserbaidschan, Weißrussland, Georgien, Kasachstan, Kirgistan, Moldawien, Turkmenistan, Ukraine, Usbekistan.

Zum einen ist das Ergebnis dieser Verhandlungen eher eine Reihe nützlicher Richtlinien, als ein Instrumentarium, welches seinen Vertragsparteien klare und rechtlich bindend eindeutige Verpflichtungen auferlegt.

Zum anderen ist das Konzept eines parallel zum *ECV* laufenden Regimes aus praktischen und rechtlichen Gesichtspunkten sehr fraglich, da Russland als einer der Haupttransitstaaten den *INOGATE*-Vertrag nicht unterzeichnet hat und Überschneidungen mit den Bestimmungen des *ECV* sehr wahrscheinlich sind. Allerdings ist die völkerrechtliche und praktische Bedeutung des *INOGATE*-Vertrages mehr als fraglich. Aus diesem Grund soll sich im Rahmen dieser Analyse nicht weiter mit dem Inhalt des *INOGATE*-Vertrags befasst werden[1070].

II. Ergebnis zur völkerrechtlichen Behandlung grenzüberschreitender Pipelines

Zusammenfassend betrachtet stellt sich für die zentralasiatischen Staaten die Verlegung grenzüberschreitender Pipelines zu den Weltmärkten noch immer als eine sehr komplexe Problematik dar, deren Lösung Grundvoraussetzung für die Prosperität der gesamten Region ist. Obwohl bereits einige internationale Abkommen geschaffen worden sind, in denen man sich mit den Fragen des Transits befasst hat, hat man es auch in diesem Rahmen nicht vermocht, die Entwicklung von Völkerrecht mit dem Inhalt voranzutreiben, dass Binnenstaaten ein bedingungsloses Transitrecht geltend machen können. Grundvoraussetzung sind immer noch vorausgehende Verhandlungen zwischen dem Binnenstaat und dem Transitstaat, wobei letzterem stets die Geltendmachung des völkerrechtlich anerkannten Prinzips der territorialen Souveränität zugebilligt wird. Auf Grund des von Transitpipelines ausgehenden noch größeren Einflusses auf Grund und Boden sowie Umwelt des Transitstaates, muss dies erst recht für die Verlegung von Transitpipelines gelten. So ist sowohl im 1965er *New Yorker Übereinkommen über den Transithandel der Binnenstaaten* als auch im 1982er *SRÜ* vorgesehen, dass Pipelines nur auf Grund ausdrücklicher Vereinbarungen zwischen den Parteien als von der „Transitfreiheit" geschützte Transportmittel angesehen werden können.

Schließlich unterscheiden sich die zahlreichen bilateralen Transitpipelineverträge in den darin definierten Eigentümerstrukturen, anwendbaren Rechten und Standards sowie sonstigen, für den grenzüberschreitenden Pipelinetransport wichtigen Faktoren erheblich voneinander, so dass auch daraus keine eindeutige

---

1070 Ausführlicher dazu: *Vinogradov*, Cross-Border Oil and Erdgas Pipelines, S. 53ff..

Tendenz zu einem sich völkergewohnheitsrechtlich herausgebildeten Transitpipelinerecht ableitbar ist.

Von erheblicher Bedeutung für den Erdöl- und Erdgastransport durch bereits bestehende Pipelines und den Bau zukünftiger Pipelines im eurasischen Raum sind allerdings die im *Europäischen Energiecharta*-Prozess entwickelten Vertragswerke. Obwohl sowohl im *ECV* als auch dem *ECTP* die Bewahrung der territorialen Souveränität der Transitstaaten eine große Rolle spielt, ist den zentralasiatischen Binnenstaaten ein umfangreiches investorfreundliches Reglement an die Hand gegeben worden, welches es den Transitstaaten zumindest nicht mehr erlaubt, Transitströme zu unterbrechen oder die Schaffung neuer Kapazitäten zur Wahrung der Wirtschaftlichkeit und des Wettbewerbs zu behindern. Für den Fall eines diesbezüglichen Konfliktes sind sowohl im *ECV* als auch dem *ECTP* unkomplizierte und schnelle Streitschlichtungsmechanismen vorgesehen.

Zusammen mit den von der *Energiecharta Konferenz* ebenfalls initiierten *Modellverträgen für grenzüberschreitende Pipelines* bilden der *ECV* und das *ECTP* eine hervorragende Grundlage dafür, Investoren mehr Rechtssicherheit und den zentralasiatischen kaspischen Binnenstaaten vom Pipelinemonopol Russlands unabhängige Exportrouten für ihre umfangreichen Erdöl- und Erdgasreserven zu sichern.

§ 8 Die Problematik der Passage von Tankern durch die Türkischen Meerengen

A. Kaspisches Erdöl und die Bosporus Bottleneck-Problematik

Von besonderer Bedeutung für den Transport kaspischen Erdöls zu den Weltmärkten sind die das Schwarze Meer mit dem Mittelmeer verbindenden Türkischen Meerengen. Im Laufe des vergangenen Jahrzehnts sind zahlreiche Pipelines[1071] vom Kaspischen Meer an die georgischen und russischen Schwarzmeerhäfen verlegt worden, durch die mittlerweile zusammen ca. 1,5 Millionen Barrel Erdöl pro Tag gepumpt werden. Seit der Fertigstellung der *CPC*-Erdölpipeline vom kasachischen Tengiz Erdölfeld zum russischen Schwarzmeerhafen Noworossisk im Sommer 2001 - als eine der Hauptexportpipelines für kaspisches Erdöl - ist der Tankerverkehr durch die Türkischen Meerengen sprunghaft angestiegen, so dass die Sicherheit der internationalen Schifffahrt durch diese Meerengen unter den alten rechtlichen Rahmenbedingungen nicht mehr gewährleistet werden kann und sich die Gefahr einer Ölkatastrophe in Folge verunglückter Tanker erhöht hat.

Bei den Türkischen Meerengen handelt es sich um zwei schmale Meerengen - die Dardanellen[1072] und den Bosporus[1073] - welche die Ägäis bzw. das Schwarze Meer mit dem Marmarameer[1074] verbinden.

[1071] Dazu bereits unter: 3. Kap., § 7, A..

[1072] Es handelt sich bei diesem Namen um den im deutschen Sprachgebrauch gebräuchlichsten. Daneben sind auch die Bezeichnungen *Meerenge von Çanakkale*, *Çanakkale Strait* (engl.), *Çanakkale Bogazi* (türk.) und *Hellespontus* (lat.) üblich. (*Irmscher/Johne*, Lexikon der Antike, S. 238).
Die lateinische Version gründet sich auf der antiken Bezeichnung *Hellespont* für die heutigen *Dardanellen.* Namenspatronin des Hellespont ist die in der griechischen Mythologie vorkommende *Helle*, der Tochter des *Athamas*, die vom Rücken des Widders mit dem *Goldenen Vlies* ins Meer fiel, als er sie und ihren Bruder *Phrixos* durch die Lüfte nach Kolchis (heutiges Georgien) bringen wollte. (*Tripp*, Lexikon der Antiken Mythologie, S. 216).

[1073] Dem Lateinischen folgend ist *Bosporus* im Deutschen ebenfalls die gebräuchlichste Bezeichnung für die Meerenge, die das Schwarze Meer mit dem Marmarameer (Propontis) verbindet. Weitere Bezeichnungen sind: *Strait of Istanbul* (engl.), *Istambul bogazi* (türk.), *Bosporos* (griech.), *Straße von Konstantinopel* (als ehem. deutsch).
Dem griechischen Mythos zufolge hatte *Zeus* oder dessen Gattin *Hera* die Tochter des *Inachos* in eine junge Kuh verwandelt, die auf ihrer Flucht die türkische Meerenge überquerte. Auf Grund dessen wurde diese sodann als *Bosporos* (Ochsenfurt) bezeichnet. (*Howatson*, Reclams Lexikon der Antike, S. 116, 310).

I. Der ökologische Faktor

Schiffe, die auf dem Weg von der Ägäis ins Schwarze Meer oder umgekehrt durch die Türkischen Meerengen fahren, müssen sowohl auf dem ca. 70 km langen Abschnitt der Dardanellen im Besonderen aber auf dem ca. 31 km langen Bosporus mit besonderer Vorsicht navigieren. Die durchschnittliche Breite beider Meerengen beträgt gerade einmal 1,5 km. Zusätzlich muss ein den Bosporus passierendes Schiff seinen Kurs mindestens zwölf Mal ändern. An der engsten Stelle des Bosporus, zwischen Kandilli und Bebek, ist eine Kursänderung von 45° und bei Yeniköy sogar eine Kursänderung von 80° erforderlich. Zusätzlich stellen viele Sandbänke, häufig auftretende plötzlich Wetterumschwünge und bis zu 7 Knoten (sm/h) starke Strömungen und Gegenströmungen eine Herausforderung für jedes passierende Schiff dar[1075].

Während im Jahre 1938 lediglich 5601 Schiffe die Türkischen Meerengen durchfuhren, waren es im Jahre 2002 bereits ca. 50.000 pro Jahr bzw. 150 am Tag, die ohne Zwischenstopp die Türkischen Meerengen passierten. Ein nicht unerheblicher Teil davon sind Tanker. Waren es im Jahr 1998 lediglich 12 Tanker pro Tag, die 60 Millionen Tonnen Erdöl im Jahr durch die Meerengen transportierten, so erhöhte sich auf Grund der Fertigstellung weiterer Pipelines bis zum Jahr 2000 die zu transportierende Erdölmenge um 50% und dementsprechend auch der Tankerverkehr[1076].

Mit der Fertigstellung der *CPC-Pipeline* hat sich der Tankerverkehr durch die Türkischen Meerengen mit steigender Pipeline-Kapazitätsauslastung um weitere bis zu 20 Tanker pro Tag erhöht[1077].

[1074] Das Marmarameer - zwischen Kleinasien und Thrakien liegend - war zu römischen Zeiten als *Propontis* bekannt. Weiter moderne Bezeichnungen sind *Marmara Sea* (engl.) und *Marmara denizi* (türk.).

[1075] *Istikbal*, Regional Transport Demands and the Safety of Navigation in the Turkish Straits, S. 77f..

[1076] Vgl. *Oral*, User Fees For Straits, S. 109; Website des Türkischen Außenministeriums unter: http://www.mfa.gov.tr/grupa/ad/adb/navigate.htm unter Punkt 3..

[1077] Bei voller Kapazitätsauslastung würden täglich 1,34 Millionen Barrel Erdöl (= 0,213 Millionen Tonnen) in Noworossisk in Tanker gepumpt werden. (*Hickox*, The CPC Project) Analysten zu Folge würden bei jeden weiteren 10 Millionen Tonnen Erdöl 800 mittelgroße bzw. 200 große Tankertransporte erforderlich sein. (*Hicks*, The Bosphorus and Caspian Sea) Das würde eine zusätzliche Belastung der Türkischen Meerengen von täglich, je nach Größe, 4 bis 16 Tankerdurchfahrten in eine Richtung bedeuten.

Damit wächst die Gefahr eines Tankerunfalls mit verheerenden Umweltkatastrophen. Die jüngste Geschichte der Tankerunfälle in den Türkischen Meerengen ist gezeichnet von einer Vielzahl katastrophaler Umweltschäden.
Seit 1960 haben sich über 60 größere Schiffsunfälle in den Türkischen Meerengen ereignet[1078]. So liefen zum Beispiel im Jahre 1979 bei der Kollision des rumänischen Tankers „*Independenza*“ mit einem anderen Schiff 64.000 Tonnen Erdöl in die Meerengen, die in einem Umkreis von 5,5 km² ca. 96 Prozent des Meerestierbestandes vernichteten[1079]. Hauptursache der Schiffsunfälle war in den meisten Fällen der Verzicht auf die Hinzuziehung eines erfahrenen Lotsens für das Navigieren durch die besonders gefährliche Bosporus-Meerenge[1080]. Nur etwa die Hälfte aller durchfahrenden Schiffe nimmt überhaupt Lotsen in Anspruch[1081].

II. Der wirtschaftliche Faktor

Neben ökologischen Bedenken war insbesondere das Interesse der Türkei am Bau einer weiteren Hauptexportpipeline, welche kaspisches Erdöl von Baku nach Ceyhan[1082] über türkisches Territorium transportieren soll, Grund für zunehmende Reglementierungen der Durchfahrt von Tankern durch die Türkischen Meerengen. Die Türkei war am Bau der *Baku-Ceyhan-Pipeline* deshalb so interessiert, weil mit dieser Bauaufträge für türkische Unternehmen, Transitgebühren[1083] und Steuereinnahmen verbunden sind.

[1078] *Scharfenberg*, Regulating Traffic Flow in the Turkish Straits, Fn. 33.
[1079] *Öztürk*, Ship Originated Pollution in the Turkish Straits, S. 88f..
[1080] Für einen 100.000 dwt Tanker würde ein Lotse ca. US$ 6000 kosten. (Pilots Cautions on Turkish Regulations, *LLOYDS LIST*, Oct. 13, 1994, LEXIS, World Library, ALLWLD File).
[1081] Vor allem russische Schiffe, die mit 16% des Schiffsverkehrs einen Großteil der Durchfahrten ausmachen, verzichten am häufigsten auf Lotsen. (Caspian Sea Library, http://www.treemedia.com/cfrlibrary/library/bosphorus/nitzovchart.html; *Newmann*, Dire Strait: Oil, Water and Politics, A1.).
[1082] Die 1.760 km lange, ca. 2.95 Mrd. US$ kostende Pipeline soll im Jahr 2005 mit einer Anfangskapazität von 375.000 b/d ihren Betrieb aufnehmen, um im Jahre 2007 schließlich ihre maximale Kapazität von 1 Mio. b/d zu erreichen. (vgl.: *Barrows Allert* vom 4.10.2002; 'First construction contracts awarded for Baku-Ceyhan oil pipeline', *Agence France-Press*, August 2, 2002).
[1083] Die Türkei hat Transitgebühren von 1,50 US$ pro Fass Rohöl mit den Betreibern des BTC-Pipelinekonsortiums ausgehandelt. (*Hermann*, in: *FAZ* vom 2. Oktober 2002, S. 2); Zur Problematik der völkerrechtlichen Zulässigkeit der Erhebung von Transitgebühren siehe unter: 3. Kap., § 7, B. II..

Wie ernst es die Türkei mit ihren ökologischen Bedenken, aber auch mit ihren wirtschaftlichen Interessen nahm, wurde augenscheinlich, als im Jahre 1994 die völkervertraglich festgeschriebene, im Wesentlichen bedingungs- und gebührenfreie Durchfahrt durch die Türkischen Meerengen im Wege von Reglementierungen für den Schiffsverkehr insbesondere für größere Tanker eingeschränkt werden sollte. Die mittlerweile wieder aufgehobenen Bestimmungen hätten größere Tanker u.a. dazu verpflichtet, die kostenpflichtige Hilfe von Lotsen in Anspruch zu nehmen[1084]. Bei Verstößen gegen die Reglementierungen, hätten sie mit Strafen entsprechend dem türkischen *Hafenrecht No. 618* rechnen müssen[1085].
Auch die Ankündigung, die Gebühren für Tanker um das Fünffache zu erhöhen[1086], drohte die Transportkosten kaspischen Erdöls durch die Türkischen Meerengen in die Höhe schnellen und unrentabel werden zu lassen.

Es gäbe eine Reihe guter Alternativen zu dem aus sowohl wirtschaftlichen als auch sicherheitspolitischen und ökologischen Gründen problematischen *Baku-Ceyhan-Pipelineprojekt*. Es handelt sich dabei um die Route durch den Iran und die Bosporus-Bypass-Pipelines durch Bulgarien und Griechenland.
Vor allem auf Grund des erheblichen Drucks aus den USA[1087], die sich aus geopolitischen Gründen vehement für den Bau der *Baku-Ceyhan-Pipeline* eingesetzt haben, und auf Grund eines Angebotes des staatlichen türkischen Pipelineunternehmens *BOTAS*, den türkischen Teil der Pipeline für weit unter dem von den dem *BCP-Konsortium* angehörenden Erdölfirmen veranschlagten Preis zu bauen, wurde im Spätsommer des Jahres 2002 schließlich der Bau der Pipeline beschlossen.

[1084] Ab November 2000 sollten bestimmte Klassen von Tankern verpflichtet sein, Lotsen an Bord zu nehmen. (Vgl. *Ruseckas*, The Bosphorus bottleneck).

[1085] Artikel 57 der 'Maritime Traffic Regulations for the Turkish Straits and the Marmara Region', (*Turkish Official Gazette*, No. 21815, 11 Jan. 1994; *LOSB*, No. 27 (1995), S.62; Englische Übersetzung auf der *Turkish Maritime Pilots` Association's* website: http://www.turkishpilots.com)

[1086] So *Burhan Kara*, Minister for Maritime Affairs, am 6. November 1998, *AP* und *ITAR-TASS*.

[1087] Hauptfürsprecher dieser, hinsichtlich ihrer wirtschaftlichen Rentabilität umstrittenen, Erdölpipeline waren die USA, welchen vor allem daran gelegen war, durch den Bau dieser Pipelinetrasse eine Abhängigkeit vom russischen Exportpipelinesystem zu vermeiden und den Bau einer finanziell rentableren Pipeline durch den noch immer mit US-Sanktionen belasteten Iran zu verhindern. Die finanzielle Absicherung des Baus der Pipeline konnte erst im Februar 2004 erreicht werden, nachdem bereits ein Großteil der Pipeline fertig gestellt war ('Caspian oil pipeline financing agreed', in: *Financial Times*, 4th February 2004, S. 3).

B. Türkische Transit-Bestimmungen für die Passage durch die Türkischen Meerengen

Wie bereits erwähnt sah sich die Türkei im November 1993 sowohl aus wirtschaftlichen als auch ökologischen Gründen veranlasst, den zunehmenden Tankerverkehr in den Türkischen Meerengen verstärkt zu reglementieren[1088]. Damit sollte eine ca. 50-jährige Praxis der relativ unbedingten und ungehinderten Transitdurchfahrt durch die Türkischen Meerengen, wie sie durch die *Montreux Konvention* von 1936[1089] vorgesehen war, ein abruptes Ende finden.

I. Das Reglement der Montreux Konvention

Die Bestimmungen der *Montreux Konvention* sind noch immer in Kraft[1090] und enthalten die für das Reglement der Türkischen Meerengen maßgeblichen Vorschriften.

Wie sich aus der Präambel der *Montreux Konvention* ergibt, sollte ein Vertragswerk geschaffen werden, welches ein einheitliches Reglement der Schifffahrt sowohl durch die Dardanellen als auch durch den Bosporus und das Marmarameer zum Ziel hatte.
Die Unterzeichnerstaaten der *Montreux Konvention* anerkannten und bestätigten in Artikel 1 der Konvention zunächst grundlegend:

> "[...] the principle of freedom of transit and navigation by sea in the Straits"[1091].

[1088] *Maritime Traffic Regulations for the Turkish Streits and the Marmara Region*, am 1. Juli 1994 in Kraft getreten (*Turkish Official Gazette*, No. 21815, 11 Jan. 1994; *LOSB*, No. 27 (1995), S.62).

[1089] *Convention regarding the Regime of the Turkish Straits*, verabschiedet am 20. Juli 1936 in Montreux, 173 *LNTS* 213 (Englische Übersetzung abgedruckt unter: http://www.turkishpilots.org/DOCUMENTS/montro.html).

[1090] Artikel 28 der *Montreux Konvention* besagt, dass über die ursprünglichen 20 Jahre des In-Kraft-Seins der Konvention, diese dann weiter in Kraft bleibt, wenn sie nicht entsprechend der dort beschriebenen Prozedur von einem Unterzeichnerstaat rechtzeitig widerrufen wird. Dies ist bisher nicht geschehen.

[1091] Die zeitlich unbeschränkte Gültigkeit dieses Prinzips ist explizit in Artikel 28 der *Montreux Konvention* festgelegt worden. Sonstige Bestimmungen hinsichtlich der Wirksamkeit der jeweiligen Fassung und der Änderungsprozeduren finden sich des Weiteren in Artikel 29 der *Montreux Konvention*.

Des Weiteren soll dieses Grundprinzip seine Ausgestaltung im Sinne der nachfolgenden Artikel finden. Der Modus für die Schiffsdurchfahrt bzw. die Überflugrechte wird darin an verschiedene Umstände gekoppelt. Es wird danach unterschieden, ob es sich um Handels- oder Kriegsschiffe handelt, ob die Durchfahrt zu Friedens- oder zu Kriegszeiten stattfindet - mit der Türkei als Kriegspartei oder nicht - und entsprechend den in Annex II der Konvention aufgelisteten Kategorien.

Im Gegensatz zu Kriegsschiffen beinhaltet die *Montreux Konvention* zumindest für Handelsschiffe, die eine Durchfahrt durch die Türkischen Meerengen und das Marmarameer begehren, Regelungen, die eine begrenzte Souveränität der Türkei hinsichtlich der Ausübung von Kontrollrechten bezüglich der Durchfahrt von Handelsschiffen gewähren. In Artikel 2 der *Montreux Konvention* heißt es dazu:

> "In time of peace, merchant vessels shall enjoy complete freedom of transit and navigation in the Straits, by day and by night, under any flag and with any kind of cargo, without any formalities, except as provided in Article 3 below. No taxes or charges other than those authorized by Annex I to the present Convention shall be levied by the Turkish authorities on these vessels when passing in transit without calling at a port in the Straits."[1092]

Der in Annex I der *Montreux Konvention* aufgeführte Katalog von Maßnahmen, für die die Türkei zur Gewährleistung gewisser Sicherheitsvorkehrungen und sanitärer Kontrollen Steuern und Gebühren erheben darf, ist sehr begrenzt und lässt die für die moderne Schifffahrt in Meerengen erforderlichen Sicherheitssysteme gänzlich unerwähnt[1093].

[1092] Artikel 3 der *Montreux Konvention* bezieht sich lediglich auf die sanitären Kontrollen der durchfahrenden Schiffe.

[1093] Annex I.: "1. The taxes and charges which may be levied in accordance with Article 2 of the present Convention shall be those set forth in the following table. [...] (a) Sanitary Control Stations [...] (b) Lighthouses, Light and Channel Buoys [...] (c) Life Saving Services, including Life-boats, Rocket Stations, Fog Sirens, Direction-finding Stations, and any Light Buoys not comprised in (b) above, or other similar installations [...].
[...]
5. Merchant vessels may be required to pay taxes and charges for optional services, such as pilotage and towage, when any such service shall have been duly rendered by the Turkish authorities at the request of the agent or master of any such vessel. [...]".

In Artikel 28 der *Montreux Konvention* wird klargestellt, dass dieses Prinzip in jedem Fall und ohne Zeitbeschränkung in Kraft bleiben soll.

Des Weiteren ist neben der Kündigungsprozedur des Artikels 28 im Artikel 29 genau die Verfahrensweise für Abänderungen innerhalb des Reglements von Montreux festgelegt. Danach ist jede Vertragspartei dazu verpflichtet, sich zunächst um ein bzw. zwei[1094] weitere Vertragsparteien zu bemühen, die die Veränderungsvorschläge mittragen würden, um zu einer Lösung auf diplomatischem Wege oder, wenn dies zu keinem Erfolg führt, über eine Abstimmung zwischen den Vertragsparteien zu einer Lösung zu gelangen.

Allerdings handelte es sich bei der vorliegenden Problematik um Regelungsbereiche, die in der *Montreux Konvention* überhaupt nicht bedacht worden waren. Explizite Bestimmungen zur Vermeidung von Kollisionen und der Umweltverschmutzung in den Türkischen Meerengen finden sich in der *Montreux Konvention* nicht.

Gegenstand der folgenden Analyse ist die Untersuchung der völkerrechtlichen Zulässigkeit der einseitig verhängten Reglementierung der Transitdurchfahrt durch die Türkischen Meerengen, aber auch das Erfordernis vorheriger Konsultationen der anderen Unterzeichnerstaaten und der *IMO*. Zwingende Konsultationsmechanismen sind u.a. auch aus dem *SRÜ* bekannt, welches zum Beispiel in Artikel 41 Absatz 4[1095] vor der Einrichtung von Verkehrstrennungsgebieten (TSS) eine Konsultation mit der dafür alleinig zuständigen *IMO* vorsieht[1096].

Grundsätzliche Bedenken ergaben sich vor allem aus den folgenden Reglementierungen.

[1094] Gemäß Artikel 29 Absatz 2 der *Montreux Konvention* wäre die Unterstützung einer Hohen vertragschließenden Partei für die Artikel 14 und 18 (beide regeln die zulässige Größe von Kriegsschiffen, die die Türkischen Meerengen passieren dürfen) betreffende Änderungen erforderlich gewesen und die von zwei weiteren Parteien für alle übrigen Artikel.

[1095] Artikel 41 Abs. 4 *SRÜ*: "Before [...] prescribing or substituting traffic separation schemes, States bordering straits shall refer proposals to the competent international organization with a view to their adoption. [...]".

[1096] Es ist zu beachten, dass die Türkei nicht Vertragspartei des *SRÜ* ist und die Bestimmungen des Teil III *SRÜ* (Straits used for International Navigation) wegen Artikel 35 lit. (c) *SRÜ* auf die Türkischen Meerengen möglicherweise gar nicht anwendbar sind. Eine eingehende Analyse dazu und hinsichtlich der völkergewohnheitsrechtlichen Anwendbarkeit des Meerengen-Reglements des *SRÜ* auf die Türkischen Meerengen erfolgt sogleich.

II. Die türkischen 1994er Schiffsverkehrsreglementierungen

Am 1. Juli 1994 traten die einseitig von der Türkei verhängten Reglementierungen der Transitpassage durch die Türkischen Meerengen in Kraft. Diese werden von den sonstigen Benutzerstaaten der Türkischen Meerengen sowohl als ein Verstoß gegen die Bestimmungen der *Montreux Konvention* als auch gegen das völkergewohnheitsrechtlich verankerte Prinzip der freien Transitdurchfahrt und solche von der *IMO* zur Verbesserung der Sicherheit des Schiffsverkehrs erlassenen Konventionen - wie die *1972er COLREG*-Konvention und die 1974er *SOLAS*-Konvention[1097] - und speziell für die Türkischen Meerengen von der *IMO* am 3. Juni 1994 verabschiedeten *Rules and Recommendations*[1098] angesehen[1099].

III. Die türkischen 1998er Reglementierungen

Auf Grund starker internationaler Kritik sowohl seitens der meisten Unterzeichnerstaaten der *Montreux Konvention* als auch von anderen Benutzerstaaten der Türkischen Meerengen sah sich die Türkei schließlich doch veranlasst, einige, die freie Transitdurchfahrt besonders beschränkende Bestimmungen fallen zu lassen bzw. geringfügig zu modifizieren. So wurden am 6. November 1998 neue - die *1994er Reglementierungen* erweiternde und abändernde - Regelungen[1100] für die Türkischen Meerengen verabschiedet.

[1097] Es handelt sich hierbei um die *Convention on the International Regulations for Preventing Collisions at Sea* in ihren durch die 1981er und 1987er präzisierten und erweiterten Versionen und die *Convention for the Safety or Life at Sea*, welche durch die Protokolle von 1978 und 1988 erweitert worden ist.

[1098] Es handelt sich hierbei um die '*Rules and Recommendations on Navigation through the Straits of Istanbul, Strait of Çanakkale and the Marmara Sea*', (*MSC* 63/23, 3 June 1994, http://www.mfa.govtr/grupa/ad/adb/navigate.htm). Diese wurden durch die *IMO* Resolution A.827(19) bestätigt und traten am 24. November 1994 in Kraft.

[1099] Da die 1994er Reglementierungen schließlich von den 1998er Reglementierungen ersetzt worden sind, wird anstatt einer ausführliche Darstellung der völkerrechtlichen Bedenken an dieser Stelle auf die Analyse bei *Plant*, Navigation Regime in the Turkish Straits und *Molenaar*, Coastal State jurisdiction over vessel-source pollution, S. 311ff. verwiesen.

[1100] *Maritime Traffic Regulations for the Turkish Straits Region*, Decree No. 98/1860 (Englische Übersetzung der Turkish Maritime Pilots' Association unter: http://www.turkishpilots.org/DOCUMENTS/yenituzuk_eng.html).

Allerdings zeigen sich die meisten betroffenen Flaggenstaaten mit dem neuen Reglement noch immer nicht zufrieden[1101]. Auch wenn eine gewisse Annäherung an die *IMO*-Bestimmungen zu verzeichnen ist, steht noch immer die völkerrechtliche Zulässigkeit der einseitigen Reglementierungen in Frage.

C. Auf die Türkischen Meerengen anwendbares Völkerrecht

Die Frage nach dem Umfang des Spielraums türkischer Reglementierungsbefugnisse richtet sich nach dem auf die Türkischen Meerengen anzuwendenden Völkerrecht, welches im Folgenden einer näheren Untersuchung unterzogen werden soll. Eine Analyse des internationalen Meerengenregimes würde sich dann erübrigen, wenn das die Türkischen Meerengen betreffende Völkerrechtsregime eine bis heute gültige Reglementierung in der 1936er *Montreux Konvention* gefunden hätte.

Hinsichtlich der Konkurrenz dieser Konvention mit dem sich im modernen Seevölkerrecht entwickelten Meerengenregime soll bereits an dieser Stelle auf die Bemühungen der Dritten Seerechtskonferenz hingewiesen werden, welche unter anderem zu einer detaillierten Kodifizierung und Weiterentwicklung völkergewohnheitsrechtlicher Ansätze eines Meerengenregimes geführt haben[1102]. Die betreffenden Bestimmungen finden sich in den Artikeln 34-45 (Teil III) des *SRÜ* von 1982. Aus diesen ergibt sich u.a., dass im Falle der Transitpassage von Schiffen durch Meerengen den Anrainerstaaten weniger Reglementierungsbefugnisse zugestanden werden, als dies gegenüber Schiffen bei der friedlichen Durchfahrt durch die Küstengewässer des jeweiligen Staates vorgesehen ist[1103].

[1101] So wurde die ergebnislose Einstellung der Working Group des *IMO*-Maritime Safety Committees, dessen Aufgabe es war, in Anbetracht der türkischen 1998er Reglementierungen, eine überarbeitete Version der *IMO*-Rules and Recommendations von 1994 zu verabschieden, vor allem von Zypern, Griechenland, Russland und der Ukraine kritisiert. (*MSC* 71/23, paras. 22.32-22.38).

[1102] Dazu sogleich ausführlicher unter: 3. Kap., § 8, C., III., 4..

[1103] So ergibt der direkte Vergleich der Regelungen der Artikel 42 bzw. 21 *SRÜ*, dass das Recht des Küstenstaates, für den Fall der Transitdurchfahrt Gesetze und Reglementierungen zu treffen, genauer umschrieben ist, als dies für den Fall der friedlichen Durchfahrt durch Küstengewässer vorgesehen ist. Schließlich ist der Küstenstaat bei der Errichtung von Wasserstraßen und Verkehrstrennungsgebieten nur in Gebieten, die in das Transitpassageregime fallen, gehalten, entsprechende Pläne zunächst der kompetenten internationalen Organisation (*IMO*) zukommen zu lassen, um sie genehmigen zu lassen (Artikel 41 Abs. 1 bzw. Artikel 22 *SRÜ* für die friedliche Durchfahrt). Vgl. ausführlich dazu: *Koh*, Straits in international navigation, S. 167ff..

Hinsichtlich der bis dahin bereits in Kraft befindlicher Spezialregime für Meerengen findet sich in Artikel 35 lit. (c) *SRÜ*[1104] eine für das Regime der Türkischen Meerengen bedeutsame Regelung:

> "Nothing in this Part affects: [...]
> (c) the legal regime in straits in which passage is regulated in whole or in part by long-standing international conventions in force specifically relating to such straits."

Diese Bestimmung betrifft eindeutig das Regime der Türkischen Meerengen, welches durch die *Montreux Konvention* von 1936 als eine "long-standing international convention" ausgestaltet wird[1105]. Die Gültigkeit dieser Konvention als die noch immer international verbindliche völkerrechtliche Basis für die Schifffahrt durch die Türkischen Meerengen und das Marmarameer wird weder von den Unterzeichner- noch den übrigen Benutzerstaaten der Türkischen Meerengen bestritten.

I. Bindungswirkung der *Montreux Konvention* gegenüber Nichtunterzeichnerstaaten

Bevor die Auswirkungen des Montreux Reglements auf die Benutzerstaaten analysiert werden können, stellt sich die Frage, inwieweit Drittstaaten, die nicht zu den Unterzeichnerstaaten[1106] der *Montreux Konvention* gehörten, überhaupt an deren Bestimmungen gebunden sind.
Zu den Nichtunterzeichnerstaaten, die die Türkischen Meerengen regelmäßig benutzen, gehören u.a. solche Flaggenstaaten wie Russland[1107], die Ukraine, Georgien, Malta, Syrien, Honduras und der Libanon[1108].

1104 Der Artikel 35 lit. (c) *SRÜ* ist insbesondere auf Betreiben der Türkei zustandegekommen. (vgl.: *Platzöder*, Meerengen, S. 710ff.).
1105 Aus den *travaux préparatoires* des *SRÜ* geht hervor, dass insbesondere auf Initiative der Türkei hin, diese Bestimmung schließlich in den endgültigen Konventionstext übernommen worden ist. (*Platzöder*, Meerengen, S. 710ff.); vgl. auch: *Molenaar*, Coastal State jurisdiction over vessel-source pollution, S. 307.
1106 Dabei handelt es sich um folgende Staaten: Bulgarien, Frankreich, Großbritannien, Australien, Griechenland, Japan, Rumänien, Türkei, UdSSR und Jugoslawien.
1107 Wie bereits zuvor (2. Kap., § 4, B., III.) ausführlich dargestellt wurde, muss zwischen der Fortsetzerstaat-Problematik und der Rechtsnachfolge Russlands in völkerrechtliche Verpflichtungen unterschieden werden. Da sich der Verfasser in diesem Zusammenhang der Theorie von der Dismembration der UdSSR anschließt, ist Russland hier mithin auch als ein unabhängiger Nachfolgestaat der UdSSR aufgeführt worden.

Nach dem in Artikel 26 des 1969er *Wiener Übereinkommens über das Recht der Verträge* niedergelegten und völkergewohnheitsrechtlich anerkannten Prinzip *pacta sunt servanda*[1109] wären grundsätzlich nur die Unterzeichnerstaaten der *Montreux Konvention* an deren Bestimmungen gebunden, nicht jedoch Drittstaaten.
Allerdings gibt es auch Ausnahmen zu dieser Grundregel, die bei der *Montreux Konvention* im völkervertraglichen Kontext in verschiedenen Ausgestaltungen in Erscheinung treten.

1. Nachfolge der ehemaligen Sowjetrepubliken in die vertraglichen Verpflichtungen der Sowjetunion aus der Montreux Konvention

Angesichts des Zerfalls der ehemaligen Sowjetunion ergibt sich hinsichtlich der neu entstanden unabhängigen Staaten Russland, Georgien und der Ukraine die Problematik der Rechtsnachfolge dieser im Allgemeinen und hinsichtlich der Verpflichtungen aus der *Montreux Konvention* im Besonderen.

Wie bereits zuvor dargestellt, sind die ehemaligen Sowjetrepubliken nur unter gewissen Vorbehalten gewillt, in die multilateralen vertraglichen Verpflichtungen der ehemaligen Sowjetunion einzutreten, obwohl sie sich im Prinzip sowohl auf den GUS-Gründungskonferenzen von Minsk und Alma-Ata im Dezember 1991 als auch im gemeinsamen *Memorandum of Understanding* vom 6. Juli 1992 auf ein solches Eintreten verständigt hatten[1110]. Einige ehemalige Sowjetrepubliken haben unter Berufung auf die so genannte "*clean slate*"-Doktrin[1111] und Artikel 16 der *WKSV* eine Bindung an vertragliche Verpflichtungen der ehemaligen Sowjetunion grundsätzlich abgelehnt. Lediglich Russland hat sich - unabhängig davon, ob es als Fortsetzerstaat der UdSSR angesehen werden muss oder nicht[1112] - zur Nachfolge in die völkervertraglichen Verpflichtungen der UdSSR eindeutig bekannt.

[1108] Eine genauere Aufschlüsselung des auf die jeweiligen Flaggenstaaten entfallenen prozentualen Anteils unter: 'Flags of vessels passing through the Bosphorus in 1996', in: *Caspian Sea Library*, http://www.treemedia.com/cfrlibrary/library/bosphorus/nitzovchart.html..
[1109] Artikel 26: "Every treaty in force is binding upon the parties to it and must be performed by them in good faith."
[1110] Siehe dazu ausführlich unter: 2. Kap., § 4, B., III., 3., d).
[1111] Dieser Doktrin folgend würden neue unabhängige Staaten unter Umständen an vertragliche Bindungen des Vorgängerstaates, aus dem sie sich abgespalten haben, gegen ihren Willen nicht gebunden sein, sondern sie hätten das Recht, die vertraglichen Beziehungen neu auszugestalten. (Siehe dazu ausführlich bereits oben unter: 2. Kap., § 4, B. III. 5.)
[1112] Eine genauere Analyse dazu unter : 2. Kap., § 4, B., III., 2..

Wie jedoch bereits untersucht wurde greift weder die “*clean slate*”-Doktrin noch können sich die neuen unabhängigen Staaten auf Artikel 16 *WKSV* berufen. Auf Grund des noch immer nicht gesicherten völkergewohnheitsrechtlichen Charakters der *WKSV* stellt sich die völkerrechtliche Situation noch immer als ungewiss dar.

Anders wäre die Rechtslage allerdings dann, wenn es sich bei der *Montreux Konvention* um einen territorialbezogenen „radizierten" Vertrag[1113] oder einen Statusvertrag[1114] handeln würde. Die Wirksamkeit solcher Verträge würde dann nämlich auch gegenüber den neuen unabhängigen GUS-Staaten vom Eintritt eines Sukzessionsfalls grundsätzlich unberührt bleiben. Hinsichtlich des Einflusses solcher Verträge auf die Bindung der neuen unabhängigen Staaten sei auf die oben bereits erfolgte ausführliche Analyse verwiesen[1115].
Ob die *Montreux Konvention* nun einen „radizierten" Vertrag darstellt, oder eher der Kategorie der Statusverträge[1116] zuzuordnen ist, soll im Rahmen dieser Untersuchung nicht weiter vertieft werden, da es sich bei der letzteren Kategorie ohnehin nur um einen Sonderfall eines *erga omnes* wirkenden Vertrages handelt, auf den die Prinzipien der „radizierten" Verträgen *mutatis mutandis* entsprechende Anwendung finden[1117].

Die völkerrechtliche Allgemeingültigkeit und Akzeptanz des in Artikel 12 *WKSV* niedergelegten Prinzips, dass gebietsbezogene „radizierte" vertragliche Regelungen von einem Sukzessionsfall nicht betroffen sind, wird auch nicht von Zweifeln an der tatsächlichen Kodifikation bestehenden Gewohnheitsrechts in der *WKSV* berührt. Denn die Bestimmungen des Artikels 12 über sonstige Arten „radizierter" Verträge werden nach allgemeiner Ansicht und Staatenpraxis als in jedem Fall gewohnheitsrechtlich verankert angesehen[1118].

Da die das Regime der Türkischen Meerengen betreffende *Montreux Konvention* als ein Statusvertrag im soeben angesprochenen Sinne angesehen werden

---

[1113] Hinsichtlich Definition und Bedeutung dieses Rechtsbegriffs sei auf die Ausführungen oben verwiesen: 2. Kap. § 4, B. III. 4..

[1114] Als typisches Beispiel für Statusverträge werden u.a. auch die Regime internationaler Meerengen regelnden Konventionen angeführt. Ansonsten ausführlicher bereits oben unter 2. Kap. § 4, B. III. 4..

[1115] 2. Kap. § 4, B. III. 4..

[1116] Vgl. dazu im allgemeinen: *Klein*, Statusverträge im Völkerrecht, S. 305ff..

[1117] So auch *Zimmermann*, Staatennachfolge, S. 528.

[1118] Siehe auch *Klein*, Statusverträge, S. 312ff..

kann, hat dies zur Folge, dass nach dem Zerfall der Sowjetunion die neu entstandenen unabhängigen Anrainerstaaten des Schwarzen Meeres und die sonstigen Meerengen-Benutzerstaaten der GUS weiterhin an die vertraglichen Verpflichtungen aus der *Montreux Konvention* gebunden sind.

2. Die *erga omnes*-Wirkung des Regimes der Türkischen Meerengen

Selbst wenn man sich nicht dieser Ansicht anschließen sollte und den ehemaligen Sowjetrepubliken aus vertraglichen Verpflichtungen, die sich aus der *Montreux Konvention* ergeben, das Recht auf Neuverhandlungen einräumen wollte, wie es in Artikel 17 Absatz 3 *WKSV* vorgesehen ist, sind die Bestimmungen der *Montreux Konvention* unter Umständen sowohl gegenüber diesen neuentstandenen Staaten als auch gegenüber allen anderen Benutzerstaaten der Türkischen Meerengen bindend, sofern ihnen eine Wirkung *erga omnes* zuerkannt werden müsste. Dies wäre der Fall, wenn sich das durch die *Montreux Konvention* geschaffene Regime als ein so genanntes „objektives Regime" erweisen würde.

a) Das „pacta tertiis" Prinzip

Dem Prinzip *pacta tertiis nec nocent nec prosunt* entsprechend ist völkergewohnheitsrechtlich anerkannt, dass ein multilateraler Vertrag dem Grundsatz nach keine Rechtswirkung in Bezug auf Dritte entfalten kann[1119]. Eine Kodifizierung hat dieser Grundsatz in Artikel 34 der *WVRK* gefunden[1120]. Ausnahmen sind nur entsprechend der in den Artikeln 35 bis 38 *WVRK* beschriebenen Art und Weise denkbar. Danach bedürfen Verträge, die Rechte oder Pflichten für Dritte vorsehen, der Zustimmung des zu Begünstigenden oder Belastenden.
Die Verpflichtung eines Dritten durch einen völkerrechtlichen Vertrag ist grundsätzlich nicht ohne ausdrückliche Zustimmung des Drittstaates möglich[1121].

b) Standpunkt der ILC im Rahmen der Verhandlungen zur WVRK

Im Rahmen der Entwicklung des Vertragstextes zur *Wiener Vertragsrechtskonvention* von 1969 setzte sich die Kommission damit auseinander, ob die Situation, dass Verträge über ein so genanntes „objektives Regime" Verpflichtungen

---

[1119] Vgl.: *Dahn*, Völkerrecht, S. 112ff.; *Verdross/Simma*, Universelles Völkerrecht, S. 482ff.; *Brownlie*, Principles of Public International Law, S. 622.
[1120] Vgl.: *Sinclair*, Law of the Treaties, S. 98ff. mit Verweisen auf relevante Entscheidungen des *Permanent Courts*.
[1121] Artikel 35 *WVRK*; so auch der *StIGH* im „Wimbledon"-Fall (*PCIJ*, Ser. A, No.1 (1923).

und Rechte mit Wirkung *erga omnes* entfalten, in einer zusätzlichen Bestimmung geregelt werden soll. Damals wie heute ist die Systematik des „objektiven Regimes" höchst umstritten. So sprachen sich einige Mitglieder der Kommission für eine separate Regelung „objektiver Regime" mit *erga omnes* Wirkung aus, da ein entsprechendes Konzept im Völkerrecht bereits seine Akzeptanz gefunden hätte. Nach ihrer Ansicht unterfielen insbesondere solche Verträge diesem Konzept, welche die Neutralisation oder Demilitarisierung von bestimmten Gebieten oder Territorien bezwecken, sowie Verträge, die die freie Schifffahrt auf internationalen Flüssen und Meereswasserstraßen regeln[1122].

Vor allem der Sonderberichterstatter der *ILC, Sir Humphrey Waldock,* hob hervor, dass die Völkerrechtspraxis reich an Präzedenzfällen für solcherlei Regelungen sei, die von einigen Staaten im Interesse und letztendlich auch mit Anerkennung aller Staaten getroffen worden sind[1123].

Nach einem von ihm eingereichten Vorschlag für eine entsprechende Bestimmung[1124] sollte sich ein Statusvertrag mit *erga omnes*-Wirkung dadurch aus-

---

[1122] Vgl.: *Sinclair,* The Vienna Convention on the Law of Treaties, S. 104.

[1123] *Waldock,* Third Report on the Law of Treaties, 26ff.; vgl. auch *McNair,* The Law of Treaties, S. 266.

[1124] Es handelt sich dabei um den Entwurf des Artikels 63 (Treaties Providing for Objective Regimes): "1. A Treaty establishes an objective regime when it appears from its terms and from the circumstances of its conclusion that the intention of the parties is to create in the general interest general obligations and rights relating to a particular region, territory , locality, river, waterway, or to a particular area or sea, sea-bed, or air space; provided that the parties include among their number any State having territorial competence with reference to the subject-matter of the treaty, or any such state has consented to the provision in question.
2.(a) A State, not a party to the treaty, which expressly or impliedly consents to the creation or the application of an objective regime, shall be considered to have accepted it.
(b) A State, not a party to the treaty, which does not protest against or otherwise manifest its opposition to the regime within a period of X years to the registration of the treaty with the Secretary General of the United Nations shall be considered to have impliedly accepted the regime.
3. A State which has accepted the regime of the kind referred to in paragraph 1 shall be
(a) bound by any general obligation which it contains, and
(b) entitled to invoke the provisions of the regime and to exercise any general right which it may contain subject to the terms and conditions of the treaty.
4. Unless the treaty otherwise provides, a regime of the kind referred to in paragraph 1 may be amended or revoked by the parties to the treaty only with the concurrence of those States which have expressly or impliedly accepted the regime and have a substantial interest in its functioning."

zeichnen, dass er eine gebietsbezogene Regelung einiger Staaten im Interesse aller beinhaltet. Darüber hinaus müssten die Vertragsstaaten über die territoriale Kompetenz für eine solche Regelung verfügen. Letztere ergäbe sich entweder aus der Regelungsbefugnis eines Vertragsstaates oder der Zustimmung eines regelungsbefugten Staates, der nicht Vertragspartei ist.

Die Bindungswirkung sollte nach Ansicht *Waldocks* durch ausdrückliche oder implizite Akzeptanz eintreten. Im Unterschied zu anderen Verträgen solle bei Statusverträgen diese Akzeptanz dann fingiert werden, wenn sich der betreffende Staat nicht innerhalb einer bestimmten Frist ausdrücklich gegen eine Bindung zur Wehr setze. Ein Statusvertrag solle mithin Dritte nicht nur ohne ihren Willen, sondern auch gegen ihren Willen verpflichten und berechtigen können, falls diese ihren tatsächlichen Willen nicht zum Ausdruck brächten.

Schließlich vermochten sich jedoch diejenigen Mitglieder der Kommission durchzusetzen, die skeptisch gegenüber der Idee waren, eine Regel zu kodifizieren, die die Möglichkeit der Schaffung eines „objektiven Regimes“ mit direkter *erga omnes* Wirkung beinhaltet.

In der verabschiedeten Fassung des Artikels 38 *WVRK*[1125] findet sich daher lediglich in Ansätzen die Erkenntnis, dass es als denkbar angesehen wird, dass „objektive Regime“ eine *erga omnes* Wirkung auf Dritte haben können, soweit sich dies über ein entsprechendes allgemeines bzw. partikuläres Völkergewohnheitsrecht manifestieren sollte[1126].

Diesbezüglich sind die *travaux préparatoires* so ausgelegt worden, dass Artikel 38 *WVRK* lediglich eine “general reservation” hinsichtlich eines sich im Prozess

[1125] Article 38: Rules in a treaty becoming binding through international custom. Nothing in Articles 34 to 37 precludes a rule set forth in a treaty from becoming binding upon a third State as a customary rule of international law, recognized as such.

[1126] *Yearbook of the International Law Commission* (1966-II), 231; Zur normativen Qualität des Artikels 38 als ein lediglich “reminder that the process towards a new customary law is feasible”, vgl.: *Villiger*, Customary International Law and Treaties, S. 171f.; siehe auch: *Sinclair*, The Vienna Convention on the Law of Treaties, S. 104f.; *Ragazzi*, Obligation *Erga Omnes*, S. 37ff..

der Entstehung befindlichen und bereits damals absehbaren entsprechenden Völkergewohnheitsrechts darstellt[1127].

c) Beispiele für Wirkung gegenüber Nichtvertragsparteien

In der Tat ist *Waldocks* Position zutreffend - die Völkerrechtspraxis verfügt durchaus über eine Reihe von Beispielen, in denen die Wirkung von internationalen Verträgen auch auf Nichtvertragsparteien ausgedehnt worden ist. Erste diesbezügliche Tendenzen finden sich bereits im 19. Jahrhundert, als Großmächte infolge des Wiener Kongresses den Versuch unternahmen, ein für alle Mitglieder der damaligen Völkerrechtsfamilie verbindliches Recht zu setzen[1128].

Als es Mitte des 19. Jahrhunderts um die Frage des Status der *Aalandinseln*[1129] ging, war ein großer Teil der zur damaligen Zeit existierenden Staaten der Auffassung, dass eine territorial bezogene Regelung von einigen Staaten mit Wirkung *erga omnes* getroffen werden könne, soweit die Regelung im Gemeinschaftsinteresse erfolgen würde[1130].

Das in dem *Pariser Friedensvertrag* gesetzte Recht, so argumentierte man damals, unterscheide sich von gewöhnlichen Verträgen dadurch, dass es über den Kreis der Vertragsparteien hinaus verbindlich sei, gleichsam objektives Recht

---

[1127] Vgl. Kommentar von *Sir H. Waldock* auf der 1968er Wiener Konferenz, *OR* 1968, *CoW* 201, para.43; *Sinclair*, The Vienna Convention on the Law of Treaties, S. 10; Kommentar zu Artikel 16 Abs. 1 von *Sir G. Fitzmaurice*, Fifth Report on the Law of Treaties, para.58 ("the article attempts to describe a process rather than a rule"); *Torrione*, L'influence des conventions, 59ff. ("l'article 38 constitue ... une reserve").

[1128] Damals ging es insbesondere um die Erhaltung des europäischen Gleichgewichts der Mächte, die Pflege anderer Gemeinschaftsinteressen und die Regelung von Territorialfragen. (vgl.: *Feist*, Kündigung, Rücktritt und Suspendierung von multilateralen Verträgen, S. 96).

[1129] Es handelt sich hierbei um eine Gruppe von Inseln in der Ostsee am Eingang zum Bottnischen Meerbusen.

[1130] Eine zur Klärung der Frage, ob Finnland nach dessen Unabhängigkeit ebenfalls an den *Pariser Friedensvertrag* von 1856 (Abgedruckt in: *de Martens*, Nouveau Recueil Général I, Bd. 15, S.770ff.) zwischen Großbritannien, Frankreich, Preußen, Österreich, Sardinien, dem Osmanischen Reich und Russland und an das darin enthaltene Annexabkommen (abgedruckt in: *de Martens*, Nouveau Recueil Général I, Bd. 15, S.788ff.), welches die Demilitarisierung der Inselgruppe vorsah, gebunden sei, gebildete internationale Juristenkommission kam zu dem Ergebnis, dass diese schließlich in den *Pariser Vertrag* inkorporierten Regelungen auch gegenüber Finnland wirksam sei, obwohl es zum Zeitpunkt des Vertragsschlusses noch gar nicht existent war. (vgl.: Société des Nations, *Journal Officiel*, Suppl. spéc. No.3 (Octobre 1920)).

setze. Die Wirkung *erga omnes* ergebe sich daraus, dass die in den Annexabkommen vereinbarte Demilitarisierung nicht auf Grund von partikularem, sondern im gesamteuropäischen Interesse erfolgt sei[1131].
Schließlich befand der *StIGH* im „*Wimbeldon*"-Fall[1132], dass durch Artikel 380 des *Versailler Vertrages* der Nord-Ostsee-Kanal mit einem internationalen Status versehen worden sei, auf Grund dessen nicht nur die Vertragsparteien in den Genuss eines freien Durchfahrtsrechts kommen würden.

Es war damit eine rechtliche Situation geschaffen worden, die über den Kreis der Vertragsparteien hinaus Rechtswirkungen erzeugen würde[1133].

d) Meinung des IGH in den Nordsee-Festlandsockel-Entscheidungen

Ein knappes halbes Jahrhundert später, im Jahre 1969, hatte sich der *IGH* im Rahmen der *Nordsee-Festlandsockel*-Entscheidungen[1134] mit der *erga omnes* Wirkung eines Vertrags auseinanderzusetzen.

Er kam dabei zu dem Ergebnis, dass es zum damaligen Zeitpunkt bereits von der *opinio iuris* anerkannt sei, dass ein Vertrag oder Teile aus diesem zu allgemein anerkanntem Völkerrecht und somit auch bindend für solche Staaten werden können, die nicht Vertragspartei sind[1135]. Voraussetzung dafür sei jedoch, dass die betreffenden Bestimmungen zumindest das Potential hätten, einen solchen normbildenden Charakter, der die Grundlage für eine generelle Regel des Völkerrechts bilden könnte, zu besitzen[1136].

[1131] Société des Nations, *Journal Officiel*, Suppl. spéc. No.3 (Octobre 1920), „Véritable droit objectif"; Zustimmung fand diese Rechtsansicht sodann auch in einer Resolution des Völkerbundrats im darauf folgenden Jahr. (Resolution vom 24.06.1921, Société des Nations, *Journal Officiel*, Suppl. spéc. No.5 (Juil. 1921), 24).

[1132] *PCIJ*, Ser. A, No. 1 (1923).

[1133] Vgl.: *Böhmer*, The Kiel Canal in International Law, S. 329.

[1134] *North Sea Continental Shelf Case* (Federal Republic of Germany v. Denmark; Federal Republic of Germany v. The Netherlands), *ICJ-Reports* 1969, 3.

[1135] "[...] it clearly involves treating that Article as a norm-creating provision which has constituted the foundation of, or has generated a rule which, while only conventional or contractual in its origin, has since passed onto the general *corpus* of international law, and is now accepted as such by the *opinio iuris*, so as to have become binding even for countries which have never, and do not, become parties to the Convention. There is no doubt that this process is a perfectly possible one and does from time to time occur: it constitutes indeed one of the recognised methods by which new rules of customary international law may be formed." (*IGH North Sea Continental Shelf Case*, ebenda, 41).

[1136] Ebenda.

e) Position der ILC im Rahmen der Verhandlungen zur WKSV

Eine weitere Bestätigung der Existenz einer Kategorie von Verträgen, die in der Lage sind, ein „objektives Regime" zu schaffen, findet sich in den *travaux préparatoires* zum späteren Artikel 12[1137] der *WKSV* vom 22. August 1978. Die Kommission führt in ihrem Kommentar zu Artikel 12 *WKSV* eine Vielzahl an Beispielen und Entscheidungen internationaler Gerichte zu Gunsten des Bestehens solch „objektiver Regime" mit *erga omnes* Wirkung auf[1138]. Mit Fokus auf den Kontext der Rechtsnachfolge in Verträge von Nachfolgestaaten, aber auch die allgemeine Problematik des „objektiven Regimes" analysierend, kam die Kommission sodann zu der Schlussfolgerung:

> "In the present context, if a succession of States occurs in respect of the territory affected by the treaty intended to create an objective regime, the successor State is not properly speaking a 'third state' in relation to the treaty. Owing to the legal nexus which existed between the treaty and the territory prior to the date of the succession of States, it is not open to the successor State simply to invoke Article 35 of the Vienna Convention under which a treaty cannot impose obligations upon a third State without its consent. The rules concerning succession in respect of treaties also come into play, but under these rules there are cases where the treaty intended to establish an objective regime would not be binding upon a successor State, unless such a treaty were considered to fall under a special rule to that effect. Equally, if the succession of States occurs in relation to a treaty establishing an objective regime, under the general law of treaties and the law of succession the successor State would not necessarily be

---

[1137] Article 12 *WKSV*: "1. A succession of States does not as such affect:
(a) obligations relating to the use of any territory, or to restrictions upon its use, established by a treaty for the benefit of any territory or a foreign State and considered as attaching to the territories in question:
(b) rights established by a treaty for the benefit or any territory and relating to the use, or to restrictions upon the use, of any territory of a foreign State and considered as attaching to the territories in question.
2. A succession of States does not as such affect:
(a) obligations relating to the use of any territory, or to restrictions upon its use, established by treaty for the benefit of a group of Stated or of all Stated and considered as attaching to that territory;
(b) rights established by a treaty for the benefit of a group of States or of all States and relating to the use of any territory, or to restrictions upon its use, and considered as attaching of that territory.
3. The provisions of the present article do not apply to treaty obligations of the predecessor State providing for the establishment of foreign military bases on the territory to which the succession of States relates." (A/Conf. 80/31 of 22 August 1978; 17 *ILM* (1978), 1488).

[1138] *Yearbook of International Law Commission* (1974-II), 196-208.

entitled to claim the rights enjoyed by its predecessor State, unless the treaty were considered to fall under such a special rule. That such a special rule exists is, in the opinion of the Commission, established by a number of convincing precedents."[1139]

Aus dieser Stellungnahme und dem Wortlaut des Artikels 12 *WKSV* wird klar, dass die Kommission in diesem Falle von der Notwendigkeit einer speziellen Bestimmung überzeugt war, die den Fall abdecken würde, dass Verträge „objektive Regime" schaffen sollten. Dies bestätigt erneut die Annahme, dass die Entscheidung der Kommission, in die *Wiener Vertragsrechtskonvention* von 1969 keine entsprechende Bestimmung mit aufzunehmen, nicht so verstanden werden darf, dass die Existenz dieser Kategorie von Verträgen geleugnet werden sollte. Vielmehr wurde die Schaffung einer speziellen Regel, die das Verhältnis zwischen *erga omnes* wirkenden Verträgen und Drittstaaten erklären sollte, als für nicht erforderlich gehalten, eine Situation, die wiederum nicht für den speziellen Fall der Rechtsnachfolge von Staaten in Verträge übertragbar war[1140].

f) Zwischenergebnis

Zusammenfassend kann festgestellt werden, dass, obwohl der Statusvertrag in der Völkerrechtslehre noch immer umstritten ist[1141], sich in der Staatengemeinschaft eine *opinio iuris* zugunsten des Konzeptes herausgebildet hat, dass ein multilateraler Vertrag unter Umständen ein „objektives Regime" in der Weise schaffen kann, dass die Bestimmungen des Vertrages auch gegenüber Nicht-Vertragsparteien ihre Wirkung entfalten können. Diese auch durch die *ILC* gestützte Rechtsansicht wird ebenfalls von einer umfangreichen Staatenpraxis getragen[1142].

g) Errichtung eines „objektiven Regimes" durch die *Montreux Konvention*

Bei dem Regime der Türkischen Meerengen spricht vieles dafür, dass sich das durch die *Montreux Konvention* von 1936 geschaffene Reglement in mehr als

---

1139 *Yearbook of International Law Commission* (1974-II), S. 204.

1140 So auch: *Sinclair*, The Vienna Convention on the Law of Treaties, S. 105f..

1141 Pro.: z.B.: *Dahm*, Völkerrecht, S. 173ff.; *Dahm/Delbrück/Wolfrum*, Völkerrecht, S.3; *McNair*, The Law of Treaties, S. 266; *Mosler*, The International Society, S. 234ff.; Contra: z.B.: *Wolfrum*, Internationalisierung staatsfreier Räume, S. 96ff.; *Reuter*, Introduction au droit des traités, S. 112ff..

1142 Eine Auflistung relevanter Staatenpraxis und Gerichtsentscheidungen unter: *Yearbook of International Law Commission* (1974-II), 196-208.

sechs Jahrzehnten zu einem „objektiven Regime“ mit einer Wirkung *erga omnes*, also einer Rechtsverbindlichkeit, die nicht nur zwischen den Unterzeichnerstaaten wirksam ist, entwickelt hat.

Zunächst wird bereits unter Zuhilfenahme der von *Waldock*[1143], *Klein*[1144] und den vom *IGH* im *Nordsee-Festlandsockel*-Fall vorgeschlagenen Kriterien für das Vorhandensein eines Statusvertrages deutlich, dass es sich bei der *Montreux Konvention* um einen Statusvertrag handelt. Die Bestimmungen der *Montreux Konvention* sind zum einen gebietsbezogen, da sie die Schifffahrt durch die als internationale Meerenge zu qualifizierenden Türkischen Meerengen regelt und zum anderen im Interesse aller – die Türkischen Meerengen benutzenden – Schifffahrtsnationen sind. Die Regelungskompetenz der Vertragsstaaten ergab sich aus der Souveränität der Türkei über die in ihren Hoheitsgewässern befindlichen Meerengen und aus einer mandatsähnlichen Regelungsbefugnis, deren Ursprung sowohl in der lange zurückreichenden Vertragsgeschichte[1145] der Türkischen Meerengen, als auch in den nach dem Ersten Weltkrieg bestehenden Machtverhältnissen begründet lag.

Des Weiteren spricht die langjährige Praxis vor allem dritter Schifffahrtsnationen, die die Türkischen Meerengen unter dem vorhandenen Regime benutzen, ohne sich bisher ausdrücklich oder implizit gegen eine entsprechende Bindung gewehrt zu haben, für die Akzeptanz eines entsprechenden durch die *Montreux Konvention* geschaffenen „objektiven Regimes“.

Die *erga omnes* Wirkung entspricht auch der Intention der vertragsschließenden Parteien, da die Funktionsfähigkeit des durch die *Montreux Konvention* geschaffenen Regimes ansonsten *ad absurdum* geführt würde. Zweifelsohne hatte die *Montreux Konvention* zumindest zum damaligen Zeitpunkt das Potential, zu einer allgemein gültigen und wirkenden Regel des Völkerrechts zu erstarken, so

---

1143 Vgl. *Waldock*, Draft Article 63 *WVRK* (Fifth Report, 95; siehe Text unter: 3. Kap., § 8, C., I., 2., b).
1144 Vgl.: *Klein*, Statusverträge im Völkerrecht, S. 209ff..
1145 Von unmittelbarer Bedeutung ist hier vor allem der *Friedensvertrag von Lausanne* vom 24. Juli 1923 (siehe dazu die Ausführungen unter: 3. Kap., § 8, C., II., 2., a)) als unmittelbarer Vorgänger zur *Montreux Konvention*. Die Vertragsparteien waren dieselben. Im Übrigen bezieht sich Artikel 27 der *Montreux Konvention* direkt auf diesen Vertrag, indem er ausführt, dass der Vertrag allen Vertragsparteien des Friedensvertrages von Lausanne zur Unterzeichnung offen stünde.

wie es der *IGH* in seinem *Nordsee-Festlandsockel*-Fall als Voraussetzung für die Entstehung eines „objektiven Regimes" verlangt hat.

Schließlich spricht für die internationale Akzeptanz der *Montreux Konvention* als ein Statusvertrag mit *erga omnes* Wirkung die implizite Berücksichtigung der Konvention als "long standing agreement" im Sinne des Artikels 35 lit. (c) im *SRÜ*, wonach bereits seit langer Zeit bestehende Verträge nicht von dem die Transitpassage durch Meerengen regelnden Teil III des *SRÜ* berührt werden sollen. Eine derartige Regelung in einer internationalen Konvention wäre nicht erforderlich gewesen, wenn die *Montreux Konvention* nur gegenüber den Unterzeichnerstaaten wirksam gewesen wäre. Dass die Türkischen Meerengen vom Regelungskreis des Artikels 35 lit. (c) *SRÜ* umfasst werden sollten, geht aus den *travaux préparatoires* der Dritten Seerechtskonferenz hervor[1146].

h) Zwischenergebnis zur *erga omnes*-Wirkung des Regimes der Türkischen Meerengen

Dem durch die *Montreux Konvention* geschaffenen Regime für die Transitpassage durch die Türkischen Meerengen kommt eine grundsätzlich gegenüber allen Benutzerstaaten bestehende *erga omnes* Wirkung zu.

II. Auslegung des Vertragstextes der *Montreux Konvention*

Was die Parteien von Montreux tatsächlich mit ihrem Vertragsschluss beabsichtigt haben, lässt sich nur im Wege einer genauen Analyse des Wortlauts der *Montreux Konvention* unter Berücksichtigung von Gesamtzusammenhang, Sinn und Zweck der Konvention, der Präambel, beigefügter Annexe und relevanter Regeln des Völkerrechts ermessen[1147].
Um letzte Zweifel auszuräumen, können gemäß Artikel 32 *WVRK* die *travaux préparatoires* zu interpretativen Zwecken herangezogen werden[1148].

[1146] Vgl. z.B. die Erklärung der Türkei auf der Seerechtskonferenz (138 Meeting, para110); *Caminos*, The Legal Regime of Straits in the 1982 UNCLOS, 130-131.
[1147] Siehe dazu Artikel 31 *WVRK* und Ausführungen unter: 2. Kap., § 4, B., I., 1..
[1148] Article 32 - Supplementary means of interpretation:
Recourse may be had to supplementary means of interpretation, including the preparatory work of the treaty and the circumstances of its conclusion, in order to confirm the meaning resulting from the application of article 31, or to determine the meaning when the interpretation according to article 31:
(a) leaves the meaning ambiguous or obscure; or
(b) leads to a result which is manifestly absurd or unreasonable.

1. Wortlaut des Vertragstextes

Wie bereits oben zitiert, findet sich in der offiziellen englischen Übersetzung des Artikels 1 sowie in der des Artikels 2[1149] der *Montreux Konvention* der Hinweis darauf, dass die hohen vertragsschließenden Parteien

> "[...] the principle of freedom of transit and navigation by sea in the Straits"

anerkennen.

Die Vermutung liegt mithin nahe, dass bereits damals an den im modernen Seevölkerrecht verwendeten Begriff der Transitpassage, im Gegensatz zu dem der friedlichen Durchfahrt, gedacht worden ist. Allerdings unterscheidet sich die offizielle englische Übersetzung in einem – zumindest für das heutige terminologische Verständnis – nicht unwesentlichen Detail vom offiziellen französischen Vertragstext der *Montreux Konvention*. An entsprechender Stelle finden sich die Formulierungen, "liberté de passage et de navigation", also nicht das Wort "transit" wie es auch aus dem französischen Wortschatz hätte verwendet werden können.

Da der offizielle Vertragstext der *Montreux Konvention*, wie damals üblich, lediglich in französischer Sprache verfasst worden ist, ist grundsätzlich auch nur diese Version zu Interpretationszwecken heranzuziehen.
Eine Fokussierung auf die verwendeten Begrifflichkeiten würde jedoch in diesem Fall nicht weiterführen, da sowohl die terminologische als auch die völkerrechtliche Dualität zwischen dem Regime der friedlichen Durchfahrt und der Transitpassage sich im damaligen Völkerrecht erst in einem sich entwickelnden frühen Stadium befand.

2. Inter-temporale Interpretation des Wortlautes

Von Bedeutung ist, ob die Schöpfer der Konvention von Montreux dabei - um mit dem Vokabular des modernen Seevölkerrechts zu sprechen - an Transitpassage oder eher an das - umfangreichere Regulierungen seitens des Küstenstaates

---

1149 Während sich Artikel 1 unterschiedslos sowohl auf Handels- als auch Kriegsschiffe bezieht, befindet sich Artikel 2 im Abschnitt über Handelsschiffe. Artikel 2: "In time of peace, merchant vessels shall enjoy complete freedom of transit and navigation in the Straits, by day and by night, under any flag and with any kind of cargo, without any formalities, except as provided in Article 3 below. No taxes or charges other than those authorized by Annex I to the present Convention shall be levied by the Turkish authorities on these vessels when passing in transit without calling at a port in the Straits."

ermöglichende - Recht auf friedliche Durchfahrt durch die Küstengewässer gedacht haben und letztendlich eine abschließende Regelung der Durchfahrtsrechte das Produkt der damaligen Verhandlungen war.

Äußerungen der türkischen Delegation während der Verhandlungen zur *Montreux Konvention*, welche, *prima facie*, Vorbehalte zu Gunsten einer umfassenden Souveränität der Türkei über die Türkischen Meerengen zu sein schienen[1150] - also dem Recht auf friedliche Durchfahrt entsprechend - vermochten diese Wirkung zumindest rein rechtlich nicht zu erzielen. Zum einen hat es sich bei diesen Stellungnahmen nicht um formale Reservierungen zum Vertragstext gehandelt, womit diese lediglich einen Teil der *travaux préparatoires* darstellen[1151]. Zum anderen bliebe immer noch die Frage nach der tatsächlichen Reichweite der beanspruchten Souveränität.

Da eine grammatikalische bzw. linguistische Interpretation wie bereits erwähnt, zu keiner befriedigenden Lösung führen kann, stellt sich die Frage, wie die gewöhnliche Bedeutung der relevanten Bestimmungen bewertet werden muss.
In Betracht kommt die Analyse der Bezeichnungen "transit" oder "passage" entsprechend der Bedeutung, die ihnen im Jahre 1936 zukam oder ihnen im Lichte des modernen Sprachgebrauchs zum damaligen Zeitpunkt zugesprochen worden wäre[1152]. Die andere Möglichkeit bestünde darin, dass man sie entsprechend völkerrechtlichen Regelungen zum Zeitpunkt der Interpretation bewertet[1153].

Zu dieser sehr umstrittenen Problematik hat der *IGH* sich – allerdings mit Einschränkungen – im Sinne der letzteren Variante geäußert, dass also einzelne Bestimmungen eines Vertrages neben der Berücksichtigung historischer Zusam-

---

[1150] "Le passage doit en tout cas être innocent et inoffensif." (vgl.: *Aras*, Actes de la Conférence de Montreux, S. 32).
[1151] Gemäß Artikel 32 *WVRK* dürfen solche als interpretative Hilfsmittel nur berücksichtigt werden, wenn die Zuhilfenahme der Hauptinterpretationsregeln zu keinem befriedigenden Ergebnis führt.
[1152] *Fitzmaurice* bezeichnete dies als das "principle of contemporaneity" wonach es erforderlich ist, dass "the terms of a treaty must be interpreted according to the meaning which they possessed, or which would have been attributed to them, and in the light of current linguistic usage, at the time when the treaty was originally concluded". (*Fitzmaurice*, Treaty Interpretation, S. 212).
[1153] Vgl. *Sinclair*, The Vienna Convention, S. 139ff..

menhänge und der damaligen Völkerrechtsdogmatik im Lichte des sich seit Vertragsschluss herausgebildeten Völkerrechts interpretiert werden können[1154].

Dies dürfte jedoch unter keinen Umständen zu Lasten der tatsächlichen Intentionen und Erwartungen der Vertragsparteien, wie sie zur Zeit der Vertragsverhandlungen artikuliert worden sind, gehen[1155].
Daher erscheint eine Analyse des zur Zeit der Schaffung der *Montreux Konvention* anwendbaren Völkerrechts über die Schiffspassage durch vom internationalen Schiffsverkehr benutzte Meerengen und die des Willens der Vertragsparteien für die Auslegung der in der *Montreux Konvention* verwendeten Begrifflichkeiten notwendig.

a) Die historische Analyse - Verträge vor Montreux

Es muss zunächst der Umstand berücksichtigt werden, dass die Türkischen Meerengen bereits vor der Unterzeichnung der *Montreux Konvention* Gegenstand zahlreicher multilateraler Vertragswerke waren. Allen diesen Verträgen war gemeinsam, dass die Regelung der Durchfahrtsrechte für Handels- und Kriegsschiffe von zentraler Bedeutung war, wobei - entsprechend der damaligen geopolitischen Prioritäten - stets ein detailliertes Reglement für die Durchfahrt von Kriegsschiffen Schwerpunkt der Vereinbarungen war.

Erste Reglementierungen der Durchfahrt von Schiffen durch die Türkischen Meerengen gehen zurück bis ins Jahr 1453, dem Jahr der Eroberung Konstantinopels durch die Osmanen. Sultan *Mehmet II.* beanspruchte die vollständige Souveränität über das Schwarze Meer, das Marmarameer und die Türkischen Meerengen. Ausländischen Kriegsschiffen war es nicht gestattet, diese Gewässer zu befahren und Handelsschiffen lediglich mit ausdrücklicher Genehmigung[1156].

[1154] Siehe Stellungnahme des *IGH* im *Aegean Continental Shelf* - Fall zwischen Griechenland und der Türkei: "[...] the presumption necessarily arises that its meaning was intended to follow the evolution of the law and to correspond with the meaning attached to the expression by the law in force at any given time." In diesem hatte Griechenland die Bezugnahme auf die Formulierung "territorial status" in einer Reservierung zum General Act von 1928 als unwirksam erachtet, da zum damaligen Zeitpunkt die Festlandsockel-Doktrin noch unbekannt gewesen sei. (*I.C.J. Rep.* (1978), 32); Siehe auch: *ICJ* advisory opinion, *Legal Consequences for States of the continued presence of South Africa in Namibia*, (*I.C.J. Rep.* (1971), 31).

[1155] So auch *Sinclair*, The Vienna Convention, S. 140.

[1156] *Robinson*, Straits of the Dardanelles and the Bosphorus, S. 10f..

Erst mit dem *Vertrag von Kucuk Kaynarc*, der dem russisch-osmanischen Krieg zwischen 1768 und 1774 ein Ende setzte, gelang die Öffnung der Türkischen Meerengen zunächst nur für russische Handelsschiffe und nach 1774 stufenweise auch für Handelsschiffe anderer Staaten. Für Kriegsschiffe galt diese Regelung allerdings nicht[1157].

Im Jahre 1829 gelang es Russland im *Vertrag von Adrianople* dem Osmanischen Reich das Versprechen abzuringen, dass die Durchfahrt jeglicher russischer Schiffe nicht behindert werden würde. Des Weiteren wurde Handelsschiffen aller Staaten das Recht auf freie Passage durch die Türkischen Meerengen zugestanden[1158].

In Folge des zwischen Russland und dem Osmanischen Reich abgeschlossenen gegenseitigen Verteidigungspaktes von *Unkiar-Skelessi*, welcher den Zugang zum Schwarzen Meer und den Türkischen Meerengen für nicht-russische Kriegsschiffe schloss, wurde das erste multilaterale Vertragswerk - die *Londoner Meerengenkonvention* vom 13. Juli 1841[1159] - über die Passage durch Bosporus und Dardanellen unterzeichnet. Zu den Vertragsstaaten gehörten Österreich, Frankreich, Großbritannien, Preußen, Russland und das Osmanische Reich. Der Konvention zu Folge waren die Türkischen Meerengen zwischen 1841 und 1871 nur für russische und osmanische Kriegsschiffe geöffnet[1160].

Nach der russischen Niederlage im Krimkrieg wurde mit dem Friedens*vertrag von Paris* am 30. März 1856[1161] das Schwarze Meer schließlich neutralisiert und auch für russische Kriegsschiffe wieder geschlossen[1162]. Allerdings bestätigte das Osmanische Reich wiederum die ungehinderte Durchfahrt von Handelsschiffen aller Länder durch die Türkischen Meerengen[1163].

1157 *Robinson*, Straits of the Dardanelles and the Bosphorus, S. 10f..

1158 *Robinson*, Straits of the Dardanelles and the Bosphorus, S. 12f..

1159 Französischer Text in: *The Consolidated Treaty Series*, vol. 92, 7ff..

1160 In der *Londoner Konvention* von 1841 befand sich allerdings zu Gunsten des Osmanischen Reiches eine Ausnahme, die bestimmte, dass es dem Sultan möglich war, zu Kriegszeiten Kriegsschiffe befreundeter Kriegsparteien einzuladen. Von dieser Möglichkeit hatte der Sultan während des Krimkrieges Gebrauch gemacht, als er französischen und britischen Kriegsschiffen den Zugang zum Schwarzen Meer ermöglichte. (*Bederman*, The 1871 London Declaration, S. 6.).

1161 Französischer Text in: *The Consolidated Treaty Series*, vol. 114, S. 421ff.

1162 Vertragsparteien: Großbritannien, Österreich, Frankreich, Preußen, Russland, Sardinien und die Türkei.

1163 *Robinson*, Straits of the Dardanelles and the Bosphorus, S. 17ff..

Das Ende dieser so genannten "ancient rule" wurde schließlich mit der *Londoner Konvention* von 1871[1164] besiegelt. Darin wurde dem Sultan ermöglicht, Kriegsschiffen die Passage durch die Türkischen Meerengen zu gestatten, soweit er dies für die Durchsetzung der Regelungen des *Vertrages von Paris* für notwendig erachtete. Außerdem wurde ausdrücklich nochmals das Recht der freien Durchfahrt durch die Türkischen Meerengen für alle Handelsschiffe festgeschrieben[1165].

Während des ersten Weltkrieges schloss das Osmanische Reich die Meerengen zunächst nur für Kriegsschiffe und infolge verstärkter Spannungen mit Großbritannien aus Anlass des türkischen Erwerbs deutscher Kriegsschiffe vollständig. Nach der Niederlage der Mittelmächte musste sich das Osmanische Reich im *Vertrag von Sèvres* vom 10. August 1920[1166] mit einem außerordentlich liberalen Passageregime einverstanden erklären. Unter anderem sollte die Festlegung der die Passage durch die Türkischen Meerengen betreffenden Regelungen einer *International Straits Commission* übertragen werden.
Der Vertrag wurde von osmanischer Seite allerdings nie ratifiziert und bereits am 24. Juli 1923 in Folge des Siegs der türkischen Nationalbewegung unter der Führung des Gründers der Türkei *Mustafa Kemal* (*Atatürk*) durch die *Lausanner Konvention*[1167] abgelöst[1168].

Doch auch in dieser Konvention wurde die Türkei weitgehend von der Ausübung souveräner Rechte hinsichtlich der Türkischen Meerengen ausgeschlossen. Die "ancient rule" wurde vollständig aufgehoben. In Artikel 1 wurde für grundsätzlich alle Schiffe zunächst das "principle of freedom of transit and of navigation by sea and by air in the [Turkish Straits and the Sea of Marmara]" deklariert, und die spätestens seit der *Londoner Meerengenkonvention* von 1841 bestehende Passagefreiheit für Handelsschiffe aller Nationen bestätigt. Die Erhebung von Steuern oder Gebühren war der Türkei verboten, und die Inanspruchnahme von Lotsen nur auf freiwilliger Basis vorgesehen.

1164 Dieselben Vertragsparteien des *Pariser Friedensvertrages* von 1856 unterzeichneten die *Londoner Konvention* am 13. März 1871. (abgedruckt in: *Váli*, The Turkish Straits and NATO, S. 176).
1165 *Váli*, The Turkish Straits and NATO, S. 176.
1166 *LNTS* Bd. 3, S. 39ff..
1167 Convention Relation to the Regime of the Straits, July 24, 1923, *LNTS* Bd. 28, S. 11ff.; Signatarstaaten: Großbritannien, Frankreich, Italien, Japan, Bulgarien, Griechenland, Rumänien, Serbo-Kroatien, UdSSR und die Türkei.
1168 *Shotwell/Deak*, Turkey at the Straits, S. 108.

Handelsschiffe hatten die türkischen Behörden lediglich über Name, Herkunft, Tonnage und Ziel vorab zu informieren.
Über Artikel 2 der *Lausanner Konvention* wurde schließlich ein mit der *Montreux Konvention* vergleichbares Reglement geschaffen, durch welches das grundsätzlich auch für Kriegsschiffe bestehende freie Passagerecht für bestimmte Konstellationen eingeschränkt werden konnte, je nachdem, ob sich der Flaggenstaat des durchfahrenden Kriegsschiffes mit der Türkei in Friedens- oder Kriegszustand befinden würde[1169].

Neben diesem, die Souveränität der Türkei stark einschränkenden Reglement, waren es vor allem die Bestimmungen des Artikels 4, in denen eine Demilitarisierung der Ufer der Meerengen festgelegt worden war, wodurch sich die Türkei veranlasst sah, mit Nachdruck auf eine Änderung des Regimes hinzuwirken.

Dies gelang der Türkei schließlich im Jahre 1936 mit dem Abschluss des *Meerengen-Abkommens von Montreux*, welches bis heute die rechtliche Grundlage für die Durchfahrt durch die Türkischen Meerengen und das Marmarameer darstellt.

b) Schlussfolgerung für intertemporale Interpretation

Trotz der Gewährung gewisser Regelungsbefugnisse hinsichtlich der Schiffspassage durch die Türkischen Meerengen zu Gunsten der Türkei lassen die die souveränen Rechte der Türkei extrem stark einschränkenden Verträge *von Sèvres* und *Lausanne* und der historische Hintergrund[1170] bis Ende der 40er Jahre des 20. Jahrhunderts den Schluss zu, dass den übrigen Vertragsparteien eher an einem Transitpassageregime gelegen war, welches der Türkei nur sehr eingeschränkte Regelungsbefugnisse zugestand.

Wenn auch geringfügige Ausnahmen für Kriegsschiffe zu Kriegszeiten vorgesehen waren, so wurde das bereits seit dem *Vertrag von Kucuk Kaynarc* aus dem Jahre 1774 ohne Unterbrechung anerkannte Prinzip der freien Durchfahrt für Handelsschiffe aller Nationen weiterhin bestätigt.

[1169] Unabhängig davon war die Türkei zu jeder Zeit verpflichtet die Passage von maximal drei im Verband fahrenden Kriegsschiffen von Staaten, die nicht am Schwarzen Meer gelegen waren, zuzulassen, soweit deren jeweilige Größe nicht 10.000 Tonne übersteigen würde.
[1170] Das Osmanische Reich war im ersten Weltkrieg auf Seiten der Mittelmächte ebenfalls unterlegen und somit bis einschließlich Montreux dem Verdikt der Siegermächte nicht unerheblich ausgeliefert.

Mithin kann man zum Zeitpunkt des Vertragsschlusses von *Montreux* noch nicht von einem bestimmten Regime hinsichtlich der Passage von Kriegs- oder Handelsschiffen durch die Türkischen Meerengen sprechen. Da die - auch erst durch die *Lausanner Konvention* in Erscheinung getretene - Reglementierungsbefugnis für die Durchfahrt von Handelsschiffen sehr gering war, lässt sich für diese Kategorie von Schiffen zumindest in der Vertragspraxis durchaus die Herausbildung eines lokalen, gewohnheitsrechtlich anerkannten Prinzips auf freie Durchfahrt erkennen, welches mit dem im modernen Seevölkerrecht verankerten Prinzip der Transitpassage durch vom internationalen Schiffsverkehr benutzte Meerengen vergleichbar ist.

c) Entwicklungstendenzen hinsichtlich der Passage durch Meerengen bis 1936

Es bleibt die Frage nach der allgemeinen Staatenpraxis und Rechtsüberzeugung zum Zeitpunkt der Unterzeichnung der *Montreux Konvention.*

Auch wenn man der völkerrechtlichen Terminologie der Transitpassage und der friedlichen Durchfahrt durch Territorialgewässer zum damaligen Zeitpunkt noch keiner festen Inhaltsbestimmung zugeführt hatte, gab es vor allem nach den Erfahrungen des ersten Weltkriegs - in dem zahlreiche wichtige Meerengen vermint worden waren - nachhaltige Bemühungen, ein allgemein anwendbares Reglement für die Benutzung von Meerengen durch die internationale Schifffahrt aufzustellen.

Fraglich ist somit, in wie weit sich bis zum damaligen Zeitpunkt bereits eine gewisse einheitliche völkerrechtliche Betrachtungsweise hinsichtlich der Passage durch Meerengen herausgebildet hatte, von der die Vertragsstaaten der *Montreux Konvention* bei der Ausgestaltung der Durchfahrtsrechte beeinflusst gewesen sein könnten.

aa) Die Qualifizierung des Passagerechts bis ins 19. Jahrhundert

Das Passagerecht durch Küstenmeere und Meerengen ist bereits seit Jahrhunderten Gegenstand der Untersuchungen von Völkerrechtsgelehrten gewesen[1171].

Schon im 17. Jahrhundert beschäftigten sich Gelehrte wie *Grotius* und *Selden* mit dieser Problematik[1172]. Während *Grotius* in seinem „*Mare Liberum*“ die

[1171] Vgl. ausführliche Darstellung bei: *Brüel*, International Straits, Vol. I.
[1172] *Brüel*, International Straits, Vol. I, S. 48ff..

Frage der rechtlichen Verhältnisse in Meerengen an die der Freiheit der Schifffahrt auf Hoher See gekoppelt wissen wollte und ein entsprechendes Passagerecht für durchfahrende Schiffe von Drittstaaten anerkannte, wollte *Selden* in seinem „*Mare Clausum*" keinerlei Recht auf Transitpassage gewähren[1173].
Extreme Auffassungen, wie die des Gelehrten *van Bynkershoeks* aus dem Jahre 1744, vermochten sich längerfristig nicht durchzusetzen. Dieser vertrat die Ansicht, dass der Küstenstaat die friedliche Durchfahrt nach seinem Belieben verhindern oder von der Zahlung bestimmter Abgaben abhängig machen könne[1174].

Auffallend ist, dass insbesondere ab der zweiten Hälfte des 18. Jahrhunderts Inhalt und Umfang des Passagerechts von Schiffen von verschiedenen Kriterien abhängig gemacht worden ist, was sich auch - wie oben dargestellt - in den die Türkischen Meerengen betreffenden Verträgen widerspiegelt. Differenziert worden ist vor allem danach, ob es sich um Kriegs- oder Handelsschiffe handelt, ob Friedens- oder Kriegszeit herrscht, der Küstenstaat im Kriegsfalle neutrale Partei ist oder nicht und ob eine der internationalen Schifffahrt dienende Meerenge vorliegt.

Im Allgemeinen kann festgestellt werden, dass die Völkerrechtsgelehrten des 19. Jahrhunderts wie zum Beispiel *Ortolan, Bluntschli, Pradier-Fodéré, Fiore, Heffter, Wheaton, Hall, Poinsard, Rivier, Calvo, Godey* und *Perels*[1175] diesbezüglich die im Folgenden zusammengefassten Ansichten vertraten.
Ein unumschränktes Recht zur friedlichen Durchfahrt durch Meerengen, die durch Territorialgewässer führen, wurde Handelsschiffen zumindest in Friedenszeiten zugesprochen.
Kriegsschiffen hingegen wurde von der Mehrheit der Gelehrten ein solches Recht nicht eingeräumt. Schließlich war man sich darin einig, dass es dem Küstenstaat verwehrt sein sollte, die friedliche Durchfahrt eines Schiffes zum Anlass für die Erhebung willkürlicher Abgaben zu nehmen. Solche sollten nur dann erhoben werden dürfen, wenn einem Schiff spezielle Dienste geleistet worden und darin keine diskriminierende Praxis zu sehen war.
Diese Differenzierungen spiegelten sich in den Regelungen zahlreicher, ab Mitte des 19. Jahrhunderts vereinbarter, Sonderregime wider. So auch in den bereits oben erwähnten verschiedenen Verträgen zur Regelung der Passagerechte durch die Türkischen Meerengen bis hin zur *Montreux Konvention* im Jahre 1936.

[1173] Vgl. dazu: *De Pauw*, Grotius and The Law of the Sea, S. 9, 14ff..
[1174] Vgl.: *van Bynkershoek*, De Dominio maris dissertatio, cap. 4.
[1175] *Brüel*, International Straits, S. 55 - 60.

bb) Die Entwicklungen nach dem Ersten Weltkrieg

Vor allem die Erfahrungen des Ersten Weltkrieges waren es, die die Völkerrechtslehre und Außenpolitik ab den 30er Jahren des 20. Jahrhunderts nachhaltig in dem Bemühen beeinflusst haben, ein allgemein gültiges und liberales Regime für die Passage durch Meerengen aufzustellen. Eine Reihe renommierter Völkerrechtler dieser Epoche - wie *Fauchille, Oppenheim-McNare, Spiropoulos, Lundquist, Castberg* und *Charles de Visscher* - setzten sich für eine grundsätzliche Freiheit der Schifffahrt in Meerengen ein, welche ebenfalls auf Kriegsschiffe zu Friedenszeiten Anwendung finden sollte[1176].
So weitgehende Vorschläge Deutschlands[1177] und der USA[1178], meerverbindende Kanäle und Meerengen für den Verkehr der unter der Flagge eines Völkerbundmitglieds fahrenden Schiffe jederzeit offen zu halten, fanden jedoch nicht den erforderlichen Konsens der Staaten des Völkerbundes.

Insbesondere hinsichtlich der Gewährung des Rechts auf friedliche Durchfahrt für Kriegsschiffe gab es noch immer völlig konträre Ansichten zwischen den Staaten des Völkerbundes. Auch angesehene Völkerrechtler gehörten zu den Gegnern eines solchen Meeresengenregimes[1179].

cc) Die Haager Kodifikationskonferenz von 1930

Erste konkrete Bemühungen der internationalen Völkergemeinschaft zur Kodifikation eines Regimes der Territorialgewässer und der damit im Zusammenhang stehenden Problematik der Meerengen fanden im Rahmen der *Haager Kodifikationskonferenz* von 1930 statt.
Auch wenn letztendlich der Versuch der Schaffung einer Konvention zur Kodifizierung eines Reglements für Territorialgewässer scheiterte, erreichte die Konferenz zumindest,

> "[...] some measure of agreement on such questions as the legal status of territorial waters, including the right of innocent passage, [and] did not consider navigation through straits overlapped by the territorial seas of bordering States

---

[1176] *Brüel*, International Straits, S. 123ff..

[1177] Vorgelegt von der Deutschen Gesellschaft für Völkerrecht, (vgl.: *Brüel*, International Straits, S. 152).

[1178] Vierzehn-Punkte-Erklärung des amerikanischen Präsidenten *Woodrow Wilson,* (Einzelheiten dazu bei *Engelhardt*, Wilsons Vierzehn Punkte, S. 849f.).

[1179] Zu ihnen gehörten z. B. *Elihu Root* und *François Gidel*, welcher ausführte, "Le passage des bâtiments de marine de guerre étrangers dans la mer territoriale n'est pas un droit, mais une tolérance". (*Gidel*, Le Droit International Public de La Mer, Bd. III, S. 282 und 284).

as an issue separated from the subject of innocent passage through the territorial sea generally".[1180]

Da die Haager Konferenz nur wenige Jahre vor *Montreux* stattgefunden hatte, liegt die Vermutung nahe, dass die Schöpfer der *Montreux Konvention* von 1936 zumindest von den „Ergebnissen" bei der Konsensfindung auf dieser Konferenz beeinflusst worden sind.

Die Teilnehmer der Konferenz waren sich, zumindest was die "innocent passage" und damit auch die friedliche Durchfahrt durch internationale Meerengen von Handelsschiffen anbelangte, insoweit einig, dass deren Recht auf Durchfahrt durch die Territorialgewässer vom Küstenstaat grundsätzlich nicht behindert werden dürfe. Lediglich Durchfahrten, die geeignet wären den Frieden, die Ordnung und Sicherheit des Küstenstaates zu gefährden, sollten unterbunden werden bzw. mit Auflagen belegt werden können[1181].

Auf der *Haager Kodifikationskonferenz* von 1930 bestand eine deutliche Tendenz, das Passagerecht von Kriegsschiffen - wenn auch mit Einschränkungen - dem der Handelsschiffe gleichzustellen. In den Artikel 12 und 13 des Kodifikationsentwurfs[1182] war vorgesehen, dass die grundsätzliche freie Durchfahrt für Kriegsschiffe lediglich im Kriegsfalle bestimmten Einschränkungen unterworfen werden könnte. Vor allem den Delegationen der USA, der Niederlande und Rumäniens gingen diese Entwürfe allerdings zu weit[1183].

Auch wenn im Jahre 1930 somit bereits ein gewisses Bewusstsein für den Zusammenhang zwischen den Regimes von Meerengen und Territorialgewässern bestand, so war die aufgeführte allgemeine Rechtsüberzeugung noch zu vage, als dass man von einem fest etablierten Konzept über die Durchfahrt durch Meerengen sprechen könnte.

dd) Zwischenergebnis zu Entwicklungstendenzen hinsichtlich eines Konzepts zur Passage durch die Meerengen bis 1936

Aus der Gesamtschau der Ansichten, wie sie sowohl von den Staaten als auch anerkannten Völkerrechtlern bis in die 40er Jahre des 20. Jahrhunderts vertreten

---

1180 Vgl.: Report of Committee 2: *AJ*, 24 (1930) Suppl, S. 234; *de Yturriaga*, Straits, S. 25f..
1181 Vgl.: *Oral/Aybay*, Turkish Straits, Fn. 14 mit dazugehörigem Text.
1182 Abgedruckt in: *Gidel*, Le Droit International Public de La Mer, Bd. III, Annex II und III.
1183 *Gidel*, Le Droit International Public de La Mer, Bd. III, S. 285; *Farer/Caplovitz*, Towards A New Law For The Seas, in: *Zacklin*, The Changing Law of the Sea, S. 42.

worden sind, lässt sich kein eindeutiges Konzept eines international akzeptierten Meerengenregimes zum Zeitpunkt der Verhandlungen zur *Montreux Konvention* herleiten.

Lediglich für Handelsschiffe bestand offenbar insoweit ein theoretischer Konsens, als dass diese - ob zu Friedens- oder zu Kriegszeiten - ein freies Passagerecht genießen sollten. Da ein solches regelmäßig fast bedingungslos gewährt werden sollte, erscheint es vertretbar, dieses Passagerecht als dem modernen Seerechtsbegriff der Transitdurchfahrt nahe kommend anzusehen.

3. Teleologische Interpretation des Reglements der *Montreux Konvention*

Möglicherweise könnte jedoch eine *teleologische* Interpretation[1184] - also eine über die Interpretation des Konventionstextes hinausgehende Analyse, die auf Sinn und Zweck des Vertragsschlusses unter Beachtung des gesamten völkerrechtlichen Rahmens zum Zeitpunkt des Vertragsschlusses abstellt, näheren Aufschluss über deren Sinngehalt bieten[1185].

Sinn und Zweck der in der *Montreux Konvention* niedergelegten Bestimmungen erschließen sich aus dem geschichtlichen Zusammenhang und den Bestimmungen der Vorläuferverträge. Nach der Schließung und Verminung der Türkischen Meerengen im Ersten Weltkrieg durch das Osmanische Reich war u.a. den Siegermächten in erster Linie an einer endgültigen Abschaffung der "ancient rule" gelegen. Danach sollte jedes Schiff zu jeder Zeit ohne Beschränkungen die Türkischen Meerengen passieren können. In entsprechender Weise war der Türkei der *Vertrag von Sèvres* vom 10. August 1920[1186] aufgezwungen worden, ein Vertrag, den die neu proklamierte Türkei nicht anerkannte. Die Befürchtungen des Missbrauchs einer türkischen militärischen Kontrolle wirkten sich auch noch auf die nachfolgende *Lausanner Konvention* aus. In dieser wurde die Türkei verpflichtet, die Gebiete entlang der Türkischen Meerengen zu demilitarisieren. Die Türkei, die sich vor allem auf Grund dieser Bestimmung in ihrer Sou-

---

[1184] Die Anwendbarkeit der teleologischen Interpretation auf solche Verträge „konstitutiven“ Charakters wie die *Montreux Konvention* ist teilweise umstritten, wird jedenfalls immerhin von *Oppenheim* (Oppenheim's International Law, S. 1270) und *Brownlie* (Principles of Public International Law, S. 631f.) als zulässig angesehen.

[1185] Der Anwendbarkeit dieser Interpretationsmethode in einem solchen Fall schlossen sich auch die Mehrheit der Richter des *IGH* im ihrer *Namibia* Advisory Opinion (*ICJ Rep.* 1971, S. 31) an. Sie führten aus, dass "an international instrument has to be interpreted and applied within the framework of the entire legal system prevailing at the time of the interpretation".

[1186] *LNTS* Bd. 3, S. 39ff..

veränität verletzt sah, drängte zu Neuverhandlungen, die schließlich mit der Aufhebung der Demilitarisierungsverpflichtung zur Unterzeichnung der bis heute gültigen *Montreux Konvention* führten, die der Türkei für damalige Verhältnisse relativ weitreichende Regelungsbefugnisse brachte.

Auch wenn die Absichten der Interessengruppen recht klar umrissen sind, so gibt in diesem Fall auch eine teleologische Interpretation keine weiteren Aufschlüsse über die inhaltliche Tragweite der gewählten vertraglichen Formulierungen[1187].

4. Travaux préparatoires der Montreux Konvention

Da weder der Wortlaut des Vertragstextes noch eine teleologische Interpretation eine abschließend befriedigende Interpretation des durch die *Montreux Konvention* geschaffenen Transitrèglements ermöglicht, sollen nun entsprechend Artikel 32 *WVRK*[1188] hilfsweise die *travaux préparatoires* der Vertragsverhandlungen herangezogen werden.

Die Türkei hat wiederholt ihre weitreichenden 1994er Schiffsverkehrsreglementierungen für die Türkischen Meerengen und das Marmarameer damit gerechtfertigt, dass Artikel 24 der *Montreux Konvention* ausdrücklich die Souveränität über die Meerengen von der unter der 1923er *Lausanner Konvention* eingesetzten *International Commission on the Straits* zurück in türkische Hände gegeben habe und abgesehen von den Grundprinzipien des Passageregimes, die Regelung von Details allein den türkischen Behörden unterläge[1189].

Darauf zielten auch die Bemühungen der türkischen Verhandlungsdelegation im Jahre 1936 ab. Während sie das Prinzip der friedlichen Durchfahrt (freedom of passage) für Handelsschiffe grundsätzlich anzuerkennen gewillt war, bemühte sie sich vehement um die Festschreibung der alleinigen türkischen Souveränität und Polizeigewalt in den Türkischen Meerengen. In einem Entwurf der Türkei zum damaligen Artikel 12 hieß es z.B.:

[1187] *Sinclair* betont, dass der teleologischen Interpretation nicht zu viel Beachtung geschenken sollte, um damit eventuell vorrangig geltende Interpretationsmethoden nicht zu negieren. (*Sinclair*, The Vienna Convention, S. 131).

[1188] Text unter: 3. Kap., § 8, C..

[1189] "The 1936 Montreux Convention gives full authority on the management of traffic in the Straits exclusively to Turkey.", ("Presentation on the Turkish Straits", briefing document at the Ministry of Foreign Affairs, Ankara, 30. 04. 1998); vgl.: *Özman*, Bosphorus Paper, S. 5.

"The provisions of said Convention and the areas over which said Convention covers, shall not be interpreted or expanded in that way to prejudice Turkey's sovereignty"[1190].

Gegen diese Interpretation der *Montreux Konvention* sprechen allerdings die zahlreichen, in den Protokollen der *travaux préparatoires* enthaltenen scharfen Proteste der übrigen Vertragsparteien, insbesondere Großbritanniens[1191]. Kaum etwas weist darauf hin, dass die Vertragsstaaten der Türkei die volle Souveränität überlassen wollten bzw. ihr zugestehen wollten, über Fragen des Passageregimes, die keiner eindeutigen Regelung in der Konvention zugeführt worden waren, eigenständig bestimmen zu können. Im Gegenteil, der entsprechende Entwurf des Artikels 12 wurde mehrheitlich zurückgewiesen, nachdem die britische Delegation zu bedenken gegeben hatte, dass ein solcher Artikel so interpretiert werden könnte, dass die Türkei einseitig die Bestimmungen der Konvention verändern könnte[1192]. Daraufhin zog die Türkei diesen Entwurf zurück, gab allerdings zu verstehen, dass dieser Rückzug in dem Bewusstsein der eigenen vollständigen Souveränität in den Türkischen Meerengen geschehe[1193].
Im Verlauf der weiteren Verhandlungen zeigt sich ein nicht mehr vollständig klares Bild der türkischen Seite, die gegen den Widerstand der meisten anderen Vertragsteilnehmer immer wieder versuchte, die vollständige Souveränität und unumschränkte polizeiliche Befugnisse zur Sicherung souveräner türkischer Interessen durchzusetzen. So wurden Äußerungen von der türkischen Verhandlungsdelegation, welche den Eindruck vermittelten, Reservierungen zu Gunsten einer umfassenden Souveränität der Türkei über die Türkischen Meerengen zu sein[1194], wiederum durch gegensätzliche Wortmeldungen seitens der türkischen Delegation negiert. Der türkische Außenminister *Aras* versicherte zum Beispiel, dass

"La Turquie a lenu à assurer une liberté complète de passage sous les formes les plus propices à la navigation commerciale universelle"[1195].

[1190] *Meray /Olcay*, Montreux Bogazlar Konferansi, S. 42.

[1191] Zu den Vertragsverhandlungen allgemein: *Deutsch*, Die Entstehung des Meerengenvertrages von Montreux.

[1192] *Vaillant-Carmenne*, Actes de la Conférence de Montreux, S. 56.

[1193] *Meray /Olcay*, Montreux Bogazlar Konferansi, S. 240.

[1194] "Le passage doit en tout cas être innocent et inoffensif." (vgl.: *Aras*, Actes de la Conférence de Montreux, S. 32).

[1195] Der türkische Botschafter *M.N. Menemencioglu* führte aus, dass die Türkei lediglich "une compétence de police et d'une compétence judiciaire qui n'affecte en rien les dispositions de la convention et qui reste en dehors d'elle" beanspruchen würde. (vgl.: ebenda, S. 214).

Nach den *travaux préparatoires* der *Montreux Konvention* war somit klar, dass die grundsätzliche territoriale Souveränität der Türkei über die Meerengen nicht zur Disposition stand, sondern diese in Übereinstimmung mit internationalem Recht, eingeschlossen den Verpflichtungen aus der *Montreux Konvention*, ausgeübt werden sollte. Einseitige türkische Vertragsinterpretationen, die eine schärfere Regulierung vorsahen, als in der Konvention explizit vorgesehen, entsprachen mithin nicht dem „Geist" von *Montreux*[1196].

Ebenfalls ins Leere lief die Berufung der türkischen Seite auf die Bestimmung des Artikels 24 der *Montreux Konvention.* Schließlich hatte die Türkei bei den Verhandlungen zur *Lausanner Konvention* im Jahre 1923 den Plan der übrigen Vertragsparteien, der *International Commission* eine umfangreiche Kontrolle über die Durchfahrt zukommen zu lassen, selbst verhindert[1197]. Das Weniger an den der *Commission* zugestandenen Befugnissen konnte nicht einseitig in ein Mehr an türkischen Befugnissen uminterpretiert werden.

5. Schlussfolgerung für die Auslegung des Vertragstextes von Montreux

Sowohl der Vertragstext als auch die *travaux préparatoires* der *Montreux Konvention* legen es nahe, dass die Vertragsparteien von Montreux in ihrem gemeinschaftlichen Willen der Türkei lediglich begrenzte souveräne Rechte bei der Regulierung der Durchfahrtsrechte durch die Meerengen zugestehen wollten. Auch wenn die Reglementierungsbefugnis zu Gunsten der Türkei teilweise weiter ging, als es zum damaligen Zeitpunkt von der Völkerrechtslehre vertreten und der Staatengemeinschaft praktiziert wurde, ist insbesondere in Anbetracht der Weigerung der übrigen Vertragsparteien, die Türkischen Meerengen als vollständig der türkischen Souveränität unterfallend anzusehen, eine Auslegung zu Ungunsten der Türkei vorzunehmen.
Mit dem Vokabular des modernen Seevölkerrechts sprechend, wird man zumindest im Hinblick auf Handelsschiffe eher an die - im Vergleich zum heutigen

---

[1196] Wie bereits oben erwähnt, haben die Vertragsstaaten in Artikel 1 der *Montreux Konvention* eindeutig die Prinzipien der Freiheit des Transits und der Schifffahrt in den Türkischen Meerengen anerkannt. Des Weiteren führt Artikel 28 aus, dass diese Prinzipien ohne zeitliche Begrenzung Anwendung finden sollen. Zumindest für Handelsschiffe bestehen in Friedenszeiten die einzigen Reglementierungen darin, dass lediglich Gebühren für eine begrenzte Anzahl von Sicherheitsmaßnahmen erhoben (Artikel 2 i.V.m. Annex I) und sanitäre Kontrollen durchgeführt werden können (Artikel 3). Es besteht ausdrücklich keine Lotsenpflicht (Artikel 2).

[1197] *Rozakis/Stagos*, The Turkish Straits, S. 99f..

Konzept der friedlichen Durchfahrt durch die Territorialgewässer[1198], die Reglementierungsbefugnis der Küstenstaaten stärker einschränkende - Transitpassage, als das dem Gesamtkonzept von Montreux unterliegende Regime gedacht haben. Allerdings sind der Türkei unmissverständlich auch Befugnisse eingeräumt worden, die im Vergleich zur damaligen Staatenpraxis relativ weit gingen.

So findet sich trotz des in Artikel 1 für alle Schiffe verbrieften Rechts "of freedom of transit and navigation by sea in the Straits", in Abschnitt II und Annex II-IV der *Montreux Konvention* ein auf Kriegsschiffe anwendbares Reglement, welches die Transitpassage nicht unerheblich einschränkt. Im Vergleich zum im damaligen Völkerrecht Üblichen ermöglichten diese Bestimmungen der Türkei, die Durchfahrt stärker zu reglementieren, als es bei den Handelsschiffen bereits der Fall war.

Der Umstand, dass man der Türkei zum damaligen Zeitpunkt deutlich ein Mehr an Reglementierungsbefugnis eingeräumt hatte, ist für die Beurteilung der Reichweite der nach heutigem Standard bemessenen Befugnisse der Türkei, den Schiffsverkehr durch die Türkischen Meerengen zu regulieren, von erheblicher Bedeutung. Da man sich im aufgezeigten Rahmen für gewisse souveräne Rechte der Türkei und gegen das damals auf Meerengen anwendbare Prinzip der freien Durchfahrt vertraglich geeinigt hatte, muss dieses Mehr auch heute noch Berücksichtigung finden.

Auch wenn das Reglement der *Montreux Konvention* den damaligen rechtlichen und praktischen Erfordernissen der Passage durch die Türkischen Meerengen wohl gerecht geworden ist, kann davon heute nicht mehr die Rede sein.
Es erscheint daher angebracht, die *Montreux Konvention* als eine Konvention anzusehen, die das Regime der Türkischen Meerengen lediglich „teilweise" im Sinne von Artikel 35 lit. (c) *SRÜ* regelt[1199]. Es liegt mithin eine Situation vor, in der die Türkei als der einzige Küstenstaat der Türkischen Meerengen nicht etwa willkürlich eigenes Recht setzen darf, sondern die Regeln des allgemeinen Völkerrechts zu beachten hat. Insbesondere die Regeln eines entsprechenden Völkergewohnheitsrechts und die Bestimmungen des *SRÜ* von 1982 könnten hier

[1198] Eine genaue Analyse der Unterschiede beider Konzepte des modernen Seevölkerrechts bei: *Koh*, Straits in international navigation, S. 167ff..
[1199] Article 35 lit. (c) *SRÜ*: "the legal regime in straits in which passage is regulated in whole or in part by long-standing international conventions in force specifically relating to such straits."

von entscheidender Bedeutung für die Reichweite der Regelungsbefugnis der Türkei sein[1200].

Auf Grund der nicht unerheblichen Entwicklungen beim Transport von Gütern in der Hochseeschifffahrt und der damit verbundenen veränderten Gefährdungssituation beim Schiffsverkehr in Meerengen im Laufe der letzten 70 Jahre, scheint es im internationalen Interesse zu liegen, die seit 1936 gemachten Entwicklungen sowohl in der Schifffahrt als auch im Meeresumweltschutz und die Verkehrsleitsysteme betreffenden Technologie seit 1936 für die Interpretation des auf entstandene Regelungslücken anzuwendenden Rechts zu berücksichtigen.
Es soll daher geprüft werden, ob sich für die vom internationalen Schiffsverkehr befahrenen Meerengen mittlerweile ein Völkergewohnheitsrecht herausgebildet hat.

III. Auf Meerengen anwendbares Völkergewohnheitsrecht

Versteht man, wie die USA, die *Montreux Konvention* als ein die Passage von Schiffen abschließendes und vollumfängliches Reglement[1201], würden viele der von der Türkei insbesondere seit 1994 einseitig verhängten Reglementierungen gegen selbige Konvention verstoßen, da in dieser - wie bereits oben betrachtet - für Handelsschiffe ausdrücklich nur zwei sehr beschränkte Reglementierungsmöglichkeiten vorgesehen sind.

Es stellt sich die Frage, wonach sich die in der *Montreux Konvention* nicht bedachten Regelungsbereiche bestimmen lassen, wenn es zum damaligen Zeitpunkt noch kein diesbezügliches allgemein anerkanntes Meerengenregime gab.

Wenn auch noch sehr umstritten, so wird es jedenfalls als zulässig erachtet, bei der Interpretation von Verträgen die Entwicklung des entsprechenden, allgemein anerkannten Rechts mit zu berücksichtigen, solange dies nicht zu einem Konflikt mit den ausdrücklichen Intentionen der vertragsschließenden Parteien führen würde[1202].

[1200] Vgl. *Molenaar*, Coastal State jurisdiction over vessel-source pollution, S. 285; *Churchill /Lowe*, The Law of the Sea, S. 95; *Plant*, Navigation Regime in the Turkish Straits, S. 15.

[1201] *Schacte*, US Department of Defense Representative for Ocean Policy Affairs, in: 24 *OcDIL*, S. 190f..

[1202] So auch Richter *Levi Carneiro* in seiner Concurring Opinion im ICJ *Ecrehos and Minquiers Fall*, France v. UK, (*ICJ Rep.* (1953), 91).

Das in Annex I, para. 1 (c) der *Montreux Konvention* verankerte Recht der Türkei, für "live saving services" Gebühren erheben zu dürfen, könnte deswegen so interpretiert werden, dass davon nun auch die Kosten für den Betrieb von verschiedenen Navigationshilfs-, Warn- und VTS-Systemen in den Türkischen Meerengen mit umfasst sind.
Eindeutige Verstöße gegen die Intentionen der Vertragsparteien sind allerdings das Verbot der Durchfahrt bei Nacht und Bestimmungen, die eine Lotsenpflicht auferlegen würden, wie bereits geschehen[1203].

Inwieweit die sonstigen in den türkischen 1993er und 1998er Bestimmungen zur Regelung der Schifffahrt in den Türkischen Meerengen getroffenen Reglementierungen als zulässig angesehen werden können, bedarf der Zuhilfenahme und Berücksichtigung der Normen eines mittlerweile für Meerengen möglicherweise herausgebildeten Völkergewohnheitsrechts[1204].

Wie die bisherigen Untersuchungen gezeigt haben, gab es bis zum Zweiten Weltkrieg noch kein klares Konzept für die völkerrechtliche Behandlung von Meerengen. Dies sollte sich allerdings in den folgenden 40 Jahren ändern. Im Zusammenhang mit dem Bemühen der *ILC*, für Territorialgewässer allgemein gültige völkerrechtlichen Prinzipien zu kodifizieren, setzte sich auch die Erkenntnis nach dem Bedürfnis für die völkervertragliche Regelung eines Meerengenregimes durch.

Der Wortlaut des Artikels 35 lit. (c) *SRÜ* gibt im Übrigen den Weg dafür frei, dass ein spezifisches Meerengenregime dort Anwendung finden könnte, wo das Regime der Türkischen Meerengen durch die *Montreux Konvention* keine abschließende Regelung gefunden hat. Insbesondere enthält die *Montreux Konvention* keinerlei Bestimmungen, die die verkehrstechnische und aus Umweltgesichtspunkten sichere Durchfahrt regeln.

Es soll daher im Folgenden das die Lücken der *Montreux Konvention* schließende, auf die Türkischen Meerengen anwendbare Völkergewohnheitsrecht untersucht werden.

[1203] Die entsprechenden Bestimmungen sind nach massivem internationalem Druck von der Türkei wieder fallen gelassen worden.
[1204] Die Türkei ist weder Vertragspartei des 1958er *GÜKA* noch des 1982er *SRÜ*.

1. Die *IGH*-Entscheidung im Korfu-Kanal-Fall

Erste Anzeichen für eine Fixierung international anerkannter Kriterien für die Benutzung von Meerengen ergaben sich im Zusammenhang mit dem *IGH*-Urteil im *Korfu-Kanal-Fall* im Jahre 1949[1205]. Neben der Klärung von Schadensersatzforderungen Großbritanniens gegen Albanien, welche aus dem Beschuss britischer Kriegsschiffe und der Explosion von Minen im Kanal von Korfu herrührten, ging es vor allem um die Klärung der Frage der Passagerechte durch diese Meerenge und damit auch durch albanische Territorialgewässer. Der Gerichtshof stellte - immerhin mit einer Mehrheit von 14:2[1206] Stimmen - fest, dass es allgemein anerkannt sei und in Übereinstimmung mit der Staatenpraxis stehe, dass Staaten in Friedenszeiten ihre Kriegsschiffe durch der internationalen Schifffahrt dienende und zwei Teile der Hohen See verbindende Meerengen ohne vorherige Genehmigung des Anliegerstaates senden dürfen, sofern es sich um eine friedliche Durchfahrt handele[1207]. Auf Grund der zu diesem Zeitpunkt bestehenden albanisch-griechischen Spannungen habe Albanien die Durchfahrt fremder Kriegsschiffe in einem gewissen Ausmaß reglementieren dürfen; allerdings sei es unverhältnismäßig gewesen, eine generelle Erlaubnispflicht zu statuieren. Schließlich sei es unerheblich, ob eine alternative Verbindung zwischen den beiden Teilen der Hohen See besteht, die auch vom Korfu Kanal verbunden werden.

[1205] ICJ - *Corfu Channel Case* (Merits), *ICJ Rep.* (1949), S. 4ff., Der *IGH* hatte in seinem Urteil über die Klage Großbritanniens gegen Albanien neben anderen Rechtsfragen darüber zu entscheiden, ob aus Anlass der Durchfahrt britischer Kriegsschiffe durch albanische Territorialgewässer im Korfu-Kanal die Souveränität Albaniens durch Großbritannien verletzt worden ist. Britischen Kriegsschiffen war sowohl am 15. Mai als auch am 22. Oktober 1946 beim Versuch der Durchfahrt sowohl durch Beschuss als auch die Explosion von Minen Schaden zugefügt worden.

[1206] Die beiden Gegenstimmen stammten von dem sowjetischen Richter *Krylov* und dem tschechoslowakischen Ad-hoc-Richter *Ecer*, welche argumentierten, dass noch keine einheitliche Rechtspraxis hinsichtlich der Durchfahrt von Kriegsschiffen durch Meerengen existiere, aus der eine Rechtsregel ableitbar sei. Solange keine universelle Konvention bestehe, sei es Sache der Anliegerstaaten, die Durchfahrt zu regeln. (vgl.: ICJ - *Corfu Channel Case* (Merits), *ICJ Rep.* (1949), S. 68ff. und 115ff.); Ein entsprechendes Völkergewohnheitsrecht wäre damaligen sowjetischen Bemühungen zuwidergelaufen, die sog. *closed sea Doktrin* auf einige ihrer Randmeere (inkl. dem Schwarzen Meer) anzuwenden und als Regel in das Völkerrecht zu implementieren. (vgl. dazu unter: 2. Kap., § 4, B., III., V., 2., e) bb)).

[1207] Zum einen wurden die geographischen Koordinaten des Korfu Kanals als diesen Voraussetzungen unterfallend angesehen. Des Weiteren ergab eine Beweisaufnahme, dass der Hafen von Korfu im Jahre 1936/37 von 2884 Schiffen unter verschiedensten Flaggen angefahren, womit auch die Internationalität der Meerenge als erwiesen betrachtet worden war.

Die Kritiken zum Urteil, die sowohl innerhalb des Gerichtshofes[1208] als auch aus den Reihen anerkannter Völkerrechtsgelehrter[1209] verlautbart wurden, spiegelten jedoch die immer noch bestehenden Kontroversen zum Meerengenregime wider.

2. Die Berücksichtigung der Meerengenproblematik im 1958er Genfer Übereinkommen über das Küstenmeer und die Anschlusszone

In Folge der Bemühungen der im Jahre 1947 ins Leben gerufenen *International Law Commission*, welche schließlich im Jahre 1956 zu einem 73 Artikel umfassenden Konventionsentwurf führten, wurde für den Zeitraum vom 24. Februar bis 27. April 1958 die erste UN-Seerechtskonferenz einberufen[1210]. Neben drei weiteren Übereinkommen wurde am 29. April 1958 auch das *Genfer Übereinkommen über das Küstenmeer und die Anschlusszone* (GÜKA) unterzeichnet, welches schließlich am 10. September 1964 in Kraft trat.

Die in diesem Zusammenhang interessierenden Bestimmungen des *GÜKA* befinden sich in Teil I, Abschnitt 3, welcher sich mit dem Recht auf friedliche Durchfahrt durch das Küstenmeer beschäftigt. Dort finden sich wiederum in Unterabschnitt A die für Schiffe aller Staaten - also auch "land-locked-states" - anwendbaren Regeln für die friedliche Durchfahrt, welche von den Küstenstaaten gemäß Artikel 15 nicht behindert werden darf. Allerdings ermächtigt Artikel 16 Abs. 1 die Küstenstaaten ebenfalls, Abwehrmaßnahmen zur Unterbindung von drohenden, nicht-friedlichen Durchfahrten zu ergreifen.
Artikel 16 Abs. 3 gestattet den Küstenstaaten sogar die Sperrungen von Teilen der Küstengewässer, soweit dies für den Schutz der Sicherheit ihres Staates dringend geboten ist.

[1208] Neben den zwei Gegenstimmen bestritten auch die Richter *Alvarez* und *Azevedo* mit ihren "dissenting opinions", dass der Korfu-Kanal eine der internationalen Schifffahrt dienende Meerenge sei. (vgl.: ICJ Rep. (1949), S. 39ff. bzw. 78ff.).

[1209] *Brüel* schloss sich diesen Meinungen wohl an, als er ausführte, dass der Gerichtshof die geographischen Kriterien zu sehr betont habe und zu wenig, dass faktisch die Mehrzahl der Schiffe die Straße von Otranto als alternative Route wählen würde, diese auch lediglich 100 sm länger wäre. (vgl.: *Brüel*, Some observations, in: *Constantopoulos/Wehberg* (Hrsg.), Festschrift für Rudolf Laun, S. 259ff. (275ff.)).

[1210] Der Entwurf der *ILC* wurde sodann in vier Konventionen aufgespalten: die Konvention über das Küstenmeer und die Anschlusszone, die Konvention über die Hohe See, die Konvention über Fischerei und Erhaltung der lebenden Schätze der Hohen See und die Konvention über den Festlandsockel.

Die für Meerengen entscheidende Vorschrift und gleichzeitig Rückausnahme zu Abs. 3 ist in Artikel 16 Abs. 4 enthalten. Darin heißt es:

> "There shall be no suspension of innocent passage of foreign ships through straits which are used for international navigation between one part of the high seas and another part of the high seas or the territorial sea of a foreign State."

Bemerkenswert ist, dass noch im Entwurf der *ILC*, in Anlehnung an das *IGH* Urteil im *Korfu-Kanal*-Fall, für die Zugangsmöglichkeit von der Hohen See zum Küstenmeer eines dritten Staates das Verbot der zeitweiligen Aufhebung der friedlichen Durchfahrt nicht greifen sollte. Die entsprechende Erweiterung des Artikels 16 Absatz 4 kam vor allem auf Betreiben Portugals, Großbritanniens und der USA zustande, um Israel und Jordanien die ungehinderte friedliche Durchfahrt durch die ägyptischen und saudi-arabischen Territorialgewässer zu den im Roten Meer gelegenen Häfen in Aquaba und Eilat zu sichern.
Diese Endfassung des Abs. 4 des Artikels 16 rief den Protest der meisten arabischen Staaten hervor, von denen sich zum damaligen Zeitpunkt ein Teil im Kriegszustand mit Israel befand. Zum anderen bestanden die Gewässer des *Golfs von Aquaba* nach der Beanspruchung eines 12-sm-Küstengewässers durch Saudi Arabien im Jahre 1958 nur noch aus Territorialgewässern, womit unter Berücksichtigung der *Korfu-Kanal-Entscheidung* des *IGH* die *Straße von Tiran*[1211] nicht mehr einen Teil der Hohen See mit einem anderen Teil der Hohen See verband.

Der Artikel 16 Abs. 4 wurde schließlich nur mit der Mehrheit von einer Stimme in der endgültigen Fassung angenommen[1212]. Die meisten arabischen Staaten haben es im Hinblick auf Artikel 16 Abs. 4 sogar abgelehnt, Parteien des *GÜKA* zu werden.

Des Weiteren sieht Artikel 18 *GÜKA* in Unterabschnitt B - der lediglich für Handelsschiffe Anwendung findet - vor, dass die Durchfahrt durch das Küsten-

---

[1211] Der *Golf von Aquaba* hat eine Breite von 3 bis 17 sm. Der einzige schiffbare Kanal im Golf ist die *Straße von Tiran*, welche eine Breite von 4 sm aufweist. Bis zur Beanspruchung eines 12 sm breiten Territorialgürtels durch Saudi Arabien wurde von Ägypten und Saudi Arabien lediglich 6 sm breite Territorialgewässer beansprucht, so dass es im Golf bis dahin noch einen schmalen Streifen Hohe See gab. (vgl.: *Koh*, Straits in International navigation, S. 36f.).

[1212] Bei 62 positiven Stimmen, 61 Gegenstimmen und 9 Enthaltungen (vgl.: *Gross*, Innocent passage through the Gulf of Aquaba, S. 580ff.).

meer prinzipiell gebührenfrei zu gewähren ist und nur für bestimmte, einem Schiff geleistete Dienste Gebühren abverlangt werden dürfen. Auch wenn sich diesbezüglich möglicherweise eine Regelungslücke für Kriegsschiffe ergibt, für die keine vergleichbare Regelung getroffen worden ist, ergibt sich aus der eindeutigen Bezugnahme des Unterabschnitts A als "applicable to all ships", dass auch Kriegsschiffe das nicht-aufhebbare Recht auf friedliche Durchfahrt ohne Notifikations- bzw. Genehmigungspflicht genießen sollten[1213].

Auch das von der *ILC* in ihrem Entwurf vorgesehene Notifikations- bzw. Genehmigungserfordernis für Kriegsschiffe ist schließlich nur auf Drängen Großbritanniens[1214] aus der Endfassung des *GÜKA* gestrichen worden[1215].

Zusammenfassend muss somit wohl festgestellt werden, dass die im *GÜKA* getroffene Regelung bezüglich der internationalen Schifffahrt durch Meerengen den komplexen Regelungserfordernissen für die internationalen Meerengen mit ihren so verschiedenen Charakteristika nicht in ausreichendem Maße gerecht wird.

Die Positionen der Konferenz-Teilnehmerstaaten waren insbesondere auch im Hinblick auf das Passageregime für Kriegsschiffe und Flugzeuge[1216] noch so unterschiedlich und der das damalige Völkergewohnheitsrecht darstellende Konventionsentwurf der *ILC* zur Meerengenfrage noch so erheblich von der letztendlich verabschiedeten Fassung des *GÜKA* abweichend, dass zumindest nicht von einer vollumfänglichen Kodifikation eines völkergewohnheitsrechtlich verankerten Meerengenregimes im Rahmen des *GÜKA* ausgegangen werden kann.

[1213] So auch: *O'Connell*, International Law II, 1. Auflage, S. 694ff.; *Mössner*, Einführung in das Völkerrecht, S. 221; *Baxter/Triska*, The Law of International Waterways, S. 167f.; *Münch*, Internationale Meerengen, S. 40ff..

[1214] Vgl.: UNITED NATIONS, First UNCLOS, Official Records, Vol. 3, A/CONF. 13/39, UN New York (1958), S. 78, 133.

[1215] Eine solche war vor allem von Belgien, Bulgarien, Kolumbien, Ägypten, Frankreich, Honduras, Italien, Norwegen, Polen, Rumänien, der UdSSR und Jugoslawien befürwortet worden, unter ihnen bis auf die Türkei somit auch alle Anrainerstaaten des Schwarzen Meeres. (vgl.: *YILC* 2, (1956) S. 276f.).

[1216] Gar keine Berücksichtigung im *GÜKA* fand die Problematik der Überflugrechte durch Meerengen.

3. Die Bestimmungen des UN-Seerechtsübereinkommens von 1982

In dem Bewusstsein, dass das bis dahin bestehende Regime für Meerengen den Erfordernissen eines - den Bedürfnissen aller Betroffenen entsprechenden - neuen Reglements angepasst werden müsse, regte die *ILC* im Rahmen der Dritten Seerechtskonferenz eine Kodifizierung eines international anwendbaren Meerengenregimes an. In Folge dessen enthält das *SRÜ* von 1982 eine umfassende Regelung für Meerengen.

Es ist allerdings zu untersuchen, ob im Hinblick auf Artikel 35 lit. (c) *SRÜ* die Bestimmungen des Teils III über Meerengen eine Anwendung auf das Regime der Türkischen Meerengen ausscheidet oder ob diese ebenfalls als Teil eines sich möglicherweise gesamtheitlich herausgeprägten Meerengengewohnheitsrechts auf die von der *Montreux Konvention* nicht geregelten Bereiche Anwendung finden.

Sofern Teil III *SRÜ* mittlerweile allgemeingültig anerkanntes Völkergewohnheitsrecht darstellt, wäre der Umstand, dass die Türkei selbst nicht Vertragspartei des *SRÜ* ist, unerheblich[1217].

Es soll an dieser Stelle erwähnt werden, dass die Türkei als *IMO* Mitglied und Unterzeichnerstaat der 1974er *SOLAS*-Konvention grundsätzlich auch an ein solches, die internationalen Meerengen regelndes Völkerrechtsregime gebunden ist. Dies ergibt sich u.a. auch aus dem Wortlaut der am 1. Juli 2002 in Kraft getretenen überarbeiteten Version des Kapitels V (Safety of Navigation) *SOLAS*, in der es in Regulation 12 (5) heißt:

> "Nothing in this regulation or the guidelines adopted by the Organization shall prejudice the right and duties of Governments under international law or the legal regimes of straits used for international navigation [...]."[1218]

[1217] Des Weiteren sollte bemerkt werden, dass sich die Türkei in der Vergangenheit nicht in einer einem *persistent objector* entsprechenden Weise gegen die Bindung an ein entsprechendes Völkergewohnheitsrecht gewandt hat. (*Plant*, Passage Regimes and Regulatory Traffic Measures for Oil Tanker Access, S. 128).

[1218] Vgl.: *IMO*: http://www.imo.org/Safety/mainframe.asp?topic_id=387. Diese Neufassung der Regulation 8-2 des Kapitels V von 1997 präzisiert diese in soweit, dass nicht mehr nur noch allgemein von "rights and duties of governments under international law" gesprochen wird.

Es stellt sich somit die Frage nach der konkreten Ausgestaltung eines solchen universell geltenden Regimes für von der internationalen Schifffahrt benutzte Meerengen.

Die Entstehung völkergewohnheitsrechtlicher Normen über die Passage durch Meerengen steht dabei im engen Zusammenhang mit der Entwicklung des heute gewohnheitsrechtlich anerkannten Küstengewässerregimes[1219]. So wie die Türkischen Meerengen liegen auch viele andere internationalen Meerengen auf Grund ihrer geringen Breite[1220] innerhalb der Küstengewässer der angrenzenden Staaten und unterliegen damit auch dem dort geltenden Regime.
Immerhin gelang erst mit der Unterzeichnung des *SRÜ* von 1982 die Kodifizierung einer 12-sm-Territorialgewässerzone[1221]. Die überwältigende Staatenpraxis hat sich mittlerweile einer entsprechenden Ausdehnung der Küstengewässer angeschlossen, in denen den angrenzenden Staaten die Ausübung besonderer Rechte zugestanden wird[1222].

Hinsichtlich des Rechtsstatus der einzelnen Abschnitte der Türkischen Meerengen und des Marmarameers finden sich in der Völkerrechtsliteratur der letzten einhundert Jahre verschiedene Ansichten[1223].
Nach der modernen seevölkerrechtlichen Terminologie handelt es sich bei den Dardanellen und dem Bosporus unzweifelhaft um Meerengen. Das Marmarameer hingegen ist eher ein Binnenmeer; allerdings nach dem in Artikel 122 *SRÜ* definierten völkerrechtlichen Verständnis nicht in Form eines umschlossenen

---

1219 Dazu ausführlich siehe unter: 2. Kap., § 4, C, III., 3., a).

1220 Bei einer Länge von 31 km hat der als Bosporus bekannte östliche Teil der Türkischen Meerengen eine durchschnittliche Breite von 1,5 km (ca. 1,1 sm) und die 70 km langen Dardanellen eine durchschnittliche Breite von 1,3-2 km (0,75-1,5 sm), Informationen des Türkischen Außenministeriums unter: http://www.mfa.gov.tr/grupa/ad/adb/default.htm.

1221 Zur Entwicklung eines völkergewohnheitsrechtlich anerkannten Küstenmeer-Regimes siehe unter: 2. Kap., § 4, C, III., 3., a).

1222 In Anbetracht der breiten Staatenpraxis (zum 28.02.2002 hatten weltweit lediglich 16 Staaten von der 12-sm-Regel abweichende Bestimmungen zur Ausdehnung der Territorialgewässer, vgl.: Document A/56/58, UN-Division for Ocean Affairs and the Law of the Sea, Office of Legal Affairs) kann eine von der Basislinie aus gemessene Breite von 12 sm als mittlerweile völkergewohnheitsrechtlich anerkannt eingestuft werden.

1223 Neben der Qualifizierung als interne Gewässer oder Territorialgewässer fanden sich jedenfalls für das Marmarameer - aber auch für die beiden Türkischen Meerengen - Argumentatoren für die Qualifizierung des Marmarameers als Hohe See. (vgl.: *Oppenheim*, I, 1948, S. 252) In der Präambel zur *Montreux Konvention* wurde auch das Marmarameer als Teil des gesamten türkischen Meerengenkomplexes terminologisch als Meerenge bezeichnet.

oder halbumschlossenen Meeres, sondern eines Binnengewässers, da es zwar durch Meerengen mit der Hohen See verbunden ist, allerdings ausschließlich vom Staatsgebiet eines einzigen Staates umgeben ist[1224]. Es unterfällt somit grundsätzlich der alleinigen Souveränität der Türkei; dies allerdings nur soweit, als international anwendbares Völkerrecht und die Bestimmungen der 1936er *Montreux Konvention* beachtet werden.

Auch wenn es nach türkischem Recht keine einheitlichen Regelungen für die Ausdehnung der Territorialgewässer gibt[1225], so werden die Türkischen Meerengen und das Marmarameer von der Türkei als vollständig der eigenen Souveränität unterfallend angesehen[1226].

Wie bereits hinsichtlich des Marmarameeres ausgeführt, kann dies allerdings nur in soweit als zutreffend angesehen werden, als dass die Türkei diese Souveränität im Einklang mit den für Meerengen und Territorialgewässer anwendbaren internationalen Prinzipien im Allgemeinen und dem Reglement der *Montreux Konvention* im Besonderen ausübt.

Grundsätzlich stellt sich somit zunächst die Problematik möglicher Widersprüche zwischen den umfangreichen souveränen Rechten der Türkei in seinen, die Türkischen Meerengen mitumfassenden, Territorialgewässern und einem völkergewohnheitsrechtlich herausgebildeten Meerengenregime.

Bevor sich allerdings explizit mit den einzelnen Bestimmungen auseinandergesetzt wird, soll anhand der Entstehungsgeschichte dieser Normen zunächst genauer untersucht werden, inwieweit diese allgemein anerkanntes Völkergewohnheitsrecht darstellen.

[1224] vgl.: *Verdross/Simma*, Universelles Völkerrecht (1976), S. 526 m.w.N..

[1225] Im Ägäischen Meer beansprucht die Türkei eine 6 sm breiten Territorialgürtel und im Schwarzen Meer einen solchen von 12 sm Breite. (vgl.: Document A/56/58, UN-Division for Ocean Affairs and the Law of the Sea, Office of Legal Affairs, Stand 28.2.2002).

[1226] Auf Grund ihrer geringen Breite unterfallen die Meerengen der Dardanellen und des Bosporus allerdings in jedem Fall sogar der geringsten - im Völkerrecht zumindest teilweise anerkannten - Ausdehnung von Territorialgewässern mit der Breite von 3 sm. Hinsichtlich der seit dem 19. Jahrhundert verbreiteten und bis heute noch vereinzelt beanspruchten 3 sm Küstengewässer sollte der Genauigkeit halber allerdings bemerkt werden, dass eine solche vermeintlich auf der sog. Kanonenschusstheorie (dies anzweifelnd: *O'Connell*, Festschrift für Berber, S. 375) beruhende Dreimeilenzone niemals völkergewohnheitsrechtlich universell anerkannt war. (*Münch*, Internationale Meerengen, S. 21).

a) Interessenkonflikte bei der Findung eines universellen Meerengenregimes

Trotz des Bewusstseins, dass das bis dahin bestehende Regime für Meerengen den Erfordernissen der geänderten Umstände angepasst werden musste, bemühten sich vor allem die Nutzerstaaten der internationalen Meerengen um die Berücksichtigung ihrer eigenen Interessen.

Infolge einer expandierenden Weltwirtschaft und dem damit verbundenen Bedarf an Brennstoffen lag es im Interesse der Großmächte und Schifffahrtsnationen, den Transport von Rohöl von den zahlreichen, neu erschlossenen Erdölquellen zu den Weltmärkten zu sichern. Nicht selten führen die kürzesten Routen durch eine der zahlreichen Meerengen, so dass die Stabilität des Rohölpreises seit je her wesentlich von der gesicherten Durchfahrt durch diese Meerengen abhängig ist[1227].

Daneben spielten zu Zeiten des „Kalten Krieges" auch verstärkt sicherheitspolitische Aspekte eine maßgebliche Rolle bei der Geltendmachung von Interessen. Die USA und die Sowjetunion traten vehement dafür ein, dass internationale Meerengen für See- und Luftstreitkräfte frei passierbar blieben, um militärische Stärke demonstrieren, bei lokalen Konflikten eingreifen und das strategische Gleichgewicht zwischen den Supermächten aufrecht erhalten zu können[1228].

In diesem Zusammenhang ist vor allem auch ein bis in die Verhandlungen der *Dritten UN-Seerechtskonferenz* reichendes Bemühen der UdSSR zu erwähnen, den Zugang zu seinen Randmeeren für Kriegsschiffe von Nicht-Anrainerstaaten beschränken zu wollen[1229].

Die Anwendbarkeit dieser sog. "'closed sea"-Doktrin[1230] wurde an Voraussetzungen[1231] geknüpft, die in ihrer Anwendung seitens der UdSSR allerdings eine

---

[1227] Von besonderer Bedeutung sind hier die Straße von Hormuz, die den Persischen Golf mit dem Indischen Ozean verbindet, und die Malakka-Straße. Ein Großteil des weltweit geförderten Rohöls passierte bereits damals diese beiden Meerengen.

[1228] Vgl. genauere Analyse dazu bei: *Mahncke*, Seemacht und Außenpolitik, S. 3ff..

[1229] Als ausschlaggebend dafür wurde deren relativ ungünstige geostrategischen Lage angesehen, die meisten wichtigen sowjetischen Häfen lagen an Randmeeren, so dass sowjetische Schiffe auf dem Weg zu den Weltmeeren gezwungen waren, durch verschiedene Meerengen zu fahren.

[1230] Ausführlicher dazu unter: 2. Kap., § 4, B., V., 2., e) bb).

gewisse Willkürlichkeit erfuhren[1232]. Da die Doktrin nicht mit den Grundsätzen eines sich entwickelnden internationalen Meerengenregimes zu vereinbaren war, wurde sie nicht nur von westlichen Völkerrechtlern, sondern sogar von Teilen des sozialistischen Lagers angezweifelt[1233].

Trotz des auf der Dritten UN-Seerechtskonferenz geäußerten Wunsches der UdSSR, wurde sie weder im Entwurf des Kapitels IX über geschlossene und halbumschlossene Meere, noch in der letztendlich verabschiedeten Fassung berücksichtigt. Im sowjetischen Völkerrechtsschrifttum wurde in der Folge an der "closed sea"-Doktrin zumindest nicht mehr *expressis verbis* festgehalten[1234].

Schließlich unterfielen die türkischen Meerengen ohnehin nicht der von *Barabolja*[1235] geprägten sowjetischen Definition von internationalen Meerengen.

Der unter der Bezeichnung „Gruppe der 77“ firmierenden Staatengemeinschaft der Meerengenanlieger war wiederum vor allem daran gelegen, allgemeine Regeln und Standards für die Schifffahrt durch Meerengen festgelegt zu wissen, um so der mit dem zunehmenden Tankerverkehr wachsenden Gefahr von Umweltkatastrophen gegenzusteuern.

Auf Grund der Lehren, die man aus Tankerunfällen wie dem *Amoco-Cadiz*-Fall von 1978 gezogen hatte, aber auch eines sich entwickelnden Umweltbewusstseins, sollte die Allianz der großen Schifffahrtnationen schließlich von dem von ihr favorisierten „Free-Transit-Konzept“ zugunsten gewisser Verkehrsleitungs- und -sicherungsmaßnahmen in Meerengen abrücken lassen[1236].

[1232] So wurde von sowjetischer Seite auf der Caracas-Session der Dritten UN-Seerechtskonvention das Mittelmeer auf Grund seiner großen flächenmäßigen Ausdehnung als nicht der *closed sea-Doktrin* unterfallend eingestuft. Andererseits sollte das mindestens ebenso große Okhotskische Meer ein Randmeer im Sinne der Doktrin sein.

[1233] Vgl.: *Symonides*, Legal Status of the Baltic Straits, S. 138 Anm. 63.

[1234] *Münch*, Internationale Meerengen, S. 66f..

[1235] *Barabolja*, Manual of International Maritime Law (Engl. Übersetzung), S. 231ff..

[1236] Ende der 60er bis Anfang der 70er Jahre des 20. Jahrhunderts kam es zur Unterzeichnung zahlreicher, sich mit der Erdölverschmutzung befassender Konventionen. Darunter z.B. die Konvention über die zivilrechtliche Haftung für Erdölverschmutzungsschäden vom 29. 11. 1969, in Kraft seit 19. 06. 1975 (*BGBl.* 1975 II, S. 305ff.) und das internationale Übereinkommen über die Errichtung eines internationalen Fonds zur Entschädigung für Erdölverschmutzungsschäden vom 18. 12. 1971, in Kraft seit 16. 10. 1978 (*BGBl.* 1975 II, S. 320ff.).

b) Die Entwicklung des Konzepts der Transitpassage

Während im Rahmen der Ersten und Zweiten UN-Seerechtskonferenzen im Jahre 1958 und 1960 im Wesentlichen eine Kodifikation völkergewohnheitsrechtlicher Regeln stattgefunden hatte, wurde auf der Dritten Seerechtskonferenz zu einem großen Teil neues Völkerrecht geschaffen, was in Teilen auf die Bestimmungen des Teil III des *SRÜ* seine Auswirkungen gefunden hat.

Das heute für Meerengen gültige Prinzip der Transitpassage findet seinen Ursprung in einem Entwurf Großbritanniens vom 3. Juli 1974[1237] auf der zweiten Sitzung in Caracas. Das zum damaligen Zeitpunkt noch unbekannte Konzept der "transit passage" wurde im Rahmen des - für Territorialgewässer, Meerengenregime und Archipele zuständigen - Zweiten Hauptausschusses verhandelt. Die Einigung über den Entwurf zu einem, im Wesentlichen mit den Bestimmungen des Teil III des *SRÜ* übereinstimmenden Meerengenreglements gelang bereits auf der dritten Sitzung in Genf. In Anlehnung an den britischen Vorschlag von 1974 legte die "Private Group on Straits" am 18. April 1975 einen "Consensus Text of Private Group on Straits" vor, welcher auf der Geschäftsgrundlage der grundsätzlichen Billigung des von Fidji, Indonesien, Mauritius und den Philippinen postulierten Archipelstaaten-Prinzips auch so angenommen wurde[1238].

Die Verwendung eines „Konsensprinzips" für die Schaffung der 1982 schließlich unterzeichneten Endversion des Teils III des *SRÜ* ist für die Bewertung der darin enthaltenen Normen hinsichtlich ihres völkergewohnheitsrechtlichen Charakters von erheblicher Bedeutung. Die Verfahrensweise nach dem Konsensprinzip[1239] entstammt der UN-Praxis im Sicherheitsrat und zielte darauf ab, über einen Verhandlungsgegenstand nach Möglichkeit ohne Abstimmung zu entscheiden. Über Sachfragen sollte erst als *ultima ratio* abgestimmt werden.

[1237] Konferenzdokument A/CONF.62/C.2/L.3.

[1238] Neu eingeführt wurde u. a. die Ausschlussklausel bezüglich der durch "long-standing international conventions" geregelten Regime. (vgl. näheres zur dritten Sitzung bei: *Stevenson/Oxman*, The 1975 Session, S. 763ff.); Auf der sechsten Sitzung wurde schließlich noch die Regelungsbefugnis zur Verhinderung der Meerengenverschmutzung zugunsten der Meerengenanrainerstaaten auch auf die Verringerung und die Kontrolle erweitert.

[1239] Auf das Konsensprinzip hatte man sich auf der ersten Sitzung in New York mittels desselben Prinzips geeinigt.; vgl.: „rules of procedure" 37-39 und 55 (A/CONF.62/30/rev.2) (vgl.: *Trevers*, Devices to facilitate Consensus, S. 39ff.).

Ein Konsens wurde dann angenommen, wenn sich keine Gegenstimme erhob; nicht erforderlich war das positive Votum eines jeden Konferenzteilnehmers[1240].

Des Weiteren stellte die Art und Weise der Schaffung des Vertragstextes, von den einzelnen Vertragsentwürfen angefangen, über die sodann folgenden späteren Überarbeitungen bis hin zur Endfassung zum damaligen Zeitpunkt ein Novum der Konferenzdiplomatie dar. Der jeweilige informelle Verhandlungstext[1241] nahm keinerlei Rechtsverbindlichkeit für sich in Anspruch, sondern zog nur eine Zwischenbilanz über die konsensfähig erscheinenden Regelungen. Sie spiegelten nicht zwingend die Ansichten der Verfasser bzw. der Delegationen wider, sondern brachten lediglich die Meinungstrends zum Ausdruck, die nach den Beobachtungen des Konferenzpräsidenten und der Vorsitzenden der Ausschüsse versprachen, zu einem allgemeinen Konsens zu führen.

Allein aus den soeben beschriebenen Verfahren der Entstehung der Normen über die Meerengen im *SRÜ* wird offenkundig, dass zumindest zum Zeitpunkt der Unterzeichung des *SRÜ* diesem noch kein völkergewohnheitsrechtlicher Charakter zuerkannt werden konnte.

Entgegen der damaligen sozialistischen Völkerrechtslehre[1242], die ein seit Jahrhunderten anerkanntes freies und unbehindertes Passagerecht von Schiffen aller Kategorien durch Meerengen als gegeben ansah und einigen westlichen Autoren[1243], die das Prinzip der "unimpeded passage" in der internationalen Schifffahrt dienenden Meerengen von mehr als 6 sm Breite als "well-established in international law" ansahen, war bis zum Anfang der 80er Jahre des 20. Jahrhunderts weder eine diesbezügliche gleichförmige Staatenpraxis noch eine gemeinsame *opinio iuris* feststellbar. Die Konferenzdokumente zur Dritten Seerechtskonvention belegen, dass der Widerstand einiger Meerengenanliegerstaaten gegen eine sich anbahnende Transitpassage-Lösung so erheblich war, dass

---

1240 Auch wenn an diesem Verfahrensreglement der Verlust der Transparenz politischer Willensbildung sachlichen Niveaus bemängelt worden ist, (so: *Platzöder*, Die dritte Seerechtskonferenz, S. 4f.) so war die Bewältigung eines so umfangreichen Werkes, wie die Schaffung eines umfassend kodifizierten und neu geschaffenen Seevölkerrechts anders nicht zu bewältigen.

1241 Informal Single Negotiating Text (ISNT).

1242 *Barabolja*, Manual of International Maritime Law (Engl. Übersetzung), S. 234f..

1243 *McNees*, Freedom of Transit through Straits, S. 175ff.; Cundick, International Straits, S. 134.

man zum damaligen Zeitpunkt von einer gemeinsamen Rechtsüberzeugung noch weit entfernt war[1244].

c) Entwicklung eines Meerengenregimes seit der Unterzeichnung des SRÜ

Auf Grund der aufgezeigten Besonderheiten beim Zustandekommen insbesondere auch der die Meerengen betreffenden Bestimmungen des *SRÜ* von 1982 und der an sich problematischen Materie erscheint es nicht verwunderlich, dass auch nach über 20 Jahren seit der Unterzeichnung des *SRÜ* noch immer fraglich erscheint, ob man bereits von einem völkergewohnheitsrechtlich anerkannten Meerengenregime, welches von einer entsprechenden Staatenpraxis getragen wird, sprechen kann[1245].

Auch wenn die große Zahl von Ratifikationen[1246] und das fast 10 Jahre zurückliegende In-Kraft-Treten des *SRÜ* implizit vermitteln könnten, dass dem so wäre, so erscheint dies in Anbetracht einer sehr unterschiedlichen Staatenpraxis als eher fraglich. Während eine Vielzahl von Staaten das Transitpassageregime des Teils III *SRÜ* vorbehaltlos anerkennen, gibt es zum einen eine Gruppe von Staaten[1247], die die Territorialgewässer im Hinblick auf Artikel 36 *SRÜ* nicht auf die maximal mögliche Breite ausgedehnt haben, um so einen Korridor zu erhalten, der entweder dem Regime der Hohen See oder der ausschließlichen Wirtschaftszone unterfällt. Gemäß Artikel 36 *SRÜ* ist Teil III *SRÜ* auf solche Teile des Meeres nämlich nicht anwendbar.

Eine weitere Gruppe von Staaten[1248] brachte entweder über Deklarationen zum *SRÜ* oder eigene Gesetzgebung zum Ausdruck, dass sie das Regime der Transitpassage nicht anerkennen.

[1244] Zu der Überzeugung auch gelangend: *Münch*, Internationale Meerengen, S. 128f..

[1245] Vgl. ausführlich zu der Problematik: *Lee*, UNCLOS and Third States, S. 555ff.; *Caminos*, The Legal Regime of Straits, S. 231ff..

[1246] Bis zum 21. Oktober 2002 hatten von 157 Staaten, die das *SRÜ* von 1982 unterschrieben hatten, 145 Staaten dieses auch ratifiziert. ("Status of the UNCLOS as at 23 December 2003", http://www.un.org/Depts/los/reference_files/status2003.pdf.

[1247] Es handelt sich dabei um folgende Staaten: Dänemark (Anholt, Bornholm, Laesö, Oresund, Skagen), Deutschland (Ostsee), Estland (Gulf of Finland), Finnland (Gulf of Bothnia, Gulf of Finland), Japan (Osumi, Soya, Tsugaru, Östliche und Westliche Kanäle von Tsushima), Südkorea (Korea Strait), Schweden (Anholt, Bornholm, Laesö, Oresund, Skagen) (*Molenaar*, Costal State Jurisdiction over Vessel-Source Pollution, S. 301).

[1248] Dazu gehören u.a.: der Iran, Marokko, der Oman und der Jemen (Siehe: *Molenaar*, Costal State Jurisdiction over Vessel-Source Pollution, S. 301ff.).

Sehr augenscheinlich wird die Problematik im Zusammenhang mit dem hier relevanten Umfang der Regelungsbefugnis des Küstenstaates zur Vermeidung und der Kontrolle von Erdöl- und anderer Verschmutzungen, die von den die Meerengen passierenden Schiffen verursacht werden. Artikel 42 (1) (a) und (b) *SRÜ* enthält die entsprechende Befugnis des Küstenstaates, solche Gesetze und Regelungen zu verabschieden. Es lässt sich auch hier eine sehr unterschiedliche Staatenpraxis feststellen, die man daran erkennen kann, ob bei der entsprechenden Gesetzgebung zwischen den Territorialgewässern und der Meerenge unterschieden worden ist. Die oben beschriebene Gruppe von Staaten, die das Transitpassageregime durch Meerengen grundsätzlich ablehnt, zeichnet sich konsequenter Weise auch hier durch eine Gleichbehandlung im Rahmen seiner Gesetzgebung aus[1249]. Eine zweite Staatengruppe[1250] erkennt mehr oder weniger den speziellen Charakter des Transitpassageregimes in seiner Gesetzgebung an. Eine dritte Staatengruppe[1251] wendet grundsätzlich die auf Territorialgewässer anwendbaren Gesetze auch auf Meerengen an, scheint aber das Prinzip der Transitpassage an sich anzuerkennen.

Darüber hinaus sorgt die Vielzahl unbestimmter Rechtsbegriffe, wie z.B. "used for international navigation" oder "a route [...] of similar convenience" and "generally accepted" noch immer für zusätzliche Kontroversen in der Staatengemeinschaft.
Allerdings ist es gerade im Hinblick auf die türkischen 1994er und 1998er Reglementierungen nicht unerheblich, dass der "cooperative legislative competence" des Artikels 41 *SRÜ*[1252] der Status von Völkergewohnheitsrecht zuerkannt

---

[1249] Vgl.: *Molenaar*, Costal State Jurisdiction over Vessel-Source Pollution, S. 328.

[1250] Zu diesen Staaten gehören: Antigua & Barbuda, Frankreich, Grenada, Großbritannien, Indonesien, die Niederlande, die USA und Venezuela (vgl.: *Molenaar*, Costal State Jurisdiction over Vessel-Source Pollution, S. 332).

[1251] Dazu gehören: Ägypten, Australien, Djibouti, Italien, Kanada, Malaysia, Papua Neu Guinea, Singapur und die Vereinigten Arabischen Emirate (*Molenaar*, Costal State Jurisdiction over Vessel-Source Pollution, S. 332).

[1252] Article 41 (Sea lanes and traffic separation schemes in straits used for international navigation): (1.) In conformity with this Part, States bordering straits may designate sea lanes and prescribe traffic separation schemes for navigation in straits where necessary to promote the safe passage of ships. (2.) [...]
(3.) Such sea lanes and traffic separation schemes shall conform to generally accepted international regulations.
(4.) Before designating or substituting sea lanes or prescribing or substitution traffic separation schemes, States bordering straits shall refer proposals to the competent international organization with a view to their adoption. [...]

wird[1253]. Die Staatenpraxis zeigt vor allem bei Meerengen ohne "long-standing conventions", wie z.B. den *Straßen von Malacca* und *Singapur*, kaum einen Fall einseitiger Reglementierungen, für die nicht zuvor die *IMO* zumindest konsultiert worden ist und deren Befolgung zwingend wäre[1254].

Trotzdem ist es auf Grund der Komplexität und erheblichen Einschränkung der souveränen Rechte des Küstenstaates nicht verwunderlich, dass sich die internationale Staatengemeinschaft mit der Herausbildung einer einheitlichen Praxis schwer tut. Auch wenn man davon ausgehen kann, dass in nicht allzu ferner Zukunft das Regime der Transitpassage durch Meerengen universal anerkannt sein wird, so lässt sich eine solche Feststellung momentan noch nicht treffen.

d) Völkergewohnheitsrecht "in part"

Obwohl ein vollumfängliches Meerengenpassageregime in der Staatenpraxis noch keine völkergewohnheitsrechtliche Anerkennung gefunden hat, lässt sich doch aus dem soeben Aufgezeigten schlussfolgern, dass zu Lasten der Türkei eine Verpflichtung besteht, Benutzerstaaten der Türkischen Meerengen zumindest nicht ungünstiger zu behandeln als dies in den bereits völkergewohnheitsrechtlich anerkannten Bestimmungen des Kapitel III *SRÜ* vorgesehen ist[1255].

Auch ein möglicher Verweis der Türkei auf die Ausschlussbestimmungen des Artikels 35 lit. (c) *SRÜ* griffe nur bedingt, da die *Montreux Konvention* als "long-standing international convention" die Passage durch die Türkischen Meerengen nur "in part" - also teilweise - regelt.

Was den übrigen - durch die *Montreux Konvention* ungeregelten - "part" anbelangt, so werden hiervon insbesondere auch die Reglementierungsbefugnis für

---

[1253] Vgl. Stellungnahme Bulgariens in *IMO* Documenten *MSC* 67/22/Add.2, Annesx 29, S. 4f; NAV 43/15, Annex 15; *Kirgis*, Shipping, S. 738; *Plant*, Navigation Regime in the Turkish Straits, S. 16.

[1254] Indonesien, Malaysia und Singapur hatten sich ihre Reglementierungen zuvor sowohl von der *IMO* als auch von den hauptsächlich betroffenen Flaggenstaaten autorisieren lassen. (*Molenaar*, Coastal State jurisdiction over vessel-source pollution, S. 320).

[1255] Bis zum Inkrafttreten des *SRÜ* sah man diese Pflicht nur insoweit als gegeben an, als das Regime der Transitpassage an einen früheren, unumstrittenen Rechtszustand vor der Küstengewässerausdehnung (von 6 sm) auf 12 sm anknüpfte. (vgl.: *Bernhardt*, Verfall und Neubildung von Gewohnheitsrecht im Meeresvölkerrecht, S. 158f.; *Münch*, Internationale Meerengen, S. 132.).

Maßnahmen zur Verbesserung der Sicherheit der Schiffspassagen und der Vermeidung von Umweltverschmutzungen betroffen sein.

Eine Analyse der entsprechenden Staatenpraxis lässt den Schluss zu, dass die im Rahmen der Dritten UN-Seerechtskonferenz stattgefundene starke Fokussierung auf die Garantie einer ungehinderten Transitpassage durch Meerengen in der Praxis zu einer juristischen Balance zu Lasten von so genannten „zweitrangigen" Fragen geführt hat. Es ist bei vielen Meerengenanliegerstaaten eine Tendenz feststellbar, bei der Festlegung von Sicherheitsbestimmungen für den durchfahrenden internationalen Schiffsverkehr in völkerrechtlicher Hinsicht nicht zwischen Meerengen und Territorialgewässern zu unterscheiden[1256].

Eine solche Entwicklung ist vor allem bei Regelungen im Zusammenhang mit der Umweltverschmutzung zu beobachten, weniger jedoch bei solchen, die Schiffsverkehrstrennungsgebiete und andere, die Navigation betreffende Maßnahmen regeln. Insbesondere in den beiden letzteren Bereichen zeigt die Staatenpraxis, dass - zu Gunsten einer Zusammenarbeit mit der *IMO* - einseitiges Handeln strikt abgelehnt wird[1257].

Unter Berücksichtigung der vorherigen Ausführungen, kann der Wortlaut des Artikels 35 lit. (c) *SRÜ* nur in der Weise interpretiert werden, dass es die Intention der Vertragsparteien war, eventuell auftretende Regelungslücken im Regime von Meerengen, deren Status teilweise im Wege solcher "long-standing international conventions" wie der *Montreux Konvention* einer Regelung zugeführt worden ist, unter Berücksichtigung des im Teil III *SRÜ* enthaltenen Meerengen betreffenden Völkergewohnheitsrechts ausgefüllt werden sollen[1258].

Es ist daher unerheblich, dass die Türkei als Nicht-Unterzeichnerstaat des 1982er *SRÜ* vertraglich nicht an dessen Bestimmungen gebunden ist.
Unterstützung findet diese Annahme in dem Umstand, dass der kundgetane Standpunkt der Türkei auf der Dritten Seerechtskonferenz nicht darauf hat schließen lassen, dass sie bemüht gewesen wäre, den Erfordernissen eines *persistent objector* gerecht zu werden[1259].

[1256] *Molenaar*, Coastal State jurisdiction over vessel-source pollution, S. 338f..
[1257] *Molenaar*, Coastal State jurisdiction over vessel-source pollution, S. 321f..
[1258] So auch *Plant*, The Turkish Straits and Tanker Traffic, S. 199; *Molenaar*, Coastal State jurisdiction over vessel-source pollution, S. 320.
[1259] Siehe Erklärungen der Türkei in *UN DOALOS Straits II*, S. 12, 52, 117 und 121.

e) Die Bedeutung von "Package Deal" und Reziprozitätsprinzip für die Türkei

Auf Grund der Staatspraxis der Türkei nach Unterzeichnung und In-Kraft-Treten des *SRÜ* könnte sich die Türkei über die zuvor dargestellte völkergewohnheitsrechtliche Bindung hinaus an die Bestimmungen von Teil III *SRÜ* gebunden haben.

Es ist daher anzunehmen, dass die Türkei ebenfalls auf Grund der Inanspruchnahme einer 200 sm breiten, ausschließlichen Wirtschaftszone im Schwarzen Meer gezwungen ist, zumindest die gewohnheitsrechtlich anerkannten Prinzipien des Meerengenregelements des *SRÜ* zu Gunsten der internationalen Schifffahrt durch die Türkischen Meerengen anzuerkennen.

Dieser Gedanke lässt sich auf eine bis zum Inkrafttreten des *SRÜ* im Jahre 1994 in der Völkerrechtslehre vertretene Argumentation zurückführen, derzufolge aus dem "Package Deal"-Charakter während der Dritten Seerechtskonferenz bereits gewisse verpflichtende Vorwirkungen des *SRÜ* abgeleitet worden sind. Die Themenkomplexe der Seerechtskonferenz waren von Anfang an nicht nur über die Ausschüsse, sondern auch inhaltlich miteinander verwoben und man war sich bewusst, dass ein Konferenzerfolg nur auf dem Wege einer Gesamtlösung über gegenseitige Zugeständnisse erzielt werden konnte. Gerade das Institut der ausschließlichen Wirtschaftszone wurde auf der Konferenz als Konzession an die Küstenstaaten für die Zustimmung zu einem liberalen Meerengenregime regelrecht „gehandelt"[1260]. Nicht nur die USA, sondern eine Vielzahl von Staaten hatte sich während der Konferenz auf den Standpunkt gestellt, dass eine Zustimmung zur Küstengewässerausdehnung nur unter der Voraussetzung erfolgen könne, dass in der Meerengenfrage eine befriedigende Lösung gefunden werden würde[1261].

[1260] Vgl. Vorwort zum Konferenzdokument A/CONF.62/C.2/L.38: "The delegations of [...] noting the understanding reached at the Conference that all questions concerning the law of the sea are interrelated and must be resolved in the form of a "package deal", are prepared to agree to the establishment of an economic zone, [...] on condition that mutually acceptable decisions are also accepted by the Conference on the other basic questions of the law of the sea (12-mile breadth of territorial waters, freedom of passage through international straits [...]).

[1261] Vgl.: Entsprechende Äußerung des US-Außenministers Kissinger im August 1975 (Zitat in: *Pharand*, International Straits, S. 73f.).

Mit Blick auf das - eine wesentliche Grundlage des Völkerrechts darstellende - *Reziprozitätsprinzip*[1262] wurde es bereits vor Inkrafttreten des *SRÜ* als für das Meerengenregime nicht unerheblich angesehen, dass ein Großteil der Staaten schon damals die ausschließliche Wirtschaftszone in einer Ausdehnung von 200 sm beanspruchte und es von den übrigen Staaten weitgehend geduldet wurde. Dies muss heute umso mehr gelten, da das Institut der ausschließlichen Wirtschaftszone mittlerweile völkergewohnheitsrechtlich anerkannt ist[1263].

Da nun die Türkei zumindest im Schwarzen Meer neben 12 sm breiten Territorialgewässern auch eine ausschließliche Wirtschaftszone mit einer Ausdehnung von 200 sm[1264] beansprucht, hat sie die mit dem *SRÜ* neu kodifizierte Regelung für sich ausgeschöpft. Entsprechend dem so genannten e*stoppel-Prinzip*[1265] können andere Staaten nach Treu und Glauben daraus ableiten, dass sich die Türkei auf Grund der erwähnten "Package Deal"-Lösung in Bezug auf das Transitregime internationaler Meerengen einer rechtlichen Bindung unterworfen hat.

f) Zwischenergebnis zu Auswirkungen des UN-Seerechtsübereinkommens auf die Türkischen Meerengen

Zusammenfassend lässt sich eine Verpflichtung der Türkei zur Beachtung des in Teil III *SRÜ* kodifizierten Völkergewohnheitsrechts für Meerengen feststellen. Dies bezieht sich insbesondere auf die "cooperative legislative competence", wie sie in Artikel 41 *SRÜ* beschrieben ist.
In Anbetracht dessen sollen im Folgenden die türkischen Reglementierungen zur Durchfahrt durch die Türkischen Meerengen einer abschließenden Analyse unterzogen werden.

IV. Ergebnis zum auf die Türkischen Meerengen anwendbaren Völkerrecht

Zusammenfassend kann festgestellt werden, dass das Passagereglement für den Schiffsverkehr durch die Türkischen Meerengen noch immer durch die Regelungen der *Montreux Konvention* bestimmt wird. Auf Grund ihrer *erga omnes*-Wirkung sind auch Nichtvertragsparteien an dieses gebunden.

[1262] Dazu: *Simma*, Das Reziprozitätselement im Zustandekommen völkerrechtlicher Verträge.
[1263] Vgl. Ausführungen dazu unter: 2. Kap., § 4, C., III., 3., d).
[1264] Document A/56/58, Division for Ocean Affaris and the Law of the Sea, Office of Legal Affairs, UN, "Table of claims to maritime jurisdiction (as at 28 February 2002)".
[1265] *Verdross/Simma*, Universelles Völkerrecht, S. 317f..

In Anbetracht der völkervertraglichen Vorgeschichte der Türkischen Meerengen und der zur Zeit des Vertragsschlusses von Montreux sonst üblichen Staatenpraxis und Völkerrechtslehre muss das Reglement von Montreux als ein – mit der Terminologie des modernen Meeresvölkerrechts ausgedrückt – Transitpassageregime im weitesten Sinne angesehen werden. Unübersehbar sind der Türkei – in einer auch für damalige Verhältnisse weitreichenden Art und Weise – Reglementierungsbefugnisse eingeräumt worden, die der Türkei bis heute in einem gewissen Rahmen noch immer als Rechtsgrundlage für die Reglementierung des Schiffsverkehrs durch die Türkischen Meerengen dienen können.

Auf Grund der zahlreichen in den letzten Jahrzehnten Neuerungen betreffend der schifffahrts-, navigations- und sicherheitstechnische Standards, die zur Zeit der Verabschiedung der *Montreux Konvention* in ihrer Reichweite noch nicht absehbar waren und daher auch keine diesbezüglichen, für heutige Anforderungen genügenden Regelungen verabschiedet wurden, könnte auf das für internationale Meerengen teilweise bereits entstandene Völkergewohnheitsrecht zurückgegriffen werden. Insbesondere die Meerengen-Bestimmungen des Teils III *SRÜ* bieten sich als teilweise kodifiziertes Völkergewohnheitsrecht für eine Füllung solcher Regelungslücken der *Montreux Konvention* an. Dies betrifft vor allem die im Artikel 41 *SRÜ* zum Ausdruck kommende "cooperative legislative competence", d.h., dass legislative Akte mit Bezug auf die Meerengen nie im Alleingang, sondern immer erst nach vorherigen Konsultationen mit den betroffenen Flaggenstaaten und der kompetenten internationalen Organisation verabschiedet werden sollen.

D. Konflikt der Türkischen Reglementierungen mit internationalem Völkerrecht und Völkergewohnheitsrecht

I. Konflikt der türkischen 1994er Reglementierungen mit *IMO*-Standards und -Konventionen

Einen ersten Konflikt mit dem Völkerrecht beschwor die Türkei herauf, als die türkische Regierung ihre 1994er Reglementierungen verabschiedete und damit verteidigte, dass diese schließlich internationale Standards widerspiegelten und sie deshalb auch beabsichtige, diese in den Türkischen Meerengen durchzusetzen[1266].

[1266] *IMO* Dokumente *MSC* 70/INF.19, para. 13 und /INF.20, para. 11, vom 9. Oktober 1998. Auch in Artikel 26 und Artikel 51 der 1998er Regulationen bezog man sich wiederum auf die "relevant *IMO* standards".

Besonders problematisch erschien der Umstand, dass die Türkei die Ahndung von Vergehen unter türkisches Strafrecht stellte und ankündigte, die "International Agreements to which Turkey is a Party" zu berücksichtigen, ohne Rücksicht darauf, ob der Flaggenstaat ebenfalls Vertragspartei des jeweiligen Vertrages ist.

Die Türkei verkannte somit, dass sie in der rechtmäßigen Anwendung solcher *IMO*-Standards und -Konventionen insoweit beschränkt ist, als dass sie diese nicht ohne Rücksicht darauf anwenden kann, ob die Flaggenstaaten der durchfahrenden Schiffe auch selber Partei der relevanten Konventionen sind bzw. sich ein entsprechender international akzeptierter Standard herausgebildet hat[1267].
In einer informellen Note an die *IMO* anlässlich des türkischen Beitritts zur *1992 Civil Liability Convention*[1268] und dem *1992 International Oil Pollution Compensation Fund*[1269] bemerkte die Türkei:

> "Therefore, vessels entering and leaving Turkey's ports or transporting oil through the internal and territorial waters, including the Straits, shall be bound to possess liability insurance in order to compensate for the damage caused by possible oil pollution for which they may be responsible."[1270]

Damit ließ die Türkei zwei wesentliche Punkte unberücksichtigt. Zum einen, dass die *CLC 92* den Abschluss einer Versicherung für Haftungsschäden nur für Schiffe vorsieht, die mehr als 2000 Tonnen Erdöl laden können[1271]. Des Weiteren sind einige Benutzerstaaten, wie die USA und die drei Schwarzmeer-

---

[1267] Eine *IMO*-Studie unter dem Titel "Legal status of *IMO* treaties in accordance with international law and the law of the sea" kam hinsichtlich der im *SRÜ* oft aufgeführten Verpflichtung, *IMO* Regeln und Standards zu befolgen, zu dem Schluss, dass ein solcher Verweis so verstanden werden müsse, dass ein *SRÜ*-Mitgliedsstaat auch Partei der relevanten *IMO*-Konvention sein muss, damit die darin enthaltenen Regeln überhaupt anwendbar werden. (vgl. *Blanco-Bazán*, *IMO* Paper, S. 4). Unabhängig davon stellt sich die Frage der jeweiligen Einordnung der *IMO* Regeln und Standards als solche, die allgemein akzeptiert sind und mithin auch auf das Nicht-*SRÜ*-Mitglied Türkei anwendbar ist. In Anbetracht der vorherigen Ausführungen müssen etwaige Interpretationen restriktiv ausfallen.
[1268] *1992 Protocol to the 1969 International Convention on Civil Liability for Oil Pollution Damage* (CLC 69), done at London, 27 November 1992.
[1269] *1992 Protocol to the 1971 International Convention for the Establishment of an International Fund for Compensation for Oil Pollution Damage* (IOPC Fund 71), done at London, 27 November 1992.
[1270] *IMO* doc. *MSC* 70/INF.22, 9. Oktober 1998.
[1271] Artikel VII (1) CLC.

Anrainerstaaten Bulgarien, Rumänien und die Ukraine, nicht Vertragsparteien der genannten Konventionen.

1. Verkehrstrennungsgebiete in den Türkischen Meerengen

Die türkischen Regelungen waren insbesondere im Vergleich zu den 1994er *IMO Rules and Recommendations* vor allem für große Öltanker wesentlich restriktiver bei der Gewährung von Transitrechten[1272]. Während Rule 1.3 der *IMO Rules and Recommendations* vorsieht, dass türkische Behörden autorisiert sind:

> "In order to ensure safe transit of vessels which cannot comply with the TSS, [...] to temporarily suspend two-way traffic and regulate one-way traffic to maintain a safe distance between vessels",

kam es in Folge der türkischen Bestimmungen, die bei über 150 m langen Tankern Beschränkungen der Passage für Nachtdurchfahrten und bei Gegenverkehr vorsahen, zu erheblichen Verzögerungen und Wartezeiten, sobald größere Öltanker die Meerengen durchfuhren. Mehrheitlich waren die Benutzerstaaten der Ansicht, dass diese Regelungen nicht in Einklang mit internationalem Recht standen.

2. Die Türkischen Vessel Traffic Services

Ein weiterer Streitpunkt betraf die türkischen Vessel Traffic Services (VTS) Bestimmungen[1273]. In Folge der Einführung entsprechender Reglementierungen zur Überwachung und Steuerung des Schiffsverkehrs mittels eines auf Radarüberwachung und Funkkommunikation basierenden Systems[1274], war der Türkei

---

[1272] Die Unterwerfung der Schifffahrt unter die besonderen Bestimmungen eines Verkehrstrennungsgebiets (TSS) wird vor allem für die Bosporus-Meerenge für erforderlich gehalten, da es auf Grund der dort vorhandenen engen und gewundenen Kurven vor allem für größere Schiffe nicht immer möglich ist, vollständig in ihrem Teil der Schifffahrtsstraße zu verbleiben.

[1273] Ende 2001 ist im Bosporus und den Dardanellen ein so genanntes erweitertes Vessel Traffic Management Information System (VTMIS) in Betrieb genommen worden, welches seitdem eine vollständige Radarüberwachung der Meerengen ermöglicht. (*Istikbal*, Regional Transport Demands and the Safety of Navigation in the Turkish Straits, S. 81).

[1274] Ein VTS System beinhaltet zusätzlich zum normalen Schiffskontroll-System eine höhere Spezifizierung beim gegenseitigen Informationsaustausch und der Überwachung. Basierend auf Radarüberwachung schließt es sowohl Empfehlungen und Warnungen als auch ein weitreichendes Management des Verkehrs der im fraglichen Gebiet operierenden Schiffe per Funkkontakt auf speziell dafür vorgesehenen Frequenzen ein.

von einigen Staaten vorgeworfen worden, dass sie auf Grund der einseitigen Errichtung eines VTS-Systems und eines zwingenden Schiffsmeldesystems gegen die in der *1974er IMO SOLAS-Konvention* enthaltene Regulation V/8-1[1275] bzw. V/8-2[1276] verstoßen habe. Insbesondere berief man sich auf die Passage der Regulation V/8-2, in der das Recht der Staaten ein VTS einzuführen, dadurch eingeschränkt wird, dass auf Grund der Einführung eines VTS keine Rechte und Pflichten von Regierungen nach internationalem Recht verletzt werden[1277].

Da in der *Montreux Konvention* nicht explizit die Installation eines solchen VTS-Systems vorgesehen ist, verstoße die Türkei gegen internationales Recht im Sinne der Regulation V/8-2 *SOLAS*.

II. Konflikt der türkischen 1998er Reglementierungen mit den *IMO*-Rules und -Standards

Wie oben bereits erwähnt, sah sich die Türkei trotz massiven internationalen Drucks innerhalb verschiedener *IMO*-Gremien lange nicht veranlasst, die 1994er Regulierungen abzuändern[1278].

Erst in Folge einer U.S.-Initiative, die u.a. auch das Versprechen der politischen Unterstützung durch die U.S. Administration für den Bau der *Baku-Ceyhan Pipeline* beinhaltete, wurden die *1994er Reglementierungen* schließlich durch die so genannten *1998er Reglementierungen* ersetzt[1279].

1275 Die 1994 von der *IMO* verabschiedete und am 1. Januar 1996 in Kraft getretene *Regulation V/8-1* ermöglichte es den Mitgliedsstaaten nach Genehmigung durch die *IMO* zwingende "Ship Reporting Systems" einzuführen.

1276 Diese ist erst 1997 durch das *IMO MSC* verabschiedeten worden und 1999 in Kraft getretenen.

1277 Gemäß Regulation 8-2, Kapitel V sind Regierungen zur Errichtung eines VTS befugt, soweit ihrer Meinung nach das Verkehrsaufkommen oder der Risikograd ein solches rechtfertigen würden. Dabei soll allerdings kein VTS die "rights and duties of governments under international law" verletzen und die zwingende Beachtung eines VTS nur in den Territorialgewässern zulässig sein.

1278 So Professor R. *Ozkan*, Under-Secretary for Maritime Affairs, Prime Ministry am 18. November 1997 (vgl. *Halisdemir*, O.: 'Turkey: waves toss Turkey's Straits policy at *IMO*', *Turkish Probe*, 30. November 1997).

1279 'Maritime Traffic Regulations for the Turkish Straits Region', Decree No. 98/1860 (Turkish Official *Gazette*, 6. November 1998).

Auch wenn durch diese eine gewisse Annäherung an die *IMO*-Bestimmungen zu verzeichnen ist, zeigen sich die meisten betroffenen Flaggenstaaten mit dem neuen Reglement immer noch nicht zufrieden[1280].

1. Die *IMO*-Debatte

Vor allem im Rahmen des für technische Fragen zuständigen *IMO-Maritime Safety Committee* (*MSC*) fand seit 1995 eine kritische Auseinandersetzung mit den türkischen 1994er Reglementierungen statt. Die 19. *IMO-Versammlung* hatte gerade erst am 23. November 1995 die Meerengen TSSs und die entsprechenden Rules and Recommendations für die Türkischen Meerengen bestätigt[1281], als es gleichzeitig, in Anbetracht der türkischen 1994er Reglementierungen, das *MSC* um Überarbeitung derselben ersuchte[1282].

Die von der *MSC* mit der Erstellung einer Analyse beauftragte *Working Group on Ships' Routeing and Related Matters* (Working Group) kam zu folgenden Kritikpunkten an den türkischen Reglementierungen[1283]: Zum einen behindere die Türkei auf Grund der zeitweiligen Aussetzung des Schiffsverkehrs, während der Durchfahrt von Schiffen, die länger als 150 Meter sind, den internationalen Schiffsverkehr unnötig; und zum anderen fänden mehr Beschränkungen des "two-way" Verkehrs in den TSSs statt, als dies in den *IMO Rules and Recommendations* vorgesehen sei[1284].
Die *Working Group* schlug deshalb eine Neufassung der *IMO Rules and Recommendations* in der Weise vor, dass der Türkei das Recht der zeitweisen Aufhebung des "two-way" Verkehrs für Stellen der Meerengen, an denen große Schiffe Probleme haben, konstant in der richtigen Fahrrinne zu navigieren, in der Weise entzogen werden sollte, dass die TSSs durch *Precautionary Areas* ersetzt werden und zusätzlich ein modernes VTS-System installiert werden soll-

---

[1280] Vor allem Zypern, Griechenland, Russland und die Ukraine sind weiterhin mit den von der Türkei festgelegten Reglementierungen der freien Transitdurchfahrt durch die Türkischen Meerengen nicht einverstanden. (*MSC* 71/23, paras. 22.32-22.38).
[1281] Res. A.827(19), vom 23. November 1995.
[1282] *MSC* 65/25 para 5.
[1283] Auf der entsprechenden Sitzung Ende Mai 1997 waren Vertreter von 17 Staaten, eingeschlossen Bulgarien, Rumänien, Russland, die Ukraine, Zypern und Griechenland, und 4 NGO Beobachter anwesend. (*MSC* 67/22, para. 19.44).
[1284] Während vor allem Russland die tägliche durchschnittliche Aufhebung des TSS von 3,5 Stunden als zu hoch bewertete (NAV 43/WP.1, 3. Juni 1997, Annex 4, para. 3), stellte sich die Türkei auf den Standpunkt, dass dies zu einem gesamtheitlich positiven Befund für die Schifffahrt in den Meerengen geführt hätte (NAV 43/15, Annex 11).

te[1285]. Damit sollte - anstatt der Regel 10 - die Regel 9 der *1972er COLREGs*[1286] auf "narrow channels" - wie die Türkischen Meerengen - Anwendung finden. Dies hätte wiederum zur Folge, dass die Aufhebung des "two-way" Schiffsverkehrs nur unter außergewöhnlichen Umständen vorgenommen werden dürfte[1287].

Seitens der Türkei wurden diese Vorschläge allerdings sofort abgelehnt, da so die Durchfahrt großer Tanker zu Lasten der Sicherheit des Schiffsverkehrs und des Umweltschutzes begünstigt werden würde[1288]. Trotz verschiedener Versprechen der Türkei, mit der *IMO* zu kooperieren, ließ sie sich letztendlich nicht von ihrem Standpunkt abbringen, dass die Anwendung der Regel 10 der *COLREGs* für die Gewährung eines sicheren Schiffsverkehrs in den Türkischen Meerengen die adäquatere Regelung sei. Dies führte schließlich - gegen die Stimmen Zyperns, Griechenlands, Russlands und der Ukraine - seitens der *Working Group* und des *MSC* zur Einstellung weiterer Gespräche zu der Frage einer veränderten Fassung der *IMO Rules and Recommendations* für die Türkischen Meerengen und zu einer weiter bestehenden, annähernden Konformität der türkischen *1994er* und *1998er Reglementierungen* mit der ursprünglichen Fassung der *IMO Rules and Recommendations*[1289].

Es ist somit die unerfreuliche Situation eingetreten, dass sich die Türkei mit ihren Alleingängen fast vollständig durchsetzen konnte, ohne dass das kollektive Bemühen einer erheblichen Anzahl opponierender Staaten um eine Alternativlösung Erfolg hatte. Auch wenn der Weg über die *IMO* bis auf Weiteres als nicht Erfolg versprechend angesehen werden muss, so bleibt den Nutzerstaaten der Türkischen Meerengen für den Fall, dass sie die türkischen Reglementierungen als Verstoß gegen internationale Verpflichtungen sehen, die Möglichkeit, bei den Vereinten Nationen direkt vorzusprechen oder beim *IGH* eine Empfehlung einzuholen[1290].

[1285] NAV 43/WP.1, para. 2.3.

[1286] 'International Regulations for Preventing Collisions at Sea', verabschiedet am 20. Oktober 1972 und in Kraft seit 15. Juli 1977, Erweiterungen fanden 1981, 1987, 1989 und 1993 statt.

[1287] Die Regel 9 war früher von der Türkei lediglich im Bosporus angewandt worden. Jedoch schwenkte man dann insgesamt auf Rule 10 um, als die Regel 9 nicht mehr als für die Vermeidung von Kollisionen ausreichend angesehen wurde. (NAV 44/14, 4. September 1998, Annex 7).

[1288] *MSC* 70/INF. 19, para. 12.

[1289] *MSC* 71/23, para. 2231.

[1290] Zusätzlich könnte eine solche Vorlage helfen, die rechtliche Signifikanz der nicht bindenden "soft" *IMO Rules and Recommendations* und insbesondere deren Verhältnis zu *SOLAS* und *COLREG* Regeln zu klären.

2. Die Analyse der türkischen 1998er Reglementierungen

Es fragt sich nunmehr, inwieweit die durch die türkischen 1998er Reglementierungen geschaffene Rechtslage tatsächlich gegen Völkerrecht oder die *IMO Rules and Recommendations* verstößt.

a) Mit den *IMO Rules and Recommendations* in Einklang befindliche Regelungen

Die Analyse der neuen Reglementierungen ergibt ein ambivalentes Bild hinsichtlich ihrer Konformität mit den *IMO Rules and Recommendations* und anderen *IMO*-Konventionen. Anders als bei den Vorgängerregeln finden sich nun aber zahlreiche Übereinstimmungen mit dem von der internationalen Staatenpraxis und der *IMO* akzeptierten bzw. empfohlenen, anwendbaren Recht.

aa) Einschränkung des Anwendungsbereichs der Reglementierungen

Die sich vor allem auf den Tankerverkehr auswirkenden positiven Veränderungen der *1998er Reglementierungen* sind darin zu sehen, dass nun grundsätzlich weniger Schiffe unter den Anwendungsbereich spezieller Reglementierungen fallen.

Der maximale Tiefgang von Schiffen, die keinen besonderen Reglementierungen unterworfen werden, wurde von 10 m auf 15 m erhöht (Artikel 2j)) und die Länge der Schiffe von 150 m auf 200 m hochgesetzt (Artikel 2k)). Auf die Lademenge von u.a. Öltankern wirkt sich dies insoweit aus, dass nun Schiffe mit bis zu 50.000 dwt, anstatt von 15.000 dwt, nicht mehr unter die Kategorie "large vessel" fallen[1291].

bb) Schlepprechte

Des Weiteren müssen Schlepprechte nun auch geeigneten ausländischen Schleppern (Artikel 17) gewährt werden. Entsprechende Verweise in den neuen

---

[1291] Für Schiffe, die 200 m oder länger sind (large vessels) gelten nunmehr folgende Grundprinzipien für die Schiffspassage durch die Türkischen Meerengen: „Tankers longer than 200 meters (loaded or in ballast) may only pass during daytime, Tankers longer than 250 meters (loaded or in ballast) may only pass when opposite traffic has been suspended, Vessels longer than 300 meters and towing/towed vessels are subject to special conditions of passage provided by the Administration". (vgl. *Istikbal*, Regional Transport Demands and the Safety of Navigation in the Turkish Straits, S. 80).

Reglementierungen zeigen ein gesteigertes Bemühen, allgemein akzeptierte *IMO*-Standards zu berücksichtigen[1292].

cc) Stopover vs. non-stopover Passage

Schließlich wird nun klar zwischen der Regulation von "stopover passage", also nicht im Transit befindlichen Schiffen, und "non-stopover passage" unterschieden[1293].

dd) Flaggenstaaten-Jurisdiktion

Ebenfalls positiv bewertet werden muss die Anerkennung der Flaggenstaaten-Jurisdiktion zu Lasten der Anwendung küstenstaatlichen (türkischen) Rechts[1294].

ee) Übermittlung von Schiffsdaten

Anstatt der vagen Bestimmungen des 1994er Artikel 29 über die Übermittlung von erforderlichen Informationen an die zuständige türkische Behörde[1295] legt der neue Artikel 25 genau fest, was wann an die entsprechende Behörde übermittelt werden muss und bestimmt, dass nur bei Schiffen von 300 m l.o.a. oder darüber Bedingungen an die Passage geknüpft werden dürfen.

ff) Verkehrstrennungsgebiete

Zu Gunsten der Türkei muss darüber hinaus bemerkt werden, dass die von ihr eingeführten Verkehrstrennungsgebiete (Traffic Separation Shemes (TSSs)) und damit im Zusammenhang stehenden *Rules and Recommendations* von der 19.

[1292] So z. B. in den neuen Artikel 3, 5a), b) 15), 5, 16, 17 und 26. Der Verweis in Artikel 3 auf Rule 10 *COLREGs* und die *IMO*-Bestätigung lassen vermuten, dass die Regeln nun unmodifiziert angewandt werden sollen (außer den speziellen Geschwindigkeitsregeln, den Acht-Kabel-Abstand und Überholungen).

[1293] Siehe Regulation 2 f)-j) 1998er Reglementierungen (Englische Übersetzung unter: http://www.turkishpilots.org/DOCUMENTS/yenituzuk_eng.html).

[1294] So ist im neuen Artikel 25 anstatt des Verweises auf das Türkische Hafenrecht - was gegen Rule 10(b) der 1972 *COLREGs* verstieße, die Benachrichtigung des Flaggenstaates und der *IMO* vorgesehen.

[1295] Artikel 29 der 1994er Reg.: "The owner or manager of large vessels which plan to pass through the Straits shall provide information to the Administration [...] at the planning stage of the passage. The Administration [...] shall inform the applicants of the outcome of its review."

IMO-Versammlung bereits 1995 grundsätzlich gebilligt worden sind[1296]. Auf der 71. Sitzung des *MSC* im Mai 1999 wurden die für die Türkischen Meerengen bestehenden TSS zusammen mit den *IMO Rules and Recommendations* als effektiv und wirkungsvoll eingestuft.
Damit ist ein wesentlicher Kritikpunkt der betroffenen Staaten von der *IMO* selbst neutralisiert worden, nämlich der Mangel an vorherigen - zumindest mit den Vertragsstaaten der *Montreux Konvention* durchzuführenden - Konsultationen, so wie es in Artikel 29 dieser Konvention und Artikel 41 (3) *SRÜ* verlangt wird[1297].

Darüber hinaus hielt es die *IMO* interessanter Weise nicht für nötig, die Türkei darauf hinzuweisen, dass die anderen betroffenen Staaten ("concerned states") in den Prozess einzubeziehen sind. Implizit erkannte die *IMO* damit die Türkei bezüglich der Einführung von Verkehrstrennungsgebieten in den Territorialgewässern, in denen sich die TSSs der Türkischen Meerengen befinden, als den alleinige "concerned state" an[1298].

gg) Vessel Traffic Systems

Ebenfalls positiv zu bewerten ist die Inbetriebnahme des für die Sicherheit und Effizienz der Schifffahrt in den Türkischen Meerengen notwendigen neuen erweiterten *Vessel Traffic Management Information System* (VTMIS), welches eine vollständige Radarüberwachung beider Meerengen und ständigen Kontakt mit den passierenden Schiffen ermöglicht[1299]. Dies erleichtert das Management der Schiffspassagen. Vor unvorhergesehenen Hindernissen - wie im kurvenrei-

---

1296 Res. A.827(19), vom 23. November 1995.

1297 Auch wenn die Staatenpraxis in diesem Bereich alles andere als einheitlich ist, so lässt sich zumindest eine starke gewohnheitsrechtliche Tendenz verzeichnen, dass bei kritischen Sachverhalten bzgl. des internationalen Schifffahrtsverkehrs in Meerengen anstatt einseitig zu handeln, zunächst die *IMO* vorher zu konsultieren ist. (vgl. *Molenaar*, Costal State jurisdiction over vessel-source pollution, S. 359). Auch wenn die Türkei nicht Mitglied des *SRÜ* ist und der völkergewohnheitsrechtliche Charakter des Kapitel III noch sehr vage ist, so lässt sich aus der bestimmteren Wortwahl in Artikel 41 (3) (TSS in Meerengen) "shall conform to generally accepted international regulations" im Vergleich zu Artikel 22 (3) (TSS in Territorialgewässern) "shall take into account [...]" eine ebenso starke Konsultationspflicht der *IMO* bei Meerengen herleiten. (vgl.: *Blanco-Bazán*, *IMO* interface with UNCLOS).

1298 Vgl. *SOLAS* Reg. V/8 (d) und Artikel 22 und 41 *SRÜ*, wo angenommen wird, dass der die TSSs einführende Staat auch der Küstenstaat ist.

1299 Dieses wurde Ende 2001 in den Türkischen Meerengen und Teilen des Marmarameers in Betrieb genommen. (*Istikbal*, Regional Transport Demands and the Safety of Navigation in the Turkish Straits, S. 81).

chen Bosporus entgegenkommenden großen Tankern - kann so nun rechtzeitig gewarnt und entsprechende Sicherheitsvorkehrungen können eingeleitet werden.
Trotzdem war - wie oben[1300] bereits dargelegt - der Türkei von einigen Staaten vorgeworfen worden, dass sie auf Grund der einseitigen Errichtung eines neuen VTS-Systems und eines zwingenden Schiffsmeldesystems gegen die in der *1974er IMO-SOLAS*-Konvention enthaltene Regulation V/8-1 bzw. V/8-2 verstoße.

Wenn man davon ausgeht, dass die *Montreux Konvention* die Transitpassage durch die Türkischen Meerengen nicht vollumfassend regelt, halten diese Bedenken nur bedingt einer rechtlichen Überprüfung stand.

Die *IMO*, als die für den Schiffsverkehr durch Meerengen Standard-setzende Institution[1301], hat das Kapitel V *SOLAS* nochmals überarbeitet und unter anderem eine neue Fassung der *Regulation 8-2* verabschiedet, welche am 1. Juli 2002 in Kraft trat. In dieser neuen *Regulation 12* findet die Bestimmung der ehemaligen *Regulation 8-2* im Wesentlichen ihre Bestätigung.
Zum einen befinden sich die Türkischen Meerengen vollständig in den türkischen Territorialgewässern, so dass dem entsprechenden Erfordernis der Reg.V/8-2 bzw. V/12-3 n.F. genügt worden ist.
Insbesondere ist es den Küstenstaaten weiterhin überlassen worden, nach eigener Einschätzung über die Notwendigkeit eines VTS zu entscheiden, wenn der Umfang des Schiffsverkehrs und ein damit gesteigertes Gefahrenpotential die Einrichtung eines solchen rechtfertigen. Damit hat die für die Sicherheit der Schifffahrt in Meerengen allein zuständige *IMO* ihre Kompetenz im Wesentlichen an die Staaten abgegeben.

Entsprechende Befürchtungen der Türkei, hinsichtlich einer auf Grund des erhöhten Tankeraufkommens in den Türkischen Meerengen gestiegenen Kollisionsgefahr, sind nicht von der Hand zu weisen, da - wie bereits dargelegt - wegen neuer Pipelinekapazitäten vom Kaspischen Meer zum Schwarzen Meer der Transport kaspischen Erdöls durch die Türkischen Meerengen in den nächsten

---

[1300] Vgl. unter: 3. Kap., § 8, B. I. 2..
[1301] Das entsprechende Mandat der *IMO* ist implizit in solchen Fällen anerkannt worden, wo der Ausdruck "competent international organization" im Singular verwendet wird und im Zusammenhang mit der Schaffung internationaler Navigationsregeln und -standards hinsichtlich der Sicherheit, Effektivität der Schifffahrt und der Vermeidung und Vorbeugung und Kontrolle von Meeresverschmutzungen von Schiffen steht. (*Blanco-Bazán*, *IMO* Paper, S. 3).

Jahren erheblich zunehmen wird. Das Handeln der türkischen Regierung ist somit auch auf Grund sicherheitspolitischer Bedenken legitim gewesen.

Gemäß *Regulation V/12-3 n.F.* sind die Vertragsregierungen[1302] schließlich gehalten, möglichst die von der *IMO* entworfenen Richtlinien[1303] zu befolgen. Bei der Einführung des VTS-Systems im Jahre 2001[1304] ist die Türkei den in *Regulation V/12* und der *IMO* VTS-Guidelines enthaltenen Voraussetzungen nachgekommen[1305].

Schließlich stellt sich auch hier wieder die bereits bei den TSS behandelte Problematik des Erfordernisses vorheriger Konsultationen der übrigen Unterzeichnerstaaten der *Montreux Konvention* bzw. der *IMO*[1306].
Während die *IMO* vollständig in den Prozess der Installation des VTS-Systems eingebunden worden war, waren dies die Benutzerstaaten zumindest nicht im direkten Dialog.

[1302] Die Türkei ist Vertragspartei der *1974er SOLAS* (Status of *IMO*-Conventions unter: http://www.imo.org/includes/blastDataOnly.asp/data_id%3D9217/status.xls.) Die jeweiligen Erweiterungen bzw. Veränderungen wie das überarbeitete Kapitel V in der Version vom Dezember 2000 werden gegenüber den Unterzeichnerstaaten der *SOLAS* entsprechend dem System der *tacit acceptance* wirksam. Den Parteien steht somit das Recht zu, die Abänderungen für sich selbst nicht zu akzeptieren. Dieses Recht bleibt auch im Fall, dass die Bestimmungen "generally accepted" werden, weiter bestehen. Seitens der Türkei ist eine solche Reservierung nicht erfolgt.

[1303] Dies betrifft die mit der *IMO*-Resolution A.578(14) im Jahre 1985 verabschiedeten *Guidelines for Vessel Traffic Services* in der durch Resolution A.857(20) vom 27. November 1997 geänderten Version.

[1304] Das so genannte TÜBRAP ship reporting system wird in drei Phasen ausgebaut werden. Begonnen werden soll mit dem Bosporus. Dann soll es auch in den Dardanellen und schließlich auch im Marmarameer zur Anwendung kommen. Es ist für die Benutzer kostenfrei. (vgl.: *Plant*, The Turkish Straits and Tanker Traffic, S. 202).

[1305] Vgl.: *Plant*, The Turkish Straits and Tanker Traffic, S. 202.

[1306] Vor der Einführung der Reglementierungen für die Schifffahrt durch die Türkischen Meerengen sind die anderen Hohen vertragschließenden Parteien nicht in der gemäß Artikel 29 der *Montreux Konvention* vorgeschriebenen Weise konsultiert worden. Auch wenn sich im die Meerengen betreffenden Teil des *SRÜ* nur in Artikel 41 Absatz 4, welcher sich lediglich auf Schifffahrtswege (Sea lanes) und Verkehrstrennungsgebiete (TSS) in Meerengen bezieht, ein solch zwingender Verweis an die *IMO* als die "competent international organization" vorgesehen ist, so besteht eine starke völkergewohnheitsrechtliche Tendenz, bei Problemen, die den internationalen Schifffahrtsverkehr in Meerengen betreffen, anstatt einseitig zu handeln zunächst die *IMO* zu konsultieren. (vgl. *Molenaar*, Costal State jurisdiction over vessel-source pollution, S. 359).

hh) Schlussfolgerungen und Zusammenfassung

Zusammenfassend lässt sich somit feststellen, dass weder die Einführung eines TSS noch die des VTS-Systems in den Türkischen Meerengen das in der *Montreux Konvention* garantierte Recht auf freie Transitdurchfahrt in beachtlichem Umfang beeinträchtigt. Die Türkei hat sich mit deren Einführung somit keiner signifikanten Verletzung von Rechten anderer Staaten schuldig gemacht[1307].

Zur Zeit der Verabschiedung der *Montreux Konvention* war eine dermaßen starke Zunahme des Schiffsverkehrs mit solch großen Tankern, wie sie heute durch die Türkischen Meerengen verkehren, nicht abzusehen. Dementsprechend findet sich in der *Montreux Konvention* keine Norm, die die Regelung entsprechender Sicherheits- und Navigationshilfssysteme für Schiffe vorsieht.

Es zeigt sich mithin, dass das Regime der Türkischen Meerengen lediglich in "part" geregelt worden ist. Die Interpretation nicht geregelter Problematiken hat somit – wie zuvor dargelegt – entsprechend den Normen des Völkerrechts und Völkergewohnheitsrechts zu erfolgen.

Wie bereits untersucht, erlaubt das Völkerrecht unter Umständen eine Berücksichtigung fortschreitender Entwicklungen in - wie in diesem Fall - der Schifffahrt, soweit dies nicht eine Missachtung des vermutlichen Willens der Schöpfer des Vertragswerks bedeuten würde.

Es lässt sich durchaus argumentieren, dass die damals bestehende akute Gefahr der Übertragung gefährlicher Ansteckungskrankheiten wie der Pest, Cholera, Gelbfieber, Typhus oder Windpocken vergleichbar ist mit den heutzutage bestehenden Lebens- und Umweltverschmutzungsgefahren, die z.B. auf Grund von Tankerkollisionen hervorgerufen werden können. In Anbetracht der entsprechenden damaligen Kontaminierungsgefahren hatte man der Türkei in Artikel 3 der *Montreux Konvention* ausdrücklich die Vornahme umfangreicher ge-

---

1307 Während in der *1997er SOLAS* Reg. V/8-2 noch von "rights and duties of governments under international law" die Rede war, findet sich in der im Jahre 2000 überarbeiteten Reg. V/8-2 und am 1. Juli 2002 in Kraft getretenen neuen Reg. V/12 *SOLAS* - bei im Wesentlichen Beibehaltung des bisherigen Inhalts - u.a. folgende Präzisierung: "rights and duties under international law or the legal regimes of straits used for international navigation".

eigneter Maßnahmen zugebilligt, die der Vermeidung einer Übertragung ansteckender Krankheiten dienen sollten[1308].
In Anbetracht des gegenwärtig zunehmenden, durch die Türkischen Meerengen führenden Tankerverkehrs besteht eine erhebliche potentielle Gefahr für Leben, Umwelt und Fischfang. Eine durch eine Tankerkollision verursachte Ölpest würde - wie zahlreiche Beispiele aus der Vergangenheit gezeigt haben - verheerende Folgen sowohl für die Türkischen Meerengen als auch die angrenzenden Meere haben[1309].

Daher kann davon ausgegangen werden, dass entsprechende türkische Maßnahmen zur Vermeidung solcher Kollisionen sowohl mit Hilfe eines VTS-Systems als auch eines - die freie Transitpassage teilweise behinderndes - TSSs nicht gegen den ausdrücklichen Willen der Schöpfer der *Montreux Konvention* verstoßen. Im Übrigen ließe sich zumindest für das VTS-System als ein nautisches Hilfssystem implizit über Annex I, 1. (c) der *Montreux Konvention* entnehmen, dass ein solches System als ein mit einem "life saving service" oder einer "direction-finding station" vergleichbar angesehen werden kann[1310].

Auch wenn der Kritikpunkt die fehlenden vorherigen Konsultationen der anderen betroffenen Staaten, insbesondere der Vertragsstaaten der *Montreux Konvention*, wie sie zum einen gemäß Artikel 29 der *Montreux Konvention* vorgeschrieben sind und zum anderen auch in Artikel 41 (3) bzw. 43 *SRÜ*[1311] vorgesehen sind, bleibt, so muss zu Gunsten der Türkei hervorgehoben werden, dass Konsultationen zumindest mit der *IMO* stattgefunden haben, und das VTS-System von dieser sogar ausdrücklich genehmigt worden ist.

Ein Verstoß der Türkei gegen internationales Recht oder das Regime der *Montreux Konvention* auf Grund der Einführung von TSS bzw. VTS kann mithin nicht angenommen werden.

1308 "All ships entering the Straits by the Aegean Sea or by the Black Sea shall stop at a sanitary station near the entrance to the Straits for the purpose of the sanitary control prescribed by Turkish law within the framework of international sanitary regulations. [...]"

1309 Eine Analyse der entsprechenden Auswirkungen bei: *Ötztürk*, Ship Originated Pollution in the Turkish Straits, S. 86ff..

1310 Annex I, 1.(c) der *Montreux Konvention* besagt: "Amount of tax or charge to be levied on [...] Life Saving Services, [...] Direction-finding Stations [...] or other similar installations [...]".

1311 Wobei der völkergewohnheitsrechtliche Charakter dieser Bestimmung noch nicht abschließend geklärt ist.

Die 1998er Reglementierungen entsprechen den Erfordernissen der *IMO Rules and Recommendations* weitgehend.
Es gibt jedoch in der Hinsicht auch einige türkische Reglementierungen auf die eine solche Schlussfolgerung nicht zutrifft.

b) Mit den *IMO Rules and Recommendations* nicht übereinstimmende Regelungen

Die 1998er Reglementierungen weisen noch immer einige der völkerrechtlichen Verpflichtung zur grundsätzlichen Gewährung der freien Transitpassage durch die Türkischen Meerengen nicht entsprechende und mithin unbefriedigende Regelungen auf.

aa) Nichtanerkennung des Prinzips der Transitpassage

So ergab sich aus Artikel 50 der 1998er Reglementierungen, dass das in der *Montreux Konvention* explizit anerkannte Recht auf freie Durchfahrt nicht als ein Recht auf freie Transitpassage im modernen Völkerrechtsgebrauch verstanden werden sollte[1312]. Erst auf Grund internationalen Drucks wurde diese Bestimmung bereits ein halbes Jahr später aufgehoben[1313].

bb) Automatische Unterwerfung Dritter unter *IMO*-Konventionen

Des Weiteren sorgt die oben bereits erwähnte Unterwerfung der passierenden Schiffe anderer Flaggenstaaten unter "the International Agreements to which Turkey is a Party, Laws, By-laws and Regulations of Turkey" entsprechend Artikel 51[1314] der 1998er Reglementierungen für Verwirrung, da dies zur Folge hat, dass die entsprechenden *IMO*-Konventionen auch gegenüber solchen Flaggenstaaten angewandt werden, die nicht zu den Unterzeichnerstaaten der jeweiligen Konventionen zählen.

[1312] Rule 50 - Freedom of passage and navigation, and innocent passage: "In accordance with the related provisions of the Montreux Convention, the "Direct Passing Vessel" shall enjoy complete freedom of passage and navigation through the Straits, all other vessels are considered as innocent passage vessels and obliged to comply with the all related provisions of Turkish Law including compulsory pilotage."

[1313] Außer Kraft mit Veröffentlichung in der *Turkish Official Gazette* vom 5. Mai 1999, No. 99/12660.

[1314] Regulation 51 - Violations: "If any Master or any member of the crew of any such vessels fails to comply with any requirements of these regulations, shall be subject to the related provisions of the Turkish Law."

cc) Schiffe, die „Schwierigkeiten mit den TSSs" haben

Im Hinblick auf die Heraufsetzung der Schiffsgröße in der Definition für "large vessels" ist der neue Artikel 25 irreführend. Danach können Schiffe, die Schwierigkeiten beim Passieren der Verkehrstrennungsgebiete haben[1315], mit Restriktionen belegt werden. Die entsprechende Definition, die Aufschluss über die Art der betroffenen Schiffe liefert, findet sich im neuen Artikel 2d)[1316], der praktisch aus den alten Definitionen für "large" und "deep draught vessels" eine neue Kategorie von Schiffen geschaffen hat. Somit umfasst dieser neue Artikel 25 "ships of an overall length of 150 m or more, or ships of a draft of 10 m or more" und ermöglicht somit wieder die Behandlung von unter 200 m langen Schiffen entsprechend der alten Version des Artikels 29 der 1994er Bestimmungen.

Ebenso verhält es sich mit der aufgehobenen Bestimmung des 1994er Artikels 42, nach welchem für große Schiffe, die gefährliche Güter geladen haben, die Passage so lange verboten war, wie sich ein derselben Kategorie unterfallendes Schiff in den Meerengen befand. In Anbetracht der - in Artikel 2d) definierten - neuen Schiffskategorie besagt Artikel 25d)[1317] nun, dass Schiffe, die eine Größe entsprechend der in Artikel 2d) aufgeführten Maße aufweisen und gefährliche Güter transportieren, die Meerengen solange nicht passieren dürfen, bis ein gerade die Meerengen passierendes anderes Schiff der entsprechenden Kategorie bestimmte Punkte passiert hat[1318].

[1315] "Vessls restricted ability to manoeuvre in the traffic separation scheme".

[1316] Regulation 2 - Definitions: "For the purpose of these regulations the terms; d) Vessel Restricted in her ability to manoeuvre in the traffic separation scheme describes vessels with a length over all of 150 meters or upwards and deepest draught 10 meters or upwards and the vessels due to their technical condition which are restricted in their ability to proceed in the appropriate lane as required by these regulations."

[1317] Regulation 25 d): "When a southbound vessel with dangerous cargo [...] enters from the north of Istanbul Strait, no northbound vessel is permitted with the same particulars until the southbound reaches to Istanbul Bogazi Bridge, When a northbound vessel with dangerous cargo [...] enters form the south of Istanbul Strait no southbound vessel is permitted with the same particulars, until the southbound reaches to the line joining Hamsi Burnu and Ril Burnu points. In Canakkale Strait; no vessel is permitted in the same direction with the same particulars until the vessel ahead with dangerous cargo [...] clears the Nara Burnu area."

[1318] Beim Bosporus liegen diese im Artikel 25 d) aufgeführten Punkte sehr dicht an den jeweiligen Meereszugängen und bei den Dardanellen auf ungefähr halbem Weg.

Folglich müssen Öltanker mit einer Länge von 150 m oder darüber immer noch mit langen Wartezeiten rechnen, wenn sich andere Schiffe mit gefährlicher Ladung gerade auf der Durchfahrt durch die Türkischen Meerengen befinden[1319].

Wie bereits oben dargelegt, hält die Türkei noch immer an Rule 10 der 1972er *COLREGs* fest, anstatt, wie in Punkt 1.2 der *IMO Rules and Regulations* empfohlen, die den Schiffsverkehr bei TSS weniger einschränkende Rule 9 der 1972er *COLREGs* anzuwenden[1320].

dd) Verpflichtende Anmeldung

Bedenklich erscheint des Weiteren die für alle Schiffe geltende Verpflichtung, 24 bzw. 48 Stunden vor der Durchfahrt einen Routenplan an das Amt für Verkehrsüberwachung (TCC)[1321] zu übermitteln und sich bei diesem 5 sm und 2 sm vor Erreichen der Meerengen nochmals zu melden[1322]. Eine vorzeitige Meldepflicht von 72 Stunden betrifft Schiffe, die über 300 m lang sind oder in die Kategorie des Artikels 26 fallen[1323]. Wenn es ein Schiff versäumt, den zweiten Routenplan 2 Stunden oder 20 sm vor der Einfahrt in die Meerengen an das TCC zu übermitteln, wird vermutet, dass das Schiff nicht den technischen Voraussetzungen entspricht (Artikel 5b)). Artikel 7 sieht für solche Fälle vor, dass das Schiff zunächst außerhalb der Meerengen vor Anker gehen muss, um sich einer Kontrolle zu unterziehen und um bestimmte Bedingungen und Sicherheitsstandards für die Passage auferlegt zu bekommen. Von solchen tatsächlichen Bedingungen, von deren Erfüllung das TCC die Passage abhängig machen kann, sind allerdings nur solche Schiffe betroffen, die länger als 300 m sind,

---

[1319] Es gibt zahlreiche Beispiele dafür, dass die Türkischen Behörden unter Berufung auf Regulation 24 bzw. 29 der 1994er und Regulation 20 bzw. 25 der 1998er Bestimmungen die Türkischen Meerengen für bis zu einem Tag für den Schiffsverkehr gesperrt haben. So wurde der Bosporus am 7. Juli 1995 fast den ganzen Tag wegen einer Segelregatta und einem 303 m langen durchfahrenden Liberianischen Frachter geschlossen. ('Turkey closes Bosphorus for races and freighter', *Reuters World Service*, July 7, 1995, LEXIS, World Library, ALLWLD File). Schließlich ist das TCC bekannt dafür, dass die Genehmigung der Passage für Schiffe, die auf die Inanspruchnahme türkischer Lotsen verzichten, oft willkürlich um mehrere Stunden verzögert wird. (*Pope*, Storm in the Bosporus, *The Independent*, Sept. 18, 1994, S. 13).

[1320] Vgl.: 3. Kap., § 8, D., II., 1..

[1321] Turkish Traffic Control Centre for the Turkish Straits.

[1322] Während die 24-Stunden-Frist für Schiffe mit einer Länge von 150 bis 200 m und/oder einem Tiefgang von 10 bis 15 m greift, gilt die neue 48-Stunden-Frist für Schiffe zwischen 200 und 300 m Länge und/oder einem Tiefgang von über 15 m gemäß Artikel 25a).

[1323] Artikel 25b) und Artikel 26 (Nuclear powered vessels or vessels carrying nuclear cargo or nuclear wastes, dangerous and/or hazardous cargo or wastes).

und solche, die unter den Artikel 26 fallen oder die den technischen Erfordernissen nicht gerecht werden.

ee) Schlussfolgerung für nicht vollständig mit den IMO-Regeln übereinstimmende türkische Reglementierungen

Auch wenn diese Bestimmungen eine weitere Reglementierung der vom Küstenstaat zu gewährenden ungehinderten Transitpassage zur Folge haben, so lässt sich unter Verweis auf die oben erfolgte Auslegung des Artikels 3[1324] der *Montreux Konvention* auch bezüglich dieser Maßnahmen annehmen, dass grundsätzlich auch „moderne" Sicherheitsvorkehrungen vom Willen der Schöpfer der *Montreux Konvention* gedeckt sind. Im Übrigen entsprechen die von der Türkei in ihren 1998er Reglementierungen eingeführten Anmelde- und Kontrollmechanismen dem Grunde nach den von der *IMO* verabschiedeten Regeln zur Vermeidung von Kollisionen (COLREGs).

Auch wenn die Türkei es als sicherer ansieht, anstatt der Rule 9 *COLREG* die Rule 10 auf die Türkischen Meerengen anzuwenden und damit die Empfehlung des Artikels 1.2 der *IMO Rules and Recommendations* ignoriert, so darf nicht unberücksichtigt bleiben, dass diese *IMO Rules and Recommendations* nur empfehlenden Charakter besitzen und nicht bindend sind[1325].
Darüber hinaus ist in Artikel 1.3 der *IMO Rules and Recommendations* der Türkei ausdrücklich das Recht eingeräumt worden, zur Wahrung der Sicherheit von Schiffsdurchfahrten die Türkischen Meerengen auch zeitweise für den Gegenverkehr zu sperren[1326].
Damit reduziert sich die Frage der Rechtmäßigkeit solcher Kontrollmaßnahmen auf das *WIE* selbiger, d.h. inwieweit die Türkei den in den 1998er Reglementierungen geschaffenen Spielraum tatsächlich ausnutzt oder sich auf eine, die Wartezeiten so weit wie möglich reduzierende, restriktivere Verfahrensweise beschränkt. In diesem Zusammenhang ergeben sich wiederum aus Artikel 3 der *Montreux Konvention* klare Vorgaben, wonach die verantwortliche Behörde zu

[1324] Artikel 3 der *Montreux Konvention* erlaubte weitreichende Kontrollmaßnahmen passierender Schiffe vor deren Einlaufen in die Meerengen zur Verhinderung der Verbreitung ansteckender Krankheiten.
[1325] So auch *Molenaar*, Coastal State jurisdiction over vessel-source pollution, S. 321; a.A. *Blanco-Bazán*, *IMO* Paper, S. 4.
[1326] Artikel 1.3. (Use of Ships Routing): "In order to ensure safe transit of vessels which cannot comply with the TSS, the competent authority may temporarily suspend two-way traffic and regulate one-way traffic to maintain a safe distance between vessels."

einer schnellstmöglichen Abwicklung der Schiffskontrollen angehalten ist[1327]. Es ist somit einer Fall-zu-Fall Entscheidung vorbehalten, ob zeitweise Unterbrechungen des Schiffsverkehrs gegen internationales Völkerrecht verstoßen.

ff) Transit Gebühren für Tanker

Schließlich irritierte die türkische Regierung die Ölkonzerne, als am Tag der Verabschiedung der 1998er Reglementierungen aus türkischen Regierungskreisen verlautbart wurde, dass die Transitgebühren für Tanker um das bis zu Fünffache erhöht werden könnten[1328].

(1) Gebührenerhebung unter dem Montreux Regime

Unter Hinweis auf die in der *Montreux Konvention* eng gesteckten Möglichkeiten, überhaupt Gebühren erheben zu können, ist das entsprechende Vorbringen der türkischen Regierung auf heftige Kritik seitens der übrigen Benutzerstaaten gestoßen. In Annex I der *Montreux Konvention* wird der Türkei immerhin zugestanden, gewisse Gebühren und Steuern für die Durchführung von Serviceleistungen und Sicherungsmaßnahmen erheben zu können[1329]. Explizit finden sich unter diesen entgeltlichen Sicherungsmaßnahmen weder solche zur Vermeidung von Kollisionen oder Umweltverschmutzungen, noch solche zur Finanzierung der Installation von VTS- bzw. TUBRAP-Systemen.

Allerdings lässt sich der oben bereits näher dargestellte Ansatz der Regelung "in part" auch auf die Erhebung von Gebühren für modernere Sicherungssysteme übertragen. Zum damaligen Zeitpunkt war an die heutigen modernen Navigationshilfssysteme noch nicht zu denken. Der für damalige völkerrechtliche Verhältnisse sehr weitgehende und fast alle möglichen Sicherungs- und Kontrollsysteme einschließende Katalog lässt genügend Raum, um im Wege der vertraglichen und teleologischen Interpretation den Willen der vertragsschließenden Parteien dahingehend zu bestimmen, dass zukünftige moderne Entwicklungen unter "similar installations" im Sinne des Artikels 1 (c) Annex I. der *Montreux Konvention* subsumiert werden können. Unter Umständen könnte

---

[1327] So bestimmt Artikel 3, dass die Kontrollen "shall be carried out by day and by night with all possible speed, and the vessels in question shall not be required to make any other stop during their passage through the Straits."

[1328] Statement des Ministers für Maritime Angelegenheiten, *Burhan Kara*, am 6. November 1998, *AP* und *ITAR-TASS*.

[1329] Siehe Annex I. 1. der *Montreux Konvention* (Englische Übersetzung abgedruckt unter: http://www.turkishpilots.org/DOCUMENTS/montro.html).

man der Türkei auch das Recht zugestehen, die im Annex I. der *Montreux Konvention* aufgeführten "Francs gold" Beträge dem aktuellen Weltmarktpreis anzupassen[1330].

Mehrere Gründe sprechen allerdings gegen ein einseitiges Vorgehen der Türkei hinsichtlich der Implementierung bzw. Erhöhung solcher Gebühren. Zum einen ist die Türkei gemäß Artikel 29 *Montreux Konvention* gehalten, eventuelle Veränderungen oder Erweiterungen der *Montreux Konvention* mit dem Ablauf von jeweils 5 Jahren nach In-Kraft-Treten der Konvention den vertragsschließenden Parteien zu unterbreiten. Die Türkei müsste jedoch die Unterstützung von mindestens zwei weiteren Vertragsparteien erhalten, damit ein solcher Vorschlag überhaupt gehört werden würde. Sollte eine Einigung nicht auf diplomatischem Wege möglich sein, wäre im Rahmen einer Konferenz der Vertragsparteien eine einstimmige bzw. Zwei-Drittel-Entscheidung zu Gunsten der jeweiligen Veränderungen erforderlich - eine Situation, die für die Türkei zu erreichen, erhebliches Verhandlungsgeschick erfordern würde.

(2) Staatenpraxis hinsichtlich Kostenbeteiligung durch Benutzerstaaten

Schließlich würde sich eine solche Entscheidung in Widerspruch zu der entsprechenden Staatenpraxis und dem Völkerrecht befinden.
Der Ruf der Meerengenanliegerstaaten nach einer angemessenen Beteiligung der Benutzerstaaten an den für die Installation und Betreibung solcher VTS-Systeme anfallenden Kosten wäre nicht neu[1331]. So vermochten es Malaysia, Singapur und Indonesien, die Einbeziehung Japans als einen der Hauptbenutzer der Meerengen von Malacca und Singapur in den "Straits of Malacca and Singapore Council" zu erreichen und auch an einem Fond für die Vermeidung und Beseitigung von Erdölverschmutzungen zu beteiligen[1332].

Die Staatenpraxis weist allerdings nicht genügend entsprechende Beispiele auf, um daraus ein gewohnheitsrechtlich anerkanntes Reglement ableiten zu können.

[1330] So geschehen durch Entscheidung der Central Bank of Turkey im Jahre 1982, um den Goldpreis anzupassen und die sodann als Vorwand genommen worden ist, die Steuern und Gebühren für die Türkischen Meerengen ebenfalls zu erhöhen. (vgl.: *Plant*, The Turkish Straits and Tanker Traffic, S. 197, Fn. 32).

[1331] So kostete z.B. die Installation eines VTIS-Systems in der Straße von Singapur S$ 40 Millionen, zuzüglich jährlich S$ 1,5 Millionen für dessen Betrieb. (*Nandan*, International Cooperation in Malacca and Singapore Straits, S. 30).

[1332] *Oral*, User Fees For Straits, S. 112f..

Während der Verhandlungen der Dritten Seerechtskonferenz waren die Meerengenanliegerstaaten darum bemüht, explizite Regelungen in das Vertragswerk zu implementieren. So hatte auf der 1973er Sitzung des *Seabed Committees* eine Gruppe von acht Meerengen-Staaten[1333] u.a. im Artikel 11 (3) eine Passage vorgeschlagen, die ausdrücklich das Recht der Küstenstaaten auf Kompensation für "works undertaken to facilitate passage" vorsah[1334].
In einem auf der zweiten 1973er Sitzung von Ecuador, Panama und Peru unterbreiteten Vorschlag fand sich in Artikel 40 des Abschnitts "Special rules applicable to straits used for international navigation" die Regelung, dass das Verbot der Erhebung von Gebühren ein allgemein anerkanntes Prinzip des Völkerrechts sei. In Paragraph 2 des selben Artikels wurde sodann allerdings vorgeschlagen, dass im Fall von Meerengen, die schmaler als 24 sm seien

> "[...] the coastal State or States may request the international ocean space institutions to establish an equitable charge payable without discrimination by all vessels or by all vessels of the relevant class or type [...] using the strait."

(3) Kooperationsverpflichtung gemäß Artikel 43 SRÜ

Was von diesen Vorschlägen übrig blieb, findet sich nun in Artikel 43 des *SRÜ* wieder. In dessen - nicht vollends klaren - Wortlaut heißt es:

> "User States and States bordering a strait should by agreement co-operate: (a) in the establishment and maintenance in a strait of necessary navigational and safety aids or other improvements in aid of international navigation."

Es bleibt eine Frage der Interpretation, wer schließlich für die Kooperation im Sinne des Artikels 43 verantwortlich zeichnet und wer für dessen Durchsetzung zuständig ist. Im Kommentar zum *SRÜ* findet sich die Ansicht, dass keine Pflicht der Meerengen-Anliegerstaaten dahingehend besteht, die Meerengen mit Navigations-Hilfssystemen auszustatten und dementsprechend auch kein Recht auf Gebührenerhebung besteht[1335]. Nach anderer Ansicht würde sich das Risiko von Schiffsunfällen und damit einhergehende Bedrohung für Mensch und Meeresumwelt erhöhen, soweit entsprechende Sicherheitssysteme weder installiert noch bezahlt würden und sich daraus, wie auch aus Artikel 192 *SRÜ* eine Pflicht des Küstenstaates ergäbe, die Meeresumwelt auch über solche Maßnah-

---

[1333] Es handelte sich dabei um: Zypern, Griechenland, Indonesien, Malaysia, Marokko, Philippinen, Spanien und Jemen.
[1334] *Oral*, User Fees For Straits, S. 114.
[1335] *Nandan*, United Nations Convention on the Law of the Sea, S. 383.

men zu schützen[1336]. Jedoch haben die zahlreichen Vorschläge verschiedener Staaten[1337] im Rahmen der Arbeiten des *IMO Maritime Safety Committees*, allgemeine Fonds einzurichten, in welche die Benutzerstaaten einzahlen müssten oder die den Transport verursachende Industrie an den Kosten zu beteiligen[1338], bisher nicht den erforderlichen Konsens der Staatengemeinschaft gefunden[1339].

(4) Zwischenergebnis zu Tankergebühren

Sowohl in der internationalen Staatenpraxis als auch im Völkerrecht stößt die Erhebung von Gebühren zur Finanzierung der Installation von Navigations-Sicherheitssystemen für die Benutzung von Meerengen bis heute auf erheblichen Widerstand.

Unter Berufung auf die Entwicklung des Schiffsverkehrs und die damit einhergegangene Weiterentwicklung von Hilfs- und Sicherheitssystemen für die Schifffahrt besteht für die Türkei durchaus die Möglichkeit, solche Maßnahmen unter Annex I. 1. (c) der *Montreux Konvention* zu subsumieren. Es wäre allerdings die in Artikel 29 *Montreux Konvention* aufgeführte Genehmigungsprozedur zu beachten.

Schließlich wären solche zusätzlichen Gebühren nur bis zu einer solchen Höhe gerechtfertigt, die die tatsächlichen Kosten der Navigationssysteme decken würden und nicht darüber hinausgehend die Durchfahrt insbesondere für Tanker finanziell unwirtschaftlich machen würden.

1336 *Van Dyke*, Legal and Practical Problems Governing International Straits, S. 35.

1337 So z.B. Großbritannien, als es im Jahre 1997 dem *IMO Maritime Safety Committee* eine Studie mit dem Titel "Developing principles for charging users the cost of maritime infrastructure" vorlegte. (LEG 76/INF. 2, 12. Sep. 1997).

1338 Als Musterbeispiele lassen sich hier sowohl der im Rahmen der *IOPC* (International Convention for the Establishment of an International Fund for Compensation for Oil Pollution Damage) von 1971 und 1992er Protokoll, in Kraft seit 16. Oktober 1978) errichteten Fonds aufführen. Ersterer greift - wie auch in der *CLC-Konvention* (International Convention on Civil Liability for Oil Pollution Damage von 1969 und 1992er Protocol, in Kraft seit 19. Juni 1975) vorgesehen - allerdings nur dann ein, wenn tatsächlich eine Erdölverschmutzung eingetreten ist.

1339 Die negativen Reaktionen auf entsprechende Vorschläge finden sich u.a. in verschiedenen *IMO* Dokumenten: *MSC* 68/22/6, 28. Feb. 1997 und /10, 27. März 1997; *MSC* 68/23, 12. Juni 1997; 22.22-22.25; LEG 76/INF.2, 12. Sep. 1997; LEG 77/10, 19. März 1998 und LEG 77/11, 28. April 1998, 156-59.

III. Schlussbetrachtungen zum Konflikt der türkischen Reglementierungen mit internationalem Völkerrecht und Völkergewohnheitsrecht

Zusammenfassend lässt sich feststellen, dass die jüngsten türkischen Reglementierungen im Wesentlichen im Einklang mit den Bestimmungen der *Montreux Konvention* und den entsprechenden Prinzipien des Völkerrechts stehen.

Die *Montreux Konvention* schweigt zu Fragen der Sicherheit bei der Durchfahrt von Schiffen und des Umweltschutzes allein deshalb, weil die damaligen Problematiken, die es zu lösen galt, verschieden zu den heutigen waren. Die Reichweite der Regelungsbefugnis der Türkei hinsichtlich der sich so ergebenden Lücken ergab und ergibt sich aus dem auf Meerengen anwendbaren Völkergewohnheitsrecht. Auch wenn dieses sich bis heute auf Grund einer noch immer divergierenden Staatenpraxis nicht vollumfänglich definieren lässt, so existieren mittlerweile zahlreiche international akzeptierte *IMO*-Regeln und -Standards für die Benutzung von Meerengen. Der Inhalt der türkischen Reglementierungen deckt sich zum großen Teil mit deren Vorgaben.

Schließlich vermag auch die oft von u.a. Russland vorgebrachte Argumentation, dass die Türkei gegen das in der *Montreux Konvention* verankerte Prinzip der ungehinderten Durchfahrt verstoße, nicht zu überzeugen. Unabhängig davon, dass es im Völkerrechtsverständnis zu Zeiten der Schaffung der *Montreux Konvention* die Begrifflichkeit der Transitpassage noch nicht gab, gibt es auch keine Anhaltspunkte dafür, dass mit der *Montreux Konvention* passierenden Schiffen die Bedingungen eines 100%igen Transitpassageregimes gewährt werden sollte. Über die damals übliche Staatenpraxis hinaus wurde vielmehr zugunsten der Türkei mittels der *Montreux Konvention* vertraglich eine Vielzahl von Regelungsbefugnissen hinsichtlich der „Freiheit der Durchfahrt“ durch die Türkischen Meerengen eingeräumt[1340].
Entsprechend der vom *IGH* bereits im *Korfu Kanal-Fall* getätigten Feststellung, dass:

> “[...] a state not only has the right but also duty to ensure the safety of navigation in a strait regime”[1341],

---

[1340] Artikel 24 der *Montreux Konvention* hat der Türkei die grundsätzliche Regelungsbefugnis verliehen. Artikel 2 i.V.m. Annex I und Artikel 3 erlauben der Türkei weitreichende Kontroll- und Reglementierungsmaßnahmen.
[1341] *The Corfu Channel Case*, I.C.J. 4 (1949), 44-45.

setzte sich immer mehr die Rechtsansicht durch, dass Küstenstaaten zwar zunächst die Pflicht haben, dem Transitverkehr keine unangemessenen rechtlichen Beschränkungen aufzuerlegen, allerdings auch dafür zu sorgen haben, dass die Sicherheit der Durchfahrt gewährleistet wird[1342]. Dieser Verpflichtung ist die Türkei mit der Implementierung der 1998er Reglementierungen, der Einführung von VTS und TSS in angemessener und im Wesentlichen mit internationalem Völkerrecht korrespondierender Weise nachgekommen.

E. Revisions- und Kündigungsmöglichkeiten der Montreux Konvention

Angesichts des erheblichen Widerstandes verschiedener Benutzerstaaten der Türkischen Meerengen gegen die Bemühungen der Türkei, die Sicherheit der Schifffahrt durch diese Meerengen mittels verschiedener Maßnahmen zu verbessern, stellt sich vor allem für die Türkei die Frage, ob sie nicht schlicht die *Montreux Konvention* kündigen sollte, um so verfahren zu können, wie es ihren Vorstellungen entspricht.

Die Kündigung der *Montreux Konvention* als ein multilaterales Vertragswerk würde sich jedoch als nicht unproblematisch darstellen. Artikel 54 *WVRK* sieht vor, dass eine Beendigung oder der Rücktritt von einem Vertrag grundsätzlich nur gemäß der im Vertrag vereinbarten Prozedur oder jederzeit mit der Zustimmung aller Vertragsparteien möglich ist[1343]. Die *Montreux Konvention* hat in ihrem Artikel 28 nur eine Kündigungsmöglichkeit für den Zeitraum von 2 Jahren vor dem Ablauf der ersten 20 Jahre des In-Kraft-Seins der Konvention vorgesehen. Darüber hinaus ist ein detailliertes Reglement für den Fall der Änderung von Bestimmungen der Konvention in Artikel 29 festgelegt worden, nicht aber konkrete Kündigungsregelungen jenseits des Artikels 28.

Ob die anderen Vertragsstaaten ein Interesse daran haben, die Türkei aus den Verpflichtungen der *Montreux Konvention* zu befreien, ist reine Spekulation, mag aber bezweifelt werden.

[1342] Vgl. *Baxter*, The Law of International Waterways, S. 149.

[1343] Article 54 *WVRK* (Termination of or withdrawal from a treaty under its provisions or by consent of the parties):
The termination of a treaty or the withdrawal of a party may take place:
(a) in conformity with the provisions of the treaty; or
(b) at any time by consent of all the parties after consultation with the other contracting States.

In Anbetracht der Regelung des Artikels 56 *WVRK*[1344] scheint es in diesem Falle nur unter sehr eingeschränkten Umständen möglich und nicht missbräuchlich zu sein, dass eine Vertragspartei den Vertrag kündigen darf, da dies in der *Montreux Konvention* zumindest nach Ablauf der ersten 20 Vertragsjahre nicht mehr *expressis verbis* vorgesehen ist.

Unabhängig von der rechtlichen Rechtfertigung einer Kündigung der *Montreux Konvention* seitens der Türkei oder einer anderen Vertragspartei stellt sich zunächst die Frage nach dem dann die rechtliche Lücke schließenden Regime.

I. Prinzipien des Völkergewohnheitsrechts

Beim Kollabieren der *Montreux Konvention* wäre noch immer die in Artikel 28 enthaltene Bestimmung zu beachten, die besagt, dass auch nach Ablauf der Konvention "[t]he principle of freedom of transit and navigation" ohne Zeitbeschränkung weitergelten soll.
Sodann würde sich die Frage nach den anwendbaren Prinzipien stellen. Wie oben[1345] bereits ausgeführt, waren die zur Zeit der Schöpfung der *Montreux Konvention* auf die von der internationalen Schifffahrt benutzten Meerengen anwendbaren, völkergewohnheitsrechtlichen Prinzipien verschieden von den heute allgemein anerkannten. Selbst wenn sich die Vertragsparteien dahingehend einigen sollten, bliebe der Umstand, dass es weder damals noch heute ein vollumfängliches Völkergewohnheitsrecht hinsichtlich des Reglements solcher Meerengen gegeben hat bzw. gibt, erhalten

Hinsichtlich der Durchfahrt von Kriegsschiffen ließe sich jedenfalls die "ancient rule", nach der ausländischen Kriegsschiffen auch zu Friedenszeiten die Durchfahrt verwehrt wurde, nicht mehr durchsetzen, da deren ungehinderte Passage durch Meerengen zumindest in Friedenszeiten auf Grund einer einheitli-

---

[1344] Article 56 *WVRK* (Denunciation of or withdrawal from a treaty containing no provision regarding termination, denunciation or withdrawal):
"1. A treaty which contains no provision regarding its termination and which does not provide for denunciation or withdrawal is not subject to denunciation or withdrawal unless:
(a) it is established that the parties intended to admit the possibility of denunciation or withdrawal; or
(b) a right of denunciation or withdrawal may be implied by the nature of the treaty.
2. A party shall give not less than twelve months' notice of its intention to denounce or withdraw from a treaty under paragraph 1".
[1345] Siehe unter: 3. Kap., § 8, C., II., 2..

chen Staatenpraxis während der letzten Jahrzehnte zu Völkergewohnheitsrecht erstarkt ist.

Wesentlich komplizierter wäre es hinsichtlich des Reglements für Handelsschiffe. Als Rechtfertigung für eine gewohnheitsrechtlich anerkannte freie Durchfahrt für Handelsschiffe durch die Türkischen Meerengen würden die Benutzerstaaten auf die meisten Vorgängerverträge bis zum *Kucuk Kaynarc*-Vertrag von 1774[1346] zurückverweisen können. Die Türkei könnte im Gegenzug unter Berücksichtigung des Prinzips der "contemporaneity" damit argumentieren können, dass sich seit dem Vertragsschluss von 1936 die Schifffahrt so erheblich geändert habe, dass zur Aufrechterhaltung der Sicherheit derselben und der der Meeresumwelt gewisse Reglementierungen erforderlich geworden seien.

II. UN-Seerechtsübereinkommen von 1982

Eine weitere Möglichkeit bestünde darin, Teil III des *SRÜ*, der ein detailliertes Reglement für die Benutzung von Meerengen enthält, die von der internationalen Schifffahrt benutzt werden, auf die Türkischen Meerengen anzuwenden. Darin werden zugunsten der Türkei zahlreiche Bestimmungen angeboten, die ein Reglement ermöglichen würden, welches mit dem momentan noch bestehenden weitestgehend übereinstimmen würde.
Unter Beachtung gewisser Konsultationsmechanismen wäre die Türkei zum Beispiel gemäß Artikel 41 *SRÜ* berechtigt, Wasserstraßen (sea lanes) und Verkehrstrennungsgebiete (TSS) zu implementieren.

Gemäß Artikel 42 *SRÜ* hätte die Türkei darüber hinaus auch das Recht, Gesetze und Bestimmungen zu erlassen, um die Sicherheit der Schiffsdurchfahrt zu gewährleisten und Meerengenverschmutzungen vorzubeugen.
Allerdings müsste die Türkei die in den Artikeln 7, 20 und 25d) der 1998er Bestimmungen enthaltenen Möglichkeiten, die Durchfahrt von Schiffen durch die Türkischen Meerengen zeitweise unterbinden zu können, dem Artikel 44 *SRÜ* anpassen. Danach wäre eine Unterbrechung der Transitpassage verboten.
Für den Fall der Übernahme der völkergewohnheitsrechtlich anerkannten Bestimmungen des Teil III *SRÜ* auf die die Türkischen Meerengen betreffenden Regelungen zur Abdeckung gewisser, in diesen enthaltenen Regelungslücken, sollte die Türkei ebenfalls einen Beitritt zum *SRÜ* erwägen.

[1346] Dieser sah bereits damals die Öffnung der Meerengen für Handelsschiffe aller Nationen vor.

III. Berufung der Türkei auf das Prinzip der *clausula rebus sic stantibus*

Sollte die Türkei tatsächlich eine der aufgezeigten Varianten wählen und die *Montreux Konvention* kündigen, bliebe die Frage nach der dafür erforderlichen völkerrechtlichen Rechtfertigung. Da der in der *Montreux Konvention* festgelegte Kündigungsmechanismus - nach dem Ablauf von 20 Jahren nach In-Kraft-Treten des Vertragswerkes - keine Regelung gefunden hat, ist im Hinblick auf Artikel 56 *WVRK* eine Kündigung der *Montreux Konvention* seitens einer Vertragspartei so gut wie unmöglich.

Verschiedentlich hat die Türkei versucht, unter Berufung auf das Prinzip der *clausula rebus sic stantibus* („*clausula*") die Unwirksamkeit der Bestimmungen der *Montreux Konvention* wegen grundlegend geänderter Umstände geltend zu machen.

Wie bereits oben dargestellt, ist eine Berufung auf die *clausula* sehr umstritten[1347]. Auch in der Rechtsprechung des *IGH* wird die Existenz der *clausula* zwar anerkannt, allerdings einem auf die *clausula* gestützten Antrag auf Vertragsauflösung oder –rücktritt nicht stattgegeben. Dies gilt insbesondere auch für Verträge objektiven Typs. Wie bereits oben[1348] untersucht worden ist, handelt es sich bei der *Montreux Konvention* um einen Statusvertrag, der ein so genanntes „objektives Regime" mit Wirkung *erga omnes* zur Folge hat, mithin um einen Vertrag objektiven Typs.

Da das Bedürfnis der Anpassung eines Vertragswerkes an die veränderten Bedingungen dem bei Statusverträgen vorherrschenden Bedürfnis nach Stabilität unterzuordnen ist, sind die Vertragsstaaten der *Montreux Konvention* gehalten, auf alternative Revisions- und Modifikationsklauseln zurückzugreifen.
In ihrem Artikel 29 bietet die *Montreux Konvention* eine entsprechende und grundsätzlich ausreichende Revisionsbestimmung. Jede der vertragsschließenden Parteien darf danach jeweils nach Ablauf von fünf Jahren nach dem Inkrafttreten der *Montreux Konvention* die Initiative zu Verbesserungsanträgen für eine oder mehrere Bestimmungen ergreifen. Der Revisionsantrag muss allen Vertragschließenden drei Monate vor Ablauf der jeweiligen Fünfjahresperiode mitgeteilt werden und von einer weiteren vertragsschließenden Partei unterstützt werden, wenn eine Änderung der Artikel 14 und 18 und von zwei weiteren ver-

[1347] Siehe dazu bereits die Ausführungen unter: 2. Kap., § 4, B., IV.; vgl.: *Verdross/Simma*, Völkerrecht, S. 536; *Pott*, Clausula rebus sic stantibus, S. 6ff..
[1348] Siehe unter: 3. Kap., § 8, C., I., 2., g).

tragsschließenden Parteien, wenn eine andere Bestimmung geändert werden soll. Sollte auf diplomatischem Wege keine Entscheidung zu erzielen sein, wird eine Konferenz einberufen, die im Wesentlichen nur einstimmig beschließen kann[1349].
Auf Grund dieser Initiierungs- und Abstimmungsprozedur könnte es für die Türkei faktisch unmöglich werden, die *Montreux Konvention* im erforderlichen Rahmen zu reformieren.

Trotzdem könnte sich ein solches Bemühen für die Türkei als die Erfolg versprechendste Variante zur Durchsetzung der eigenen Interessen darstellen. Immerhin besteht mit der *Montreux Konvention* ein in der Völkerrechtsgeschichte einmaliges Vertragswerk, auf welches sogar im Rahmen der Schaffung des *SRÜ* Rücksicht genommen worden ist und welches sich als eine über lange Zeit funktionierende Grundlage für den Schiffsverkehr durch die Türkischen Meerengen präsentierte.

Anstatt die anderen Vertragsparteien mit einer Kündigung dieses Vertragswerkes vor den Kopf zu stoßen, wäre es von der Türkei klüger, wenn sie sich Bündnispartner suchen würde, um bei den anderen Vertragsparteien, den sonstigen Benutzerstaaten und der *IMO* auf dem Wege des diplomatischen Dialogs, eine zeitgemäßen Anpassung der Bestimmungen der *Montreux Konvention* zu erreichen.

Erst wenn diese in Artikel 29 *Montreux Konvention* vorgegebenen Revisionsmechanismen zu keiner befriedigenden Vertragsanpassung führen sollten, sollte über ein mögliches Zurückgreifen auf die *clausula rebus sic stantibus* nachgedacht werden[1350].

F. Zusammenfassung und Ergebnis zur Problematik der Tankerpassage durch die Türkischen Meerengen

Im Ergebnis kann festgestellt werden, dass die in den 1998er Reglementierungen enthaltenen Bemühungen der Türkei im Wesentlichen mit dem auf Meerengen anwendbaren internationalen Völkerrecht in Einklang stehen. Sie gewährleisten, dass das durch den zunehmenden Tankertransport kaspischen Erdöls

---

1349 Dazu ausführlicher und unter Analyse der Positionen der Siegermächte des Zweiten Weltkriegs bei: *Tennstedt*, Die türkischen Meerengen unter der Konvention von Montreux im Zweiten Weltkrieg, S. 24ff..
1350 So auch *Doehring*, Fortgeltung der Minderheitenschutzverpflichtungen, S. 537.

durch die Türkischen Meerengen hervorgerufene erhöhte Verkehrsaufkommen und die damit einhergehende zunehmende Gefahr einer Schiffs- und Umweltkatastrophe in angemessener Weise unter Kontrolle behalten wird.

Allerdings entbehrt die Art und Weise der Implementierung entsprechender Reglementierungen seitens der Türkei des erforderlichen Maßes an Kooperation mit den von diesen Reglementierungen betroffenen Benutzerstaaten. Dieses Verhalten rührt von einer konservativen Betrachtungsweise der eigenen souveränen Rechte im Hinblick auf die Ausgestaltung des Reglements der Türkischen Meerengen her. Dabei hat die Türkei den von den Vertragsparteien der *Montreux Konvention* vorgesehenen Rahmen an zulässiger Regelungsbefugnis teilweise überschritten.

Da unter Berücksichtigung der Entwicklungen der modernen Schifffahrt das Reglement der *Montreux Konvention* den heutigen Bedürfnissen nicht mehr gerecht wird, verbleibt der Türkei für den nicht geregelten Teil ein gewisser Spielraum. Dieser umfasst u.a. auch Regelungen zur Einführung von Verkehrstrennungsgebieten und gewisser Navigationshilfssysteme, die zur Zeit der Schaffung des Vertragswerkes noch unbekannt waren.
Allerdings sind von der Türkei als Nicht-Mitgliedsstaat des *SRÜ* die von der Staatengemeinschaft anerkannten, auf Meerengen anwendbaren völkergewohnheitsrechtlichen Prinzipien zu beachten. Hinsichtlich des Passagerechts in von der internationalen Schifffahrt benutzten Meerengen hat sich noch immer kein vollständiges, allgemein gültiges Völkergewohnheitsrecht herausgebildet. Dies trifft ebenfalls auf die Bestimmungen zu Meerengen im Teil III *SRÜ* zu, weswegen sich ein pauschaler Rückgriff auf die Meerengenbestimmungen des *SRÜ* noch immer verbietet. Da das sich aus der *Montreux Konvention* ergebende Reglement gewisse Regelungslücken aufweist, können diese jedoch mittels des Meerengen-Völkergewohnheitsrechts geschlossen werden. Bedeutsam ist in diesem Zusammenhang, dass in der Staatenpraxis eine beachtliche Einigkeit darüber besteht, dass vor der Einführung gewisser, den Schiffsverkehr in Meerengen regelnder Maßnahmen, die betroffenen Flaggenstaaten und die zuständige internationale Organisation – die *IMO* – konsultiert werden sollten.

Da sich schließlich in der *Montreux Konvention* für den Fall von beabsichtigen Änderungen des Reglements ein genau festgelegter Konsultationsmechanismus wiederfindet, täte die Türkei in Zukunft besser daran, diese Konsultationsgremien vollständig auszuschöpfen, anstatt – wenn auch wohlgemeinte – Alleingänge zu unternehmen.

Eine schlichte Kündigung der *Montreux Konvention* unter Zuhilfenahme der *clausula rebus sic stantibus* brächte die Türkei auch nicht weiter und wäre im Übrigen nur unter sehr eingeschränkten Voraussetzungen tatsächlich durchsetzbar.

Schließlich wäre die Erhebung von Tankergebühren, die über den von der *Montreux Konvention* vorgegebenen Rahmen hinaus geht und den Tanktransport durch die Türkischen Meerengen unwirtschaftlich machen würde, nicht mit dem Völkerrecht in Einklang zu bringen.

Auch findet eine Beteiligung der Benutzerstaaten an den Kosten für die Installation und den Betrieb gewisser Sicherungs- und Navigationshilfssysteme für den Schiffsverkehr in internationalen Meerengen noch immer keinen gewohnheitsrechtlichen Rückhalt in der Staatenpraxis. Hier würden sich Verhandlungen mit den tatsächlichen privaten Nutzern anbieten, die nach dem Vorbild des *IPOC Fonds* eine Kostenentlastung der Türkei zur Folge haben könnte.

§ 9 Die Umweltproblematik des Kaspischen Beckens aus völkerrechtlicher Sicht

A. Der Einfluss von Rohstoffförderung und -transport auf die Umwelt

I. Einführung in die Gefahren der Rohstoffförderung und –transports auf die Umwelt

Maßgebliche Bedeutung haben die bereits erfolgten und potentiellen Verschmutzungen der Erdölfördergebiete des Kaspischen Beckens und der Transportkorridore für das geförderte Erdöl, die üblicherweise mit der Förderung und dem Transport von Erdöl einhergehen. Ob es das Verschmutzen des Meeres bei Offshore-Bohrungen mit Rohöl oder Chemikalien oder die Leckagen an Pipelines oder in Raffinerien sind, die daraus erwachsenden Problematiken sind zahlreich und vielschichtig. Neben ökologischen Problemen stellt sich unter anderem auch die Frage nach den haftungsrechtlichen Konsequenzen der Verunreinigungen.

Die Analyse der sich im Umweltvölkerrecht herausgebildeten Prinzipien, die entsprechenden vertraglichen Vereinbarungen und nationalen Gesetzgebungen zur Behandlung von mit Erdölaktivitäten zusammenhängenden Umweltschädigungen sollen Gegenstand der folgenden Untersuchungen sein, um daraus Rückschlüsse für ein besseres Umweltmanagement am Kaspischen Meer treffen zu können.

Das Ökosystem des Kaspischen Meers ist auf Grund sozialistischer Misswirtschaft stark in Mitleidenschaft gezogen worden. So hat der Anstieg des Meeresspiegels des Kaspischen Meeres in den vergangen Jahren zur Überflutung zahlreicher Bohrsonden geführt. Die im Zusammenhang mit der Erdölerkundung und -förderung, leckenden Öltanks und geborstenen Pipelines auftretende Verschmutzungsgefahr der kaspischen Umwelt macht ein gemeinschaftliches Konzept aller Anrainerstaaten zum Schutze des Kaspischen Meeres erforderlich.
Die internationale Staatenpraxis und internationales Umweltrecht bieten hierfür zahlreiche Beispiele in Konventionen, bilateralen bzw. multilateralen Verträgen und Richtlinien, die von den kaspischen Staaten zur eigenen Problemlösung herangezogen werden könnten.

Insbesondere hinsichtlich der Meeresverschmutzung durch Offshore-Aktivitäten gibt es eine zunehmende Anzahl von völkervertraglichen Regelungen. Daraus ließe sich möglicherweise auf ein sich herausbildendes Umwelt-

Gewohnheitsrecht schließen, welches dann gegebenenfalls von den kaspischen Staaten berücksichtigt werden muss. So finden sich vor allem im 1982er *SRÜ* zahlreiche Bestimmungen zum generellen Meeresumweltschutz. Die *IMO* hat zahlreiche Richtlinien zum Umgang mit Offshore-Installationen entwickelt, die eine sich entwickelnde internationale Staatenpraxis in diesem Bereich erkennen lassen. Auch Artikel 19 des *ECV*, den bis auf den Iran[1351] alle Anrainerstaaten des Kaspischen Meeres unterzeichnet[1352] haben, enthält weitere Umweltschutzbestimmungen, mit denen es den Vertragsparteien erleichtert werden soll, eine ausgewogene Balance zwischen der notwendigen Investitionsförderung und dem Umweltschutz zu finden.

II. Bestandsaufnahme der Umweltschäden am Kaspischen Meer

Das Kaspische Meer ist ein auf der Welt einmaliges Ökosystem, welches sich durch eine reichhaltige Artenvielfalt auszeichnet. Auf Grund seiner Isoliertheit von anderen Gewässern ist es biologisch sehr anfällig für das Einschleppen fremder Arten, auf die das sensible Artengleichgewicht des Kaspischen Meeres nicht vorbereitet ist[1353]. Das Kaspische Becken beherbergt neben hunderten von Vogel- und Fischarten auch die auf der U.N.E.P.-Liste der vom Aussterben bedrohten Tierarten stehende Kaspische Robbe. Für ein Massensterben derselben im Jahre 2000 wurde unter anderem auch die Verseuchung des Meeres durch bei der Erdölförderung anfallende chemische Nebenprodukte verantwortlich gemacht[1354].

Nicht unerwähnt bleiben darf der dramatische Rückgang der Stör- und Belugabestände im Nordteil des Kaspischen Meeres, zwei Fischarten, die Hauptquelle zur Gewinnung des Kaviars sind. Ihr Bestand ist in den letzten 20 Jahren um 90% zurückgegangen. Die Gründe für den Bestandsrückgang dieser Fischarten sind vielseitige und noch nicht endgültig geklärt[1355].

1351 Der Iran hat seit 2003 allerdings mit dem *Energy Charter Sekretariat* einen Beobachterstatus vereinbart.

1352 Von den vier übrigen Anrainerstaaten hat lediglich Russland den *ECV* noch nicht ratifiziert.

1353 Über das Wolga-Donau-Kanalsystem im Ballastwasser eingeschleppte Tierarten führten bereits häufiger zu verheerenden Massensterben.

1354 Eine ausführliche Analyse zum Stand der Erdölverschmutzung des Kaspischen Meeres bei: *Tacis*, Assessment of Pollution Control Measures, Oil Contamination of the Caspian Sea; Siehe auch: *Ascher/Mirovitskaya*, The Caspian Sea: A Quest for Environmental Security.

1355 Eine genauere Analyse der Kaspischen Fischarten bei: *Stone*, Caspian Teeters on the Brink.

Im Wesentlichen können jedoch die unkontrollierte Überfischung, die durch die Kaviar-Mafia[1356] während der letzten 10 Jahre forciert worden ist, und die Belastung des Wassers mit chemischen Nebenprodukten der Erdölförderung als Hauptursachen angeführt werden.

Nach der Vereinbarung eines halbjährlichen Fischereiverbotes für verschiedene „Kaviar-Fischarten" zwischen der *CITES* und Aserbaidschan, Kasachstan und Russland bis Ende des Jahres 2001 schlossen sich die drei ehemaligen Sowjetrepubliken im März 2002 dem Iran bei der Errichtung von Fischereiquoten bezüglich solcher Fischarten an, die Kaviar produzieren[1357]. Daraufhin wurde das von der *CITES* gegenüber Aserbaidschan, Kasachstan, Russland und Turkmenistan verhängte, einjährige Verbot des Handels mit Kaviar – unter der Bedingung der strikten Einhaltung der Quoten – aufgehoben[1358]. Sollten die Quoten nicht eingehalten werden, riskieren die Staaten ein totales Exportverbot für Kaviar seitens der *CITES*[1359].

Während in den letzten Jahren viel über das boomende Erdölgeschäft am Kaspischen Meer berichtet worden war, ist bisher der ökologischen Bedrohung des Kaspischen Beckens, welche auf Grund der Förderung und des Transportes von Erdöl auftritt, relativ wenig Aufmerksamkeit geschenkt worden. Die bereits seit über 100 Jahren währende - auf Umweltbelange keine Rücksicht nehmende - Erdölförderung hat vor allem um das Gebiet von Baku und auch im Kaspischen Meer zu verheerenden Umweltzerstörungen geführt.
Ein zusätzlicher Faktor ist das Steigen des Wasserspiegels des Kaspischen Meeres um über 2,5 m zwischen 1978 bis vor wenigen Jahren[1360]. Es führte zur Ü-

---

[1356] Laut des in Paris ansässigen Sekretariats der *Convention on International Trade in Endangered Species* (CITES) hat der Fischfang auf dem Kaspischen Meer Formen organisierter Kriminalität angenommen und übersteigt die zulässigen legalen Fangmengen um das 13fache. ('Caspian Pollution Reaches "Dangerous" Level', *Asia Pulse PTE Ltd.*, August 20, 2001).

[1357] 'Caspian Sea caviar ban lifted after countries join on sturgeon quotas', *Agence France-Press*, March 6, 2002.

[1358] Die *CITES* hat die Exportquoten für Kaviar seitens der kaspischen Anrainerstaaten (außer dem des Irans) im Jahr 2003 immerhin von 142 Tonnen des Jahres 2002 auf 148 Tonnen angehoben. (vgl.: *Fowler*, 'U.N. body gives Caspian Sea government more time on caviar rules', *The Americas's Intelligence Wire*, March 19, 2004, *Financial Times Information*, Ltd.).

[1359] 'Caspian states established quotas, survey sturgeon stocks in hope of avoiding caviar export ban', *Associated Press Newswires*, March 1, 2002.

[1360] Siehe zur Veränderung des Meeresspiegels des Kaspischen Meeres seit 1875 in: *Klige*, Changes in the water regime of the Caspian Sea.

berflutung riesiger Küstengebiete und dort befindlicher Erdölförderanlagen und hatte die weitere Verschmutzungen der Region zur Folge[1361].

Auch wenn die Vermutung nahe liegt, dass die Offshore-Förderung von Erdöl im Wesentlichen für die Verschmutzung des Kaspischen Meeres verantwortlich gemacht werden kann, so beträgt die von dort ausgehende Verschmutzung tatsächlich nur einen relativ geringen Prozentsatz der gesamten, von Erdölsubstraten verursachten Umweltbelastung.

Die Gründe für die Umweltverschmutzung weisen einen komplexen Charakter auf. Neben den möglichen Verschmutzungsquellen wie Offshore-Erdölplattformen (u.a. durch Verwendung von hochtoxischen Bohrkernen[1362]), Pipelines und anderen Produktionsstrukturen sind vor allem die mit Erdöl und anderen chemischen und teilweise sogar radioaktiven Substanzen verseuchten Flüsse, wie die Wolga und der Ural, für einen Großteil der chemischen Kontaminierung des Kaspischen Meeres verantwortlich[1363].

Zusätzlich zu dem bereits vorhandenen Risiko, welches von veralteten Erdölförderanlagen und leckenden Pipelines ausgeht, sind die zunehmenden Offshore-Aktivitäten und die Verlegung neuer On- und Offshore-Pipelines eine ernste potentielle Gefahr für die Umwelt in den entsprechenden Gebieten[1364]. So sind im Zusammenhang mit dem Bau der *Baku-Ceyhan-Pipeline*[1365] gegenüber dem von *BP* geführten Betreiberkonsortium schwerwiegende Vorwürfe erhoben worden. In einer Vielzahl der zwischen den Regierungen und dem Konsortium vereinbarten Vertragsbedingungen wurde die Missachtung von nationalen Um-

---

1361 Vgl: *Frolov*, New Methods of Managing Caspian Sea Level Fluctuations, in: The Caspian Sea: A Quest for Environmental Security, S. 80; *Golubev*, Environmental policy-making, S. 93ff..

1362 Das kasachische Öluntemehmen *OKIOC* ließ Berichten zu Folge seit 1999 38 Tonnen „poorly filtered sulphur sewage" pro Tag in das Kaspische Meer entweichen, so dass dieses in einem Radius von 500m um die fragliche Bohrinsel hochtoxisch geworden ist (*BBC Monitoring*, 22/02/2001).

1363 Entsprechend einer *EU-TACIS* Studie ca. 65% der gesamten Erdölverschmutzung des Kaspischen Meeres (siehe Anhang), vgl: Caspian Environment Programme, Facilitating Thematic Advisory Groups in Azerbaijan, Kazakhstan, Russia, & Turkmenistan, Oil Contamination of the Caspian Sea, February 2000. Ausführlicher zur Problematik vgl.: *Mamedov*, Caspian Sea Level and Ecological Problems, S. 2ff..

1364 Zahlreiche Berichte über Erdölverschmutzung bei der Bohrung nach neuen Erdölfeldern im *Kashagan* Feld Sektor und über leckende Pipelines in Daghestan.

1365 Dazu siehe bereits unter: 3. Kap., § 7.

weltgesetzen, von Sozial- und Menschenrechten und von den Transitstaaten unterzeichneten internationalen Verträgen[1366] festgestellt[1367].

Darüber hinaus ist die Konstruktion von geplanten Offshore-Pipelines aus ökologischen Gründen als besonders riskant einzustufen. Insbesondere die Apsheron Region, an der engsten Stelle im zentralen Teil des Kaspischen Meeres gelegen, zwischen Aserbaidschan und Turkmenistan, zeichnet sich durch geologische Besonderheiten aus, welche sowohl bei Bohraktivitäten als auch bei der Verlegung von Pipelines beachtet werden müssen. In der Region werden jedes Jahr zahlreiche Erdbeben bis zu einer Stärke von 8 auf der *Richter-Skala* verzeichnet[1368].

Daneben sind solche geomorphologischen Phänomene wie Schlammvulkane und Schlammdiapirs für jegliche Art von Offshore-Aktivitäten überaus gefährlich[1369].

1366 Zu erwähnen ist hier u.a. Artikel 19 des 1994er *Energiechartervertrages* (von Aserbaidschan, Georgien und der Türkei ratifiziert) und Artikel 2 (1.) (e), Artikel 7 des Entwurfs des Energiecharter *Transitprotokolls*, (Text unter: http://www.encharter.org) dessen Unterzeichnung bis Anfang 2004 zumindest nicht an einem Dissens über die Umweltbestimmungen gescheitert ist, sondern vor allem von Russland aus anderen Gründen blockiert worden ist.

1367 Die *Baku Ceyhan Campaign* (BCC), eine NGO unter Beteiligung von *Friends of the Earth* und *Kurdish Human Rights Project* hat in einem 220-Seiten-Dossier zahlreiche solcher Verstöße und Umweltgefahren aufgezeichnet. Darin wird u.a. beschrieben, dass die Pipeline mehr als 20 größere Flüsse in erdbebengefährdeten Gebieten überquert, mehrere durch nationale Gesetze geschützte Naturreservate durchquert. Die vor allem von den USA und der Türkei gestellte Militärpräsenz zum Schutz der Pipeline vor terroristischen Übergriffen könnte schließlich zur Einschüchterung nationaler Minderheiten missbraucht werden. Zu denken ist hierbei vor allem an die auf türkischem Territorium befindlichen Kurden, durch deren Gebiete die Pipeline ebenfalls führen wird. (ausführlicher zu den Vorwürfen der BCC in: *Thornton/Arthur*, 'The axis of oil - how a plan for the world's biggest pipeline threatens to wreak havoc', *The Independet*, 28 October 2003, S. 3). Auch von deutschen Umweltschutzverbänden ist angesichts der bevorstehenden Entscheidung über die Vergabe von Hermesbürgschaften für am Pipelinebau beteiligte Unternehmen wie Siemens und Salzgitter auf extrem schlechte Arbeitsschutzbedingungen und eine zu erwartende schlechte Ausführung des Zusammenbaus der Pipelinesegmente am türkischen Teil der Pipeline hingewiesen worden. (vgl.: *Richter*, Kaspische Ölpipeline: Schaut die Umwelt in die Röhre?, 26. November 2003).

1368 *Lerche/Bagirov*, Impact of Natural Hazards, S. 15ff..

1369 Bohrplattformen dürfen nicht zu dicht an die ca. 220 Schlammvulkane gebaut werden, da es ansonsten zur Destabilisierung des Seebettes kommen kann, wodurch zu sowjetischen Zeiten bereits zahlreiche Fördertürme verloren gingen. (*Burnhill*, Pillars of Fire).

Bei letzteren handelt es sich um von Schlammmassen umschlossene, beachtliche Erdgasansammlungen, welche sowohl gesundheitsschädigendes Erdgas emittieren als auch - ausgelöst durch Bohraktivitäten - explodieren können. Ausbrüche von Schlammvulkanen können ebenfalls zur Beschädigung von auf dem Meeresboden verlegten Pipelines führen[1370].

III. "Bottleneck" Bosporus

Die so genannte „Bottleneck"-Problematik des Bosporus ist von wirtschaftspolitischen und Aspekten des Umweltschutzes gekennzeichnet. Seit der Inbetriebnahme der *CPC-Pipeline*, die kaspisches Tengiz-Erdöl zum russischen Tankerterminal in Noworossisk transportiert, hat der Tankerverkehr auf dem schmalen und kurvenreichen Bosporus nach Aussage des türkischen Ministers für Schifffahrtsangelegenheiten[1371] die maximale Kapazität[1372] erreicht, die dieser Teil der türkischen Wasserstraße, die das Schwarze Meer mit dem Mittelmeer verbindet, zu tragen fähig ist, ohne ein zu großes Risiko einer Umweltkatastrophe einzugehen[1373].

Die Geschichte des Schiffsverkehrs durch die türkische Wasserstraße ist von zahlreichen Umweltkatastrophen gezeichnet, welche von Schiffsunfällen herrührten. Erst im Jahre 1999 lief der russische Tanker *Volganeft-248* auf Grund schlechter Wetterbedingungen und technischer Probleme in der Nähe von Istanbul auf Grund. Weite Teile des Marmarameers und ein Großteil der in ihm beheimateten Spezies wurden damals in Mitleidenschaft gezogen und das Trinkwasserreservoir Istanbuls akut gefährdet[1374].

Einseitige Versuche der Türkei, den durch die Türkischen Meerengen führenden Tankerverkehr zu reglementieren, sind auf internationalen, von Russland

---

[1370] *Lerche/Bagirov*, Impact of Natural Hazards, S. 49ff. und 149ff..

[1371] *Lloyd's List international*, 27. Februar 2001.

[1372] Ausführlicher dazu vgl.: *Istikbal*, Regional Transport Demands and the Safety of Navigation in the Turkish Straits, S. 76ff..

[1373] Die damit verbundene Frage des Transitrechts bzw. das Recht auf freie Durchfahrt (innocent Passage) für Öltanker durch den Bosporus war bereits Gegenstand ausführlicher Untersuchungen. (siehe unter 3. Kap., § 8, C., III.).

[1374] Bei einem Zusammenstoß eines griechischen Frachtschiffs mit einem rumänischen Tanker *Independenta* im Jahre 1979 ergossen sich 95.000t Erdöl in Bosporus und Marmarameer. Zu einem weiteren Umweltdesaster kam es im Jahre 1994 als sich nach einem Schiffszusammenstoß 20.000t Erdöl in den Bosporus und das Marmarameer ergossen. (vgl. zur Problematik: *Öztürk*, Ship Originated Pollution in the Turkish Straits, S. 86ff.).

angeführten Protest gestoßen und wegen Verstoßes gegen international geltendes Völkerrecht als unwirksam erachtet worden[1375].

Wie oben bereits ausführlich dargestellt, sind die Möglichkeiten der Türkei, Reglementierungen zur Erhöhung der Sicherheit des Schiffsverkehrs und damit einhergehenden Schutzes der Umwelt begrenzt. Die Türkei ist bei der Regelung des Schiffsverkehrs auf den türkischen Wasserstraßen noch immer an die Bestimmungen der *Montreux Konvention* von 1936 gebunden[1376]. Diese gibt nur wenig Spielraum für die Erhebung von Durchfahrtsgebühren bzw. jedwede Art von reglementierenden Bestimmungen.

Wie bereits untersucht, lässt sich aber sowohl aus den Bestimmungen der *Montreux Konvention* als auch aus dem für Meerengen mittlerweile entstandenen partiellen Völkergewohnheitsrecht aus der Verpflichtung, die Sicherheit des Schiffsverkehrs durch die Meerengen zu gewährleisten, eine Befugnis der Türkei ableiten, den Schiffsverkehr zu reglementieren, um so Umweltschäden vorzubeugen[1377].

B. Nationales und regionales Umweltrecht in der kaspischen Region

Bisherige Bemühungen, mit der Hilfe von U.N.E.P. und EU ein Programm zum Schutze des Kaspischen Meeres mit seinem einmaligen Ökosystem durchzusetzen, können hinsichtlich der praktischen Umsetzung noch keine tatsächlichen Erfolge aufweisen.

Hauptursache mag der noch immer ungeklärte Status des Kaspischen Meeres, aber auch das geringe Umweltbewusstsein einiger Regierungen der kaspischen Anrainerstaaten sein. Ein typisches Beispiel für den Stellenwert von Umweltschutz in den kaspischen Anrainerstaaten ist die Tatsache, dass das russische Umweltministerium im Jahre 2000 aufgelöst und dem Minister für Naturres-

---

[1375] So verabschiedete die Türkei im November 1993 neu Schiffverkehrsreglementierungen für die Türkischen Meerengen und das Marmarameer (Turkish Official Gazette, No. 21815, 11 Jan. 1994; LOSB, No. 27 (1995), S.62). Im internationalen Vergleich und insbesondere im Vergleich zu den am 24. November 1994 in Kraft getretenen *IMO Rules and Recommendations on Navigation through the Straits of Istanbul, Strait of Çanakkale and the Marmara Sea* (*MSC* 63/23, 3 June 1994) waren die türkischen Regelungen wesentlich restriktiver hinsichtlich der Gewährung von Transitrechten für Schiffe durch die Türkischen Meerengen.

[1376] Siehe dazu ausführlich unter: 3. Kap., § 8, B., I..

[1377] Siehe dazu ausführlich unter: 3. Kap., § 8, C. IV..

sourcen unterstellt wurde. Von den ehemaligen Sowjetrepubliken hat nur noch Kasachstan ein Umweltministerium, welches aber wiederum dem Ministerium für Naturressourcen unterstellt ist. Die Mittel für Umweltschutz wurden während der letzten Jahre in den meisten kaspischen Staaten drastisch reduziert[1378].

I. Nationale Gesetzgebungen

Wie an späterer Stelle genauer dargestellt werden wird, ist bis zum gegenwärtigen Zeitpunkt noch kein bindendes regionales Abkommen zum Schutz der kaspischen Meeresumwelt in Kraft, woran sich wohl in den nächsten Jahren nichts ändern wird[1379]. Daher werden die bestehenden nationalen Gesetze, präsidialen Erlasse und Richtlinien der Anrainerstaaten zum Schutz der Umwelt im Allgemeinen und des Kaspischen Meeres im Besonderen noch für eine Weile von besonderem Interesse sein.

In allen Anrainerstaaten finden sich zahlreiche Gesetze, die die Vermeidung der Verschmutzung von Gewässern, einschließlich der des Kaspischen Meeres zum Inhalt haben. In den, die Nutzung der Meeresbodenschätze regelnden nationalen Gesetzen sind auch stets Vorschriften enthalten, die den Lizenznehmer zu einem schonenden Umgang mit der Natur beim Abbau der Bodenschätze anhalten. Allerdings gehen die konkreten vertraglichen Vereinbarungen, die die Regierungen oder die für die Vergabe von Schürfrechten zuständigen Behörden mit den ausländischen Konsortien abschließen, meistens den nationalen Regelungen vor. In diesen finden sich nicht selten Schlupflöcher, um unter bestimmten Vorwänden die vereinbarten Umweltstandards doch nicht einhalten zu müssen.

Im Folgenden sollen die in den Anrainerstaaten bestehenden wesentlichen normativen Quellen zum Schutze der Meeresumwelt mit Bezug zu Offshore-Erdölaktivitäten aufgezeigt werden.

[1378] Seit 1996 fielen die Umweltschutzausgaben Aserbaidschans um 60%, vgl.: *Horsman*, S: The Caspian Sea: The Management and Politicisation of the Environment in a period of Transition.

[1379] Die am 5. November 2003 von allen kaspischen Anrainerstaaten unterzeichnete *Rahmenkonvention zum Schutz der Meeresumwelt des Kaspischen Meeres* (siehe **Anlage 10**) bedarf zunächst noch des sich womöglich noch über Jahre hinziehenden Ratifikationsprozesses und schließlich der Verabschiedung von Protokollen, die die sehr allgemein gehaltenen Bestimmungen der Rahmenkonvention präzisieren.

1. Aserbaidschan

In Aserbaidschan richtet sich die Vergabe von Schürfrechten innerhalb des aserbaidschanischen „Sektors" des Kaspischen Meeres nach dem "*Law on Subsoil*" vom 13. Februar 1998. Darin sind neben der Vergabeprozedur an die Lizenznehmer eine Reihe von Verpflichtungen zur Vermeidung von Verunreinigungen des Meeresbodens und der Meeresumwelt festgelegt worden. Die zwischen der aserbaidschanischen Regierung bzw. dem staatlichen Ölunternehmen *SOCAR* und internationalen Öl-Konsortien abgeschlossenen Verträge[1380] zur Erschließung und Förderung von Erdöl- und -gasvorkommen beinhalten Vorschriften mit Umweltbezug, die weitestgehend der internationalen Praxis entsprechen und zu einem gewissen Maß den Schutz der Meeresumwelt vor Offshore-Aktivitäten sicherstellen könnten. Bemerkenswert ist allerdings unter anderem die Regelung des Artikels 26.4., in welchem vorgesehen ist, dass der Lizenznehmer von umfangreicheren Umweltschutzmaßnahmen für den Fall freigestellt werden kann, dass die Kosten dafür so hoch ausfallen würden, dass die Vertragsverpflichtungen im Ganzen in Mitleidenschaft gezogen werden würden[1381].

Von grundlegender Bedeutung für den Meeresumweltschutz des Kaspischen Meeres ist das "*Environmental Protection Law*"[1382] vom 25. Februar 1992 in seiner im Jahr 1999 erweiterten Form. Neben der Bevollmächtigung des *Staatlichen Komittees für Umwelt* und des *Gesundheitsministeriums*, bindende technische Standards und Umweltschutzbestimmungen zu erlassen[1383], findet sich darin das generelle Erfordernis, die Expertise staatlicher Umweltexperten heranzuziehen, bevor mit wirtschaftlichen Aktivitäten begonnen werden darf.

[1380] Eine umfassende Übersicht der zwischen der aserbaidschanischen Regierung bzw. der Staatlichen Ölfirma Aserbaidschans (*SOCAR*) und ausländischen Erdölunternehmen geschlossenen Verträge unter http://www.barrowscompany.com/bol.htm und Internetseite der Aserbaidschanischen Botschaft in den USA http://www.usacc.org/azerbaijan/oil-offshore.htm. Zum größten Teil handelt es sich dabei um PSAs, deren Besonderheit darin besteht, dass in ihnen sämtliche rechtlichen Aspekte eine über den nationalen Gesetzen stehende Regelung erfahren.

[1381] Vgl.: *Krasnova*, Legal, Regulatory and Institutional Measures for the Protection and Sustainable Management of the Caspian Sea (2.2. Use of mineral resources of the Caspian seabed).

[1382] The law of the Republic of Azerbaijan 'On Nature Protection and Utilisation of Natural Resources', No. 79 (siehe ausführlich dazu: *Tacis*, Assessment of Pollution Control Measures, Azerbaijan, S. 54f.).

[1383] Artikel 49; siehe dazu auch: *Horton/Mamedov*, Azerbaijan's Legal Environment.

Ein so genanntes *Umweltverträglichkeits-Gutachten* (EIA)[1384] muss von der für das jeweilige Projekt zuständigen Person durchgeführt und bezahlt werden und entsprechend dem vom *Staatlichen Umwelt- und Naturverwendungskommittee* herausgegebenen *Handbook for the Environmental Impact Process in Azerbaijan* durchgeführt werden[1385]. Im Übrigen ist neben Kasachstan Aserbaidschan der einzige weitere kaspische Anrainerstaat[1386], der Vertragspartei der *Convention on Environmental Impact Assessment in a Transboundary Context*[1387] ist. Das "*Environment Protection Law*" enthält darüber hinaus besondere Voraussetzungen für bestimmte Schutzzonen und für den Erhalt der Biodiversität[1388], welche grundsätzlich von der erdölfördernden Industrie zu beachten sind[1389].

Auch wenn in Artikel 92 desselben Gesetzes Strafen und Kompensationsverpflichtungen gegenüber solchen natürlichen oder juristischen Personen vorgesehen sind, die gegen Umweltgesetze und -richtlinien verstoßen, kann dies nicht darüber hinwegtäuschen, dass die tatsächliche Ahndung solcher Verstöße oft an der ungünstigen Beweislage scheitert. Es mangelt an Überwachungssystemen und sonstigen Ausrüstungen, um dem Verursacher den Verstoß nachweisen zu können. Zusätzlich werden diese Strafvorschriften in der Regel durch die in Umweltschutzfragen oft großzügigen internationalen Verträge zur Ausbeutung der kaspischen Ressourcen als subsidiär verdrängt.

[1384] *Environmental Impact Assessment.*

[1385] Ausführlich dazu: *Tacis*, Assessment of Pollution Control Measures, Azerbaijan, S. 56ff.; siehe auch: *Krasnova*, Legal, Regulatory and Institutional Measures for the Protection and Sustainable Management of the Caspian Sea (2.6. Legal requirements for the environmental impact assessment).

[1386] Allerdings sind bis zum gegenwärtigen Zeitpunkt noch keine gemeinsamen EIAs zwischen diesen beiden Staaten initiiert worden. Russland hat die Konvention unterzeichnet, aber noch nicht ratifiziert.

[1387] Unterzeichnet am 25. Februar 1991, in Kraft seit dem 10. September 1997 (http://www.unece.org/env/eia/contents.htm; http://sedac.ciesin.org/pidb/texts/environmental.impact.asessment.1991.html).

[1388] Dazu auch im Gesetz "On Wildlife" aus dem Jahre 1999, dem Gesetz "On Fish Propagation" aus dem Jahr 1998 und dem Erlass des Ministerkabinetts vom 22. Januar 1998 zu den "Rules for the Issue of Special Permits for Commercial Propagation and Catch of Aquatic Wildlife and Fish".

[1389] Vgl. dazu: *Krasnova*, Legal, Regulatory and Institutional Measures for the Protection and Sustainable Management of the Caspian Sea (2.4. Regulation of fishing and conservation of biodiversity, 2.7. Legal regime of specially protected areas).

Hinsichtlich der Verlegung von Offshore-Pipelines sind in Aserbaidschan keine expliziten Regelungen mit Bezug auf die von diesen ausgehenden Gefahren für die Meeresumwelt und sonstiger Aktivitäten erlassen worden.

2. Kasachstan

In Kasachstan wurden die Vergabeprozeduren für Schürfrechte im kasachischen „Sektor" des Kaspischen Meeres durch die präsidialen Erlasse (Dekrete) vom 27. Januar 1996 "*On Subsoil and Subsoil Use*"[1390] und vom 28. Juni 1995 "*On Petroleum*"[1391] und dem Gesetz "*On Amendments and Supplements concerning Subsoil Use and Oil Developments*" vom 11. August 1999 geregelt[1392].

Während das "*Law on Environmental Protection*" vom 15. Juli 1997 zusammen mit den damaligen Fassungen der zuvor erwähnten Gesetze dem Umweltschutz bei der Förderung von Erdöl aus dem Kaspischen Becken keine allzu große Bedeutung beigemessen hat, ist an den jüngsten Überarbeitungen der relevanten Gesetze das Bemühen bemerkenswert, dem Umweltschutz einen höheren Stellenwert zu verleihen[1393]. So wurde u.a. klargestellt, dass Kasachstans Umweltgesetze und -regeln Einfluss auf sämtliche Erforschungs- und Förderprojekte haben[1394].

Neben einer Verschärfung der zu beachtenden Umweltstandards findet sich auch eine Spezifizierung der zu beachtenden Voraussetzungen für Erdölprojekte aus umwelttechnischer Sicht[1395].

[1390] Edikt des Präsidenten mit der Wirkung als Gesetz Nr. 2828 und im Jahre 1999 erweitert und umbenannt zu "Subsoil Law" (ergänzt 1999).

[1391] Edikt des Präsidenten mit der Wirkung als Gesetz Nr. 2350, ergänzt und umbenannt im Jahre 1997 in "Petroleum Law" (ergänzt 1997).

[1392] Dazu im Einzelnen: *Basin/Chentsova/Hines*, Kazakhstan's Amended Legal Regime for Natural Resource Development, S. 56ff..

[1393] Eine Übersicht der relevanten Umweltgesetze bei: *Tacis*, Assessment of Pollution Control Measures, Kazakhstan, S. 48f..

[1394] Siehe zum Beispiel Artikel 49.1 und 64.1 des *Subsoil Law* und Artikel 30.1, 30-2.1 und 46 des *Petroleum Law*.

[1395] Der Bau von Unterwasserpipelines bedarf einer besonderen staatlichen Genehmigung, die ebenfalls für sonstige im Kaspischen Meer zu installierende künstliche Anlagen erforderlich ist. Entsprechend Artikel 30-9.3-4 des *Petroleum Law* sind von den Investoren zuvor detaillierte Präventions- und Notfallprogramme zu entwickeln und müssen alle möglichen Maßnahmen zur Vermeidung der Verschmutzung der Meeresumwelt durch Erdölaktivitäten unternommen werden. (Dazu auch: *Basin/Chentsova/Hines*, Kazakhstan's Amended Legal Regime for Natural Resource Development, S. 60; *Valdez*, Legal Considerations of Oil and Erdgas Operations in Kazakhstan).

Der Konflikt mit ausländischen Investoren, die auf die von ihnen mit der kasachischen Seite ausgehandelten garantierten Bestimmungen der PSAs vertrauten, war damit vorprogrammiert und trug nicht gerade zu einer Verbesserung des Investitionsklimas bei[1396].

Besonders relevant hinsichtlich des Umweltschutzes ist weiterhin der Regierungserlass "*On Geophysical Research, Geological Exploitation and Extraction of Oil in the Northern Protected Area of the Caspian Sea*" vom 23. September 1993. Durch einen zusätzlichen Regierungserlass vom 31. Juli 1999 wurden den Lizenznehmern spezifische ökologische Bedingungen auferlegt, um in bestimmten geschützten Gebieten überhaupt tätig werden zu können. So sind sie verpflichtet, ökologisch sensible Zonen zu identifizieren, EIAs[1397] zu erstellen und einen Notfallplan zu entwickeln. Die Verkippung von Abfällen ist verboten und das Bohren von neuen Löchern in nur sehr begrenztem Umfang erlaubt[1398].

3. Russland

In Russland werden die rechtlichen Rahmenbedingungen für die Vergabe von Erdölbohrlizenzen im Wesentlichen[1399] durch das "*Law on Subsoil*" vom 21. Februar 1992[1400] und das "*PSA Law*" vom 30. Dezember 1995[1401] geregelt. Darin finden sich eine Reihe von Verpflichtungen zur Beachtung von Umweltge-

---

[1396] Bemerkenswert ist in diesem Zusammenhang z.B. Artikel 73.1 des *Subsoil Law*, dessen Interpretation unzweideutig klarstellt, dass ebenfalls ältere Verträge, die vor Inkrafttreten der neuen gesetzlichen Bestimmungen abgeschlossen worden waren, gerade im Bereich des Umweltschutzes rückwirkend auch durch ungünstige gesetzliche Veränderungen beeinflusst werden können. (Dazu im Einzelnen: *Basin/Chentsova/Hines*, Kazakhstan's Amended Legal Regime for Natural Resource Development, S. 59, 63f.).

[1397] Eine Auflistung der entsprechenden Erlasse dazu bei: *Tacis*, Assessment of Pollution Control Measures, Kazakhstan, S. 49.

[1398] Ausführlicher dazu unter: *Krasnova*, Legal, Regulatory and Institutional Measures for the Protection and Sustainable Management of the Caspian Sea.

[1399] Ergänzt 1995; Eine Auflistung weiterer Gesetze und präsidialer Erlasse bei: *Kirillova /Zubarev*, Petroleum Legislation of the Russian Federation, S. 405.

[1400] Gesetz Nr. 2395-1, erweitert am 3. März 1995 (vgl.: *Kirillova /Zubarev*, Petroleum Legislation of the Russian Federation, S. 405).

[1401] *Law on Production Sharing* No. 225-FZ, mit präsidialer Genehmigung vom 11. Januar 1996 und erweitert im Dezember 1998 durch Gesetz 19-FZ mit Inkrafttreten Februar 1999 (vgl.: *Rolfe*, Production Sharing Agreements in Russia, S. 280; *Kirillova /Zubarev*, Petroleum Legislation of the Russian Federation, S. 405; http://www.barrowscompany.com/bol.htm).

setzen und -standards, die von den Lizenznehmern zu beachten sind[1402]. Im Gegensatz zu den Investitionsschutzgesetzen anderer Anrainerstaaten des Kaspischen Meeres ist seitens des russischen Gesetzgebers frühzeitig klargestellt worden, dass ausländischen Investoren keine Rechtsstabilität zugesichert wird[1403]. Auch wenn das "*PSA Law*" dazu einige Ausnahmen enthält, so ist in ihm für Umwelt- und Sicherheitsstandards klargestellt worden, dass diese von einer Bestandsgarantie ausgenommen sind[1404].

Regelungen über die Verantwortlichkeit für Erdölverschmutzungen des Meeres, die von Schiffen ausgehen, finden sich in Kapitel 18 und 19 des "*Code of Commercial Navigation*" aus dem Jahre 1999[1405].

Die Verlegung von Unterwasserpipelines ist gemäß dem Gesetz "*On Internal Seas, Territorial Sea and Adjacent Zone of the Russian Federation*" vom 31. Juli 1997 an eine vorherige Genehmigung und an die Beachtung bestimmter Schutzmaßnahmen der Meeresumwelt gebunden[1406].

Generelle Regeln für den Erhalt des Fischbestandes in den russischen Gewässern und deren Biodiversität finden sich im Gesetz "On Wildlife" aus dem Jahre 1995. Es sind noch immer die Fischereibestimmungen aus dem Jahre 1974 in Kraft, die das Kaspische Meer betreffen. Seit Anfang 2000 sind alle auf dem Kaspischen Meer verkehrenden russischen Fischereischiffe durch das Regierungsdekret "*On Introduction of the monitoring of the biological resources and control of the activities of the fishing vessels*" vom 26. Februar 1999 verpflichtet, entsprechende Überwachungsgeräte an Bord mitzuführen, die eine Auf-

---

[1402] So werden in Artikel 16 (2) des *PSA Law* die Lizenznehmer dazu verpflichtet, die entwickelten Standards zum Schutz des Meeresbodens, der Luft, des Wassers und anderer Umweltkomponenten zu beachten. (vgl.: *Makhlina*, How to become a Subsurface User in the Russian Federation, S. 316).

[1403] Durch das "Foreign Investment Law" vom 4. Juli 1991 (http://www.barrowscompany.com/bol.htm), vgl.: *Kirillova /Zubarev*, Petroleum Legislation of the Russian Federation, S. 406.

[1404] Vgl.: *Kirillova /Zubarev*, Petroleum Legislation of the Russian Federation, S. 406; siehe auch: *Makhlina*, How to become a Subsurface User in the Russian Federation, S. 312.

[1405] *Krasnova*, Legal, Regulatory and Institutional Measures for the Protection and Sustainable Management of the Caspian Sea (2.3 Use of the Caspian Sea for navigation, construction and operation of pipelines).

[1406] Vgl.: *Krasnova*, Legal, Regulatory and Institutional Measures for the Protection and Sustainable Management of the Caspian Sea (2.3 Use of the Caspian Sea for navigation, construction and operation of pipelines)).

zeichnung der Schiffsposition und der Menge des auf dem Schiff befindlichen Fischbestandes ermöglichen[1407].

Die Prozeduren für die Durchführung von Umweltgutachten richten sich nach dem Gesetz "*On Environmental Protection*" aus dem Jahre 1992 und dem Gesetz "*On Ecological Expertise*"[1408] aus dem Jahr 1995[1409]. Durch den ministeriallen Erlass "*On the Environmental Impact Assessment*" aus dem Jahre 2000 sind der internationalen Praxis entsprechende Standards zur Durchführung von *Umweltverträglichkeits-Gutachten* eingeführt worden[1410].

Erhebliche Beschränkungen wirtschaftlicher Aktivitäten in einem im nördlichen Teil des Kaspischen Meeres gelegenen Naturschutzgebietes, die auf Grund eines Dekrets des Ministerrates der RSFSR aus dem Jahre 1975[1411] bestanden, sind durch ein Regierungsdekret aus dem Jahre 1998 teilweise aufgehoben worden. Geologische Untersuchungen, Erforschungen und Förderungen von Erdölmineralien sind nunmehr erlaubt, soweit bestimmte ökologische Voraussetzungen beachtet werden[1412].

Die Praxis der tatsächlichen Verfolgung und Ahndung von Umweltstraftaten und -verstößen in Russland stellt sich allerdings nicht anders dar als in den übrigen GUS-Anrainerstaaten. Sie findet lediglich in sehr seltenen Fällen statt.

4. Turkmenistan

Wie in den übrigen GUS-Anrainerstaaten des Kaspischen Meeres befindet sich der Rechtskörper zum Schutze der Umwelt vor schädlichen Einwirkungen, wel-

---

1407 Vgl.: *Krasnova*, Legal, Regulatory and Institutional Measures for the Protection and Sustainable Management of the Caspian Sea (2.4 Regulation of fishing and conservation of biodiversity).

1408 Dazu und eine Auflistung weiterer relevanter Gesetze bei: *Tacis*, Assessment of Pollution Control Measures, Russia, S. 4, 40f..

1409 Law Nr. 174-F3, vom 23. November 1995.

1410 Vgl.: *Krasnova*, Legal, Regulatory and Institutional Measures for the Protection and Sustainable Management of the Caspian Sea (2.6 Legal requirements for the environmental impact assessment).

1411 Dekret "*On a natural protected zone on the Northern Part of the Caspian Sea*" (vgl.: *Krasnova*, Legal, Regulatory and Institutional Measures for the Protection and Sustainable Management of the Caspian Sea (2.7 Legal regime of specially protected areas)).

1412 Dekret "*On Partial Change of the Legal Regime of the Natural Protected Zone of the Northern Part of the Caspian Sea*" (vgl.: *Krasnova*, Legal, Regulatory and Institutional Measures for the Protection and Sustainable Management of the Caspian Sea (2.7 Legal regime of specially protected areas)).

che durch die Petroleumindustrie verursacht werden könnten, auch in Turkmenistan noch immer in einem Entwicklungsstadium[1413]. Trotz mangelnden Umweltbewusstseins und der nötigen finanziellen Mittel ist dem Umweltschutz in Turkmenistan nicht zuletzt auf Grund des Drucks internationaler Finanzierungsinstitutionen, wie der Weltbank, in den letzten Jahren mehr Bedeutung beigemessen worden[1414].

So finden sich in der im Jahre 1999 erweiterten Form des "*Petroleum Law*" von 1996[1415] zahlreiche Bestimmungen, welche mehr oder weniger konkrete Anforderungen an den Umweltschutz für Erdölaktivitäten stellen[1416]. In den durch das präsidiale Dekret Nr. 4416 erlassenen "*Operations Rules*" finden sich in Kapitel IX detaillierte Regeln zum Umweltschutz und in Kapitel XI spezielle Regeln für Offshore-Aktivitäten[1417].

Darüber hinaus beinhaltet der *Mustervertrag für PSAs*[1418] eine Reihe von Umweltanforderungen, welche von den Vertragsparteien zu beachten sind[1419].

[1413] Einen Überblick über die neusten Entwicklungen bei der turkmenischen Petroleum-, Investitions- und Umweltgesetzgebung bei: *Hines*, Turkmenistan's Oil and Erdgas Sector; *Rainer*, Turkmenistans Öl- und Erdgassektor; *Dallayevich/Zargarli-Fikretogli*, Turkmenistan: Program for Economic Reforms; *Hammond/Yakovlev*, Oil and Erdgas Projects in Turkmenistan; *Krasnova*, Legal, Regulatory and Institutional Measures for the Protection and Sustainable Management of the Caspian Sea; *Tacis*, Assessment of Pollution Control Measures, Turkmenistan).

[1414] So sind die EIA Prozeduren den von der EBRD und der Weltbank verwendeten Standards angepasst worden. (vgl.: *Krasnova*, Legal, Regulatory and Institutional Measures for the Protection and Sustainable Management of the Caspian Sea (2.6 Legal requirements for the environmental impact assessment)).

[1415] *Law on Hydrocarbon Resources* vom 30. Dezember 1996, ergänzt durch eine Reihe von Verwaltungsvorschriften im Jahre 1999 und 2000 (vgl.: *Hines*, Turkmenistan: Overview of the Legal Regime for Foreign Investment, S. 1).

[1416] Artikel 37: "petroleum operations are to be carried out with observance of the requirements of environmental protection", Artikel 31: "prohibition on the dumping or storage of petroleum operations waste in the sea", Artikel 44: "contractors required to submit a plan for environmental protection measures in advance".

[1417] Decree of the President No. 4416, *On Further Measures to Improve the Principles of the Use of Hydrocarbon Resources* vom 22. Oktober 1999.

[1418] Decree of the President No. 3189 "*On Measures for the Realisation of the Law of Turkmenistan on Hydrocarbon Resources*" (Decree on the Competent Body and Model Contracts).

[1419] So besagt Artikel 28.2 *Model PSA*: "In order to protect and preserve the natural environment, including flora, fauna and marine life of the contract area, including in particular the special ecological conditions of the Caspian Sea [contractors] shall implement such environment protection actions as are dictated by good oilfield practice." (ausführlicher: *Hines*, Turkmenistan's Oil and Erdgas Sector, S. 155).

5. Islamische Republik Iran

Sowohl traditionell als auch hinsichtlich der aktuell praktizierten Umweltpolitik unterscheidet sich die Politik des Irans nicht unerheblich von der der anderen Anrainerstaaten des Kaspischen Meeres. Zum einen haben religiöse Prinzipien und Gewohnheitsrechte einen Einfluss auf die, die Naturressourcen und den Umweltschutz betreffenden Gesetze[1420]. Auf der anderen Seite sind zumindest im kaspischen Raum Berichte über Umweltstraftaten relativ selten, da drakonische Strafandrohungen und ein funktionierendes Überwachungssystem eine abschreckende Wirkung entfalten[1421].

Neben der allgemeinen Verpflichtung zum Umweltschutz wie sie in Artikel 50 der iranischen Verfassung festgeschrieben worden ist, finden sich die grundsätzlichen Regeln für die zu erfüllenden Voraussetzungen für die Vergabe von Schürfrechten seitens der iranischen Regierung im "*Environmental Protection and Enhancement Act*" und dem "*Law of Mines*" aus dem Jahre 1998[1422]. Darin findet sich kein explizites Verbot für die Erkundung und Förderung von Mineralien innerhalb von Umweltschutzgebieten. Allerdings ist ausdrücklich für die acht entlang der iranischen Küste gelegenen Umweltschutzgebiete eine Genehmigung vom *Higher Environmental Council* einzuholen[1423].

Entlang der iranischen Küste des Kaspischen Meeres gibt es kaum Fälle illegalen Fischens. Ein staatliches iranisches Fischereiunternehmen besitzt die alleinigen Rechte, im Kaspischen Meer zu fischen. Die Befolgung dieser Regelung wird vom iranischen Umweltministerium strikt kontrolliert[1424].

Hinsichtlich der Durchführung von *Umweltverträglichkeits-Gutachten* gibt es im Iran keine Standardprozeduren im üblichen Sinne. Das Ministerium für

---

1420 Vgl.: *Brexendorff/Ule*, Investing in the Iranian Oil & Gas Industry, S. 9.

1421 Vgl.: *Krasnova*, Legal, Regulatory and Institutional Measures for the Protection and Sustainable Management of the Caspian Sea (2.10 Liability for environmental wrongs, including compensation of damages caused by an environmental violation).

1422 Die Berechtigung der iranischen Regierung ergibt sich aus Artikel 45 der Iranischen Verfassung (vgl.: *Brexendorff/Ule*, Investing in the Iranian Oil & Gas Industry, S. 10.

1423 *Krasnova*, Legal, Regulatory and Institutional Measures for the Protection and Sustainable Management of the Caspian Sea (2.2 Use of mineral resources of the Caspian seabed; 2.8 Environmental standards and limitations).

1424 Das Fischen und der Schutz seltener und bedrohter Tierarten sind geregelt im "*Game and Fish Law*" von 1967 (ergänzt 1996) und dem "*Law on the Protection of the Natural Resources and Forest Reserves*" aus dem Jahre 1992.

Umweltschutz ist lediglich dazu ermächtigt, zu überprüfen, ob ein Projekt in Einklang mit der Umweltgesetzgebung betrieben wird[1425].

6. Schlussfolgerung

Auch wenn sich der Analyst auf den ersten Blick in der Jurisdiktion der Anrainerstaaten des Kaspischen Meeres einer Fülle von Gesetzen und sonstiger Erlasse mit normativer Wirkung zum Schutze der Umwelt gegenüber sieht, so kann diese nicht über die Tatsache hinwegtäuschen, dass es sich dabei oft um sehr allgemein gehaltene und insbesondere bei den neuen unabhängigen Staaten noch immer im Sinne früherer Sowjetgesetzgebung gefärbte Bestimmungen handelt[1426]. Die von den kaspischen Staaten verwendeten nationalen und internationalen[1427] Umwelt- und Technikstandards sind hoffnungslos veraltet und zwischen den Anrainerstaaten nicht standardisiert. Erheblicher Nachholbedarf besteht vor allem in der Entwicklung funktionierender Überwachungssysteme zur Einhaltung von Umweltvorschriften, die für eine wirksame Verfolgung von Umweltstraftaten unentbehrlich sind.

II. Regionales Umweltrecht

1. "Caspian Environmental Programme"

Im Rahmen der regionalen Kooperation zum Schutze der kaspischen Umwelt ließen sich erste greifbare Erfolge seit dem 10. Treffen der *Caspian Working Group* im Juli 2003 in Moskau verzeichnen. Sowohl der Iran als auch Turkmenistan kündigten auf diesem Treffen an, ihre bisherige Blockadehaltung gegenüber der Unterzeichung der *Rahmenkonvention zum Schutz der Umwelt des Kaspischen Meeres*[1428] (Kaspische Rahmenkonvention) aufzugeben. Tatsächlich

---

[1425] *Krasnova*, Legal, Regulatory and Institutional Measures for the Protection and Sustainable Management of the Caspian Sea (2.6 Legal requirements for the environmental impact assessment).

[1426] Vereinzelt lassen sich Beispiele finden, wo auf einem veralteten Grundgerüst, wenn nötig, relativ effektive Zusatzreglementierungen getroffen worden sind. Hier ist in gewisser Weise der Iran positiv zu erwähnen, dessen Umweltgesetzgebung noch aus den 70er Jahren herrührt, in wesentlichen Punkten allerdings effektiv erweitert worden ist.

[1427] So wird bei den meisten kaspischen Erdölprojekten immer noch der BATNEEC (Best Available Technology Not Entailing Excessive Costs) Standard verwendet, anstatt den BAT (Best Available Technology) Standard, als den mittlerweile im internationalen Umweltrecht durchgesetzten.

[1428] *Framework Convention for the Protection of the Marine Environment of the Caspian Sea*, Text in **Anlage 10**.

unterzeichneten schließlich alle vier Anrainerstaaten am 4. November 2003 in Teheran diese Rahmenkonvention[1429]. Auch wenn damit eine erste wichtige Hürde auf dem Weg zu einem funktionierenden gemeinsamen Umweltmanagement des Kaspischen Meeres genommen worden ist, kann es nun noch Jahre dauern, bis diese Konvention durch die entsprechenden nationalen Instanzen ratifiziert, in nationale Gesetze eingearbeitet und in praktische Taten umgesetzt ist[1430].

Der Unterzeichnung der *Kaspischen Rahmenkonvention* gingen jahrelange Bemühungen des UNEP, der Weltbank, des UNDP und des von der EU geförderten *TACIS*-Programms voraus, die kaspischen Anrainerstaaten zur Zusammenarbeit im Bereich des Umweltschutzes zu animieren und dabei zu unterstützen. Zu diesem Zweck ist das so genannte *Caspian Environmental Programme* ins Leben gerufen worden.

Als eines der ersten Ergebnisse kann die Errichtung von in allen fünf Ländern gegründeten thematischen Zentren mit verschiedenen Aufgabenstellungen im Rahmen der Entwicklung so genannter *National Caspian Action Plans* und Vereinheitlichung von Umweltstandards aufgezeigt werden.

Zusammen mit dem UNEP war recht bald der Entwurf zur *Kaspischen Rahmenkonvention* gelungen, deren Unterzeichnung wegen verschiedener Vorbehalte und Interessenkonflikte einiger Anrainerstaaten jedoch lange nicht zustande gekommen ist. Ein Hauptgrund für das Scheitern der Implementierung war unter anderem der bis heute ungeklärte völkerrechtliche Status des Kaspischen Meeres, der unmittelbare Auswirkungen auf das Umweltmanagement für das Kaspischen Meer hat.

2. Bestimmungen der Rahmenkonvention zum Schutz der Umwelt des Kaspischen Meeres

Auch nach der im November 2003 erfolgten Unterzeichung der *Rahmenkonvention zum Schutz der Umwelt des Kaspischen Meeres* hat der ungeklärte Status des Kaspischen Meeres bezüglich der Ausübung souveräner Hoheitsrechte, der Anwendbarkeit und Durchsetzung nationaler Umweltgesetze und -standards

---

[1429] 'Caspian Sea pact agreed', *BBC* Wednesday, 5 November 2003, 05:50 GMT.

[1430] Siehe entsprechende Bemerkungen auch in: 'Turkmenistan Walks Away From Caspian Sea Treaty', *U.N.WIRE* vom 11. November 2003 (*Reuters*, Environmental News Network, Nov. 5).

noch einen erheblichen Einfluss auf die tatsächliche Umsetzung der in der Rahmenkonvention festgelegten Zielstellungen und Prinzipien.

Unabhängig davon ist der sehr allgemein und unverbindlich gehaltene Text der Rahmenkonvention auffällig. Die Anrainerstaaten sind darin angehalten, auf kooperativer Ebene Maßnahmen zur Begrenzung und Kontrolle der land- oder seegestützten Verunreinigung des Kaspischen Meeres zu treffen und den Bestand der kaspischen Fauna zu schützen. In 9 Kapiteln und 37 Artikeln findet sich eine Zusammenstellung von Absichtserklärungen unter Berücksichtigung der den Minimalstandards des internationalen Umweltrechts entsprechenden Prinzipien. Die Regelung so wichtiger Bereiche, wie der vom Meeresbodenbergbau, der Erdölförderung[1431] und der von Schiffen[1432] ausgehenden Verschmutzungsgefahren findet in der Rahmenkonvention lediglich eine kurze Erwähnung und ist zur spezifischen Reglementierung an die Erstellung von entsprechenden Protokollen verwiesen worden.

Obwohl in Artikel 1 als Definition für den Terminus "Dumping" die Versenkung von Erdölplattformen und anderer im Kaspischen Meer errichteter künstlicher Anlagen[1433] eingeschlossen ist, findet sich im Artikel 10, der explizit die Verschmutzung des Meeres betrifft, kein Hinweis auf den Umgang mit nicht mehr verwendeten Offshore-Anlagen[1434].

[1431] Artikel 8. Pollution from Seabed Activities: The Contracting Parties shall take all approporate measures to prevent, control and reduce pollution of the Caspian Sea resulting from seabed activities. They are encouraged to co-operate in the development of protocols to this Convention to that effect.

[1432] Artikel 10. Pollution Caused by Dumping: 1. The Contracting Parties shall take all appropriate measures to prevent, hindrance, reduce and control pollution of the Caspian Sea caused by dumping from vessels and aircraft registered in their territory or flying their flag. 2. The Contracting Parties shall co-operate in the development of protocols to the Convention prescribed agreed measures, procedures and standards to that effect. [...].

[1433] Die Problematik des Umgang mit außer Dienst gestellten Erdölplattformen und anderer auf dem Meer oder Meeresboden installierter künstlicher Anlagen ist in den vergangenen Jahrzehnten verstärkt in das öffentliche Bewusstsein gedrungen und in der westlichen Welt verstärkt Gegenstand sowohl internationaler und regionaler Abkommen, als auch nationaler Gesetzgebungen geworden. (Siehe dazu Ausführungen unter: 3. Kap., § 9, C., III..

[1434] Es bleibt zu hoffen, dass sich die Vertragsstaaten dieser Problematik im Rahmen eines Zusatzprotokolls mit denen mit dem Meeresbodenbergbau verbundener Umweltrisiken auseinandersetzten, wie dies grundsätzlich in Artikel 8 vorgesehen ist. (Kritisch ebenfalls: *Sievers*, The Caspian, Regional Seas, S. 379ff.).

In Kapitel IV werden die Unterzeichnerstaaten dazu angehalten, Umweltschutzprogramme zum Erhalt und dem Schutz der Meeresumwelt zu erlassen und zusammen entsprechende Protokolle zu entwerfen. Kapitel V verpflichtet die Staaten so genannte *Umweltverträglichkeits-Gutachten* für Projekte vorzuschreiben, die einen erheblichen Einfluss auf die Meeresumwelt des Kaspischen Meeres haben. Die Vertragsstaaten sollen des Weiteren bei der Erstellung einheitlicher Überprüfungsprozeduren, Überwachungsmechanismen und der Forschung zusammenarbeiten[1435].

Schließlich wurde durch Kapitel VI eine Organisation zum Schutze der Meeresumwelt des Kaspischen Meeres - die Konferenz der Vertragsparteien und das entsprechende Sekretariat - ins Leben gerufen und damit eine Institution geschaffen, die im Hinblick auf internationale Flüsse und Seen bereits eine bis ins 19. Jahrhundert zurückgehende Tradition aufweist. Solche internationalen administrativen Institutionen haben sich als wirksames völkerrechtliches Instrument zur Überwachung und Weiterentwicklung der internationale Gewässer betreffenden völkerrechtlichen Verträge erwiesen[1436].

Trotz der nunmehr erfolgten Unterzeichnung der *Rahmenkonvention zum Schutz der Umwelt des Kaspischen Meeres* bleibt deren tatsächlicher positiver Effekt auf die Vermeidung der Verschmutzung des Kaspischen Meeres, wie sie u.a. verstärkt durch die zunehmenden Erdölaktivitäten im Kaspischen Meer auftreten können, abzuwarten. Diese Rahmenkonvention bedarf zunächst einer Ratifikation aller Anrainerstaaten, um sodann auf dem Wege regelmäßiger Treffen im Rahmen der Konferenz der Vertragsstaaten in kooperativer Weise den Konventionsrahmen mit Inhalt zu füllen.

Im Vergleich zu der am 6. Oktober 1996 in Kraft getretenen und von immerhin Aserbaidschan, Kasachstan und Russland ratifizierten *Konvention zum Schutz und der Benutzung von grenzüberschreitenden Wasserläufen und internationa-*

1435 Kasachstan, Russland und Turkmenistan sind Vertragsstaaten der 1998er *Aarhus Convention on Access to Information, Public Participation in Decision-Making and Access To Justice in Environmental Matters*, 25 Juni 1998, U.N. Doc, ECE/CEP/43 (1998) (http://untreaty.un.org/English/notpubl/27-13eng.htm.).

1436 Ausführlich dazu: *Bruhács*, The Law of Non-navigational Uses of International Watercourses, S. 210ff.; vgl. auch: *Torka*, Nichtnavigatorische Wassernutzung: Mechanismen der Internationalen Zusammenarbeit).

len Seen (Helsinki Konvention)[1437] zeigt diese Rahmenkonvention noch zahlreiche Regelungslücken auf.

Es soll daher im Folgenden untersucht werden, was das internationale Recht und die "good state practice" empfehlen, um eine weitere unkontrollierte Verschmutzung der Meere zu verhindern.

Seit dem Beginn verstärkter Offshore-Erdölaktivitäten und der damit verbundenen Entwicklung rechtlicher Grundsätze hat vor allem in den letzten 20 Jahre im internationalen Umweltrecht eine beachtliche Entwicklung im Vertrags- und Gewohnheitsrecht stattgefunden. Zahlreiche bilaterale und multilaterale Abkommen sind verabschiedet worden, die sich direkt oder indirekt mit den Gefahren beschäftigen, die für die Umwelt von der Förderung und dem Transport von offshore gefördertem Erdöl ausgehen.
Auch die Problematik der Entsorgung alter Offshore-Erdöl- und Erdgasinstallationen[1438], wie zum Beispiel Plattformen und Pipelines ist Gegenstand zahlreicher internationaler Verträge und Richtlinien geworden.

Zusammen könnten sie ein Indikator für ein sich möglicherweise entwickelndes Gewohnheitsrecht auf diesem Gebiet des internationalen Umweltrechts sein oder zumindest ein wachsendes öffentliches und staatliches Bewusstsein für die mit der Offshore-Erdölproduktion verbundenen Umweltrisiken[1439] aufzeigen.

C. Das relevante internationale Umweltvölkerrecht

I. Völkerrechtliche Übereinkommen zum Schutz internationaler Binnengewässer

Während sich erst Ende der 60er Jahre des letzten Jahrhunderts Regeln und Prinzipien herauszubilden begannen, die als Gesamtheit den Schluss zuließen, dass der Schutz der Umwelt nunmehr in den Regelungsbereich des Völkerrechts

---

[1437] *Convention on the Protection and Use of Transboundary Watercourses and International Lakes*, vom 17. März 1992, Helsinki (Text unter: http://www.unece.org/env/water/text/water_convention/text11toc.htm). (Stand 19.03.2004). (vgl.: http://www.unece.org/env/water/status/lega_wc.htm).

[1438] Allgemein zur völkerrechtlichen Problematik von Offshore-Anlagen vgl.: *Esmaeili*, The Legal Regime of Offshore Oil Rigs; *Fitzpatrick*, Künstliche Inseln und Anlagen auf See.

[1439] Ausführlich zu der Problematik bei: *Renger*, Recht und Praxis der Haftung und Entschädigung für Erdölverschmutzungsschäden auf See; *Gavouneli*, Pollution from Offshore Installations.

fallen würde, finden sich auf bilateraler Ebene bereits ab dem Ende des 18. Jahrhunderts internationale Übereinkommen zum Schutz von internationalen Binnengewässern[1440]. Auch wenn dem Begriff des internationalen Umweltschutzes zum damaligen Zeitpunkt noch keine konkrete Inhaltsbestimmung zugewiesen war, so finden sich in diesen Abkommen erste Beispiele eines internationalen Ressourcenmanagements.

Bis zum heutigen Zeitpunkt sind über 200 Verträge, die sich mit der Verschmutzungsproblematik von internationalen Flüssen und Seen auseinandersetzen, auf völkerrechtlicher Ebene verabschiedet worden[1441], darunter solche von erheblicher Bedeutung, wie der *Vertrag zum Schutz des Bodensees vor Verschmutzung* aus dem Jahre 1960, der *Great Lakes Water Quality Vertrag* aus dem Jahr 1972[1442] und die beiden Verträge zum Schutz des Rheins aus dem Jahre 1976[1443].
All diese sind dem Umweltvölkerrecht zurechenbar und haben darüber hinaus die Entwicklung des Umweltgewohnheitsrechts nachhaltig beeinflusst[1444].

Allerdings wies die internationale Staatenpraxis ab der – durch ein rasantes industrielles Wachstum bestimmten – zweiten Hälfte des 20. Jahrhunderts einen hohen Grad an Toleranz hinsichtlich der Verschmutzung internationaler Gewässer auf[1445]. So wurden die von der *International Law Association* (*ILA*) angesichts der zunehmenden wirtschaftlichen Nutzung und damit einhergehenden Verschmutzung von internationalen Wasserläufen entwickelten so genannten

---

[1440] So finden sich z.B. im *Jay-Vertrag* von 1794 und dem *Webster-Ashburton-Vertrag* von 1842 zwischen den Vereinigten Staaten und Großbritannien entsprechende Regelungen betreffend der Großen Seen. (vgl.: *von Heinegg*, in: Ipsen (Hrsg.), Völkerrecht, S. 855).
[1441] Vgl. *Bruhács*, The Law of Non-navigational Uses of International Watercourses, S. 194ff. m.w.N..
[1442] In seiner 1978 erweiterten Fassung; ausführlich: vgl. *Bruhács*, The Law of Non-navigational Uses of International Watercourses, S. 194 ff, und dort m.w.N. in Fn. 31.
[1443] Ausführlicher dazu: *Bruhács*, The Law of Non-navigational Uses of International Watercourses, S. 194 ff, und dort m.w.N. in Fn. 32.
[1444] Vgl. dazu ausführlich: *Dellapenna*, Treaties as Instruments for Managing Internationally-Shared Water Resources; *Wouters*, National and International Water Law; *von Däniken*, Die Binnenschiffahrt im Europäischen Wirtschaftsraum; *von Heinegg*, in: Ipsen (Hrsg.), Völkerrecht, S. 863ff., mit Beispielen von bi- und multilateralen Verträgen über die Auftteilung der Nutzungsrechte und des Ressoucenmanagements an internationalen Binnengewässern und die Vermeidung derer Verschmutzung.
[1445] *Bruhács*, The Law of Non-navigational Uses of International Watercourses, S. 198, dort Fn. 50.

Helsinki Regeln[1446], in denen in 37 Artikeln die wichtigsten Aspekte der nichtschifffahrtsmäßigen Nutzung internationaler Wasserläufe – darunter auch solche der Gewässerverschmutzung[1447] – behandelt wurden, von einer Mehrheit der Staatengemeinschaft nie als verpflichtend anerkannt[1448].

Auch wenn sich im Schiedsgerichtsurteil zum *Lake Lanoux*-Fall implizit ein Verbot der Verschmutzung von internationalen Binnengewässern wieder findet[1449], und ein Großteil der in der auslaufenden zweiten Hälfte des 20. Jahrhunderts anerkannten Rechtsexperten davon ausging, dass sich im Völkerrecht eine Verpflichtung dahingehend entwickelt habe, dass internationale Wasserläufe vor der Verschmutzung zu schützen seien[1450], so überwog in der Praxis oft ein pragmatischer Ansatz.

So ließ sich im Laufe der letzten Jahrzehnte eine Tendenz vom generellen Verbot der Verschmutzung hin zu einem, die wirtschaftlichen Aspekte berücksichtigenden Ansatz feststellen. In den Verträgen jüngeren Datums sind die Vertragsstaaten oft lediglich dazu aufgefordert, die erforderlichen Maßnahmen gegen eine Verschmutzung zu treffen. Dies gilt auch für den *Great Lakes Water Quality Vertrag* aus dem Jahr 1972 und die beiden Verträge zum Schutz des Rheins aus dem Jahre 1976[1451].

In Anbetracht dessen, dass die wenigsten der die internationalen Seen und Wasserläufe betreffenden bi- oder multilateralen Verträge umweltrechtliche Aspekte beinhalteten und auch keine einheitliche – Verschmutzungsaspekte berücksichtigende – Staatenpraxis vorhanden war, sah sich die *United Nations Economic Commission for Europe* (UNECE) veranlasst, ein internationales Vertragswerk zu initiieren, welches sich neben der wirtschaftlichen Nutzung von grenzüberschreitenden Wasserläufen und Seen auch mit den im Zusammenhang stehenden umwelttechnischen Belangen auseinander setzt.

1446 *Helsinki Rules on the Uses of the Waters of International Rivers* (*ILA*, 52nd Report (1966), S. 478-533).

1447 In Artikel X, para 1/b der *Helsinki Rules* heißt es dazu: "Consistent with the principle of equitable utilization, [...] a State [...] should take all reasonable measures to abate existing water pollution in an international drainage basin to such an extent that no substantial damage is caused in the territory of a co-basin State" (*ILA*, 52nd Report, 1966, S. 497).

1448 *Bruhács*, The Law of Non-navigational Uses of International Watercourses, S. 19.

1449 *RGDIP* 1958, S. 102.

1450 Evensen's First Report (UN Doc. A/CN./4/367), para. 167.

1451 *Bruhács*, The Law of Non-navigational Uses of International Watercourses, S. 196f..

In der von mittlerweile 34 Staaten und der Europäischen Union unterzeichneten und ratifizierten 1992er *Helsinki Konvention*[1452] und den dazugehörigen Protokollen[1453] finden sich zahlreiche Bestimmungen, die über die Kodifizierung in diesem Bereich bereits herausgebildeter gewohnheitsrechtlicher Normen hinaus auch eine Weiterentwicklung derselben beinhalten. In Anbetracht dessen und der bisher relativ geringen internationalen Resonanz kann noch nicht von einem Völkergewohnheitsrecht darstellenden Vertragswerk gesprochen werden, das die Nutzung und dem Schutz von internationalen Wasserläufen und Seen beinhaltet. Auch wenn bisher lediglich drei Anrainerstaaten des Kaspischen Meeres diese Konvention unterschrieben bzw. ratifiziert haben, so bietet sie den Anrainerstaaten ein gewisses Rahmenvertragswerk und zahlreiche Richtlinien, die bei der Entwicklung eines eigenen Reglements zur Nutzung und Umweltschutz des Kaspischen Meeres Berücksichtigung finden könnten. Entgegen den Bestimmungen der *Kaspischen Rahmenkonvention* finden sich in der *Helsinki Konvention* neben einem ausführlich geregelten Streitschlichtungsmechanismus[1454] in Annex I ebenfalls eine ausführliche Definition für den Begriff der "Best Available Technology"[1455] und in Annex II Richtlinien für die Entwicklung von "Best Environmental Practices"[1456].

Da mithin der Schutz internationaler Binnengewässer aus völkerrechtlicher Sicht in nur beschränktem Umfang geregelt worden ist, soll im Folgenden weiter untersucht werden, ob und inwieweit die Prinzipien des allgemeinen Umweltvölkerrechts auch Einfluss auf den Schutz der Meeresumwelt des Kaspischen Meeres haben.

[1452] *Convention on the Protection and Use of Transboundary Watercourses and International Lakes*, vom 17. März 1992, Helsinki (Text unter: http://www.unece.org/env/water/text/water_convention/text11toc.htm). Von den kaspischen Anrainerstaaten haben lediglich Aserbaidschan, Kasachstan und Russland diese am 6. Oktober 1996 in Kraft getretene Konvention unterzeichnet bzw. ratifiziert (Stand 19.03.2004). (vgl.: http://www.unece.org/env/water/status/lega_wc.htm).

[1453] *Protocol on Water and Health* vom 17. Juni 1999, London (von den kaspischen Anrainerstaaten nur von Aserbaidschan und Russland unterzeichnet bzw. ratifiziert) und *Protocol on Civil Liability* vom 21. Mai 2003, Kiew (von den kaspischen Anrainerstaaten nicht unterzeichnet worden) (vgl.: http://www.unece.org/env/water/).

[1454] Artikel 22, Annex IV der *Helsinki Konvention.*

[1455] Artikel 1 Nr. 7.; 3 Nr. 1 (c), (f) der *Helsinki Konvention;* Artikel 7 (f) der *Kaspischen Rahmenkonvention.*

[1456] Artikel 1 Nr. 7.; 3 Nr. 1 (g) der *Helsinki Konvention.*

II. Allgemeine Umwelt- und Klimaschutzabkommen

1. Die 1972er Stockholmer Konferenz

Der Konflikt zwischen dem Prinzip der absoluten territorialen Souveränität der Staaten und der oft auch grenzüberschreitenden Umweltverschmutzung fand auf multilateraler Ebene das erste Mal im Rahmen der *Stockholmer Konferenz* von 1972 Berücksichtigung. So fand in *Prinzip 21*[1457], einer allerdings unverbindlichen Schlusserklärung, der Grundsatz Anerkennung, dass die Staaten „durch Tätigkeiten innerhalb ihres Hoheits- und Kontrollbereichs der Umwelt in anderen Staaten oder in Gebieten außerhalb ihres Hoheitsbereichs" keinen Schaden zufügen dürfen. Dieses Prinzip hat seine Bestätigung in zahlreichen Entscheidungen des Internationalen Gerichtshofes[1458], in Schiedsgerichtsentscheidungen[1459] und internationalen Konventionen gefunden und sich nach verbreiteter Ansicht mittlerweile zu einer völkergewohnheitsrechtlich anerkannten Norm entwickelt[1460].

2. Die 1992er Konferenz von Rio de Janeiro

So setzte sich die Völkergemeinschaft auf der *Konferenz von Rio de Janeiro* im Jahre 1992 mit der Problematik der grenzüberschreitenden Umweltverschmutzung neben einer Reihe weiterer Aktivitäten, wie dem Einfluss, der durch die von der Erdöl- und Erdgasindustrie offshore errichteten Installationen, auf die Meeresumwelt, auseinander.

Auf der Konferenz wurden neben der *UN-Framework Convention on Climate Change* ebenfalls die *Convention on Biological Diversity*[1461] abgeschlossen. Auch die rechtlich unverbindlichen *Rio-Declaration on Environment and Deve-*

[1457] UN Doc. A/CONF. 48/ 14, 16 June 1972, S. 1416.

[1458] Siehe *Corfu Channel*-Fall, (U.K. vs. Albania), Merits, *ICJ. Rep.* (1949), 4, 22-23; *ICJ Advisory Opinion on the Legality of the Threat or Use of Nuclear Weapons, I.C.J. Rep.* 1996, 241f. (vgl. dazu ausführlich: *Hunter/Salzman/Zaelke*, International Environmental Law and Policy, S. 348f.; *von Heinegg*, in: *Ipsen* (Hrsg.), Völkerrecht, S. 913f.).

[1459] Die entsprechende Leitentscheidung findet sich in der *Trailer Smelter*-Schiedsgerichtsentscheidung, in der sich die *International Joint Commission* mit der Frage der Zulässigkeit von grenzüberschreitender Luftverschmutzung an der USA-Kanadischen Grenze auseinander zu setzen hatte. (vgl. dazu ausführlich: *Hunter/Salzman/Zaelke*, International Environmental Law and Policy, S. 346).

[1460] *Hunter/Salzman/Zaelke*, International Environmental Law and Policy, S. 252, 321.

[1461] Sie ist von allen fünf kaspischen Anrainerstaaten bereits ratifiziert worden. (vgl.: 'Legal, Regulatory and Institutional Measures for the Protection and Sustainable Management of the Caspian Sea Ecosystem in the Riparian States', http://www.caspianenvironment.org/lrei/report_211.htm, Punkt 2.11. Legal regulation of international cooperation).

lopment (Rio-Deklaration) und die *Agenda 21* sind verabschiedet worden. Auch wenn deren Befolgung bisher zu wünschen übrig lässt, belegt die Praxis seit 1992, dass sich die Staaten bei der Ausgestaltung internationaler Umweltschutzabkommen an den Grundprinzipien der *Rio-Deklaration* und der *Agenda 21* orientieren[1462].
Eines der Hauptziele der *Rio-Deklaration* war es, den Ausstoß von Treibhausgasen in die Atmosphäre, die auch beim Verbrennen von Kohlenwasserstoffen entstehen, durch geeignete nationale und regionale Programme zu verringern. Die tatsächlich durchzuführenden Maßnahmen und deren Reichweite blieben jedoch weitestgehend unspezifiziert.
Im Konkreten findet sich in Artikel 2 der *Rio-Deklaration* ein expliziter Hinweis auf das sich im Völkergewohnheitsrecht herausgebildete *sic utere tuo ut alienum non laedas*-Prinzip[1463]. In der *Agenda 21,* Kapitel 17 wird ausdrücklich auf die von Offshore-Erdöl- und Erdgasoperationen ausgehende Gefahr für die Meeresumwelt aufmerksam gemacht und die Staaten werden dazu aufgefordert, Gesetze und Bestimmungen zu erlassen, die es ermöglichen, diese Gefahr zu minimieren.

Darüber hinaus erfolgte in der *Convention on Biological Diversity* eine Auflistung und Analyse der Prozesse und Aktivitäten menschlichen Handelns, welche einen signifikanten Einfluss bzw. eine Bedrohung des Erhalts der Artenvielfalt haben. Die Konvention kommt schließlich zu dem Ergebnis, dass die Staaten dazu angehalten sind, ein System geschützter Gebiete ("protected areas") zu errichten, in denen insbesondere die potentiell erhebliche Gefahr, welche von der Installation und dem Betreiben von Offshore-Plattformen und –Pipelines ausgehen kann, absolut vermieden wird.

3. Das 1997er Übereinkommen zum Recht der nicht-schifffahrtlichen Nutzung internationaler Wasserläufe

Eines der jüngsten völkervertraglichen Beispiele für die Berücksichtigung der mittlerweile völkergewohnheitsrechtlich anerkannten Prinzipien des internationalen Umweltrechts[1464] im Allgemeinen und der grenzüberschreitenden Verschmutzungsproblematiken bei internationalen Binnengewässern im Besonderen findet sich im *ILC-Übereinkommen zum Recht der nicht-schifffahrtlichen*

1462 Vgl. *von Heinegg*, in: *Ipsen* (Hrsg.), Völkerrecht, S. 858.
1463 Dazu ausführlich: *Caflisch*, Sic utere tuo ut alienum non laedas.
1464 Dazu ausführlich: *Hunter/Salzman/Zaelke*, International Environmental Law and Policy, S. 225ff., 318ff.; *von Heinegg*, in: *Ipsen* (Hrsg.), Völkerrecht, S. 907ff..

Nutzung internationaler Wasserläufe[1465]. Da dieses Übereinkommen lediglich auf fließende internationale Wasserläufe Anwendung finden soll[1466], sind dessen Bestimmungen nicht direkt auf das Kaspische Meer übertragbar, allerdings findet darin eine Vielzahl völkerrechtlicher Prinzipien des maritimen und Binnengewässer-Umweltrechts ihre Bestätigung[1467]. Dazu zählen neben dem Grundsatz der billigen und vernünftigen Nutzung und Teilhabe[1468] auch das Verbot der Verursachung wesentlicher Schäden in anderen Anliegerstaaten durch Gewässerverschmutzung auf eigenem Territorium[1469] und die allgemeine Pflicht zur Zusammenarbeit[1470].

Obgleich in einer Reihe weiterer internationaler Konventionen[1471] das *sic utere tuo ut alienum non laedas*-Prinzip seine grundsätzliche Bestätigung findet, kann noch nicht davon gesprochen werden, dass es sich um ein absolutes Recht handelt. Vielmehr kann zum heutigen Zeitpunkt die Geltung einer völkergewohnheitsrechtlich anerkannten Regel mit dem Inhalt angenommen werden, dass es verboten ist, das eigene Hoheitsgebiet derart zu nutzen, dass der Umwelt anderer Staaten oder der Umwelt herrschaftsfreier Räume erhebliche Schädigungen zugefügt werden[1472].

1465 *Convention on the Law of the Non-Navigational Uses of International Watercourses* (UN Doc.A/51/869, *ILM* 1997, 700), noch nicht in Kraft, da noch nicht 35. Ratifikationsurkunde gemäß Artikel 36 hinterlegt worden ist. (Stand: Mai 2004).

1466 Artikel 1 lit. a.

1467 Siehe dazu Ausführungen in: *Torka*, Nichtnavigatorische Wassernutzung; *Reimann*, Die nicht-navigatorische Nutzung internationaler Süßwasserressourcen; *Wouters*, International Water Conflicts; *Fitzmaurice*, International Watercourses; *McCaffrey*, The Law of International Watercourses; *Lapidoth*, Dispute Settlement under the 1997 Convention on the Law of the Non-Navigational Uses of International Watercourses.

1468 Artikel 5.

1469 Artikel 7, 21, 22 und 23.

1470 Artikel 8, 9 und 24.

1471 So z.B. Artikel 194 *SRÜ* von 1982, Artikel 2(1) der *Convention on Environmental Impact Assessment in a Transboundary Context* vom 25. Februar 1991 (30 *ILM* 800, 803), Artikel 2(8) der *Convention on the Control of Transboundary Movements of Hazardous Wastes and their disposal* (Baseler Konvention) und die *Convention on the Protection and Use of Transboundary Watercourses and International Lakes* von 1992. (Letztere ist von Aserbaidschan, Kasachstan und Russland ratifiziert worden, vgl.: 'Legal, Regulatorty and Institutional Measures for the Protection and Sustainable Management of the Caspian Sea Ecosystem in the Riparian States', http://www.caspianenvironment.org/lrei/report_211.htm, Punkt 2.11. Legal regulation of international cooperation.

1472 So auch: *Hunter/Salzman/Zaelke*, International Environmental Law and Policy, S. 349f.; *von Heinegg*, in: *Ipsen* (Hrsg.), Völkerrecht, S. 858 (m.w.N.).

III. Völkerrechtliche Verträge zum Schutz der maritimen Umwelt vor Erdölbohraktivitäten

Mit zunehmendem Meeresbodenbergbau und dem damit verbundenen Risiko von Erdölverschmutzungen, sei es durch Erdölbohraktivitäten, den Tankertransport oder leckende Pipelines, sahen sich die Staaten veranlasst, eine Reihe universeller wie auch regionaler völkerrechtlicher Verträge abzuschließen, die sich mit dieser Problematik befassen.

Bei der Suche nach multinationalen Verträgen, die die vom Meeresbodenbergbau ausgehende Verschmutzungsgefahr in ausreichendem Maße regeln, wird man allerdings bis zum heutigen Zeitpunkt nur sehr begrenzt fündig. Der Grund dafür mag darin liegen, dass der Großteil des Meeresbodenbergbaus und der Bohrungen nach Erdöl oder Erdgas in dem Bereich des Festlandsockels vorgenommen wird, welcher der direkten Souveränität des jeweils angrenzenden Staates unterfällt.

Nichts desto trotz ist vor allem ab der zweiten Hälfte des letzten Jahrhunderts eine gewisse Entwicklung in diesem Bereich erkennbar, die im Folgenden kurz dargestellt werden soll.

1. Das 1954er Übereinkommen zur Verhütung der Verschmutzung der See durch Erdöl

Das Problem der Umweltverschmutzung durch Erdöl fand auf internationaler Ebene seine erste rechtliche Regelung durch das *Internationale Übereinkommen zur Verhütung der Verschmutzung der See durch Erdöl* vom 12. Mai 1954[1473].

2. Die 1958er und 1982er UN-Seerechtsübereinkommen

Erste multilaterale Regelungen, welche die Vertragsstaaten zur Vermeidung der Verschmutzung der Meere durch aus Pipelines austretendes Erdöl oder die Ausbeutung des Festlandsockels anhielten, finden sich in Artikel 5 (1) und (7) *GÜFS* von 1958 und Artikel 24 des *GÜHS*[1474] aus dem Jahre 1958. Diese sind im Wesentlichen durch das *SRÜ* von 1982 ersetzt worden, zu welchem an späterer Stelle genauere Ausführungen erfolgen[1475].

[1473] BGBl. 1956 II, 379.

[1474] BGBl. 1972 II, 1089.

[1475] Siehe unter: 3. Kap., § 9, C., III..

3. Die 1972er London Dumping Convention

Ein weiterer wesentlicher Schritt zum Verbot der Verschmutzung der Weltmeere, welche von Schiffen oder seegestützten Quellen ausgehen, wurde durch die Verabschiedung der *London Dumping Convention* im Jahr 1972 und des dazugehörenden 1996er Protokolls erreicht. Die im letzteren enthaltene Definition für "Dumping" ist ausdrücklich auch auf jede Art Entsorgung von Plattformen oder anderer künstlicher, mit dem Meeresboden verbundener Anlagen im Meer erweitert worden[1476].

Es muss allerdings bemerkt werden, dass diese Konvention nur für offene Meere und nicht für innere Gewässer bzw. völlig von Land umschlossene Meere gilt. Die große Anzahl von Staaten, die sowohl die Konvention als auch das dazugehörige Protokoll ratifiziert haben, ist jedoch ein Indikator für ein sich entwickelndes Bewusstsein der Staaten bezüglich der mit der Verschmutzung der Meere verbundenen Umweltrisiken, die durch darin errichtete künstliche Anlagen und deren Entsorgung im Meer entstehen können. So hat von den kaspischen Anrainerstaaten neben dem Iran und Russland auch Aserbaidschan die Konvention ratifiziert, obwohl Aserbaidschan über keinen direkten Zugang zum offenen Meer verfügt.

4. Die 1973er Convention for the Prevention of Pollution from Ships

Eine weitere multilaterale Konvention, die sich – wenn auch nicht direkt – mit dem Einfluss der Offshore-Erdöl- und Erdgasindustrie befasst, ist die *Convention for the Prevention of Pollution from Ships* aus dem Jahre 1973 (modifiziert durch das *MARPOL 73/78 Protokoll* von 1978). Auch wenn sich diese im Wesentlichen auf die von Schiffen ausgehende Verschmutzungsgefahr bezieht, so finden sich darin auch direkte Bezugspunkte zur Offshore-Erdöl- und Erdgasindustrie. So beinhaltet Annex I *MARPOL*[1477] ein eindeutiges Verbot für fest auf dem Meeresboden verankerte und schwimmende Ölplattformen, jegliche Erdöl- oder Erdölmixturen ins Meer zu leiten. Es muss allerdings erwähnt werden, dass von der dort verwendeten Definition für "Einleitung" ("discharge") die Einleitung von gefährlichen Substanzen, welche direkte Folge der Erforschung, der

---

[1476] "[A]ny abandonment or toppling at site of platforms or other manmade structures at sea, for the purpose of deliberate disposal."

[1477] Annex I: Prevention of pollution by oil, 1983.

Ausbeutung und sonstiger mit der Förderung von Offshore-Ressourcen verbundener Aktivitäten erwachsen, ausdrücklich ausgenommen worden ist[1478].

IV. Weitere Konventionen mit indirektem Erdölaktivitäten-Bezug

Das Bewusstsein der kaspischen Anrainerstaaten hinsichtlich der Gefahr, die durch den Bergbau auf und unter dem Festlandsockel[1479] des Kaspischen Meeres für das sensible Ökosystem des Kaspischen Meeres hervorgerufen wird, zeigt sich in der Ratifizierung einer Reihe weiterer Konventionen und Übereinkommen, die sowohl direkten oder auch indirekten Bezug zu Offshore-Erdöl- und Erdgasaktivitäten haben.

Dazu gehören die *Paris Convention for the Protection of the World Cultural and Natural Heritage* aus dem Jahre 1972, die bisher von zwei Anrainerstaaten[1480] ratifiziert worden ist. Des Weiteren das *Offshore Pollution Liability Agreement (OPOL)*[1481] *aus dem Jahre 1974 und die 1977er Convention on Civil Liability of Oil Pollution Damage Resulting From Exploitation for and Exploitation of Seabed Mineral Resources (CLEE),* welche bisher lediglich von Kasachstan[1482] ratifiziert worden sind.

Von Bedeutung ist ebenfalls die *Vienna Convention on the Protection of the Ozone layer*[1483] aus dem Jahre 1985 und die dazugehörigen ergänzenden Protokolle[1484]. Die im Jahre 1990 verabschiedete *Convention on Oil Pollution Prepa-*

1478 "Release of harmful substances directly arising from the exploration, exploitation and associated offshore processing of seabed resources."

1479 Die Verwendung der Bezeichnung „Festlandsockel" soll an dieser Stelle nicht suggerieren, dass der Autor davon ausgeht, dass es sich beim Kaspischen Meer um ein offenes Meer im Sinne der Seerechtskonvention mit der dazu gehörigen entsprechenden Terminologie handelt.

1480 Ratifiziert u.a. auch von Aserbaidschan und Kasachstan (vgl. *Tacis*, Assessment of Pollution Control Measures, Kazakhstan; *Tacis*, Assessment of Pollution Control Measures, Aserbaidschan).

1481 Ratifiziert von Kasachstan (vgl.: *Tacis*, Assessment of Pollution Control Measures, Kazakhstan).

1482 *Tacis*, Assessment of Pollution Control Measures, Kazakhstan, S. 10.

1483 Vom 22. März 1985 (1513 U.N.T.S.), in Kraft seit 22. September 1988.

1484 *Montreal Protocol on Substances that Deplete the Ozone Layer*, vom 16. September 1987 (1522 U.N.T.S.), in Kraft seit 1. Januar 1989; Amendment Protokolle vom 29. Juni 1990 (in Kraft seit 10. August 1992) und 25. November 1992 (in Kraft seit 14. Juni 1994). Ratifiziert von: Aserbaidschan, Turkmenistan, Russland,

redness Response and Cooperation (OPRC)[1485] wurde bisher sowohl von Aserbaidschan[1486] als auch vom Iran[1487] ratifiziert. In der *OPRC* haben sich die Vertragsparteien zum Ergreifen geeigneter Maßnahmen verpflichtet, um auf Erdölverschmutzungsfälle vorbereitet zu sein und reagieren zu können. Da es sich allerdings lediglich um einen Rahmenvertrag handelt, ergeben sich aus diesem kaum konkrete Rechtspflichten[1488].

In dem die *Genfer Übereinkommen* von 1958 ersetzenden *SRÜ*[1489] von 1982 findet sich eine Vielzahl umweltbezogener Einzelregelungen hinsichtlich der Rechte und Pflichten der Staaten in den jeweiligen Seegebieten[1490].

Insbesondere Teil XII des *SRÜ* betrifft explizit den maritimen Umweltschutz. Bemerkenswert ist allerdings, dass, obgleich die Staaten verpflichtet werden, die Meeresumwelt zu schützen und zu bewahren (Artikel 192), das souveräne Recht der Staaten anerkannt wird, ihre natürlichen Ressourcen im Rahmen ihrer nationalen Umweltpolitik auszubeuten (Artikel 193). Die Durchsetzung der Umweltschutzvorschriften obliegt in erster Linie den Flaggenstaaten (Artikel 217). Küstenstaaten erhalten eine entsprechende Möglichkeit nur dann, wenn das entsprechende Schiff freiwillig in einem nationalen Hafen anlegt (Artikel 220 Abs.1).

Von besonderer Bedeutung für Erdölaktivitäten sind die Vorschriften des 5. und 6. Abschnitts, welche die vom Lande (Artikel 207, 213), von Meeresbodenbergbauaktivitäten oder künstlichen Inseln und Anlagen (Artikel 208f.) herrührende Verschmutzung regeln.

[1485] Vom 30.11.1990 (BGBl. 1994 II, 3798), in Kraft seit 13. Mai 1995.

[1486] *Tacis*, Assessment of Pollution Control Measures, Azerbaijan, S. 8.

[1487] *IMO*-Übersicht: *Status of IMO-Conventions*, vom 14.05.2004, (http://www.imo.org/includes/blastDataOnly.asp/data_id%3D9217/status.xls), Dieser Übersicht zu Folge hat Aserbaidschan nicht ratifiziert.

[1488] Vgl. genauer bei: *von Heinegg*, in: *Ipsen* (Hrsg.), Völkerrecht, S. 875.

[1489] Von den kaspischen Anrainerstaaten ist lediglich Russland Vertragsstaat des *SRÜ* von 1982.

[1490] Bemerkenswert ist allerdings, dass während für außer Betrieb gesetzte Offshore-Installationen in Artikel 5 (5) *GÜFS* die vollständige Beseitigung vorgeschrieben worden war, Artikel 60 (3) *SRÜ* nunmehr die Beseitigung nur noch an die entsprechenden generell akzeptierten internationalen Standards knüpft. (Artikel 60 (3): "[...] any installations [...] shall be removed [...] taking into account any generally accepted international standards established in this regard [...]").

Im 9. Abschnitt finden sich Vorschriften zur Verantwortlichkeit für Umweltschäden und der Haftungsregelung dafür (Artikel 235)[1491]. Die Staaten sind gehalten, auf nationaler Ebene Vorkehrungen zu treffen, die es den Geschädigten ermöglichen soll, umgehende und angemessene Entschädigung für Meeresverschmutzungen geltend machen zu können, die durch natürliche oder juristische Personen des jeweiligen Staates verursacht worden sind (Artikel 235 Abs.2).

Die Tatsache, dass das *SRÜ* auch hinsichtlich des Meeresumweltschutzes nur wenige konkrete Rechtspflichten oder Verbote enthält, lässt sich damit erklären, dass es sich bei diesem lediglich um einen Rahmenvertrag handelt, dessen Bestimmungen seitens der Vertragsstaaten mittels Abschluss völkerrechtlicher Verträge oder Erlasse nationaler Rechtsakte konkretisiert werden sollen.

Auch wenn bis zum heutigen Zeitpunkt von den kaspischen Anrainerstaaten lediglich Russland und Kasachstan das *SRÜ* unterzeichnet bzw. ratifiziert haben, so ist bereits ein gewisser politischer Wille einiger anderer Anrainerstaaten zu erkennen, sich den im *SRÜ* kodifizierten und weiterentwickelten Normen des Völkergewohnheitsrechts[1492] hinsichtlich des Schutzes der Meeresumwelt auch im eigenen Interesse zu unterwerfen, wie man an der Ausgestaltung der nationalen Gesetzgebungen zum Schutze der Umwelt des Kaspischen Meeres erkennen kann[1493].

[1491] Die Begrifflichkeiten (im Englischen *responsibility and liability*) sind etwas verwirrend. Der Wortlaut des Artikels 235 legt allerdings die Interpretation nahe, dass sich der Begriff „Haftung“ lediglich auf die Rechtsfolgen der völkerrechtlichen Verantwortlichkeit bezieht. Zur Problematik der Staatenverantwortlichkeit und Haftung ausführlich bei: *Horbach*, Liability versus Responsibility under International Law, S. 20ff., 34ff.; siehe auch: *Ladenburger*, Durchsetzungsmechanismen im Umweltvölkerrecht; *Müller*, Die internationale Zuständigkeit bei grenzüberschreitenden Umweltbeeinträchtigungen; *Goldman*, Environmental Liability and Privatization in Central and Eastern Europe; *Christofidis*, Work on Liability within UNEP.

[1492] Dazu ausführlich: *Daillier/Pellet*, Droit International Public, S. 1043ff.; *von Heinegg*, in: *Ipsen* (Hrsg.), Völkerrecht, S. 907ff.; *Hunter/Salzman/Zaelke*, International Environmental Law and Policy, S. 225ff.; *Schweisfurth*, Influence of the Third United Nations Conference on the Law of the Sea on International Customary Law, S. 566ff.; *Epiney/Scheyli*, Strukturprinzipien des Umweltvölkerrechts.

[1493] *Krasnova*, Legal, Regulatory and Institutional Measures for the Protection and Sustainable Management of the Caspian Sea.

V. Übersicht regionaler Umweltschutzübereinkommen, die sich im Besonderen mit der Offshore-Erdölförderung befassen

1. UNEP Regional Environmental Programms

Von besonderem Interesse und als Vorbild für eine erfolgreiche Zusammenarbeit der kaspischen Anrainerstaaten bei der Entwicklung eines gemeinsamen Programms zum Schutz der kaspischen Umwelt dienen die zahlreichen – unter der Schirmherrschaft des *UNEP-Regional Seas Programme* des *UN-Umweltprogramms* geschaffenen – regionalen Konventionen, die sich mit der Verschmutzung bestimmter Meere oder Gewässer in Folge von Emissionen vom Festland oder der Schifffahrt und des Meerbodenbergbaus beschäftigen[1494].

Unter diesen befinden sich nur wenige Konventionen, die sich mit den Auswirkungen des Meeresbodenbergbaus auf die Meeresumwelt auseinandersetzen. Im Wesentlichen handelt es sich dabei um die *Barcelona-Konvention* für das Mittelmeer und die *Kuwait-Konvention* für den Persischen Golf, deren für das Kaspische Meer relevante Bestimmungen im Folgenden kurz dargestellt werden sollen.

a) Die 1976er Barcelona-Konvention

Der Ursprung für die zahlreichen Protokolle, die von den Anrainerstaaten des Mittelmeeres zum Schutz der Meeresumwelt desselben verabschiedet worden sind, findet sich in der *Barcelona-Konvention* von 1976[1495]. Eines dieser Protokolle bezieht sich – wie bereits erwähnt – auf die Meeresverschmutzung, die von der Nutzung des Festlandsockels herrührt. Allerdings findet sich darin nur die relativ unverbindliche Verpflichtung, im Wege der bilateralen oder multilateralen Kooperation alle möglichen Schritte zu unternehmen, um eine Verschmutzung des Mittelmeeres durch den Meeresbodenbergbau zu vermeiden[1496].

[1494] Insgesamt sind bisher 11 diesbezügliche Konventionen und 29 dazugehörige Protokolle geschaffen worden, die sich auf 13 verschiedene Regionen weltweit beziehen. Eine Auflistung unter: http://www.unep.ch/seas/main/hconlist.html; darüber hinausgehende relevante regionale Konventionen bei: *von Heinegg*, in: *Ipsen* (Hrsg.), Völkerrecht, S. 880ff..

[1495] AblEG 1977 Nr.L 240, 1.

[1496] Artikel 3 of the *Protocol for the Protection of the Mediterranean Sea against Pollution Resulting form Exploration and Exploitation of the Continental Shelf and the Seabed and its Subsoil*, 14.10.1994.

Im Artikel 20 desselben Protokolls findet sich schließlich noch die Verpflichtung der Küstenstaaten, in nationalen Gesetzen die Beseitigung von außer Betrieb gesetzten Offshore-Installationen in Übereinstimmung mit den "[...] guidelines and standards adopted by competent international organisation[s]" festzuschreiben.

b) Die 1978er Kuwait-Konvention

Vergleichbare Regelungen finden sich in der *Kuwait-Konvention* von 1978[1497] und dem sich mit der von Erdölaktivitäten ausgehenden Umweltverschmutzungsgefahr befassenden Protokoll, welches seit 1990 in Kraft ist[1498]. Artikel XII (1b) des Protokolls enthält eine Bestimmung, die den Stand der allgemeinen Staatenpraxis hinsichtlich des Erfordernisses der Beseitigung von stillgelegten Offshore-Installationen wohl am besten widerspiegelt, nämlich dass Plattformen und andere Installationen, unter Umständen nur teilweise beseitigt werden müssen.

2. Die 1992er OSPAR-Konvention

Ein sehr detailliertes und im internationalen Vergleich modernes Regelwerk hinsichtlich der vom Meer ausgehenden Meeresverschmutzung findet sich in der *OSPAR-Konvention* von 1992[1499]. Sie ist geschaffen worden, um die bestehenden, sehr allgemein gehaltenen internationalen Verträge zum Verbot der im Zusammenhang mit der Nutzung und Stilllegung von Offshore-Installationen auftretenden Meeresverschmutzungen zu konkretisieren. Allerdings betrifft diese Konvention nur die Meeresregion des Nord-Ost-Atlantiks.

In Artikel 5 des Annex III werden alle Vertragsparteien dazu verpflichtet, alle möglichen Maßnahmen zu unternehmen, um die durch Offshore-Installationen verursachte Meeresverschmutzung zu vermeiden. Dabei wird in Artikel 2 (3)(b)(i) des Appendix 1 zusätzlich unterstrichen, dass die "*Best Available Techniques*" und "*Best Environmental Practice*" zu verwenden sind.

1497 *Kuwait Regional-Übereinkommen für Zusammenarbeit beim Schutz der Meeresumwelt vor Verschmutzung* vom 23.4.1978 (*ILM* 1978, 511).

1498 1989 *Protocol concerning Maine Pollution resulting from Exploration and Exploitation of the Continental Shelf*, in Kraft seit dem 17. Februar 1990, 19 *E.P.L.* 1989, S. 32-35.

1499 *Convention for the Protection or the Marine Environment of the North-East Atlantic*, in Kraft seit 1998, (BGBl. 1994 II, 1360; Text unter: http://www.ext.grida.no/ggynet/agree/mar-env/ospar.htm.

Hinsichtlich des Umgangs mit nicht mehr verwendeten Offshore-Installationen wird in Artikel 5 des Annex III ausgeführt, dass:

> "(1) No disused offshore installation or disused offshore pipeline shall be dumped and no disused offshore installation shall be left wholly or partly in place in the maritime area without a permit issued by the competent authority of the relevant Contracting Party on a case by case basis.
> (2) No such permit shall be issued if the disused offshore installation or disused offshore pipeline contains substances which result or are likely to result in hazards to human health, harm to living resources and marine ecosystems, damage to amenities or interference with other legitimate uses of the sea."

3. Das 1992er Übereinkommen über den Schutz der Meeresumwelt des Ostseegebiets

Im Bewusstsein des sensiblen Ökosystems der Ostsee als ein Meer mit relativ wenig Wasseraustausch mit den großen Weltmeeren ist auch hier ein vergleichsweise strenges Regime für Offshore-Aktivitäten verabschiedet worden[1500]. So haben sich die Vertragsparteien in Anlage VI, Regel 3 des *Übereinkommen über den Schutz der Meeresumwelt des Ostseegebiets*[1501] von 1992 verpflichtet, dass vor der Erforschung und Ausbeutung des Meeresbodens eine Umweltverträglichkeitsprüfung (EIA) durchzuführen ist.

Bei während der Produktion anfallenden Erdöl- und Wasserableitungen muss den *MARPOL-73/78*-Standards Genüge getan werden[1502] und alle nicht mehr verwendeten Offshore-Installationen sind gemäß Anlage VI, Regel 8 vollständig zu beseitigen und unter Verantwortlichkeit des Eigentümers an Land zu bringen. Nicht mehr genutzte Bohrlöcher sind sicher abzudichten.

[1500] Artikel 12 (Erforschung und Ausbeutung des Meeresbodens und seines Untergrundes) verweist auf die in Anlage VI aufgeführten Verfahren und Maßnahmen, die zur Verhütung und Beseitigung von Meeresbodentätigkeiten verursachten Verschmutzungen durchzuführen sind.

[1501] Diese so genannten *Helsinki-Konvention* vom 9. April 1992 (BGBl. 1994 II, 1397) ist nicht mit dem *Übereinkommen zum Schutz und zur Nutzung grenzüberschreitender Wasserläufe und internationaler Seen* der EG (Beschluss 95/308/EG, Amtsblatt L 186 vom 5.8.995) zu verwechseln, welches am 18. März 1992 in Helsinki unterzeichnet worden ist.; Als die 1992er *Helsinki-Konvention* am 17. Januar 2000 in Kraft trat, löste sie die 1974er *Helsinki-Konvention* ab.

[1502] Anlage IV, Regel 4.

4. Energiechartervertrag

Von direkter Bedeutung für das Kaspische Meer sind schließlich die den Umweltschutz betreffenden Bestimmungen des *Energiechartervertrages*[1503] (ECV) und seines *Protokolls über Energieeffektivität und damit zusammenhängende Umweltaspekte*[1504] (PEEREA). Denn bis auf den Iran[1505] sind alle anderen Anrainerstaaten zumindest Unterzeichnerstaaten dieser Vertragswerke und somit – unter der Voraussetzung, dass die küstenstaatliche Souveränität vertraglich auch auf die den Staaten vorgelagerten Sektoren des Kaspischen Meeres übertragen wird – auf den Großteil des Kaspischen Meeres anwendbar.
Bereits in seiner Präambel anerkennt der *ECV* ausdrücklich:

> "the increasingly urgent need for measures to protect the environment, including the decommissioning of energy installations and waste disposal, and for internationally agreed objectives and criteria for these purposes".

Unter Berücksichtigung dessen, dass es eines der Hauptziele des *ECVs* ist, die Entwicklung der Wirtschaft in den ehemaligen Sowjetrepubliken über stabile rechtliche Rahmenbedingungen für die Staaten und Investoren im Energiemarkt zu fördern, erscheint es weniger verwunderlich, dass sich im den Umweltschutz betreffenden Artikel 19 *ECV* lediglich eine Reihe eher unverbindlicher Umweltschutzbestimmungen finden.

Zunächst wird die Bedeutung der drei wesentlichen Grundprinzipien "sustainable development", "prevention" und "polluter pays" hervorgehoben, um sodann die für den Umweltschutz von den Vertragsparteien generell zu beachtenden Verpflichtungen der zur Minimierung der Umweltschäden von allen Aktivitäten, die im Energiekreislauf auftreten können, zu betonen.
Schließlich werden die Vertragsparteien zur Beachtung eines 11-Punkte-Plans aufgerufen, in welchem diese u.a. dazu angehalten werden, den Umweltschutz in die Energiepolitik zu integrieren, Umweltstandards zu vereinheitlichen und die Entwicklung erneuerbarer Energiequellen und umweltschonender Technologien zu fördern.

1503 In Kraft seit April 1998 (Text unter: http://www.encharter.org). Ausführlicher dazu unter: 3. Kap., C., I., 5., c).
1504 *Protocol on Energy Efficiency and Related Environmental Aspects*, unterzeichnet im Dezember 1994.
1505 Iran hat seit 2003 den Status eines Beobachterstaates des *ECV*. (vgl.: http://www.encharter.org/searchResult.jsp?Source=Iran).

Die Verwendung solcher Wörter wie "upon request", "promote", "encourage" und "take account of" stellen jedoch den wahren Charakter der soeben aufgezeigten Bestimmungen klar. Weder in den relevanten Bestimmungen des *ECV* noch denen des *PEEREA* finden sich substantielle, die Vertragsparteien zur Verabschiedung durchsetzbarer Umweltstandards zwingende Regelungen.
Der *ECV* schweigt zur Frage der Haftung für Umweltschäden und macht keine spezifischen Aussagen zu Vorkehrungen für die Beseitigung nicht mehr verwendeter Installationen wie Plattformen oder Pipelines.

Auch innerhalb des noch in Verhandlungen befindlichen *Transitprotokolls* finden sich nur sehr allgemeine Hinweise zur Vermeidung schädlicher Umwelteinflüsse und zur Beachtung international akzeptierter Umweltstandards. Neben einer Erwähnung der mit dem Transport von Energieprodukten verbundenen Umweltrisiken in der Präambel des Protokolls[1506] enthaltenen Artikel 7[1507] und 12[1508] weitere spezifischere Umweltregelungen.

5. Zwischenergebnis zu regionalen Umweltschutzübereinkommen, die sich im Besonderen mit der Offshore-Erdölförderung befassen

Wie die Analyse dieser begrenzten, aber beachtlichen Anzahl regionaler Konventionen oder Verträge zeigt, die sich mit der von Energieaktivitäten ausgehenden Bedrohung der Umwelt befassen, sind die Staaten sich durchaus der entsprechenden Umweltproblematik bewusst, scheuen oft jedoch noch die Verabschiedung bindender und klar umrissener Bestimmungen zur Vermeidung von durch Meeresbergbauaktivitäten auftretenden Umweltschäden.

1506 Präamble: The Contracting Parties to this Protocol [...] Recognising the need to ensure environmentally sound Transit of Energy Materials and Products in order to minimise and remedy damage to the environment.; Artikel 2 (e) (Objektives): 1. The objectives of the Protocol are: to minimise harmful Environmental Impacts of Transit. (*Draft Energy Charter Protocol on Transit* vom 28. Mai 2003, CC 235/Revised Interim Text/28.5.03, siehe: Analge 20).

1507 Artikel 7 (Protection of the Environment): "1. Contracting Parties shall take appropriate measures to ensure that Energy Transport Facilities are constructed, expanded, extended, reconstructed, operated, and maintained so as to minimise, in a Cost-Effective manner, harmful Environmental Impact. 2. Contracting Parties shall ensure that their domestic laws provide for an effective and non-discriminatory liability regime to remedy damage caused by Energy Materials and Products in Transit and Energy Transport Facilities used for Transit.

1508 Artikel 12 (Technical and other relevant Standards): Contracting Parties shall use their best endeavours to agree on generally accepted international technical standards [...] including relevant standards concerning the environment [...] and subsequently use such standards as the basis for their national regulations."

D. Richtlinien und Umweltstandards

Bei der Analyse der aufgeführten Konventionen und Verträge wird augenscheinlich, dass es die Vertragsparteien oft vermieden haben, sich auf bindende und mit Schadensersatz bewehrte Reglementierungen im Bereich der Meeresverschmutzung durch Meeresbodenbergbau im Allgemeinen und die Förderung von Erdöl und Erdgas im Besonderen explizit festzulegen.
Bemerkenswert ist allerdings die Tendenz im internationalen Umweltrecht, dass sich in den Konventionen und sonstigen Umweltabkommen auf solche – von den jeweils kompetenten internationalen Organisationen entwickelten – Umweltrichtlinien und -standards bezogen wird[1509]. Dabei kann von Fall zu Fall die Bindung an solche bereits bestehenden oder noch zu entwickelnden Richtlinien und Standards für Vertragsparteien der jeweiligen Vertragswerke unter Umständen als eine solche mit bindender Kraft angesehen werden. Entsprechendes findet sich im besonderen Maße in den Bestimmungen des *SRÜ* wieder, wie zum Beispiel im bereits oben erwähnten Artikel 60 (3) *SRÜ*.
Im Folgenden sollen einige dieser Umweltrichtlinien- und Standards überblicksmäßig aufgeführt werden.

I. *IMO* Richtlinien und Standards

Von besonderer Bedeutung für die mit der Meeresnutzung verbundenen Gefahren und Umweltbeeinträchtigungen sind die von der *IMO* entwickelten Richtlinien und Standards.
Die Verpflichtung der Vertragsparteien des *SRÜ*, diese *IMO*-Richtlinien und -Standards umzusetzen, richtet sich zunächst nach den jeweiligen Regelungsmaterien und dem darin verwendeten Vokabular. Begriffe wie “take account of”, “conform to”, “give effect to” oder “implement” “generally accepted international regulations, procedures and practices” lassen einen weiten Interpretationsspielraum zu.

[1509] So findet sich u.a. in Annex 3 (Code of Good Practice for the Preparation, Adoption and Application of Standards) des *Agreement on Technical Barriers to Trade* (TBT) vom 31.12.1999 der WTO einen umfangreichen Katalog an Richtlinien zur Beachtung von international akzeptierten Standards, um so die Behinderung des Welthandels auf Grund unterschiedlich verwendeter Standards in den jeweiligen Ländern weitmöglichst zu reduzieren. (einsehbar unter http://www.wto.org und http://www.iso.ch/wtotbt/wtotbt.htm). Auch im Entwurf des Artikels 12 zum *Transitprotokoll* des *Energiecharta-Vertrages* wird auf die “Internationally Accepted Technical Standards” Bezug genommen (http://www.encharter.org). (Zu Umweltstandards in der Erdölindustrie vgl.: *Wawryk*, International Environmental Standards in the Oil Industry).

Besonders problematisch bleibt hierbei oft, bis zu welchem Grad die Vertragsparteien des *SRÜ* verpflichtet sind, allgemein anerkannte *IMO*-Richtlinien in eigenes Recht umzusetzen, auch wenn sie selbst nicht Vertragsparteien der jeweiligen *IMO*-Verträge sind, in denen diese Richtlinien eigentlich spezifiziert enthalten sind[1510].
Auf Grund fundamentaler Prinzipien des Völkervertragsrechts und der Rechtssicherheit muss davon ausgegangen werden, dass die im *SRÜ* aufgeführten „Verpflichtungen" für die Vertragsparteien, die *IMO*-Richtlinien und -Standards umzusetzen, nur so verstanden werden dürfen, dass dies nur unter der Bedingung geschehen kann, dass die Vertragsstaaten des *SRÜ* ebenfalls Vertragsstaaten der jeweiligen *IMO*-Verträge sind, die die entsprechenden Regeln und Standards enthalten.

Hinzu tritt das Kriterium der allgemeinen Anerkennung ("generally accepted") dieser *IMO*-Regeln und -Standards, d.h. ob diese überhaupt von einer breiten Staatenpraxis getragen sind. Im Falle der *IMO*-Verträge kann eine solche allgemeine Anerkennung im Wesentlichen nur an der Anzahl der Ratifikationen der jeweiligen Verträge gemessen werden, da es die Natur dieser Verträge nötig macht, dass die Regeln und Standards schriftlich verfasst werden.

Im Falle der *IMO*-Konventionen sind für die Annahme einer allgemeinen Anerkennung zwei Faktoren von besonderer Bedeutung. Die Anzahl der Vertragsstaaten, die die jeweilige Konvention ratifiziert hat, muss mindestens 50% der Welttonnage betragen[1511]. Die meisten wichtigen *IMO* Verträge sind von einer großen Anzahl von Staaten ratifiziert worden. Schließlich werden sogar von 90 bis 99% der Welthandelsflotte die *IMO*-Regeln und -Standards befolgt.
Dies lässt unter Umständen Rückschlüsse auf deren völkergewohnheitsrechtliche Akzeptanz und damit eine sich herausbildende allgemeine Bindungswirkung derselben auch gegenüber solcher Staaten zu, die weder Vertragspartei des *SRÜ*, noch der *IMO*-Konventionen sind. Allerdings muss hier aus oben bereits genannten Gründen in einer Fall-zu-Fall Beurteilung entschieden werden, da bislang ihre völkergewohnheitsrechtliche Geltung in keinem Fall zweifelsfrei anerkannt worden ist[1512].

[1510] Vgl. *Blanco-Bazán*, *IMO* Paper, S. 4; Zur Bindungswirkung von *IMO*-Richtlinien und -Standards siehe bereits Ausführungen unter: 3. Kap., § 8., C.; Ausführlich zur Problematik: *Ilg*, Die Rechtssetzungstätigkeit der IMO.

[1511] Siehe *Blanco-Bazán*, *IMO* Paper, S. 6.

[1512] *Ilg*, Die Rechtssetzungstätigkeit der Internationalen Maritime Organization, S. 58.

In diesem Sinne sind auch die 1989er *IMO Guidelines and Standards for the Removal of Offshore Installations and Structures*[1513] zu bewerten. In jedem Fall ergab sich der Regelungsauftrag an die *IMO* direkt aus Artikel 60 (3) *SRÜ*, in welchem die Bestimmung der für die Beseitigung nicht mehr verwendeter Offshore-Installationen entsprechend allgemein akzeptierter Standards der kompetenten internationalen Organisation übertragen worden ist. Die *IMO* sah und sieht sich als für diesen Regelungsbereich kompetente Organisation im Sinne des Artikels 60 Abs. 3 *SRÜ*, was auch von keinem Mitgliedsstaat bisher angezweifelt worden ist.

Aus diesen Richtlinien ergibt sich das Prinzip, dass alle nicht mehr aktiven Offshore-Installationen grundsätzlich beseitigt werden müssen. Nur unter sehr eingeschränkten Umständen sind die Küstenstaaten im jeweiligen Einzelfall ermächtigt zu entscheiden, ob die Installationen vor Ort bleiben können oder versenkt werden dürfen[1514].

II. 1982er UNEP Umweltrecht-Richtlinien und Prinzipien für den Offshore-Bergbau

Eine weitere Organisation, die sich mit für alle UNO-Mitgliedsstaaten geltenden Richtlinien und Prinzipien für den Offshore-Bergbau beschäftigt hat, ist die UNEP. Im Jahre 1982 veröffentlichte sie die *UNEP Environmental law guidelines and principles on Offshore Mining and Drilling*, welche den Staaten für die Meeresgebiete, die ihrer Jurisdiktion unterfallen, eine Reihe unverbindlicher Verhaltensweisen und Richtlinien zur Kontrolle von Betreibern von Offshore-Installationen nahe legen.
Entsprechend des Council Beschlusses 14/31 und basierend auf einer neuen UNEP Studie[1515] wird momentan eine neue Richtlinie vorbereitet.

[1513] Guidelines and Standards for the Removal of Offshore Installations and Structures on the Continental Shelf and in the Exclusive Economic Zone, verabschiedet mit der *IMO* Assembly Resolution A.672 (16) vom 19. Oktober 1989, *IMO* Doc. *MSC*/Circ. 490/Annex, http://www.londonconvention.org/Removal.htm.

[1514] Ausführlich zur Problematik der Entsorgung von Offshore-Plattformen und anderer -Anlagen vgl.: *Ayoade*, Offshore Decommissioning; *Reggiani*, Environmental Law and the Decommissioning of Offshore Installations; *Lauriol/Hochman*, Dumping Oil Platforms in the Sea; *Picton-Turbervill*, Decommissioning of Offshore Installations; *OGP*, Disposal of disused offshore concrete gravity platforms in the OSPAR Maritime Area.

[1515] Vgl.: 15. Council meeting, 18. Juni 1987; http://www.unep.org/SEC/non3.htm.; 'Study of Legal Aspects concerning the Environment Related to Offshore Mining and Drilling within the Limits of National Jurisdiction'.

III. OSCOM-Richtlinien

Ein weiteres, wenn auch regional begrenztes Beispiel für den Umgang mit Offshore-Installationen findet sich in den *OSCOM-Richtlinien*, welche von der *Oslo Commission* im Rahmen des Regelungswerks der *1973er Oslo Konvention* verabschiedet worden sind.

Darin enthalten ist ein System spezieller Erlaubnisvorbehalte für den Verbleib von nicht mehr verwendeten Offshore-Installationen. Die Vertragsparteien haben nach Einreichung entsprechender Umweltverträglichkeits-Gutachten über die Auswirkungen des Verbleibs der Installationen im Meer im Einzelfall zu entscheiden.

IV. *IMO*-GESAMP und PAME-UNEP-Richtlinien

Von weiterer Bedeutung für den Versuch, die Beeinträchtigung der Meeresumwelt durch Offshore-Aktivitäten zu vermindern, sind die 1994er *IMO-GESAMP*[1516] *Guidelines for Marine Environmental Assessments*[1517] und die 1997er *PAME-UNEP Arctic Offshore Oil and Erdgas Guidelines*[1518], welche die meisten der bereits erwähnten neu entstandenen Standards berücksichtigen.

V. ICS-ISO-, CEN/TC- und Weltbank-Umweltstandards

Im internationalen Handel und bei Bauprojekten unter Verwendung von Bauelementen verschiedener Länder ergeben sich immer wieder Probleme daraus, dass sowohl die technischen Standards als auch die jeweiligen nationalen Umweltstandards nicht einheitlich sind und es daher zu verschiedenen Komplikationen kommen kann.

Neben der UNO und der OECD hat sich insbesondere die WTO mit der Vereinheitlichung der internationalen Standards auseinandergesetzt. So hat deren *Committee on Technical Barriers to Trade* im *WTO-TBT* die Vertragsstaaten ausdrücklich auf die Bedeutung der Verwendung international akzeptierter

[1516] *Joint Group of Experts on the Scientific Aspects of Marine Environment Protection* (http://gesamp.imo.org).

[1517] GESAMP Reports and Studies, No. 54, *IMO* London 1994.

[1518] 13. Juni 1997, einsehbar unter: http://www.grida.no/pame/oil_gas_report.htm.

Standards hingewiesen[1519]. Noch ist die Flut an verschiedenen national und international verwendeten Standards und entsprechenden Organisationen fast unüberschaubar[1520].

Es scheinen sich auf internationaler Ebene mittlerweile allerdings die ISO-Standards für Umweltmanagement der 14000er Serie immer weiter durchzusetzen[1521]. Neben einer Reihe weiterer Grundprinzipien sind darin vor allem das Prinzip der Anerkennung von Umweltmanagement als einer der wichtigsten Unternehmensprioritäten, das des Dialogs zwischen internen und externen Interessengruppen und der Schaffung nationaler gesetzlicher Umweltvorgaben zu finden[1522]. Darüber hinaus sind im Augenblick noch *Standards for offshore oil and gas operations* in Vorbereitung durch das *Technical Committee* der *International Standardization Organization* (ISO)[1523]. Darin werden unter anderem Kriterien für die Beseitigung von Offshore-Installationen, Emissionsmanagement, Gesundheits- und Sicherheitsstandards, Umweltmanagementsysteme enthalten sein.

Auf europäischer Ebene wird sich zusätzlich im Rahmen des *Committee for European Standardization* (CEN) um technische und umwelttechnische Harmonisierungen bemüht.

1519 Annex 3 (Code of Good Practice for the Preparation, Adoption and Application of Standards) des *Agreement on Technical Barriers to Trade* (TBT) vom 31.12.1999 der WTO beinhaltet einen umfangreichen Katalog an Richtlinien zur Beachtung von international akzeptierten Standards, um so die Behinderung des Welthandels auf Grund unterschiedlich verwendeter Standards in den jeweiligen Ländern weitmöglichst zu reduzieren (einsehbar unter http:// www.wto.org).

1520 Einen Überblick über die meisten bestehenden internationalen Standards-setzenden Organisationen unter: http://www.wssn.net/WSSN/script-cache/links_international .htm.

1521 Nachdem auf der 1992er *UN Conference on Environment and Development* die ISO ermutigt worden ist, international akzeptierte Umweltmangagement Standards zu entwickeln, wurde seitens der ISO 1993 das *Technical Committee ISO/TC 207 Environmental Management* ins Leben gerufen. Experten aus 55 Ländern beteiligen sich darin aktiv (http://www. iso.ch).

1522 Das *WTO Committee on Trade and Environment* (CTE) hat ausdrücklich seine Hoffnung geäußert, dass auf nationaler und regionaler Ebene die ISO 14000er Serie verwendet wird (siehe dazu unter http://www.iso.ch/wtotbt/wtotbt.htm).

1523 Siehe auch: ISO 13819-1&2: 1995 *Petroleum and natural gas industries - Offshore structures*; ISO/TC 67/SC 6 *Processing equipment and systems*, WG 1 *Offshore platform systems* (http://ww.iso.ch/meme/TC67SC6.html).

Es handelt sich dabei um eine Organisation, die sehr eng mit der *ISO* zusammen arbeitet, so dass es grundsätzlich nicht zu Konflikten zwischen ISO- und CEN-Standards kommen dürfte.

Das *CEN* hat in der jüngsten Vergangenheit auch für die Erdöl-, Erdgas- und Pipelineindustrie eine Reihe von Richtlinien verabschiedet, welche nicht nur im europäischen Gemeinschaftsraum, sondern auch in Osteuropa verwendet werden. Insbesondere zu erwähnen sind hier die Richtlinien CEN/TC 208[1524], welche sich auf die Standardisierung von Materialerfordernissen für den Bau von Pipelines befasst, Richtlinie CEN/TC 12, die ausdrücklich solche in der Erdöl- und Erdgasindustrie verwendete Onshore- und Offshore-Anlagen und -Pipelines betrifft[1525]. Hier hat allerdings eine weitgehende Anpassung an die ISO/TC 67-Standards stattgefunden, da diese von der internationalen Erdöl- und Erdgasindustrie mittlerweile als die relevanten Standards anerkannt worden sind.

Insbesondere bei internationalen Projekten in der Erdölindustrie, die von Finanzierungssicherheiten des *IWF* abhängen, sind neben der möglichen Verwendung und Beachtung von ICS-ISO oder CEN/TC-Umwelt- und -Technikstandards immer wieder die Zulassungskriterien und Umweltstandards der Weltbank von zentraler Bedeutung[1526].

Erwähnenswert sind in diesem Zusammenhang die Sicherheitsrichtlinien der Weltbank für *Environmental Assessment* (OP/BP 4.01)[1527], *Environmental Ac-*

1524 *Market, environment and objectives of CEN/TC 208 - Elastomeric seals for joints in pipework and pipelines*, verabschiedet durch *BTC Resolution 208/1999*. (siehe http://www.cenorm.be/standardization/principles.htm).

1525 *Market, environment and objectives of CEN/TC 12 - Material, equipment and offshore structures for petroleum and natural gas industries*, verabschiedet durch *BTC Resolution 255/1999*. (siehe http://www.cenorm.be/standardization/principles.htm).

1526 Ein Beispiel aus der jüngsten Vergangenheit findet sich in der zur Verfügungstellung von Kreditsicherheiten für den Bau der *Baku-Ceyhan-Pipeline* und die Entwicklung eines großen Offshore Erdölfeldes im Kaspischen Meer durch den *IWF*, dem Privatsektor-Arm der Weltbank, nachdem diese Projekte hinsichtlich ihrer umwelttechnischen Risken überprüft worden waren. Damit ist vor allem die Voraussetzung für eine weitere finanzielle Absicherung durch nationale Export-Kreditinstitute sichergestellt worden. (*Hoyos*, 'IFC backs oil pipeline project', in: *Financial Times*, November 5, 2003, S. 5; 'World Bank arm joins Caspian oil projects', *United Press International*, November 4, 2003).

1527 Operational Policy, Bank Procedure des Environmental Assessment der Weltbank, einsehbar unter http://worldbank.org.

tion Plans (OP 4.02) und für *Projects on International Waterways* (OP/BP 7.50)[1528], welche ebenfalls das Kaspische Meer betreffen.

Besondere Umweltrichtlinien hat die Weltbank ebenfalls für Offshore-Erdöl- und Erdgasprojekte herausgegeben. Die Weltbank-Richtlinien haben sich in der Vergangenheit vor allem deswegen bewährt, weil sie für die Industrie relativ leicht zu handhaben sind, d.h. sie nicht durch besondere Detailliertheit und Restriktivität geprägt sind. Ein Großteil der heute noch verwendeten Richtlinien ist schließlich bereits fast zwei Jahrzehnte alt und trifft daher nicht mehr das Niveau der mittlerweile üblichen Umweltstandards. Daher verwenden regionale Entwicklungsbanken die Weltbank-Richtlinien mittlerweile lediglich als Grundlage für eigene Umweltstandards.

So beinhalten die im Jahr 1992 verabschiedeten Umweltrichtlinien der *European Bank for Reconstruction and Development* (EBRD) das zwingende Erfordernis eines vollständigen Umwelt-Assessments für Erdöl-, Erdgas- und größere Pipelineprojekte. Solche *Umweltverträglichkeits-Gutachten* (EIAs) haben sich mittlerweile als die effektivste Maßnahme zur Taxierung und Vermeidung möglicher Umweltbeeinträchtigungen durch Aktivitäten der Petroleumindustrie erwiesen. In vielen Ländern ist ein EIA daher zwingende Voraussetzung für Erdöl- und Erdgasprojekte geworden.

In diesem Zusammenhang sind letztendlich die "*Guidelines on environmental management in oil exploration and production*" des *Oil Industry International Exploration and Production Forum* (E&P Forum) aus dem Jahre 1997 zu erwähnen. Diese enthalten eine Reihe technischer Richtlinien zum Umweltmanagement mit dem Ziel, den Einfluss von Aktivitäten der Petroleumindustrie auf die Umwelt zu reduzieren.

E. Zusammenfassung zur Umweltproblematik des Kaspischen Beckens

Zusammenfassend kann festgestellt werden, dass die kaspischen Anrainerstaaten neben der Beachtung grundsätzlicher Umweltvölkerrechtsprinzipien und -Konventionen vor allem darum bemüht sein sollten, die am 5. November 2003 unterzeichnete *Rahmenkonvention zum Schutz der Umwelt des Kaspischen Meeres* so schnell wie möglich zu ratifizieren und auf deren Basis ein - unter Berücksichtigung der aufgezeigten international akzeptierter völkerrechtlicher

---

[1528] Operational Policies, Bank Procedures for Projects on International Waterways, The World Bank Operational Manual, Oktober 1994, einsehbar unter http://worldbank.org.

Umweltprinzipien und -standards - funktionierendes Kooperationssystem zum Schutz der Meeresumwelt des Kaspischen Meeres zu schaffen.

Vorbild sollten dabei sowohl die zahlreichen allgemeinen internationalen Umweltschutzabkommen als auch die im Rahmen des *UNEP-Regional Seas Programms* entwickelten lokalen Konventionen und Protokolle zum Schutz der Meeresumwelt vor Erdölaktivitäten sein, die zum Schutz und der Erhaltung der Meeresumwelt in bestimmten Meeren bzw. Meeresgebieten bereits abgeschlossen worden sind.

Um mögliche Umweltverschmutzungen wirksam sanktionieren zu können, wird es wichtig sein, neben der Berücksichtigung der Konvention und der erwähnten Prinzipien sowie Standards des Umweltvölkerrechts in den jeweiligen nationalen Gesetzen ein effektives System zur Ahndung von Umweltstraftaten und -ordnungswidrigkeiten einzurichten. Nur auf diesem Wege kann es gelingen, die ansonsten relativ „weichen" Bestimmungen des Umweltvölkerrechts und die nicht bindenden Richtlinien der entsprechenden Organisationen zu einem wirksamen Geflecht zum Schutz der Umwelt vor schädlichen Einflüssen der Petroleumindustrie zu härten.

Zur effektiveren Gestaltung der Umweltschutzbemühungen sollten sich nicht nur die kaspischen Anrainerstaaten, sondern alle im kaspischen Raum gelegenen und von kaspischen Erdöl-, Erdgas- und Pipelineprojekten betroffenen Staaten auf die Vereinheitlichung sowohl technischer als auch Umweltstandards einigen.

Zusammenfassung und Ausblick

Das "Great Game" um die Erdöl- und Erdgasressourcen des Kaspischen Beckens geht weiter. In Anbetracht des weltweit zunehmenden Bedarfs an fossilen Brennstoffen, dem langfristig noch keine adäquaten und bereits erschlossenen Lagerstätten gegenüber stehen, gewinnen die kaspischen Erdöl- und Erdgasvorkommen immer mehr an Bedeutung. Nicht nur Europa, die USA und Japan als Regionen mit dem größten Energiebedarf, sondern vor allem auch boomende Wirtschaftsregionen wie Indien und China haben ein großes Interesse daran, ihre Versorgungsabhängigkeit von den politisch mehr denn je instabilen Golfstaaten zu verringern und den erheblich steigenden Erdöl- und Erdgasbedarf zu befriedigen. Obwohl die Kosten für die Förderung und den Transport kaspischen Erdöls zu den Weltmärkten ca. viermal so hoch sind wie die des in der Golfregion geförderten Erdöls, werden kaum Investitionen gescheut, um nach weiteren Lagerstätten im Kaspischen Meer zu bohren und tausende Kilometer lange Pipelines zu verlegen, um schließlich diese kostbaren Rohstoffe vom kaspischen Becken zu den Weltmärkten transportieren zu können.

Für die Projektfinanzierung, aber auch für die Absicherung des unternehmerischen Risikos von Investitionen in diese Projekte sind neben einem relativ hohen Rohölpreis vor allem politisch und rechtlich stabile Rahmenbedingungen erforderlich. Genau hierin besteht jedoch – auch noch zehn Jahre nach dem Zerfall der Sowjetunion – das Problem. Die das Kaspische Meer umgebende kaukasisch-zentralasiatische Region ist wie kaum eine andere einer Vielzahl politischer und religiöser Konflikte ausgesetzt. So leiden die ehemaligen kaspischen Sowjetrepubliken noch immer unter dem politischen Einfluss Moskaus und der Abhängigkeit vom russischen Pipelinemonopol. Die meisten bestehenden bzw. noch zu bauenden Pipelines führen durch Regionen, in denen Minderheiten mit Separationsbestrebungen bzw. mit radikal-islamischen Ansichten leben, die Sabotageakte auf diese „Lebenslinien" der Weltwirtschaft dazu missbrauchen könnten, um ihren jeweiligen Forderungen mehr Nachdruck zu verleihen. Ob in Georgien, Tschetschenien, der von Kurden besiedelten Osttürkei oder Afghanistan, so manch ein russisches, türkisches oder auch amerikanisches militärisches Engagement bezweckte letztendlich zu einem gewissen Teil auch die Sicherstellung der Kontrolle sowohl über die Lagerstätten als auch über die durch diese Regionen führenden Transitpipelines.

In der Erkenntnis, dass sich politisch und rechtlich sichere Rahmenbedingungen am besten über eine Integration dieser Länder in die Staatengemeinschaft verwirklichen lassen, engagiert sich Europa in erster Linie sowohl auf politischer als auch auf wirtschaftlicher und beratender Ebene für eine Stabilisierung der Region. Einige dieser Bemühungen haben bereits Erfolg versprechende Ergebnisse aufzuweisen. So ist im Rahmen des von der Europäischen Gemeinschaft initiierten *Tacis/Inogate-Programms* die Wiederinstandsetzung bzw. der Neubau von Transportwegen und Pipelines im kaukasisch-zentralasiatischen Raum erfolgt.

Von besonderer Relevanz ist die Einbindung der kaukasisch-zentralasiatischen Staaten in die ***Europäische Energiecharta*** aus dem Jahre 1991, welche von Staaten der EFTA, der EG, den USA, Kanada, Australien, Japan und den Ländern der ehemaligen Sowjetunion in dem Bemühen initiiert worden ist, den internationalen Energiehandel zu liberalisieren und vor allem für geographisch benachteiligte energiereiche Staaten den Zugang zu den Weltmärkten zu erleichtern.

Unter der nicht bindenden *Energiecharta* verpflichteten sich die Unterzeichnerstaaten, einen Vertrag zu verabschieden, der u.a. die mit dem Energie- und Pipelinetransport im Zusammenhang stehenden Probleme wie den Ausbau von Energie-Transportsystemen und die Ermöglichung des Zugangs zu Transportinfrastrukturen für den internationalen Transit näher regelt. Dies geschah mit dem im Jahre 1994 unterzeichneten *Vertrag über die Energiecharta*, mit dem eine Grundlage für multilaterale Kooperation in den Gebieten des Energiehandels, Investments, Transits und der Energieeffektivität geschaffen wurde. Dieser Vertrag ist bis heute von 46 Staaten ratifiziert worden, darunter auch von allen europäischen, zentralasiatischen und kaukasischen Staaten bis auf Russland. Der Iran und China haben seit 2003 Beobachterstatus. Im *Vertrag über die Energiecharta* werden den Prinzipien der Offenheit, Transparenz und Nichtdiskriminierung besondere Bedeutung beigemessen und die Vertragsparteien dazu angehalten, sich dafür einzusetzen, Energieerzeugnissen unter marktüblichen Bedingungen Zugang zu den internationalen Märkten zu gewähren und einen offenen und den Regeln des Wettbewerbs unterliegenden Energiemarkt zu gestalten. So trägt er dazu bei, dass sich Investoren auf ein rechtlich bindendes Vertragswerk verlassen können.

Im Entwurf des seit dem Jahre 2001 verhandelten *Energiecharta Transitprotokolls* haben sich die Vertragsstaaten darüber hinaus auf eine Reihe von vervollständigenden und ergänzenden Transitregelungen einigen können, wobei erneut die Sicherstellung eines effektiven und sicheren Transits betont wurde. So werden die Vertragsparteien im Rahmen der Zielsetzungen des Protokolls dazu verpflichtet, alle notwendigen Maßnahmen zu treffen, damit eine Unterbrechung oder Reduzierung der Energieflüsse gar nicht erst entstehen kann. Außerdem wurde nochmals klargestellt, dass es sich bei dem Recht der Vertragsparteien auf Schaffung neuer Pipelinekapazitäten um kein automatisches Recht handelt, vielmehr der Bau, die Erweiterung, die Verbindung und der Betrieb von Energiebeförderungseinrichtungen den jeweiligen nationalen Gesetzen und der nationalen Genehmigungsprozedur unterliegen.

Hauptstreitpunkte sind nach wie vor das Zugangsrecht zu Pipelinekapazitäten für neue Exporteure – das so genannte "right of first refusal" –, die genaue Festlegung der Maßstäbe für die Höhe der von den Transitstaaten üblicherweise erhobenen Transitgebühren und die Anwendbarkeit der Bestimmungen des *Energiecharta Transitprotokolls* auf den EG-internen Markt. Letzterer Streitpunkt resultiert aus der europäischen Befürchtung, dass die russischen Pipelinegiganten ihr Monopol auf Grund der Bestimmungen dieses Protokolls auch auf den europäischen Markt ausdehnen könnten.

Eine explizite Regelung haben ebenfalls so genannte "International Energy Swap Agreements" im Rahmen des *Energiecharta Transitprotokolls* gefunden. Für einige kaspische Anrainerstaaten stellen diese Erdöl-Tauschgeschäfte mit dem Iran eine ernstzunehmende Alternative zum Bau neuer Pipelinekapazitäten und der Abhängigkeit vom russischen Pipelinemonopol dar und ermöglichen es, die von den USA gegenüber dem Iran verhängten Wirtschaftssanktionen zu umgehen.

Parallel zu den Verhandlungen des *Transitprotokolls* sind vom *Energiecharta Sekretariat* in Zusammenarbeit mit einer sich aus Vertretern von Erdölfirmen, Unternehmens- und Rechtsberatern zusammensetzenden Expertengruppe nicht bindende Modellverträge entwickelt worden, die alle wesentlichen wirtschaftlichen und rechtlichen Aspekte beim Bau von Transitpipelines regeln und als standardisierte Vorlage für zukünftige Pipelineprojekte dienen sollen.

Zusammen mit den Bestimmungen des *Energiecharta Vertrags* und des *Energiecharta Transitprotokolls* bilden diese Modellverträge eine gute Grundlage für die Schaffung eines investorfreundlichen von Rechtssicherheit geprägten, aber auch die territoriale Souveränität der Transitstaaten berücksichtigenden Investitionsklimas für den Bau von grenzüberschreitenden Pipelines im eurasischen und kaukasisch-kaspischen Raum.

In konsequenter Fortführung des sowohl im 1965er *New Yorker Übereinkommen über den Transithandel der Binnenstaaten* als auch im 1982er *Seerechtsübereinkommen* kodifizierten Völkergewohnheitsrechts, wonach Pipelines nur auf Grund ausdrücklicher Vereinbarungen zwischen den Parteien als von der „Transitfreiheit" geschützte Transportmittel angesehen werden können, macht auch Artikel 7 des Vertrags und das *Transitprotokoll* ein Aushandeln konkreter Transitrechte zwischen den Vertragsparteien weiterhin erforderlich.

Bedeutung und Erfolg der im Rahmen des Energiecharta-Prozesses getroffenen Regelungen zu Gunsten kaspischer Exportpipelines steht und fällt allerdings mit der noch ausstehenden russischen Ratifizierung des Vertrages über die *Energiecharta*, da Russland noch immer über das Pipelinemonopol für den Export kaspischen Erdöls verfügt.

Bevor das kaspische Erdöl und Erdgas in die Pipelines gepumpt werden können, stellt sich die Frage, wer als Souverän über die im und unter dem **Kaspischen Meer befindlichen Naturressourcen** verfügen darf.

In den einzigen und bis zum heutigen Zeitpunkt noch bindenden vertraglichen Vereinbarungen zwischen der Sowjetunion und dem Iran aus den Jahren 1921 und 1940 sind explizit weder Regelungen zur Abgrenzung der Hoheits- und Souveränitätsverhältnisse auf dem Kaspischen Meer noch hinsichtlich der unter diesem befindlichen Naturressourcen getroffen worden.

Die Berufung des Irans auf den verwendeten Terminus „sowjetisch-iranisches Meer" im Rahmen des erwähnten sowjetisch-iranischen Notenwechsels von 1921 als Hauptindiz für den damit zugewiesenen kondominialen Status des Kaspischen Meeres entspricht weder den historischen noch den vertraglichen Realitäten seiner Zeit. Vielmehr wollte die Sowjetunion sichergestellt haben, dass der kaspische Raum weiterhin unter alleiniger Kontrolle bleibt und sich Drittstaaten nicht militärisch im durch politische Wirren geschwächten Iran etablieren können.

Im Übrigen spricht entsprechend der vom *IGH* im *Lac Lanoux*-Schiedsgerichtsverfahren ausgesprochenen grundsätzlichen völkerrechtlichen Vermutung zu Gunsten territorialer Souveränität in Ermangelung expliziter vertraglicher Regelungen die Vermutung eher für die Aufteilung des Kaspischen Meeres in Hoheitsgebiete anstatt von einer stillschweigenden Anerkennung eines Kondominiums auszugehen. Unter letzterem Regime wäre die Nutzung der kaspischen Ressourcen nur im beiderseitigen Konsens möglich gewesen, eine Praxis, der keine der Vertragsparteien in der Vergangenheit Beachtung geschenkt hat. Insbesondere die Sowjetunion förderte bereits seit den 40er Jahren des 20. Jahrhunderts in den Offshore-Bereichen vor Baku Erdöl, ohne den Iran um Genehmigung gebeten zu haben. Sowohl die historischen und militärischen als auch die vertraglichen Realitäten beließen das Kaspische Meer als ein sowjetisches *mare clausum*, in welchem dem Iran weder die Stationierung eigener noch fremder Streitkräfte gestattet war.

Allerdings legt das sowjetische Vorgehen, militärische und wirtschaftliche Aktivitäten im nördlich der „*Astara-Gassan-Kuly*“-Linie gelegenen Teil des Kaspischen Meeres ohne vorherige Konsultationen mit dem Iran durchzuführen und ein Nichtüberschreiten eben dieser „Linie“ insbesondere mit Kriegsschiffen, die Vermutung für eine in Wirklichkeit beiderseitig anerkannte *de facto*-Grenzlinie nahe. Auch wenn die „*Astara-Gassan-Kuly*“-Linie von iranischer Seite nie offiziell als Staatsgrenze anerkannt worden ist, so haftet dem jahrzehntelangen Schweigen des Irans insoweit eine völkerrechtliche Beachtlichkeit an, als dass die konsequente Ausübung eines erforderlichen *persistent objector*-Verhaltens nicht im erforderlichen Umfang erfolgt ist.

Der Annahme eines kondominialen Charakters des Kaspischen Meeres muss eine Absage erteilt werden. Im Gegenteil, die mangels expliziter vertraglicher Vereinbarungen ohnehin zu Gunsten geteilter Souveränität sprechende Situation konnte durch die Staatenpraxis nicht widerlegt werden. Selbst der vom Iran – in Abrücken von seiner Kondominium-Theorie – eingeforderte 20%ige Anteil am Kaspischen Meer, der die iranischen souveränen Befugnisse auf Gebiete weit jenseits der „*Astara-Gassan-Kuly*“-Linie ausweiten würde, erscheint in Anbetracht dieser Staatenpraxis unangemessen.

Untereinander können sich die neu entstandenen unabhängigen kaspischen Staaten jedoch entsprechend des *uti-possidetis*-Prinzips auf die zu Sowjetzeiten festgelegten administrativen Grenzen auf dem Kaspischen Meer berufen. Da die Ausbeutung der Naturressourcen in der Sowjetunion nicht von den einzelnen Sowjetrepubliken bestimmt werden konnte, sondern in der alleinigen Kompetenz eines Allunions-Ministeriums – dem sowjetischen Ölministerium – lag, darf der Festlegung der administrativen Sektorengrenzen in den Jahren 1935 und 1970 trotzdem keine allzu große Bedeutung bei der Präzision der Sektorengrenzen beigemessen werden. Diese sind gemessen an internationalen Standards für die Bestimmung maritimer Grenzen relativ willkürlich gezogen worden.

Daher sollte man sie lediglich als Indiz für eine grundsätzlich gewollte Teilung des Kaspischen Meeres ansehen.

Als ein weiteres Indiz für die grundsätzlich gewollte Abgrenzung der souveränen Nutzungsrechte der Anrainerstaaten an den ihren Küsten vorgelagerten Bereichen des Kaspischen Meeres spricht das Ergebnis der inter-temporalen Interpretation der in den sowjetisch-iranischen Verträgen vereinbarten ausschließlichen 10-sm-Fischereizonen.
In Anbetracht der für die Zeit der Unterzeichnung der sowjetisch-iranischen Verträge aus den Jahren 1935 und 1940 auch für das Kaspische Meer geltenden bereits sehr progressiven Tendenz, über Fischereizonen exklusive Nutzungsrechte an den der jeweiligen Küste vorgelagerten Gewässern zu proklamieren, und dem Umstand, dass sich aus genau diesen Fischereizonen das Konzept der ausschließlichen Wirtschaftszone entwickelt hat, welches weitgehende souveräne Aktivitäten in den Gewässern bis zu 200 sm vor der Küste vorsieht, erscheint eine angemessene Berücksichtigung und Übertragung auf die heutigen Verhältnisse und wirtschaftlichen Interessen der kaspischen Anrainerstaaten gerechtfertigt.

Unabhängig von den zuvor aufgezeigten Ergebnissen existieren mit den sowjetisch-iranischen Verträgen aus den Jahren 1921 und 1940 noch immer zwischenstaatliche vertragliche Vereinbarungen, die es bis zu deren Neuverhandlung bzw. Ersetzung zu beachten gilt. Auch wenn sich aus diesen nicht unmittelbar für die heutige Situation am Kaspischen Meer brauchbare Hoheitsbefugnisse und Grenzregime für das Kaspische Meer ergeben, so enthalten sie doch Rechte und Verpflichtungen bezüglich gewisser Nutzungsrechte, an welche die Vertragsparteien bis zur Kündigung der Verträge durch alle Parteien oder der Schaffung neuer, die alten ersetzender Verträge gebunden sind.

Die Bindungswirkung der Verträge gegenüber den neuentstandenen Staaten Aserbaidschan, Kasachstan, Russland und Turkmenistan hat sich als problematisch erwiesen. Während Russland entsprechend seiner gemäß Artikel 9 Abs.1 *WKSV* erfolgten Erklärung als „Fortsetzerstaat" in sämtliche vertraglichen Verpflichtungen der UdSSR – also auch solche, die das Kaspische Meer betreffen – automatisch eingetreten ist, ist die Situation für die übrigen weniger eindeutig. In ihrem gemeinsamen *Memorandum of Understanding* vom 6. Juli 1992 zur Rechtsnachfolge der neuen unabhängigen GUS-Staaten in alte sowjetische Vertragsverpflichtungen haben sich diese zu einer Übernahme der daraus erwachsenen Verpflichtungen nur entsprechend den eigenen Verfassungsprozeduren verpflichtet. Die Staatenpraxis der meisten kaspischen Anrainerstaaten hat gezeigt, dass diese zumindest nicht gewillt sind, so lange zu warten, bis alle Anrainerstaaten zu einem endgültigen Konsens gefunden haben. Dies gilt vor allem für die Abgrenzungen der souveränen Rechte zur Ausbeutung des Festlandsockels. Zwischen Russland und Kasachstan und zwischen Russland und Aserbaidschan sind entsprechende Verträge bereits ausgehandelt worden. Da die sowjetisch-iranischen Verträge aus den Jahren 1921 und 1940 keine diesbezüglichen Regelungen enthalten, verstoßen diese auf den Meeresboden beschränkten Verträge nicht gegen die völkerrechtlichen Vertragsrechtsprinzipien. Denn dem in dieser Analyse favorisierten Ansatz des Auseinanderfallens der UdSSR durch Dismembration zufolge, greift auch gegenüber den neuen unabhängigen kaspischen Anrainerstaaten das in Artikel 34 *WKSV* kodifizierte Prinzip der Universalsukzession in die völkerrechtlichen Verträge des Vorgängerstaates UdSSR durch.

Versagt bleibt den ehemaligen kaspischen Sowjetrepubliken die Berufung auf die so genannte "*clean slate*"-Regel des Artikels 16 *WKSV*, da sie zum einen weder von der Terminologie des "newly independent state" mit umfasst werden und zum anderen die den gegenwärtigen Status regelnden Verträge von 1921 und 1940 so genannte radizierte Verträge sind, die von jedweder Art von Staatennachfolge unberührt bleiben.

Eine Kündigung der Verträge auf Grund der geänderten Umstände scheidet ebenfalls aus. Zum einen ist die erforderliche Radikalität der Veränderungen nicht gegeben. Zum anderen legen es sowohl die Staatenpraxis als auch die Rechtsprechung des *IGH* nahe, das Prinzip der *clausula rebus sic stantibus* sehr restriktiv anzuwenden und das Bedürfnis der Anpassung eines Vertragswerkes an die sich veränderten Bedingungen, insbesondere dem bei Statusverträgen vorherrschenden Bedürfnis nach Stabilität, unterzuordnen. Außerdem widerspräche die Berufung auf diese Klauseln in jedem Fall dem Grundtenor der Erklärungen im *Memorandum of Understanding*, im welchem sich die GUS-Staaten für die Nachfolge in bilaterale Verträge der UdSSR zumindest zu Vertragsverhandlungen zur Lösung eventueller Problematiken verpflichtet haben.

In Ermangelung expliziter vertraglicher und *de facto*-vertraglicher Regelungen zur Abgrenzung der Hoheitsverhältnisse auf dem Kaspischen Meer kommt es auf die von der Staatengemeinschaft allgemein anerkannten und auf das Kaspische Meer übertragbaren Prinzipien an.

Auch wenn die kaspischen Staaten die Möglichkeit haben, das zukünftige Regime des Kaspischen Meeres mittels zwischenstaatlicher vertraglicher Verhandlungen selbst zu definieren, so haben sie sich als Teil der Staatengemeinschaft insbesondere auch dann, wenn kein Konsens gefunden werden kann, an den allgemein anerkannten oder sich entwickelnden Prinzipien für die Aufteilung von Territorien und der darin befindlichen Ressourcen zu orientieren.

Die Staatenpraxis tendiert sowohl bei internationalen Seen als auch bei Binnenmeeren und offenen Meeren grundsätzlich zu einer klaren Absteckung der territorialen Souveränität.
Im Hinblick auf die Grenzziehung auf internationalen Seen zeigt die Staatenpraxis mehrere Möglichkeiten auf, von denen sich bis heute gewohnheitsrechtlich kein alleingültiges, allgemein anerkanntes Teilungsprinzip herausgebildet hat, dessen Übertragung auf das Kaspische Meer unausweichlich wäre. Jedoch ist bei internationalen Seen mit gegenüberliegenden Ufern eine gewisse Häufigkeit festzustellen, die vereinfachte Form des Äquidistanzprinzips anzuwenden.

Im maritimen Abgrenzungsprozess, der seinen Ursprung immerhin in den für Binnengewässer entwickelten Prinzipien findet, ist die Äquidistanzmethode bei gegenüberliegenden Staaten ebenfalls eine übliche Abgrenzungsmethode, ohne dass dieser jedoch ein völkergewohnheitsrechtlicher Charakter zugebilligt werden könnte. Im Ergebnis gelangt man allerdings in den häufigsten Fällen zu einer modifizierten Äquidistanz- bzw. Mittellinie, zu deren Determinierung geographische, wirtschaftliche und historische Gesichtspunkte heranzuziehen sind, um eine für alle betroffenen Staaten faire Lösung zu finden und den Interessen aller beteiligter Staaten bestmöglich gerecht zu werden.

Sehr aufschlussreich zur Weiterentwicklung eines entsprechenden – von der Staatengemeinschaft akzeptierten – Konzepts zur Abgrenzung souveräner Rechte auf internationalen Binnengewässern ist sowohl die von der *UNECE* verabschiedete *Konvention zum Schutz und der Nutzung von grenzüberschreitenden Wasserläufen und internationalen Seen* aus dem Jahre 1992 als auch die von der *ILC* im Jahre 1997 verabschiedete *Konvention zum Recht der nichtschifffahrtsmäßigen Nutzung internationaler Wasserläufe*.

In beiden findet das Prinzip der angemessenen und billigen Nutzung der grenzüberschreitenden Gewässer eine besondere Erwähnung.

Daraus bereits eine konkretere international akzeptierte Regel für die Abgrenzung souveräner Rechte im Licht des Prinzips der limitierten territorialen Souveränität abzuleiten, ginge zu weit. Allerdings sollte deren potentielle Bedeutung für das Kaspische Meer auch nicht unterschätzt werden. Obwohl bisher lediglich drei Anrainerstaaten des Kaspischen Meeres die *Konvention zum Schutz und der Nutzung von grenzüberschreitenden Wasserläufen und internationalen Seen* unterschrieben bzw. ratifiziert haben, bietet sie diesen Anrainerstaaten eine Argumentationsbasis auch für über den Umweltschutz hinausgehende rechtliche Aspekte der Nutzung der Ressourcen des Kaspischen Meeres.

Mit der Verabschiedung der *Konvention zum Recht der nicht-schifffahrtsmäßigen Nutzung internationaler Wasserläufe* gelang der *ILC* eine umfassende Bestandsaufnahme der für die nicht-schifffahrtsmäßige Nutzung internationaler Wasserläufe entwickelten Prinzipien und der Versuch der Kodifizierung solcher im Entstehen befindlicher völkergewohnheitsrechtlicher Prinzipien des Binnengewässerrechts.
Wortlaut und *travaux préparatoires* dieser Konvention stellen klar, dass der Verwendung des Begriffs „equitable“ nicht die Bedeutung beigemessen werden soll, dass jeder Staat an einem genau gleichen Teil der Ressourcen des „watercourses“ beteiligt werden oder dass das Gewässer selbst in exakt proportionale Teile aufgeteilt werden muss, sondern alle relevanten Faktoren und Umstände von den Anrainerstaaten berücksichtigt werden müssen, um zu gewährleisten, dass die Nutzung des internationalen Binnengewässers in einem fairen und angemessenen Rahmen abläuft.
Auch wenn diesen Konventionen auf Grund einer zögerlichen Ratifizierungspraxis der Staatengemeinschaft noch kein völkergewohnheitsrechtlicher Charakter zugebilligt werden kann, darf nicht unerwähnt bleiben, dass der *IGH* in seinem Urteil zum *Gabcikovo-Nagymaros*-Fall auf die *Konvention zum Recht der nicht-schifffahrtsmäßigen Nutzung internationaler Wasserläufe* als Beweis für ein sich konsolidierendes Prinzip der "equality of rights" zwischen Anrainerstaaten im Hinblick auf das an sie angrenzende internationale Binnengewässer verwiesen und damit zumindest die betreffende Bestimmung der Konvention implizit als anerkanntes Völkergewohnheitsrecht akzeptiert hat.

Die entsprechend dieser Konvention für die Abgrenzung von souveränen Nutzungsrechten zu berücksichtigenden Faktoren und Prinzipien einer angemessenen und fairen Teilung sowie Nutzung von internationalen Gewässern stellen nicht nur im für internationale Binnengewässer geschaffenen völkerrechtlichen Reglement, sondern auch im Meeresvölkerrecht eine völkergewohnheitsrechtlich anerkannte Methode zur Lösung von Interessenkonflikten dar. Damit werden die Anrainerstaaten eines internationalen Gewässers dazu angehalten, unter Berücksichtigung aller relevanten Faktoren entsprechend ihrer jeweiligen Gewichtung und Zusammenspiel die souveränen Nutzungsrechte an den Gewässern zu definieren.

Wie der *IGH* bereits in seiner Entscheidung zu den *Nordsee-Festlandsockel*-Fällen festgestellt hat, spricht nichts dagegen, die maritimen Prinzipien zur Abgrenzung für souveräne Nutzungsbefugnisse auch auf internationale Binnengewässer anzuwenden. Eine Kodifizierung haben diese zu einem Großteil auch gewohnheitsrechtlich anerkannten Prinzipien schließlich im *UN-Seerechtsübereinkommen* von 1982 gefunden.
Darin werden die Vertragsstaaten ebenfalls dazu angehalten, eine der Billigkeit entsprechende Lösung untereinander auszuhandeln, ansonsten werden sie allerdings auf die im Völkerrecht entwickelten Prinzipien zur maritimen Abgrenzungsmethodik verwiesen.

Eine wertvolle Hilfestellung bieten hierfür die zahlreichen Entscheidungen des *IGH* zu maritimen Grenzstreitigkeiten. Demnach sollten bei den zwischenstaatlichen Verhandlungen neben der Küstenformation, u.a. auch die natürliche Verlängerung ("natural prolongation") des Festlandsockels im Verhältnis zum Staatsgebiet des Küstenstaates, geographische Besonderheiten, geologische Strukturen und Naturressourcen des Festlandsockels berücksichtigt werden. Außerdem sollte nach Ansicht des *IGH* auf ein angemessenes Verhältnis zwischen der Küstenlänge und dem vorgelagerten Festlandsockelsektor des Küstenstaates geachtet werden. Schließlich empfiehlt der *IGH*, dass in sich überschneidenden Gebietsansprüchen mit Ressourcenvorkommen, den Vertragsparteien unter Umständen am besten mit einem Regime gemeinsamer Jurisdiktion oder Ausbeutung gedient sei.
Gleichzeitig hat der *IGH* immer wieder betont, dass es auch im internationalen Seerecht keine einheitliche Regel für die Bestimmung der maritimen Grenzen gibt, sondern den Staaten wie im internationalen Binnengewässerrecht eine Formel in der Weise an die Hand gegeben worden ist, dass sich ein aus seiner Rechtsprechung ergebender Katalog von Kriterien zu berücksichtigen ist, wobei diesen je nach Einzelfall eine unterschiedliche Gewichtung zukommen soll.

Unter Zuhilfenahme der für Binnengewässer entwickelten Prinzipien bietet sich in Anbetracht seiner Flexibilität die Anwendung der Vorgaben des *UN-Seerechtsübereinkommens* zu Teilungsprinzipien auf das Kaspische Meer geradezu an, da sie genügend Raum für die Berücksichtigung der für die Situation am Kaspischen Meer besonders wichtigen historischen, geographischen und ökonomischen Besonderheiten des Kaspischen Meeres gewähren. Zudem würden sich die kaspischen Anrainerstaaten damit auf ein von der Staatengemeinschaft allgemein akzeptiertes Regelwerk zur Abgrenzung maritimer Hoheitsbefugnisse berufen, in welchem solche, die kaspischen Staaten im Wesentlichen betreffenden, maritimen Problematiken bereits einem bewährten Reglement zugeführt worden sind.

Von den dreizehn im Rahmen der Analyse vorgestellten denkbaren **Makromodellen** für eine Aufteilung der hoheitlichen Befugnisse am Kaspischen Meer bietet sich unter Berücksichtigung aller widerstreitenden Interessen mit dem Ziel einer größtmöglichen Rechtssicherheit für Investoren ein Modell an, in welchem den Anrainerstaaten über die Gewässer des Kaspischen Meeres entsprechend der Systematik des *UN-Seerechtsübereinkommens* lediglich bis zu einer bestimmten Breite vollständige Souveränität gewährt wird und darüber hinaus alle Anrainerstaaten entsprechendem Prinzip der Hohen See die Meeresfreiheiten ausüben können.

Der Meeresboden mit seinen Naturressourcen sollte jedoch in einzelne, der vollständigen Souveränität der jeweiligen Staaten unterliegende, Sektoren aufgeteilt werden. In Bereichen mit grenzüberschreitenden Lagerstätten könnten die Staaten – wie im russisch-kasachischen Vertrag zur Aufteilung der Ressourcen des Festlandsockels geschehen – zur Wahrung der Einheitlichkeit der Lagerstätten den Verlauf der Äquidistanzlinie modifizieren, in jedem Fall aber zeitgleich die Ausbeutung dieser Lagerstätten im Rahmen einer Joint Development Zone vereinbaren.

Für den Fall, dass sich die Vertragsparteien über den genauen Verlauf der die Festlandsockel-Sektoren determinierenden Grenzlinien nicht in nächster Zukunft einigen können – wie dies beim aserbaidschanisch-turkmenischen und aserbaidschanisch-iranischen Disput um die ihren Küsten vorgelagerten Offshore-Felder womöglich geschehen wird – sollten in den umstrittenen Bereichen entsprechend der Systematik des *UN-Seerechtsübereinkommens* lokal begrenzte gemeinsame Gebiete proklamiert werden. Die Determinierung der Grenzlinien würde in diesen Bereichen auf unbestimmte Zeit verschoben werden. Die Ausbeutung der Naturressourcen könnte im Rahmen einer gemeinsam zu gründenden Organisation erfolgen.

Als Hilfsmittel für die sodann auszuhandelnden genauen Grenzfestlegungen sollten ebenfalls die im *UN-Seerechtsübereinkommen* verankerten und sich in naher Zukunft zu Völkergewohnheitsrecht entwickelnden Prinzipien unter Berücksichtigung der relevanten Entscheidungen des *IGH* herangezogen werden. Auf Grund derer würde sich die Aufteilung des Kaspischen Meeres entlang einer modifizierten Äquidistanz- bzw. Mittellinie ergeben, die Resultat einer an die besonderen geographischen, historischen und wirtschaftlichen Besonderheiten angepassten Äquidistanzlinie wäre.

Dabei dürfte potentiellen Erdöl- und Erdgasvorkommen im Festlandsockel, bereits vorhandenen Erdölbohrlöchern bzw. bereits vergebenen Erdölkonzessionen nur dann eine für die maritime Grenzbestimmung beachtliche Relevanz beigemessen werden, wenn diese auf Grund ausdrücklicher oder zumindest stillschweigender Vereinbarungen zwischen den Parteien zustande gekommen sind.

Im Hinblick auf die vom *IGH* aufgezeigten Kriterien ist zu berücksichtigen, dass im Rahmen des so genannten „Jahrhundertvertrags" die seitens Aserbaidschans an das Konsortium westlicher Ölfirmen vergebenen Konzessionen zur Ausbeutung der zwischen der aserbaidschanischen und turkmenischen Küste gelegenen Lagerstätten *Chirag* und *Azeri* nicht auf der Grundlage entsprechender expliziter oder konkludenter Vereinbarungen beider Staaten erfolgten und somit für die Bestimmung der Festlandssockelgrenzen irrelevant sind. Ebenfalls ins Leere läuft die Berufung Aserbaidschans auf die in den 70er Jahren erfolgte Sektorenfestlegung durch das sowjetische Ölministerium, da dieser ein rein administrativer Charakter zuzuerkennen ist.

Historische Gründe und die im Hinblick auf Erdölkonzessionen eindeutige Staatenpraxis im südlichen Teil des Kaspischen Meeres sprechen dafür, dass die *„Astara-Gassan-Kuly"*-Linie in gewisser Weise als eine *de facto*-Linie zur Abgrenzung von Erdölaktivitäten bei der maritimen Abgrenzung im südlichen Teil des Kaspischen Meeres Berücksichtigung finden muss, d.h. die iranischen Forderungen nach einem 20%igen Anteil an den kaspischen Ressourcen unverhältnismäßig sind.

Auch wenn der spezifische Status der jeweiligen Offshore-Bereiche zwischen den jeweils betroffenen Staaten ausgehandelt werden muss, so ist in Anbetracht der komplexen vertraglichen und historischen Besonderheiten eine wirklich

dauerhafte Lösung der das Kaspische Meer betreffenden Konflikte nur durch einen gemeinsamen Konsens Erfolg versprechend.
Dass die kaspischen Anrainerstaaten grundsätzlich gewillt und fähig sind, sie gemeinsam betreffende Probleme zusammen einer Lösung zuzuführen, haben sie bereits mit der Verabschiedung der am 5. November 2003 unterzeichnete ***Rahmenkonvention zum Schutz der Umwelt des Kaspischen Meeres*** bewiesen.

Obwohl in diesen größtenteils noch sehr armen Staaten Belange des Umweltschutzes hinter denen der Gewährung bestmöglicher Investitionsbedingungen zurückstehen, haben es die fünf Anrainerstaaten in dem Bewusstsein der ökologischen Sensibilität ihres gemeinsamen Gewässers geschafft, sich über die Eckpfeiler des Schutzes der kaspischen Meeresumwelt zu einigen. Neben der Einleitung giftiger Substanzen über die zahlreichen in das Kaspische Meer fließenden Flüsse und der von onshore gelegenen Industrieanlagen ausgehenden Verschmutzungsgefahr sind es vor allem auch die zunehmenden Offshore-Aktivitäten zur Erkundung und Förderung des unter dem Kaspischen Meer vorhandenen Erdöls, welche den Bestand der kaspischen Fauna bedrohen.

Die nationalen Umweltgesetze sind zum größten Teil veraltet bzw. werden kaum durchgesetzt. Auf Grund der potenziell grenzüberschreitenden Auswirkungen von Luft- und Wasserverschmutzungen auf die Umwelt der Nachbarstaaten sollten die Anrainerstaaten darum bemüht sein, die *Rahmenkonvention zum Schutz der Umwelt des Kaspischen Meeres* so schnell wie möglich zu ratifizieren und auf deren Basis ein – unter Berücksichtigung der aufgezeigten international akzeptierten völkerrechtlichen Umweltprinzipien und -standards – funktionierendes Kooperationssystem zum Schutz der Meeresumwelt des Kaspischen Meeres schaffen. Vorbild sollten dabei sowohl die Prinzipien der zahlreichen allgemeinen internationalen Umweltschutzabkommen, denen teilweise auch die kaspischen Staaten beigetreten sind, als auch die im Rahmen des *U-NEP-Regional Seas Programms* entwickelten lokalen Konventionen und Protokolle sein, die zum Schutz und zur Erhaltung der Meeresumwelt vor Erdölaktivitäten in bestimmten Meeren bzw. Meeresgebieten abgeschlossen worden sind.

Um mögliche Umweltverschmutzungen wirksam sanktionieren zu können, wird es wichtig sein, neben der Berücksichtigung der Konvention und der erwähnten Prinzipien sowie Standards des Umweltvölkerrechts in den jeweiligen nationalen Gesetzen ein effektives System zur Ahndung von Umweltstraftaten und -ordnungswidrigkeiten einzurichten. Nur auf diesem Wege kann es gelingen, die ansonsten relativ „weichen“ Bestimmungen des Umweltvölkerrechts und die lediglich bedingt rechtlich verpflichtenden Richtlinien der entsprechenden Organisationen zu einem wirksamen Geflecht zum Schutz der Umwelt vor schädlichen Einflüssen der Petroleumindustrie zu erhärten.

Zur effektiveren Gestaltung der Umweltschutzbemühungen sollten sich nicht nur die kaspischen Anrainerstaaten, sondern alle im kaspischen Raum gelegenen und von kaspischen Erdöl-, Erdgas- und Pipelineprojekten betroffenen Staaten auf die Vereinheitlichung sowohl technischer als auch Umweltstandards einigen.

Ein Beispiel dafür wie konsequent Vorschriften zum Schutz der maritimen Umwelt vor Erdölaktivitäten implementiert werden können, findet sich in der türkischen Praxis zur Reglementierung des Tankerverkehrs durch die Türkischen Meerengen. Seit der Inbetriebnahme der *CPC-Pipeline* vom kasachischen *Tengiz*-Erdölfeld im Nordosten des Kaspischen Beckens zum Schwarzen Meer hat sich die Anzahl der Tanker, die kaspisches Rohöl zu den Weltmärkten transportieren, vervielfacht. In der Folge hat sich die Gefahr erhöht, dass es in den engen und stark befahrenen Türkischen Meerengen zu Tankerkollisionen kommt, so wie in der Vergangenheit bereits mit verheerenden Folgen geschehen. Die wirtschaftlichen Beweggründe für die türkischen Beschränkungen des ansonsten in internationalen Meerengen üblichen ungehinderten Passagerechts mögen eng mit dem für die Türkei interessanten *Baku-Ceyhan-Pipelineprojekts* zusammenhängen.

Aus völkerrechtlicher Sicht stellte sich die Frage, ob die zahlreichen gegenüber der Türkei vorgebrachten Vorwürfe der unberechtigten Behinderung des Transitverkehrs für kaspisches Rohöl berechtigt sind oder die Türkei völkerrechtlich legitimiert ist.

Das **Passagereglement für den Schiffsverkehr durch die Türkischen Meerengen** wird noch immer durch die Regelungen der *Montreux Konvention* bestimmt, auf Grund deren *erga omnes*-Wirkung auch Nichtvertragsparteien an dieses gebunden sind. Unübersehbar sind der Türkei im Rahmen dieser Konvention Reglementierungsbefugnisse eingeräumt worden, die der Türkei bis heute in einem gewissen Rahmen als Rechtsgrundlage für die Reglementierung des Schiffsverkehrs durch die Türkischen Meerengen dienen. Da zur Zeit der Verabschiedung der *Montreux Konvention* die Entwicklungen des Schiffsverkehrs hinsichtlich der Anzahl und Größe der passierenden Schiffe noch nicht absehbar waren und daher auch keine diesbezüglichen für heutige Anforderungen genügenden Regelungen geschaffen worden sind, kann hilfsweise auf das für internationale Meerengen teilweise bereits entstandene Völkergewohnheitsrecht zurückgegriffen werden. Dafür bieten sich insbesondere die völkergewohnheitsrechtlichen Meerengen-Bestimmungen des Teils III *SRÜ* an.

Da zumindest unter Berücksichtigung der Entwicklungen der modernen Schifffahrt das Reglement der *Montreux Konvention* den heutigen Bedürfnissen nicht mehr gerecht wird, verbleibt der Türkei für den nicht geregelten Teil insoweit ein Spielraum, als dass Regelungen zur Einführung von Verkehrstrennungsgebieten und gewisser Navigationshilfssysteme, die zur Zeit der Schaffung des Vertragswerkes noch unbekannt waren, möglich sind.

Daher kann festgestellt werden, dass die Reglementierungen der Türkei zur Passage durch die Türkischen Meerengen im Wesentlichen mit dem auf Meerengen anwendbaren internationalen Völkerrecht im Einklang stehen. Allerdings entbehrt die Art und Weise der Implementierung dieser Reglementierungen seitens der Türkei des erforderlichen Maßes an Kooperation mit den von deren Bestimmungen unmittelbar betroffenen Benutzerstaaten.
Da zusätzlich in der *Montreux Konvention*, für den Fall von beabsichtigen Änderungen des Reglements, ein genau festgelegter Konsultationsmechanismus vorgesehen ist, sollte die Türkei in Zukunft diese Konsultationsgremien vollständig ausschöpfen, anstatt – wenn auch wohlgemeinte – Alleingänge zu unternehmen.

Es bleibt abzuwarten, ob die Anrainerstaaten des Kaspischen Meeres in naher Zukunft die Chance ergreifen und die rechtlichen Voraussetzungen für eine wirtschaftliche Prosperität schaffen sowie die sonstigen erforderlichen Rahmenbedingungen für ausländische Investitionen im Erdöl- und Erdgasgeschäft gewährleisten können. Um so erreichte Erfolge nicht durch regionale Konflikte, Separationsbewegungen oder terroristische Anschläge zu gefährden, sollte frühzeitig nach diplomatischen Lösungen sowohl auf lokaler als auch internationaler Ebene gesucht werden.

SUMMARY

RESOURCES OF THE CASPIAN BASIN

Exploitation and transportation of hydrocarbons from a public international law perspective

INTRODUCTION

It has been over 10 years since the Soviet Union as a single subject of international law disappeared, and the birth of the new Commonwealth of Independent States was announced. The Caspian Sea is now bordered by Azerbaijan, Russia, Kazakhstan, Turkmenistan and Iran, each of them claiming sovereign rights concerning the exploitation of large offshore oil and gas deposits[1529] under the Caspian Sea.

However, while the enclosed Caspian Sea has the potential to be one of the world's greatest future sources of oil, there are a number of legal complications which still have to be resolved in order for this potential to be realised. The definition of the legal status of the sea has emerged as one of the most urgent problems facing the region. Consequently, oil companies have hesitated to invest as long as the legal status is not defined, and the construction of possible trans-Caspian-pipelines to deliver oil and gas to the world markets along with the final conclusion of a Convention on the protection of the Caspian environment have been delayed.

Secondly, as the Caspian Sea is an inland body of water, and three of the Caspian states are land-locked, the oil and gas needs to be shipped through other state's territories via pipelines. Related to those transit pipelines are further legal aspects such as the freedom of transit on the one hand and territorial sovereignty on the other.

Thirdly, the danger of negative environmental impact, which is normally a side-effect of the exploitation of hydrocarbons, has been examined from the International Law perspective. Common environmental regulations and the application of internationally accepted standards are necessary in order to protect this vulnerable region of the Caspian Sea, but still have not been agreed upon.

[1529] Proven oil reserves: 35 BBL, plus estimated newly discovered 50 BBL of Kashagan field and estimated some 360 Tcf of gas; US EIA, June 2000, *The Wall Street Journal*, 5/03/2001.

The unique geographical characteristics of the Caspian as the world largest inland body of water, has so far prevented its legal classification. The lake covers an area of approximately 370.000 km^2, and stretches 1.200 km from north to south and 320 km from east to west. There is controversy about whether the Caspian should be shared according to internationally accepted practices for lakes, or whether the principles of the Law of the Sea should be applied, or whether the resources could be jointly used under a regime of a so called *Condominium*, questions which arose when some of the Caspian littoral states began to grant concessions for offshore oilfields to foreign companies. As the issue must necessarily be solved in the near future, a brief suggestion for how it could be settled will be given.

As no valid[1530] bilateral or multilateral treaty[1531] defining the legal status of the Caspian Sea exists to give us any indication regarding the exploitation of the seabed and the subsoil resources, and with the principles of the *UNCLOS* not directly applicable[1532], it is now up to the Caspian states to effect a resolution themselves, according to the general legal principles of international law by which the Caspian states are bound. The real issue is now not whether the Caspian should be divided, but the appropriate method for doing so (see figures under: **Anlage** [appendix] **6**).
The overwhelming majority of treaties that delimit boundaries in lakes or inland seas have adopted the median line between the opposite shores, but there seems to be no customary rule in international law concerning the delimitation of lakes and internal seas. At this point, in its *North Sea Continental Shelf* case, the Court and individual judges agreed concerning the delimitation of maritime areas, that the same principles would be applicable to lakes, rivers and marine areas alike.[1533]

1530 Iran did not accept the agreements of seabed-division between Russian and Kazakhstan or Azerbaijan.

1531 The treaties of 1935 (*L.N.T.S.* vol. CLXXVI, No: 4053-4077) and 1940 (Soviet documents on foreign policy, Moscow, p.424ff.) between Iran and the USSR only describe a *modus operandi* for navigation and fishing on the Caspian. The treaties do not outline any maritime boundary nor do they divide the seabed resources, with the exception of an exclusive ten-mile fishing coastal zone, according to Art. 12 (4) of the 1940 Treaty.

1532 Only Russia has ratified it. Secondly, a close look at the *travaux préparatoire* makes clear that Part IX does not cover enclosed seas like the Caspian without at least one direct outlet to the open sea.

1533 *FRG v. Denmark and Netherlands*, 1969 *ICJ* 3, Judgement, para. 8, 124-27, 146, 175.

Looking at the most recent water and subsoil related maritime boundary cases of the ICJ, it becomes evident that the generally preferred equidistance method (in accordance with Art 15 *UNCLOS*) was modified because of historic titles[1534] or other special circumstances[1535] in order to achieve an equitable solution. Some useful insight on how the principle of "equitability" should be applied to an international inland sea like the Caspian could be provided by provisions of the International Law Commissions *1997 Convention on the Law of the Non-navigational Uses of International Watercourses*, assuming that the Caspian could be regarded as a "watercourse" within the meaning of its Art. 2.[1536] As the wording and the *travaux préparatoires*[1537] of its Articles 5 and 6 make clear, the term "equal" does not necessarily mean that each state would be entitled to an equal share of the "watercourse's" resources, nor that the water itself should be divided into proportional shares. Article 6 (1.) rather takes into account all relevant factors and circumstances, including geographic [...] ecological and [...] economic factors. Thus, a country such as Iran would not necessarily have the right to claim its "equal" share of 20 % of the Caspian resources.

In order to reach an equitable result, the Caspian "lines" should be drawn on the following suggestions: First, taking one or more of the three accepted methods for delimitation[1538] between adjacent states (and for the tentative states the equidistance method) by which to construct a tentative boundary.[1539] The outcome should then be examined in the light of its proportionality to the length of the countries' relevant coastlines.[1540] Considering the outcome of this proportionality study and the 20% "equal" claim of Iran, Iran would be the most dis-

---

1534 *Tunisia/Libya Continental Shelf Case*, 1982 *ICJ*, at. 33-37, 71, 83-86.

1535 *Gulf of Maine Case* (Canada v. US), *ICJ* 1984, p. 246: Decision influenced by economic considerations.

1536 Adopted by the UN General Assembly on 21 May 1997, UN. Doc. A/RES/51/229.

1537 *Environmental Law and Policy*, vol.24, 1994, p. 335.

1538 Equidistance line (e.g. Great Lakes of North America, Lake Geneva), perpendicular to the general direction of the coast (e.g. Arbit. Trib. for maritime boundary Guinea and Guinea-Bissau (1986), 25 I.L.M. 252) or bisection of angle formed by the coastline of two states (e.g. ICJ *Gulf of Maine*, op. cit.)

1539 The shares would be as following in %: Azerb: 21, Iran: 13.6, Kazak: 28.4, RF: 19, Turkmen: 18, see: *Maleki*, What happened in the South Caspian?.

1540 *North Sea Continental Shelf Case*, op. cit., at. 17-27, 46-54; *Gulf of Maine Case*, op. cit. p. 322, para. 182. The length of Coastline in % of total coastline would be: Azerb. 15.2, Iran: 18.7, Kazak: 30.8, RF: 18.5, Turkmen: 16.8, see: *Clagett*, Ownership of Seabed and Subsoil Resources in the Caspian Sea Under the Rules of International Law.

advantaged state out of the littoral five. Thus, according to the ICJ[1541], the comparatively longer coastline of Iran „[...] would constitute a circumstance calling for an appropriate correction.“

Besides the above mentioned proportionality method, the unique history of the Caspian virtually must to be taken into account for the following reasons.
First, for at least 70 years the Caspian used to be a so-called "*Soviet-Iranian Sea*", which had never officially been contested. As stated above, international law does not provide for a state to claim an equal part of the whole. Secondly, concerning the four Caspian CIS states, attention should be paid to the former internal **administrative boundaries.**[1542] Even if we apply the principle of *uti possidetis juris,* and take the ICJ judgement into consideration, internal administrative boundaries become "transformed into international frontiers" when a state breaks up into multiple successor states,[1543] a development which would only be relevant between the former Soviet republics, but would have no effect on Iran. Furthermore, concerning offshore unitary hydrocarbon fields which overlap a modified equidistant line, as would be the case e.g. with the disputed Serdar/Kyapaz oil field, it would not be in line with ICJ jurisprudence to take early unilateral exploration activities into account.[1544] But there is strong evidence that the ICJ would recommend to avoid splitting a single oil field.[1545] While passing the relevant oil field into the jurisdiction of one country, there should be parallel negotiations concerning a joint effort for the exploitation of this field, preferably within a PSA scheme.

To sum up, under international law there is no evidence of common ownership of the Caspian subsoil. As such, it should be divided along a modified median line, which takes into account the proportional length of the relevant coastline,

---

1541 See: *Gulf of Maine Case*, op. cit. at 323, para. 185.

1542 In 1970 the Soviet Oil Ministry divided the Caspian seabed between its republican affiliates into so-called "sectors".

1543 Frontier Dispute *Burkina Faso v. Mali*, 1986 *ICJ* 554, 566; *Gulf of Fonseca Case*, 1992 *ICJ* 388.

1544 *Continental Shelf (Libyan Arab Jamahiriya/Malta), ICJ Rep.* (1985), 13, *Case Concerning the Continental Shelf (Tunis. v. Libya)* , *ICJ Rep.* (1982), 18, 96, 117.

1545 The ICJ stated „[...] that unity of deposit [...] is reasonable to take into consideration in the course of negotiations for a delimitation." *North Sea Continental Shelf Case*, op.cit. at. 51, 52; *de facto* line produced by pattern of grants of petroleum concessions in the disputed area, *Tunisia/Libya*, op.cit. at. 83-4, paras. 117-18, *Gulf of Maine Case*, op. cit. at. 310-11, paras. 149-52.

historic titles, former *de facto* boundaries, by which to avoid splitting single oil deposits and negotiating JDZs.
In terms of environmental security, the Caspian states could decide that the Sea be regarded as the "common heritage" of the littoral states, by reference to the provisions of Part XI of *UNCLOS*. Furthermore, by applying the Law of the Sea provisions by analogy, Art. 123, Part VII Sect. 2 and Part XII, *UNCLOS* could provide the framework for the joint management of the Caspian's marine living resources, and the protection and preservation of its marine environment.

THE LANDLOCKED STATES AND THE RIGHT OF TRANSIT

Apart from the still unresolved question of ownership of the subsoil resources, the subsoil's development would be largely pointless without an appropriate concept for how to transport its natural wealth to the world market. Since the collapse of the regional market following the demise of the Soviet Union, the only key to large-scale investment and development is the establishment of a network of transit-pipelines for shipping the resources to markets.

Taking a short look at the Caspian map, one will notice that three of the Caspian CIS states wealthy in oil and gas are landlocked and can only export their resources via transit through neighbouring countries. As a result, possible export routes are critical. The dependence of Kazak, Azeri and Turkmen oil and gas on Russian pipeline infrastructure has been abused by the imposition of higher tariffs and quotas by the Russian Federation in order to control the export quantities of these countries. That is why these countries are pushing for the construction of new pipelines.[1546] However, Russia is still trying to keep its grip on the Caspian area. Most involved governments and oil companies therefore favour a multiple export-pipeline-system in order to avoid dependency on the goodwill of a single transit state. The United States and Turkey supported the **Baku-Ceyhan pipeline** as the main export pipeline for a host of political, security, and ecological reasons. The U.S. government opposed an Iranian route for political reasons, passing national legislation which sanctions foreign and U.S. investment in the Iranian petroleum industry.[1547] But the U.S. government has refrained from enforcing the U.S. *Iran and Libya Sanctions Act* of 1996 (ILSA)

[1546] E.g.: CPC Tengiz-Novorossisk-Pipeline, phase 1 flows began end March 2001; Baku-Ceyhan-Pipeline, construction by June 2005.
[1547] *White House Executive Order* 12957 (16 March, 1995) and the Department of Treasury's Iranian Transaction Regulations – prohibiting U.S. involvement in petroleum development in Iran; The *U.S. Iran and Libya Sanctions Act of 1996* (ILSA), which targets foreign companies with sanctions if investment in the petroleum industry exceeds US$ 20 million annually.

against E.U. companies due to a special agreement between the U.S. and the E.U. of May 18, 1998.[1548]

Furthermore, there is some uncertainty about the transit passage through the narrow Bosporus waterway. Turkey, profoundly concerned about the implications of significant amounts of Caspian oil being shipped through the Bosporus, recently stressed again that the maximum capacity of movement the Turkish Straits can carry has already been reached.[1549]
However, Turkey's ability to regulate traffic through the Bosporus is still limited by the 1936 *Treaty of Montreux*. Not designed with huge oil-tanker traffic in mind, it sets very strict limits on regulations of the Straits by the Turkish government for any purpose. The treaty requires complete freedom of transit and navigation without formalities of taxes, fees and requirements for local pilots. While the overall Convention still has the support of its signatories, Turkey's desire to take necessary measures to protect the safety of the Straits is generally seen as legitimate.[1550] Against the opposition of Russia and other Black Sea states, but with the support of the International Maritime Organization (IMO), Ankara has had some success in imposing certain regulations on passage.[1551]

Let us now return to the topic of International Law „surrounding" the landlocked Caspian states. The significance of transit can be characterized as attempting to find a balance between the needs of international traffic and the sovereign territorial rights of transit states. Focusing on trans-boundary pipelines, a distinction must first of all be drawn between submarine and terrestrial pipelines.
Historically, the question of **freedom of transit** has been recognised in international law from the 17th century onwards. Since the need for international regu-

---

[1548] EU-directive, 22 November 1996 (No. 2271/96) (see: EUR Lex – 31996R2271).
[1549] Turkey's Minister for maritime affairs quoted by *Lloyd's List International*, 27 February 2001.
[1550] One could see the need to revise the *Montreux Convention* in accordance to the *rebus sic stantibus* principle of International Law, which postulates that all treaties are concluded under one condition, that the treaty remains in force only as long as the circumstances under which it was concluded have not changed radically. Turkey would be required to prove, that a "radical change of circumstances" within the meaning of Art. 62 (1.) (b) of the 1969 *Vienna Convention on the Law of Treaties* arose.
[1551] *Maritime Traffic Regulations for the Turkish Straits Region*, Decree No. 98/1860 (http://www.turkish-pilots.org/DOCUMENTS/yenituzuk_eng.html).

lations on transit became apparent after World War I, there has been much emphasis on finding regulations which would satisfy both the land-locked and the transit states. Certain multilateral conventions such as the *1921 Barcelona Convention*, the *1947 GATT* or *1965 New York Convention*[1552] and other bilateral treaties[1553] have addressed access rights for states in general and land-locked states in particular, and partly deal with terrestrial pipelines as a means of transit transport.

Looking at the relevant provisions of these treaties, it becomes evident that much emphasis has been placed on principles like non-discrimination and non-interruption, and the obligation not to impose any transit-fees or custom duties on traffic in transit nor unreasonable charges on goods in transit.[1554] However, a common feature of these treaties is that they do not create a self-executing right of transit or of building terrestrial pipelines over neighbouring territories; instead, they require individual land-locked and transit states to reach agreements on the modalities of transit in specific areas before the right may be exercised.[1555] Furthermore, since some of those treaties have been ratified by only a small number of transit states, the rules they contain are not widely applicable *qua* conventional law, nor can they be used as evidence of a customary rule in favour of land-locked states. On the other hand, it can be argued that the mandatory provisions of Part X of the 1982 *UNCLOS* - concerning the rights of land-locked states - are likely to become norms of customary law in the future.[1556]

As a consequence, unless the parties decide differently, the law applicable for terrestrial pipelines is normally governed by the provisions for safety, liability for damage etc. of the relevant transit state.

[1552] *1921, Barcelona Convention and Statute on Freedom of Transit* (LNTS, vol. 7, p.11); *1947 GATT*, Art. V (*UNTS*, vol. 55, p.194); *1958 High Seas Convention*, Art. 3 (UN Doc. A/CONF. 13/C 5/L); *1965 New York Convention on the Transit Trade of Land-locked States* (*UNTS*, vol. 597, p.42); *1982 UNCLOS*, Art. 125 (21 I.L.M. 1261).

[1553] *Convention on Construction of Oil Pipelines between the Plata Countries* (Latin America), Montevideo 6 February 1941, *Hudson*, International Legislation, Oceana Publications Inc. New York, 1970, vol. VIII (1938-1941), No. 601; Chile-Bolivia *Sicarica-Arica-Pipeline agreement*, 24 April 1957, Decree No. 363, published in *Chilean Official Gazette* No. 23 834 of 30 August 1957; US-Canada Transit-Pipeline Treaty, 28 January 1977, *US Treaties and Other International Agreements*, Vol. 28, Dep. of State, Washington D.C., pp. 7451-7460; and a number of treaties concerning North Sea pipes.

[1554] Art. V *GATT*, Art 3, 4 *Barcelona Convention 1921*, Principle V *1958 High Seas Convention*, Principle IV *1965 New York Convention*, Art. 127 *UNCLOS*, Art. 7 *ECT*.

[1555] *Vasciannie*, Land-Locked and Geographically Disadvantaged States in the International Law of the Sea, at p. 198.

[1556] Ibid. at p. 221.

Concerning the laying of the proposed submarine **Trans-Caspian-Pipelines**[1557], the situation may be different. Under the Law of the Sea Conventions, states are assumed to have the freedom to construct submarine pipelines.[1558] The sovereign rights of coastal states are limited, and may imply environmental and safety requirements (Art. 193 *UNCLOS*) to the construction of transit pipelines, but otherwise the freedom of transit prevails. Since the *UN Law of the Sea Convention* is not directly applicable to the Caspian Sea, leaving it open to question whether a body of customary submarine pipeline law has already been established,[1559] it is up to the littoral states to decide on the appropriate legal regime relating to submarine pipelines.
However, should the littoral states decide to divide the subsoil into national sectors and keep the body of water under common ownership, this could have an even greater impact on the "limited" freedom to lay pipelines under the Caspian Sea, particularly if they agree that the submarine pipelines shall not be treated as a part of the subsoil.[1560] Not only national and international law relating to environmental protection and other legitimate safety aspects of the neighbouring state could then hamper the construction, but the consent of all littoral states would then be required, as spills from a damaged pipeline would have an ecological impact on the commonly owned body of water.

Finally, the significance of establishing a general legal framework suitable for the secure and unimpeded transport of oil and gas through pipelines from the Caspian region and the wider FSU to world markets - mainly Europe - was the impetus for the establishment of the ***Energy Charter Treaty*** (*ECT*) in 1994. This treaty is a legally binding multilateral instrument between some 50 mainly eastern- and western-European states and the EC (See Figure: **Anlage 7**). Since Iran[1561] is not a party to the *ECT*, the norms of the treaty apply to exploitation and transportation of the Caspian hydrocarbon resources in all parts of the Caspian Sea other than those controlled by Iran.

[1557] From Aktau (in Kazakhstan) to Baku (further to Ceyhan) and from Turkmenbashi to Baku (Ceyhan).

[1558] See e.g. *1958 Convention of High Seas*, Arts. 2, 3 and 26; *1982 UNCLOS*, Articles 58 and 79.

[1559] *Wiese*, Grenzüberschreitende Landrohrleitungen und seeverlegte Rohrleitungen im Völkerrecht, p. 373.

[1560] Since Russia and Iran still strongly oppose such laying because of possible environmental impact.

[1561] Since 2003 Iran is holding the position of an observer state of the *ECT*.

While emphasising the principle of state sovereignty and its sovereign rights over its natural resources, the *ECT* aims primarily at creating an open and competitive market for energy materials, based on the principles of freedom of transit, non-discrimination and the obligation not to interrupt or reduce the flow of energy, despite any disputes with other countries concerning this transit (Art. 7(6) *ECT*).

The issues arising from the use of cross-border pipelines are regulated within Article 7 in the context of energy transit. The main objectives of the Treaty are to protect foreign investors' property and concluded contracts, to enable and facilitate transit, and, within capacity, to provide access to pipelines. With regard to the possibility of mandatory construction of transit facilities, the *ECT* goes further than the *Barcelona Convention*. However, a contracting party may refuse the construction of such facilities if it is contrary to national legislation regarding environmental protection, land use, safety, technical standards, or commercial terms (Art. 7 (5)). By and large, the principle of state sovereignty prevails.

Furthermore, since it has become obvious that there is scope for further development of the transit provisions of the *ECT*, a **Transit Working Group** was established in 1998 with the aim of creating a multilateral legal framework to secure and facilitate energy flow via existing and future pipelines. In fact, without derogating from the earlier agreed *ECT*'s obligations and principles, and reaffirming the right of access to and from the sea and freedom of transit for land-locked States,[1562] the negotiations are focusing on a framework for pipeline related issues. The negotiations for the final draft of the *Energy Charter Protocol on Transit* are due to be concluded, but still pending due to major clashes of interest between the E.U. and Russia.

CASPIAN OIL UNDER INTERNATIONAL ENVIRONMENTAL LAW

The Caspian Sea is also special as a unique ecosystem which is rich in diverse aquatic, avian and terrestrial wildlife. While the media and governments have placed much emphasis on the political and economic situation surrounding the Caspian developments, little attention has been paid to environmental dangers posed by further oil extraction and transportation. Past oil ventures have left the inland sea polluted, and since 1978, the Caspian has for reasons yet unac-

---

1562 Art. 3 (1), 4 and Preamble of *Draft Energy Charter Protocol on Transit*, text under: http://www.encharter.org.

counted for risen by almost 3 meters until the late 1990^s,[1563] flooding coastal developments and oil platforms, and further polluting the area.
However, environmental issues in the Caspian region are numerous and rather diverse in nature. Hydrocarbon production includes the establishment of production infrastructure, offshore drilling platforms and pipelines, which easily become a main source of pollution. It is important, however, not to overstate the significance of offshore oil activities in the overall environmental picture. Surface water runoff, as well as water from the Volga, the Ural, and other rivers heavily polluted with wastewater seem to be responsible for almost 65 %[1564] of the total oil pollution load of the Caspian (See Table 2). However, future large-scale offshore oil developments may end up creating major sources of pollution as well. The construction of on- and offshore pipelines, due to be built in an area with a potential earthquake magnitude of Richter 8, implies the risk of spills and leaks from antiquated pipelines and illegal tapping. Furthermore, associated with offshore drilling are the discharge of oil-tainted produced waters, and the use of highly toxic synthetic drilling muds.[1565]
Since the current national and international[1566] environmental and technical standards are hopelessly outmoded, and have still not been unified among the Caspian littoral States, it is important to look at what international law and good practice recommend for the conclusion of new provisions concerning the offshore oil-industry, in order to avoid a future ecological disaster.

Investigating whether there are any international treaties regulating the exploitation of seabed mineral resources reveals that there are only few such resources at all. The reason might be that most drilling operations are conducted in the continental shelf under the relevant states´ direct control and sovereignty. However, even thought, they could give an indication for evolving customary international law in this field, and at least indicate a rising public and state aware-

---

[1563] See: *Frolov*, New Methods of Managing Caspian Sea Level Fluctuations, in: *Ascher/ Mirovitskaya*, The Caspian Sea: A Quest for Environmental Security, p. 80.
[1564] See: TACIS Doc: Caspian Environment Programme, Facilitating Thematic Advisory Groups in Azerbaijan, Kazakhstan, Russia, & Turkmenistan, Oil Contamination of the Caspian Sea, February 2000.
[1565] The Kazakh Offshore *OKIOC* reportedly discharged since 1999 38 tonnes of "poorly filtered sulphur sewage" a day into the Caspian, radius of 500m had become highly toxic, BBC Monitoring, 22/02/2001.
[1566] E.g. in Caspian oil projects still used BATNEEC (Best Available Technology Not Entailing Excessive Costs) Standards instead of BAT (Best Available Technology) Standards.

ness of the environmental implications involved in offshore hydrocarbon production.[1567]

Since it is most evident that pollution problems in coastal or territorial waters can be better tackled by regional agreements, one will find a number of regional conventions dealing with pollution and waste disposal in the field of seabed exploitation. Under the auspices of the **U.N.E.P. Regional Seas Programme,** a series of such conventions have been concluded.[1568] In those conventions one can find general obligations for parties to take „appropriate" measures to prevent and control pollution arising from the exploration of their seabed mineral resources. Such a convention could be useful for the Caspian States sharing experiences and lessons.[1569]
International practice has a tendency to form new international law by incorporating non-binding guidelines drawn up by competent international organizations into a convention text with binding force. The following relevant guidelines shall be briefly mentioned.
The *1989 IMO Guidelines and Standards for the Removal of Offshore Installations and Structures*[1570] (with Art. 60 (3) *UNCLOS* in mind) firmly emphasize that the IMO is the competent organ to deal with this subject. According to these guidelines, the general principle is that all disused installations "are required to be removed." Under specially defined circumstances, the coastal state can decide whether installations may remain on a case-by-case basis.
The *1982 UNEP environmental law guidelines and principles on Offshore Mining and Drilling* provide some soft policy and legal directions for the states to

---

[1567] See for instance: the *1958 Continental Shelf Convention* (Art. 5 (1), (7)) and the *1958 High Seas Convention* (Art. 24) both require states to prevent pollution of the sea resulting from discharge of oil from pipelines or the exploitation of the seabed and its subsoil. The *1982 Law of the Sea Convention* contains in its Artt. 208-209 a general obligation to adopt and enforce regulations to prevent, reduce, or control pollution arising from seabed activities.
[1568] All in all there are 29 conventions and protocols, corresponding to more than 13 regions worldwide.
[1569] E.g.: the *1976 Barcelona Convention* and Art. 3 of its supplementary *Protocol for the Protection of the Mediterranean Sea against Pollution Resulting form Exploration and Exploitation of the Continental Shelf and the Seabed and its Subsoil*, 14.10.1994., and the *1978 Kuwait Regional Convention* and the relevant *Protocol concerning Maine Pollution resulting from Exploration and Exploitation of the Continental Shelf*, into force on 17 February 1990, 19 E.P.L. 19989, pp. 32-35.
[1570] *Guidelines and Standards for the Removal of Offshore Installations and Structures on the Continental Shelf and in the Exclusive Economic Zone*, adopted by IMO Assembly Resolution A.672 (16) on 19 October 1989, IMO Doc. MSC/Circ. 490/Annex.

follow in environmental control of offshore installations operating within the limits of their jurisdiction. Based on Council decision 14/31 and a new UNEP *Study of Legal Aspects concerning the Environment Related to Offshore Mining and Drilling within the Limits of National Jurisdiction,*[1571] new guidelines are currently being drafted.

However, where offshore gas and oil industry is concerned, state practice in relation to these and other principles and standards is at an embryonic stage with its contents yet to be defined. Nevertheless, Caspian States remain under a general customary obligation to prevent pollution, which forms part of an overall obligation to co-operate after any damage to the environment. While international customary law may seem inadequate as a precise and substantive standard-setting mechanism, it appears advisable for Caspian States to sit together and establish a regional framework. Under the auspices of the UNEP, the World Bank, the UNDP, and the EU-TACIS, the **Caspian Environmental Programme** has been formulated and, in 2003, a *Framework Convention for the Protection of the Marine Environment of the Caspian Sea* was signed by all Caspian states. Once ratified and supplemented with more specific protocols, this framework convention could form the basis for further progress in developing environmental co-operation.

CONCLUSIONS

Once the issue of the legal status of the Caspian Sea has been settled, the way will be open for more international investment in the region's petroleum sector and a closer and precise cooperation on strategies by which to protect the Caspian environment from the oil industries' impact. In recent years, a significant number of international legal instruments in the field of equal utilisation of common resources have emerged. One could therefore assume that there is evolving customary international law which would provide the Caspian states with enough international experience and a legal foundation in order to come to terms with this long disputed question of the ownership of the Caspian offshore resources.

[1571] See: 15th Council meeting, 18 June 1987; http://www.unep.org/SEC/non3.htm.

LITERATURVERZEICHNIS

AALCC, Report of the 12th Session held in Colombo from 18 to 27 January 1971 (zit.: *AALCC*, Report of the 12th Session held in Colombo).

AALCC, Report of the 15th Session held in Tokyo from 7 to 14 January 1974 (zit.: *AALCC*, Report of the 15th Session held in Tokyo).

Abrahamian, *Ervand*: Iran Between Two Revolutions, Princeton, Princeton University Press 1982 (zit.: *Abrahamian*, Iran Between two Revolutions).

Afrasiabi, Kaveh L.: 'International Law and Iran's Policy on the Caspian Sea: Shifting Paradigms', State University of New York at Binghamton, Summer 2002 (zit.: *Afrasiabi*, Iran's Policy on the Caspian Sea).

Akbashev, Yuri: 'Rebellion Simmers in Daghestan', Institute for War and Peace Reporting Caucasus Reporting Service, no. 40, 14 July 2000 (zit.: *Akbashev*, Rebellion Simmers in Daghestan).

Akehurst, Michael: "Custom as a Source of International Law", in: *BYIL* 1974/75, S. 1-53 (zit.: *Akehurst*, Custom as a Source of International Law).

— "The Hierarchy of the Sources of International Law", in: *BYIL* 1974/75, S. 273ff. (zit.: *Akehurst*, The Hierarchy of the Sources of Internat Law).

Akimov, Aleksandr: "Oil and Gas in the Caspian Region: An Overview of Co-operation and Conflict", in: Perspectives on Central Asia (June 1996). (zit.: *Akimov*, Oil and Gas in the Caspian Region: An Overview of Co-operation and Conflict).

Akincy, Ugur: "Javakhetia: The Bottle-Neck of the Baku-Ceyhan Pipeline", in: *Silk Road: A Journal of West Asian Studies*, 1, no. 2., December 1997, S. 26-29 (zit.: *Akincy*, Javakhetia: The Bottle-Neck of the Baku-Ceyhan Pipeline).

Alexander, Lewis M.: 'Equidistance and Maritime Boundary Delimitation', in: *Grundy-Warr* (Hrsg.), International Boundaries and Boundary Conflict Resolution, Proceedings of the 1989 IBRU Conference, International Boundaries Research Unit, University of Durham, U.K. (zit.: *Alexander*, Equidistance and Maritime Boundary Delimitation).

Altstadt, Audrey L.: 'From White Oil to Black Caviar: Baku Commerce through the Ages', in: Caspian Crossroads, http://ourworld.compuserve.com/homepages/usazerb/121.htm.

Amineh, M.P.: Towards the Control of Oil Resources in the Caspian Region, Hamburg 1999 (zit.: *Amineh*, Towards the Control of Oil Resources in the Caspian Region).

Amirahmadi, H. (ed.): The Caspian Region at a Crossroad: Challenges of a New Frontier of Energy and Development, London 2000 (zit.: *Bearbeiter*, in: *Amirahmadi*, The Caspian Region at a Crossroad: Challenges of a New Frontier of Energy and Development).

Antonowicz, C.: "The Disintegration of the USSR from the Point of View of International Law", in: *Pol.Yb.Int.L.* 1991/92, S. 7ff. (zit.: *Antonowicz*, The Disintegration of the USSR).

Anzilotti, Dionisio: Lehrbuch des Völkerrechts, Band 1, Berlin/Leipzig 1929 (zit.: *Anzilotti*, Lehrbuch des Völkerrechts).

Aras, R.: Actes de la Conférence de Montreux, Compte Rendu des Séances Plénières de Procès-verbal des Débats du Comité Technique, Liège: H Vaillant-Carmenne, 1936 (zit.: *Aras*, Actes de la Conférence de Montreux).

Aréchaga, E. J.: "Boundaries in Latin America, Uti Possidetis Doctrine", in: *EPIL* 6 (1983), S. 45ff. (zit.: *Aréchaga*, Boundaries in Latin America).

Ascher, W./*Mirovitskaya*, N. (Hrsg.): The Caspian Sea: A Quest for Environmental Security, NATO Science Series, 2. Environment, Dordrecht/Boston/London, 1999 (zit.: *Bearbeiter*, in: *Ascher/ Mirovitskaya*, The Caspian Sea: A Quest for Environmental Security).

Askari, Hossein: "Caspian oil development: The sooner the better", in: *Business Economics*, April 2003, Vol. 38, Issue 2, S. 43ff. (zit.: *Askari*, Caspian oil development).

Askarov, Gorkhmaz: 'Border Games in the Caspian Sea: Newly Independent States vs. Russia and Iran', in: Caspian Crossroads 1999, http://ourworld.compuserve.com/homepages/usazerb/casp.htm (zit.: *Askarov*, Border Games in the Caspian Sea).

Atkin, M.A.: The Khanates of the Eastern Caucasus and the Origins of the First Russo-Iranian War, Doctoral dissertation, Yale University 1976 (zit: *Atkin*, The Khanates of Eastern Caucasus).

Auch, Eva-Maria: „Ewiges Feuer" in Aserbaidschan - Ein Land zwischen Perestrojka, Bürgerkrieg und Unabhängigkeit, Berichte des Bundesinstituts für ostwissenschaftliche und internationale Studien, 8-1992 (zit.: *Auch*, Ewiges Feuer in Aserbaidschan).

Avakov, M.M.: in: *Ušakov*, N.A. (otv. red), Kurs Mezdunarodnogo prava [Völkerrechtskurs], Moskwa 1990, Band. 3 (zit.: *Avakov*, in: *Ušakov*, Kurs Mezdunarodnogo prava).

Avery, Peter (u.a.): The Cambridge History of Iran, Volume 7, *Avery*, Peter/ *Hambly*, Gavin/ *Melville*, Charles (Hrsg.), Cambridge/New York/Port/Chester/Melbourne/Sydney 1991 (zit.: Bearbeiter, in: *Avery*, The Cambridge History of Iran).

Ayala, Eusebio: "Le principe de l' "uti possidetis" et le règlement des questions territoriales en Amérique", in: 8 *RDI* (1931), S. 441ff. (zit.: *Ayala*, Le principe de l' "uti possidetis").

— 'Uti Possidetis', in: Académie Diplomatique Internationale, Dictionnaire Diplomatique, Paris, 1959, S. 1045 (zit.: *Ayala*, Dictionnaire Diplomatique).

Ayoade, Dayo: 'Offshore Decommissioning - A Comment', in: *OGEL*, Volume I, issue #02, 2003 (zit.: *Ayoade*, Offshore Decommissioning).

Badinter Kommission: Opinion No. 3 der Badinter-Kommission, *EJIL* 3 (1992) (zit: Opinion No. 3 der Badinter-Kommission).

Baer, Stephanie: Der Zerfall Jugoslawiens im Lichte des Völkerrechts, Frankfurt am Main/Berlin/Bern/New York/Paris/Wien 1995 (zit.: *Baer*, Der Zerfall Jugoslawiens).

Bahgat, Gawdat: "Splitting Water: The Geopolitics of Water Resources in the Caspian Sea", in: *SAIS Review vol XXII*, no. 2 (Summer-Fall 2002), S. 273-292 (zit.: *Bahgat*, The Geopolitics of Water Resources in the Caspian Sea).

Bakhov, A.C.: Vojenno-morskoi meždunarodnoi-pravoi spravochnik [Handbuch des Internationalen Seekriegsvölkerrechts], Moskwa: Voengiz 1956 (zit.: *Bakhov*, Vojenno-morskoi meždunarodnoi-pravoi spravochnik).

Barabolja, P. D. (u.a.): Vojenno-morskoj meždunarodno-pravovoj spravochnik [Handbuch des Internationalen Seekriegsvölkerrechts], Moskwa [Moskau]: Voenizdat 1966 (zit.: *Barabolja*, Handbuch des Seekriegsvölkerrechts (in Russisch)).

— Manual of International Maritime Law (Engl. Übersetzung), Department of Navy, Washington D.C. 1968 (zit.: *Barabolja*, Manual of International Maritime Law (Engl. Übersetzung)).

Basin, Y.G./*Chentsova*, O.I./*Hines*, J.H.: "Kazakhstan's Amended Legal Regime for Natural Resource Development: The Key Changes", in: 2000, I.E.L.T.R., Issue 2, S. 52-65 (zit.: *Basin/Chentsova/Hines*, Kazakhstan's Amended Legal Regime for Natural Resource Development).

Bathurst, Sir Maurice: Joint Development of Offshore Oil and Gas, A Model Agreement for States for Joint Development with Explanatory Commentary, British Institute of International and Comparative Law, London, 1989 (zit.: *Bathurst*, Joint Development of Offshore Oil and Gas).

Baxter, R.R.: The Law of International Waterways - With Particular Regard to Interoceanic Canals, Cambridge, Massachusetts 1964 (zit.: *Baxter*, The Law of International Waterways).

— "Treaties and Custom", in: *RdC* 1970, S. 25-105 (zit.: *Baxter*, Treaties and Custom).

Baxter, R.R./*Triska*, J.F.: The Law of International Waterways, Cambridge, Massachusetts 1964 (zit.: *Baxter/Triska*, The Law of International Waterways).

Beazley, Peter: 'Technical Considerations in Maritime Boundary Delimitations', in: *Charney/Alexander* (Hrsg.), International Maritime Boundaries, S. 243 ff. (zit.: *Beazley*, Technical Considerations in Maritime Boundary Delimitations).

Beazley, R.: "Some Legal Aspects of Oil and Gas Transportation Arrangements", in: 4 *OGLTR* (1993), S. 113-117 (zit.: *Beazley*, Some Legal Aspects of Oil and Gas Transportation Arrangements).

Bederman, David J.: "The 1871 London Declaration, Rebus Sic Stantibus and a Primitivist View of the Law of Nations", in: 82 *AJIL* (1988), S. 1ff. (zit.: *Bederman*, The 1871 London Declaration).

Berber, F. J.: Lehrbuch des Völkerrechts, Band 1, 2. Auflage, München 1975 (zit.: *Berber*, Lehrbuch des Völkerrechts).

— Festschrift zu seinem 75. Geburtstag, *Blumenwitz/Randelzhofer* (Hrsg.), München 1973 (zit.: *Bearbeiter*, in: *Blumenwitz/Randelzhofer* (Hrsg.), Festschrift für Friedrich Berber zum 75. Geburtstag).

Berchthold, Klaus: „Die Hoheitsverhältnisse am Bodensee", in: *Juristische Blätter* 87 [1965], S. 401ff. (zit.: *Berchthold*, Die Hoheitsverhältnisse am Bodensee).

Bernárdez, S. T.: 'The 'Uti Possidetis Juris Principle' in Historical Perspective', in: *Ginter/Hafner/Lang/Neuhold/Sucharipa-Behrmann* (Hrsg.) Festschrift für Karl Zemanek, S. 417ff. (zit.: *Bernárdez*, The Uti Possidetis Juris Principle).

Bernhardt, Rudolf: „Ungeschriebenes Völkerrecht", in: *ZaöRV* 1976, S. 50-76 (zit.: *Bernhardt*, Ungeschriebenes Völkerrecht).

— Verfall und Neubildung von Gewohnheitsrecht im Meeresvölkerrecht, in: Hans Peter Ipsen und Karl-Hartmann Necker (Hrsg.), Recht über See, Festschrift Rolf *Stödter* zum 70. Geburtstag, Hamburg/Heidelberg 1979, S. 155ff. (zit.: *Bernhardt*, Verfall und Neubildung von Gewohnheitsrecht im Meeresvölkerrecht).

Berton-Hogge, Robert/*Crosnier*, Marie-Agnès (Hrsg.): Arménie - Azerbaïdjan - Géorgie: L'An V des Indépendances; La Russie: 1995-1996. Ex-URSS Edition 1996, Paris: Les Etudes de la Documentation Française, 1996 (zit. : *Bearbeiter*, in : *Berton-Hogge/Crosnier* (Hrsg.), Arménie - Azerbaïdjan - Géorgie: L'An V des Indépendances).

Blake, G./*Pratt*, M./*Schofield*, C./*Brown*, J. A.: Boundaries and Energy: Problems and Prospects, *International Boundary Studies Series*, London – The Hague – Boston, 1998 (zit.: *Bearbeiter*, in: *Blake/ Pratt/ Schofield/Brown*, Boundaries and Energy: Problems and Prospects).

Blanco-Bazán, Agustín: "IMO interface with the Law of the Sea Convention", IMO Paper 2000, unter: www.imo.org/Legal/mainframe.asp?topic_id=406&doc_id=1077 (zit.: *Blanco-Bazán*, IMO Paper).

Blum, Y.Z.: Historic Titles in International Law, The Hague 1965 (zit.: *Blum*, Historic Titles in International Law).

— "Russia takes over the Soviet Union's Seat at the United Nations", in: 3 *European Journal of International Law* 1992, S. 354ff. (zit.: *Blum*, Russia takes over the Soviet Union's Seat at the UN).

Blumenwitz, Dieter: 'Der russische Einfluß auf den Wirtschaftsraum Kaspisches Meer', in: Rußlands Reform auf dem Prüfstand - Analyse in fünf Beiträgen, Blumenwitz, Dieter/ Spieler, Silke (Hrsg.), Bonn 1997 (zit.: *Blumenwitz*, Kaspisches Meer).

Blumenwitz, Dieter/*Randelzhofer*, Albrecht (Hrsg.): Festschrift für Friedrich Berber zum 75. Geburtstag, München 1973 (zit.: *Bearbeiter*, in: *Blumenwitz/Randelzhofer* (Hrsg.), Festschrift für Friedrich Berber zum 75. Geburtstag).

Böhmer, Alexander: "One Hundred Years: The Kiel Canal in International Law", in: 36 *GYIL* (1995), S. 325ff. (zit.: *Böhmer*, The Kiel Canal in International Law).

Böhmert, Viktor: „Die russische Fischereigrenze", in: *Zeitschrift für Völkerrecht*, XXI (1937), S. 441-496; XXII (1938), S. 257-306 (zit.: *Böhmert*, Die russische Fischereigrenze).

— Fischereigrenze, in: *Strupp/Schlochauer*, Wörterbuch, Band 1, S. 525-528 (zit.: *Böhmert*, Fischereigrenze).

Bos, M.: "The Identification of Custom in International Law", in: 25 *GYIL* (1982), S. 9-53 (zit.: *Bos*, The Identification of Custom).

Bothe, M./*Schmidt*, C.: "Sur quelques questions de succession posées par la dissolution de l'U.R.S.S. et cellc dc la Yougoslavie", in: *RGDIP* 1992, S. 811ff..

Bravender-Coyle, Paul: "The Emerging Legal Principles and Equitable Criteria Governing the Delimitation of Maritime Boundaries Between States", in: *Ocean Development and International Law*, 1988, Vol. 19, S. 171-227 (zit.: *Bravender-Coyle*, The Emerging Legal Principles and Equitable Criteria Governing the Delimitation of Maritime Boundaries Between States).

Bowett, Derek: "The Economic Factor in Maritime Delimitation Cases", in: International Law in Time of its Codification, Essay in Honour of Robert Ago, 1987, S. 45ff. (zit.: *Bowett*, The Economic Factor in Maritime Delimitation Cases).

— 'Islands, Rocks, Reefs, and Low-Tide Elevations in Maritime Boundary Delimitation', in: *Charney/Alexander* (Hrsg.), International Maritime Boundaries, S. 131 ff. (zit.: *Bowett*, Islands, Rocks, Reefs, and Low-Tide Elevations in Maritime Boundary Delimitation).

Bremmer, I./*Taras*, R. (Hrsg.): Transition and politics in the Soviet successor states, Cambridge 1993 (zit.: Bearbeiter, in: *Bremmer/Taras* (Hrsg.), Transition and politics in the Soviet successor states).

Brexendorff, Alexander: 'An International Law Perspective of Transit of Oil and Gas in the Caspian Region and the Environmental Impact of its Extraction', in: *Öztürk/Algan (Hrsg.)*, Problems of Regional Seas 2001 - Proceedings of the International Symposium on the Problems of Regional Seas, S. 12 - 26 (zit.: *Brexendorff*, Transit of Oil and Gas in the Caspian Region).

— "Implications For Buybacks of Iran's New Foreign Investment Law", in: *Middle East Economic Survey* (MEES), Vol. XLVI No. 20, 19 May 2003 (zit.: *Brexendorff*, Implications for Buybacks).

Brexendorff, A./*Ule*, C.: Investing in the Iranian Oil & Gas Industry - A Legal Perspective, Coudert Brothers LLP, Middle East Practice Group, Frankfurt am Main 2003 (zit.: *Brexendorff/Ule*, Investing in the Iranian Oil & Gas Industry).

Brownlie, Ian: Principles of Public International Law, Fourth Edition, Oxford 1990 (zit.: *Brownlie*, Principles of Public International Law).

Bruhács, János: The Law of Non-navigational Uses of International Watercourses, ins Englische übersetzt von *Zehery*, M., Budapest/Dordrecht 1993 (zit.: *Bruhács*, The Law of Non-navigational Uses of International Watercourses).

Brunner, Georg: „Minderheiten in der Sowjetunion", in: *GYIL* 34 (1991), S. 354 (zit.: *Brunner, GYIL*).

— Die Quellen des Völkerrechts in sowjetischer Sicht, 1965 (zit.: *Brunner*, Quellen des Völkerrechts).

Brunner, G./*Meissner*, B. (Hrsg.): Nationalitäten-Probleme in der Sowjetunion und Osteuropa, Köln 1992 (zit.: *Bearbeiter*, in: *Brunner/Meissner* (Hrsg.), Nationalitäten-Probleme in der Sowjetunion und Osteuropa).

Brüel, Erik: International Straits - A Treatise on International Law -, Vol. I, The General Legal Position of International Straits, Copenhagen/London 1947; Vol. II, Straits Comprised by Positive Regulations, Copenhagen/London 1947 (zit.: *Brüel*, International Straits).

— 'Some observations on two of the statements concerning the legal position of international straits (made by the International Court of Justice in its Judgement of April 9th 1949, in the Corfu Channel Case), in: *Constantopoulos/Wehberg* (Hrsg.), Gegenwartsprobleme des internationalen Rechts und der Rechtsphilosophie, Festschrift für Rudolf Laun zu seinem 70. Geburtstag, Hamburg 1953, S. 259ff. (zit.: *Brüel*, Some observations).

Bundy, Rodman R.: "The Caspian – sea or lake?", Vortrag auf der internationalen Konferenz "Oil & Caviar in the Caspian", 23-24. Februar 1995, London (zit.: Bundy, The Caspian – sea or lake?).

— "The Status of U.S. Sanctions Against Iran", in: *OGLTR* 1998, S. 440-442 (zit.: *Bundy*, The Status of U.S. Sanctions Against Iran).

Burnhill, Tim: "Central Asia: Pillars of Fire", in: *Science*, January 18, 2002 (zit.: *Burnhill*, Pillars of Fire.

Butler, William E.: The Law of Soviet Territorial Waters - A case study of maritime Legislation and practice, New York/Washington/London 1967 (zit.: *Butler*, The Law of Soviet Territorial Waters – A case study).

— "The Soviet Union and the Continental Shelf", in: 63 *AJIL* (1969), S. 103ff. (zit.: *Butler*, The Soviet Union and the Continental Shelf).

— The Soviet Union and The Law of the Sea, The John Hopkins Press, Baltimore/London 1971 (zit.: *Butler*, The Soviet Union and The Law of the Sea).

— The Law of the Soviet Territorial Waters, The John Hopkins Press, Baltimore/London 1971 (zit.: *Butler*, The Law of the Soviet Territorial Waters).

— 'Union of Soviet Socialist Republics', in: *Churchill/Simmonds/Welch* (Hrsg.), New Directions in the Law of the Sea, (zit.: *Butler*, Union of Soviet Socialist Republics).

— Basic Documents on the Soviet Legal System, 2. Auflage, New York 1991 (zit.: *Butler*, Basic Documents).

— "Soviet maritime policy in legal perspective", in: *The World Today*, Vol. 28 (1972), S. 457ff. (zit.: *Butler*, Soviet maritime policy).

Butterworth, K.: 'Successor States – Property Rights – Russia and Ukraine Agree to Share Control of the Former Soviet Union's Black Sea Fleet',

Georgia J.I. & Comp. L. 1992, S. 659ff. (zit.: *Butterworth*, Successor States).

Caflisch, Lucius: 'Sic utere tuo ut alienum non laedas: Règle prioritaire ou élément servant à mesurer le droit de participation équitable et raisonnable à l'utilisation d'un cours d'eau international?', in: *von Ziegler/Burckhardt* (Hrsg.), Internationales Recht auf See und Binnengewässer, Festschrift für Walter Müller, S. 27ff. (zit.: *Caflisch*, Sic utere tuo ut alienum non laedas).

Caminos, H.: "The Legal Regime of Straits", in: 205 *RCADI* (1989) S. 13-245 (zit.: *Caminos*, The Legal Regime of Straits).

Chalabi, F.J.: "Gulf Oil vs. the Oil of the Caspian", A paper published by the Emirates Centre for Strategic Studies & Research (ECSSR), Abu Dhabi, UAE, 2000 (zit.: *Chalabi*, Gulf Oil vs. the Oil of the Caspian).

Charney, Jonathan. I.: "The persistent objector rule and the development of customary international law", in: *BYIL* 56 (1985), S. 1 (zit.: *Charney*, The persistent objector rule).

Charney, Jonathan I./*Alexander*, Lewis M.: International Maritime Boundaries, Volume I, The American Society of International Law, Dordrecht/Boston/London 1993 (zit.: Bearbeiter, in: *Charney/Alexander* (Hrsg.), International Maritime Boundaries).

Chehregani, Mahmoudali: 'Azerbaijani Turks of Iran: Will They Lead a Revolution Again?', CSIS Caucasus Project Meeting Notes, Center for Strategic & International Studies, Washington, DC, August 8, 2002 (zit.: *Chehregani*, Azerbaijani Turks of Iran: Will They Lead a Revolution Again).

Caminos, Hugo: The Legal Regime of Straits in the 1982 United Nations Convention on the Law of the Sea, 130-131, Churchill and Lowe, The Law of the Sea, 94-96 (zit.: *Caminos*, The Legal Regime of Straits in the 1982 UNCLOS).

Campbell, G.P.: "Russian Energy Law: Part I + II", in: 3 + 4 *OGLTR* (1993), S. 84-92 und 107-112 (zit.: *Campbell*, Russian Energy Law).

Christofidis, C.: 'Work on Liability within UNEP', in: Environmental Liability: IBA Section on Business Law, 7th residential seminar on environmental law, 9-13 June 1990, Montreux Switzerland (zit.: *Christofidis*, Work on Liability within UNEP).

Churchill/Simmonds/Welch (Hrsg.): New Directions in the Law of the Sea, Collected Papers III, Chapter 24, London/New York 1973 (zit.: *Bearbeiter*, in: *Churchill/Simmonds/Welch* (Hrsg.), New Directions in the Law of the Sea).

Civic, Christopher: Remaking the Balkans, New York 1991 (zit.: *Civic*, Remaking the Balkans).

Colombos, C.J.: The International Law of the Sea, 5th ed., 1962 (zit.: *Colombos*, The International Law of the Sea).

Colson, David: 'The Legal Regime of Maritime Boundary Agreements', in: *Charney/Alexander* (Hrsg.), International Maritime Boundaries, S. 41 ff. (zit.: *Colson*, The Legal Regime of Maritime Boundary Agreements).

Croissant, Cynthia.: Azerbaijan, Oil and Geopolitics, New York 1998 (zit.: *Croissant*, Azerbaijan, Oil and Geopolitics).

Croissant, Michael P.: 'Oil and Russian Imperialism in the Transcaucasus', in: *Eurasian Studies*, 3, no. 1, Spring 1996. S. 16-26 (zit.: *Croissant*, Oil and Russian Imperialism in the Transcaucasus).

Croissant, M.P./*Aras*, B.: Oil and Geopolitics in the Caspian Sea Region, London 1999 (zit.: *Bearbeiter*, in: *Croissant/Aras* (Hrsg.), Oil and Geopolitics in the Caspian Sea Region).

Croissant, M.P./*Croissant*, C.M.: "The Caspian Sea Status Dispute: Azerbaijani Perspectives", in: Caucasian Regional Studies, Vol. 3, Issue 1, 1998 (zit.: *Croissant/Croissant*, The Caspian Sea Status Dispute: Azerbaijani Perspectives).

Chugayev, Sergei: 'Russia Being Pushed Away From Big Oil - Russia, the United States, and influence in the Caucasus', in: *Komsomolskaya Pravda* vom 28. Februar 2002 (zit.: *Chugayev*, Russia Being Pushed Away From Big Oil).

Churchill, R.R./*Lowe*, A.V.: The Law of the Sea, Manchester, Manchester University Press, New rev. ed., 1988 (zit.: *Churchill /Lowe*, The Law of the Sea).

Clagett, Brice M.: "Ownership of Seabed and Subsoil Resources in the Caspian Sea Under the Rules of International Law", in: Caspian Crossroads 3, Fall 1995, http://ourworld.compuserve.com/homepages/usazb/casp.htm (zit.: *Clagett*, Ownership of Seabed and Subsoil Resources in the Caspian Sea Under the Rules of International Law).

Collum, R.Jr./*Gregorek*, A.J./*Sondhi*, A.: "An in-depth analysis shows Caspian oil's potential: whether one talks about exploration, field projects of pipeline construction, the Caspian Sea region is destined to influence global energy and geopolitics for years to come", in: *Euromoney Institutional Investor PLC*, Volume 225, Issue 3, March 1, 2004 (zit.: *Collum/Gregorek/Sondhi*, An in-depth analysis shows Caspian oil's potential).

Constantopoulos, D. S./*Wehberg*, H. (Hrsg.): Gegenwartsprobleme des internationalen Rechts und der Rechtsphilosophie, Festschrift für Rudolf Laun zu seinem 70. Geburtstag, Hamburg 1953 (zit.: *Bearbeiter*, in: *Constantopoulos/Wehberg* (Hrsg.), Festschrift für Rudolf Laun).

Coudert Schürmann/F.A.Z. Institut: Investitionsführer Iran/Golfstaaten, Frankfurt am Main, 2002 (zit.: *Coudert/F.A.Z.*, Investitionsführer Iran/Golfstaaten).

Cova, Bruno: "Extra-territorial Reach of the US Iran and Libya Sanctions Act of 1996", in: 11 *OGLTR*, 1996, S. 449-458 (zit.: *Cova*, Extra-territorial Reach of the US Iran and Libya Sanctions Act).

Croissant, Michael P./*Bülent*, Aras: Oil and Geopolitics in the Caspian Sea Region, Westport, Conn. 1999 (zit.: *Croissant/Bülent*, Oil and Geopolitics).

Cundick, R. Palmer: "International Straits: The Right of Access", *GJICL* 5 (1975), S. 107ff. (zit.: *Cundick*, International Straits).

Dabiri, Mohammad-Reza: "A new approach to the legal regime of the Caspian Sea as a basis for peace and development", in: *IJIA*, Spring 1994, S. 28-46 (zit.: *Dabiri*, A new approach to the legal regime of the Caspian Sea as a basis for peace and development).

Dahm, Georg: Völkerrecht III, Stuttgart 1962 (zit.: Dahm, Völkerrecht).

Dahm, G./*Delbrück*, J./*Wolfrum*, R.: Völkerrecht Band I 1, 2.Auflage, Berlin 1980 (zit.: Dahm/ Delbrück/Wolfrum, Völkerrecht).

Daillier, P./*Pellet*, A.: Droit International Public, 5e Édition, Librairie Générale de Droit et de Jurisprudence, E.J.A., Paris, 1994 (zit.: *Daillier/Pellet*, Droit International Public).

Daintith, T./Willoughby, G. (Hrsg.): Manual of United Kingdom Oil and Gas Law, London 1984 (zit.: Bearbeiter, in: *Daintith*/Willoughby (Hrsg.), Manual of United Kingdom Oil and Gas Law).

Danilenko, G. M.: Law-Making in the International Community, Dordrecht/ Boston/London 1993 (zit.: *Danilenko*, Law-Making in the International Community).

Darby, Joseph J.: 'The Soviet Doctrine of the Closed Sea', in: 23 *San Diego Law Review*, 1986, S. 685-699 (zit.: *Darby*, The Soviet Doctrine of the Closed Sea).

Dallayevich, T.K./*Zargarli-Fikretogli*, I.: "Turkmenistan: Program for Economic Reforms for the Year 2000 Through 2010", *cepmlp, the journal*, Vol. 6-8, http://www.dundee.ac.uk/cepmlp/journal/html/article6-8.html (zit.: *Dallayevich/Zargarli-Fikretogli*, Turkmenistan: Program for Economic Reforms).

Dehnert, Torsten: Das Recht der Binnenstaaten auf Zugang zum Meer unter besonderer Berücksichtigung der 3. Seerechtskonferenz der Vereinten Nationen, Europäische Hochschulschriften, Reihe II, Rechtswissenschaft, Band 819, Frankfurt am Main/Bern/New York/Paris 1989 (zit.: *Dehnert*, Das Recht der Binnenstaaten auf Zugang zum Meer).

de Pauw, Frans: Grotius and The Law of the Sea, Publication du Centre de droit international et de sociologie appliquée au droit international, Université de Bruxelles 1965, übersetzt von Arthern, P.J. aus dem holländischen Original: Het Mare Liberum van Grotius en Pattijn, Brugge 1961 (zit.: De Pauw, Grotius and The Law of the Sea).

de Yturriaga, J. A.: Straits Used for International Navigation, A Spanish Perspective, Netherlands 1991 (zit.: *de Yturriaga*, Straits).

Dekmejian, R.H./*Simonian*, H.H.: Troubled Waters - The Geopolitics of the Caspian Region, London/New York 2001 (zit.: *Dekmejian/Simonian*, Troubled Waters).

Dellapenna, J.W.: "Treaties as Instruments for Managing Internationally-Shared Water Resources: Restricted Sovereignty vs. Community of Property", in: 26 Case *W. Res. J Int'l L.* (1994), S. 27 - 56 (zit.: *Dellapenna*, Treaties as Instruments for Managing Internationally-Shared Water Resources).

Detter DeLupis, Ingrid: The International Legal Order, Dartmouth 1994 (zit.: *Detter DeLupis*, The International Legal Order).

Deutsch, Robert: Die Entstehung des Meerengenvertrages von Montreux 1936, Bibliotheca Historica Romaniae, Band 37 (aus dem Rumänischen übertragen von Ingeborg Hädrich), Bukarest 1971 (zit.: *Deutsch*, Die Entstehung des Meerengenvertrages von Montreux).

Dipla, Haritini: 'Le tracé de la frontière sur les lacs internationaux', in: *Zacklin*/*Caflisch*(Hrsg.), The Legal Regime of International Rivers and Lakes (zit.: *Dipla*, Le tracé de la frontière).

Doehring, K.: „Das Gutachten des Generalsekretärs der Vereinten Nationen über die Fortgeltung der nach dem ersten Weltkrieg eingegangenen Minderheitenschutzverpflichtungen", in: *ZaöRV* 15 (1953/54) S. 521ff. (zit.: *Doehring*, Fortgeltung der Minderheitenschutzverpflichtungen).

— „Gewohnheitsrecht aus Verträgen", in: *ZaöRV*, Bd. 36 (1976) S. 77-95 (zit.: *Doehring*, Gewohnheitsrecht).

— „Die Rechtsprechung als Rechtsquelle des Völkerrechts", in: Festschrift Juristische Fakultät der Universität Heidelberg, 1986, S. 541-554 (zit.: *Doehring*, Die Rechtsprechung als Rechtsquelle des Völkerrechts).

Doka, Carl: Der Bodensee im internationalen Recht – Das Recht der internationalen Binnenseen, Verbandsschrift Nr. 40 des Nordostschweizerischen Verbandes für Schiffahrt Rhein-Bodensee, Leipzig 1927 (zit.: *Doka*, Der Bodensee im internationalen Recht).

Drake, R.L.: "Financing Oil Projects in the Russian Federation: The Legal Perspective", in: 12 *OGLTR* (1995), S. 466-475 (zit.: *Drake*, Financing Oil Projects in the Russian Federation).

Dufol, J.D./*Quitana*, C.: Legal and Financial Aspects of the Maghreb - Europe Pipeline, International Gas Union, 1994 (zit.: *Dufol/Quitana*, Legal and Financial Aspects of the Maghreb - Europe Pipeline).

Dupuy/Vignes: A handbook on the New Law of the Sea, Band 1, Dordrecht/ Boston/Lancaster 1991 (zit.: *Dupuy/Vignes*, Law of Sea).

Durdenevskii, V. N./ *Krylov*, S. B. (Hrsg.): Mezhdunarodnoe pravo [Völkerrecht], Moskau, Iurizdat Ministerstva iustitsii SSSSR, 1947 (zit.: Durdenevskii/Krylov, Mezhdunarodnoe pravo).

Dyoulgerov, M.: "Navigating the Bosporus and Darnadelles: A Test for International Community", in: 14 *IJMCL* 57 (zit.: *Dyoulgerov*, Navigating the Bosporus and Darnadelles).

Ebel, Robert E.: "Global Oil & Energy Sanctions", Presented to the Conference on Sanctioned Oil States, France, Paris Marriott Hotel, 21 & 22 May 2002 (zit.: *Ebel*, Global Oil & Energy Sanctions).

Edwards, Mike: 'Chechnya History - The Fractured Caucasus, ICHKERIA', *National Geographic* 1996, http://www.ichkeria.org/english/history/ ng96feb.html (zit.: *Edwards*, Chechnya History - The Fractured Caucasus).

Egor'ev, V.V. (u.a.): Zakonodatels'stvo i mezhdunarodnye dogovory Soiuza SSR i soiuznykh respublik o pravovom polozhenii inostrannykh fizicheskikh i juridicheskikh lits, [Gesetzgebung und internationale Verträge der UdSSR und der Sowjetrepubliken über die rechtlichen Festlegungen der physikalischen und juristischen Grenzzonen], Moskwa; Iurizdat NKIU RSFSR, 1926 (zit.: *Egor'ev*, Zakonodatels'stvo i mezhdunarodnye dogovory Soiuza SSR).

Engelhardt, Hanns: 'Wilsons Vierzehn Punkte', in: Strupp/Schlochauer, Wörterbuch des Völkerrechts, Bd. III, S. 849ff. (zit.: *Engelhardt*, Wilsons Vierzehn Punkte).

Enikolopov, I.K.: A.S.Griboedov v Gruzii i Persii [Griboedov in Georgien und Persien], Tiflis 1929 (zit.: *Enikolopov*, Griboedov v Gruzii i Persii).

Epiney, A./*Scheyli*, M.: Strukturprinzipien des Umweltvölkerrechts, Forum Umweltrecht, Schriftenreihe der Forschungsstelle Umweltrecht der Universität Hamburg, Band 29, Baden-Baden 1998 (zit.: *Epiney/Scheyli*, Strukturprinzipien des Umweltvölkerrechts).

Esmaeili, Hossein: The Legal Regime of Offshore Oil Rigs in International Law, Aldershot/Burlington-USA/Singapore/Sydney 2001 (zit.: *Esmaeili*, The Legal Regime of Offshore Oil Rigs).

Extavour, W. C.: The Exclusive Economic Zone, A Study of the Evolution and Progressive Development of the International Law of the Sea. Leiden 1979 (zit.: *Extavour*, The Exclusive Economic Zone).

FAO: Systematic Index of International Water Resources Treaties, Declarations, Acts and Cases by Basin, in: 2 *Legislative Study*, No. 34 (1984) (zit.: *FAO*, Systematic Index of International Water Resources Treaties, Declarations, Acts and Cases by Basin).

Farer, T./*Caplovitz*, P.: 'Towards A New Law For The Seas: The Evolution of United States Policy', in: *Zacklin*, The Changing Law of the Sea - Western Hemisphere Perspectives, S. 35ff. (zit.: *Farer/Caplovitz*, Towards A New Law For The Seas, in: *Zacklin*, The Changing Law of the Sea).

Fastenrath, Ulrich: Lücken im Völkerrecht, Berlin 1991 (zit.: *Fastenrath*, Lücken im Völkerrecht).

Feist, Christian: Kündigung, Rücktritt und Suspendierung von multilateralen Verträgen, Veröffentlichungen des Walther-Schücking-Instituts für Internationales Recht an der Universität Kiel, Band 135, Berlin 2001, zugl.: Kiel, Univ., Diss., 2000 (zit.: *Feist*, Kündigung, Rücktritt und Suspendierung von multilateralen Verträgen).

Feldmann, Josef: "The Tunisia-Libya Continental Shelf Case: Geographic Justice or Judicial Compromise?", in: 77 *AJIL*, 1983, S. 219ff. (zit.: *Feldmann*, The Tunisia-Libya Continental Shelf Case).

Fenn, Percy Thomas: "Origins of the theory of territorial waters", *AJIL* 20 (1926), S. 465ff (zit.: *Fenn*, Theory of territorial waters).

Fiedler, Wilfried: Unilateral Acts in International Law, *EPIL*, Band 7, Amsterdam/New York/Oxford 1984, S. 517-522 (zit.: *Fiedler*, Unilateral Acts).

Fisch, Jörg: Die europäische Expansion und das Völkerrecht. Die Auseinandersetzungen um den Status der überseeischen Gebiete vom 15. Jahrhundert bis zur Gegenwart, Stuttgart 1984 (zit.: *Fisch*, Die europäische Expansion).

Fitzmaurice, Sir G.: "The Law and Procedure of the International Court of Justice 1951-54: Treaty Interpretation. Other Treaty Points", in: 33 *BYIL*, 1957, S. 212ff. (zit.: *Fitzmaurice*, Treaty Interpretation).

— Second Report on the Law of Treaties, Special Rapporteur, *YBILC* 1957, Vol. II, 16. (zit.: *Fitzmaurice*, Second Report on the Law of Treaties).

— Fifth Report on the Law of Treaties, Special Rapporteur, *YBILC* 1960, Vol. II, 67ff. (zit.: *Fitzmaurice*, Fifth Report on the Law of Treaties).

Fitzmaurice, Malgosia A.: "Convention on the Law of the Non-Navigational Uses of International Watercourses", in: 10 *LJIL* (1997), S. 501-508 (zit.: *Fitzmaurice*, International Watercourses).

Fitzpatrick, Cordula: Künstliche Inseln und Anlagen auf See, Schriften zum internationalen und zum öffentlichen Recht, Band 21, Gornig, G. (Hrsg.), Frankfurt Main /Berlin/Bern/New York/Paris/Wien 1998 (zit.: *Fitzpatrick*, Künstliche Inseln und Anlagen auf See).

Fleischer, C. A.: 'The Right to a 200 Mile Exclusive Economic Zone or a Special Fishery Zone', *San Diego Law Review* 14 (1977), S. 548-583 (zit.: *Fleischer*, The Right to a 200 Mile Exclusive Economic Zone).

Flormann-Pfaff, Annette: Lagerstätten im Völkerrecht – Joint Development: Zusammenarbeit bei anerkannten und streitigen Grenzen, Hamburger Studien zum Europäischen und Internationalen Recht, Band 2, Berlin 1994, zugl.: Hamburg, Univ. Diss. 1993 (zit.: *Flormann-Pfaff*, Lagerstätten im Völkerrecht).

Forbes, R.J.: Studies in Early Petroleum History, Leiden 1958 (zit.: *Forbes*, Studies in Early Petroleum History).

Foreign Relations of the United States, 1946, Diplomatic Papers VII, Washington, D.C., Government Printing Office (zit.: Foreign Relations of the United States).

Fradkin, L.A./*Benteau*, R.I./*Gulyy*, S.V.: "Caspian Sea: Offshore Exploration, Discoveries, and Strategy", in: *JCPT* 41, No. 8, August 2002, S. 65ff. (zit.: *Fradkin* (u.a.), Caspian Sea: Offshore Exploration, Discoveries, and Strategy).

Freitag-Wirminghaus, Rainer: Geopolitik am Kaspischen Meer, Bundesinstitut für ostwissenschaftliche und internationale Studien, Köln 1998 (zit.: *Freitag-Wirminghaus*, Geopolitik am Kaspischen Meer).

Frenzke, Dietrich: Dokumente zum Moskauer Putsch und zur GUS, in: *Osteuropa Recht*, 38. Jahrgang, Juni 1992, S. 120ff. (zit.: *Frenzke*, Dokumente).

Friedmann, W.: "The International Court of Justice and the Evolution of International Law", in: *AVR* 14, 1969/70, S. 305-320 (zit.: *Friedmann*, The ICJ and the Evolution of International Law).

Fuller, Elizabeth: 'Caucasus: The Lezgin Campaign for Autonomy', *Radio Free Europe/Radio Liberty Research Report*, Vol. 1, No. 41, 16 October 1992 (zit.: *Fuller*, Caucasus: The Lezgin Campaign for Autonomy).

Gaddy, Dean: "Iran expands Middle East influence into Caspian Sea", in: *Oil&Gas Journal*, Volume 99, Issue 10 (March 05, 2001) (zit.: *Gaddy*, Iran expands Middle East influence into Caspian Sea).

Garcelon, M./*Walker*, E.W./*Wood*, A./*Radovich*, A. (Hrsg.): The Geopolitics of Oil, Gas, and Ecology in the Caucasus and Caspian Basin, Conference Report, May 16, 1998, Berkeley Program in Soviet and Post-Soviet Studies, Center for Slavic and East European Studies (zit.: *Garcelon//Walker/Wood/Radovich*, The Geopolitics of Oil, Gas, and Ecology in the Caucasus and Caspian Basin).

García-Amador, F.V.: 'The Latin American Contribution to the Development of the Law of the Sea', *AJIL* 68 (1974) S. 33-50 (zit.: *García-Amador*, The Latin American Contribution to the Law of the Sea).

Gavouneli, Maria: Pollution from Offshore Installations, International Environmental Law and Policy Series, London/Dordrecht/Boston, 1995 (zit.: *Gavouneli*, Pollution from Offshore Installations).

Geyer, D./Melnnar: Osteuroparecht - Handbuch, Sowjetunion, Völkerrechtstheorie und Vertragspolitik, Köln/Wien 1976 (zit.: *Geyer/Melnnar*, Osteuroparecht).

Gidel, Gilbert: Le Droit International Public de La Mer, tome I, II, III, Paris 1931, 1932, 1934 (zit.: *Gidel*, Le Droit International Public de La Mer).

Giesecke, G.: Die völkerrechtliche Stellung der internationalen Wasserläufe des deutschen Stromgebietes in Geschichte und Gegenwart, dargestellt unter besonderer Berücksichtigung des Statuts von Barcelona, Jur. Diss., Breslau 1936 (zit.: *Giesecke*, Die völkerrechtliche Stellung der internationalen Wasserläufe).

Ginter, K./*Hafner*, G./*Lang*, W./*Neuhold*, H./*Sucharipa-Behrmann*, L. (Hrsg.): Völkerrecht zwischen normativem Anspruch und politischer Realität, Festschrift für Karl Zemanek zum 65. Geburtstag, Berlin 1994 (zit.: *Bearbeiter*, in: *Ginter/Hafner/Lang/Neuhold/Sucharipa-Behrmann* (Hrsg.) Festschrift für Karl Zemanek).

Gizzatov, Vyacheslav: Statement at the Seminar on Caspian problems at the International Institute of Caspian Studies, Tehran, 15. Juni 1999, http://www.caspianstudies.com/seminars/19990615.htm (zit.: *Gizzatov*, Statement at the Seminar on Caspian problems).

Göckeritz, W.: „Die vertraglichen Grundlagen der Gemeinschaft Unabhängiger Staaten (Teil 1), in: *ROW* 1994, S. 117ff. (zit.: *Göckeritz*, Vertragliche Grundlagen).

Gökay, Bülent: 'History of Oil Development in the Caspian Basin', in: *Croissant/Aras* (Hrsg.), Oil and Geopolitics in the Caspian Region (zit.: *Gökay*, History of Oil Development in the Caspian Basin).

Goldman, Gretta (u.a.): Environmental Liability and Privatization in Central and Eastern Europe, *International Environmental Law and Policy Series*, London/Dordrecht/Boston 1994 (zit.: *Goldman*, Environmental Liability and Privatization in Central and Eastern Europe).

Goldman, Stuart G.: 'Soviet Policy toward Iran and the strategic balance in southwest Asia', in: Congressional research service 1986 (zit.: *Goldman*, Soviet Policy toward Iran and the strategic balance in southwest Asia).

Goltz, Thomas: 'Letter From Eurasia: The Hidden Russian Hand', *Foreign Policy*, no. 92, Fall 1993, S. 92-116 (zit.: *Goltz*, The Hidden Russian Hand).

Golubev, G.N.: 'Environmental policy-making for sustainable development of the Caspian Sea area', in: *Kobori/Glantz* (Hrsg.), Central Eurasian water crisis: Caspian, Aral, and Dead Seas, S. 91-104 (zit.: *Golubev*, Environmental policy-making).

Gönnewein, O.: Die Freiheit der Flußschiffahrt, Stuttgart/Berlin 1940 (zit.: *Gönnewein*, Die Freiheit der Flußschiffahrt).

Graf-Schelling, Claudius: „Die Hoheitsverhältnisse am Bodensee unter besonderer Berücksichtigung der Schiffahrt", Zürich 1978 (zit.: *Graf-Schelling*, Die Hoheitsverhältnisse am Bodensee).

Graf-Schelling, C./*Schenk*, D. : "Le régime juridique du lac de Constance", in : Zacklin, R./Caflisch, L. (Hrsg.), Le régime juridique des fleuves et des lacs internationaux, Den Haag/Boston/London 1981, S. 97ff. (zit. : *Graf-Schelling/Schenk*, Le régime juridique du lac de Constance).

Gross, L.: "The Geneva Conference on the Law of the Sea and the right of innocent passage through the Gulf of Aquaba", in: *AJIL* 53 (1959), S. 564ff. (zit.: *Gross*, Innocent passage through the Gulf of Aquaba).

Grotius, H.: De iure belli ac pacis, libri tres, 1625, deutscher Text von Walter Schätzel: Die Klassiker des Völkerrechts in modernen deutschen Übersetzungen, Bd. 1, Tübingen 1950 (zit.: *Grotius*, De iure belli ac pacis, libri tres).

Grundy-Warr, C. (Hrsg.): International Boundaries and Boundary Conflict Resolution, Proceedings of the 1989 IBRU Conference, International Boundaries Research Unit, University of Durham, U.K. (zit.: *Bearbeiter*, in: *Grundy-Warr*, International Boundaries and Boundary Conflict Resolution).

Grzybowski, Kazimierz: Soviet public international law, Doctrines and diplomatic practice, Rule of Law press, Durham N.C. 1970 (zit.: *Grzybowski*, Soviet public international law).

— 'The Soviet Doctrine of Mare Clausum and Politics in Black and Baltic Seas', in: 14 *Journal of Central European Affairs*, 1955, S. 339-353 (zit.: *Grzybowski*, The Soviet Doctrine of Mare Clausum and Politics in Black and Baltic Seas).

Guggenheim, Paul: „Lokales Gewohnheitsrecht", in: *ÖzöffR* 11, 1961 (zit.: *Guggenheim*, Lokales Gewohnheitsrecht).

— Traité de droit international public, Band I, 2. Auflage, Genf 1967 (zit.: *Guggenheim*, Traité de droit international public).

Gumpel, Werner: Die politische und wirtschaftliche Entwicklung in den zentralasiatischen Turkrepubliken, *Osteuropa* 44 (1994), S. 1023 (zit.: *Gumpel*, Entwicklung in den zentralasiatischen Turkrepubliken).

Gündling, Lothar: Die 200 Seemeilen-Wirtschaftszone, Entstehung eines neuen Regimes des Meeresvölkerrechts, (Beiträge zum ausländischen öffentlichen Recht und Völkerrecht, Band 83), Berlin, Heidelberg, New York, Tokyo 1983 (zit.: *Gündling*, Die 200 Seemeilen-Wirtschaftszone).

Guretski, Voitsekh: 'The Question of Javakheti', *Caucasian Regional Studies*, 3, no. 1, 1998 (zit.: *Guretski*, The Question of Javakheti).

Hafner, Gerhard/*Kornfeind*, Elisabeth: 'The Recent Austrian Practice of State Succession: Does the Clean Slate Rule Still Exist?', in: *ARIEL* 1996, S. 1-49 (zit.: *Hafner/Kornfeind*, Does the Clean Slate Rule Still Exist?).

Hagemann, M.: „Die Gewohnheit als Völkerrechtsquelle in der Rechtsprechung des IGH", S. 61-88, in: *SJIR*, Bd. 10, 1953 (zit.: *Hagemann*, Die Gewohnheit als Völkerrechtsquelle).

Halbach, Uwe: Moskaus Südpolitik - Rußland und der Westen im Kaspischen Raum, Bundesinstitut für ostwissenschaftliche und internationale Studien, Köln 1999 (zit.: *Halbach*, Moskaus Südpolitik).

Hall, William Edward: A Treatise on International Law, 8. Auflage, Oxford 1924 (ed. Alexander Peace Higgins), reprinted 1979 (zit.: *Hall*, International Law).

Hammond, J./*Yakovlev*, A.: "Oil and Gas Projects in Turkmenistan: Structuring Investment", in: 8 *OGLTR*, 1996, S. 349-352 (zit.: *Hammond/Yakovlev*, Oil and Gas Projects in Turkmenistan).

Happ, R.: Schiedsverfahren zwischen Staaten und Investoren nach Artikel 26 Energiechartavertrag: Eine Studie zum Wandel der Streitbeilegung im Investitionsschutzrecht unter den Bedingungen einer globalen Weltwirtschaft, Schriftenreihe der August Maria Berges Stiftung für Arbitrales Recht, Band 7, Frankfurt am Main - Berlin - Bern - Bruxelles - New York - Oxford - Wien, 1999 (zit.: *Happ*, Schiedsverfahren zwischen Staaten und Investoren nach Artikel 26 Energiechartavertrag).

Harris, Andrew: 'The Azerbaijan – Turkmenistan Dispute in the Caspian Sea', in: IBRU Boundary and Security Bulletin, Winter 1997/98, No. 4, S. 56-62 (zit.: *Harris*, The Azerbaijan – Turkmenistan Dispute in the Caspian Sea).

Hegel, G.W.F.: Grundlinien der Philosophie des Rechts, Glockner-Ausgabe, Band 7, 1938 (zit.: *Hegel*, Grundlinien der Philosophie des Rechts).

Henkin, Louis (u.a.): International Law: Cases and Materials 56, Henkin, Louis/ Crawford Pugh, Richard/Schachter, Oscar/Smit, Hans (Hrsg.), 3rd Edition 1993 (zit: *Henkin* (u.a.), International Law).

Hertslet, Edward: Map of Europe by Treaty, Volume II, III, 1875 (zit.: *Hertslet*, Map of Europe by Treaty, Vol.).

Herzig, Edmund: Iran and the Former Soviet South, London, Royal Institute of International Affairs 1995 (zit.: *Herzig*, Iran and the Former Soviet South).

Hickox, Robert: 'The Caspian Pipeline Project', in: *Pipeline & Gas Journal*, March 2001 (zit.: *Hickox*, The CPC Project).

Hicks, E.J.: "Environmental Constraints on Development of Caspian Oil and Gas Resources: The Bosphorus and Caspian Sea', http://www.wws.princeton.edu/~wws401c/1998/emily.html (zit.: *Hicks*, The Bosphorus and Caspian Sea).

Highet, Keith: 'The Use of Geophysical Factors in the Delimitation of Maritime Boundaries', in: *Charney/Alexander* (Hrsg.), International Maritime Boundaries, S. 163 (zit.: *Highet*, The Use of Geophysical Factors in the Delimitation of Maritime Boundaries).

Hill, A.D.G./*Salter*, J.R.: 'Offshore Licence Operations: The Production Phase', in: *Daintith*/Willoughby (Hrsg.), Manual of United Kingdom Oil and Gas Law, S. 114-151 (zit.: *Hill/Salter*, Offshore Licence Operations: The Production Phase).

Hines, J. H.: "Turkmenistan's Oil and Gas Sector", in: 7 *J.E.Eur.L.*, 2000, S. 135-162 (zit.: *Hines*, Turkmenistan's Oil and Gas Sector).

— "Turkmenistan's Oil and Gas Sector: Overview of the Legal Regime for Foreign Investment", in: *IELTR*, 2001, S. 1-10 (zit.: *Hines*, Turkmenistan: Overview of the Legal Regime for Foreign Investment).

Hodgson, R.D./*Smith*, Robert W.: "Boundaries of Economic Zone", in: *Miles/Gamble* (Hrsg.), Law of the Sea, S. 183ff. (zit.: *Hodgson/Smith*, Boundaries of Economic Zone).

Hopkirk, Peter: The Great Game: The Struggle for Empire in Central Asia, Kodansha America 1994 (zit.: *Hopkirk*, The Great Game).

— Quest for Kim: In Search of Kipling's Great Game, University of Michigam Press 1997 (zit.: *Hopkirk*, In Search of Kipling's Great Game).

Horbach, N.L.J.T: Liability versus Responsibility under International Law, Defending Strict State Responsibility for Transboundary Damage, Proefschrift, Leiden 1996 (zit.: *Horbach*, Liability versus Responsibility under International Law).

Horton, Scott/*Mamedov*, Natik: Azerbaijan's Legal Environment, CIS Law Notes, No. 26, June 1997 (zit.: *Horton/Mamedov*, Azerbaijan's Legal Environment).

Howatson, M.C. (Hrsg.): Reclams Lexikon der Antike, Oxford/New York/Stuttgart 1996 (zit.: *Howatson*, Reclams Lexikon der Antike).

Hummer, W.: "Boundary Disputes in Latin America", *EPIL* 6 (1983), S. 60 (zit.: *Hummer*, Boundary Disputes in Latin America).

Hunter, D./*Salzman*, J./*Zaelke*, D.: International Environmental Law and Policy, New York, Foundation Press 1998 (zit.: *Hunter/Salzman/Zaelke*, International Environmental Law and Policy).

Huttenbach, H.R.: "The Post-Soviet Conflict over Offshore Boundaries in the Caspian Sea and the New Littoral States", in: *Blake/Pratt/Schofield/Brown*, Boundaries and Energy: Problems and Prospects, *International Boundary Studies Series*, London – The Hague – Boston, 1998, S. 157ff. (zit.: *Huttenbach*, The Post-Soviet Conflict over Offshore Boundaries in the Caspian Sea and the New Littoral States).

Hurewitz, J.C.: The Middle East and North Africa in World Politics, New Haven 1975 (zit.: *Hurewitz*, The Middle East).

Ifesi, Adaeze: "Offshore delimitation of resources deposits situated across national boundaries: The International Court of Justice decision in Cameroon v. Nigeria lending clarity or compromise?", in: *OGEL* Volume I, issue 2 (March 2003) (zit.: *Ifesi*, Offshore delimitation).

Iliasov, A.: Prisoedinenie Turkmenii k Rossii [Die Angliederung Turkmenistans an Rußland], Ashkhabad 1960 (zit.: *Iliasov*, Turkmenii).

Ilg, Christoph: Die Rechtssetzungstätigkeit der International Maritime Organization – Zur Bedeutung der IMO bei der Weiterentwicklung des Meeresumweltrechts, Univ. Diss. Tübingen, Tübingen 2001 (zit.: *Ilg*, Die Rechtssetzungstätigkeit der IMO).

Infante, M.T.: 'Traffic regulation in the Strait of Magellan', Paper to the 32nd Law of the Sea Institute Conference, 1998 (zit.: *Infante*, Strait of Magellan).

Ipsen, Knut: Völkerrecht, 4. Auflage, München 1999 (zit.: *Bearbeiter*, in: *Ipsen* (Hrsg.), Völkerrecht).

Ipsen, H.P./*Necker*, K.-H. (Hrsg.): Recht über See, Festschrift Rolf Stödter zum 70. Geburtstag, Hamburg/Heidelberg 1979 (zit.: *Bearbeiter*, in: *Ipsen/Necker* (Hrsg.), Festschrift für Rolf Stödter).

Irmscher, J./*Johne*, R. (Hrsg.): Lexikon der Antike, Leipzig 1990 (zit.: *Irmscher/Johne*, Lexikon der Antike).

Isachenkov, Vladimir: 'Russia May Recognize Georgia', in: *Associated Press*, 28. Februar 2002 (zit.: *Isachenkov*, 'Russia May Recognize Georgia').

Istikbal, Cahit: 'Regional Transport Demands and the Safety of Navigation in the Turkish Straits: A Balance at Risk', in: *Öztürk/Algan*, Problems of Regional Seas 2001 - Proceedings of the International Symposium on the Problems of Regional Seas, S. 76 - 85 (zit.: *Istikbal*, Regional Transport Demands and the Safety of Navigation in the Turkish Straits).

Ivanov, I. V.: "Mezhdunarodnye soglasheniia v oblasti regulirovaniia pravogo rezhima regional`nogo moria" [Internationale Übereinkommen im Bereich der Regulierung des rechtlichen Regimes des regionalen Meeres], *Pravovedenie*, No. 1 (1966), S. 111-119 (zit.: *Ivanov*, Mezhdunarodnye soglasheniia).

Jaenicke: Die Dritte Seerechtskonferenz der Vereinten Nationen, *NJW* 1983, S. 1936-1943 (zit.: *Jaenicke*, UNCLOS III).

— The United Nations Convention on the Law of the Sea and the Agreement Relating to the Implementation of Part XI of the Convention, in: Festschrift für R. Bernhardt, 1995, S. 121-134 (zit.: *Jaenicke*, UNCLOS III, in: FS Bernhardt).

Johnston, D.M.: The Theory and History of Ocean Boundary-Making, McGill-Queen's University Press, Kingston and Montreal, 1988 (zit.: *Johnston*, The Theory and History of Ocean Boundary-Making).

Jonas, Theodore: "'Parting the sea': Caspian littoral states seek boundary disputes' resolution", in: *Oil & Gas Journal*, May 28, 2001 (zit.: *Jonas*, 'Parting the sea': Caspian littoral states seek boundary disputes' resolution).

Kaikobad, K. H.: The Shatt-al-Arab Boundary Question: A legal Reapprisal, Oxford 1988 (zit.: *Kaikobad*, The Shatt-al-Arab Boundary Question).

Kampfer, E.: Amoenitates Exoticae, Meyer, Legmo 1712, in: *Forbes*, Studies in Early Petroleum History (zit.: *Kampfer*, Early Petroleum).

Kaufmann, Erich: Das Wesen des Völkerrechts und die clausula rebus sic stantibus, Tübingen 1911 (zit.: *Kaufmann*, Das Wesen des Völkerrechts).

Kelsen, Hans: Principles of International Law, New York 1952 (zit.: *Kelsen*, Principles of International Law).

— Principles of International Law, 2. Auflage, New York 1956 (zit.: *Kelsen*, Principles of International Law, 2.A.).

— Das Problem der Souveränität und die Theorie des Völkerrechts, 2. Auflage, 1928 (zit.: *Kelsen*, Das Problem der Souveränität).

Khartukov, E.M.: "Russia's Oil Taxation: Strangling the 'Golden Goose'", in: 11 *OGLTR* (1995), S. 447-452 (zit.: *Khartukov*, Russia's Oil Taxation).

Khodakov, Alexander: 'The legal framework for regional co-operation in the caspian region', unveröffentlichter Redebeitrag auf der: International conference *Oil & Caviar in the Caspian* am 23. & 24. Februar 1995 in London (zit.: *Khodakov*, The legal framework for regional cooperation in the caspian region).

Kimminich, Eva: "Teaching International Law in an Interdisciplinary Context", in: *AVR*, 1986, S. 143ff. (zit.: *Kimminich*, Teaching International Law).

Kirgis, F.L.: 'Shipping', in: *Schachter/Joyner* (Hrsg.), United Nations Legal Order, S. 715-749 (zit.: *Kirgis*, Shipping).

Kirišenko, M. G.: Verchovnyi Sovet SSSR [Staatsrat der UdSSR], Moskwa 1962 (zit.: *Kirišenko*, Verchovnyi Sovet SSSR).

Kirillova, E./*Zubarev*, L.: "Petroleum Legislation of the Russian Federation", in: 11 *OGLTR* (1997), S. 404-409 (zit.: *Kirillova/Zubarev*, Petroleum Legislation of the Russian Federation).

Klein, Eckart: Statusverträge im Völkerrecht - Rechtsfragen territorialer Sonderregime, Berlin/Heidelberg/New York 1980 (zit.: *Klein*, Statusverträge).

Klemm, Ulf-Dieter: Die seewärtige Grenze des Festlandsockels (Beiträge zum ausländischen öffentlichen Recht und Völkerrecht), Band 68, Berlin/Heidelberg/New York 1976 (zit.: *Klemm*, Festlandsockel).

Klige, R. K.: "Changes in the water regime of the Caspian Sea", *GeoJournal*, July 1992, S. 299-307 (zit.: *Klige*, Changes in the water regime of the Caspian Sea).

Köbler, Ralf: Die „clausula rebus sic stantibus“ als allgemeiner Rechtsgrundsatz, Tübingen 1990 (zit.: *Köbler*, clausula rebus sic stantibus).

Kobori, I./*Glantz*, M.H. (Hrsg.), Central Eurasian water crisis: Caspian, Aral, and Dead Seas, Tokyo/New York/ Paris, 1998 (zit.: *Bearbeiter*, in: *Kobori/Glantz* (Hrsg.), Central Eurasian water crisis).

Koch, H./*Willingmann*, A. (Hrsg.): Großschäden – Complex Damages: Rechtliche und alternative Regulierungsstrategien im In- und Ausland, Rostocker Arbeiten zum Internationalen Recht, Band 1 (zit.: *Bearbeiter*, in: *Koch/Willingmann* (Hrsg.), Großschäden – Complex Damages: Rechtliche und alternative Regulierungsstrategien im In- und Ausland).

Kochumov, Yagmur: 'Issue of International Law and Politics in the Caspian in the Context of the Turkmenistan-Azerbaijan Discussion and Fuel Transport', in: Caspian Crossroads 1999, http://ourworld.compuserve.com/homepages/usazerb/casp.htm (zit.: *Kochumov*, Law and Politics in the Caspian).

Koh, Kheng Lian: Straits in international navigation, London - Rome - New York, 1982 (zit.: *Koh*, Straits in international navigation).

Kohen, M.: "L'uti possidetis revisité: l'arrêt du 11 septembre 1992 dans l'affaire El Salvador/Honduras ", *RGDIP 97* (1993/1994), S. 939ff. (zit. : *Kohen*, L'uti possidetis revisité).

König, D.: „Neues Meeresvölkerrecht: Das Regime für die Tiefsee“, *Jura* 1995, S. 127-131 (zit.: *König*, Neues Meeresvölkerrecht).

Koschewnikow, F.I. (u.a.): Völkerrecht, Akademie der Wissenschaften der UdSSR, (deutsche Übersetzung von Schultz, Lothar), Hamburg 1960 (zit.: *Koschewnikow*, Völkerrecht).

Koskenniemi, Martti./*Lehto*, Marja: La succession d'états dans l'ex-U.R.S.S., en ce qui concerne particulièrement les relations avec la Finlande, in: *AFDI 38* (1992), S. 179ff. (zit.: *Koskenniemi/Lehto*, La succession d'états dans l'ex-U.R.S.S.).

Krasnova, Irina: 'Legal, Regulatory and Institutional Measures for the Protection and Sustainable Management of the Caspian Sea Ecosystem in the Riparian States', Report within the framework of the Caspian Environment Programme, 6. Februar 2003, unter: http://www.caspianenvironment.org/lrei/report_1.htm (zit.: *Krasnova*, Legal, Regulatory and Institutional Measures for the Protection and Sustainable Management of the Caspian Sea).

Kratzsch, Susanne: Rechtsquellen des Völkerrechts außerhalb von Artikel 38 Absatz 1 IGH-Statut, Dissertation, Tübingen 2000 (zit.: *Kratzsch*, Rechtsquellen des Völkerrechts).

Kudrjavcev, D.I.: Osnovy mezdunarodnogo prava, [Grundlagen des Völkerrechts], Moskau 1970 (zit.: *Kudrjavcev*, Osnovy mezdunarodnogo prava).

Kunig, Philip: „Gebietsveränderungen durch und in Staaten“, in: *Jura* 1996, S. 160 (zit.: *Kunig*, Gebietsveränderungen).

— Das Rechtsstaatsprinzip, Überlegungen zu seiner Bedeutung für das Verfassungsrecht der Bundesrepublik Deutschland, Tübingen 1986 (zit.: *Kunig*, Rechtsstaatsprinzip).

Kürschner, Joseph (Hrsg.): Pierers Konversations-Lexikon, 7. Auflage, 2. + 8. Band, Berlin/Stuttgart 1889 (zit.: *Kürschner*, Pierers Konversations-Lexikon).

Kwiatkowska, Barbara: 'The Law of the Sea related cases in the International Court of Justice during the presendency of judge Stephen M. Schwebel (1997-2000)', in: 16 *International Journal of Marine and Coastal Law*, 2001, S. 1-40 (zit.: *Kwiatkowska*, The Law of the Sea related cases (1997-2000)).

— The 200 Mile Exclusive Economic Zone in the New Law of the Sea, Dordrecht u.a.a.O. 1989 (zit.: *Kwiatkowska*, The 200 Mile Exclusive Economic Zone).

— 'Economic and Environmental Considerations in Maritime Boundary Delimitation', in: *Charney/Alexander* (Hrsg.), International Maritime Boundaries, S. 75 ff. (zit.: *Kwiatkowska*, Economic and Environmental Considerations in Maritime Boundary Delimitation).

Kzekely, Alberto: "The International Law of Submarine Transboundary Hydrocarbon Resources: Legal Limits to Behavior and Experiences for the Gulf of Mexico", in: *Natural Resources Journal*, Fall 1986, U.S.-Mexico Transboundary Resources Issue, S. 733ff. (zit.: *Kzekely*, The International Law of Submarine Transboundary Hydrocarbon Resources).

Ladenburger, Felix: Durchsetzungsmechanismen im Umweltvölkerrecht "Enforcement" gegenüber Staaten, Univ. Diss. Tübingen, 1996 (zit.: *Ladenburger*, Durchsetzungsmechanismen im Umweltvölkerrecht).

Lagoni, R.: 'Pipelines', Encyclopedia of Public International Law, Band 9, Amsterdam u.a.a.O. 1986, S. 296-299 (zit.: *Lagoni*, Pipelines).

— 'Submarine Pipelines in International Law and Practice', Paper presented at the Third Workshop on Joint Workshop on Joint Exploration and Development of Offshore Hydrocarbone Resources in Southeast Asia, 25.2.-1.3.1985, Bangkok, Thailand (zit.: *Lagoni*, Submarine Pipelines).

— Report of the ILA Sixty-Fifth Conference held at Warsaw in 1989 (zit.: *Lagoni*, Report of the ILA Sixty-Fifth Conference held at Warsaw in 1989).

Lamb, Alaistair: Asian Frontiers, New York/Washington/London 1968 (zit.: *Lamb*, Asian Frontiers).

Lammers, J.G.: Pollution of International Watercourses: A Search for Substantial Rules and Principles of Law, Boston/The Hague/Dordrecht/ Lancaster 1984 (zit.: *Lammers*, Pollution of International Watercourses).

Lapidoth, R.: 'Dispute Settlement under the 1997 Convention on the Law of the Non-Navigational Uses of International Watercourses', in: *Schmitt* (Hrsg.), International Law Across the Spectrum of Conflict: Essays in Honour of Professor L.C.Green On the Occasion of His Eightieth Birthday (zit.: *Lapidoth*, Dispute Settlement under the 1997 Convention on the Law of the Non-Navigational Uses of International Watercourses).

Laun, Rudolf: Festschrift zu seinem 70. Geburtstag, *Constantopoulos/Wehberg* (Hrsg.), Gegenwartsprobleme des internationalen Rechts und der Rechtsphilosophie, Hamburg 1953 (zit.: *Bearbeiter*, in: *Constantopoulos/Wehberg* (Hrsg.), Festschrift für Rudolf Laun).

Lauriol, T./*Hochman*, S.: 'Dumping Oil Platforms in the Sea', in: 11 *OGLTR*, 1996, S. 464-467 (zit.: *Lauriol/Hochman*, Dumping Oil Platforms in the Sea).

Lauterpacht, H.: The Development of International Law by the International Court, 1958, S. 158 ff. (zit.: *Lauterpacht*, The Development of International Law).

Lay, S. H./*Churchill*, R./*Nordquist*, M. (ed.): New Directions in the Law of the Sea: Documents I, London-New York 1973 (zit.: *Lay/Churchill/ Nordquist*, New Directions in the Law of the Sea).

Legault, Leonard/*Hankey*, Blair: 'Method, Oppositeness and Adjacency, and Proportionality in Maritime Boundary Delimitation', in: *Charney/Alexander* (Hrsg.), International Maritime Boundaries, S. 203 ff. (zit.: *Legault/Hankey*, Method, Oppositeness and Adjacency, and Proportionality in Maritime Boundary Delimitation).

Lee, L.T.: "The Law of the Sea Convention and Third States", in: 77 *AJIL* (1983), S. 541-568 (zit.: *Lee*, UNCLOS and Third States).

Lerche, Ian/*Bagirov*, Elchin: Impact of Natural Hazards on Oil and Gas Extraction - The South Caspian Basin, New York/Boston/Dordrecht/ London/Moscow 1999 (zit.: *Lerche/Bagirov*, Impact of Natural Hazards).

Libal, Wolfgang: Das Ende Jugoslawiens. Chronik einer Selbstzerstörung, Wien/Zürich 1991 (zit.: *Libal*, Das Ende Jugoslawiens).

Liesen, R.: "Transit Under the 1994 Energy Charter Treaty", in: CEPMLP, *the journal*, Volume 3-7 Article, 1998 (zit.: *Liesen*, Transit Under the 1994 Energy Charter Treaty).

Lissitzyn, Oliver: Treaties and Changed Circumstances (Rebus sic Stantibus), *AJIL* 61 (1967), 895 (zit.: *Lissitzyn*, Treaties).

Lockhart, L.: Nadir Shah, A critical study based mainly on contemporary sources, London 1938 (zit.: *Lockhart*, Nadir Shah).

Lukasuk, Igor Ivanivic: Russland als Rechtsnachfolger in alte Verträge, New York 1988 (zit.: *Lukasuk*, Russland als Rechtsnachfolger).

MacDonald, Charles G.: Iran, Saudi Arabia and the Law of the Sea - Political Interaction and Legal Development in the Persian Gulf, London 1980 (zit.: *Mac Donald*, Iran, Saudi Arabia and the Law of the Sea).

Magnus, R.H.: Documents on the Middle East, Washington D.C. 1969 (zit.: *Magnus*, Documents on the Middle East).

Mahncke, Dieter: Seemacht und Außenpolitik: Eine Einführung in die Problematik, in: *Mahncke/Schwarz* (Hrsg.), Seemacht und Außenpolitik, Rüstungsbeschränkung und Sicherheit, S. 3ff. (zit.: *Mahncke*, Seemacht und Außenpolitik).

Mahncke, D./*Schwarz*, H.-P. (Hrsg.): Seemacht und Außenpolitik, Rüstungsbeschränkung und Sicherheit, Schriftenreihe des Forschungsinstituts der Deutschen Gesellschaft für Auswärtige Politik e.V. Bonn, Bd. 11, Frankfurt a. M. 1974 (zit.: Bearbeiter, in: *Mahncke/Schwarz* (Hrsg.), Seemacht und Außenpolitik, Rüstungsbeschränkung und Sicherheit).

Mahrad, Ahmad: Zum Verhältnis zwischen Iran und der Sowjetunion, Osnabrück 1985 (zit.: *Mahrad*, Zum Verhältnis zwischen Iran und der Sowjetunion).

Major issues of the Law of the Sea, New Hampshire 1976.

Makhlina, M.: "How to become a Subsurface User in the Russian Federation", in: 9/10 *OGLTR* (1993), S. 291-317 (zit.: *Makhlina*, How to become a Subsurface User in the Russian Federation).

— "Legal Aspects of the Russian Federal Production Sharing Agreements Law", in: 7 *OGLTR* (1996), S. 310-313 (zit.: *Makhlina*, Legal Aspects of the Russian Federal Production Sharing Agreements Law).

Maleki, Abbas: 'What Happened in the South Caspian?', in: *EURASIA* Newsletter of The International Institute for Caspian Studies, Tehran, 17. August 2001 (zit.: *Maleki*, What Happened in the South Caspian?).

Malinin, S. A.: "K voprosu o pravovoi klassifikatsii vodnykh prostranstv" [Zur Frage der rechtlichen Qualifikation von Gewässern], *Morskoe pravo i praktika*, XLVI (1960), S. 13-19 (zit.: *Malinin*, K voprosu o pravovoi klassifikatsii vodnykh prostranstv).

Mamedov, Ramiz: 'Caspian Sea Level and Ecological Problems', in: *Ötztürk/Algan (Hrsg.)*, Problems of Regional Seas 2001 - Proceedings of the International Symposium on the Problems of Regional Seas, S. 1-11 (zit: *Mamedov*, Caspian Sea Level and Ecological Problems).

Mance, O.: International Road Transport, London u.a.a.O., 1947 (zit.: *Mance*, International Road Transport).

Maresca, John J.: Testimony of the Vice President, International Relations UNOCAL Corporation to House Committee on International Relations, Subcommittee on Asia and the Pacific, 12. Februar 1998, Washington, D.C. (zit.: *Maresca*, UNOCAL Testimony to House Committee on International Relations).

Markert, W./*Geyer*, D.: Osteuropa-Handbuch, Sowjetunion, Verträge und Abkommen, Böhlau Verlag, Köln/Graz, 1967 (zit.: *Markert/Geyer*, Osteuropa-Handbuch, Sowjetunion, Verträge und Abkommen).

Martens, F. F.: Sovremennoe mezhdunarodnoe pravo tsivilizovannykh narodov, [Allgemeines Völkerrecht der zivilisierten Völker], 5th Edition, 2 Volumes, St. Petersburg 1904-05 (zit.: *Martens*, Sovremennoe mezhdunarodnoe pravo).

— Nouveou Reconcil, Tome 9, Göttingen 1884 / Tome 33, Leipzig 1906 (zit.: *Martens*, Nouveou Reconcil, Tome)

Matveeva, Anna/*McCartney*, Clem: 'Policy Responses to an Ethnic Community Division: Lezgins in Azerbaijan', *International Journal on Minority and Group Rights*, 5, no. 3, 1997-98, S. 213-252 (zit.: *Matveeva/McCartney*, Policy Responses to an Ethnic Community Division: Lezgins in Azerbaijan).

Maupan, F.: 'La succession à l'OIT', in: Stern, B./Burdeau G. (Hrsg.), Dissolution, Continuation et succession en Europe de L'Est, Paris 1994, S. 116ff. (zit.: *Maupan*, La succession).

McCaffrey, Stephen C.: The Law of International Watercourses - Non-Navigational Uses, Oxford 2001 (zit.: *McCaffrey*, The Law of International Watercourses).

McCaffrey, Stephen C./*Sinjela*, Mpazi: The 1997 United Nations Convention on International Watercourses, in: 92 *AJIL*, 1998, S. 97-107 (zit.: *McCaffrey/Sinjela*, The Convention on International Watercourses).

McCagg Jr, W. O./*Silver*, B. D. (Hrsg.), Soviet Asian Ethnic Frontiers, New York/Toronto/Sydney/ Frankfurt/Paris 1979 (zit.: *Bearbeiter*, in: *McCagg/Silver* (Hrsg.), Soviet Asian Ethnic Frontiers).

McLaurin, John: Sketches in Crude Oil, Harrisburg 1896 (zit.: *McLaurin*, Sketches in Crude Oil).

McNair, Arnold Duncan: The Law of Treaties, Oxford 1961 (zit.: *McNair*, The Law of Treaties).

McNees, R. B.: "Freedom of Transit through international Straits", in: *Journal of Maritime Law and Commerce* 6 (1975), S. 175ff. (zit.: *McNees*, Freedom of Transit through Straits).

Mehdiyoun, Kamyar: "Ownership of Oil and Gas Resources in the Caspian Sea", in: 94 *AJIL*, Issue 1 (Jan. 2000), S. 179 - 189 (zit.: *Mehdiyoun*, Ownership of Oil and Gas Resources in the Caspian Sea).

Meissner, Boris: Sowjetunion und Selbstbestimmungsrecht, Köln 1962 (zit.: *Meissner*, Selbstbestimmungsrecht).

— „Nationalitätenfrage und Sowjetideologie", in: *Brunner/Meissner* (Hrsg.), Nationalitäten-Probleme in der Sowjetunion und Osteuropa, Köln 1992, S. 11 (zit: *Meissner*, Nationalitätenfrage und Sowjetideologie).

Meray, S. /*Olcay*, O.: Montreux Bogazlar Konferansi Tutanaklar Belgeler, Ankara 1976 (zit.: *Meray /Olcay*, Montreux Bogazlar Konferansi).

Merrills, J.G.: International Dispute Settlement, Third Edition, Cambridge University Press, 1998, (zit.: *Merrills*, International Dispute Settlement).

Merryman, J.H./*Ackermann*, E.D.: International Law, Development and the Transit Trade of Landlocked States: The Case of Bolivia, Forschungsstelle für Völkerrecht und ausländisches öffentliches Recht der Universität Hamburg, Werkhefte, Heft14, Hamburg 1969 (zit.: *Merryman/Ackermann*, Transit Trade of Landlocked States).

Merzliakov, Yuri N.: "Russia`s position on the legal status and related issues of the Caspian Sea", Paper presented on the II Annual Caspian Energy Retreat, CWC Associates, 3-4 November 1999, London (zit.: *Merzliakov*, Russia`s position on the legal status and related issues of the Caspian Sea).

Mesamed, Vladimir: 'Turkmenistan: Oil, Gas, and Caspian Politics', in: *Croissant/Aras* (Hrsg.), Oil and Geopolitics in the Caspian Sea Region, S. 209-226 (zit.: *Mesamed*, Turkmenistan: Oil, Gas, and Caspian Politics).

Meshera: Morskoe pravo: pravovoi rezhim morskich putjei [Seerecht: Rechtsverhältnisse auf Wasserstraßen], Moskau 1959.

Messe, Richard: "The relevance of the granting of Oil Concessions in a Maritime delimitation: The jurisprudence of the International Court of Justice", in: *OGEL* Volume I, issue 2 (March 2003) (zit.: *Messe*, Oil Concessions in a Maritime delimitation).

Meyer, C.B.V.: The Extent of Jurisdiction in Coastal Waters, Leiden: Sijthoff 1937 (zit.: *Meyer*, Jurisdiction in Coastal Waters).

Miles, E.L./*Gamble*, J.K. (Hrsg.) Law of the Sea: Conference Outcomes and Problems of Implementation, Proceedings, Law of the Sea Institut, Tenth Annual Conference, Cambridge, 1977 (zit.: *Bearbeiter*, in: *Miles/Gamble* (Hrsg.) Law of the Sea).

Mir-Babayev, Mir-Yusiv: 'Azerbaijan's Oil History – Brief Oil Chronology since 1920, Part 2', *Azerbaijan International*, Summer 2003 (11.2) (http://www.azer.com) (zit.: *Mir-Babayev*, Azerbaijan's Oil History).

Molenaar, E.: Coastal State jurisdiction over vessel-source pollution, Dordrecht, 1998 (zit.: *Molenaar*, Coastal State jurisdiction over vessel-source pollution).

— 'Navigational rights and freedoms in a European regional context', in: Rothwell, D./Bateman, S. (Hrsg.), Navigational rights and freedoms and the new law of the sea, The Hague/London, 2000 (zit.: *Molenaar*, Navigational rights and freedoms).

Momtaz, Jamchid: 'Le statut Juridique de la mer caspienne', Collection espaces et ressources maritimes, no. 5, Paris 1991 (zit.: *Momtaz*, Le statut Juridique de la mer caspienne).

— "Vaziyyat-e hoghugi-e daryay-e Khazar" [The Legal Situation of the Caspian Sea], Majalleh, Summer 1995, S. 123ff. (zit.: *Momtaz*, The Legal Situation of the Caspian Sea).

Morton, A./*Dedov*, D.: "A Taxing Time for Russian Oil Producers", in: *OGLTR* (1998), S. 333-335 (zit.: *Morton/Dedov*, A Taxing Time for Russian Oil Producers).

Mosler, H.: "The International Society as a Legal Community", in: *RdC* 140, 1974 IV, S. 136 ff. (zit.: *Mosler*, The International Society).

— "To What Extent Does the Variety of Legal Systems of the Word Influence the Application of the General Principles of Law Within the Meaning of Article 38 I (c) of the Statute of the International Court of Justice", in: Institute, T.M.C. Asser (Hrsg.), International Law and the Grotian Heritage, 1985, S. 173-185 (zit.: *Mosler*, General Principles of Law).

— „Völkerrecht als Rechtsordnung", in: *ZaöRV* 36, 1976, S. 42ff. (zit.: *Mosler*, Völkerrecht als Rechtsordnung).

Mössner, J. Manfred: Rechtsquellen, in: Seidl-Hohenveldern, Lexikon des Völkerrechts, Neuwied/Darmstadt 1985 (zit.: *Mössner*, Rechtsquellen).

— Einführung in das Völkerrecht, Schriftenreihe der Juristischen Schulung, Heft 55, München 1955 (zit.: *Mössner*, Einführung in das Völkerrecht).

Müller, Friedmann: Can Energy Wealth Produce Broadly Based Growth in the Caspian Space?, Stiftung Wissenschaft und Politik, Berlin, prepared for a George Marshall Center Conference, January 21, 2002 (zit.: *Müller*, Energy wealth in the Caspian).

Müller, J.P.: Vertrauensschutz im Völkerrecht, Köln/Berlin 1971 (zit.: *Müller*, Vertrauensschutz im Völkerrecht).

Müller, J.P./ *Wildhaber*, L.: Praxis des Völkerrechts, 3. Auflage, Bern 2001 (zit.: *Müller/Wildhaber*, Praxis des Völkerrechts).

Müller, Markus: Die internationale Zuständigkeit bei grenzüberschreitenden Umweltbeeinträchtigungen, Schriftenreihe des Instituts für Internationales Recht und Internationale Beziehungen, Band 63, Basel/Frankfurt am Main 1994 (zit.: *Müller*, Die internationale Zuständigkeit bei grenzüberschreitenden Umweltbeeinträchtigungen).

Müller, Walter: Festschrift, *von Ziegler/Burckhardt* (Hrsg.), Internationales Recht auf See und Binnengewässer, Zürich 1993 (zit.: *Bearbeiter*, in: *von Ziegler/Burckhardt* (Hrsg.), Internationales Recht auf See und Binnengewässer, Festschrift für Walter Müller).

Mullerson, Rein: "The Continuity and Succession of States, by Reference to the Former USSR and Yugoslavia", in: *AJIL* 42 (1993), S. 473ff. (zit.: *Mullerson*, The Continuity and Succession of States).

Münch, Wolfgang: Die Régime internationaler Meerengen vor dem Hintergrund der Dritten UN-Seerechtskonferenz, Schriften zum Völkerrecht Band 74, Berlin 1982 (zit.: *Münch*, Internationale Meerengen).

Mus, J.B.: "Conflicts between Treaties in International Law", in: *Netherlands International Law Review*, Vol. XIV (1998) (zit.: *Mus*, Conflicts between Treaties).

Naby, Eden: The Iranian Frontier Nationalities, The Kurds, the Assyrians, the Baluchis and the Turkmens, in: *McCagg/Silver* (Hrsg.), Soviet Asian Ethnic Frontiers, S. 83 (zit.: *Naby*, The Iranian Frontier Nationalities).

Nahalylo, Bohdan/ *Swoboda*, Victor: Soviet Disunion – A History of the Nationalities Problem in the USSR, New York 1990 (zit.: *Nahalylo/Swoboda*, Soviet Disunion).

Nandan, S.N.: The Management of Straits Used for International Navigation: International Cooperation in Malacca and Singapore Straits, Current Maritime Issues and the International Maritime Organization, Martinus Nijhoff 1999 (zit.: *Nandan*, International Cooperation in Malacca and Singapore Straits).

— United Nations Convention on the Law of the Sea 1982-A Commentary, II, Dordrecht, 1993 (zit.: *Nandan*, United Nations Convention on the Law of the Sea).

Neuhold/Hummer/Schreuer: Österreichisches Handbuch des Völkerrechts, 1.Textteil, 2. Auflage, Wien 1991 (zit.: *Neuhold/Hummer/Schreuer*, Österreichisches Handbuch des Völkerrechts).

Neumann, G.K.: Boliviens Recht auf freien Zugang zum Pazifik: Zur völkerrechtlichen Problematik des Zugangs der Binnenstaaten zum Meer, *Blumenwitz* (Hrsg.), Schriften zum Staats- und Völkerrecht, Band 69, Frankfurt am Main/Berlin/Bern/New York/Paris/Wien 1997 (zit.: *Neumann*, Boliviens Recht auf freien Zugang zum Pazifik).

Newmann, B.: 'Dire Strait: Oil, Water and Politics Make a Volatile Mix in Crowded Bosporus', in: *WALL ST. Journal*, August 24, 1994 (zit.: *Newmann*, Dire Strait: Oil, Water and Politics).

Nikolaev, A. N.: Problema territorial'nykh vod v mezdunarodnom prave, [Probleme der Territorialgewässer im Völkerrecht], Moskwa 1954 (zit.: *Nikolaev*, Problema territorial'nykh vod).

Nolan, Matthew M.: "U.S. Sanctions Laws: A Complex Web for U.S. and Foreign Companies", in: *O.G.L.T.R.*, 1998, S. 112-116 (zit.: *Nolan,*U.S. Sanctions Laws: A Complex Web for U.S. and Foreign Companies).

Nussbaum, Tobias: Report on the Working Group to Elaborate a Convention on International Watercourses, in: 6 *Review of European Community and International Environmental Law*, 1997, S. 47-53 (zit.: *Nussbaum*, Report on the Working Group to Elaborate a Convention on International Watercourses).

O'Connell, Daniel Patrick: The Law of State Succession, Cambridge 1956 (zit.: *O'Connell*: State Succession).

— International Law, Vol. I und II, 1. Auflage, London 1965, 2. Auflage, London 1970 (zit.: *O'Connell*, International Law).

— State Succession in Municipal Law and International Law, Volume II, International Relations, Cambridge 1967 (zit.: *O'Connell*, State Succession in Municipal Law and International Law, II).

— "The equivalence of the nautical league and the cannon-shot in the law of Nations", in: *Blumenwitz/Randelzhofer* (Hrsg.), Festschrift für Friedrich Berber zum 75. Geburtstag, München 1973 (zit.: *O'Connell*, The equivalence of the nautical league and the cannon-shot in the law of Nations).

Oda, Shigeru: The Law of the Sea in our Time, Band 1: New Developments 1966-1975, Leyden 1977 (zit.: *Oda*, The Law of the Sea in our Time).

— The Law of the Sea in our Time, Band 2: The UN Seabed Committee 1968-1973 (zit.: *Oda*, The Law of the Sea in our Time, Bd.2).

OGP: Disposal of disused offshore concrete gravity platforms in the OSPAR Maritime Area, OGP Report No. 338, February 2003, London-Brussels (zit.: *OGP*, Disposal of disused offshore concrete gravity platforms in the OSPAR Maritime Area).

Olsen, Robert: 'Turkey-Iran relations, 200-2001: The Caspian, Azerbaijan and the Kurds', in: *Middle East Policy*, June 2002, S. 111-129 (zit.: *Olsen*, Turkey-Iran relations).

Onorato, W.T.: "A Case Study on Joint Development: The Saudi Arabia/Kuwait Portioned Neutral Zone", in: 10 *Energy*, 1985, S. 539ff. (zit.: *Onorato*, A Case Study on Joint Development).

Onuf: Global Law-Making and Legal Thought, in: ders. (Hrsg.), Law-Making in the Global Community, 1982, S. 1-81 (zit.: *Onuf*, Global Law-Making).

Oppenheim's: Oppenheim's International Law, Volume 1, Peace, Introduction and Part 1, Part 2-4, Jennings, Sir R./Watts, Sir A. (Hrsg.), Harlow, 9. Auflage 1992 (zit.: *Oppenheim's*, Oppenheim's International Law).

Oppenheim, L./ *Lauterpacht*, H.: International Law, Band I, 8. Auflage, 1955 (zit.: *Lauterpacht*, in: *Oppenheim/Lauterpacht*, International Law).

Oral, Nilüfer: 'User Fees For Straits', in: *Ötztürk/Algan (Hrsg.)*, Problems of Regional Seas 2001 - Proceedings of the International Symposium on the Problems of Regional Seas, S. 108ff. (zit.: *Oral*, User Fees For Straits).

Oral, N./ *Aybay*, G.: "The Meaning of Freedom of Passage and Navigation Under the 1936 Montreux Convention on the Regime of The Turkish Straits", in: *Annual of Turkish Review of Balkan Studies*, 1998/99 (zit.: *Oral/Aybay*, Turkish Straits).

Ostrander-Krug, K./*Zhaiylgan*, A.: "Transborder Infrastructure Projects: CPC Pipeline, A Case Study", in: International Resources Law and Projects: Straddling the Millennium, 2 *Rocky Mt. Min. L. Fdn.*, 1999 (zit.: *Ostrander-Krug/Zhaiylgan*, Transborder Infrastructure Projects: CPC Pipeline, A Case Study).

Owen, Edgar Wesley: Trek of the Oil Finders: A History of Exploittion for Petroleum, Tulsa: The American Association of Petroleum Geologists 1975 (zit.: *Owen*, Trek of the Oil Finders).

Oxman, Bernhard H.: 'The Regime of Warships under the United Nations Convention on the Law of the Sea', in: *Virginia Journal of International Law*, Vol. 24 (1984), S. 809-863 (zit.: *Oxman*, 'The Regime of Warships under the UNCLOS').

— 'Political, Strategic, and Historical Considerations', in: *Charney/Alexander* (Hrsg.), International Maritime Boundaries, S. 3ff. (zit.: *Oxman*, Political, Strategic, and Historical Considerations).

— 'Caspian - Sea or lake - What difference it make ?', in: Caspian Crossroads 1996, http://ourworld.compuserve.com/homepages/usazerb/casp.htm (zit.: *Oxman*, Caspian - Sea or lake).

Ögütçüf, Mehmet: "Caspian Energy and Legal disputes: Prospects for settlement", in: *OGEL*, Vol. I, issue 2 (2003) (zit.: *Ögütçüf*, Caspian Energy and Legal disputes: Prospects for settlement).

Öz, Yilmaz: "Eurasian Pipeline Projects through Turkey: An Economics and Legal Overview", in: 4 *OGLTR*, 1995, S. 153-155 (zit.: *Öz*, Eurasian Pipeline Projects through Turkey).

Özman, A.: 'Safety in the Black Sea and Passage through the Bosphorus', Paper on Shipping and Transportation to and from the CIS Conference, London, March 1995 (zit.: *Özman*, Bosphorus Paper).

Öztürk, Bayram/*Algan*, Nesrin: Problems of Regional Seas 2001 - Proceedings of the International Symposium on the Problems of Regional Seas, 12-14 May 2001, Istanbul, Turkish Marine Research Foundation 2001 (zit.: *Bearbeiter*, in: *Ötztürk/Algan (Hrsg.)*, Problems of Regional Seas 2001 - Proceedings of the International Symposium on the Problems of Regional Seas).

Öztürk, B./*Öztürk*, A./*Algan*, N.: 'Ship Originated Pollution in the Turkish Straits System', in: *Ötztürk/Algan (Hrsg.)*, Problems of Regional Seas 2001 - Proceedings of the International Symposium on the Problems of Regional Seas, S. 86 - 92 (zit.: *Öztürk*, Ship Originated Pollution in the Turkish Straits).

Perry, A./*Lerer*, D.: "Joint Development Zones and cross-border unitisations – living with imperfection", *Kendall Freeman*, November 2003 (http://www.kendallfreeman.com) (zit.: *Perry/Lerer*, Joint Development Zones and cross-border unitisations).

Peters, P./*Soons* A.H.A./*Zima*, L.A.: 'Removal of Installations in the Exclusive Economic Zone', *Netherlands Yearbook of International Law, ICLQ*, Vol. 26 (1977), S. 585 - 619 (zit.: *Peters/Soons/Zima*, Removal of Installations in the Exclusive Economic Zone).

Pharand, Donat: International Straits, in: Thesaurus Acroasium of the Institute of Public International Law And International Relations of Thessaloniki, Vol. VII, The Law of The Sea (4th Session, Sept. 1976), 1977, S. 59ff. (zit.: *Pharand*, International Straits).

Picton-Turbervill, G.: 'Decommissioning of Offshore Installations: The Legal Aspects', in: *OGLTR*, 1998, S. 221-228 (zit.: *Picton-Turbervill*, Decommissioning of Offshore Installations).

Piper, D.C.: The International Law of the Great Lakes – A study of Canadian-United States Co-operation, Duke University Commonwealth-Studies Center, Publication Number 30, Durham 1967 (zit.: *Piper*, The International Law of the Great Lakes).

Piqueras, R.: "The Maghreb-Europe Gas Pipeline: Its Juridical Structure", in: 3 *OGLTR* 1995, S. 95-98 (zit.: *Piqueras*, The Maghreb-Europe Gas Pipeline).

Plant, Glen C.: "Navigation Regime in the Turkish Straits for Merchant Ships in Peacetime", in: 20 *Marine Policy* (1996), S. 15-27 (zit.: *Plant*, Navigation Regime in the Turkish Straits).

— "The Turkish Straits and Tanker Traffic: an Update", in: 24 *Marine Policy* (2000), S. 193 - 214 (zit.: *Plant*, The Turkish Straits and Tanker Traffic).

— 'Passage Regimes and Regulatory Traffic Measures for Oil Tanker Access to Enclosed or Semi-Enclosed Seas: Caspian Sea Oil and the Turkish and Danish Straits', in: *Öztürk/Algan (Hrsg.)*, Problems of Regional Seas 2001 - Proceedings of the International Symposium on the Problems of Regional Seas, S. 118 - 138 (zit.: *Plant*, Passage Regimes and Regulatory Traffic Measures for Oil Tanker Access).

Platzöder, Renate: Die dritte Seerechtskonferenz der Vereinten Nationen - Eine Zwischenbilanz -, SWP - Az 2066, Stiftung Wissenschaft und Politik, Ebenhausen 1975 (zit.: *Platzöder*, Die dritte Seerechtskonferenz).

— „Meerengen", in: *ZaöRV* 38 (1978), S. 710ff. (zit.: *Platzöder*, Meerengen).

Platzöder, R./*Vitzthum*, W. Graf: Zur Neuordnung des Meeresvölkerrechts auf der dritten Seerechtskonferenz der Vereinten Nationen, Ebenhausen, 1974 (zit.: *Platzöder/Vitzthum*, Zur Neuordnung des Meeresvölkerrechts).

Polo, Marco: The Travels of Marco Polo, translated into English by A. Ricci, London 1931.

Pondaven, Philippe.: Les Lacs-frontière, Thèse pour le doctorat en droit, Université de Paris, Paris 1970 (zit.: *Pondaven*, Les Lacs-frontière).

Pott, Hermann: Clausula rebus sic stantibus, Frankfurt am Main 1992 (zit.: *Pott*, Clausula rebus sic stantibus).

Potto, V.A.: Kavkazskaia voina v otdelnykh ocherkakh, epizodakh, legendakh i biografiiakh [Der kaukasische Krieg in einzelnen Erzählungen, Episoden, Legenden und Biografien], Saint Petersburg 1885-86 (zit.: *Potto*, Kavkazskaia voina).

Ragazzi, Maurizio: The Concept of International Obligation *Erga Omnes*, New York 1997 (zit.: *Ragazzi*, Obligation *Erga Omnes*).

Rainer, Ulrich: „Turkmenistans Öl- und Gassektor: Die Zahl der internationalen Jointventures in der Petroindustrie steigt nur langsam", in: *Osteuropa-Wirtschaft*, 4/2000, S. 353-370 (zit.: *Rainer*, Turkmenistans Öl- und Gassektor).

Randelzhofer, A.: Art. 2 Ziff. 4, in: *Simma* (Hrsg.), Charta der Vereinten Nationen, Kommentar, München 1991, S. 67 (zit.: *Randelzhofer*, Art. 2 Ziff. 4, Charta der Vereinten Nationen).

Rauch, G. v.: Geschichte des bolschewistischen Rußland, 1956 (zit.: *Rauch*, Geschichte des bolschewistischen Russlands).

Reggiani, M.: 'Environmental Law and the Decommissioning of Offshore Installations: The Italian and International Regulatory Framework', in: *OGLTR*, 1999, S. 132-137 (zit.: *Reggiani*, Environmental Law and the Decommissioning of Offshore Installations).

Renger, Reinhard: 'Recht und Praxis der Haftung und Entschädigung für Ölverschmutzungsschäden auf See', in: *Koch/Willingmann* (Hrsg.), Großschäden – Complex Damages: Rechtliche und alternative Regulierungsstrategien im In- und Ausland, Rostocker Arbeiten zum Internationalen Recht, Band 1, S. 151ff. (zit.: *Renger*, Recht und Praxis der Haftung und Entschädigung für Ölverschmutzung auf See).

Reuter, Paul: Introduction au droit des traités, 3. edit., Paris 1995 (zit.: *Reuter*, Introduction au droit des traités).

Reynolds, Thomas A.: "Delimitation, Exploitation, and Allocation of Transboundary oil & gas Deposits between Nation-States", in: *ILSA Journal of International and Comperative Law*, Spring 1995, S. 135ff. (zit.: *Reynolds*, Delimitation, Exploitation, and Allocation of Transboundary oil & gas Deposits between Nation-States).

Rhee, Sea Boundary Delimitation Between States Before Wold War II, 76 *AJIL*, 1982, S. 553ff. (zit.: *Rhee*, Sea Boundary Delimitation Between States Before Wold War II).

Robinson, Walter: Straits of the Dardanelles and the Bosphorus: The Right of way under International Law, London, William Ridgway 1878 (zit.: Robinson, Straits of the Dardanelles and the Bosphorus).

Rodman, R. Bundy: 'The Caspian - sea or lake ?: Consequences in international law', International conference 23rd & 24th February 1995 - Oil & Caviar in the Caspian (zit.: *Rodman*, The Caspian - sea or lake).

Roelandt, M.: La condition juridique des pipelines dans le droit de la mer, Publications De L'Institut Universitaire De Hautes Études Internationales Genève, 1990 (zit.: *Roelandt*, La condition juridique des pipelines dans le droit de la mer).

Roggenkamp, M.M.: 'Transit of Networkbound Energy: A New Phenomenon ? - Transit Examined from the Barcelona Transit Convention to the Energy Charter Treaty', in: *World Competiton Law and Economics Review*, Vol. 19, 1995, S. 119 ff. (zit.: *Roggenkamp*, Transit of Networkbound Energy).

Rojahn, Ondolf: Die Ansprüche der lateinamerikanischen Staaten auf Fischereivorrechte jenseits der Zwölfmeilengrenze, Hamburg 1972 (zit.: *Rojahn*, Fischereivorrechte jenseits der Zwölfmeilengrenze).

Rolfe, D.: "Production Sharing Agreements in Russia", in: *OGLTR* (1999), S. 280-284 (zit.: *Rolfe*, Production Sharing Agreements in Russia).

Romano, Cesare P.R.: 'The Caspian Sea Dispute: The Role of International Law', S. 145-161, in: *Ascher/ Mirovitskaya* (Hrsg.), The Caspian Sea: A Quest for Environmental Security, London 2000 (zit.: *Romano*, The Caspian Sea Dispute).

Rozakis, C./*Stagos*, P: The Turkish Straits, Dordrecht, 1987 (zit.: *Rozakis/Stagos*, The Turkish Straits).

Rudolf, Walter: „Neue Staaten und das Völkerrecht", in: *AVR* 17, *Schlochauer*, H.-J. (Hrsg.), 1977/78, S. 1-45 (zit.: *Rudolf*, Neue Staaten und das Völkerrecht).

Rühl, Lothar: Aufstieg und Niedergang des Russischen Reiches - Der Weg eines tausendjährigen Staates, Stuttgart 1992 (zit.: *Rühl*, Aufstieg und Niedergang des Russischen Reiches).

Ruseckas, L.: 'The Bosphorus bottleneck: issues, options, solutions?', unveröffentlichter Beitrag vom CWC Caspian Retreat, London, 28. November 2000 (zit.: *Ruseckas*, The Bosphorus bottleneck).

Rüster, B.: Die Rechtsordnung des Festlandsockels, Berlin 1977 (zit.: *Rüster*, Die Rechtsordnung des Festlandsockels).

Sagers, Matthew J.: 'The oil industry in the Southern-Tier Former Soviet Republics', in: Post-Soviet Geography Vol. XXXV No.5 May 1994, University of Chicago (zit.: *Sagers*, The oil industry).

Sanei, Faraz: "The Caspian Sea Legal Regime, Pipeline Diplomacy, and the Prospects for Iran's Isolation from the Oil and Gas Frenzy: Reconciling Tehran's Legal Opinions with its Geopolitical Realities", http://law.vanderbilt.edu/journal/vol343/Faraz.htm (zit.: *Sanei*, The Caspian Sea Legal Regime).

Salameh, M.G.: "Caspian Oil is no Middle East", in: *Minerals & Energy*, Vol. 17, No. 2, 2002, S. 33ff. (zit.: Salameh, Caspian Oil is no Middle East).

Salter, J.: "Current Legal Problems for Pipeline Projects", in: 3 *OGLTR* (1993), S. 93ff. (zit.: *Salter*, Current Legal Problems for Pipeline Projects).

Sas, B.: 'Legal aspects of the decommissioning of submarine pipelines on the United Kingdom Continental Shelf', nicht publizierter Konferenzbeitrag: "Commissioning and Decommissioning of Pipelines", 9 -11 June 1987 in Aberdeen (zit.: *Sas*, Legal aspects of the decommissioning of submarine pipelines).

Saxer, Urs W. : 'The Transformation of the Soviet Union: From a Socialist Federation to a Commonwealth of Independent States', in: 14 *Loy. L.A. Int'l & Comp. L.J* . (1992), S. 581-715 (zit.: *Saxer*, Transformation of the Soviet Union).

Schachter, O.: International Law in Theory and Practice, Dordrecht/Boston/London 1991 (zit.: *Schachter*, International Law in Theory and Practice).

Schachter, O./*Joyner*, C.C. (Hrsg.): United Nations Legal Order, The American Society of International Law/Cambridge University Press, 1995 (zit.: *Bearbeiter*, in: *Schachter/Joyner* (Hrsg.), United Nations Legal Order).

Schacte, Jr. W.: US Department of Defense Representative for Ocean Policy Affairs, in a Comment in: 24 *OcDIL*, 1993, S. 179ff. (zit.: *Schacte*, US Department of Defense Representative for Ocean Policy Affairs).

Scharfenberg, S.A.: "Regulating Traffic Flow in the Turkish Straits: A Test for Modern International Law", unter: http://www.turkishpilots.org/ Documents/scharfen.html (zit.: *Scharfenberg*, Regulating Traffic Flow in the Turkish Straits).

Schaumann, W.: „Uti Possidetis-Doktrin“, in: *Strupp/Schlochauer* (Hrsg.) Wörterbuch des Völkerrechts, III. Band, S. 483 (zit.: *Schaumann*, in: *Strupp/Schlochauer*).

Schindler, Dietrich: "Regional International Law", in: *EPIL*, Band 7, Amsterdam/New York/Oxford 1984 (zit.: *Schindler*, Regional International Law).

— „Universelles und regionales Völkerrecht“, in: Recht als Prozeß und Gefüge, Festschrift für Hans Huber (1981), S. 609-622 (zit.: *Schindler*, Regionales Völkerrecht).

Schlochauer/von Münch/Kimminich/Rudolf: „Die Rechtsverhältnisse auf dem Bodensee - eine völkerrechtliche Untersuchung“, in: *Archiv des Völkerrechts*, 28. Band, S. 458ff., Tübingen 1990 (zit.: *Schlochauer/von Münch/Kimminich/Rudolf*, Die Rechtsverhältnisse auf dem Bodensee - eine völkerrechtliche Untersuchung).

Schmitt, M.N. (Hrsg.): International Law Across the Spectrum of Conflict: Essays in Honour of Professor L.C.Green On the Occasion of His Eightieth Birthday, International Law Studies, Volume 75, Newport, Rhode Island 2000 (zit.: *Bearbeiter*, in: *Schmitt* (Hrsg.), International Law Across the Spectrum of Conflict).

Schönborn, W. : Staatensukzession, Handbuch des Völkerrechts, Bd. 2 , Abt. 3, Stuttgart 1913 (zit.: *Schönborn*, Staatensukzession).

Schotten, Günther: Der historische Titel im Meeresvölkerrecht, Diss. Bonn 1967 (zit.: *Schotten*, Der historische Titel).

Schröder, Dieter: Der freie Zugang der Binnenstaaten zum Meer – Internationale Übereinkommen, Forschungsstelle für Völkerrecht und ausländisches öffentliches Recht der Universität Hamburg, Werkhefte, Heft 10, Hamburg 1966 (zit.: *Schröder*, Der freie Zugang der Binnenstaaten zum Meer).

Schroeder-Wildberg, Esther: The 1997 International Watercourses Convention – Background and Negotiations, Working Paper on Management in Environmental Planing (Arbeitspapiere zum Management in der Umweltplanung) 04/2002, Institut for Landscape and Environmental Planing, Technical University of Berlin (zit.: *Schroeder-Wildberg*, The 1997 International Watercourses Convention – Background and Negotiations).

Schröer, Friedrich: ‘Zur völkergewohnheitsrechtlichen Grenzregelung an Grenzgewässern’, in: *ZWR* 12./13. (1973/74), S. 78ff. (zit.: *Schröer*, Zur völkergewohnheitsrechtlichen Grenzregelung an Grenzgewässern).

Schwabach, Aaron: “The UN-Convention on the Law of Non-Navigational Uses of International Watercourses, Customary International Law and the Interests of Developing Upper Riparians”, in: 31 *Texas International Law Journal*, 1998 (zit.: *Schwabach*, The UN-Convention on the Law of Non-Navigational Uses of International Watercourses).

Schwarzenberger, G.: “The Fundamental Principles of International Law”, in: *RdC* 87 (1955 I), S. 195ff. (zit.: *Schwarzenberger*, Fundamental Principles).

Schweisfurth, Theodor: Sozialistisches Völkerrecht?: Darstellung – Analyse – Wertung der sowjetmarxistischen Theorie vom Völkerrecht „neuen Typs", Beiträge zum ausländischen öffentlichen Recht und Völkerrecht, Bd. 73, Berlin/Heidelberg/New York 1979 (zit.: *Schweisfurth*, Sozialistisches Völkerrecht).

— "The Influence of the Third United Nations Conference on the Law of the Sea on International Customary Law", in: *ZaöRV* 1983, S. 566 - 584 (zit.: *Schweisfurth*, The Influence of the UNCLOS on International Customary Law).

— „Vom Einheitsstaat (UdSSR) zum Staatenbund (GUS) - Juristische Stationen eines Staatszerfalls und einer Staatenbundentstehung", in: *ZaöRV* 1992, S. 541 - 696 (zit.: *Schweisfurth*, Vom Einheitsstaat zum Staatenbund).

— „Das Recht der Staatensukzession – Die Staatenpraxis der Nachfolge in völkerrechtliche Verträge, Staatsvermögen, Staatsschulden und Archive in den Teilungsfällen Sowjetunion, Tschechoslowakei und Jugoslawien", in: *BDGVR* Bd. 35, S. 49ff., Heidelberg 1995 (zit.: *Schweisfurth*, Das Recht der Staatensukzession).

— „Ausgewählte Fragen der Staatensukzession im Kontext der Auflösung der UdSSR", in: *Archiv des Völkerrechts*, 32. Band, S. 99ff., Tübingen 1994 (zit.: *Schweisfurth*, Auflösung der UdSSR).

Schweitzer, M.: Das Völkergewohnheitsrecht und seine Geltung für neu entstehende Staaten, Bad Homburg/Berlin/Zürich 1969 (zit.: *Schweitzer*, Das Völkergewohnheitsrecht und seine Geltung für neu entstehende Staaten).

Šebek, Viktor: The Eastern European States and the Development of the Law of the Sea, Volume I, Dobbs Ferry/New York 1977 (zit.: *Šebek*, The Eastern European States and the Development of the Law of the Sea).

Seidl-Hohenfelden, I.: Völkerrecht, 6. Auflage, München 1987 (zit.: *Seidl-Hohenfelden*, Völkerrecht).

— „Völkerrechtliche Verträge der UdSSR", in: *Osteuropa Recht*, 39. Jahrgang, Dez. 1993 (zit.: *Seidl-Hohenfelden*, Völkerrechtliche Verträge).

— 'Die Rolle der Rechtsvergleichung im Völkerrecht', in: Völkerrecht und rechtliches Weltbild, Verdross-Festschrift 1960, S. 253 ff. (zit.: *Seidl-Hohenveldern*, Verdross-Festschrift).

Seiffert, Wolfgang: „Von der Sowjetunion (UdSSR) zur Gemeinschaft Unabhängiger Staaten (GUS) – Das verfassungsrechtliche und völkerrechtliche Schicksal der Sowjetunion seit dem August-Putsch 1991", in: *Osteuropa-Recht*, 38. Jahrgang, Heft 2-3, Juni 1992, S. 79ff. (zit.: *Seiffert*, Von der UdSSR zur GUS).

Shafer, John M.: Caspian Sea Lake-level fluctuation and near shore oil production, in: *World Resource Review* Vol. 6 No.1, Woodrigde, USA 1994 (zit.: *Shafer*, Caspian Sea Lake-level fluctuation and near shore oil production).

Shotwell, J. A./*Deak*, F.: Turkey at the Straits, New York, 1940 (zit.: *Shotwell/Deak*, Turkey at the Straits).

Shoumikhin, A.: "Russia: Developing Cooperation on the Caspian", in: *Croissant/Aras* (Hrsg.), Oil and Geopolitics in the Caspian Sea Region, S. 131-153 (zit.: *Shoumikhin*, Russia: Developing Cooperation on the Caspian).

Sievers, Eric. W.: "The Caspian, Regional Seas, and The Case For a Cultural Study of Law", in: *Georgetown International Environmental Law Review*, Volume XIII (2001) Issue 2, S. 361-415 (zit.: *Sievers*, The Caspian, Regional Seas).

Siling, A. N.: Morskoe pravo [Meeresrecht], Moskwa: izd-vo Transport, 1965 (zit.: *Siling*, Morskoe pravo).

Simma, Bruno: Das Reziprozitätselement im Zustandekommen völkerrechtlicher Verträge - Gedanken zu einem Bauprinzip der internationalen Rechtsbeziehungen -, Schriften zum Völkerrecht Bd. 23, Berlin 1972 (zit.: *Simma*, Das Reziprozitätselement im Zustandekommen völkerrechtlicher Verträge).

— (Hrsg.): Charta der Vereinten Nationen, Kommentar, München 1991 (zit.: Bearbeiter, in: *Simma* (Hrsg.), Charta der Vereinten Nationen).

Simmler, Christiane: Das uti possidetis-Prinzip - Zur Grenzziehung zwischen neu entstandenen Staaten (Schriften zum Völkerrecht, Band 134), Berlin 1999 (zit.: *Simmler*, Das uti possidetis-Prinzip).

Sinclair, I.: 'Some Reflections on the Vienna Convention on Succession of States in respect of Treaties', in: Essays in Honour of Erik Castrén, Helsinki 1979, S. 149ff. (zit.: *Sinclair*, Reflections).

— The Vienna Convention on the Law of Treaties, Second Edition, Manchester 1984 (zit.: *Sinclair*, The Vienna Convention on the Law of Treaties).

Slade, D./*Chung*, E.: "Production Sharing Legislation in the Russian Federation: A Current Assessment", in: *OGLTR* (1998), S. 123-130 (zit.: *Slade/Chung*, Production Sharing Legislation in the Russian Federation).

Sohn, Louis B.: 'Baseline Considerations', in: *Charney/Alexander* (Hrsg.), International Maritime Boundaries, S. 153 ff. (zit.: *Sohn*, Baseline Considerations).

Solov'ev, S.M.: Istoriia Rossii s drevneishikh vremen, [Die Geschichte Russlands aus mittelalterlichen Zeiten], Moskau 1963 (zit.: *Solov'ev*, Istoriia Rossii).

Sovetsko-iranskie otnosenija v dogovorach, konvencijach i soglasenijach [Die sowjetisch-persischen Beziehungen in Verträgen, Konventionen und Vereinbarungen], Moskwa 1946 (zit.: Sovetsko-iranskie otnosenija).

Starr, David: "Azerbaijan Asserts Legal Rights over Caspian", in: 23 *OIL & GAS Journal*, Nov. 11, 1994, S. 45 (zit.: *Starr*, Azerbaijan Asserts Legal Rights over Caspian).

Stauffer, T. : '"The Iranian Connection": The Geo-Economics of Exporting Central Asian Energy Via Iran', International Research Center for Energy and Economic Development, Boulder, 1997 (zit.: *Stauffer*, The Iranian Connection).

Stefanova, S.: Mezhdunarodnopraven rezhim na otkritoto more [Das völkerrechtliche Regim auf dem offenen Meer], Sofia: Nauka i izkustvo, 1965 (zit.: *Stefanova*, Mezhdunarodnopraven rezhim na otkritoto more).

Stevens, P.: A history of transit pipelines in the Middle East: Lessons for the Future, in: *Blake/Pratt/Schofield/Brown* (Hrsg.), Boundaries and Energy: Problems and Prospects, 1998, S. 215ff.: (zit.: *Stevens*, A history of transit pipelines).

Stevenson, J. R./*Oxman*, B. H.: "The Third United Nations Conference On The Law Of The Sea, The 1975 Geneva Session", in: *AJIL* 69 (1975), S. 736ff. (zit.: *Stevenson/Oxman*, The 1975 Session).

Stödter, Rolf: Festschrift zu seinem 70. Geburtstag, *Ipsen/Necker* (Hrsg.), Recht über See, Hamburg/Heidelberg 1979 (zit.: *Bearbeiter*, in: *Ipsen/Necker* (Hrsg.), Festschrift für Rolf Stödter).

Stone, Richard: "Central Asia: Caspian Teeters on the Brink", in: *Science*, January 18, 2002 (zit.: *Stone*, Caspian Teeters on the Brink).

Strebel, Helmut: „Quellen des Völkerrechts als Rechtsordnung", in: *ZaöRV* 1976, S. 301-346 (zit.: *Strebel*, Quellen des Völkerrechts).

Strupp, Karl: Wörterbuch des Völkerrechts, 1. Band, Berlin/Leipzig 1924 (zit.: *Strupp*, Wörterbuch des Völkerrechts, Bd. I).

Strupp, K./*Schlochauer*, H.-J. (Hrsg.): Wörterbuch des Völkerrechts, 1.- 3. Band, Berlin /Leipzig 1962 (zit.: *Bearbeiter*, in: *Strupp/Schlochauer*, Wörterbuch des Völkerrechts).

Summary record of Second Committee, 43rd Meeting, 23rd August 1974, im Rahmen der Verhandlungen zur Dritten Seerechtskonferenz (zit.: *Summary record of Second Committee*, 43rd Meeting).

Suy, Eric: Les Actes Juridiques Unilatéraux en Droit International Public, Paris 1962 (zit. : *Suy*, Les Actes Juridiques Unilatéraux).

Swietochowski, Tadeusz: Russia and Azerbajian, New York, Columbia Universtiy Press 1995 (zit.: *Swietochowski*, Russia and Azerbajian).

— 'The Caspian as a Region in History', at The Columbia Caspian Project, Oil and Environment Security in the Black and Caspian Seas Conference, held on October 30, 1998, http://sipa.columbia.edu/RESOURCES/CASPIAN/env_p11.html (zit.: *Swietochowski*, The Caspian as a Region in History).

— Russian Azerbaijan 1905-1920, London/New York 1985 (zit.: *Swietochowski*, Russian Azerbaijan 1905-1920).

Symonides, Janusz: "Legal Status of the Baltic Straits", in: *PYIL* IV (1971), S. 119ff. (zit.: *Symonides*, Legal Status of the Baltic Straits)

Tacis-Caspian Environment Programme: Caspian Centre for Pollution Control, Facilitating Thematic Advisory Groups in Azerbaijan, Kazakhstan, Russia & Turkmenistan, 'Oil Contamination of the Caspian Sea', February 2000 (zit.: *Tacis*, Assessment of Pollution Control Measures, Oil Contamination of the Caspian Sea).

Tacis-Caspian Environment Programme: Caspian Centre for Pollution Control, Facilitating Thematic Advisory Groups in Azerbaijan, Kazakhstan, Russia & Turkmenistan, 'Assessment of Pollution Control Measures, Russia, May 2000 (zit.: *Tacis*, Assessment of Pollution Control Measures, Russia).

Tacis-Caspian Environment Programme: Caspian Centre for Pollution Control, Facilitating Thematic Advisory Groups in Azerbaijan, Kazakhstan, Russia & Turkmenistan, 'Assessment of Pollution Control Measures, Kazakhstan, May 2000 (zit.: *Tacis*, Assessment of Pollution Control Measures, Kazakhstan).

Tacis-Caspian Environment Programme: Caspian Centre for Pollution Control, Facilitating Thematic Advisory Groups in Azerbaijan, Kazakhstan, Russia & Turkmenistan, 'Assessment of Pollution Control Measures, Azerbaijan, May 2000 (zit.: *Tacis*, Assessment of Pollution Control Measures, Azerbaijan).

Tacis-Caspian Environment Programme: Caspian Centre for Pollution Control, Facilitating Thematic Advisory Groups in Azerbaijan, Kazakhstan, Russia & Turkmenistan, 'Assessment of Pollution Control Measures, Turkmenistan', May 2000 (zit.: *Tacis*, Assessment of Pollution Control Measures, Turkmenistan).

Talalaev, A.N.: Juridiceskaja priroda mezdunarodnogo dogovora [Die Rechtsnatur des internationalen Vertrages], Moskwa 1963 (zit.: *Talalaev*, Juridiceskaja priroda mezdunarodnogo dogovora).

Tanzi, Attila: The Relationship between the 1992 UN/ECE Convention on the protection dand use of transboundary watercourses and international lakes and the 1997 UN Convention on the Law of the Non-navigational uses of international watercourses, Report of the UN/ECE Task Force on Legal and Administrative Aspects, Geneva, 2000 (zit.: *Tanzi*, The Relationship between Convention on the protection and use of transboundary watercourses and international lakes and the Convention on the Law of the Non-navigational uses of international watercourses).

Tennstedt, Ernst: Die türkischen Meerengen unter der Konvention von Montreux im Zweiten Weltkrieg, Forschungsstelle für Völkerrecht und ausländisches öffentliches Recht der Universität Hamburg, Werkhefte, Heft 36, Hamburg/Frankfurt am Main 1981 (zit.: *Tennstedt*, Die türkischen Meerengen unter der Konvention von Montreux im Zweiten Weltkrieg).

The New Encyclopaedia Britannica, 15th edition.

Timagenis, Gregorios. J.: International Control of Marine Pollution, Volume I und II, Dobbs Ferry/New York 1980 (zit.: *Timagenis*, International Control of Marine Pollution).

Torka, Andreas: Nichtnavigatorische Wassernutzung: Mechanismen der Internationalen Zusammenarbeit; Von der Konfrontation über die Kooperation zu koadministrativen Formen der Zusammenarbeit, Studien zum Internationalen, Europäischen und Öffentlichen Recht, Band 4, Frankfurt am Main 1999, Zugl.: Mannheim, Univ. Diss., 1998 (zit.: *Torka*, Nichtnavigatorische Wassernutzung).

Torrione, H.: L'influence des conventions de codification sur la coutume en droit international public, Fribourg 1989 (zit. : *Torrione*, L'influence des conventions).

Tourmarkine, Alexandre: 'Ambitions Nationales et Désenclavement Régional: Les Politiques Turque et Iranienne en Transcaucasie', in: *Berton-Hogge/Crosnier* (Hrsg.), Arménie - Azerbaïdjan - Géorgie: L'An V des Indépendances; La Russie: 1995-1996. Ex-URSS Edition 1996 (zit.: *Tourmarkine*, Les Politiques Turque et Iranienne en Transcaucasie).

Trevers, T.: "Devices to facilitate Consensus: The Expertice of the Law of the Sea Conference", *IYIL* 2 (1976), S. 39ff. (zit.: *Trevers*, Devices to facilitate Consensus).

Tripp, Edward: Reclams Lexikon der antiken Mythologie, 6. Auflage, Stuttgart 1999, übersetzt von Rauthe, Rainer (zit.: *Tripp*, Lexikon der antiken Mythologie).

Truman, H.S.: Memoiers, Years of Trial and Hope, 1946-1952, Garden City, 1956 (zit.: *Truman*, Memoiers).

Tunkin, G. I.: Mezdunarodnoe pravo [Völkerrecht], Moskau 1974 (zit.: *Tunkin*, Mezdunarodnoe pravo).

— Voprosy teorii mezhdunarodnogo prava [Fragen der Völkerrechtstheorien], Moskwa 1962 (zit.: *Tunkin*, Fragen der Völkerrechtstheorien).

— Völkerrecht der Gegenwart, 1963 (zit.: *Tunkin*, Völkerrecht der Gegenwart).

Tyler, Patrick E.: 'Abkhazia hastens break with Georgia', in: *International Herald Tribune*, 1. März 2002 (zit.: *Tyler*, 'Abkhazia hastens break with Georgia').

Uebersberger, Hans: Russlands Orientpolitik in den letzten zwei Jahrhunderten, Erster Band, Stuttgart 1913 (zit: *Uebersberger*, Russlands Orientpolitik).

Uibopuu, Henn-Jüri: „Das Kaspische Meer und das Völkerrecht", in: *Recht in Ost und West*, Heft 7, 9/1995, S. 201ff. (zit.: *Uibopuu*, Das Kaspische Meer und das Völkerrecht).

— Die Völkerrechtssubjektivität der Unionsrepubliken der UdSSR (Forschung aus Staat und Recht 33), Wien/New York 1975 (zit.: *Uibopuu*, Die Völkerrechtssubjektivität der Unionsrepubliken der UdSSR).

Ul'ianitskii, V. A.: Mezdunarodnoe pravo, Tomsk: Tipo. Sibir. t-va. pechatnogo dela, 1911 (zit.: *Ul'ianitskii*, Mezhdunarodnoe pravo, S. 84).

Ušakov, N.A. (otv. red) [Hrsg.]: Kurs Mezdunarodnogo prava [Völkerrechtskurs], Moskwa [Moskau] 1990, Band 3 (zit.: Bearbeiter, in: *Ušakov*, Kurs Mezdunarodnogo prava).

United Nations: The Legal Status of International Gas Pipelines, Economic Commission for Europe, United Nations, New York, 1967 (zit.: *United Nations*, The Legal Status of International Gas Pipelines).

Uustal', A. T.: Mezdunarodnoe-pravovoi rezhim territorial'nykh vod, [Der völkerrechtliche Status der Territorialgewässer], Tartu: izdatelstvo Tartuskogo gosudarstwennogo universiteta, 1958 (zit.: *Uustal'*, Mezdunarodnoe-pravovoi rezhim territorial'nykh vod).

Vaillant-Carmenne, H.: Actes de la Conférence de Montreux, Compte Rendu des Séances Plénières et Procès-verbal des Débats du Comité Technique, Liège, 1936 (zit.: *Vaillant-Carmenne*, Actes de la Conférence de Montreux).

Valdez, M.: "Special Legal Considerations of Oil and Gas Operations in the Kazakhstan Sector of the Caspian Sea", *Denton Wilde Sapte* Publication, May 2002 (zit.: *Valdez*, Legal Considerations of Oil and Gas Operations in Kazakhstan).

Váli, Ferenc A.: The Turkish Straits and NATO, Hoover Institution Press 1982 (zit.: *Váli*, The Turkish Straits and NATO).

van Bynkershoek, C.: De Dominio maris dissertatio, 1744, 2. Aufl., in: *James Brown Scott* (Hrsg.), The Classics of International Law, No. 11, New York 1923 (zit.: *van Bynkershoek*, De Dominio maris dissertatio).

van Dyke, J.: 'Legal and Practical Problems Governing International Straits', Paper presented at the Work Shop on the Straits of Malacca, 24-25 January 1995 in Kuala Lumpur (zit.: *Van Dyke*, Legal and Practical Problems Governing International Straits).

van der Leeuw, C.: Oil and Gas in the Caucasus & Caspian: A History, New York 2000 (zit.: *van der Leeuw*, Oil and Gas in the Caucasus & Caspian).

Vascianne, S.C.: Land-Locked and Geographically Disadvantaged States in the International Law of the Sea, in: *Brownlie*, I. (Hrsg.), Oxford Monographs in International Law, 1990 (zit.: *Vascianne*, Land-Locked and Geographically Disadvantaged States in the International Law of the Sea).

Veiter, Theodor: „Die Rechtsverhältnisse auf dem Bodensee, eine völkerrechtliche Untersuchung", in: *AVR* 28, S. 458 - 472, Tübingen 1990 (zit.: *Veiter*, Die Rechtsverhältnisse auf dem Bodensee).

Verdross, Alfred: Die Quellen des universellen Völkerrechts, 1973 (zit.: *Verdross*, Die Quellen des universellen Völkerrechts).

— „Entstehungsweisen und Geltungsgrund des universellen völkerrechtlichen Gewohnheitsrechts", in: *ZaöRV* 29, 1969, S. 642ff. (zit.: *Verdross*, Entstehungsweisen völkerrechtlichen Gewohnheitsrechts).

— "Les principes généraux du droit dans la jurisprudence internationale ", in: *RdC* 52, 1935 II, S. 195ff. (zit.: *Verdross*, Les principes généraux du droit).

Verdross, Alfred/*Simma*, Bruno: Universelles Völkerrecht - Theorie und Praxis, 3.Auflage, Berlin 1984 (zit.: *Verdross/Simma*, Universelles Völkerrecht).

Villiger, Mark E.: Customary International Law and Treaties - A Manual on the Theory and Practice of the Interrelation of Sources, Second Edition, Developments in International Law, Volume 28, The Hague/London/Boston 1997 (zit.: *Villiger*, Customary International Law and Treaties).

Vinogradov, Sergei/*Wouters*, Patricia: "The Caspian Sea: Current Legal Problems", in: *ZaöRV*, Band 55, 1995 (zit.: *Vinogradov/Wouters*, The Caspian Sea).

Vinogradov, S.: Cross-Border Oil and Gas Pipelines: Legal and Regulatory Regimes, *AIPN* Study, *Centre for Energy, Petroleum & Mineral Law & Policy*, University of Dundee, Scotland, UK, 2001 (zit.: *Vinogradov*, Cross-Border Oil and Gas Pipelines).

Vitanyi, B.: "Les positions doctrinales concernant le sens de la notion de principes généraux de droit reconnus par les nations civilisées", in: *RGDIP* 86, 1982, S. 48ff. (zit.: *Vitanyi*, Les positions doctrinales concernant le sens de la notion).

Vitzthum, Wolfgang Graf: (Hrsg.) Völkerrecht, bearbeitet u.a. von Bothe, Michael, 1. Auflage, Berlin/New York 1997 (zit.: *Bearbeiter*, in: *Vitzthum*, Völkerrecht).

von Däniken, Franz: 'Die Binnenschiffahrt im Europäischen Wirtschaftsraum: Standortbestimmung aus völkerrechtlicher Sicht', in: *von Ziegler/Burckhardt* (Hrsg.), Internationales Recht auf See und Binnengewässer, Festschrift für Walter Müller, Zürich 1993, S. 49ff. (zit.: *von Däniken*, Die Binnenschiffahrt im Europäischen Wirtschaftsraum).

von Heinegg, Heintschel: in: Ipsen, K., Völkerrecht, 4. Auflage, München 1999 (zit.: *von Heinegg*, Völkerrecht).

von Holtzendorff, Franz: Handbuch des Völkerrechts, 2. Band, Hamburg 1887 (zit.: *Holzendorff*, Handbuch des Völkerrechts).

von Ziegler, A./*Burckhardt*, T. (Hrsg.), Internationales Recht auf See und Binnengewässer, Festschrift für Walter Müller, Zürich 1993 (zit.: *Bearbeiter*, in: *von Ziegler/Burckhardt* (Hrsg.), Internationales Recht auf See und Binnengewässer, Festschrift für Walter Müller).

Voronin, Alexander: 'Ossetians Turn Back Ingush Refugees', *IWPR Caucasus Reporting Service*, no. 37, 23 June 2000 (zit.: *Voronin*, Ossetians Turn Back Ingush Refugees).

Wälde, T.M.: "Methods for Settling Boundary Disputes; Escaping from the Fetters of Zero-Sum Outcomes", in: *OGEL* Volume I, issue 2 (March 2003) (zit.: *Wälde*, Settling Boundary Disputes).

— The Energy Charter Treaty: An East-West Gateway for Investment and Trade, International Energy and Resources Law and Policy Series, London - The Hague - Boston, 1996 (zit: *Bearbeiter*, in: *Wälde* (Hrsg.), The Energy Charter Treaty).

Waldock, Clyde Humphrey Meredith: Second Report on the Law of Treaties, *YBILC* 1963, Vol. II (zit.: *Waldock*, Second Report on the Law of Treaties).

— Third Report on the Law of Treaties, *YBILC* 1964, Vol. II, part 2 (zit.: *Waldock*, Third Report on the Law of Treaties).

— Fifth Report on the Law of Treaties, *YBILC* 1966, Vol. II (zit.: *Waldock*, Fifth Report on the Law of Treaties).

— Sixth Report on the Law of Treaties, *YBILC* 1966, Vol. II (zit.: *Waldock*, Sixth Report on the Law of Treaties).

Wawryk, A.S.: 'International Environmental Standards in the Oil Industry: Improving the Operations of Transnational Oil Companies in Emerging Economies', in: *OGEL*, Volume I, issue #01, 2003 (zit.: *Wawryk*, International Environmental Standards in the Oil Industry).

Weller, Marc: "The International Response to the Dissolution of the Socialist Federal Republic of Yugoslavia", in: *AJIL* 86 (1992), S. 569ff. (zit.: *Weller*, AJIL 86).

Wiese, Wolfgang: Grenzüberschreitende Landrohrleitungen und seeverlegte Rohrleitungen im Völkerrecht, (Hamburger Studien zum Europäischen und Internationalen Recht, Band 12), Berlin 1997 (zit.: *Wiese*, Grenzüberschreitende Landrohrleitungen und seeverlegte Rohrleitungen im Völkerrecht).

Weil, Prosper: 'Geographic Considerations in Maritime Delimitation', in: *Charney/Alexander* (Hrsg.), International Maritime Boundaries, S. 115 ff. (zit.: *Weil*, Geographic Considerations in Maritime Delimitation).

Wengler, Wilhelm: Enzyklopädie der Rechts- und Staatswissenschaften - Völkerrecht, Band II, 3. Teil, Berlin/Göttingen/Heidelberg 1964 (zit.: *Wengler*, Enzyklopädie der Rechts- und Staatswissenschaften).

Whiteman, M.M. [Hrsg]: Digest of International Law, Band 4 (zit.: *Whiteman*, Digest of International Law).

Williamson, E./*Osborn*, J. : "A U.S. perspective on treaty succession and related issues in the wake of the break up of the USSR and Yugoslavia", in: *Virg.J.Int.L.* 1993, S. 254ff. (zit.: *Williamson/Osborne*, U.S. perspective).

Wolfrum, Rüdiger : Die Internationalisierung staatsfreier Räume, Berlin/New York 1984 (zit.: *Wolfrum*, Internationalisierung staatsfreier Räume).

Wooldridge, F.: "Uti Possidetis Doctrine", in: *EPIL* 10 (1987), S. 519 (zit.: *Wooldridge*, Uti Possidetis Doctrine).

Wouters, Patricia: "The Legal Response to International Water Conflicts: The UN Watercourses Convention and Beyond", in: *GYIL* 42 (1999), S. 293 – 336 (zit.: *Wouters*, International Water Conflicts).

— "National and International Water Law - Achieving Equitable and Sustainable Use of Water Resources", in: *Water International*, Volume 25,

Number 4, 2000, Pages 499-512 (zit.: *Wouters*, National and International Water Law).

Zacklin, Ralph (Hrsg.): The Changing Law of the Sea - Western Hemisphere Perspectives, Leiden 1974 (zit.: *Bearbeiter*, in: *Zacklin* (Hrsg.), The Changing Law of the Sea).

Zacklin, Ralph/*Caflisch*, Lucius (Hrsg.): The Legal Regime of International Rivers and Lakes, The Hague/Boston/London 1981 (zit.: *Bearbeiter*, in: *Zacklin/Caflisch*(Hrsg.), The Legal Regime of International Rivers and Lakes).

Zakharov, N. A.: Kurs obshchago mezdunarodnogo prava [Lehrgang zum Allgemeinen Völkerrecht], Petrograd, Veisbrut, 1917 (zit.: *Zakharov*, Kurs obshchago mezdunarodnogo prava).

Zaslavsky, Victor: 'Success and collapse: traditional Soviet nationality policy', in: *Bremmer*; I./*Taras*, R. (Hrsg.), Transition and politics in the Soviet successor states, Cambridge 1993, S. 29ff. (zit.: *Zaslavsky*, Success and collapse: traditional Soviet nationality policy).

Zemanek, Karl: Festschrift zu seinem 65. Geburtstag, *Ginter/Hafner/Lang/Neuhold/Sucharipa-Behrmann* (Hrsg.), Völkerrecht zwischen normativem Anspruch und politischer Realität, Berlin 1994 (zit.: *Bearbeiter*, in: *Ginter/Hafner/Lang/Neuhold/Sucharipa-Behrmann* (Hrsg.) Festschrift für Karl Zemanek).

— "The Legal Foundations of the International System. General Course on Public International Law", in: *RdC* 266, 1997, S. 1ff. (zit.: *Zemanek*, The Legal Foundations of the International System).

Zernack, Klaus (u.a.): Handbuch der Geschichte Rußlands, Band 2, Vom Randstaat zur Hegemonialmacht, 1. Halbband, Stuttgart 1986, 2. Halbband, Stuttgart 1996 (zit: *Bearbeiter*, in: *Zernack* (Hrsg.), Handbuch der Geschichte Rußlands).

Zhudro, A. K.: in: Dzhavad, Yu.Kh./Zhudro, A.K./Samoilovich, P.D., Morskoje Pravo [Maritime Law], Moskwa 1964 (zit.: *Zhudro*, Maritime Law).

Zimmermann, Andreas: Staatennachfolge in völkerrechtliche Verträge - Zugleich ein Beitrag zu den Möglichkeiten und Grenzen völkerrechtlicher Kodifikation, Beiträge zum ausländischen öffentlichen Recht und Völkerrecht, Band 141, Berlin/Heidelberg/New York/Barcelona/Hongkong/London/Mailand/Paris/Singapur/Tokio 2000 (zit.: *Zimmermann*, Staatennachfolge).

Zuppi, A. L.: Die Bewaffnete Auseinandersetzung zwischen dem Vereinigten Königreich und Argentinien im Südatlantik aus völkerrechtlicher Sicht, Köln/Berlin/Bonn/München 1990 (zit.: *Zuppi*, Bewaffnete Auseinandersetzung).

Zürrer, Werner: Persien zwischen England und Rußland - 1918-1925, Großmachteinflüsse und nationaler Wiederaufstieg am Beispiel des Iran, Bern/Frankfurt am Main/Las Vegas 1978 (zit.: *Zürrer*, Persien zwischen England und Rußland).

NEWSLETTER

Afrasiabi, K.L.: 'The Legal Regime of the Caspian Sea', Caspian Studies 16/9/03, Sep 21, 2003, Ocnus.net.

'Azerbaijan, Iran prepare agreement on division of Caspian', *Interfax,* Apr 28, 2003.

'Azerbaijan, Russia sign agreement on Caspian Sea boundaries ahead of summit', *Dow Jones Newswires*, April 10, 2002.

'Azeri oil exports switch to Iran due to Georgia's sanctions in Ajaria', *BBC Monitoring Caucasus*, 18 March 2004, *The British Broadcasting Corporation.*

'Baku delegates keep on working out the Caspian Sea status Convention', *CAUCAZ.COM*, Breaking News, 08 October, 2005.

'CASPIAN POLLUTION REACHES "DANGEROUS" LEVEL', *ASIA PULSE PTE LTD.*, AUGUST 20, 2001.

'CASPIAN SEA CAVIAR BAN LIFTED AFTER COUNTRIES JOIN ON STRURGEON QUOTAS', *AGENCE FRANCE-PRESS*, MARCH 6, 2002.

'Caspian Sea pact agreed', *BBC* Wednesday, 5 November 2003, 05:50 GMT.

'CASPIAN STATES ESTABLISHED QUOTAS, SURVEY STURGEON STOCKS IN HOPE OF AVOIDING CACIAR EXPORT BAN', *ASSOCIATED PRESS NEWSWIRES*, MARCH 1, 2002.

'DIPLOMAT SAYS DISPUTE OVER OIL FIELD IN CASPIAN NOT OVER YET', *ITAR-TASS*, MARCH 25, 2002.

'FIRST CONSTRUCTION CONTRACTS AWARDED FOR BAKU-CEYHAN OIL PIPELINE', *AGENCE FRANCE-PRESS*, AUGUST 2, 2002.

Fowler, Jonathan: 'U.N. body gives Caspian Sea government more time on caviar rules', *The America's Intelligence Wire*, March 19, 2004, *Financial Times Information*, Ltd.

Hunter, Catherine: 'Iran Pumps up Caspian Processing Capacity to 170,000 bpd', *WMRC Daily Analysis*, 22 April 2004.

'Iran does not recognize tripartite agreement on Caspian Sea', *Interfax Information Services*, B.V. 10/24/2003, http://www.rigzone.com/news/article.asp?a_id=9084.

'Iran says new stance on Caspian should aid agreements', *plattsOilgram News*, Vol. 81, Number 202, October 20, 2003.

'Iran to start oil exploitation in its share of Caspian Sea', *Agence France-Press*, March 5, 2002.

'Iran's changing perspectives & policies on the Caspian': An interview with Abbas Maleki, *MENAS Associates - Iran Focus*, Volume 14, Number 3, March 2001.

Isachenkov, Vladimir, 'Russia and Azerbaijan Plan Deal', *Associated Press*, January 27, 2002.

'Kazakh lower hose ratifies agreement with Russia on dividing Caspian seabed', *INTERFAX Financial Times Information Limited*, October 2, 2002.

'Kazakhs to give Caspian Tsentralnoye oilfield to Russia - Kazakh agency', *BBC Monitoring International Reports*, April 9, 2002.

'Kazakhstan, Russia to set Northern Caspian Sea Border by mid-May', *Dow Jones Newswires*, April 9, 2002.

Lelyveld, M.: 'Russian, Iranian President Fail to Agree on Caspian Sea Division', *Radio Free Europe*, 13 March 2001, http://www.rferl.org/nca/features/2001/03/13032001113931.asp (16 June 2002).

'NATO-sponsored training program begins in Azerbaijan', *Associated Press* 03/15/2004.

Radio Free Europe: 'How Unstable is Western Georgia?', RFE/RL Caucasus Report, 13 July 2000 (zit.: RFE/RL, 'How Unstable is Western Georgia?').

Richter, R.: „Kaspische Ölpipeline: Schaut die Umwelt in die Röhre?", Pressemitteilung von Urgewald, WEED und BUND, 26. November 2003.

'Russia Committed to Joint Use of Caspian Waters', *Interfax Information Services*, B.V. 10/8/2003, http://www.rigzone.com/news/artcle.asp?a_id =8804.

'Russia protests at Kazakh decision to sell disputed oilfield in Caspian Sea', *BBC Monitoring*, November 1, 2001.

'Russia to stage major military exercises on Caspian Sea', *Agence France-Press*, July 2, 2002.

'Russia will quit breakaway province of Tbilisi insists: Putin', *AFP* vom 29. Januar 2003.

'Russia, Kazak Divide Part of Caspian', *Associated Press*, May 13, 2002.

'Russia's BP-led Sidanco starts oil swaps with Iran', *Reuters*, 21 May 2003.

'Russia's upper house passes law on Caspian oil fields', *Interfax news agency*, Moscow, *BBC Monitoring*, July 10, 2002.

'Russian Envoy on Caspian Sea Holds Talks in Iran', *Agence France Presse*, April 8, 2001.

'RUSSIAN NAVAL EXERCISE SEEN AS MEANS TO RESOLVE CASPIAN DISPUTE', GAZETA.RU, WEB SITE IN RUSSIAN, JULY 1, 2002, *BBC MONITORING*, JULY 3, 2002.

'Russian, Azerbaijani agreement on Caspian to establish principles of meridian line', *Interfax*, May 24, 2002.

STERN, DAVID, 'PUTIN, ALIYEV SIGN AGREEMENT FOR CASPIAN SEA', *AGENCE FRANCE-PRESSE* JANUARY 9, 2001.

Sultanova, Aida: 'Azerbaijan accuses Iran of violating Caspian waters, threatening to use force against azerbaijani ship', *Associated Press Newswire*, 24. Juli 2001, The Associated Press.

Sultanova, Aida: 'Caspian Sea pipeline to be unveiled', *Associated Press*, May 24, 2005.

'Three Caspian States agree to divy up resource-rich sea', *Agence France-Press*, 05/14/2003.

'Turkmenistan refuses to sign landmark Caspian Sea accord', *Agence France-Press*, November 4, 2003.

'Turkmenistan Walks Away From Caspian Sea Treaty', *U.N. WIRE* vom 11. November 2003.

'Turkmenistan, Iran agree to joint exploration of Caspian Sea riches', *AFP*, 27 March 2003, http://www.iranexpert.com/2003/oilexploration27march.htm.

'Turkmenistan, Iran to start border demarcation in Caspian', Agence France-Press vom 28. März 2003.

Voronin, Alexander: 'Ossetians Turn Back Ingush Refugees', *IWPR Caucasus Reporting Service*, no. 37, 23 June 2000 (zit.: Voronin, 'Ossetians Turn Back Ingush Refugees').

Williams, 'Caspian Oil Swaps With Iran To Grom Fivefold By Year End', *Dow Jones International News*, 07/05/2002.

'Work on mammoth Kazakhstan-China oil pipeline to start next year', *Agence France-Press*, October 10, 2003

'World Bank arm joins Caspian oil projects', *United Press International*, November 4, 2003.

ZEITUNGSBEITRÄGE

'Caspian oil pipeline financing agreed', *Financial Times*, 4 Feb. 2004, S. 3.

Davydova, M.: "A Blow to the ECT - Why Gazprom is in no hurry to sign the Energy Charter", *Segodnya*, 13 February 2001.

Hermann, Rainer: „Lebenslinie der Macht", *Frankfurter Allgemeine Zeitung*, 2. Oktober, 2002, S. 2f.

Hoyos, Carola: 'IFC backs oil pipeline project', in: *Financial Times*, November 5, 2003, S. 5

Külz, Hannes: „Iran provoziert USA mit Öl-Tauschgeschäften", *Financial Times Deutschland*, 5. Mai 2004, S. 13.

Mukhin, V.: 'Military Challenges of the Caspian Region', *Nezavisimaya Gazeta*, January 16, 2004, S. 8.

Mukhin, Vladimir: 'War of Routes, India and China are elbowing Russia and the United States from the Caspian region', *Nezavisimaya Gazeta*, January 26, 2004.

Pope, Hugh: 'Turkey Stirs up a Storm in the Bosporus, *The Independent*, Sept. 18, 1994, S. 13.

Prokopenko, D.: "The Energy Charter Doesn't suit Russia", *Nezavisimaya Gazeta*, 27 January 2001.

Thornton, P./*Arthur*, C.: 'The axis of oil - how a plan for the world's biggest pipeline threatens to wreak havoc', *The Independent*, 28 October 2003, S. 3.

'Turkmen gas: pipe dreams of export pipelines', Russia/FSU News from EK – for IGR # 493, February 8, 2004.

'USA beschuldigen Iran', *Financial Times Deutschland*, 2. April 2004, S. 17.

von Petersdorff, Winand: „Der globale Kampf um Energiequellen bricht aus", *Frankfurter Allgemeine Sonntagszeitung*, 2. Oktober 2005, S. 41.

Wagstyl/Jack: 'World capitals keen to protect Georgia's fragile stability', *Financial Times*, November 25, 2003, S. 7.

Wagstyl/Boland: "Umstrittene Kaukasus-Pipeline geht in Betrieb", *Financial Times Deutschland*, 26. Mai 2005, S. 13.

Warner, T.: 'Georgians celebrate 'bloodless revolution' as president resigns', *Financial Times*, November 24, 2003, S. 1.

Warner/Jack/Wagstyl: 'Tbilisi faces separatist threat from the south', *Financial Times*, November 25, 2003, S. 7.

Wehner, M.: „Der Sturz des Eduard Schewardnadse", *Frankfurter Allgemeine Zeitung*, 24. November 2003, S. 3.

Wehner, Markus: „Wie stabil wird Georgien?", *Frankfurter Allgemeine Zeitung*, 12. November 2003, S. 12.

ANLAGEN

Anlage 1: Politische Landkarte des zentralasiatisch-kaukasischen Raums

Quelle: The University of Texas in Austin, UT Library, Online (http://www.lib.utexas.edu/maps/commonwealth/caucasus_cntrl_asia_pol_2003.jpg)

Anlage 2: Karten des Kaspischen Meeres mit Lagerstätten

Karte 1: Nördlicher Teil des Kaspischen Meeres

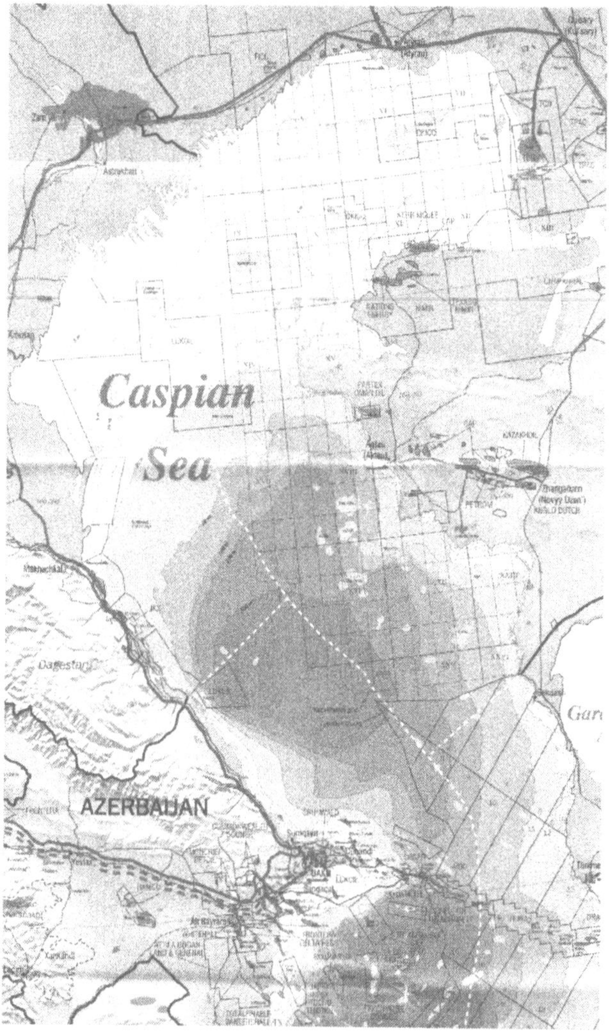

Quelle: The University of Texas in Austin, UT Library, (Online http://www.lib.utexas.edu/maps/commonwealth.html).

Karte 2: Südlicher Teil des Kaspischen Meeres

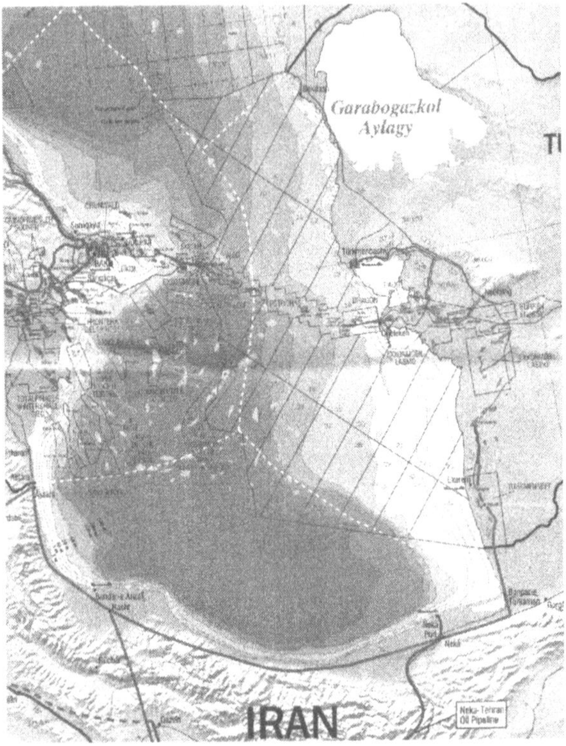

Anlage 3: Skizze über Ansprüche Aserbaidschans und Turkmenistans an den Erdölfeldern Guneshli, Chirag, Azeri und Kapaz

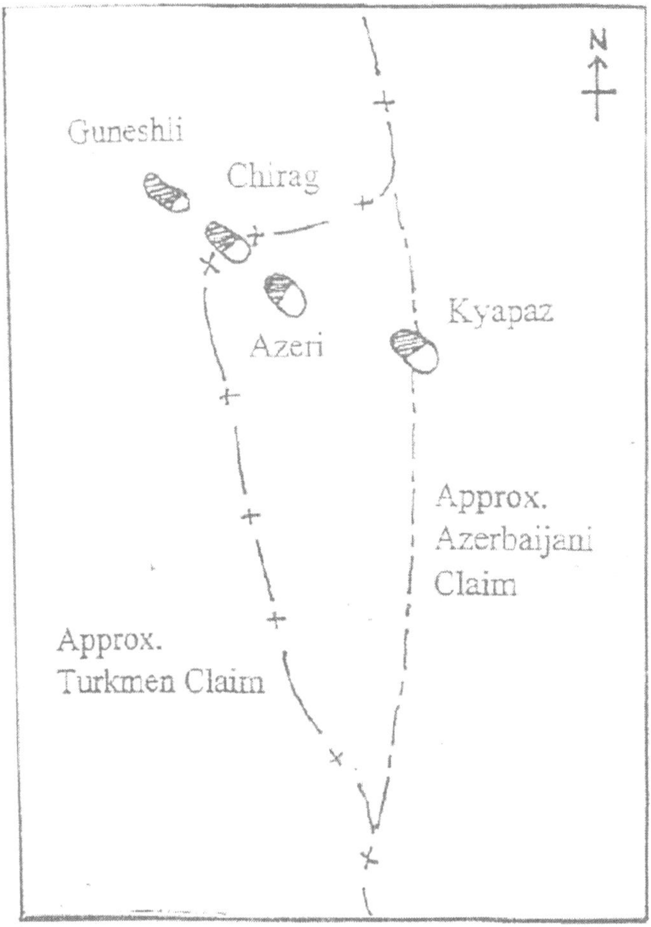

Quelle: *Harris*, The Azerbaijan – Turkmenistan Dispute in the Caspian Sea, S. 56.

Anlage 4: Kartenmaterial zum Russisch-Iranischen Grenzvertrag vom 2. Dezember 1954 mit eingezeichneten Grenzlinien östlich und westlich des Kaspischen Meeres

Grenzlinie bis an das Ostufer des Kaspischen Meeres bei Gasan Kuli

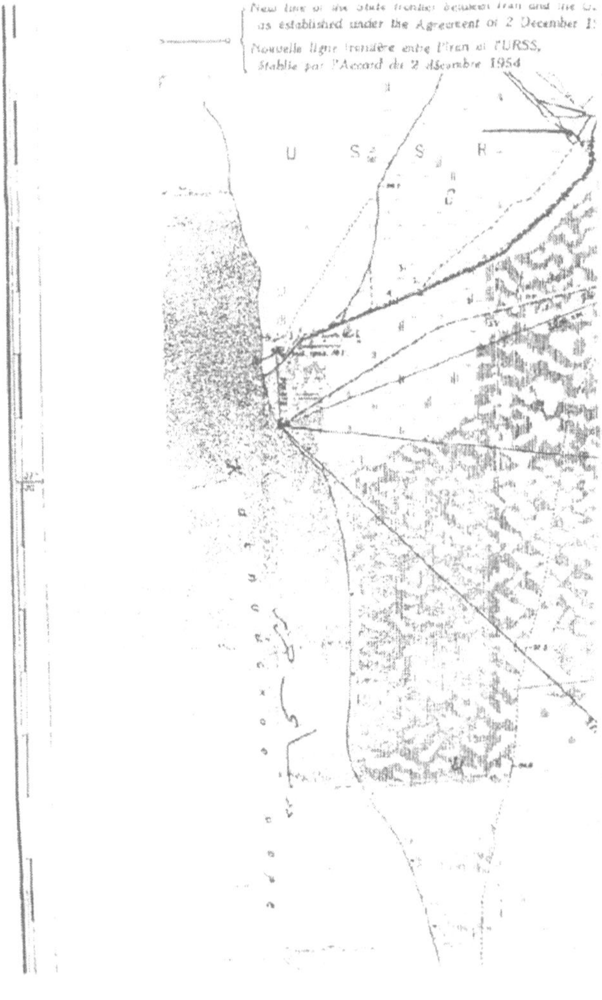

Grenzlinie bis an das Westufer des Kaspischen Meeres bei Astara

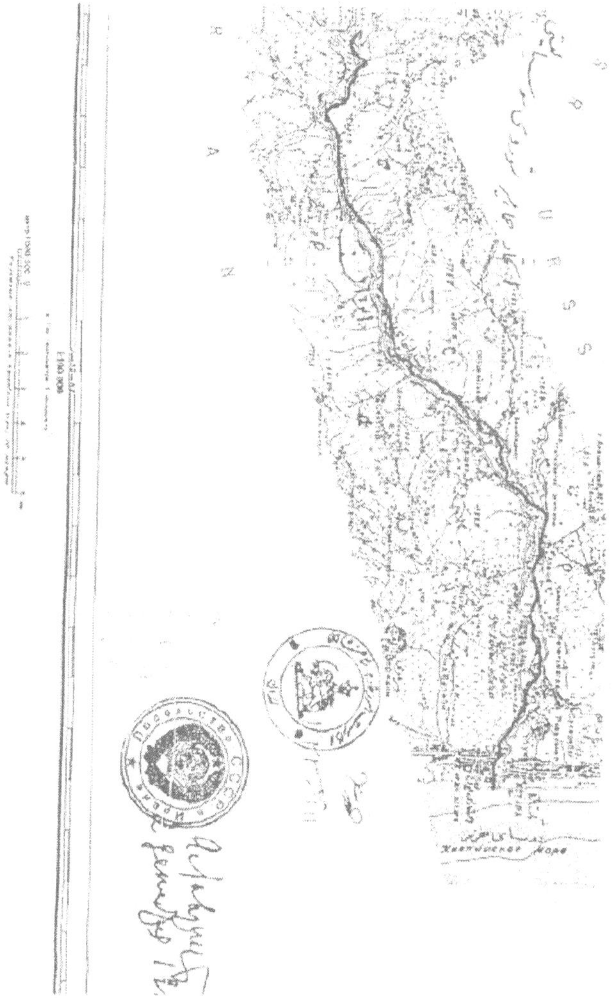

Quelle: UNTS Vol. 451 (1963), New York 1964, S. 250ff. (Agreement between Iran and the Union of Soviet Socialist Republics concerning the settlement of frontier and financial questions, 2 December 1954).

Anlage 5: Skizze zur Methodik der Festlegung der kaspischen Sektorengrenzen im Jahre 1970

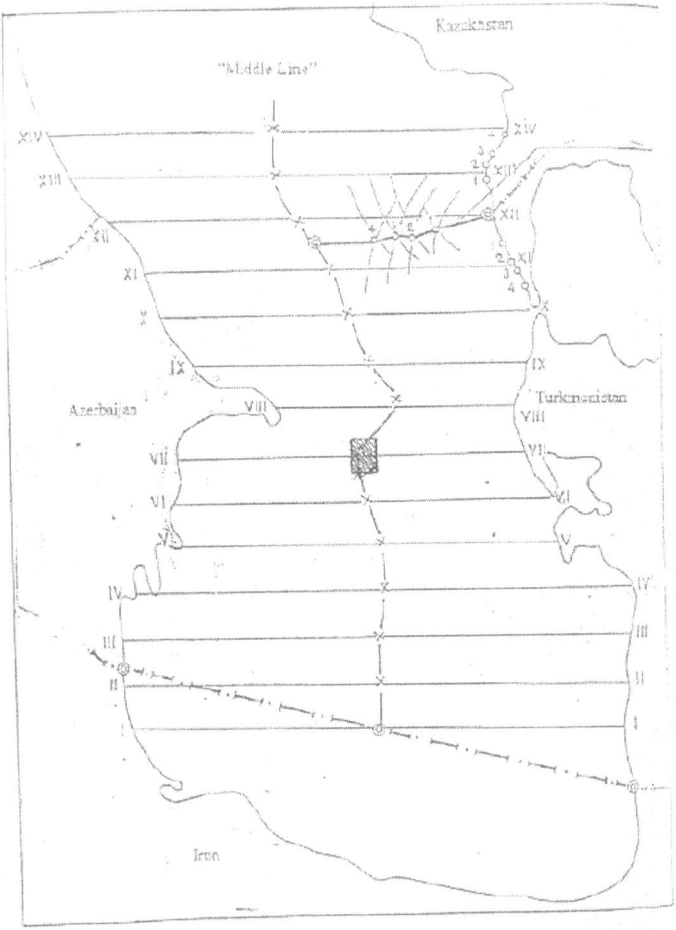

Quelle: *Harris*, The Azerbaijan – Turkmenistan Dispute in the Caspian Sea, S. 58 (Skizze nachbereitet von Harris entsprechend der vom turkmenischen Außenminister *Yobars Kepbanov* in einem Interview mit *Andrew Harris* im Mai 1997 angefertigten Zeichnung).

Anlage 6: Modellvarianten für die Aufteilung der hoheitlichen Befugnisse an Gewässern und Festlandsockel des Kaspischen Meeres

Legende für Anlage 6

K	Kondominium
HS	Hohe See
G	Gemeinsames Gebiet
S	vollständige Souveränität
JDZ	Joint Development Zone
< = >	kleiner / gleich / größer

Die die Gewässer des Kaspischen Meeres darstellende Ebene

Die den Festlandsockel des Kaspischen Meeres darstellende Ebene

Abgrenzungslinien für die hoheitlichen Rechte der Küstenstaaten

Abgrenzungen der HS, „Gebiete“ oder JDZs

(Linien und sonstige Abgrenzungen haben lediglich modellhaften Charakter und stellen nicht den genauen Verlauf derselben dar)

Modell I

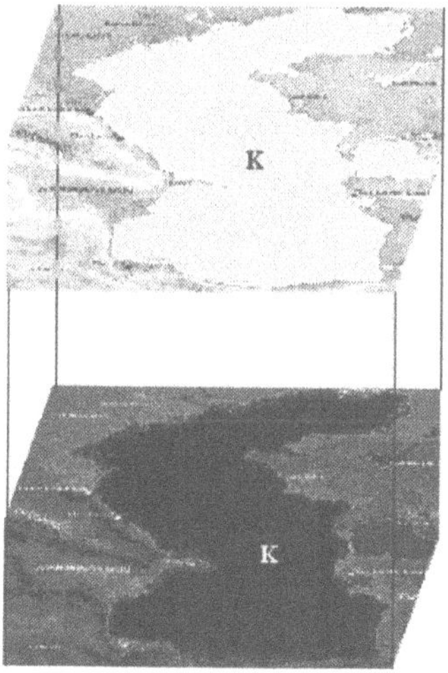

Modell II

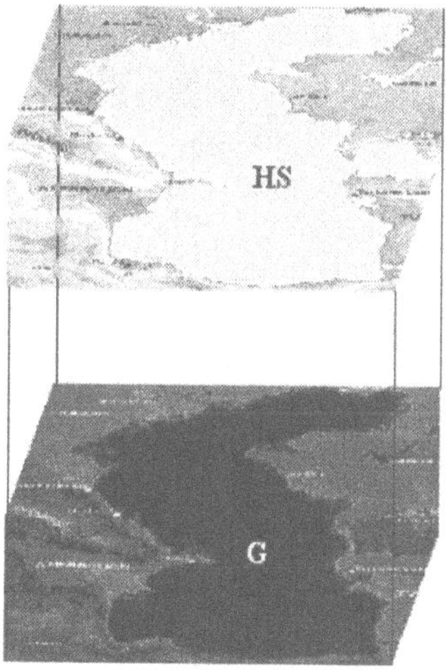

Modell III

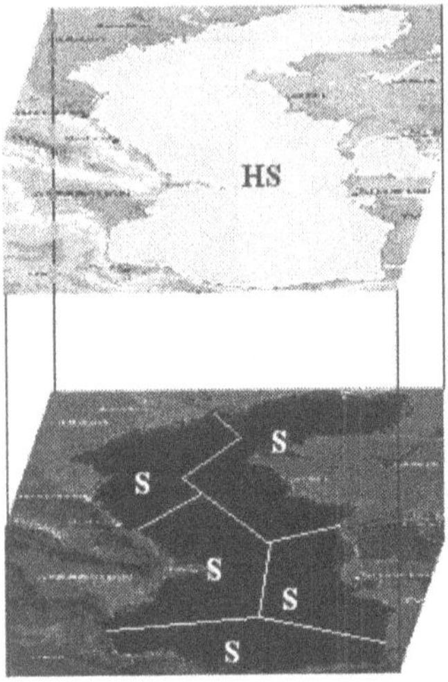

Modell IV

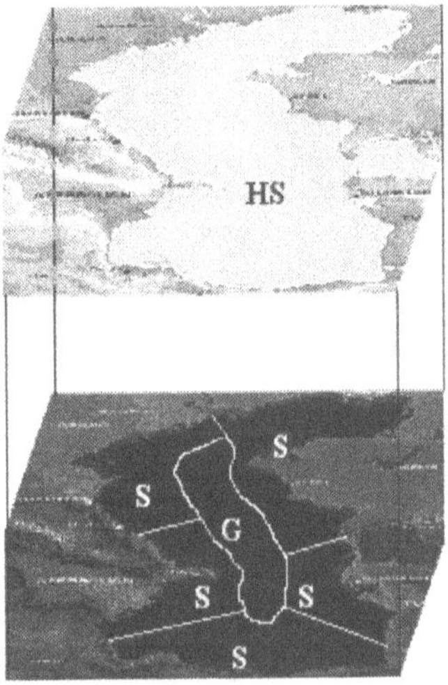

Modell V

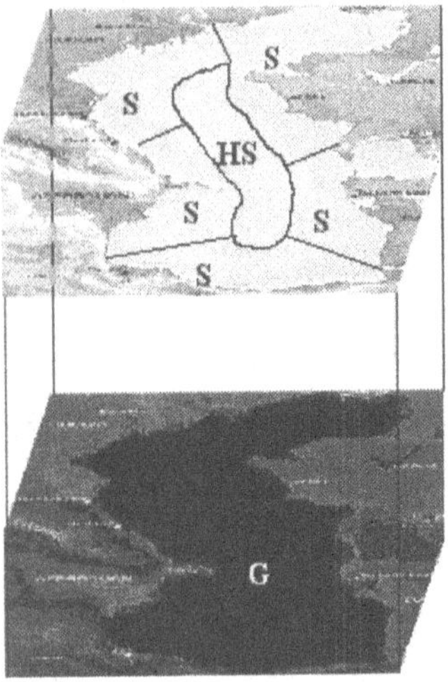

Modell VI

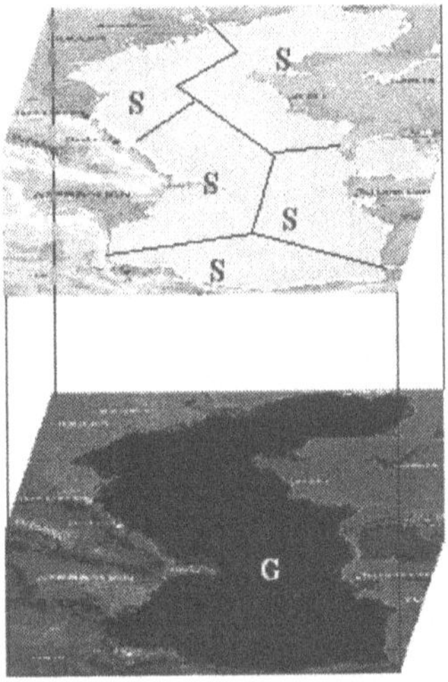

Modell VII

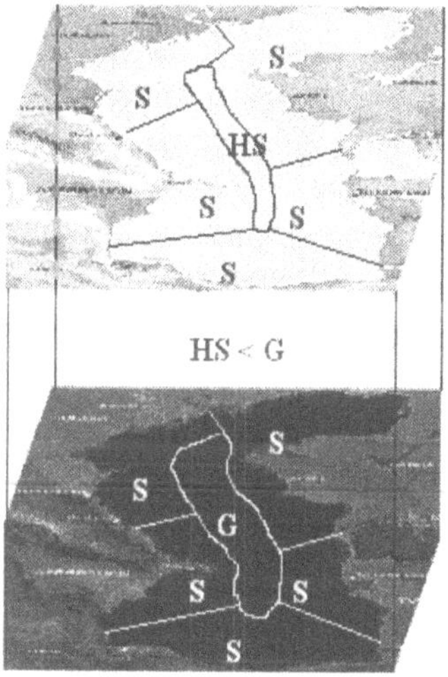

Modell VIII

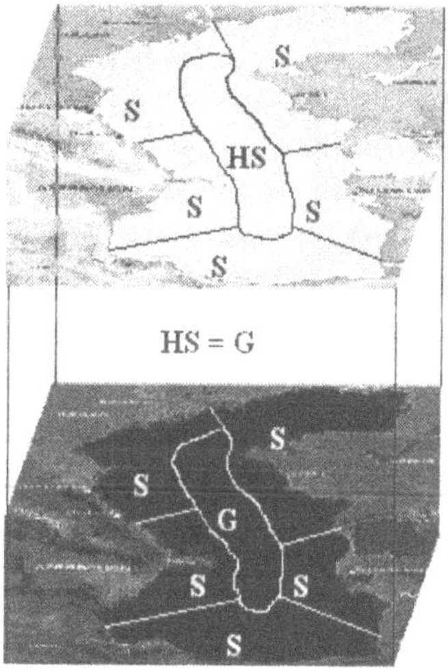

Modell IX

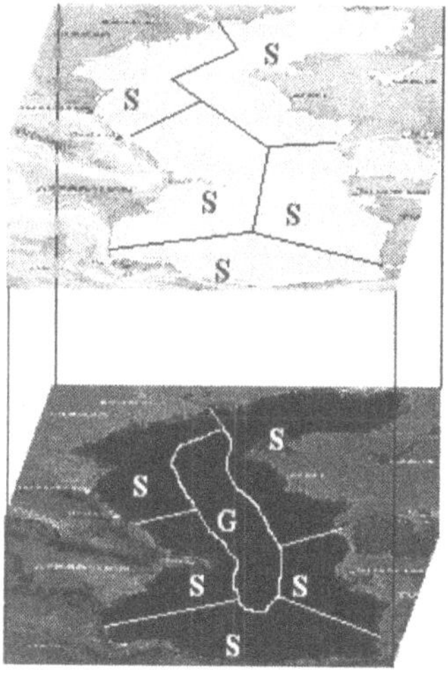

Modell X

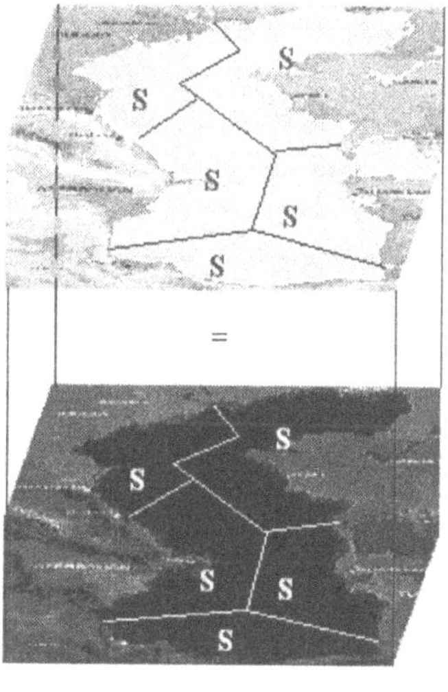

Modell XI

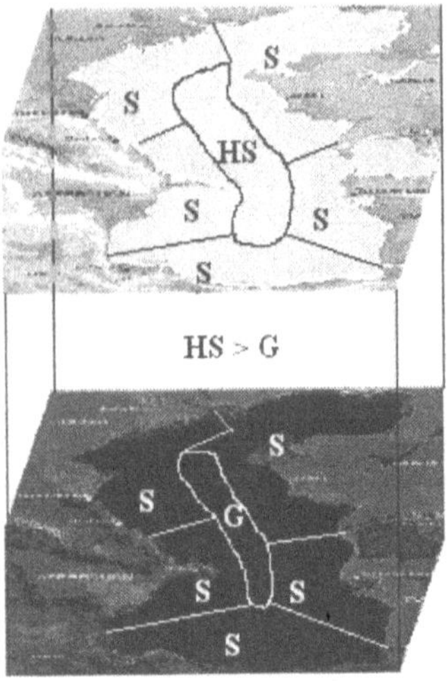

Modell XII

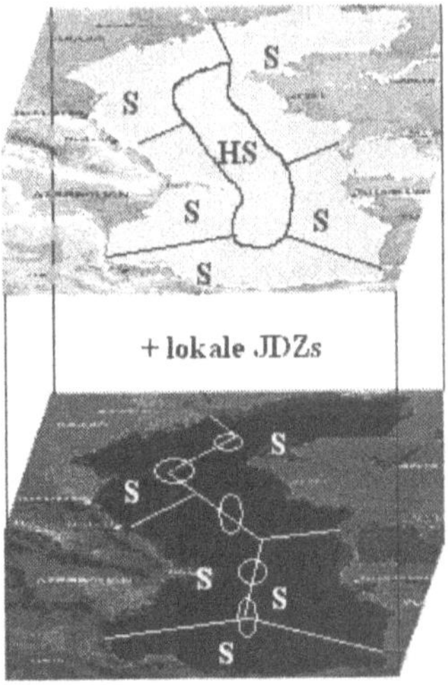

Modell XIII

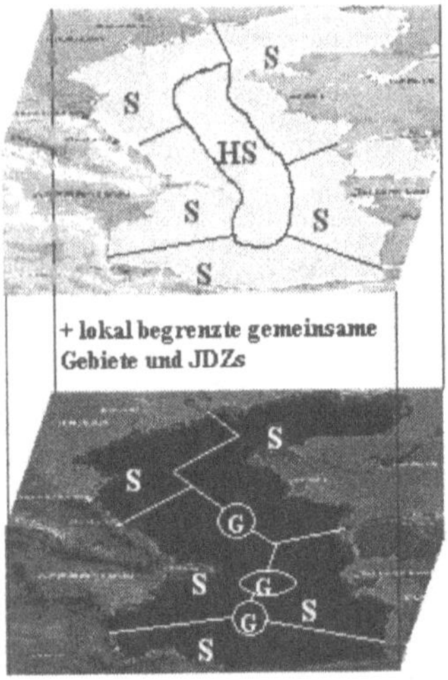

Anlage 7: Mitglieds- und Beobachterstaaten des Energiecharter Vertrags

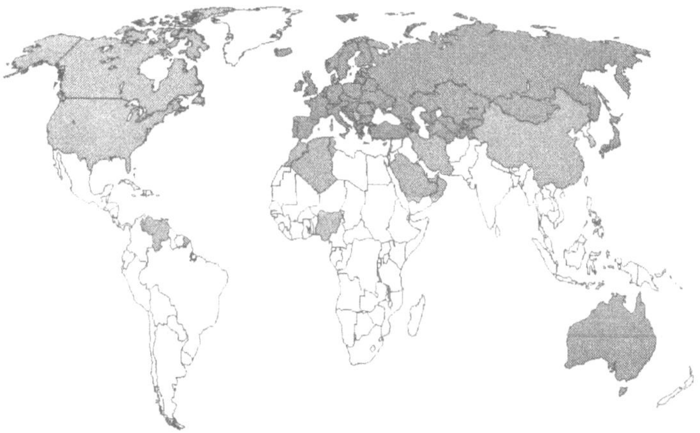

- Unterzeichnerstaaten der 1991er Energy Charter, die Mitglieder der Energy Charter Conference sind
- Unterzeichnerstaaten der 1991er Energy Charter, die allerdings nicht den 1994er Energiechartavertrag unterzeichnet haben
- Staaten mit Beobachterstatus

Quelle: http://www.encharter.org

Anlage 8: Agreement Between the Russian Federation and the Republic of Kazakhstan Regarding the Demarcation of the Seabed of the Northern Caspian Sea in Order to Execute Sovereign Subsurface Use Rights

July 6, 1998.
Russian Federation and the Republic of Kazakhstan, hereinafter referred to as the "Parties",
considering the mutual interest in establishment of legal basis for activities of both Parties in development of subsurface of the Northern Caspian Sea,
aiming to secure favorable conditions for implementation of their sovereign rights at the Caspian Sea, as well as to settle the issues connected with effective use of mineral resources of seabed and subsurface of the Northern Caspian Sea in the spirit of mutual understanding and cooperation,
considering the geopolitical changes in the region, the strengthening atmosphere of cooperation, neighbourhood and mutual understanding between the Parties,
keeping in mind that the existing legal regime of the Caspian Sea does not correspond with the modern requirements and does not regulate in full the relationships between the Caspian states,
calling the Caspian states for the prompt entering into the Convention on the legal status of the Caspian Sea on the basis of mutual consent,
following the principles and norms of international law, interests of the Parties while developing and using the mineral resources of seabed and subsurface of the Northern Caspian Sea,
having the understanding that in the process of determining the legal status of the Caspian Sea the Parties will consider the possibility to establish in its waters the zones of frontier, customs and sanitary control, fishery zones in agreed limits, as well as zones of common use,
recognizing their responsibility before the current and future generations for preservation of the Caspian Sea and the integrity of its unique ecological system,
considering the importance of the existing reserve zones for preserving and restoring of existing biological resources of the Caspian Sea,
acknowledging the importance of joint scientific research and necessity to comply with specific ecological requirements while exploring and developing mineral resources of seabed and subsurface of the Northern Caspian Sea,
being confident in the necessity to elaborate unified approaches to creation of ecological safety system, including the procedures of assessment of impact, ecological expertise and control,
assuming that demarcation by this Agreement of the Caspian Sea seabed shall not apply to biological resources,
bearing in mind that achieved bilateral agreements on the issues of the legal status of the Caspian Sea,

agreed on the following:

Article 1

Seabed of Northern Caspian Sea and its subsurface in the event of reserving the common use of water surface, including observance of freedom of navigation, agreed norms of fishing and

environmental protection shall be demarked between the Parties by the medial line modified in accordance with the principle of fairness and agreements of the Parties.
The modified medial line shall be located on the basis of equal distance from the agreed basic lines, it shall include parts that are not equally distanced from basic lines and shall be determined considering the location of islands, geological structures, as well as considering other specific circumstances and incurred geological costs.
The passage of modified medial line shall be determined using the counting from the points on the coasts of the Parties considering the islands, on the basis of the level of the Caspian Sea as of January 1, 1998, equal to minus 27 meters of the Baltic altitude system (relative to Kronstadt tide-gauge (seamark)).
Geographical description of the passage of the above mentioned medial line and its coordinates will be made on the basis of agreed by the Parties mapping materials and basic lines and fixed by the separate Protocol that will be an attachment to this Agreement and its integral part.

Article 2

The Parties shall perform their sovereign rights with a view to explore, develop and manage the resources of the seabed and subsurface of the Northern Caspian Sea within their parts [blocks] of seabed up to the dividing line.
The Parties shall have the exclusive right to joint exploration and development of prospective structures and fields in the event when the modified medial line would cross such structures and fields. Determination of participating interest of either Party shall be made on the basis of accepted international practice considering good neighborly relations between the Parties.

Article 3

The Party or its legal entities and individuals (hereinafter - the representatives) that discovered the hydrocarbon field or revealed geological structures prospective for accumulation of hydrocarbons in the Northern part of the Caspian Sea in the zone of the modified medial line location, prior to its agreement by the Parties shall have the priority right in obtaining license for exploration and development thereof with obligatory involvement of other Party's representatives.

Article 4

The Parties agreed on effective collaboration on the issues of development of export pipelines, use of river and other transportation routes, shipbuilding facilities and in other areas.

Article 5

The issues relating to freedom of navigation and flights, construction of underwater cables, pipelines and other ways of the Caspian Sea use shall be settled by separate bilateral and multilateral agreements of Caspian states upon the execution and on the basis of the Convention on the Legal Status of the Caspian Sea.

Article 6

The Parties shall protect and preserve the ecological system of the Caspian Sea and all its components. With this aim the Parties shall independently or jointly undertake all possible measures and cooperate in order to preserve the biological variety of the Caspian Sea, to prevent, reduce pollution from any source and secure the control over the condition of environment of the Caspian Sea.

The Parties prohibit activities that may seriously damage the environment of the Caspian Sea.The Parties will aim at the prompt signing of the Agreement on preserving, reproduction and rational use of biological resources of the Caspian Sea by all Caspian states.

Article 7

This Agreement does not cover rights and obligations arising from international treaties and agreements, both bilateral and multilateral entered into separately by each of the Parties.

Article 8

In the event of dispute between the Parties with respect to interpretation or application of this Agreement, the Parties shall consult between themselves in order to settle such dispute through negotiations, investigation, mediation, reconciliation, arbitration, court hearings or other amicable means upon their discretion.

Article 9

This Agreement shall not impede the achievement of mutual consent of the Caspian states regarding the legal status of the Caspian Sea and shall be considered by the Parties as a part of their mutual agreements.

Article 10

This Agreement shall temporarily apply from the date of signing, considering the Protocol stipulated by Article 1 of this Agreement and shall become effective as of the date of the latest written notification regarding the performance by the Parties of domestic procedures required for its effectiveness.Executed in Moscow on July 6, 1998 in two counterparts each in Russian and Kazakh languages, both texts have equal force and power.

For Russian Federation For Republic of Kazakhstan
B. N. Yeltsin N. A. Nazarbaev

Quelle: Barrows company

Anlage 9: Protocol To the Agreement between the Republic of Kazakhstan and the Russian Federation Regarding the Demarcation of the Seabed of the Northern Part of the Caspian Sea in Order to Exercise the Sovereign Subsoil Use Rights dated July 6, 1998

The Republic of Kazakhstan and the Russian Federation, hereinafter referred to as the "Parties", in compliance with the Agreement between the Republic of Kazakhstan and the Russian Federation Regarding the Demarcation of the Seabed of the Northern Part of the Caspian Sea in Order to Exercise the Sovereign Subsoil Use Rights dated July 6, 1998 (referred hereinafter as the "Agreement"), considering the mutual interest in establishment of the legal basis for activities of both Parties in development of subsoil of the seabed of the Northern part of the Caspian Sea, aimed at establishment of favorable conditions for joint development of hydrocarbons resources of geological structures Kurmangazy (Kulalinskaya), Tsentralnaya and the deposit Khvalynskoye located in the Northern part of the Caspian Sea, based on the necessity to preserve and protect the ecological system of the Caspian Sea and its biological resources, agreed as follows:

Article 1

1. This Protocol establishes the geographical coordinates for passing the modified median line of demarcation of the seabed of the Northern part of the Caspian Sea between the Republic of Kazakhstan and the Russian Federation in order to exercise the sovereign subsoil use rights.
2. The catalogue of geographical coordinates of revolvable points of the modified median line of demarcation of the seabed of the Northern part of the Caspian Sea is the integral part of this Protocol (Attachment 1).
3. The modified median line is marked in accordance with the catalogue on the scheme of the Northern part of the Caspian Sea agreed by the Parties (Attachment 2).
4. The breakover point of the modified median line is the point with coordinates latitude 46°13',3 North and longitude 49°26',4 East.
5. The end point of the modified median line is the point with coordinates 42°33',6 latitude North and 49°53',3 longitude East.

The said point may be accepted as a meeting point of demarcation lines of the seabed of the Caspian Sea with the purpose of subsoil use between the Republic of Kazakhstan, Russian Federation and Azerbaijan Republic, that will be fixed in a three-sided agreement between these states.

6. In the event of discovery of new geological structures (hereinafter referred to as - the "Structure"), locking contour lines of which will be trespassed by the modified median line, business activities thereon will be performed by business subjects of the Parties on the basis of separate agreements in accordance with Article 2 of the Agreement.

Article 2

The Republic of Kazakhstan exercises the sovereign subsoil use rights at the structure Kurmangazy (Kulalinskaya), the Russian Federation exercises the sovereign subsoil use rights at the structure Tsentralnaya and the deposit Khvalynskoye.

Article 3

1. Subsoil usage at the structure Kurmangazy (Kulalinskaya) shall be performed in accordance with the legislation of the Republic of Kazakhstan.
2. For joint development of resources of the structure Kurmangazy (Kulalinskaya), each of the Parties shall appoint the authorized organization.
3. The Russian authorized organization shall have the right to participate in the subsoil use project at the structure Kurmangazy (Kulalinskaya) (referred hereinafter in the Article as the "Project") on a non-competitive basis.
4. The authorized organizations of the Parties will sign an agreement on the form of joint activities - a consortium, commercial organization with foreign investments or any other form of joint activities (referred hereinafter as the "Enterprise"), including the terms of subsoil usage.
5. The participatory interest of the Kazakhstan Party in the Project is 50 percent, participatory interest of the Russian Party in the Project is 50 percent, provided that:
   a) the participatory interest of the Kazakhstan authorized organization in the Enterprise is 50 percent;
   b) the participatory interest of the Russian authorized organization in the Enterprise is 25 percent, participatory option in the Enterprise (referred hereinafter as the "Option") granted to the Russian party is 25 percent;
   c) Kazakhstan and Russian authorized organizations will have rights and obligations corresponding to their participatory interests, with the exception that prior to commercial sale of the option, granted to the Russian Party, the Kazakhstan and Russian authorized organizations will have equal rights and obligations.
6. The Government of the Republic of Kazakhstan shall formalize [grant] subsoil use rights to the Enterprise. Production sharing agreement shall be accepted as a subsoil use contract for the structure Kurmangazy (Kulalinskaya).
7. The Enterprise shall, within 6 months after a commercial discovery of a deposit, make a commercial proposal to the Russian Party for a sale of the Option granted to the Russian Party. The Russian Party shall provide the opportunity to exercise the Option to a Russian organization determined in the procedure established by the Government of the Russian Federation.

The Russian Party will have the right to accept or reject the received proposal within 6 months after the receipt of such proposal has been made by the Enterprise. In the event the Russian Party waives its right of Option, the Enterprise shall have the right to dispose the Option at its discretion.

The funds received from the sale of the Option shall be used by the Enterprise for development of the Project.

In the event of the sale of the Option, the Government of the Republic of Kazakhstan in the established procedure will issue all required documents securing the rights of the new participant of the Enterprise.

Article 4

1. Subsoil usage at the structure Tsentralnaya shall be performed in accordance with the legislation of the Russian Federation.
2. For joint development of resources of the structure Tsentralnaya, each of the Parties shall appoint the authorized organization.

3. The Kazakhstan authorized organization shall have the right to participate in the subsoil use project at the structure Tsentralnaya (referred hereinafter in this Article as the "Project") on a non-competitive basis.
4. The authorized organizations of the Parties will sign an agreement on the form of joint activities - a consortium, commercial organization with foreign investments or any other form of joint activities (referred hereinafter as the "Enterprise"), including the terms of subsoil usage.
5. The participatory interest of the Russian Party in the Project is 50 percent and the participatory interest of the Kazakhstan Party in the Project is 50 percent, provided that:
   a) the participatory interest of the Russian authorized organization in the Enterprise is 50 percent;
   b) the participatory interest of the Kazakhstan authorized organization in the Enterprise is 25 percent, the Option granted to the Kazakhstan Party is 25 percent;
   c) the Russian and Kazakhstan authorized organizations will have the rights and have the obligations corresponding to their participatory interests, with the exception that prior to commercial sale of the Option, granted to the Kazakhstan Party, the Russian and Kazakhstan authorized organizations will have equal rights and obligations.
6. The Government of the Russian Federation shall formalize [grant] subsoil use rights to the Enterprise.
7. The enterprise shall, within 6 months after a commercial discovery of a deposit, make a commercial proposal to the Kazakhstan Party for a sale of the Option granted to the Kazakhstan Party. The Kazakhstan Party shall provide the opportunity to exercise the Option to a Kazakhstan organization determined in the procedure established by the Government of the Republic of Kazakhstan.

The Kazakhstan Party will have the right to accept or to reject the received proposal within 6 months after such proposal has been made by the Enterprise. In the event the Kazakhstan Party waives its right of Option, the Enterprise may dispose of the Option at its discretion.

The funds received from the sale of the Option shall be used by the Enterprise for the development of the Project.

In the event of the sale of the Option, the Government of the Russian Federation in the established procedure will issue all required documents securing the rights of the new participant of the Enterprise.

Article 5

1. Subsoil usage at the Khvalynskoye deposit shall be conducted in accordance with the legislation of the Russian Federation.
2. In order to develop jointly the oil and gas reserves of the Khvalynskoye deposit, each of the Parties shall appoint an authorized organization.
3. The Kazakhstan authorized organization shall have the right to participate in subsoil use projects at the Khvalynskoye deposit on a non-competitive basis.
4. The authorized organizations will sign an agreement on the form of joint activities (a consortium, commercial organization with foreign investments or on any other form of joint activities), including the terms of subsoil usage, on the basis of an agreement between them, assuming that the participatory interest of the Kazakhstan authorized organization may constitute up to 50 percent.

5. The Government of the Russian Federation shall issue subsoil use rights to a new subsoil user to be organized by authorized organizations of the Parties.

Article 6

In the process of the joint development of the structures Kurmangazy (Kulalinskaya) and Tsentralnaya and the deposit Khvalynskoye:

1. The boundaries of the licensed sections under the licenses and contracts issued or signed by the Parties in the established procedure prior to the signing of this Protocol shall be brought into compliance with the modified median line of the demarcation of the Northern part of the Caspian seabed established by this Protocol.
2. The Parties shall, within one month after the signing of this Protocol, appoint Russian and Kazakhstan authorized organizations which, within one month after the date when they have been granted respective powers, will commence their negotiations in order to draft respective agreements on the forms of joint activities, including the terms of subsoil operations.
3. The Parties may enter into production sharing agreements with the respective enterprise on the basis of the legislation of the state exercising its sovereign subsoil use rights.
4. Shall be recognized the right of the authorized organizations to assign their respective participatory interests (or any part thereof) in the enterprise to other legal entities with the consent of the Government of the respective Party.

In the event of such assignment, each authorized organization shall have the priority right to purchase the interest of the organization assigning its right, on the conditions not worse than those offered by such other legal entities. This priority right shall not apply to any assignment to affiliated organizations of the authorized organization conducted with the consent of the government of the Party and supported by the financial guarantees of the authorized organization.

5. The authorized organizations which fail to comply with their financial obligations contemplated in the joint activities agreement of the respective authorized organizations shall lose the respective participatory interest to the benefit of the authorized organizations which comply with the obligations contemplated by the above agreement.
6. The Governments of the Parties shall, in the event the authorized organizations fail to reach a mutually acceptable decision within 12 months after the signing of this Protocol, appoint other authorized organizations.

Article 7

This Protocol shall become effective in the procedure stipulated by Article 10 of the Agreement and shall become its integral part.

Sections 2 and 6 of Article 6 of this Protocol shall become effective, on a temporary basis, upon its signing.

Executed in Moscow on May 13, 2002, in two original counterparts, each in Kazakh and Russian, and all texts have the same legal force.

For the Republic of Kazakhstan: For the Russian Federation:
[Signed by Nazarbaev N.] *[Signed by Putin V.]*

Quelle: Barrows company

Attachment 1: To the Protocol To the Agreement between the Republic of Kazakhstan and the Russian Federation Regarding the Demarcation of the Seabed of the Northern Part of the Caspian Sea in Order to Exercise the Sovereign Subsoil Use Rights, dated July 6, 1998.

CATALOGUE of Geographical Coordinates of Revolvable Points of the Modified Median Line of Demarcation
of the Seabed of the Northern Part of the Caspian Sea

Numbers of Revolvable Points of the Modified Median Line	Latitude North	Longitude East
1.	46°13',3	49°26',4
2.	46°11',6	49°30',4
3.	46°10',8	49°32',7
4.	46°10',6	49°36',0
5.	46°10',7	49°37',3
6.	46°11',2	49°42',[1]
7.	46°10',6	49°42',6
8.	46°09',7	49°43',6
9.	46°09',4	49°43',9
10.	46°07',1	49°46',7
11.	46°05',1	49°49',7
12.	46°04',2	49°51',0
13.	46°00',1	49°57',[1]
14.	45°59',1	50°01',0
15.	45°21',5	49°25',5
16.	45°21',3	49°25',0
17.	45°17',3	49°21',2
18.	45°13',5	49°17',8
19.	45°12',3	49°16',[?]
20.	45°05',9	49°10',5
21.	45°02',4	49°10',4
22.	44°55',1	49°09',9
23.	44°50',0	49°09',8
24.	44°40',6	49°09',3
25.	44°25',4	49°08',0
26.	44°20',0	49°05',3
27.	44°20',0	49°36',0
28.	44°04',0	49°36',0
29.	44°04',0	49°00',0
30.	43°19',2	49°00',0
31.	43°17',0	49°20',1
32.	43°16',5	49°20',6
33.	43°15',8	49°21',4
34.	43°11',6	49°27',0
35.	43°10',3	49°27',9
36.	43°08',2	49°29',5
37.	43°07',8	49°29',9
38.	42°45',0	50°00',0
39.	42°33',6	49°53',3

Quelle: Barrows company

Anlage 10: Framework Convention for the Protection of the Marine Environment of the Caspian Sea

The Caspian Littoral States:
Republic of Azerbaijan
Islamic Republic of Iran
Republic of Kazakhstan
Russian Federation
Turkmenistan

hereinafter referred to as the Contracting Parties

Noting of the deterioration of the marine environment of the Caspian Sea due to its pollution arising from various sources as a result of human activities, including the discharge, emission and disposal of harmful and hazardous substances, wastes and other pollutants, both in the sea and from land-based sources;
Firmly resolved to preserve living resources of the Caspian Sea for present and future generations;
Acknowledging the need to ensure that land-based activities do not make harm for the marine environment of the Caspian Sea;
Mindful of the danger for the marine environment of the Caspian Sea and to its unique hydrographic and ecological characteristics related to the problem of sea-level fluctuation;
Reaffirming the importance of protection of the marine environment of the Caspian Sea;
Recognising the importance of co-operation among the Contracting Parties and with relevant international organizations with the aim to protect and conserve the marine environment of the Caspian Sea;

HAVE AGREED as follows:

I. GENERAL PROVISIONS

Article 1. Use of Terms

For the purposes of this Convention, the following terms mean:

"Action Plan" - the Action Plan for the protection and sustainable development of the marine environment of the Caspian Sea;

"Dumping" - any pollution to the Sea from any deliberate disposal into the marine environment of wastes or other matter from vessels, aircraft, platforms, or other man-made structures in the Caspian Sea or any deliberate disposal of vessels, aircraft, platforms, or other man-made structures in the Caspian Sea;

"Hazardous substance" – any substance, which is toxic, carcinogenic, mutagenic, teratogenic or bio-accumulative, especially when they are persistent;

"National Authority" - the authority designated by each Contracting Party to be responsible for the co-ordination of actions by such Contracting Party for implementing this Convention and its protocols;

"Pollution" - the introduction by man, directly or indirectly, of substances or energy into the environment resulting or likely to result in such deleterious effects as harm to living resources and marine life, hazards to human health and hindrance to legitimate uses of the Caspian Sea;

"Pollution from land-based sources" - pollution of the sea from all kinds of point and non-point sources based on land reaching the marine environment, whether water-borne, airborne or directly from the coast , or as a result of any disposal of pollutants from land to the sea by way of tunnel, pipeline or other means;

"Environmental emergency" - a situation that causes damage or poses an imminent threat of pollution or other harm to the marine environment of the Caspian Sea and that result from natural or man-made disasters;

"Industrial accident" - an event resulting from an uncontrolled change in the course of any activity involving harmful and hazardous substances in an industrial installation for example during manufacture, use, storage, handling or disposal or during transportation of such substances;

"Vessel" - a vessel of any kind that operates in the marine environment, including hovercraft, hydrofoil boats, submarines, towed and self-driving boats, as well as platforms and other manmade offshore structures;

"Invasive alien species" - an alien species whose establishment and spread may cause economic or environmental damage to the ecosystems or biological resources of the Caspian Sea.

Article 2. Objective

The objective of this Convention is the protection of the Caspian environment from all sources of pollution including the protection, preservation, restoration and sustainable and rational use of the biological resources of the Caspian Sea.

Article 3. Scope of Application

This Convention shall be applied to the marine environment of the Caspian Sea, taking into account its water level fluctuations, and pollution from land based sources.

II. GENERAL OBLIGATIONS

Article 4. General Obligations

The Contracting Parties shall:

individually or jointly take all appropriate measures to prevent, reduce and control pollution of the Caspian Sea.

individually or jointly take all appropriate measures to protect, preserve and restore the environment of the Caspian Sea;

use the resources of the Caspian Sea in such a way as not to cause harm to the marine environment of the Caspian Sea ;

cooperate with each other and with competent international organizations for the achievement of the objective of this Convention.

Article 5. Principles

In their actions to achieve the objective of this Convention and to implement its provisions, the Contracting Parties shall be guided by, inter alia, the following principles:

the precautionary principle, by virtue of which, where there is a threat of serious or irreversible damage to the Caspian Sea environment, lack of full scientific certainty shall not be used as a reason for postponing cost-effective measures to prevent such damage;
"the polluter pays" principle, by virtue of which the polluter bears the costs of pollution including its prevention, control and reduction;
the principle of accessibility of information on the pollution of the marine environment of the Caspian Sea according to which the Contracting Parties provide each other with relevant information in the maximum possible amount.

Article 6. Duty to Co-operate

The Contracting Parties shall co-operate on a multilateral and bilateral basis in the development of protocols to this Convention prescribing additional measures, procedures and standards for the implementation of this Convention.

III. PREVENTION, REDUCTION AND CONTROL OF POLLUTION

Article 7. Pollution from Land-Based Sources

1. The Contracting Parties shall take all appropriate measures to prevent, reduce and control pollution of the Caspian Sea from land-based sources.
2. The Contracting Parties shall co-operate in the development of protocols to this Convention prescribing additional measures for prevention, reduction and control of pollution of the Caspian Sea from land-based sources. Such protocols may include, *inter alia*, the following measures:

the emission of pollutants is prevented, controlled and reduced at source through application, *inter alia*, of low- and non-waste technology;
the pollution from land-based point sources is prevented, reduced and controlled through licensing of waste-water discharges by competent national authorities of the Contracting Parties;
licensing of waste-water discharges is based on promoting the use of environmentally sound technology;
requirements stricter than those provided in sub-paragraphs (b) and (c) of this Article, are imposed according to additional protocols to this Convention when the quality of the receiving water or the affected ecosystem of the Caspian Sea so requires;
various treatments are to be applied to municipal waste water and, where necessary, in a step-by-step approach;
in order to reduce organic substances inputs from industrial and municipal sources, the best available environmentally sound technology is to be applied;
appropriate measures based on best environmental practices are to be developed and implemented for the reduction of inputs of organic substances and hazardous substances from non-point sources, including agriculture;
measures on their conservation and full liquidation should be taken for some coastal sources of pollution that continue to have negative impact on the Caspian Sea.

3. If the discharge from a watercourse, flowing through the territories of two or more Contracting Parties or forming a boundary between them, is likely to cause pollution of the Caspian Sea, the Contracting Parties shall co-operate in taking all appropriate measures to prevent, re-

duce and control such pollution, including, where appropriate, the establishment of joint bodies responsible for identifying and resolving potential pollution problems.

Article 8. Pollution from Seabed Activities

The Contracting Parties shall take all appropriate measures to prevent, control and reduce pollution of the Caspian Sea resulting from seabed activities. They are encouraged to co-operate in the development of protocols to this Convention to that effect.

Article 9. Pollution from Vessels

The Contracting Parties shall take all appropriate measures to prevent, reduce and control pollution of the Caspian Sea from vessels and shall co-operate in the development of protocols and agreements to the Convention prescribing agreed measures, procedures and standards to that effect, taking into account relevant international standards.

Article 10. Pollution Caused by Dumping

1. The Contracting Parties shall take all appropriate measures to prevent, hindrance, reduce and control pollution of the Caspian Sea caused by dumping from vessels and aircraft registered in their territory or flying their flag.
2. The Contracting Parties shall co-operate in the development of protocols to the Convention prescribing agreed measures, procedures and standards to that effect.
3. The provisions of paragraphs 1 and 2 of this Article shall not apply when a vessel or aircraft at sea is threatened by the complete destruction or total loss of the vessel or aircraft or in any case which constitutes a danger to human or marine life, if dumping appears to be the only way of averting the threat, and if there is every probability that the damage consequent upon such dumping will be less than would otherwise occur. Such dumping shall be so conducted as to minimise the likelihood of damage to human or marine life or hindrance to legitimate uses of the sea in accordance with the applicable international and regional legal instruments. Such dumping shall be reported to the Contracting Parties.

Article 11. Pollution from Other Human Activities

1. The Contracting Parties shall take all appropriate measures to prevent, reduce and control pollution of the Caspian Sea resulting from other human activities not covered by Articles 7-10 above, including land reclamation and associated coastal dredging and construction of dams.
2. The Contracting Parties shall take all appropriate measures to reduce the possible negative impact of anthropogenic activities aimed at mitigating the consequences of the sea-level fluctuations on the Caspian Sea ecosystem.

Article 12. Prevention of Introduction, Control and Combatting of Invasive Alien Species

The Contracting Parties shall take all appropriate measures to prevent the introduction into the Caspian Sea and to control and combat invasive alien species, which threaten ecosystems, habitats or species.

Article 13. Environmental Emergencies

The contracting Parties shall take all appropriate measures and cooperate to protect human beings and the marine environment against consequences of natural or man-made emergencies. To this end, preventive, preparedness and response measures, including restoration measures, shall be applied.

For the purpose of undertaking preventive measures and setting up preparedness measures, the Contracting Party of origin shall identify hazardous activities within its jurisdiction, capable of causing environmental emergencies, and shall ensure that other contracting Parties are notified of any such proposed or existing activities. The Contracting Parties shall agree to carry out environmental impact assessment of hazardous activities, and to implement risk-reducing measures.

The Contracting Parties shall cooperate for the setting up of early warning systems for industrial accidents and environmental emergencies. In the event of an environmental emergency, or imminent threat thereof, the Contracting Party of origin shall ensure that the Contracting Parties likely to be affected, are, without delay, notified at appropriate levels.

The Contracting Parties shall take all appropriate measures to establish and maintain adequate emergency preparedness measures, including measures to ensure that adequate equipment and qualified personnel are readily available, to respond to environmental emergencies.

IV. PROTECTION, PRESERVATION AND RESTORATION OF THE MARINE ENVIRONMENT

Article 14. Protection, Preservation, Restoration and Rational Use of Marine Living Resources

1. The Contracting Parties shall have particular regard to the protection, preservation, restoration and rational use of marine living resources and shall take all appropriate measures on the basis of the best scientific evidence available to:

develop and increase the potential of living resources for conservation, restoration and rational use of environmental equilibrium in the course of satisfying human needs in nutrition and meeting social and economic objectives;

maintain or restore populations of marine species at levels that can produce the maximum sustainable yield as qualified by relevant environmental and economic factors and taking into consideration relationships among species;

ensure that marine species are not endangered by over-exploitation;

promote the development and use of selective fishing gear and practices that minimise waste in the catch of target species and that minimise by-catch of non-target species;

protect, preserve and restore endemic, rare and endangered marine species;

conserve biodiversity, habitats of rare and endangered species, as well as vulnerable ecosystems.

2. The Contracting Parties shall co-operate in the development of protocols in order to undertake the necessary measures for protection, preservation and restoration of marine biological resources.

Article 15. Coastal Zone Management

The Contracting Parties shall endeavour to take necessary measures to develop and implement national strategies and plans for planning and management of the land affected by proximity to the sea.

Article 16. Caspian Sea Level Fluctuation

The Contracting Parties shall co-operate in the development of protocols to the Convention prescribing to undertake the necessary scientific research and, insofar as is practicable, the agreed measures and procedures to alleviate implications of the sea level fluctuations of the Caspian Sea.

V. PROCEDURES

Article 17. Environmental Impact Assessment

1. Each Contracting Party shall take all appropriate measures to introduce and apply procedures of environmental impact assessment of any planned activity, that are likely to cause significant adverse effect on the marine environment of the Caspian Sea.
2. Each Contracting Party will take all appropriate measures to disseminate results of environmental impact assessment carried out in accordance with paragraph 1 of this Article, to other Contracting Parties.
3. The Contracting Parties shall co-operate in the development of protocols that determine procedures of environmental impact assessment of the marine environment of the Caspian Sea in transboundary context.

Article 18. Co-operation Between the Contracting Parties

1. The Contracting Parties shall co-operate in formulating, elaborating and harmonising rules, standards, recommended practices and procedures consistent with this Convention and with the account of requirements, commonly used in international practice, in order to prevent, reduce and control pollution of and to protect, preserve and restore the marine environment of the Caspian Sea.
2. The Contracting Parties shall co-operate in the formulation of an Action Plan for the Protection of the marine environment of the Caspian Sea in order to prevent, reduce and control pollution and to protect, preserve and restore the marine environment of the Caspian Sea.
3. In fulfilment of their obligations as set in paragraphs 1 and 2 of this Article, the Contracting Parties shall work, *inter alia*, jointly or individually:

to collect, compile and evaluate data in order to identify sources that cause or likely to cause pollution of the Caspian Sea and to exchange information among the Contracting Parties, as appropriate;

development of programmes for monitoring quality and quantity of water;

development of contingency plans for pollution emergency cases;

to elaborate emission and discharge limits for waste and to evaluate the effectiveness of control programmes;

to elaborate water quality objectives and criteria and to propose relevant measures for maintaining and, where necessary, improving existing water quality;

to develop harmonised action programmes for the reduction of pollution loads from municipal and industrial point and diffuse sources, including agriculture, urban and other runoff.

Article 19. Monitoring

1. The Contracting Parties shall endeavour to establish and implement individual and/or joint programmes for monitoring environmental conditions of the Caspian Sea.
2. The Contracting Parties shall agree upon a list and parameters of pollutants which discharge into and concentration in the Caspian Sea shall be regularly monitored.

3. The Contracting Parties shall, at regular intervals, carry out individual or joint assessments of the environmental conditions of the Caspian Sea and the effectiveness of measures taken for the prevention, control and reduction of pollution of the marine environment of the Caspian Sea.
4. For these purposes, the Contracting Parties shall endeavour to harmonise rules for the setting up and operation of monitoring programmes, measurement systems, analytical techniques, data processing and evaluation procedures for data quality.
5. The Contracting Parties shall develop a centralised database and information management system to function as a repository of all relevant data, serve as the basis for decision-making and as a general source of information and education for specialists, administrators and the general public.

Article 20. Research and Development

The Contracting Parties shall co-operate in the conduct of research into and development of effective techniques for the prevention, control and reduction of pollution of the Caspian Sea and, to this effect, the Contracting Parties shall endeavour to initiate or intensify specific research programmes, where necessary, aimed, *inter alia*, at:
developing methods for the assessment of the toxicity of harmful substances and investigations of its affecting process on the environment of the Caspian Sea;
developing and applying environmentally sound or safe technologies;
the phasing out and/or substitution of substances likely to cause pollution;
developing environmentally sound or safe methods for the disposal of hazardous substances;
developing environmentally sound or safe techniques for water-construction works and water-regulation;
assessing the physical and financial damage resulting from pollution;
improvement of knowledge about the hydrological regime and ecosystem dynamics of the Caspian Sea including sea level fluctuations and the effects of such fluctuations on the Sea and coastal ecosystems;
studying the levels of radiation and radioactivity in the Caspian Sea.

Article 21. Exchange of and Access to Information

1. The Contracting Parties shall directly or through the Secretariat exchange on a regular basis information, in accordance with the provisions of this Convention.
2. The Contracting Parties shall endeavour to ensure public access to environmental conditions of the Caspian Sea, measures taken or planned to be taken to prevent, control and reduce pollution of the Caspian Sea in accordance with their national legislation and taking into account provisions of existing international agreements concerning public access to environmental information.

VI. INSTITUTIONAL ARRANGEMENTS

Article 22. The Conference of the Parties

A Conference of the Parties is hereby established.
The Conference of the Parties shall consist of one representative for each of the Contracting Parties, who shall have one vote. Each representative may be assisted by one or more advisers.

The first meeting of the Conference of the Parties shall be convened not later than twelve months after the date of the entry into force of the Convention. Thereafter, the Conference of the Parties shall hold ordinary meetings at regular intervals to be determined by the first meeting of the Conference of the Parties.
Extraordinary meetings of the Conference of the Parties shall be held at such other times as may be deemed necessary by the Conference of the Parties, or at the written request of any Party provided that it is supported by at least two other Contracting Parties.
The meetings of the Conference of the Parties shall be held in the territories of the countries of the Contracting Parties on the basis of rotation in alphabetical order of English language or at the location of the Secretariat
The Chairmanship of the Conference of the Parties shall be held in turn by each Contracting Party in alphabetical order of the names of the Contracting Parties in English language. Should the Chairmanship fall vacant, the Contracting Party chairing the Conference shall designate a successor to remain in office until the term of chairmanship of that Contracting Party expires.
The working languages of the Conference of the Parties shall be English and the State languages of all Contracting Parties. The Secretariat will provide for the official UN languages.
All decisions of the Conference of the Parties shall be made by unanimous vote of the Contracting Parties.

The Conference of the Parties shall , at its first meeting, decide on:
establishing such other institutions of the Convention as may be deemed necessary;
the arrangements for the permanent Secretariat of the Convention, including its location and staffing;
the rules of procedure and financial rules for itself and its subsidiary bodies.
The functions of the Conference of the Parties shall be:
to keep under review the implementation of this Convention, its protocols and the Action Plan;
to keep under review the content of this Convention and its protocols;
to consider and adopt any additional protocols or any amendments to this Convention or to its protocols and to adopt and amend the annexes to this Convention and to its protocols;
to receive and consider reports submitted by the Contracting Parties and to review and evaluate the state of the marine environment and, in particular, the state of pollution and its effects, on the basis of reports provided by the Contracting Parties and by any competent international or regional organisation;
to consider reports prepared by the Secretariat on matters relating to this Convention;
to seek, where appropriate, the technical and financial services of relevant international bodies and scientific institutions for the purposes of the objective of this Convention;
to establish such subsidiary bodies as may be deemed necessary for the implementation of this Convention and its protocols;
to appoint the Executive Secretary of the Convention and such other personnel as may be required, taking into account the equitable representation of the Contracting Parties;.
to perform such other functions as may be required for the achievement of the objective of this Convention.

Article 23. The Secretariat of the Convention

The Secretariat of the Convention is hereby established.

The Secretariat shall be comprised of the Executive Secretary of the Convention and such other personnel as required to perform the functions specified hereafter.

The Executive Secretary shall be the chief administrative officer of the Secretariat of the Convention, and shall perform such functions which are necessary for the administration of the work of the Secretariat of the Convention, as determined by the Conference of the Parties and in accordance with the rules of procedure and financial rules adopted by the Conference of the Parties.

The functions of the Secretariat shall be:

to arrange for and service meetings of the Conference of the Parties and its subsidiary bodies;

to prepare and transmit to the Contracting Parties notifications, reports and other information received;

to consider enquiries by and information from the Contracting Parties and to consult with them on matters relating to the implementation of this Convention and its protocols;

to prepare and transmit reports on matters relating to the implementation of this Convention and its protocols;

to establish, maintain the database of and disseminate national laws of the Contracting Parties and international laws relevant to the protection of the Caspian Sea;

to arrange, upon request by any Contracting Party, for the provision of technical assistance and advice for the effective implementation of the Convention and its protocols;

to carry out functions as may be established under the protocols to this Convention;

to co-operate, as appropriate, with relevant regional and international organisations and programmes;

to perform such other functions as may be determined by the Conference of the Parties.

VII. PROTOCOLS AND ANNEXES

Article 24. Adoption of Protocols

1. Any Contracting Party may propose protocols to this Convention. Such protocols shall be adopted by unanimous decision of the Parties at a meeting of the Conference of the Parties. Protocols shall enter into force after their ratification or approval by all the Contracting Parties in accordance with their constitutional procedures, unless the protocol does not envisages a different procedure for adoption. Protocols shall form an integral part of this Convention.
2. The text of any proposed protocol shall be communicated to the Contracting Parties by the Conference of the Parties at least six months before the meeting of the Contracting Parties at which the protocol is proposed for adoption.

Article 25. Adoption of Annexes and Amendments

The annexes to this Convention or to any protocol shall form an integral part of the Convention or of such protocol, as the case may be, and, unless expressly provided otherwise, a reference to this Convention or its protocols constitutes at the same time a reference to any annexes thereto. Such annexes shall be restricted to procedural, scientific, technical and administrative matters.

Annexes to this Convention or to any protocol shall be proposed and adopted according to the procedure laid down in Article 24.

The proposal, adoption and entry into force of amendments to annexes to this Convention or to any protocol shall be subject to the same procedure as for the proposal, adoption and entry into force of annexes to the Convention or annexes to any protocol.
If an annex or an amendment to an annex is related to an amendment to this Convention or to any protocol, the annex or amendment shall not enter into force until such time as the amendment to this Convention or to the protocol concerned enters into force.

VIII. IMPLEMENTATION AND COMPLIANCE

Article 26. Implementation of the Convention

1. Each Contracting Party shall designate a National Authority to co-ordinate implementation of the provisions of this Convention in its territory and under its jurisdiction.
2. The provisions of this Convention shall not affect the right of the Contracting Parties individually or jointly to adopt and implement more stringent measures than those provided for in this Convention.

Article 27. Reports

Each National Authority shall submit to the Secretariat reports on measures adopted for the implementation of the provisions of this Convention and its protocols in format and at intervals to be determined by the Conference of the Parties. The Secretariat shall circulate the received reports to all Contracting Parties.

Article 28. Implementation and Compliance

The Contracting Parties shall co-operate in the development of procedures to ensure compliance with the provisions of this Convention or its protocols.

Article 29. Liability and Compensation for Damage

The Contracting Parties, taking into account relevant principles and norms of international law, shall undertake to develop appropriate rules and procedures concerning liability and compensation for damage to the environment of the Caspian Sea resulting from violations of the provisions of this Convention and its protocols.

Article 30. Settlement of Disputes

In case of disputes between Contracting Parties concerning the application or interpretation of the provisions of the present Convention, the Contracting Parties will settle them by consultations, negotiations or by any other peaceful means of their own choice.

IX. FINAL CLAUSES

Article 31. Signature, Ratification, Acceptance, Approval and Accession

The Convention shall be open for signature only by Caspian Littoral States at the city of Tehran, Islamic Republic of Iran from 4 November 2003 to 3 November 2004.
The Convention shall be subject to ratification, acceptance or approval by the Caspian littoral States. It shall be open for accession by any Caspian littoral State in accordance with their national legislation from the date on which the Convention is closed for signature.
Instruments of ratification, acceptance, approval or accession shall be deposited with the Depository.

Article 32. Reservations

No reservation may be made to this Convention.

Article 33. Entry into Force

The Convention shall enter into force on the ninetieth day after the date of deposit of the instrument of ratification, acceptance, approval or accession by all Caspian littoral states.

Article 34. Amendment of the Convention or Protocols

1. Any Contracting Party may propose amendments to this Convention or to any protocol. Such amendments shall be adopted by unanimous decision of the Parties at a meeting of the Conference of the Parties.
2. The entry into force of the amendments to this Convention or to any protocol shall be subject to the same procedure as for the Convention itself.

Article 35. Depository

The Islamic Republic of Iran shall assume the functions of the Depository.

Article 36. Authentic texts

This Convention, of which the Azerbaijani, English, Farsi, Russian, Kazakh and Turkmen texts are equally authentic, shall be deposited with the Depository. In case of dispute arising as to the interpretation or application of this Convention or its protocols, the English text shall be authoritative.

Article 37. Relationship with the negotiations of the legal status of the Caspian Sea

Nothing in this Convention shall be interpreted as to prejudge the outcome of the negotiations on the final legal status of the Caspian Sea.

IN WITNESS WHEREOF the undersigned, being duly authorised to that effect, have signed this Convention

Done at the city of Tehran on the fourth day of November of 2003.

Quelle: UNEP

AUGSBURGER SCHRIFTEN ZUM STAATS- UND VÖLKERRECHT

Begründet von Professor Dr. Dieter Blumenwitz

Band 1 Fritz-Harald Wenig: Rechtsprobleme des innerdeutschen Handels.

Band 2 Wilfried Niedermeier: Der Beitritt der Bundesrepublik Deutschland zum Statut des Internationalen Gerichtshofes unter besonderer Berücksichtigung der obligatorischen Gerichtsbarkeit.

Band 3 Johann G. Gleich: Die Anerkennung der DDR durch die Bundesrepublik.

Band 4 Matthias Weigand: Der Vertrag über die gegenseitigen Beziehungen zwischen der Bundesrepublik Deutschland und der Tschechoslowakischen Sozialistischen Republik vom 11. Dezember 1973 - Eine völkerrechtliche Analyse.

Band 5 Werner Trützschler von Falkenstein: Die sich ändernde Bedeutung der Feindstaatenartikel (Artikel 53 und 107 der Satzung der Vereinten Nationen) für Deutschland.

Band 6 Reiner Schenk: Die Viermächteverantwortung für Deutschland als Ganzes, insbesondere deren Entwicklung seit 1969.

Band 7 Wolfgang Wagner: Die Verwirklichung der Menschenrechte im Pakt der Vereinten Nationen über bürgerliche und politische Rechte vom 16. Dezember 1966, im Grundvertrag und den ihn begleitenden Nebeninstrumenten.

Band 8 Ulrich Wacker: Der Konflikt verschiedener Rechtssysteme vor, während und nach der Kolonialzeit in Kenia.

Band 9 Wolfgang Enders: Der mexikanische Bundesstaat. Die politische und sozioökonomische Problematik eines föderalen Verfassungssystems in einem Land der "Dritten Welt".

Band 10 Heiner Hasford: Die Jurisdiktion der Europäischen Gemeinschaften. Zur extraterritorialen Wirkung des Gemeinschaftsrechts.

SCHRIFTEN ZUM STAATS- UND VÖLKERRECHT

Begründet von Professor Dr. Dr. h.c. mult. Dieter Blumenwitz
Herausgegeben von Gilbert Gornig, Burkhard Schöbener
und Winfried Bausback

Band 11 Wolf Dieter Remmele: Die Selbstdarstellung der Bundesrepublik Deutschland im Ausland durch den Rundfunk als Problem des Staats- und Völkerrechts.

Band 12 Elisabeth Lichtenstern: Die Gesetzgebung im Spannungsverhältnis zwischen Bund und Ländern.

Band 13 Peter Gassner: Kollektivmacht und Individualschutz im amerikanischen Arbeitsrecht.

Band 14 Helga Walter: Das Selbstverständnis des modernen Algeriens. Die historisch-nationalen und islamischen Elemente.

Band 15 Dieter Schütz: Der internationale ordre public. Der Ausschluß völkerrechtswidrigen fremden Rechts im Internationalen Privatrecht der Bundesrepublik Deutschland.

Band 16 Klaus-Peter Kißler: Die Zulässigkeit von Wirtschaftssanktionen der Europäischen Gemeinschaft gegenüber Drittstaaten.

Band 17 Rainhardt Freiherr von Leoprechting: Die neue Rohrwaffen-Artillerie-Munition im Lichte des I. Genfer Zusatzprotokolles vom 12. Dezember 1977. Zur Frage der Völkerrechtskonformität der Verteidigung der Bundesrepublik Deutschland mit modernen konventionellen Artilleriesystemen.

Band 18 Roland Steinmeyer: Die Schiffsgläubigerrechte im südafrikanischen nationalen und internationalen Privatrecht. Eine rechtsvergleichende Darstellung unter Einbeziehung des englischen und deutschen internationalen Privatrechts und unter besonderer Berücksichtigung des ordre public.

Band 19 Martin C. Ney: Der Einsatz von Atomwaffen im Lichte des Völkerrechts. Summary: The Use of Nuclear Weapons and International Law.

Band 20 Teodoro Ribera Neumann: Das chilenische Verfassungsgericht und das deutsche Bundesverfassungsgericht - Ein Rechtsvergleich -. 1985.

Band 21 Theodora Antoniou: Europäische Integration und griechische Verfassung. 1985.

Band 22 Georg Teyssen: Deutschlandtheorien auf der Grundlage der Ostvertragspolitik. 1987.

Band 23 Karin Klüpfel: Selbstbestimmung durch Assoziation. Die Assoziation als Verwirklichung des Selbstbestimmungsrechts der Völker - dargestellt am Beispiel von Puerto Rico. 1987.

Band 24 Friedrich Dehner: Die Stellung Berlins im Bundesrat. 1987.

Band 25 Thilo Morhard: Die Rechtsnatur der Übereinkommen der Internationalen Arbeitsorganisation. Zugleich ein Beitrag zur Lehre vom "soft law". 1988.

Band 26 Ralf Jahn: Ansiedlung von Einzelhandelsgroßprojekten (§ 11 Abs. 3 BauNVO 1977). Zur Frage der Bestimmtheit grundrechtsbeschränkender Eingriffsnormen. 1988.

Band 27 Wolfgang Götzer: Der völkerrechtliche Status der Donau zwischen Regensburg und Kelheim. Eine völkerrechtliche Untersuchung des Donauabschnittes Regensburg - Kelheim unter Einbeziehung der gesamten deutschen Donau. 1988.

Band 28 Michael Hakenberg: Die Iran-Sanktionen der USA während der Teheraner Geiselaffäre aus völkerrechtlicher Sicht. 1988.

Band 29 Renate Oxenknecht: Der Schutz ethnischer, religiöser und sprachlicher Minderheiten in Art. 27 des Internationalen Paktes über bürgerliche und politische Rechte vom 16. Dezember 1966. 1988.

Band 30 Raphael Quarshie Avornyo: Deutschland und Togo. (1847-1987). 1988.

Band 31 Friedrich Frhr. Waitz von Eschen: Die völkerrechtliche Kompetenz der Vier Mächte zur Gestaltung der Rechtslage Deutschlands nach dem Abschluß der Ostvertragspolitik. 1988.

Band 32 Gisela Süß: Die Zulassung von Zahnärzten aus dem EG-Bereich zur deutschen Kassenarztpraxis. Ein Beitrag zu Standort und Bedeutung der Grundrechte im Europäischen Gemeinschaftsrecht. 1988.

Band 33 Meggy Steffens: Die deutsche Ostpolitik im Spiegel publizistischer Stellungnahmen in den USA 1969-1973. 1988.

Band 34 Norbert Karl Riedel: Der Einsatz deutscher Streitkräfte im Ausland - verfassungs- und völkerrechtliche Schranken -. 1989.

Band 35 Heidi Dünisch: Der Mundatwald - Zur Bereinigung letzter Kriegsfolgenprobleme zwischen Deutschland und Frankreich.1989.

Band 36 Sabine Niedermeyer-Krauß: Kommunalwahlrecht für Ausländer und Erleichterung der Einbürgerung. Integrationsmöglichkeiten für Ausländer aus verfassungs- und europarechtlicher Sicht. 1989.

Band 37 Dirk-Hermann Voß: Regionen und Regionalismus im Recht der Mitgliedstaaten der Europäischen Gemeinschaft: Strukturelemente einer Europäischen Verfassungsordnung. 1989.

Band 38 Tilo Klinner: Satellitenfernerkundung im Völkerrecht. Inwieweit existiert ein völkerrechtlicher Datenschutz? 1989.

Band 39 Barbara Schmidt: Die Erweiterung der seewärtigen Hoheitsrechte der Bundesrepublik Deutschland und der DDR unter besonderer Berücksichtigung deutschlandrechtlicher Probleme. 1989.

Band 40 Hans-Joachim Brauns: Wiedervereinigung und europäische Integration. 1990.

Band 41 Gilbert-Hanno Gornig: Der Hitler-Stalin-Pakt. Eine völkerrechtliche Studie. 1990.

Band 42 Gudrun Lehnberger: Kommunale Entwicklungshilfe. Eine Aufgabe der Gemeinden? - Bestandsaufnahme und rechtliche Würdigung unter besonderer Berücksichtigung der bayerischen Verwaltungspraxis. 1990.

Band 43 Heike Kaup: Der Schwangerschaftsabbruch aus verfassungsrechtlicher Sicht. Eine rechtsvergleichende Untersuchung anhand des deutschen und des amerikanischen Rechts. 1991.

Band 44 Bernadette Steinmeyer: Verfassungsrechtliche Ansätze zur Neuordnung der multirassischen Gesellschaft Südafrikas unter Berücksichtigung des Vorschlages des Verhandlungsforums der "KwaZulu/Natal Indaba". 1991.

Band 45 Burkhard Schöbener: Die amerikanische Besatzungspolitik und das Völkerrecht. 1991.

Band 46 Christian Raap: Die Souveränität der Bundesrepublik Deutschland unter besonderer Berücksichtigung des militärischen Bereichs und der deutschen Einheit. 1992.

Band 47 Andrea Wagner: Der argentinisch-chilenische Konflikt um den Beagle-Kanal. Ein Beitrag zu den Methoden friedlicher Streiterledigung. 1992.

Band 48 Ralf Wittkowski: Die Staatensukzession in völkerrechtliche Verträge unter besonderer Berücksichtigung der Herstellung der staatlichen Einheit Deutschlands. 1992.

Band 49 Michael Piazolo: Das Recht auf Abtreibung als Teilaspekt des Right of Privacy. 1992.

Band 50 Silke Wenk: Das konfiszierte deutsche Privatvermögen in Polen und der Tschechoslowakei. Die Rechtslage nach Abschluß des deutsch-polnischen und deutsch-tschechoslowakischen Nachbarschaftsvertrages. 1993.

Band 51 Antje Kießwetter: Die Verfassungsentwicklung in Namibia. 1993.

Band 52 Angelika Kleffner-Riedel: Regionalausschuß und Subsidiaritätsprinzip. Die Stellung der deutschen Bundesländer nach dem Vertrag über die Europäische Union. 1993.

Band 53 Jerzy Kranz: Entre l'influence et l'intervention. Certains aspects juridiques de l'assistance financière multilatérale. 1994.

Band 54 Knut Kettwig: Rechtsgrundlagen dezentraler grenzüberschreitender Zusammenarbeit im deutsch-polnischen und deutsch-tschechischen Grenzraum. 1994.

Band 55 Ulrich Seidenberger: Die diplomatischen und konsularischen Immunitäten und Privilegien. Ein Beitrag zur Diskussion über die Reformbedürftigkeit des Diplomaten- und Konsularrechts aus staats- und völkerrechtlicher Sicht. 1994.

Band 56 Christian Schede: Bundesrat und Europäische Union. Die Beteiligung des Bundesrates nach dem neuen Artikel 23 des Grundgesetzes. 1994.

Band 57 Florian Prugger: Die Nachfolge in das Vermögen der ehemaligen DDR. Ein Beitrag zu Art. 21 ff Einigungsvertrag unter besonderer Berücksichtigung der Firma F.C. Gerlach des Bereichs Kommerzielle Koordinierung. 1994.

Band 58 Mark Zimmer: Einsätze der Bundeswehr im Rahmen kollektiver Sicherheit. Staats- und völkerrechtliche Grundlagen unter Berücksichtigung des BVerfG-Urteils vom 12.07.1994. 1995.

Band 59 Gerd von Laffert: Die völkerrechtliche Lage des geteilten Zypern und Fragen seiner staatlichen Reorganisation. 1995.

Band 60 Wolfram Schneeweiß: Die rechtliche Stellung der Indianerstämme innerhalb der Vereinigten Staaten von Amerika. Ein Modell für den Schutz der *indigenous peoples*. 1995.

Band 61 Marianne Janik: Möglichkeiten und Grenzen einer gemeinsamen Exportkontrolle für sensitive Waren und Dienstleistungen im Lichte des europäischen Gemeinschaftsrechts. 1995.

Band 62 Michael Brems: Die politische Integration ethnischer Minderheiten aus staats- und völkerrechtlicher Sicht. 1995.

Band 63 Martin Vocke: Verfassungsinterpretation und Normbegründung - Grundlegung zu einer prozeduralen Theorie der Verfassungsgerichtsbarkeit. 1995.

Band 64 Stefan von der Beck: Die Konfiskationen in der Sowjetischen Besatzungszone von 1945 bis 1949. Ein Beitrag zu Geschichte und Rechtsproblemen der Enteignung auf besatzungsrechtlicher und besatzungshoheitlicher Grundlage. 1996.

Band 65 Stephanie Baer: Der Zerfall Jugoslawiens im Lichte des Völkerrechts. 1995.

Band 66 Christine Sauerwald: Die Unionsbürgerschaft und das Staatsangehörigkeitsrecht in den Mitgliedstaaten der Europäischen Union. 1996.

Band 67 Silke Buchner: Die Rechtswidrigkeit der Taten von "Mauerschützen" im Lichte von Art. 103 II GG unter besonderer Berücksichtigung des Völkerrechts. Ein Beitrag zum Problem der Verfolgung von staatlich legitimiertem Unrecht nach Beseitigung des Unrechtssystems. 1996.

Band 68 Bernd Weiß: Einführung und Umsetzung der Europäischen Charta der kommunalen Selbstverwaltung in Deutschland, insbesondere in Bayern und Nordrhein-Westfalen. 1996.

Band 69 Gesine Katharina Neumann: Boliviens Recht auf freien Zugang zum Pazifik. Zur völkerrechtlichen Problematik des Zugangs der Binnenstaaten zum Meer. 1997.

Band 70 Elvira Pfrang: Das Verhältnis zwischen Europäischem Gemeinschaftsrecht und deutschem Recht nach der Maastricht-Entscheidung des Bundesverfassungsgerichts. Eine Studie zu den Konflikten beider Rechtsordnungen auf dem Gebiet des Grundrechtsschutzes und der Kompetenzen. 1997.

Band 71 Dieter Blumenwitz / Burkhard Schöbener: Stabilitätspakt für Europa. Die Sicherstellung mitgliedstaatlicher Haushaltsdisziplin im Europa- und Völkerrecht. 1997.

Band 72 Matthias Weinberg: Schutz der deutschen Minderheit in Polen nach den Weltkriegen. Ein Vergleich unter Berücksichtigung der aktuellen Rechtslage. 1997.

Band 73 Reinhard Müller: Der "2+4-Vertrag und das Selbstbestimmungsrecht der Völker. 1997.

Band 74 Stefan Strobl: Das Nichtverbreitungsregime für Kernwaffen nach 1995 und der freie Zugang zu nuklearen Technologien und Materialien. 1997.

Band 75 Christine Weber: Das Gegenzeichnungsrecht unter besonderer Berücksichtigung der Verfassung des Fürstentums Liechtenstein. 1997.

Band 76 Stephan Semrau: Die Gemeinsame Außen- und Sicherheitspolitik der Europäischen Union. 1998.

Band 77 Marcus Schultz: Die Auslandsentsendung von Bundeswehr und Bundesgrenzschutz zum Zwecke der Friedenswahrung und Verteidigung. Völker- und verfassungsrechtliche Analyse unter besonderer Berücksichtigung der Entscheidung des Bundesverfassungsgerichtes zum Einsatz deutscher Streitkräfte vom 12. Juli 1994. 1998.

Band 78 Benedikt P. Kuttenkeuler: Die Verankerung des Subsidiaritätsprinzips im Grundgesetz. Ein Beitrag zur Bedeutung des Subsidiaritätsprinzips für die Kompetenzabgrenzung im Bundesstaat. 1998.

Band 79 Winfried Bausback: Verfassungsrechtliche Grenzen des Wahlrechts zum Deutschen Bundestag. 1998.

Band 80 Elvira Pfrang: Towards Liberalisation of the European Electricity Markets. The Directive concerning Common Rules for an Internal Market in Electricity in the Frame of the Competition and Internal Market Rules of the EC-Treaty. 1999.

Band 81 Alexander Wolf: Prozessuale Probleme des »Maastricht"-Urteils des Bundesverfassungsgerichts. 1999.

Band 82 Jürgen Bartl: Die humanitäre Intervention durch den Sicherheitsrat der Vereinten Nationen im "Failed State". Das Beispiel Somalia. 1999.

Band 83 Thomas Gnielinski: Die Reform des deutschen Staatsangehörigkeitsrechts. Eine Analyse und Bewertung der vorliegenden Gesetzesvorhaben. 1999.

Band 84 Margarita González: Der völkerrechtliche Status des Panamakanals nach Ablauf der Übergangszeit im Jahr 1999. 2000.

Band 85 Petra Johnen: Die Verfassungsentwicklung Südafrikas unter besonderer Berücksichtigung der verfassunggebenden Gewalt des Volkes. 2001.

Band 86 Markus Allstadt: Die offene Völkerrechtslage im deutsch-tschechischen Verhältnis und ihre Bedeutung für die Osterweiterung der Europäischen Union. Zugleich Überlegungen zu den Auswirkungen zwingenden Völkerrechts in der Vertriebenenfrage. 2000.

Band 87 Gerrit Aschmann: Europol aus Sicht der deutschen Länder. 2000.

Band 88 Mark Weber: Der Berlin-Status im intertemporalrechtlichen Konflikt. Dargestellt am Beispiel von Grundstücksenteignungen im Ostteil Groß-Berlins. 2001.

Band 89 Heidi Hellwig: Die Staatsangehörigkeit als Anknüpfung im deutschen IPR. Unter besonderer Berücksichtigung des Gesetzes zur Reform des Staatsangehörigkeitsrechts. 2001.

Band 90 Aline Bruer-Schäfer: Der Internationale Strafgerichtshof. Die Internationale Strafgerichtsbarkeit im Spannungsfeld von Recht und Politik. 2001.

Band 91 Andreas Rosenfeld: Die Verfassungsentwicklung von Mosambik. Ein Beitrag zur rechtsstaatlichen Transformation im südlichen Afrika. 2001.

Band 92 Markus Pallek: Der Minderheitenschutz im deutschen Verfassungsrecht. Eine analytische Untersuchung des Begriffs sowie der bundes- und landesverfassungsrechtlichen Stellung der ethnischen, nationalen, sprachlichen, kulturellen und religiösen Minderheiten in der Bundesrepublik Deutschland vor dem Hintergrund der völker- und europarechtlichen Rahmenbedingungen. 2001.

Band 93 Ansgar Firsching: Die Samen, ihre Rechtsstellung in Schweden und ihre Rechtsstellung im Lichte der Indigenous Peoples weltweit. 2002.

Band 94 Jörg Dunker: Regionale Integration im System des liberalisierten Welthandels. EG und NAFTA im Vergleich. 2002.

Band 95 Katharina Wodarz: Gewaltverbot, Menschenrechtsschutz und Selbstbestimmungsrecht im Kosovo-Konflikt. 2002.

Band 96 Grit Hokema: Immunität von Staatsoberhäuptern. 2002.

Band 97 Tido Oliver Hokema: Mehrfache Staatsangehörigkeit. Eine Betrachtung aus völkerrechtlicher und verfassungsrechtlicher Sicht. Unter Berücksichtigung des Staatsangehörigkeitsreformgesetzes vom 15. Juli 1999. 2002.

Band 98 Janet Kerstin Butler: Die Beteiligung von Privatpersonen am WTO-Streitbeilegungsverfahren. Bestandsaufnahme und Entwicklungsperspektiven. 2002

Band 99 Tobias H. Irmscher: Die Behandlung privater Beschwerden über systematische und grobe Menschenrechtsverletzungen in der UN-Menschenrechtskommission. Das 1503-Verfahren nach seiner Reform. 2002.

Band 100 Markus Voltz: Menschenrechte und ordre public im Internationalen Privatrecht. 2002.

Band 101 Sabine Schorer: Das Konsensprinzip in der internationalen Gerichtsbarkeit. 2003.

Band 102 Anja Weisgerber: Das Beweiserhebungsverfahren parlamentarischer Untersuchungsausschüsse des Deutschen Bundestages. 2003.

Band 103 Stephan Anstötz: Perspektiven zur staatlichen Neuordnung Zyperns. 2003.

Band 104 Eva Stumpf: Kulturgüterschutz im internationalen Recht unter besonderer Berücksichtigung der deutsch-russischen Beziehungen. 2003.

Band 105 Christian Malzahn: GATT-widrige *Treble Damages*-Klagen auf der Grundlage des US Antidumping Act 1916. Eine Untersuchung der Rechtsstellung beklagter deutscher Unternehmen im US-amerikanischen und deutschen Recht. 2003.

Band 106 Susanne Giannios: Ein Wasserregime im Nahen Osten. Rechtliche und politische Grundlagen und Perspektiven der internationalen Wasserverteilung im Jordanbecken. 2004.

Band 107 Jan Hübner: Das Verbrechen des Völkermordes im internationalen und nationalen Recht. 2004.

Band 108 Benjamin Krenberger: Deutschland im Spannungsfeld zwischen Europäischer Menschenrechtskonvention und nachzubefolgendem Besatzungsrecht. Reichweite der Verpflichtungen des souveränen Deutschlands nach der Liechtenstein-Entscheidung des Europäischen Gerichtshofes für Menschenrechte. 2004.

Band 109 Matthias Werner Schneider: Kommunaler Einfluß in Europa. Die Einflußnahme der Kommunen beim Europarat als Modell für die Europäische Union. KGRE, AdR und EKC als Säulen eines europäischen Kommunalschutzes. 2004.

Band 110 Bettina Gerber: Die Asylrechtsharmonisierung in der Europäischen Union. Unter besonderer Berücksichtigung der Richtlinie zur Festlegung von Mindestnormen für die Aufnahme von Asylbewerbern in den Mitgliedstaaten. 2004.

Band 111 Markus Lintner: Die verfassungsrechtlichen Grenzen des horizontalen Länderfinanzausgleichs nach Art. 107 Abs. 2 GG. 2004.

Band 112 Daniel Volk: Die Begrenzung kriegerischer Konflikte durch das moderne Völkerrecht. 2005.

Band 113 Eugenie Trützschler von Falkenstein: Mittelosteuropa – Nationen, Staaten, Regionen. Die Erweiterung der Europäischen Union aus der historischen Perspektive. 2005.

Band 114 Angela Kaiser: Minderheitenschutz in der Europäischen Union. Eine Untersuchung des „doppelten Standards" des EU-Minderheitenschutzes unter besonderer Berücksichtigung der Europäischen Grundrechtecharta. 2005.

Band 115 Kerstin Liesem: Die Reparationsverpflichtungen der Bundesrepublik Deutschland nach dem Zweiten Weltkrieg unter besonderer Berücksichtigung der Zwangsarbeiterentschädigung. 2005.

Band 116 Christoph Holthusen: Der Nordirlandkonflikt. Geschichte, zentrale Aspekte und Lösungsmodelle unter völkerrechtlicher Betrachtung. 2005.

Band 117 Christoph Junck: Die Gerichtsbarkeit des Internationalen Strafgerichtshofs. Vorbedingungen und Auslösemechanismen nach dem Römischen Statut vom 17. Juli 1998. 2006.

Band 118 Corinna Margit Hartmann: Staatliche Beteiligung an terroristischen Gewaltaktionen. Neue Herausforderungen für das Friedenssicherungssystem der Vereinten Nationen. 2006.

Band 119 Dagmar Wurst: Eigentums- und Investitionsgüterschutz im Völkerrecht. Das Beispiel der Landenteignung in Zimbabwe. 2006.

Band 120 Türkmen Tezcan: Der Zypernkonflikt vor dem Europäischen Menschenrechtsgerichtshof. Eine Analyse unter besonderer Berücksichtigung der Loizidou-Rechtsprechung und ihrer Auswirkung auf die zwischenstaatlichen Beziehungen. 2006.

Band 121 Dorothee von Arnim: Der Standort der EU-Grundrechtecharta in der Grundrechtsarchitektur Europas. 2006.

Band 122 Alexander Brexendorff: Rohstoffe im Kaspischen Becken. Völkerrechtliche Fragen der Förderung und des Transports von Erdöl und Erdgas. 2006.

www.peterlang.de

FSC
www.fsc.org
MIX
Papier | Fördert gute Waldnutzung
FSC® C083411

Kolibri 360 GmbH
Ferdinand-Jühlke-Straße 7
99095 Erfurt, Deutschland
produktsicherheit@kolibri360.de

Druck:
CPI Druckdienstleistungen GmbH
im Auftrag der
Kolibri 360 GmbH
Ferdinand-Jühlke-Str. 7
99095 Erfurt